JSP应用与开发技术

(第2版)

主　编　马建红　李占波
副主编　韩　颖　王瑞娟　姬莉霞

清华大学出版社
北　京

内 容 简 介

JSP(Java Server Pages)是由 Sun Microsystems 公司(已被甲骨文公司收购)倡导的、许多公司参与建立的一种动态网页技术标准。JSP 被赋予了 Java 技术的强大功能，能够为用户提供功能强大的技术支持，同时，JSP 继承了 Java 的优势，可以建立安全的、跨平台的动态网站。

本书详细讲解了 JSP 的基本语法和 Web 程序设计方法。全书共 16 章，可分为 7 个部分。第 1～3 章是第 1 部分，介绍了 JSP 应用技术的前导知识和开发环境的搭建；第 4～6 章是第 2 部分，详细讲解了 JSP 技术的基本语法；第 7 章和第 8 章是第 3 部分，是 JSP 应用开发的进阶，讲述了 JavaBean、表单处理以及文件的操作；第 9～11 章是第 4 部分，以 MySQL 数据库为例详细讲解了 JSP 中使用数据库的操作；第 12 章和第 13 章是第 5 部分，详细讲述了 Servlet 技术；第 14 章和第 15 章是第 6 部分，介绍了表达式语言(EL)、标准标签库(JSTL)及自定义标签库；第 16 章是第 7 部分，通过实例讲述了 Web 开发的实际应用。另外，本书还给出了 6 个实验，以指导读者进行上机操作。

本书所附光盘中收录了相关实例运行的开源程序、实例源代码，读者可参照光盘说明进行调试运行。此外，读者还可以通过 www.tupwk.com.cn 下载本书的电子课件。

本书语言简洁，内容丰富，既可作为 JSP 初学者的入门教材，也可作为高等院校相关专业的教材和辅导用书，而且对 JSP 开发人员的自学也具有较高的参考价值。

图书在版编目(CIP)数据

JSP应用与开发技术/马建红，李占波 主编. —2版. —北京：清华大学出版社，2014（2017.12 重印）

ISBN 978-7-302-35687-5

Ⅰ. ①J…　Ⅱ. ①马…　②李…　Ⅲ. ①JAVA语言－主页制作工具　Ⅳ. ①TP312 ②TP393.092

中国版本图书馆 CIP 数据核字(2014)第 180832 号

责任编辑：王　定
封面设计：杜丽雅
版式设计：孔祥峰
责任校对：成凤进
责任印制：刘海龙

出版发行：清华大学出版社
　　网　　址：http://www.tup.com.cn，http://www.wqbook.com
　　地　　址：北京清华大学学研大厦 A 座　　**邮　　编**：100084
　　社 总 机：010-62770175　　**邮　　购**：010-62786544
　　投稿与读者服务：010-62776969，c-service@tup.tsinghua.edu.cn
　　质 量 反 馈：010-62772015，zhiliang@tup.tsinghua.edu.cn
印 刷 者：清华大学印刷厂
装 订 者：北京市密云县京文制本装订厂
经　　销：全国新华书店
开　　本：185mm×260mm　　**印　张**：37.75　　**字　　数**：942 千字
版　　次：2011 年 2 月第 1 版　　2014 年 9 月第 2 版　　**印　　次**：2017 年 12 月第6次印刷
印　　数：11701～13700
定　　价：59.80 元

产品编号：053928-01

前言
PREFACE

JSP(Java Server Pages)是目前动态网站开发技术中最典型的一种，它继承了 Java 语言的优势，是一种与平台无关的开发技术，而 Java 技术也赋予了 JSP 为用户提供强大功能的技术支持。JSP 实现了动态页面与静态页面的分离，脱离了硬件平台的束缚，提高了执行效率而成为因特网上的主流开发技术，越来越受到编程者的关注和喜爱。

JSP 虽然综合性地包括了 Java 和 HTML 这两类语法，但不能通过简单地使用 JSP，让它集显示、业务逻辑和流程控制于一身，因为用这种方式开发出来的 Web 应用程序是非常难以维护的。所以对 JSP 使用观念的建立，以及 JavaBean、数据库、Servlet 等技术的了解运用是利用 JSP 开发复杂的商业级网站的重点。为了让读者在学习的过程中能够彻底掌握相关概念，除了对基本语法的介绍外，本书同时也将重点集中在面向对象的观点和 JSP 程序架构方面。

《JSP 应用与开发技术(第 2 版)》仍保持了第 1 版实用、新颖和经验总结的特点，从基本的语法和规范入手，以经验为后盾，以实用为目标，以实例为导向，以实践为指导，深入浅出地讲解了 JSP 开发中的种种问题，以精简的内容介绍了 JSP 的语法和 Servlet、JDBC、MySQL、EL、标签库、MVC 等技术。本书每一章节的实例读者都可以直接使用，实例讲解过程条理清晰、循序渐进，符合程序设计的自然思路，读者学完一个章节，也就相应地掌握了相关的 JSP 开发思想和技术，并且通过几个较完整的综合实例，让读者对 JSP+Servlet+JavaBean+JDBC 这样的 Web 架构有一个整体认识。和第 1 版相比，本书不仅采用了最新版本的开发工具，还添加了 JSP 和 MySQL 最新版本中出现的新特性，调整了相关实例，补充了大量的习题，进一步充实了上机实验部分，尽可能地展现出本书的实用性。另外，原有的章节全部进行了细致的修订，部分内容还进行了重大改动。

本书共 16 章，可以分成 7 个部分。

第 1 部分介绍了 JSP 编程基础与环境配置，包括 3 章：第 1 章，JSP 概述；第 2 章，JSP 动态网页设计基础，和第 1 版相比使用了 HTML 最新版本 HTML5，新增了 CSS 知识；第 3 章，JSP 的开发和运行环境，和第 1 版相比增加了最新版的 Eclipse Java EE 集成开发环境和 MyEclipse 开发环境。

第 2 部分介绍了 JSP 应用开发基础，包括 3 章：第 4 章，JSP 基本语法；第 5 章，JSP 内置对象；第 6 章，使用 Cookie 记录信息。

第 3 部分介绍了 JSP 应用开发进阶，包括 2 章：第 7 章，JavaBean 和表单处理；第 8 章，JSP 中的文件操作。这部分主要介绍了 JavaBean 分离表示与实现，使用 JSP 处理 HTML 表单，使用 Java 类库里的 I/O 类，开发具备文件存取功能的网页程序。和第 1 版不同的是，更换了容易使用的 JspSmartUpload 包实现文件的上传。

第 4 部分介绍了 JSP 数据库编程基础，包括 3 章：第 9 章，数据库操作基础；第 10 章，应用 JDBC 进行数据库开发；第 11 章，JSP 与 JavaBean 应用实例。和第 1 版一样介绍了 MySQL 数据库的无界面基本操作，但不同的是，第 2 版中 MySQL 的版本升级到 mysql-5.1.25-rc-win32，并且添加了和版本相匹配的 MySQL 带界面的基本操作，以 MySQL 数据库为例详细讲解了 JSP 中使用数据库的操作，包括 JDBC、连接池、分页处理等技术；更换了第 1 版第 11 章中简单的留言板实例，改为一个完整的电商系统，还对 Model1 模式的应用给予详细的讲解，项目模块功能更强大。

第 5 部分讲述了 Servlet 技术，包括 2 章：第 12 章，Servlet 基础；第 13 章，使用 Servlet 过滤器和监听器。第 2 版中重点调整了监听器接口，增加了新实例。

第 6 部分讲述了标签库的应用，包括 2 章：第 14 章，表达式语言(EL)和标准标签库(JSTL)；第 15 章，自定义标签库。第 2 版中对每部分内容都进行了细致的修订，增加了 EL，更加完善了标签库的知识体系结构。

第 7 部分即第 16 章，Web 应用开发实践。和第 1 版不同的是第 2 版中更新了实例，运用 MVC 技术，采用三层架构，并采用了自定义标签和 EL 等技术展示了一个门户网站综合实例，使读者对这些技术的使用有更深刻的了解。

本书采用由浅入深、循序渐进的方法，全面、系统地介绍了 JSP 程序设计的原理、方法和技术，还提供了大量的 JSP 应用开发实例，给出了相应的实用技巧、操作步骤及优化思路，使读者可以很快地进行实际开发。每章的最后还提供了习题，让读者能够检验自己对各章内容的学习、消化程度，并巩固所学的知识。

本书由马建红、李占波任主编，韩颖、王瑞娟、姬莉霞任副主编，参与编写的人员还有张晗、卫权岗、宰光军、何保锋、尹辉、程凤娟、秦兴桥、赵玉娟、王永皎等。此外，林楠、李翠霞、史苇航在整理材料方面给予了编者很大的帮助，在此对他们表示衷心的感谢。

由于时间仓促，加之水平有限，书中不足之处在所难免，敬请读者批评指正。

编　者

CONTENTS

第 1 章

JSP 概述

本章主要对 JSP 技术进行概要介绍，并给出了一些学习 JSP 的建议。为了让读者在开始学习之前能对 JSP 技术有一个清晰与完整的概念，本章首先介绍了软件编程体系、企业应用开发架构，然后通过编写一个简单的 JSP 页面实例让读者对 JSP 技术有一个直观的感性认识。接着通过介绍 JSP 的技术原理以及与其他主流动态网页技术的比较，进一步了解 JSP 技术是一种功能强大、可以实现跨平台操作的动态网页开发技术。本章对 JSP 知识体系的剖析有助于读者学习和掌握 JSP 知识体系中的各个模块，对 JSP 技术有一个总体性的了解。

本章学习目标

◎ 了解软件编程体系

◎ 了解企业应用开发架构

◎ 掌握 JSP 的基本概念

◎ 掌握 JSP 的知识体系

◎ 了解 JSP 的学习之路

1.1 软件编程体系简介

目前，在应用开发领域中主要分为两大编程体系，一种是基于浏览器的 B/S(Browser/Server)结构，另一种是 C/S(Client/Server)结构。应用程序开发体系如图 1-1 所示。

开发基于 C/S 结构项目，传统的开发环境有 Visual Basic、Visual C++以及 Delphi 等，随着 Java 体系以及.NET 体系的普及，目前更流行.NET 编程体系和 Java 编程体系。

开发基于 B/S 结构项目，目前主要采用三种服务器端语言：JSP(Java Server Pages)、PHP(Hypertext Preprocessor)和 ASP.NET。这三种语言构成三种常用应用开发组合：JSP+Oracle 体系、PHP+MySQL 体系以及 ASP.NET+SQL Server 体系。

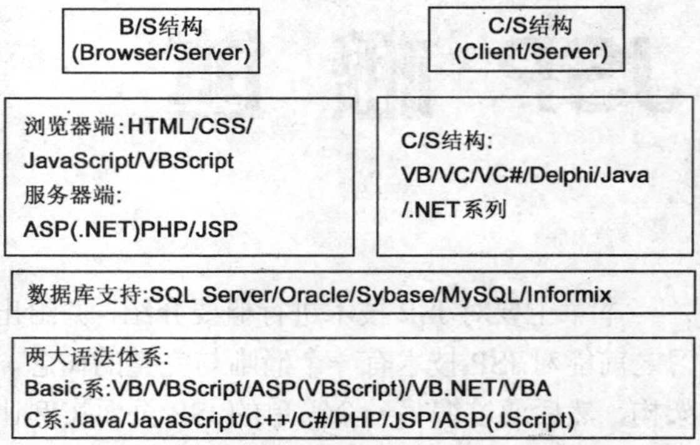

B/S结构
(Browser/Server)

C/S结构
(Client/Server)

浏览器端:HTML/CSS/
JavaScript/VBScript
服务器端:
ASP(.NET)PHP/JSP

C/S结构:
VB/VC/VC#/Delphi/Java
/.NET系列

数据库支持:SQL Server/Oracle/Sybase/MySQL/Informix

两大语法体系:
Basic系:VB/VBScript/ASP(VBScript)/VB.NET/VBA
C系:Java/JavaScript/C++/C#/PHP/JSP/ASP(JScript)

图 1-1　应用程序开发体系

软件开发涉及的语言很多，学习起来也是有规律可循的。图 1-1 最下面的方框将目前常用的开发语言分成两大语系：Basic 语系和 C 语系，语系中的语言所有的流程控制语句都是一样的，常用的函数也大同小异。所以只要精通其中任何一门语言，该语系中的其他语言也就比较容易掌握了。

1.1.1　C/S 结构编程体系

2000 年以前，C/S 结构占据开发领域的主流，随着 B/S 结构的发展，C/S 结构主流地位已经逐步被 B/S 结构取代，目前在整个开发领域中，C/S 结构的应用大概能占到 40%的份额。C/S 结构应用程序最大特点是在每个用户端需要安装程序，所有用户端程序和中心服务器进行信息交互；这种结构优点是用户端程序一致，比较方便控制，服务器端和用户本地的数据很容易进行交互，通信速度比较快；缺点是每个用户都需要安装客户端，比较繁琐，而且不能很好地跨操作系统平台。

C/S 结构通常适用于具有固定的用户端或者少量的用户端，并且是对安全性要求比较高的应用。比如银行信息管理系统、邮局信息管理系统和飞机票火车票售票系统等。

传统的 C/S 结构通常使用 PowerBuilder、Delphi、Visual Basic、Visual C++、JBuilder 作为开发环境，使用 SQL Server、Oracle 或者 DB2 作为数据库支持。随着时间的发展、版本的更新，主流的 C/S 开发环境开始向.NET 和 Java 两大主流体系转变，目前大部分 C/S 结构应用都使用 VB.NET、VC#.NET 以及 Java 开发，其中，VB.NET 和 VC#.NET 只是描述的语言不一样，设计思想和开发环境全部一样，因此只要掌握其中一个，就可以满足开发要求了。

VB.NET 是从 Visual Basic 发展而来的，Visual Basic 曾经具有开发领域世界第一的程序员数量，因此非常多的 C/S 应用采用 VB.NET 开发环境。

1.1.2 B/S 结构编程体系

B/S 结构编程语言分成浏览器端编程语言和服务器端编程语言。

浏览器端包括 HTML (HyperText Markup Language，超文本标记语言)、CSS(Cascading Style Sheets，层叠样式表单)、JavaScript 语言和 VBScript 语言。所谓浏览器端编程语言就是这些语言都是被浏览器解释执行的。HTML 和 CSS 是由浏览器解释的，JavaScript 语言和 VBScript 语言也是在浏览器上执行的。

为了实现一些复杂的操作，比如连接数据库、操作文件等，需要使用服务器端编程语言。目前主要是 3P(ASP.NET、JSP 和 PHP)技术。ASP.NET 是微软公司推出的，在这三种语言中是用得最为广泛的一种。JSP 是 SUN 公司(已被甲骨文公司收购)推出的 J2EE(Java 2 Enterprise Edition，Java2 企业版)核心技术中重要的一种。PHP 在 1999 年的下半年和 2000 年应用得非常广泛，因为 Linux+PHP+MySQL(一种中小型数据库管理系统)构成全免费的而且非常稳定的应用平台，这三种语言是目前应用开发体系的主流。

数据库支持是必须的，目前应用领域的数据库系统全部采用关系型数据库系统(Relation Database Management System，RDBMS)。在企业级的开发领域中，主要采用三大厂商的关系数据库系统：微软公司的 SQL Server、Oracle 公司的 Oracle 和 IBM 公司的 DB2。

1.2 企业应用开发架构

在构建企业级应用时，通常需要大量的代码，而且这些代码一般分布在不同的计算机上，划分代码运行在不同计算机上的理论就是多层设计理论。

企业级应用系统通常分为两层、三层和 N 层架构。

1.2.1 两层架构

传统的两层应用包括用户接口和后台程序，后台程序通常是一个数据库，用户接口直接同数据库进行对话。实现上，通常使用 JSP、ASP 或者 VB 等技术编写这类软件，结构如图 1-2 所示。

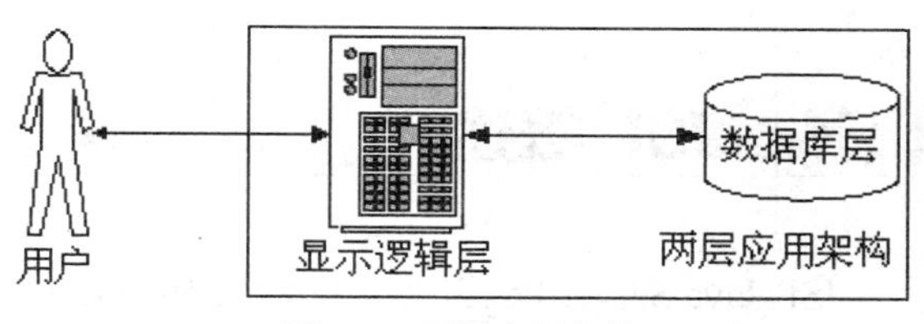

图 1-2 两层应用架构

两层应用架构显示逻辑层一般由 HTML、JSP、ASP 实现，通过 JSP 和 ASP 直接和数据库相连。

1.2.2 三层架构

在两层应用中，应用程序直接同数据库进行对话。三层结构在用户接口代码和数据库中间加入了一个附加的逻辑层，通常这个层称为“商务逻辑层”，如图 1-3 所示。

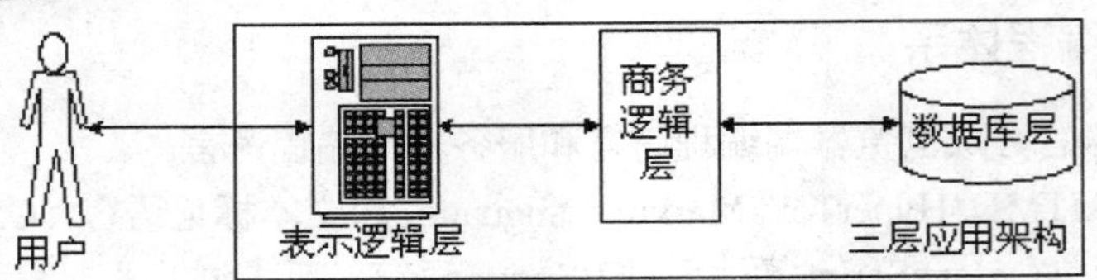

图 1-3　三层应用架构

1.2.3　N 层架构

如果某个应用超过 3 个独立的代码层，就不再称四层或者五层等名称，而是统称为 N 层，那么这个应用称为 N 层应用，如图 1-4 所示。

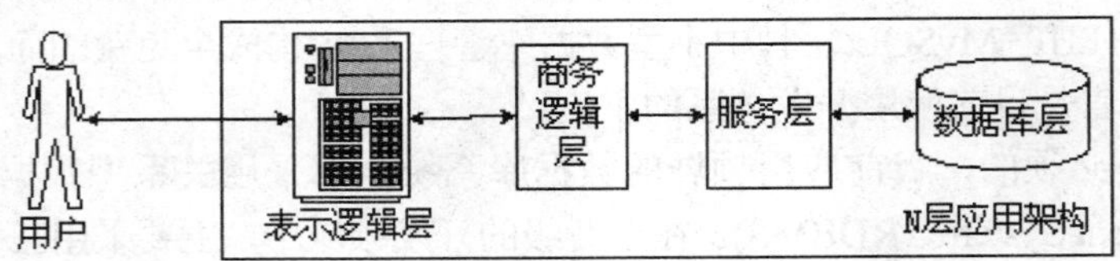

图 1-4　N 层应用架构

1.2.4　开发架构比较

两层架构的优点是开发过程比较简单，利用服务器端的程序直接访问数据库，部署起来比较方便；缺点是程序代码维护起来比较困难，程序执行的效率比较低，用户容量比较少。

三层架构基本解决了两层架构的缺点，将显示部分和逻辑流程控制分开，利用服务器应用程序实现显示部分，利用商务逻辑层实现程序的流程控制，分层使维护变得方便一些，而且执行效率也会有所提高，但是相对部署起来就比较困难一些。

根据实际需要，会进一步细化每一层，或者添加一些层，就形成了 N 层架构。和三层架构一样，组件化的设计使维护相对容易，但是部署相对困难。

1.3　JSP 概述

JSP(Java Server Pages)是由 Sun Microsystems 公司(现已被甲骨文公司收购)倡导的、许多公司参与一起建立的一种动态网页技术标准。JSP 技术是用 Java 语言作为脚本语言，JSP 网页为整个服务器端的 Java 库单元提供了一个接口来服务于 HTTP 的应用程序。

在传统的网页 HTML 文件(*.htm，*.html)中加入 Java 程序片段(Scriptlet)和 JSP 标记(Tag)，就构成了 JSP 网页(*.jsp)。Web 服务器在遇到访问 JSP 网页的请求时，首先执行其中的程序片段，然后将执行结果以 HTML 格式返回给客户。程序片段可以操作数据库、重新定向网页以及发送 E-mail 等，这就是建立动态网站所需要的功能。所有程序操作都在服务器端执行，网络上传送给客户端的仅是得到的结果，对客户浏览器的要求最低，可以实现无 Plugin、无 ActiveX、无 JavaApplet，甚至无 Frame。

1.3.1 什么是 JSP

JSP 是基于 Java 的技术，用于创建可支持跨平台及 Web 服务器的动态网页。从构成情况上来看，JSP 页面代码一般由普通的 HTML 语句和特殊的基于 Java 语言的嵌入标记组成，所以它具有了 Web 和 Java 功能的双重特性。

JSP 1.0 规范是 1999 年 9 月推出的，12 月又推出了 1.1 规范。此后 JSP 又经历了几个版本，最新版本是 2003 年发布的 JSP 2.0。本书介绍的技术都基于 JSP 2.0 规范。

为了让读者对 JSP 技术有一个直观的认识，先来看一个非常简单的 JSP 页面及其运行效果。以下是 helloWorld.jsp 的源代码。

```
<%@ page language="java" contentType="text/html; charset=gbk"%>
<html>
  <head>
    <title>Hello World!</title>
  </head>
  <body bgcolor="#FFFFFF">
    <h3>
    <%
      out.println("JSP Hello World!");
    %>
    </h3>
  </body>
</html>
```

JSP 是一种动态网页技术标准。可以将网页中的动态部分和静态的 HTML 相分离。用户可以使用平常得心应手的工具并按照平常的方式来书写 HTML 语句。然后，将动态部分用特殊的标记嵌入即可，这些标记常常以"＜%"开始并以"%＞"结束。

程序运行效果如图 1-5 所示。

同 HTML 以及 ASP 等语言相比，JSP 虽然在表现形式上同它们的差别并不大，但是它却提供了一种更为简便、有效的动态网页编写手段，而且，由于 JSP 程序同 Java 语言有着天然的联系，所以在众多基于 Web 的架构中，都可以看到 JSP 程序。

由于 JSP 程序增强了 Web 页面程序的独立性、兼容性和可重用性，所以，与传统的 ASP、PHP 网络编程语言相比，它具有以下特点：

- JSP 的执行效率比较高。由于每个基于 JSP 的页面都被 Java 虚拟机事先解析成一个 Servlet，服务器通过网络接收到来自客户端 HTTP 的请求后，Java 虚拟机解析产生的 Servlet 将开启一个"线程(Thread)"来提供服务，并在服务处理结束后自动销毁这个线程，如图 1-6 所示，这样的处理方式将大大提高系统的利用率，并能有效地降低系统的负载。
- 编写简单。由于 JSP 是基于 Java 语言和 HTML 元素的一项技术，所以只要熟悉 Java 和 HTML 的程序员都可以开发 JSP。
- 跨平台。由于 JSP 运行在 Java 虚拟机之上，所以它可以借助于 Java 本身的跨平台能力，在任何支持 Java 的平台和操作系统上运行。

图 1-5 helloWorld.jsp 运行效果

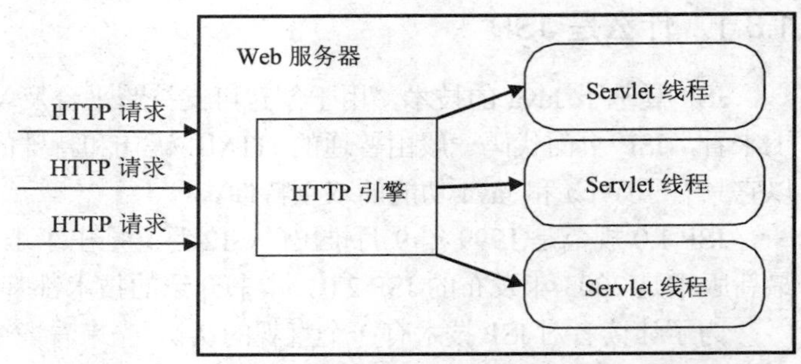

图 1-6 Web 服务器使用 Servlet 提供服务的示意图

➢ JSP 可以嵌套在 HTML 或 XML 网页中。这样不仅可以降低程序员开发页面显示逻辑效果的工作量，更能提供一种比较轻便的方式来同其他 Web 程序交互。

1.3.2 JSP 技术原理

JSP 文件的执行方式是“编译式”，而不是“解释式”，即在执行 JSP 页面时，是把 JSP 文件先翻译为 Servlet 形式的 Java 类型的字节码文件，然后通过 Java 虚拟机来运行。所以从本质上来讲，运行 JSP 文件最终还是要通过 Java 虚拟机，不过根据 JSP 技术的相关规范，JSP 语言必须在某个构建于 Java 虚拟机之上的特殊环境中运行，这个特殊环境就是 Servlet Container(通常译为 Servlet 容器)，而且，每个 JSP 页面在被系统调用之前，必须先被 Servlet 容器解析成一个 Servlet 文件。

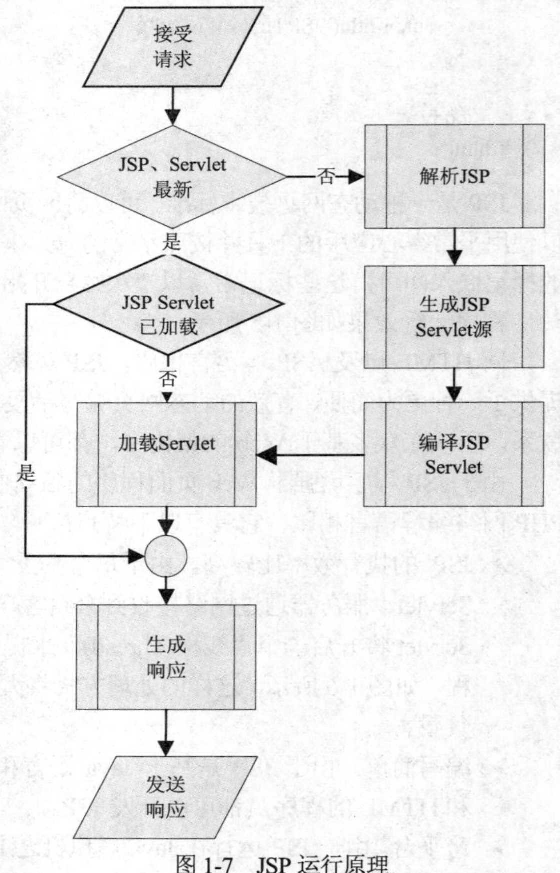

图 1-7 JSP 运行原理

图 1-7 显示了整个 JSP 的运行流程。每次 Servlet 容器接受到一个 JSP 请求时，都会遵循以下步骤：

(1) Servlet 容器查询所需要加载的 JSP 文件是否已经被解析成 Servlet 文件。如果没有，在 Servlet 容器里找到对应的 Servlet 文件，容器将根据 JSP 文件新创建一个 Servlet 文件；反之，如果在容器里有此 Servlet 文件，容器则比较两者的时间，如果 JSP 文件的时间要晚于 Servlet 文件，则说明此 JSP 文件已被重新修改过，需要容器重新生成 Servlet 文件，反之容器将使用原先的 Servlet 文件。

(2) 容器编译好的 Servlet 文件被加载到 Servlet 容器中，执行定义在该 JSP 文件里的各项操作。

(3) Servlet 容器生成响应结果，并返回给客户端。

(4) JSP 文件结束运行。

从这个 JSP 的工作原理和运作流程上来看，JSP 程序既能以 Java 语言的方式处理 Web 程序里的业务逻辑，更可以处理基于 HTML 协议的请求，它是集众多功能于一身的。

不过，在编写程序的过程中，不能过多地在 JSP 代码里混杂提供显示功能和提供业务逻辑的代码，而是要把 JSP 程序定位到"管理显示逻辑"的角色上。

当服务器第一次接收到对某个页面的请求时，JSP 引擎就开始进行上述的处理过程，将被请求的 JSP 文件编译成 Class 文件。在后续对该页面再次进行请求时，若页面没有进行任何改动，服务器只需直接调用 Class 文件执行即可。所以当某个 JSP 页面第一次被请求时，会有一些延迟，而再次访问时会感觉快了很多。如果被请求的页面经过修改，服务器将会重新编译这个文件，然后执行。

1.3.3 JSP 和其他动态网站开发技术

动态网页是与静态网页相对应的，也就是说，网页 URL 不固定，能通过后台与用户交互，完成用户查询、提交等动作。所谓"动态"，并不是指放在网页上的 GIF 图片，动态网页技术有以下几个特点：

- 交互性：即网页会根据用户的要求和选择而动态改变和响应，将浏览器作为客户端界面，这将是今后 Web 发展的大趋势。
- 自动更新：即无须手动地更新 HTML 文档，便会自动生成新的页面，可以大大节省工作量。
- 因时因人而变：即当不同的时间、不同的人访问同一网址时会产生不同的页面，可以大大减少工作量。

除了早期的 CGI 外，目前主流的动态网页技术有 ASP、PHP、JSP 等，下面分别介绍这些动态网页技术。

1. CGI

早期的动态网站开发技术是基于 CGI(Common Gateway Interface，公共网关接口)的，功能主要是客户端向服务器发送请求，Web 服务器接收到请求后启动所指定的 CGI 程序来完成诸如对数据库进行访问、存储信息等操作，最后将处理的结果反馈给客户端。CGI 程序包括两个主要部分，一个是程序代码，一个是 HTML 代码。由于每次修改 HTML 页面代码都必须重新编译 CGI 程序，以至于最后在 CGI 程序调试中，调试 HTML 代码的工作量可能超过调试 CGI 程序代码的工作量。CGI 属于比较早期的服务器端动态技术，但由于其发展的历史较早，目前使用此项技术所构建的网站依然不在少数，然而由于其不易学习和效率不高的特性，在 ASP 及 JSP 等技术出现之后，已逐渐淡出用户的视线。

2. ASP

ASP(Active Server Pages)是 Microsoft 公司开发的一种类似 HTML、Script(脚本)与 CGI 的结合体，可以结合 HTML 网页、ASP 指令和 ActiveX 元件建立动态、交互且高效的 Web 服务器应用程序。ASP 允许用户使用包括 VBScript 和 JavaScript 等在内的许多已有的脚本语言编写 ASP 应用程序。ASP 程序的编制比 HTML 更方便且更有灵活性。它是在 Web 服务器端运行，运行后再将运行结果以 HTML 格式传送至客户端的浏览器。更精确来说 ASP 是一个中间件，这个中间件将 Web 上的请求转入到一个解释器中，在这个解释器中将所有的 ASP 的 Script 进行分析，再执行，而这时可以在这个中间件中去创建一个新的 COM 对象，对这个对象中的属性和方法进行操作和调用，同时再通过这些 COM 组件完成更多的工作。所以说，ASP 强大的不在于它的 VBScript， 而在于它后台的 COM 组件，这些组件无限地扩充了 ASP 的能力。

ASP 具有以下优势：

➢ 简单易学。BASIC 语言有着很大的用户群，开发基础是最广的。Microsoft 有一项做得非常好的联机手册，又有本地化语言的帮助，同时迅速出现教学书籍，这样大大方便了开发人员的学习和对技术的深入研究。
➢ 安装使用方便。装好一个 Windows 操作系统，只要安装了 IIS(Internet Information Server)，那么 ASP 就可以使用了，不需要花心思去配置。
➢ 开发工具强大而多样、易用、简单、人性化，这本就是微软的强项。
➢ 效率高。在低的访问量下，ASP 能体现出一定的效率，这时它对机器的要求并不高。

ASP 具有以下弱势：

➢ Windows 本身的所有问题都会一成不变地累加到它的身上。安全性、稳定性、跨平台性的不足都会因为与 Windows 的捆绑而显现出来。
➢ ASP 由于使用了 COM 组件，所以它变得十分强大，但是这样的强大由于 Windows NT 系统最初的设计问题而会引发大量的安全问题。只要在这样的组件或是操作中稍不注意，那么外部攻击就可以取得相当高的权限而导致网站瘫痪或者数据丢失。
➢ 由于 ASP 还是一种 Script 语言，所以除了大量使用组件外，没有办法提高其工作效率。它必须面对即时编译的时间考验。
➢ 无法实现跨操作系统的应用。ASP 基本上只能局限于 Microsoft 公司的操作系统平台之上，例如 IIS 和 PWS(Personal Web Server)等。
➢ 无法完全实现一些企业级的功能，如无法实现完全的集群、负载均衡。

3. ASP.NET

ASP.NET 是 ASP 在微软的.NET 平台上的升级版本，是微软集成.NET 平台发展而来的服务器端网页语言，用户可以使用任何.NET 兼容的语言来编写 ASP.NET 应用程序。使用 Visual Basic.NET、C#、J#、ASP.NET 页面(Web Forms)进行编译可以提供比脚本语言更出色的性能表现。Web Forms 允许用户在网页基础上建立强大的窗体。当建立页面时，可以使用 ASP.NET 服务器端控件建立常用的 UI 元素，并对它们编程来完成一般的任务。这些控件允许用户使用内建可重用的组件和自定义组件快速建立 Web Forms，使代码简单化。

ASP.NET 使用.NET 提供的类别库与对象导向理论建构的服务器端动态网页，提供了一种编程模型和结构，不仅功能强大，紧密结合.NET 平台，而且对比原来的 Web 技术来说，它能更快速、容易地建立灵活、安全和稳定的应用程序，在性能上也有相当出色的表现，近年来已经成为最热门的动态网页技术之一。

4. PHP

PHP(Hypertext Preprocessor)是一种 HTML 内嵌式的语言(类似于 IIS 上的 ASP)，是一种用

于创建动态 Web 页面的服务器端脚本语言。而 PHP 独特的语法混合了 C、Java、Perl 以及 PHP 式的新语法。它可以比 CGI 或者 Perl 更快速地执行动态网页。同样 PHP 也可以混合使用 PHP 和 HTML 编写 Web 页面，当客户端访问某页面时，服务器端会首先对页面中的 PHP 命令进行处理，然后把处理后的结果连同 HTML 内容一起传送到客户端的浏览器。

PHP 能够支持诸多数据库，如 Microsoft SQL Server、MySql、Sybase、Oracle 等。

PHP 与 HTML 语言具有非常好的兼容性，用户可以直接在脚本代码中加入 HTML 标签，或者在 HTML 标签中加入脚本代码从而更好地实现页面控制。PHP 提供了标准的数据库接口，数据库连接方便，兼容性强，扩展性强，可以进行面向对象编程。

另外，PHP 是一种开源程序，拥有很好的跨平台兼容性。用户可以在 Windows 系列以及许多版本的 UNIX 和 Linux 系统上运行 PHP，而且可以将 PHP 作为 Apache 服务器的内置模块或 CGI 程序运行。

PHP 具有以下优势：

- PHP 是一种能快速学习、跨平台、有良好数据库交互能力的开发语言。ASP 比不上它的就是这种跨平台能力，而正是它的这种能力让 UNIX、Linux 有了一种与 ASP 媲美的开发语言。PHP 语法简单、书写容易，现在市面上也有大量的相关书籍，同时 Internet 上也有大量的代码可以共享。
- 与 Apache 及其他扩展库结合紧密。PHP 可以与 Apache 以静态编绎的方式结合起来，与其他的扩展库也可以用这样的方式结合(Windows 平台除外)。该方式的最大好处就是最大化地利用了 CPU 和内存，同时极为有效地利用了 Apache 高性能的吞吐能力。同时外部的扩展也是静态联编，从而达到了最快的运行速度。由于与数据库的接口也使用了这样的方式，所以使用的是本地化的调用，这也让数据库发挥了最佳效能。
- 良好的安全性。由于 PHP 本身的代码开放，所以它的代码在许多工程师手中进行了检测，同时与 Apache 编译在一起的方式也可以让它具有灵活的安全设定。所以到现在为止，PHP 具有了公认的安全性能。

PHP 具有以下弱势：

- 数据库支持的极大变化。由于 PHP 的所有扩展接口都是独立团队开发完成的，同时在开发时为了形成相应数据的个性化操作，所以 PHP 虽然支持许多数据库，可是针对每种数据库的开发语言都完全不同。这样形成针对一种数据库的工发工作，在数据库进行升级后需要开发人员进行几乎全部的代码更改工作。而为了让应用支持更多种的数据库，就需要开发人员将同样的数据库操作使用不同的代码写出 *n* 种代码库，让程序员的工作量大大增加。
- 安装复杂。由于 PHP 的每一种扩充模块并不是完全由 PHP 本身来完成，需要许多外部的应用库，如图形需要 GD 库、LDAP 需要 LDAP 库等，这样在安装完成相应的应用后，再联编进 PHP 中来。只有在这些环境下才能方便地编译对应的扩展库。这些都是一般开发人员在使用 PHP 前所先要面对的问题。
- 缺少企业级的支持。没有组件的支持，那么所有的扩充就只能依靠 PHP 开发组所给出的接口，事实上这样的接口还不够多。同时难以将集群、应用服务器这样的特性加入到系统中去，而一个大型的站点或是一个企业级的应用一定需要这样的支持。注意：

在 PHP4.0 版本以后加入了对 Servlet、JavaBean 的支持，也许这样的支持会在以后的版本中更加增强，也许这样的支持会是 PHP 以后的企业级支持的起点。

- 缺少正规的商业支持。这也是自由软件一贯的缺点。
- 无法实现商品化应用的开发。由于 PHP 没有任何编译性的开发工作，所有的开发都是基于脚本技术来完成的。所有的源代码都无法编译，所以完成的应用只能是自己或是内部使用，无法实现商品化。

5. JSP

JSP 不像 CGI、ISAPI 和 NSAPI 那样难于编写和维护，不像 PHP 那样只能适应中小流量的网站，也不像 ASP 那样受到跨平台的限制(只能运行于 Microsoft 公司开发的 IIS 和 PWS 上)。JSP 体现了当今最先进的网站开发思想，和其他 Web 开发工具相比，JSP 有着强大的优势：

- 程序可以跨平台执行。JSP 可以让开发人员在任意环境中进行开发，在任意环境中进行系统部署，在任意环境中扩展应用程序。
- 多样化和功能强大的开发工具支持。Java 有许多非常优秀的开发工具，而且有的工具可以免费得到，其中许多工具已经可以顺利地运行于多种平台之下。
- 强大的可伸缩性。从只有一个小的 JAR 文件就可以运行 Servlet/JSP，到由多台服务器进行集群和负载均衡，到多台 Application 进行事务处理，一台服务器到无数台服务器，Java 显示了巨大的生命力。

当然，JSP 也有不足，Java 的一些优势也是它致命的问题所在。

- 跨平台的功能和极度的伸缩能力极大地增加了产品的复杂性。也就是说，它在扩展时需要分成多少块，那么 Java 系统中就有多少种产品，所以用户可能会看到 JRE、JDK、JSDK，JSWDK 等，而实际上它们是密不可分的。只要将它们有效地搭配在一起，就可以产生强大的效能。当然，这也使应用程序变得非常复杂。
- JSP 运行是用 class 常驻内存来完成的，虽然提高了响应速度，但要占用内存。 Java 的运行速度是用 class 常驻内存来完成的，所以它在一些情况下所使用的内存比起用户数量来说确实是“最低性价比”了。另一方面，它还需要硬盘空间来储存一系列的.java 文件和.class 文件，以及对应的版本文件。
- JSP 程序调试也不是很方便。JSP 页面首先被转化为一个.java 文件(Servlet)，然后再被编译。这样，出错信息实际上指向的是经过转化的那个.java 文件而不是.jsp 本身。

1.3.4 J2EE 简介

目前，Java 2 平台有 3 个版本，它们是适用于小型设备和智能卡的 Java 2 平台 Micro 版(Java 2 Platform Micro Edition，J2ME)、适用于桌面系统的 Java 2 平台标准版(Java 2 Platform Standard Edition，J2SE)、适用于创建服务器应用程序和服务的 Java 2 平台企业版(Java 2 Platform Enterprise Edition，J2EE)。本节主要介绍 J2EE。

J2EE 是一种利用 Java 2 平台来简化企业解决方案的开发、部署和管理相关复杂问题的体系结构。J2EE 技术的基础就是核心 Java 平台或 Java 2 平台的标准版。J2EE 不仅巩固了标准版中的许多优点，例如“编写一次、随处运行”的特性、方便存取数据库的 JDBC API、CORBA

技术以及能够在 Internet 应用中保护数据的安全模式等，同时还提供了对 EJB(Enterprise JavaBeans)、Java Servlets API、JSP(Java Server Pages)以及 XML 技术的全面支持。其最终目的就是成为一个能够使企业开发者大幅缩短投放市场时间的体系结构。

需要指出的是，J2EE 并非一个产品，而是一系列的标准。因此，从整体上讲，J2EE 是使用 Java 技术开发企业级应用的一种事实上的工业标准(Sun 公司出于其自身利益的考虑，至今没有将 Java 及其相关技术纳入标准化组织的体系)，它是 Java 技术不断适应和促进企业级应用过程中的产物。Sun 推出 J2EE 的目的是为了克服传统Client/Server模式的弊病，迎合Browser/Server 架构的潮流，为应用 Java 技术开发服务器端应用提供一个平台独立的、可移植的、多用户的、安全的和基于标准的企业级平台，从而简化企业应用的开发、管理和部署。J2EE是一个标准，而不是一个现成的产品。各个平台开发商按照 J2EE 规范分别开发了不同的 J2EE 应用服务器，J2EE 应用服务器是 J2EE 企业级应用的部署平台。由于它们都遵循 J2EE 规范，因此，使用 J2EE 技术开发的企业级应用可以部署在各种 J2EE应用服务器上。目前市场上可以看到很多实现了 J2EE 的产品，如 BEA WebLogic、IBM WebSphere 以及开源的 JBoss 等。

J2EE 使用多层的分布式应用模型，应用逻辑按功能划分为组件，各个应用组件根据他们所在的层分布在不同的机器上。事实上，Sun 设计 J2EE 的初衷正是为了解决两层模式(Client/Server)的弊端，在传统模式中，客户端担当了过多的角色而显得臃肿，在这种模式中，第一次部署的时候比较容易，但难于升级或改进，可伸展性也不理想，而且经常基于某种专有的协议(通常是某种数据库协议)。这使得重用业务逻辑和界面逻辑非常困难。现在 J2EE 的多层企业级应用模型将两层化模型中的不同层面切分成许多层。一个多层化应用能够为每种不同的服务提供一个独立的层，图 1-8 所示是 J2EE 典型的四层结构。

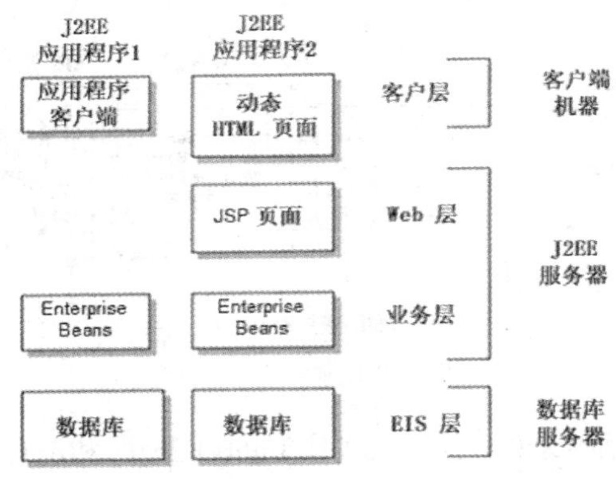

图 1-8　J2EE 四层结构模型

J2EE 的四层结构分别是：

- 运行在客户端机器上的客户层组件。
- 运行在 J2EE 服务器上的 Web 层组件。
- 运行在 J2EE 服务器上的业务层组件。
- 运行在数据库服务器上的企业信息系统(Enterprise Information System，EIS)层软件。

下面分别对图 1-8 中的四层结构进行说明：

(1) J2EE 应用程序组件。J2EE 组件是具有独立功能的软件单元，它们通过相关的类和文件组装成 J2EE 应用程序，并与其他组件交互。J2EE 说明书中定义了以下的 J2EE 组件：应用客户端程序和 Applets 是客户层组件；Java Servlet 和 Java Server Pages(JSP)是 Web 层组件；Enterprise JavaBeans(EJB)是业务层组件。

(2) 客户层组件。J2EE 应用程序可以是基于 Web 方式的，也可以是基于传统方式的。

(3) Web 层组件。J2EE Web 层组件可以是 JSP 页面或 Servlets，按照 J2EE 规范，静态的 HTML 页面和 Applets 不算是 Web 层组件。如图 1-9 所示，Web 层可能包含某些 JavaBean 对象来处理用户输入，并把输入发送给运行在业务层上的 Enterprise Bean 来进行处理。

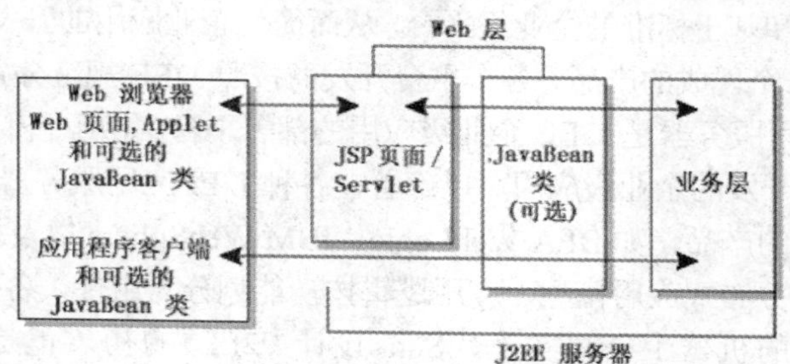

图 1-9 Web 层

(4) 业务层组件。业务层代码的逻辑用来满足银行、零售、金融等特殊商务领域的需要，由运行在业务层上的 Enterprise Bean 进行处理。图 1-10 表明了一个 Enterprise Bean 是如何从客户端程序接收数据，进行处理(如果必要的话)，并发送到 EIS 层储存的，这个过程也可以逆向进行。

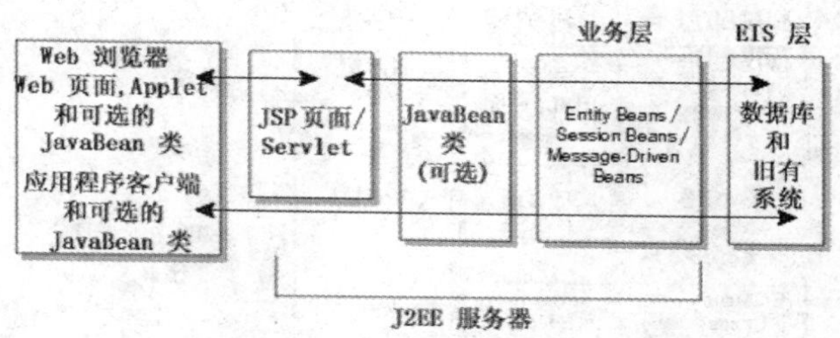

图 1-10 J2EE 服务层

有三种企业级的 Bean：会话(Session) Beans、实体(Entity) Beans 和消息驱动(Message-Driven) Beans。会话 Bean 表示与客户端程序的临时交互。当客户端程序执行完后，会话 Bean 和相关数据就会消失。相反，实体 Bean 表示数据库表中的一行永久的记录。当客户端程序中止或服务器关闭时，就会有潜在的服务保证实体 Bean 的数据得以保存。消息驱动 Bean 结合了会话 Bean 和 JMS 的消息监听器的特性，允许一个业务层组件异步接收 JMS 消息。

(5) EIS 层。企业信息系统(EIS)层处理企业信息系统软件包括企业基础建设系统，如企业资源计划(ERP)、大型机事务处理、数据库系统，和其他的遗留信息系统，如 J2EE 应用组件可能为了数据库连接需要访问企业信息系统。

注意

有些书中也把J2EE分为客户端机器、J2EE服务器和数据库服务器三层。J2EE Web层组件可以是 JSP 页面或 Servlet。按照 J2EE 规范，静态的 HTML 页面和 Applet 不算是 Web 层组件。

1.4 JSP 知识体系及学习之路

JSP 技术本身并不复杂，但是由于 JSP 是一种综合技术，它涉及了许多其他的技术，这些技术组合起来形成了 JSP 知识体系，整个的 JSP 知识体系是比较庞大的。

1.4.1 JSP 知识体系

JSP 的知识体系如图 1-11 所示。

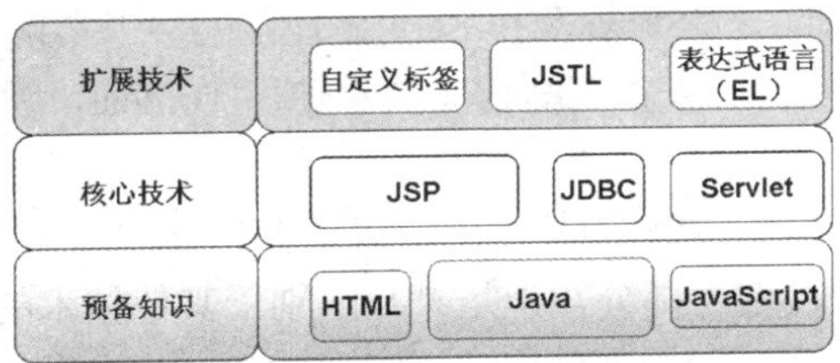

图 1-11 JSP 知识体系图

Java 和 HTML 是 JSP 学习中非常重要的基础，如果仅仅懂得 JSP 的一些语法而对 Java 的基础知识不了解，那么要开发一个高级的动态网站也是相当困难的。JSP 之所以被越来越多的人接受，一个很重要的原因是它依靠 Java 的强大优势。可以说，如果只是使用了 JSP 的基本功能来制作一个网站，那么这个 JSP 网站也许跟 ASP 网站十分类似了。前面讲过，JSP 最终是要编译成 Java Servlet 来执行的，而 Servlet 从本质上说就是一个 Java 类，整合内部逻辑的 JavaBean 也是一个 Java 类，所以，了解 Java 语言对开发一个动态网站至关重要。当然，网站开发也只是使用 Java 语言中的部分内容，像 Swing 和 Applet 等知识就会用得特别少，用户也不需要对其进行了解，但是熟悉基本的语法、逻辑控制以及面向对象等概念还是很有必要的。

如果读者已经掌握这些基础知识，这就意味着 JSP 的学习之路要轻松很多。如果没有这些基础，那么就需要花一些时间来学习这些基础知识。

1.4.2 JSP 程序员学习路径

如何成为一个成功的 JSP 程序员？一个常见的错误是把 JSP 当作简化的 Java(事实上，JSP 是简化的 Servlet)。JSP 是一个衔接技术，并且成功地连接用户需要理解的其他技术。如果已经知道 Java、HTML 和 JavaScript，这意味着 JSP 将确实是简单的。要成为一个成功的 JSP 程序员可参考下面的步骤：

(1) 保证理解 HTML / XHTML。用户需要了解 HTML 基础，特别是 HTML 布局中的 Form 和 Table 的使用。XHTML 不久将代替 HTML，学习 XHTML 的基础是一个好主意。许多程序员通过集成开发环境学习 HTML。因为大多数集成开发环境产生混乱的 HTML 语法，所以花时间学习手工写作 HTML 是很有必要的。因为使用 JSP 和 HTML 混合编程，精通 HTML 语法是重要的。所以，必须能流利地写 HTML。

(2) 开始学习 Java。开始学习 Java，理解 Java 基础是很重要的。不用担心学习 Swing 或 Java 的图形方面，因为在 JSP 中不会使用这些特征。集中精力在 Java 的工作细节，学习 Java 的逻辑，也在 JavaBean 上花时间。学习 Applet 是好的，但是就像 Swing，JSP 的大多数应用将不使用小程序。

(3) 学习 JavaScript。学习怎么用 JavaScript 在 HTML 中验证输入的 Form 元素，也学习 JavaScript 怎么能在 HTML 页内修改 Form 的元素。最后要求从 HTML 页内的事件中触发 JavaScript Function。JavaScript 是一种基于网页的客户端脚本技术，这种技术的核心思想是通过这种技术，来增加用户与浏览器的交互，增加用户在使用网页应用时的体验。

(4) 学习安装和配置一种 Servlet 容器。推荐以 Tomcat 开始，它可以很好地运行 JSP 程序。学习技术的最好方法就是一边学习一边实践。为了运行开发的 JSP 和 Servlet 实例，当然要建立一个测试和运行环境。Tomcat 是 JSP 规范和 Servlet 规范的参考实现，因此也推荐读者在学习阶段使用它作为运行环境。另外，许多 JSP 程序员也使用 Tomcat，因此当遇到问题时，将容易寻得帮助。

(5) 开始学习 JSP 基本语法。JSP 的基本语法包括 JSP 脚本元素、JSP 指令元素、JSP 动作元素等几个基本的组成部分，这一部分知识是 JSP 区别于其他技术的主要内容。

(6) 学习 JDBC。JSP 大多数应用都使用数据库，JDBC 被用于数据库连接。经常忽略的一个事实就是，每个 JDBC Driver 所支持的东西是相当不同的。了解并熟悉在 JSP 工程上被使用的 JDBC Driver 的细节是很重要的。

(7) 学习 Servlet。JSP API 是建立在 Servlet API 基础之上的，为了更深入地理解 JSP，需要学习 Servlet。另外，在高级的 JSP 应用开发中，Servlet 的应用也是很多的，因此作为一个高级的 JSP 程序员，Servlet 的知识是必备的。通过全面深入地学习 Servlet，将会真正理解 JSP 应用在 Servlet 容器上的运行原理，理解 JSP 页面和 Servlet 响应客户端请求的整个过程，此时会将产生一种豁然开朗的感觉。

(8) 学习开源框架。框架(Framework)是一个可复用的设计，它是由一组抽象类及其实例间协作关系来表达的。其实框架就是某种应用的半成品，就是一组组件，供用户选用完成自己的系统。简单说就是使用别人搭好的舞台，你来做表演。而且，框架一般是成熟的、不断升级的软件。框架一般处在低层应用平台(如 J2EE)和高层业务逻辑层之间。

到这里，你已经成为了熟练的 JSP 程序员，但仍然有很多需要学习，可以考虑扩展自己的知识，比如 DHTML、XML、Java 证书、JSP Tag Libraries 或表达式语言，根据想要建造什么类型的网站而决定了。

这些训练是 JSP 的核心。读者不必学完上面所有的，这取决于在工程中分配到什么任务和已经有什么知识。但要成为一个资深的 Web 程序员，所学的东西远远不止这一些。

1.5 小　结

JSP 是目前最为流行的基于 Java Servlet 的 Web 开发技术之一，其底层以 Java 语言为支撑，基于 Servlet 技术，具有很好的开放性、可移植性和可扩展性。本章简单介绍了软件编程系统，动态网站开发技术的现状及 JSP、ASP 和 PHP 等几种主要动态网页技术，并概括了开发一个动态网站所需要掌握的一些必备知识，为后续章节的学习打下基础。

1.6 习　题

1.6.1 选择题

1. JSP 文件在第一次运行的时候被 JSP 引擎编译为(　)文件。

A. Servlet　　B. Class　　C. HTML　　D. XML

2. MVC 设计模式将应用程序分为(　)部分。

A. 2　　B. 3　　C. 4　　D. 5

3. 与 JSP 同类型的技术有(　)。

A. JavaScript　　B. Java　　C. ASP.NET　　D. C#

4. 以下文件名后缀中，只有(　)不是动态网页的后缀。

A. .jsp　　B. .html　　C. .aspx　　D. .php

5. 以下关于 Servlet 和 JSP 的叙述中，正确的是(　)。

A. JSP 和 Servlet 都是 Java

B. Servlet 是 Java 平台下实现的基本技术

C. 在 Servlet 中，需要用 Java 代码向客户端输出返回信息

D. 以上都不对

6. JSP 页面经过转译之后，将创建一个(　)文件。

A. Applet　　B. Servlet　　C. Application　　D. Server

7. 下面关于 JSP 的说法不正确的是(　)。

A. 将内容的生成和显示进行分离　　B. 能够跨平台

C. 可以直接在浏览器端解释执行　　D. 采用标签简化页面开发

8. JSP 在转译阶段生成文件的扩展名是(　)。

A. class　　B. java　　C. exe　　D. bin

9. HTTP 协议默认使用(　)。

A. 8080 端口　　B. 7001 端口　　C. 80 端口　　D. 25 端口

10. 在 JDK 的工具包中用来编译 Java 源文件的工具是(　)。

A. Javac　　B. Javap　　C. Java　　D. Javah

1.6.2 判断题

1. 静态网页*.htm 中可以嵌入脚本代码，如 JavaScript、VBScript 程序段等，但这些程序段不可能在服务器端运行，只能在客户端运行。 ( )

2. 动态网页是在服务器端被执行，其中嵌入的代码只能在服务器端运行，不能在客户端浏览器中运行。 ( )

3. JSP 文件可以单独运行。 ( )

4. JSP 是解释性语言。 ( )

5. JSP 是以 Servlet 程序方式运行的，而 ASP 是由 ASP 引擎解释执行的。 ( )

1.6.3 填空题

1. JSP 的英文全称是__________，中文全称是__________。

2. JSP 页面由__________和嵌入其中的__________所组成。

3. Tomcat 是 JSP 运行的__________。

4. MVC 设计模式将应用程序分为模型、__________和__________。

5. JSP 的实质就是__________。

1.6.4 简答题

1. 什么是静态网页？什么是动态网页？两者的区别是什么？试举例说明。

2. 什么是 B/S 模式？什么是 C/S 模式？试举例说明。

3. 什么是 JSP？与 ASP、PHP、ASP.NET 相比，JSP 有哪些优点？

4. JSP、Java 和 JavaScript 有什么区别与联系？

1.6.5 拓展实践题

1. 体验静态网页和动态网页的特点。

在客户端浏览器地址栏中输入 http://www.sina.com/进入新浪网主页，查看新闻内容，体验静态网页的特点。在客户端浏览器地址栏中输入 http://www.csdn.net/index.htm，进入中国程序员网，注册会员，体会动态网页特点。在“程序员网”注册成功后，使用用户名登录程序员网，查询相关 JSP 的学习资料。

2. 通过网上书店购书，体验 Web 应用程序特点。

第 2 章

JSP动态网页设计基础

要使用 JSP 开发专业的动态网站，首先必须熟练掌握静态网站的制作技术。HTML 是在学习 JSP 之前必须了解的基础知识，很多 JSP 语法的使用都是建立在 HTML 文档的基础上。实际开发中，一般都是使用现成的 HTML 文档来添加 JSP 的动态脚本并做适当修改，除了特殊的应用，很少从零开始写一个 JSP 页面，所以读懂 HTML 文档并了解 HTML 语言中的技巧，可为更快地上手 JSP 提供很大的帮助。

JavaScript 是 JSP 知识体系中一个可选的知识模块。也就是说，不了解 JavaScript 知识不会影响 JSP 的应用开发，但是如果掌握了 JavaScript 的知识，将可以更加方便地解决网页开发中的某些特定问题，例如经常使用 JavaScript 判断用户在表单中输入数据的合法性。

本章集中介绍一些实际开发中经常用到的 HTML 标签，以及简单的 JavaScript 应用。

本章学习目标

◎ 了解 HTML 与 JSP 的关系

◎ 掌握 HTML 的常用标签

◎ 能够使用 HTML 设计基本网页

◎ 能够使用 HTML 设计网络中常用的表单

◎ 能够使用简单的 CSS 控制页面样式

◎ 了解 JavaScript 在 JSP 学习中的作用

◎ 了解 JavaScript 的简单应用

◎ 能够读懂 JavaScript 程序，并能通过查阅资料了解更多 JavaScript 应用

2.1 HTML 技术

HTML 是 Hyper Text Markup Language 的缩写，中文一般译为“超文本标记语言”。用 HTML 语言编写的超文本文档称为 HTML 文档，和一般文档的不同之处是，一个 HTML 文件不仅包含文本内容，还包含一些 Tag，中文称为“标签”或者“标记”。HTML 文件的后缀名是.html 或者.htm。

本书简单介绍 HTML 5，HTML 5 是用于取代 HTML 4.01 和 XHTML 1.0 标准的 HTML 标准版本。HTML 5 第一份正式草案已于 2008 年 1 月公布，现在仍处于完善之中，大部分现代浏览器已经部分支持 HTML5。

2.1.1 HTML5 基本结构

HTML 文档的基本结构如下：

```
<!DOCTYPE html>
<html>
<head>
...
</head>
<body>
...
</body>
</html>
```

我们称<html>…</html>、<body>…</body>等为“标签”或“标记”，它是组成 HTML 文件的重要部分，标签是一些字母或单词，放在尖括号内。

- <!DOCTYPE html>表示文档的类型。
- HTML 文档分为文档头和文档体两部分，头部信息和主体部分信息都包含在<html>和</html>标签之间，这一对标签表示包含的内容为 HTML 文档。
- 头部信息放在<head>和</head>之间，用来说明网页的一些基本情况，例如网页的标题等。
- 网页的主体信息包含在<body>和</body>之间，包含网页的正文部分。

【例 2-1】网页的基本结构(first.html)。

```
<!DOCTYPE html>
<html>
<head>
<title>我的第一个网页</title>
</head>
<body>
众里寻他千百度，蓦然回首，那人却在，灯火阑珊处。
</body>
</html>
```

创建 HTML 文档的步骤如下：

(1) 建立站点根目录。新建一个文件夹用于存放网页，比如在 D 盘创建一个文件夹 ch02，在本章我们把它作为站点根目录，读者在做练习时可以自行设定站点根目录。

(2) 编写代码。HTML 可以使用任何字处理软件来编写，最简单的是 Windows 自带的记事本。用记事本编写以上代码，标题和网页主体内容可以适当修改。

(3) 保存文件。文件名命名为 first.html(注意：其中 first 是自己为文件起的名字，可修改，但扩展名必须为 html 或者 htm)，另外注意将“保存类型”改为“所有文件”，如图 2-1 所示。

图 2-1 保存 html 文件

(4) 浏览网页。保存完毕后，在文件夹 ch02 中可以看到 first.html 被浏览器识别，双击即可查看网页效果，在 IE9.0 中浏览效果如图 2-2 所示，如需要继续编辑，则右击选择以记事本打开。

图 2-2 第一个网页浏览效果

注意

记事本默认的扩展名为.txt，在保存 HTML 文件时，最好的方法是在文件名的两侧加上双引号，并将“保存类型”改为“所有文件”，可以保证文件以 HTML 文件格式存储。

我们回过头分析一下第一个网页，其中的代码由四对标签组成。

- <html>…</html>：表示整个 HTML 文档的开始和结束，网页的所有内容都位于这两个标签之间。

- <head>…</head>：头部标签，在例子中，头部之间插入一对标题标签。
- <title>…</title>：标题标签，说明该 HTML 文件的标题是什么，当浏览该文件时，标题显示在浏览器上方的标题栏内。在第一个网页中，我们在<title>…</title>标签之间包含的标题是“我的第一个网页”，在图 2-2 中可以看到它显示在网页的标题栏。
- <body>…</body>：主体标签，页面的主体部分都放在这对标签之间。在第一个网页中，我们在<body>…</body>标签之间包含的内容是“众里寻他千百度，蓦然回首，那人却在，灯火阑珊处。”，在图 2-2 中可以看到这行字显示在网页的主体部分。

2.1.2 HTML 常用标签

前文我们提到 HTML 用于描述功能的符号称为“标签”，也称为“标记”。比如<html>、<head>、<body>等都是标签。标签大多是成对使用，分别表示功能的开始和结束，但也有不需要结束标签的。

标签可以从大体上分为单标签(没有结束标签)和双标签(有结束标签)两种，根据有没有属性，有以下四种显示方式：

- <标签>…</标签>
- <标签 属性 1=值 1 属性 2=值 2 …>...</标签>
- <标签 />
- <标签 属性 1=值 1 属性 2=值 2 … />

HTML 常用的标签有文本相关标签、图像标签、超链接标签、表格类标签、表单标签等。

1. 文本

在网页中添加文本非常简单，只需要把要添加的文字输入到<body>和</body>之间。

【例 2-2】在网页中输入文字(text.html)。

在网页中输入词《青玉案·元夕》，代码如下。

```
<!DOCTYPE html>
<html>
<head>
<title>青玉案·元夕</title>
</head>
<body>
东风夜放花千树，
更吹落，星如雨。
宝马雕车香满路。
凤箫声动，玉壶光转，一夜鱼龙舞。

蛾儿雪柳黄金缕，
笑语盈盈暗香去。
众里寻他千百度，
蓦然回首，那人却在，灯火阑珊处。
</body>
</html>
```

预览网页，结果如图 2-3 所示，似乎没有我们预期的结果，这是因为，如果没有标签修饰文本，文字将以无格式的形式显示(如果浏览器窗口显示不下，则自动换行)，要实现分段可以使用标签来修饰文字，但是 HTML5 不再有用于修饰文本字体、大小和颜色的<font>标签，而改由 CSS 来实现这些。

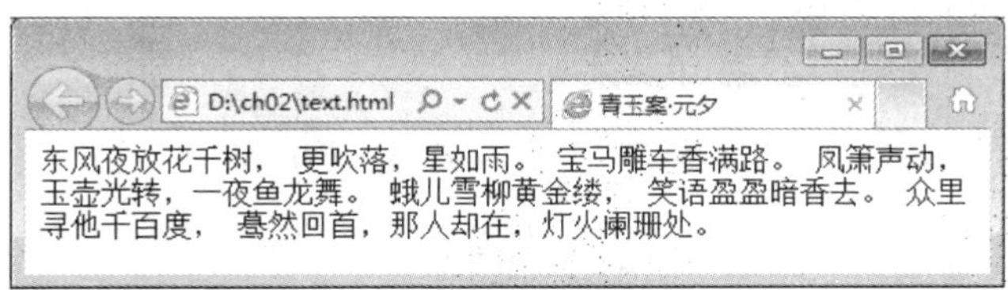

图 2-3 多行文本的预览

(1) 分段排版。分段标签主要有“预先格式化标签”<pre>…</pre>、“换行标签”
和“段落标签”<p>…</p>。

- 预先格式化标签<pre>…</pre>：添加在文本的开始和结尾处。用这个标签括起来的文本，在网页中会按照输入时的格式显示。
- 换行标签
：换行标签加在需要换行的位置，当浏览器遇到这个标签时，会自动进行换行。
- 段落标签<p>…</p>：段落标签添加在段首和段尾。值得注意的是，在 HTML5 中<p>标签不再保留属性 align。段落标签和
标签的不同之处在于在不同段落之间，多一行空行。

【例 2-3】预先格式化标签的使用(pre.html)。

```
<!DOCTYPE html>
<html>
<head>
<title>青玉案 元夕</title>
</head>
<body>
<pre>
东风夜放花千树，
更吹落，星如雨。
宝马雕车香满路。
凤箫声动，玉壶光转，一夜鱼龙舞。

蛾儿雪柳黄金缕，
笑语盈盈暗香去。
众里寻他千百度，
蓦然回首，那人却在，灯火阑珊处。
</pre>
</body>
</html>
```

预览结果如图 2-4 所示。

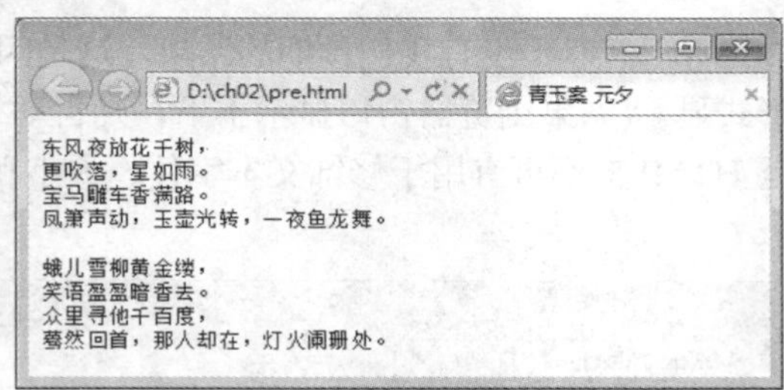

图 2-4　<pre>…</pre>标签的使用

【例 2-4】换行和段落标签的使用(paragraph.html)。

```
<!DOCTYPE html>
<html>
<head><title>换行标签和段落标签</title></head>
<body>
<p>老木匠的房子</p>
<hr />
<p>有个老木匠准备退休，回家与妻子儿女享受天伦之乐。<br />
老板舍不得他的好工人走，问他是否能帮忙再建一座房子，老木匠说可以。但是他的心已不在工作上，他用的是软料，出的是粗活。房子建好的时候，老板把大门的钥匙递给他。<br />
“这是你的房子，”他说，“我送给你的礼物。”</p>
<p>他震惊得目瞪口呆，羞愧得无地自容。如果他早知道是在给自己建房子，他怎么会这样呢？现在他得住在一幢粗制滥造的房子里！我们又何尝不是这样。我们漫不经心地“建造”自己的生活，不是积极行动，而是消极应付，凡事不肯精益求精，在关键时刻不能尽最大努力。等我们惊觉自己的处境，早已深困在自己建造的“房子”里了。</p>
</body>
</html>
```

预览结果如图 2-5 所示。

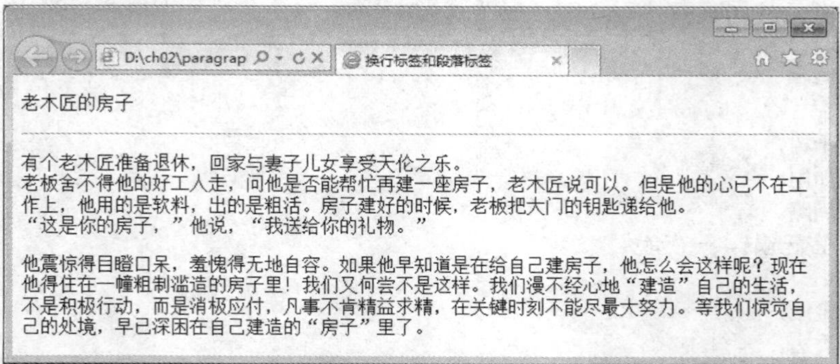

图 2-5 段落标签和换行标签的使用

除了段落标签和换行标签外，该例子第 6 行使用到了水平线标签<hr />，该标签在网页中显示一条水平分割线。

(2) 强调文本。有些时候，我们会希望对某些文本进行必要的强调，或者标记出需要在 CSS 中强调的文本。

- 粗体标签：<b>...</b>
- 斜体标签：<i>...</i>

【例 2-5】强调文本(empha.html)。

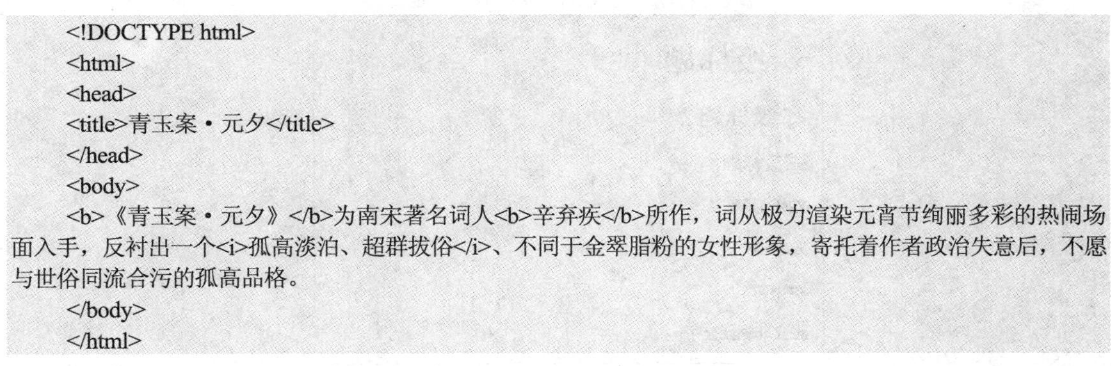

```
<!DOCTYPE html>
<html>
<head>
<title>青玉案·元夕</title>
</head>
<body>
<b>《青玉案·元夕》</b>为南宋著名词人<b>辛弃疾</b>所作，词从极力渲染元宵节绚丽多彩的热闹场面入手，反衬出一个<i>孤高淡泊、超群拔俗</i>、不同于金翠脂粉的女性形象，寄托着作者政治失意后，不愿与世俗同流合污的孤高品格。
</body>
</html>
```

在浏览器中结果如图 2-6 所示。

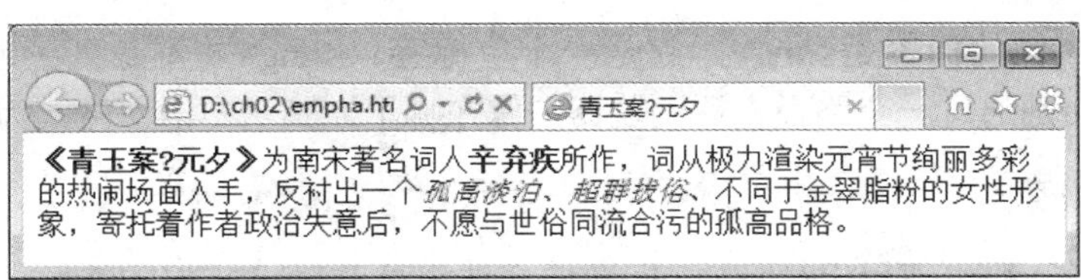

图 2-6 强调文本

(3) 标题文本。一般文章都有标题、章和节等结构，HTML 中提供了标题标签<h1>、<h2>、<h3>、<h4>、<h5>和<h6>，<h*n*>中的 *n* 表示标题级别，*n* 值越小，标题字号越大。标题标签也是成对出现的。

【例 2-6】标题标签的使用(headline.html)。

```
<!DOCTYPE html>
<html>
<head><title>标题标签的使用</title></head>
<body>
<h1>一级标题</h1>
<h2>二级标题</h2>
<h3>三级标题</h3>
<h4>四级标题</h4>
<h5>五级标题</h5>
<h6>六级标题</h6>
正文非标题文字
</body>
</html>
```

在浏览器中结果如图 2-7 所示。

2. 图像

适当的应用图像可以使网页变得赏心悦目、充满吸引力，网页中可以加入的图像格式有 JPG、GIF 和 PNG。

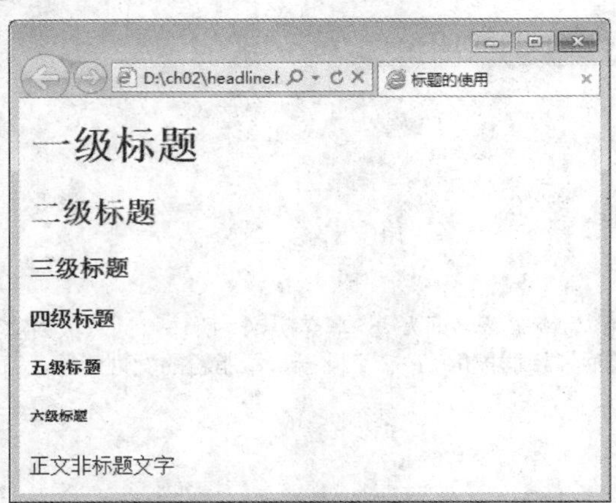

图 2-7 标题标签的使用

网页中插入图像的标签是<img>，它是一个单标签。<img>并不是真正地把图片加入到 HTML 文件中，而是通过一个路径告诉浏览器图像在哪里。其基本语法格式为：

```
<img src=图像路径 />
```

这里图像路径一般也使用相对路径，即图像文件相对于 html 文档的路径，<img>标签的常用属性如表 2-1 所示。

表 2-1 <img>标签的属性

属 性	说 明
src	图像文件的路径，一般使用图像文件相对于网页文档的相对路径
alt	图像的说明文字，在网页不能正常显示时出现该文字，另外在浏览器中，当鼠标经过并短暂停留时，也会显示出该说明文字
width 和 height	图像的高度和宽度，单位是像素，默认为图像的实际大小

下面要在网页中加入图像 flower1.jpg、flower2.jpg 和 flower3.jpg。首先，要将图像置入 D:\ch02\images 中，然后在网页中加入<img src="images/flower1.jpg" alt="牵牛花" width="300" height="225" />，加入其他几幅图像方法类似。

【例 2-7】在网页中加入图像(image.html)。

```
<!DOCTYPE html>
<html>
<head><title>图像应用</title></head>
<body>
<img src="images/flower1.jpg" alt="牵牛花" width="300" height="225" />
<img src="images/flower2.jpg" alt="牵牛花" width="300" height="225" />
<img src="images/flower3.jpg" alt="牵牛花" width="300" height="225" />
<hr />
牵牛花属于旋花科牵牛属，一年或多年生草本缠绕植物。这一种植物的花酷似喇叭状，因此有些地方叫它做喇叭花。种植牵牛花一般在春天播种，夏秋开花，其品种很多，花的颜色有蓝、绯红、桃红、紫等，亦有混色的，花瓣边缘的变化较多，是常见的观赏植物。果实卵球形，可以入药。牵牛花叶子三裂，基部心形。花呈白色、紫红色或紫蓝色，漏斗状，全株有粗毛。花期以夏季最盛。种子具有药用价值。
```

```
</body>
</html>
```

预览效果如图 2-8 所示。

图 2-8 在网页中加入图像

3. 超链接

超级链接(HyperLink)习惯上称为超链接。给网页上的文本或图像设置超链接，可以使得从源点跳到目标点。

基本语法如下：

```
<a href=链接目标地址>文字或图像</a>
```

语法说明如下：

- 在 HTML 文件中，超链接目标可以分为内部链接和外部链接。所谓内部链接，指网站内部文件之间的链接，此类链接的地址一般使用相对地址，即链接目标文件相对于该网页文件的路径地址。所谓外部链接，指网站内的文件链接到站点外文件的链接，外部链接一般使用绝对地址，比如链接到新浪，地址就是 http://www.sina.com.cn。
- 链接的源点可以是文字或者图像。
- 另外，比较特殊的是在网页上添加一个电子邮件链接。添加电子邮件链接，只需要在希望链接的电子邮件地址的文字前后分别加上<a href=mailto:电子邮件地址>和</a>即可。在浏览网页时，单击链接文字就可以打开本机上默认的电子邮件收发软件。

【例 2-8】超链接(link.html)。

```
<!DOCTYPE html>
<html>
<head><title>超链接</title></head>
<body>
<p>
汉宫春  立春日 <br /><br />
春已归来，看美人头上，袅袅春幡。<br />
无端风雨，未肯收尽余寒。<br />
```

```
年时燕子，料今宵梦到西园。<br />
浑未办黄柑荐酒，更传青韭堆盘<br />
<br />
却笑东风从此，便薰梅染柳，更没些闲。<br />
闲时又来镜里，转变朱颜。<br />
清愁不断，问何人会解连环？<br />
生怕见花开花落，朝来塞雁先还。
</p>
<a href="images/han2.jpg">
    <img src="images/han1.jpg" alt="点击查看原图" width="300" target="_blank" />
</a>
<p>文字来源:<a href="http://baike.baidu.com">百度百科</a></p>
<p>辛弃疾的其他作品<br />
<a href="pre.html" target="_blank">青玉案  元夕</a><br />
<a href="chounuer.doc">丑奴儿  书博山道中壁</a> <br />
<a href="images/han2.jpg" target="_blank">文中配图</a>
</p>
<p><a href="mailto:meihao@163.com">联系我们</a></p>
</body>
</html>
```

网页显示效果如图 2-9 所示。

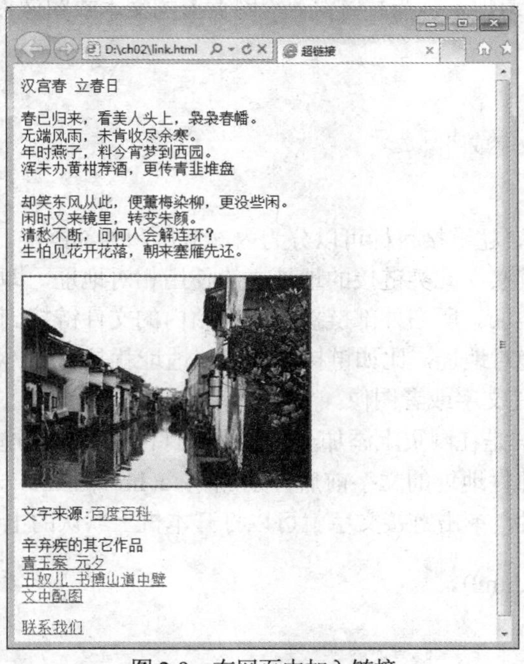

图 2-9　在网页中加入链接

该网页存在站点根目录 D:\ch02，在该网页中加入了 6 个链接：

- 第 1 个链接<a href="images/han2.jpg"><img src="images/han1.jpg" alt="点击查看原图" width="300" target="_blank" /></a>，链接源点为图像 han1.jpg，目标点为图像 han2.jpg，这两幅图像都存储在 D:\ch02\images 中。

- 第 2 个链接<a href="http://baike.baidu.com">百度百科</a>，链接源点为文字"百度百科"，目标点为外部网址 http://baike.baidu.com。
- 第 3 个链接<a href="pre.html" target="_blank">青玉案 元夕</a>，链接源点为文字"青玉案 元夕"，目标点为 D:\ch02 中的内部网页 pre.html。
- 第 4 个链接<a href="chounuer.doc">丑奴儿 书博山道中壁</a>，链接源点为文字"丑奴儿 书博山道中壁"，目标点为 D:\ch02\images 中的 word 文档 chounuer.doc。
- 第 5 个链接<a href="images/han2.jpg" target="_blank">文中配图</a>，链接源点为文字"文中配图"，目标点为 D:\ch02\images 中的图像 han2.jpg。
- 第 6 个链接<a href="mailto:meihao@163.com">联系我们</a>为电子邮件链接。

链接属性中 target="_blank"表示在新窗口中打开链接目标。如果没有设置目标属性或者设置为 target="_self"，则在当前窗口打开链接。

4. 表格

表格曾经是网页中最常使用的排版方法，DIV+CSS 排版布局方法出现后，表格更多用来显示各种数据，在这里我们只简单介绍一下。

表格所涉及的标签有"表格标签""行标签"和"单元格标签"。

- <table>…</table>：表格标签，表示一个表格的开始和结束。
- <tr>…</tr>：行标签，成对出现，包含在表格标签之间，有几对行标签说明该表格有几行。
- <td>…</td>：单元格标签，成对出现，包含在行标签之间，有几对单元格标签说明该行有几个单元格，另外<th>是特殊的单元格，表示该单元格为标题，即表头。

表格的 3 个标签在 HTML4 之前有很多属性，在 HTML5 中基本都不再支持，表 2-2 给出了 HTML5 中表格标签的属性。

表 2-2 表格相关标签的属性

属　性	说　明
border	<table>标签的属性，border 属性只允许使用值 1 或 0；表示是否显示表格的边框
colspan	<td>标签的属性，表示跨多列，如 colspan=3 表示该单元格跨 3 列，即横向合并 3 个单元格
rowspan	<td>标签的属性，表示跨多行，rowspan=2 表示该单元格跨 2 行，即纵向合并 2 个单元格

【例 2-9】表格示例(table.html)。

```
<!DOCTYPE html>
<html>
<head><title>表格应用</title></head>
<body>
<table border="1">
        <tr>
        <th colspan="5">学生登记表</th>
</tr>
<tr>
```

```
<th>学号</th><th>姓名</th><th>年龄</th><th>专业</th><th>照片</th>
</tr>
<tr>
<td>201303001</td><td>张小凡</td><td>18</td><td>软件开发</td>
<td><img src="images/photo1.jpg" /></td>
</tr>
<tr>
<td>201303002</td><td>碧瑶</td><td>17</td><td>计算机多媒体技术</td>
<td><img src="images/photo2.jpg" /></td>
</tr>
<tr>
<td>201303003</td><td>陆雪琪</td><td>16</td><td>计算机应用</td>
<td><img src="images/photo3.jpg" /></td>
</tr>
</table>
</body>
</html>
```

预览结果如图 2-10 所示。

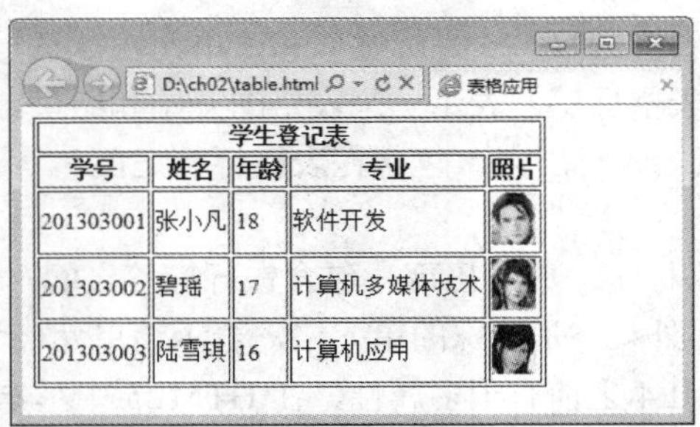

图 2-10　表格应用

2.1.3　表单

表单是网页中提供的一种交互式操作手段，在网页中的使用十分广泛。无论是提交搜索的信息，还是网上注册等都需要使用表单。用户可以通过提交表单信息与服务器进行动态交流。表单主要可以分为两部分：一是 HTML 源代码描述的表单；二是提交后的表单处理，需要调用服务器端编写好的 JSP 等代码对客户端提交的信息作出回应。该部分仅讲述 HTML 源代码描述的表单。

在 HTML 中，在需要使用表单的地方插入成对的表单标签<form></form>即可。

基本语法如下：

```
<form name=" "  method=" "  action=" "  enctype=" ">
表单项、文字、图片等
</form>
```

其中，name 属性表示表单的名称；method 属性指定传输方式，可以选择 post 或 get(在 7.5 节中详细介绍两者的区别)；action 属性用来指定接纳表单数据的 JSP 页面或者 Servlet，如果该属性为空则提交给当前页面；enctype 属性指定传送数据的编码方式，默认值是

application/x-url-encoded，利用表单上传文件时，需要改变编码方式，此时需要配合 post 方法。

1. 常用表单项

表单最重要的作用是获取用户信息，这就需要在表单中加入表单项(控件)，例如文本框、单选按钮等，常用的表单项如表 2-3 所示。

表 2-3　常见表单项

表单项	说　　明
<input type="text">	单行文本框
<input type="password">	密码文本框
<input type="submit">	提交按钮，将表单里的信息提交给表单里 action 所指向的地址
<input type="image">	图片提交
<input type="reset">	重置按钮，重设表单内容
<input type="button">	普通按钮
<input type="hidden">	隐藏元素
<input type="radio">	单选按钮
<input type="checkbox">	复选框
<input type="file">	文件域
<select>...</select>	列表框
<textarea>...</textarea>	多行文本框

(1) 单行文本框。单行文本框允许用户输入一些简短的单行信息，例如用户姓名、住址等。其基本语法如下所示：

```
<input type=text name="名称" size="数值"  value="预设内容" maxlength="数值" />
```

- name：设定文本框的名称，数据交互中会用到。
- size：设定此文本框显示的宽度。
- value：设定此文本框的预设内容。
- maxlength：设定此文本框输入的最大长度。

(2) 密码文本框。密码文本框主要用于一些保密信息的输入，例如密码。其基本语法如下所示：

```
<input type="password"  name="名称" size="数值" value="预设内容" maxlength="数值" />
```

密码文本框用法基本与单行文本框一样，其属性也类似于单行文本框，在此不予重复。

(3) 提交按钮。通过提交按钮可以将表单里的信息提交给表单 action 所指向的文件地址。其基本语法如下所示：

```
<input type="submit"  name="名称" value="预设内容" />
```

- name：设定提交按钮的名称。
- value：设定按钮上显示的文本，默认为“提交”。

(4) 图片提交。“图片提交”作用和“提交按钮”相同，不同的是“图片提交”以一个图片作为表单的提交按钮，其中 src 属性表示图片的路径。其基本语法如下所示：

```
<input type="image"   src="图片路径" name="名称" alt="替代文本" width="宽度" height="高度" />
```

- name：设定提交图片的名称。
- src：图像路径，一般使用相对路径。
- alt：鼠标经过图像或者图像不显示时的替换文本。
- width：设定图像的宽度。
- height：设定图像的高度。

例如：

```
<input type=" image" src="images/sub.gif" name=" imageField" alt="点此提交" />
```

(5) 重置按钮。重置按钮是表单中另外一个比较常用的按钮，其作用是重置用户填写的信息。其基本语法如下所示：

```
<input type="reset"   name="名称" value="预设内容">
```

- name：设定提交按钮的名称。
- value：设定按钮上显示的文本，默认为“重置”。

(6) 普通按钮。另外，表单中经常用到普通按钮，它没有默认的动作，有时需要利用 JavaScript 来做一些特殊的效果时使用。其基本语法如下所示：

```
<input type="button"   name="名称" value="预设内容">
```

除了按钮的显示文字外，可以在按钮上添加很多效果，特别是单击按钮后发生的事件等，如图 2-11 所示是一个单击后会有对话框提示的按钮，下面是对应的 HTML 源代码：

```
<input type="button" name="button1" value="单击进入" onclick="alert('你单击按钮了')" />
```

图 2-11　按钮示例

(7) 隐藏元素。隐藏元素多用于在提交表单时向服务器传递一些不需要用户设定但程序必需的参数值。这在动态网页中的需求更加明显。基本语法如下所示：

```
<input type="hidden" name="参数名称" value="参数取值">
```

隐藏元素一般位于<form></form>标签内，在表单提交时一同被发送给服务器端，下面是一个隐藏元素的使用示例，功能是在表单提交时，将用户的 IP 地址和用户所在的地区传送给服务器端，这种数据传递用户往往是不会发觉的。

```
<input type="hidden" name="userIP" value="123.123.123.123">
<input type="hidden" name="region" value="northeast">
<input type="submit" value="注册">
```

(8) 单选按钮。单选按钮通常是给出几个选项供用户选择，一次只能从中选一个，应用单选按钮时要确定显示给用户的文字和不同选项的取值。其基本语法如下所示：

```
<input type="radio" name="名称" value="选项内容" checked="checked">
```

- value：设定此单选按钮的选定值。
- checked：当该项默认被选中时设定，否则不设定。

(9) 复选框。复选框通常是给出几个选项供用户选择，并且可以从中选择多个，使用复选框时也要确定显示给用户的文字和不同选项的取值。其基本语法如下所示：

```
<input type="checkbox" name="名称" value="选项内容" checked="checked">
```

- value：设定此复选框的选定值。
- checked：当该项默认被选中时设定，否则不设定。

(10) 文件域。文件域是用来填写文件路径，通过表单上传文件的地方。

```
<input type="file" name="名称">
```

(11) 列表框。列表框是表单中供用户选择的一个表单项，可以显示多个选项供选择，且用户能同时选择其中的一个或多个。列表框中包含<option>标签。其基本语法如下所示：

```
<select name="名称 " size="大小" multiple="multiple">
<option value=" "></option>
<option value=" "></option>
…
</select>
```

- name：设定下拉列表的名称。
- size：设定下拉列表显示选项的个数。
- multiple：设定此下拉列表可多选，如果为单选则省略该项。
- value：<option>的属性，当选择该项时的值。

<select>中 size 属性指整个选项框内显示的选项个数，默认为 1，当 size 值大于 1 时，列表框会改变形式，显示出多个列表项。一般情况下，列表框都是用在单选的情况下，如果要使用多选的功能，只要加上 multiple="multiple"就可以了。

(12) 多行文本框。多行文本框用来输入较多的文字信息，常在新闻发布与论坛等系统中用到。其基本语法如下所示：

```
<textarea name="名称" rows="文本框的显示行数" cols="文本框的显示列数"></textarea>
```

- rows：文本框显示的行数。
- cols：文本框显示的列数。

使用多行文本框时主要是确定它的名称以及大小(行数与列数)，当用户输入的文字超过显示容量时，多行文本框会自动产生滚动条。

【例 2-10】表单应用(form.html)。

```
<!DOCTYPE html>
<html>
<head><title>表单应用</title></head>
<body>
<form action="" method="post" enctype="multipart/form-data" name="form1">
<table border="1">
    <tr>
      <td colspan="2">会员注册</td>
    </tr>
    <tr>
      <td>用户名：</td>
      <td><input type="text" name="userid" /></td>
    </tr>
    <tr>
      <td>密码：</td>
      <td><input type="password" name="pass" /></td>
    </tr>
    <tr>
      <td>确认密码：</td>
      <td><input type="password" name="pass2" /></td>
    </tr>
    <tr>
      <td>性别：</td>
      <td>
        <input type="radio" name="gender" value="male" />男
        <input type="radio" name="gender" value="female" />女
      </td>
    </tr>
    <tr>
      <td>爱好：</td>
      <td><input type="checkbox" name="checkbox" value="001" />体育
        <input type="checkbox" name="checkbox2" value="002" /> 音乐
        <input type="checkbox" name="checkbox3" value="003" /> 文学
        <input type="checkbox" name="checkbox4" value="004" /> 其他</td>
    </tr>
    <tr>
      <td>所在城市：</td>
      <td><select name="select">
        <option value="01">北京</option>
        <option value="02">上海</option>
        <option value="03">天津</option>
        <option value="04">重庆</option>
      </select></td>
    </tr>
    <tr>
      <td>照片：</td>
      <td><input type="file" name="photo"><input type="button" value="上传"></td>
    </tr>
    <tr>
      <td>备注：</td>
```

```
        <td><textarea name="textfield" rows="3"></textarea></td>
      </tr>
      <tr>
        <td> </td>
        <td><input type="submit" name="Submit" value="提交">
              <input type="reset" name="Submit2" value="重置"></td>
      </tr>
</table>
</form>
</body>
</html>
```

在浏览器中预览效果如图 2-12 所示。

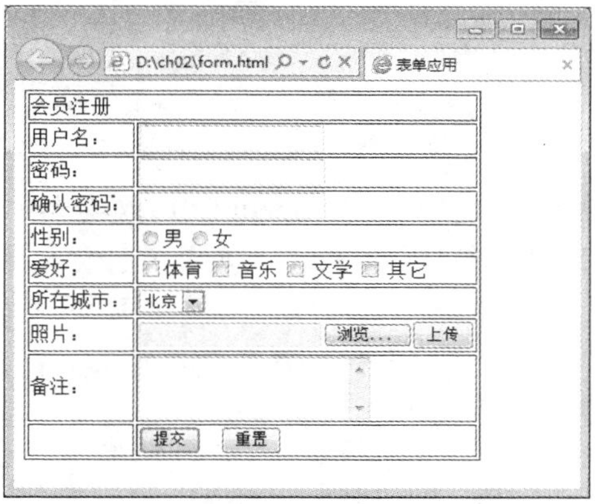

图 2-12 表单示例

2. HTML5 新增表单项

HTML5 中定义了很多全新的表单输入类型，这些新的表单类型为网页设计提供了更好的输入控制和验证方法，表 2-4 列举了一些新的表单项。

表 2-4 HTML5 新增表单项

表单项	说　　明
<input type="color">	颜色选择器
<input type="date">	日期选择器
<input type="datetime">	日期时间选择器
<input type="month">	月份选择器
<input type="time">	时间选择器
<input type="week">	周选择器
<input type="email">	邮件输入框
<input type="number">	数字输入框，可以设置输入值的范围
<input type="range">	数字滑动条，通过拖动滑动条改变一定范围内的数字
<input type="search">	搜索输入框
<input type="tel">	电话号码输入框
<input type="url">	输入 URL 地址的文本框

【例 2-11】新增表单项的应用(form2.html)。

```
<!DOCTYPE html>
<html>
<head>
<title>新增的表单项</title>
</head>
<body>
<form>
输入您的出生日期：<input type="date" /> <br /><br />
输入您的 E-mail：<input type="email" name="user_email" /><br /><br />
输入您的身高(cm)：<input type="number" min="50" max="240" /><br /><br />
选择您喜欢的颜色：<input type="color" /><br /><br />
<input type="submit" />
</form>
</body>
</html>
```

新增表单项的浏览器支持性还不太好，在 Opera 12.15 浏览器中显示结果如图 2-13 所示。日期和日期选择项都支持用户直接选取，E-mail 项如果用户输入不正确，在提交表单时会有提示。

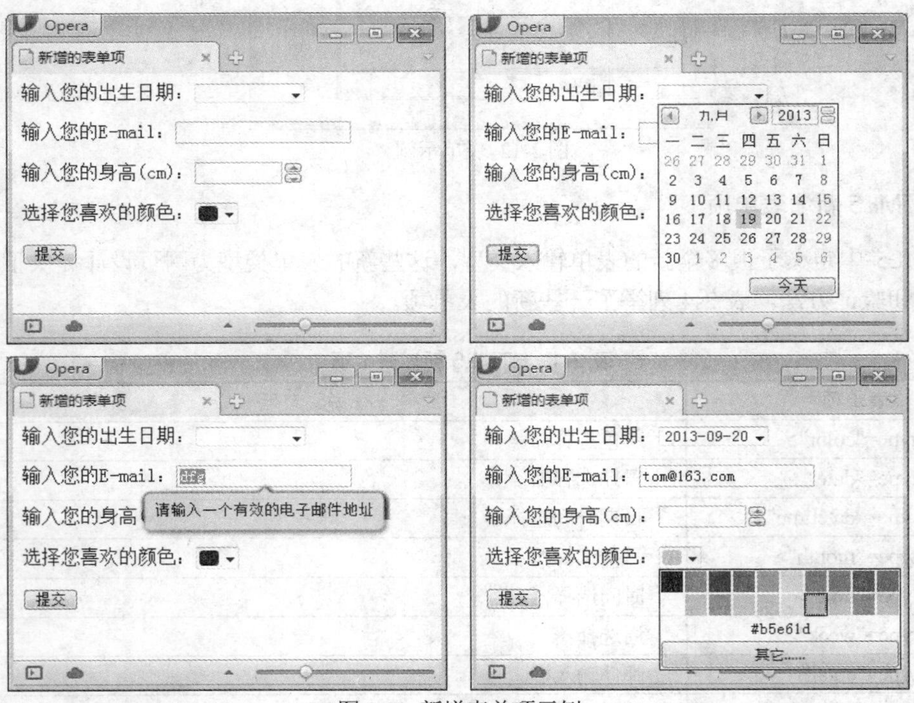

图 2-13 新增表单项示例

3. <input>标签的常用属性

这一节我们讲解几个<input>标签非常有用的属性，如表 2-5 所示。

表 2-5 <input>标签的属性

属　性	说　明
autofocus	用法<input autofocus="autofocus" />，表单项在页面加载后自动地获取焦点
multiple	用法<input multiple="multiple" />，设置输入框可以同时选中多个输入值
placeholder	用法<input placeholder="提示文本" />，可以在输入域内给浏览者显示一段提示语句，当输入域获得焦点时，也就是当用户将光标定位进去后，这种提示就会消失，从而让用户输入自己的内容。placeholder 属性适用于以下几种类型的<input>标签：text、url、telephone、search、email 以及 password
required	用法<input required="required" />，规定其所在的输入域在提交之前不能为空，否则不能提交。
pattern	适用于以下类型的 <input> 标签：text、telephone、url、search、email 以及 password。pattern 属性的作用相当于给 input 输入域加上一个验证模式，这个验证模式(pattern)是一个正则表达式

【例 2-12】<input>标签的属性(form3.html)。

```
<!DOCTYPE html>
<html>
<head>
<title>input 的常用属性</title>
</head>
<body>
<form>
必须输入的项：<input type="text" required="required" /> <br /> <br />
自动获取焦点：<input type="text" autofocus="autofocus" /> <br /> <br />
6~9 个英文字母：<input type="text" pattern="[A-Za-z]{6,9}" /> <br /> <br />
提示文本：<input type="text" placeholder="网页设计" /> <br /> <br />
<input type="submit" />
</form>
</body>
</html>
```

【例 2-12】在 Opera 12.15 浏览器中显示效果如图 2-14 所示。

图 2-14　<input>标签的属性示例

2.1.4 XML 与 XHTML

1. XML

XML(Extensible Markup Language，可扩展标签语言)与 HTML 一样，都是 SGML(Standard Generalized Markup Language，标准通用标签语言)。XML 是 Internet 环境中跨平台的、依赖于内容的技术，是当前处理结构化文档信息的有力工具。XML 是一种简单的数据存储语言，使用一系列简单的标签描述数据，而这些标签可以很方便地建立。虽然 XML 比二进制数据要占用更多的空间，但 XML 极其简单并易于掌握和使用。

XML 是一种元标签语言，没有许多固定的标签，为 Web 开发人员提供了更多的灵活性。当使用 HTML 时，标签只是简单地表示内容的显示形式，与表示的内容没有任何关联，会给文档的进一步处理带来极大的不便。比如要表示个人简历，用 HTML 的表示方式如下(文件名 resume.html)：

```
<html>
<body>
<table width="400" border="1" bordercolor="#336666">
  <tr>
    <th>姓名</th><th>性别 </th><th>出生日期</th><th>专业</th>
  </tr>
  <tr>
    <td>张三</td><td>男</td><td>1991.8.12</td><td>软件开发</td>
  </tr>
</table>
</body>
</html>
```

这里无法从<th>、<td>等标签得知其内容表示什么，如果用 XML，相应的文档(文件名 resume.xml)就可以写成如下形式：

```
<?xml version="1.0" encoding="gb2312"?>
<?xml:stylesheet type="text/xsl" href="resume.xsl"?>
<resume>
<name>张三</name>
<sex>男</sex>
<birthday>1991.8.12</birthday>
<major>软件开发</major>
</resume>
```

这里，version 规定了 XML 文档的版本，encoding 规定了 XML 文档的编码类型，此处取值 gb2312 表示简体中文。对比两个例子，使用 XML 可以做到自定义标签，用标签表明内容的含义。这就为在网络上交流资料时用计算机处理文档提供了极大的方便，也增加了源文件的可读性。当然 resume.xml 能以表格形式运行的前提是必须自定义好形式，定义其显示形式的文件如下(文件名 resume.xsl，在 xml 文件的第二行引入了该 xsl 文件)：

```
<?xml version="1.0" encoding="GB2312"?>
<html xmlns:xsl="http://www.w3.org/TR/WD-xsl">
```

```
<body>
<xsl:for-each select="resume">
<table width="400" border="1" bordercolor="#336666">
<tr>
<th>姓名</th><th>性别</th><th>生日</th><th>专业</th>
</tr>
<tr>
<td><xsl:value-of select="name"/></td>
<td><xsl:value-of select="sex"/></td>
<td><xsl:value-of select="birthday"/></td>
<td><xsl:value-of select="major"/></td>
</tr>
</table>
</xsl:for-each>
</body>
</html>
```

XSL 之于XML，就像 CSS 之于 HTML。它是指可扩展样式表语言 (Extensible Stylesheet Language)，这是一种用于以可读格式呈现 XML 数据的语言。有了 resume.xsl 定义显示形式，文件 resume.xml 在浏览器中显示的形式和 resume.html 形式相同，如图 2-15 所示，不过它给程序员提供了更大的灵活性，也更易于数据交换。

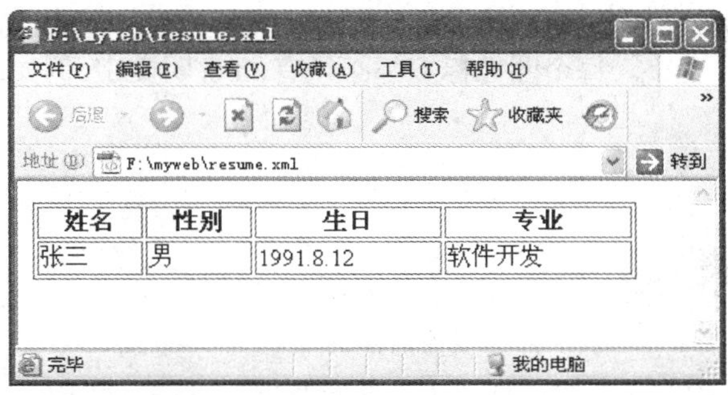

图 2-15　浏览 xml 文件

2. XHTML

可扩展超文本标签语言(Extensible Hypertext Markup Language，XHTML)与 HTML 类似，不过语法上更加严格。HTML 语法要求比较松散，这样对网页编写者来说比较方便，但对于机器来说，语言的语法越松散，处理起来就越困难。传统的计算机还有能力兼容松散语法，但对于许多其他设备，比如手机，难度就比较大。因此产生了由 DTD 定义规则，语法要求更加严格的 XHTML， XHTML 1.0 在 2000 年 1 月 26 日成为 W3C 的推荐标准。当然，HTML5 是用于取代 1999 年所制定的 HTML 4.01 和 XHTML 1.0 标准的 HTML 标准版本，HTML5 在语法上与 XHTML 一样追求严谨。

和 CSS(Cascading Style Sheets，层叠样式表)结合后，XHTML 才发挥真正的威力，在实现样式和内容分离的同时，又能有机地组合网页代码，在另外的单独文件中，还可以混合各种 XML 应用。从 HTML 到 XHTML 过渡的变化比较小，主要是为了适应 XML，最大的变化在于文档必须是良构的。具体变化如下：

(1) 所有的标签都必须要有一个相应的结束标签。在 HTML 中，可以有开放标签，例如<p>标签可以省略其对应的</p>标签，但在 XHTML 中这是不合法的。XHTML 要求有严谨的结构，所有标签必须关闭。如果是单独不成对的标签，在标签最后加一个“/”来关闭它，例如
。

(2) 所有标签的元素和属性的名字都必须使用小写。

(3) 所有的属性必须用引号("")括起来。在 HTML 中，属性值可加双引号，也可以不加，但是在 XHTML 中，属性必须加引号。例如<hr width=80%>必须修改为：<hr width="80%">。

(4) 所有的 XHTML 标签都必须合理嵌套。XHTML 要求所有的嵌套都必须按顺序，也就是说，一层一层的嵌套必须是严格对称，不能出现交叉。例如<p><font>...</p></font>就是错误的，而<p><font>...</font></p>才是合法的。

(5) 把所有“<”和“&”等特殊符号用编码表示。任何“<”不是标签的一部分，都必须被编码为“<”，任何“>”不是标签的一部分，都必须被编码为“>”，任何“&”不是实体的一部分的，都必须被编码为“&”。

(6) 给所有属性赋一个值。XHTML 规定所有属性都必须有一个值，没有值的就重复本身。例如<input type="radio" name="gender" value="female" checked> 必须修改为<input type="radio" name="gender" value="female" checked="checked">。

(7) 不能在注释内容中使用“--”。“--”只能发生在 XHTML 注释的开头和结束，也就是说，在内容中它们不再有效。例如<!--这里是注释-----------这里是注释-->是无效的，这里必须用等号或者空格等替换内部的虚线，<!--这里是注释===========这里是注释-->是合法的。

(8) 图像必须有替代文字。每个图像标签都必须有 alt 说明文字。例如：<img src="flower.gif" alt="风信子"/> 。

2.2 CSS 技术

CSS(Cascading Style Sheet，层叠样式表，简称样式表)是一种用来定义网页外观格式的技术。在网页中引入 CSS，可以方便有效地对页面进行样式设计，更加精确地控制网页的字体、颜色、背景等网页元素的效果，更重要的是 DIV+CSS 技术已经是目前主流的网页布局技术。

CSS3 是 CSS 技术的一个升级版本，CSS3 语言将 CSS 划分为更小的模块，在 CSS3 中有字体、颜色、布局、背景、定位、边框、多列、动画、用户界面等等多个模块。

2.2.1 CSS 基本语法

CSS 由 3 个基本部分组成：样式选择器、属性和属性值。

基本语法如下：

```
样式选择器{属性 1:属性值; 属性 2:属性值;…属性 n:属性值;}
```

这里简单介绍几种常用的选择器类型及其基本语法。

1. 标签选择器

标签选择器可以同时控制所有此类标签的风格控制，达到了站点风格高效统一的目的，例如，需要将所有段落文字的字号改为 14 像素，只需要在 CSS 文件中定义代码：

```
p{font-size:14px;}
```

如果在网页中引用上述样式表，则页面中所有段落文字都将受到这种样式的控制，字号都显示为 14 像素。

2. 类选择器

类选择器的基本语法如下：

```
标签名.类名{属性 1:属性值 1;属性 2:属性 2;…}
```

这里，类名由设计者定义，标签名在使用过程中可以改为*表示全部，也可以省略。例如：

```
p.s1{color:green;}
```

表示样式 s1 仅适用于段落元素，其使用方法如下：

```
<p class="s1">段落文字</p>
```

此引用表示该段落的文字表现为绿色，而未引用样式 s1 的段落则不会受其影响。例如：

```
.s2{color:red;}
```

表示样式 s2 适用于任何元素，其使用方法如下：

```
<p class="s2">段落文字</p>
<h1 class="s2">一级标题</h1>
```

示例中引用了样式 s2 的段落文字和一级标题文字都表现为红色。

3. ID 选择器

ID 选择器和类选择器非常相似，不同的是定义时不使用“.”而使用“#”，引用时不使用 class 属性而使用 id 属性。一般情况页面元素的 id 是唯一的，因此 ID 选择器一般只针对某个特定的元素作用一次，不推荐重复使用。ID 选择器的基本语法如下：

```
标签名#id 名{属性 1:属性值 1;属性 2:属性 2;…}
```

这里，id 名由设计者定义，标签名在使用过程中可以改为*表示全部，也可以省略。例如：

```
#s3{color:red;font-size:24px;}
```

表示样式 s3 适用于任何元素，其使用方法如下：

```
<h2 id="s3">二级标题</h2>
```

示例中引用了样式 s3 的二级标题表现为 24 像素大小的红色字体。

2.2.2 在 HTML 文档中使用 CSS 的方法

在 HTML 文档中引用 CSS 样式表的方法有 4 种：行内样式、内嵌样式、链接外部样式和导入外部样式。

1. 行内样式

行内样式是直接在 HTML 元素中加入了 style 属性，然后把 CSS 代码直接写入其中即可。该方法的优点是使用方法简单，缺点是不能真正实现内容和样式的分离，使用效率低下。其基本语法如下。

```
<标签 style="样式属性:样式属性值;样式属性:样式属性值;... ">
```

例如：

```
<body style="background-color:#909090;">
```

2. 内嵌样式

内嵌样式是一种比较常用的样式，将 CSS 样式直接定义在网页的<head>部分，其基本语法如下：

```
<style type="text/css">
<!--
        选择器 1{样式属性:样式属性值;…}
 选择器 2{样式属性:样式属性值;…}
 ……
 选择器 n{样式属性:样式属性值;…}
-->
</style>
```

这里<style>标签表示声明样式表内容，type 用来指定元素中的文本属性。“<!--”和“-->”是注释标签，作用是当某个浏览器不支持 CSS 时可以将其视为注释，不过目前主流浏览器都对 CSS 有很好的支持，因此，注释标签也可省略。

【例 2-13】行内样式和内嵌样式示例(inline.html)。

```
<!DOCTYPE html>
<html>
<head>
<title>内嵌样式例子</title>
<style type="text/css">
body{
        background-color:#fef273;    /*设置背景色*/
        font-size:18px;
}
</style>
</head>
<body>
<h1 style="background-color:#48480c;color:white;font-size:28px;text-align:center;">青玉案  元夕</h1>
```

```
<p>东风夜放花千树，更吹落，星如雨。宝马雕车香满路。凤箫声动，玉壶光转，一夜鱼龙舞。<br />蛾儿雪柳黄金缕，笑语盈盈暗香去。众里寻她千百度，蓦然回首，那人却在灯火阑珊处。
</p>
</body>
</html>
```

该示例在 head 部分为 body 元素设置了样式，在行内为 h1 定义了样式，在 IE9.0 中的浏览效果如图 2-16 所示。

图 2-16　行内样式和内嵌样式示例

3. 链接外部样式

链接外部样式表是在网页中调用已经定义好的外部样式表的方法之一，其基本语法如下：

```
<link href="样式表路径" rel="stylesheet" type="text/css" />
```

这里 href 指出外部样式表存放的路径，rel 用来定义链接的文件与 HTML 之间的关系，stylesheet 值表示指定一个固定或首选的样式。

【例 2-14】链接外部样式示例。

外部样式 CSS 文件(css.css)。

```
.s1{
        background-color:#705968;        /*设置背景色*/
        color:#FFFFFF;                   /*设置前景色*/
        text-align:center;               /*居中*/
}
```

链接外部样式示例 HTML 文件(exter1.html)

```
    <!DOCTYPE html>
<html>
<head>
<link href="css.css" rel="stylesheet" type="text/css" />
<title>链接外部样式表示例</title>
</head>
<body>
<h1 class="s1">链接外部 CSS</h1>
</body>
</html>
```

该示例首先定义好样式表文件 css.css 文件，然后在 HTML 文件的 head 元素内通过 link 元素来调用 css.css 文件，其在 IE9.0 中的浏览效果如图 2-17 所示。

图 2-17　外部链接样式示例

4. 导入外部样式

导入外部样式表与链接外部样式的功能基本相同，都是使用外部样式表文件，只是在语法和运行方式上稍有区别。

基本语法如下：

```
@import url("样式表路径");
```

在以下示例中，我们将【例 2-14】中的 CSS 文件 css.css 导入到【例 2-15】的 html 文件中。

【例 2-15】导入样式示例(exter2.html)。

```
<!DOCTYPE html>
<html>
<head>
<style type="text/css">
@import url(css.css);
</style>
<title>导入样式示例</title>
</head>
<body>
<h1 class="s1">导入外部 CSS</h1>
</body>
</html>
```

该示例在 IE9.0 中的浏览效果与上一个示例相同，不再赘述。

2.2.3　常用 CSS 属性

本节我们简单介绍几个常用的 CSS 属性，如字体、颜色、背景、边框等效果。

1. CSS 字体和段落

字体和段落相关的 CSS 属性很多，最常用的如表 2-6 所示。

表 2-6 常用 CSS 字体和段落属性

基 本 语 法	说 明
font-family :字体 1，字体 2，……;	设置字体，可同时设定一个或者多个
font-size: 绝对尺寸 | 相对尺寸 | 长度 | 百分比 ;	设置字体大小，最常用的是用长度值指定文字大小，长度单位有 px(像素)、pt(点)和 em(字体高)等
font-weight: normal | bold | bolder | lighter | 数值;	设置字体粗细，normal、bold、bolder 和 lighter 分别代表正常、粗体、加粗和细体，数值是 100~900 的整百数字
line-height: normal | 长度值 | 百分比 | 数值 ;	设置行高，比如字体大小为 12px 时，值 18px、150%和 1.5 都表示 1.5 倍行高
text-indent: 长度值 | 百分比;	设置文本缩进，如 text-indent:2em 表示缩进 2 个字体高
text-align: left | right | center | justify;	水平对齐方式，常用的有左、中、右和两端对齐
text-decoration:值; 或 text-decoration-line:值;	文本修饰线，常用值有 none(没有修饰线)、underline(下划线)、overline(上划线)和 line-through(删除线)

【例 2-16】CSS 字体和段落示例(font.html)。

```
    <!DOCTYPE html>
<html>
<head>
<title>换行标签和段落标签</title>
<style type="text/css">
.headline{
        font-size:28px;           /*字体大小*/
        text-align:center;        /*居中对齐*/
        font-weight:900;          /*字体加粗*/
        font-family:黑体,隶书;    /*设置字体*/
}
.text{
        font-size:16px;
        line-height:1.5;
        text-indent:2em;
}
</style>
</head>
<body>
<p class="headline">老木匠的房子</p>
<hr />
<p class="text">有个老木匠准备退休，回家与妻子儿女享受天伦之乐。<br/>老板舍不得他的好工人走……。
<br/>“这是你的房子，”他说，“我送给你的礼物。”</p>
<p class="text">他震惊得目瞪口呆，……</p>
</body>
</html>
```

该示例在 IE9.0 中的浏览效果如图 2-18 所示。

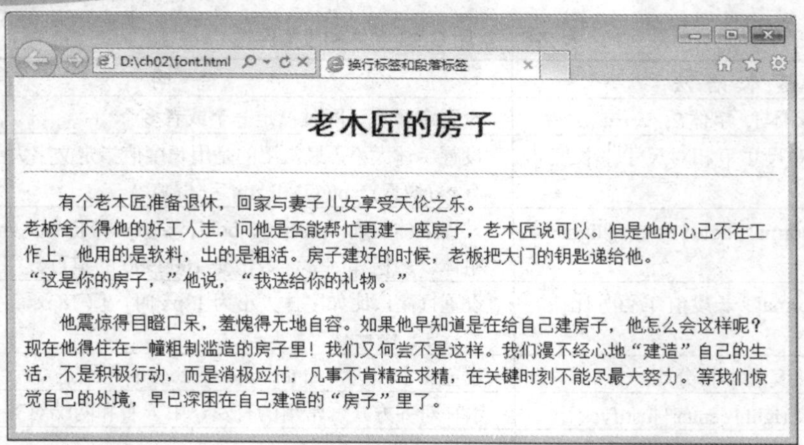

图 2-18　CSS 字体段落示例

2. CSS 颜色和背景

常用的颜色背景属性如表 2-7 所示。

表 2-7　常用 CSS 颜色和背景属性

基 本 语 法	说　明
color: 颜色值;	设置前景色，常用的颜色表示方式有： ● 颜色英文名称，如 green 表示绿色 ● 十六进制记法，形式为#RRGGBB 或者#RGB，如#00FF00 表示绿色、如果每两位颜色值相同，可以简写为#RGB 形式，如#0F0 也表示绿色 ● RGB 函数，形式为 RGB(R,G,B)，R、G、B 可以为 0~255 的正整数或 0%~100%的百分数。例如 RGB(0,255,0)和 RGB(0%,100%,0%)都表示绿色
background-color: 颜色值; background-image: url(图像路径);	设置背景色 设置背景图像
background-repeat: repeat | no-repeat | repeat-x | repeat-y;	设置背景图像的重复方式，值分别表示重复、不重复、在水平方向重复和在垂直方向重复
background-attachment: scroll | fixed;	设置背景图像是否随背景滚动，scroll 为默认值，fixed 表示背景图像固定，背景图像不会跟随内容滚动
background-position: 关键字 | 百分比 | 长度;	背景图像位置，值常用关键字表示，关键字在水平方向上有 left、center 和 right，垂直方向主要有 top、center 和 bottom，水平方向和垂直方向可以相互搭配使用

除了上述属性外，需要特别注意，background 是其他背景相关属性的快捷属性还是复合属性，举例如下：

```
background:#FFFFCC;
```

可以用来设置背景颜色。

```
background: url(bg.gif) no-repeat fixed;
```

表示设置页面背景为图像 bg.gif，不重复，图像不随内容滚动，相当于如下代码：

```
background-image: url(bg.gif);
background-repeat: no-repeat;
background-attachment: fixed;
```

【例 2-17】CSS 颜色和背景示例(background.html)。

```
    <!DOCTYPE html>
<html>
<head>
<title>换行标签和段落标签</title>
<style type="text/css">
body{
    color:#434305;
    background:#dfd9b3 url(images/house.png) no-repeat right bottom fixed;
}
.headline{
        font-size:28px;             /*字体大小*/
        text-align:center;          /*居中对齐*/
        font-weight:900;            /*字体加粗*/
        font-family:黑体,隶书;       /*设置字体*/
}
.text{
        font-size:16px;
        line-height:1.5;
        text-indent:2em;
}
</style>
</head>
<body>
<p class="headline">老木匠的房子</p>
<hr />
<p class="text">有个老木匠准备退休,回家与妻子儿女享受天伦之乐。<br/>老板舍不得他的好工人走,……
<br/>“这是你的房子,”他说,“我送给你的礼物。”</p>
<p class="text">他震惊得目瞪口呆……</p>
</body>
</html>
```

该示例在 IE9.0 中的浏览效果如图 2-19 所示。

3. CSS 盒子属性

表 2-8 给出了 CSS 盒子相关的边框和宽高属性。

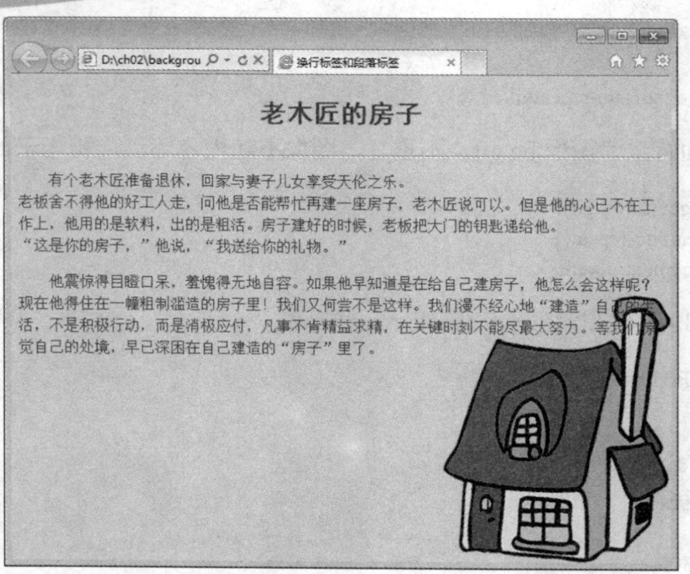

图 2-19　CSS字体段落示例

表 2-8　其他常用 CSS 属性

基 本 语 法	说　　明
width: auto | 长度 | 百分比; height: auto | 长度 | 百分比;	设置盒子大小
float: none | left | right;	浮动属性，改变元素块的显示方式，none 设置元素不浮动，left 设置元素浮在左边，right 设置元素浮在右边
border- style: 样式值{1,4}; border-top-style: 样式值; border-bottom-style: 样式值; border-left-style: 样式值; border-right-style: 样式值;	设置边框样式，样式值可以是 none(无轮廓)、hidden(隐藏边框)、dotted(点状轮廓)、dashed(虚线轮廓)、solid(实线轮廓)、double(双线轮廓)、groove(3D 凹槽轮廓)、ridge(3D 凸槽轮廓)、inset(3D 凹边轮廓)和 outset(3D 凸边轮廓)
border-width: 宽度值{1,4}; border-top-width: 宽度值; border-bottom-width: 宽度值; border-left-width: 宽度值; border-right-width: 宽度值;	宽度值可以是长度或关键字,关键字可以是 medium、thin 和 thick,分别表示默认厚度的边框、细边框和粗边框。border-top-width、border-bottom-width、border-left-width 和 border-right-width 属性分别用于设定上、下、左、右边框宽度，而 border-width 可同时设定 1 个或多个边框宽度
border-color: 颜色值{1,4}; border-top-color: 颜色值; border-bottom-color: 颜色值; border-left-color: 颜色值; border-right-color: 颜色值;	border-top-color 、 border-bottom-color 、 border-left-color 和 border-right-color 属性分别用于设定上、下、左、右边框颜色，而 border-color 可同时设定 1 个或多个边框颜色
border-left: [宽度]　[样式]　[颜色]; border-right: [宽度]　[样式]　[颜色]; border-top: [宽度]　[样式]　[颜色]; border-bottom: [宽度]　[样式]　[颜色]; border: [宽度]　[样式]　[颜色];	属性值中“宽度”、“颜色”和“样式”可同时设定 1 个或多个，值之间无特定顺序，用空格分隔

表中 border-color、border-style 和 border-width 可以设置 1~4 个值，如果提供全部 4 个参数值，将按上、右、下、左的顺序作用于 4 个边框；如果只提供 1 个值，将用于全部的 4 个边框；如果提供 2 个值，第 1 个用于上、下边框，第 2 个用于左、右边框；如果提供 3 个，第 1 个用于上边框，第 2 个用于左、右边框，第 3 个用于下边框。

首先我们使用 CSS 属性为前文表格设置表格大小、表格背景色、表格边框，以及图像的边框。

【例 2-18】CSS 盒子属性示例 1(box1.html)。

```
<!DOCTYPE html>
<html>
<head>
<title>表格应用</title>
<style type="text/css">
body{
        width:500px;                    /*设置页面宽度*/
        margin:0 auto;                  /*设置页面边距*/
}
table{
        color:#434305;
        background-image:url(images/bg01.jpg);
        width:500px;                    /*设置表格宽度*/
        height:260px;                   /*设置表格高度*/
        border:10px outset #4c5d2d;     /*设置表格边框*/
}
img{
        border:white 6px solid;         /*设置图像边框*/
}
.headline{
        font-size:28px;                 /*字体大小*/
        text-align:center;              /*居中对齐*/
        font-weight:900;                /*字体加粗*/
        font-family:黑体,隶书;           /*设置字体*/
}
.text{
        font-size:16px;
        line-height:1.5;
        text-indent:2em;
}
</style>
</head>
<body>
<table border="1">
<tr><th colspan="5">学生登记表</th></tr>
<tr><th>学号</th><th>姓名</th><th>年龄</th><th>专业</th><th>照片</th></tr>
<tr><td>201303001</td><td>张小凡</td><td>18</td><td>软件开发</td>
<td><img src="images/photo1.jpg" /></td></tr>
<tr><td>201303002</td><td>碧瑶</td><td>17</td><td>计算机多媒体技术</td>
<td><img src="images/photo2.jpg" /></td></tr>
<tr><td>201303003</td><td>陆雪琪</td><td>16</td><td>计算机应用</td>
```

```
<td><img src="images/photo3.jpg" /></td></tr>
</table>
</body>
</html>
```

该示例中 margin:0 auto;设置页面上下边距为 0，左右边距自动，页面在 IE9.0 中的浏览效果如图 2-20 所示。

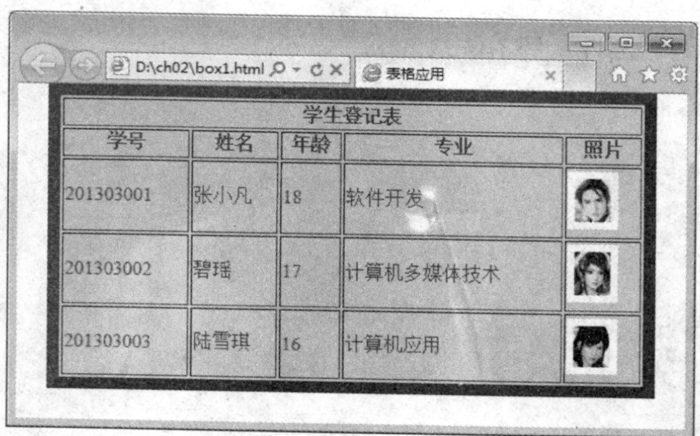

图 2-20　CSS 盒子示例 1

【例 2-19】CSS 盒子属性示例 2(box2.html)。

```
<!DOCTYPE html>
<html>
<head>
<title> CSS 盒子属性示例 2</title>
<style type="text/css">
body{
        margin:0 auto;                  /*设置网页边距*/
        width:700px;
        font-size:13px;
}
div{
        box-sizing:border-box;          /*设置盒子显示模式*/
        background-color:#d3dec0;
        line-height:1.2;
}
.imgfloat{
        float:right;                    /*设置图像右浮动*/
}
a{
        text-decoration:none;           /*设置链接无下划线*/
        color:#7f5f52;
}
#banner{ width:100%; }                  /*页眉所在 div 样式*/
#left{                                  /*左边 div 样式*/
        width:200px;
        float:left;                     /*浮动*/
        padding:10px;                   /*设置盒子边框距内容的补白*/
```

```
            height:430px;
    }
    #right{                                         /*右边 div 样式*/
            width:500px;
            height:430px;
            padding:10px;
            float:right;                            /*浮动*/
    }
    </style>
    </head>
    <body>
    <div id="banner"><img src="images/banner.jpg" /></div>
    <div id="left">
    <h4>辛弃疾其它作品</h4>
    <a href="#">青玉案 元夕</a><br />
    <a href="#">丑奴儿 书博山道中壁</a><br />
    <a href="#">菩萨蛮 书江西造口壁</a><br />
    <a href="#">清平乐 村居</a><br />
    <a href="#">永遇乐 京口北固亭怀古</a><br />
    <a href="#">西江月 夜行黄沙道中</a><br />
    <a href="#">南乡子 登京口北固亭有怀</a>
    </div>
    <div id="right">
    <p>此词上篇通过立春时节景物的描绘，隐喻当时南宋不安定的政局。开头“春已归来”三句，点明立春
节候。按当时风俗，立春日，妇女们多剪彩为燕形小幡，戴之头鬓。故欧阳修《春日帖子》中有“共喜钗头燕
已来”之句。“无端风雨”两句，既指自然界的气候多变，也暗指南宋最高统治集团惊魄不定、碌碌无为之态，
宛如为余寒所笼罩。“年时燕子”三句，作者由春幡联想到这时正在北飞的燕子，可能已经把他的山东家园作
为归宿了。“年时”即去年之意，这说明作者作此词时，离别他的家乡才只一年光景。接下去“浑未办”三句，
是说作者新来异乡，生活尚未安定，春节到了，连旨酒也备办不起，更谈不到肴馔了。</p>
    <p>词的下篇进一步抒发作者自己的忧国怀乡之情。“却笑东风从此”三句，作者想到立春之后，东风就
会忙于吹送出柳绿花江的一派春光。“闲时又来镜里，转变朱颜”，语虽虚拟，实际表达了作者初归南宋急欲
报国、收复失土的决心，深恐自己磋砣岁月，年华虚度。这里说的“清愁”，实际是作者的忧国忧民的情怀。
    <img src="images/flower4.png" class="imgfloat" />
    “解连环”，是用《战国策》秦昭王送玉连环给齐国王后，让她解开的故事。当时的齐王后果断机智地把
玉连环椎破，使秦的诡计流于破产。但环顾当前，南宋最高统治集团中人，谁是能作出抗金的正确决策的智勇
人物呢？“生怕”，即“甚怕”。“生怕见、花开花落，朝来塞雁先还。”表示作者对于恢复事业的担忧，深
恐这一年的花由盛开又复败落，而失地却未能收复，有家仍难归去，言语流露出一丝的惆怅。</p>
    </div>
    </body>
    </html>
```

此例中 padding:10px;设置边线距内容的距离，box-sizing:border-box;设置的是盒子在不同浏览器中的显示模式，请感兴趣的读者自行查阅。<div>标签是一个区块容器标签，即<div>与</div>之间相当于一个容器，可以容纳段落、标题、表格、图片各种 HTML 元素。可以通过设置 CSS 样式对<div>进行相应的控制，其中的各种标签元素会因此改变显示效果。页面显示效果如图 2-21 所示。

图 2-21 CSS 盒子示例 2

2.3 JavaScript 技术

JavaScript 是由 Netscape 公司开发的一种网页的脚本编程语言，它支持客户端与服务器端的应用程序以及构件的开发。JavaScript 是一种解释性的语言，它的基本结构形式与其他编程语言相似，需要先编译后执行。

2.3.1 JavaScript 语法

在这里只作简单介绍，在以后的例子里结合程序再具体解释其作用。

(1) 运算符

运算符就是完成操作的一系列符号，它有 7 类：赋值运算符(=，+=，-=，*=，/=，%=，<<=，>>=，|=，&=)、算术运算符(+，-，*，/，++，--，%)、比较运算符(>，<，<=，>=，==，!=)、逻辑运算符(||，&&，!)、条件运算(?:)、位移运算符(|，&，<<，>>，~，^)和字符串运算符(+)。

(2) 表达式

运算符和操作数的组合称为表达式，通常分为四类：赋值表达式、算术表达式、布尔表达式和字符串表达式。

(3) 语句

Javascript 程序是由若干语句组成的，语句是编写程序的指令。Javascript 提供了完整的基本编程语句，它们是：赋值语句、switch 选择语句、while 循环语句、for 循环语句、do while

循环语句、break 循环终止语句、continue 循环中断语句、with 语句、try...catch 语句、if-else 语句等。

(4) 函数

函数是命名的语句段，这个语句段可以被当作一个整体来引用和执行。使用函数要注意以下几点：

- 函数一般由关键字 function 定义。
- 函数名是调用函数时引用的名称，它对大小写是敏感的。
- 参数表示传递给函数使用或操作的值，它可以是常量，也可以是变量，也可以是函数。
- return 语句用于返回表达式的值。

(5) 对象

JavaScript 的一个重要功能就是面向对象的功能，通过基于对象的程序设计，可以用更直观、模块化和可重复使用的方式进行程序开发。

一组包含数据的属性和对属性中包含数据进行操作的方法，称为对象。比如要设定网页的背景颜色，所针对的对象就是 document，所用的属性名是 bgcolor，如 document.bgcolor="blue"，就是表示使背景的颜色为蓝色。

(6) 事件

用户与网页交互时产生的操作，称为事件。事件可以由用户引发，也可能是页面发生改变，甚至还有你看不见的事件引发。绝大部分事件都由用户的动作所引发，如：用户按鼠标的按钮，就产生 onClick 事件，若鼠标经过某项内容，就产生 onMouseOver 事件等等。在 Javascript 中，事件往往与事件处理程序配套使用。

(7) 变量

变量有它的类型，上例中 username 的类型为 string(字符串)，JavaScript 支持的常用类型还有：object(对象)、array(数组)、number(数)、boolean(布尔值)、null(一个空值)和 undefined(没有定义和赋值的变量)。

例如：var username = "yangli";

实际上 JavaScript 的变量是弱变量类型，赋值给它字符串，它就是 String 类型；赋给它数字，它就是整型；赋给它 true 和 false，它就是 boolean 型。

2.3.2 JavaScript 使用方式

JavaScript 加入网页有两种方法：

(1) 直接加入到网页中

这是最常用的方法，大部分含有 JavaScript 的网页都采用这种方法，如：

```
<script language=" javascript">
<!--
document.write("这是 JavaScript！");
//-Javascript 结束-->
</script>
```

在这个例子中，我们可看到一个新的标签<script>...</script>，而<script language="javascript">

用来告诉浏览器这是用 JavaScript 编写的程序，需要调动相应的解释程序进行解释(W3C 已经建议使用新的标准<script type="application/javascript">)。

HTML 的注释标签<!--和-->用来去掉浏览器所不能识别的 JavaScript 源代码，这对不支持 JavaScript 语言的浏览器来说是很有用的。

“//-Javascript 结束”中双斜杠表示 JavaScript 的注释部分。至于程序中所用到的 document.write()函数则表示将括号中的文字输出到窗口中去。另外一点需要注意的是，<script>…</script>的位置并不是固定的，可以包含在<head>...</head> 或<body>...</body>中的任何地方，甚至是<html>...</html>标签之外。

(2) 引用方式

如果已经存在一个 JavaScript 源文件(通常以.js 为扩展名)，则可以采用这种引用的方式，以提高程序代码的利用率。在网页中调用 JavaScript 源文件的基本格式如下：

```
<script src="url" type="text/javascript"></script>
```

其中的 url 就是 JavaScript 源文件的地址。同样的，这样的语句可以放在 HTML 文档头部或主体的任何部分。例如要实现前文“直接插入方式”中所举例子的效果，可以首先创建一个 JavaScript 源代码文件 script.js，其内容如下：

```
document.write("这是 Javascript！");
```

如果网页文件和 script.js 文件在同一目录下，那么在网页中可以这样调用程序：<script src="script.js" type="text/javascript"></script>。

2.3.3 JavaScript 代码实例

【例 2-20】在网页主体和标题上分别显示日期(date.html)。

```
<!DOCTYPE html>
<html>
<body>
<script language = "JavaScript">
<!--
var   today = new Date();
var   day   = today.getDate();        //获取日期
var   month = today.getMonth() + 1;   //获取月份
var   year = today.getFullYear();     //获取年份
var   week = today.getDay();          //获取星期几
var   vw = new Array("星期天","星期一","星期二","星期三","星期四","星期五","星期六");
document.write("今天是" +year+ "年" + month + "月" + day+"日"+vw[week]);
document.title="今天是" +year+ "年" + month + "月" + day+"日"+vw[week];
//->
</script>
</body>
</html>
```

该例通过日期类 Date 的对象来获取当前的年月日和星期几信息，对这些信息进行简单加工后，通过 document.write()将日期显示在网页主体部分(可根据需要显示在不同位置，如表格

的单元格中)，通过设置 document.title 将日期显示在标题栏上。程序执行结果如图 2-22 所示。

图 2-22　显示日期时间

【例 2-21】简单的表单验证(formcheck.html)。

```
<!DOCTYPE html>
<html>
<body>
<form  name="form1" action="#" onSubmit="return check()">
    用户名：<input type="text" name="user" /><br />
    邮  件：<input type="text" name="email" /><br />
    <input type="submit" name="button" value="提交" / >
</form>
</body>
</html>

<script language="JavaScript">
<!--
function check()
{
    if (document.form1.user.value.length = 0)
    {
        alert("请输入用户名！");
        return false;
    }
    if (document.form1.email.value.indexOf("@") = -1 ||document.form1.email.value.length = 0)
    {
        alert("请输入一个正确的 email 地址");
        return false;
    }
    return true;
}
//-->
</script>
```

该例是一个简单的表单验证，<form name="form1" action="#" onSubmit="return check()">中的 onSubmit="return check()"表示在提交表单时调用函数 check()，而函数 check()在后面的 JavaScript 中定义，主要用于检验用户名是否为空，邮件是否为空以及邮件名中是否含有@，如果不正确，则使用 alert 弹出警示框。程序运行结果如图 2-23 所示。

图 2-23　简单表单验证

【例 2-22】验证表单(formtest.html)。

```
<!DOCTYPE html>
<html>
<head>
<title>JavaScript 验证表单字段</title>
<link href="style.css" rel="stylesheet" type="text/css">
</head>
<body>
<form action="#" onSubmit="return check(this);">
<table border="1">
    <tr>
<td colspan="2">请填入个人信息：</td>
</tr>
<tr>
<td>员工号：</td>
<td>
    <input type="text"  name="id" validChar="\d{4}"  isRequired="true" />
    <span class="feedbackHide" id="idMsg">(员工号必须输入四位数字)</span>
    <br /><i>必填，四位数字</i></td>
     </tr>
<tr>
     <td>姓名：</td>
<td>
         <input type="text" name="name" validChar="[\u4E00-\u9FA5]{2,4}" isRequired="true" />
     <span class="feedbackHide" id="nameMsg">(姓名必须输入二到四位汉字)</span>
      <br /><i>必填，二到四位汉字</i></td>
 </tr>
 <tr>
 <td>邮件：</td>
 <td>
         <input type="text" name="mail" validChar="\w+([-+.]\w+)*@\w+([-.]\w+)*\.\w+([-.]\w+)*"
       isRequired="true" />
      <span class="feedbackHide" id="mailMsg">(请输入正确格式的邮件)</span>
      <br /><i>必填</i>
 </td>
```

```
    </tr>
    <tr>
    <td>费用：</td>
    <td><input type="text" name="expense" validChar="\d+(\.\d{0,2})*" isRequired="false" />
        <span class="feedbackHide" id="expenseMsg">(请输入合法的费用格式，如 1.23)</span>
</td>
        </tr>
<tr>
<td> </td>
<td><input type="submit" value="提交" /></td>
</tr>
</table>
</form>
</body>
</html>

<script LANGUAGE="JavaScript">
<!--
//提交前检查
function check(vform){
    // 遍历表单中每个表单域
    for(var i=0;i<vform.elements.length;i++){
        // 如果表单域是文本框的话,进行定义好的验证
            if(vform.elements[i].type=="text"){
            // 取得验证结果
            var checkResult=checkTextBox(vform.elements[i]);
            // 取得文本框名,getAttribute 获取指定标签属性的值
            var name=vform.elements[i].getAttribute("name");
            // 验证通过
            if(checkResult){
                    //getElementById 通过通过控件 ID 取得元素的值
                document.getElementById(name+"Msg").className="feedbackHide";
            }
            else{
                // 验证不通过，显示提示文字并置焦点
                document.getElementById(name+"Msg").className="feedbackShow";
                vform.elements[i].focus();
                return false;
            }
        }
    }
    return true;
}

// 检查文本框
function checkTextBox(vTextBox){
    // 取得文本框中允许输入的合法文字正则表达式
    var validChar=vTextBox.getAttribute("validChar");
    // 取得文本框中是否必须检查的标志
    var isRequired=vTextBox.getAttribute("isRequired");
```

```
        // 取得文本框的输入
        var inputValue=vTextBox.value;
        // 如果是非必填字段且没有输入则返回真
        if(isRequired!="true" && inputValue.length<1){
            return true;
        }
        // 否则进行正则表达式验证
        else{
            var regexStr="^"+validChar+"$";
            var regex=new RegExp(regexStr);
            return regex.test(inputValue);
        }
    }
//-->
</script>
```

该例依然是表单验证，在表单每个<input>项中设置 validChar 属性来记录此文本框中允许输入的字符的正则表达式，设置 isRequired 属性来记录该项是否为必须的，这些都需要在 JavaScript 代码中判断，请大家认真阅读程序以及注释。例如表单项“员工号”<input type="text" name="id" validChar="\d{4}" isRequired="true" />中，validChar="\d{4}"表示员工号必须输入 4 位数字，isRequired="true"用于验证该项必须输入。更多常用正则表达式详如表 2-9 所示。网页浏览结果如图 2-24 所示。

表 2-9　常用正则表达式举例

正则表达式	说　明	正则表达式	说　明
[A-Za-z]	1 位字母	\d	1 位 0~9 的数字
[A-Za-z]{n}	n 位字母	\d{n}	n 位 0~9 的数字
[A-Za-z]{n,}	至少 n 位字母	\d{2,6}	2~6 位数字
[A-Za-z]{2,6}	2~6 位字母	\d{n,}	至少 n 位数字
[A-Za-z]+	1 串字母	\d+	1 串数字
[A-Za-z0-9]	1 位字母或数字	[\u4E00-\u9FA5]	1 位汉字
[A-Za-z0-9]{n}	n 位字母或数字	[\u4E00-\u9FA5]{n}	n 位汉字
[A-Za-z0-9]{n,}	至少 n 位字母或数字	[\u4E00-\u9FA5]{n,}	至少 n 位汉字
[A-Za-z0-9]{2,6}	2~6 位字母或数字	[\u4E00-\u9FA5]{2,6}	2~6 位汉字
[A-Za-z0-9]+	字母、数字组成的字符串	[\u4E00-\u9FA5]+	1 串汉字
-?\d+\.\d+	浮点数(正负均可)	\d+\.\d+	正浮点数
-?\d+\.\d{n}	保留 n 位小数的浮点数	-\d+\.\d+	负浮点数
-?\d+\.\d{n,}	保留至少 n 位小数的浮点数	-?\d+(\.\d{0,2})*	整数或者保留 0 到 2 位小数的浮点数
电子邮件	\w+([-+.]\w+)*@\w+([-.]\w+)*\.\w+([-.]\w+)*		

备注：“+”元字符规定其前导字符必须在目标对象中连续出现1次或多次，“*”元字符规定其前导字符必须在目标对象中出现0次或连续多次，“?”元字符规定其前导对象必须在目标对象中连续出现0次或1次。

另外，该程序中，一旦表单项内容出错，则在其后出现红色提示文字，提示性红色文字是否显示通过 CSS 文件来设置，相应的文件保存为 Style.css，控制其他样式的代码也在此文件中，文件内容如下。

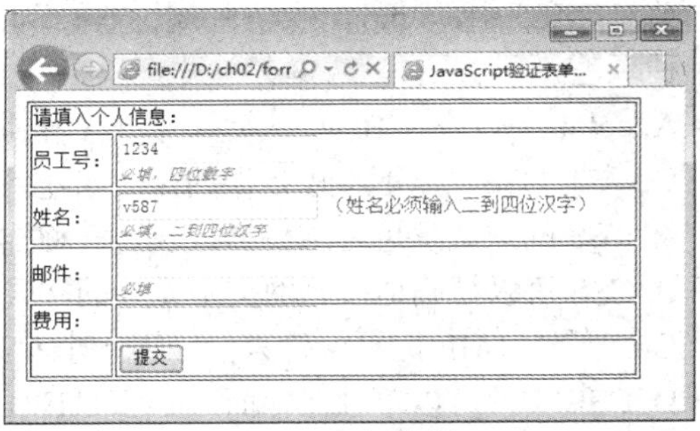

```
.feedbackShow{
        visibility: visible;
        color:red;
}
.feedbackHide{
        visibility: hidden;
}
td{
        font-size:14px;
}
td i{
        color:#666666;
        font-size:12px;
}
```

图 2-24　表单验证

2.4 小结

HTML 和 JavaScript 这两项技术是学习 JSP 的基础，CSS 用于辅助 HTML 设计网页样式，希望读者对其能够有所了解和掌握。其中 HTML 更是写好 JSP 程序最基础和不可或缺的技术，读者必须能够熟练地制作 HTML 静态网页，而不仅仅局限于本书介绍内容。JavaScript 作为客户端的脚本语言，在实际项目中的应用也比较多，不过读者没必要记住 JavaScript 语法的每个细节，能够做到基本读懂就行，在实际需要时可以有目标地在网上查找相关资料。

2.5 习题

2.5.1 选择题

1. 在网页中插入图像使用标签(　)。

A. <img>　　B. <image>　　C. <pic>　　D. <picture>

2. 表格标签是(　)。

A. <table>　　B. <td>　　C. <tr>　　D. <th>

3. 表单项<input>标签中表示插入提交按钮时，type 的属性值需设为(　)。

A. button　　B. submit　　C. reset　　D. btn

4. HTML5 中，<input>标签的属性 type 为(　)时，用户可以通过鼠标在调色板上自由地选择某种颜色。

A. color　　B. check　　C. select　　D. look

5. 关于 CSS，以下叙述错误的是(　)。

A. CSS 的中文意思是层叠样式表，简称样式表

B. CSS 可以精确地控制网页中元素的样式

C. 一个 HTML 网页文件只能应用一个 CSS 文件

D. CSS 文件可以单独保存而不必和 HTML 文件合并在一起

6. 下列选项中，应用了行内样式的是(　)。

A. <p class="s1">　　B. <p id="s1">

C. <p style="color:green;">　　D. <p class="color:green;">

2.5.2 判断题

1. HTML 的中文含义是超文本标记语言。(　)

2. colspan 是<td>标签的属性，表示跨越的列数，例如“colspan=4”表示这一格的宽度为 4 个列的宽度。(　)

3. 表单在网页中用来给访问者填写信息，从而能采集客户端信息，使页面具有交互信息的功能。(　)

4. 超链接只能在不同的网页之间进行跳转。(　)

5. 文本链接使用属性 a{text-decoration:none;}可以设置链接加上下划线。(　)

2.5.3 填空题

1. 表格由 3 个基本组成部分，分别为行、列和________。

2. CSS 中 ID 选择器在定义的前面要有指示符________。

3. 段落标签是________。

4. 当<input>标签的 type 属性值为________时，代表在网页中加入一个日期表单项。

2.5.4 简答题

1. HTML 文档的基本结构是什么？

2. 完成如图 2-25 所示网页，使用表格布局，使用 CSS 控制样式，表格第一行的日期是使用 JavaScript 显示的系统当前日期，单击“查看谜底”时，弹出谜底。

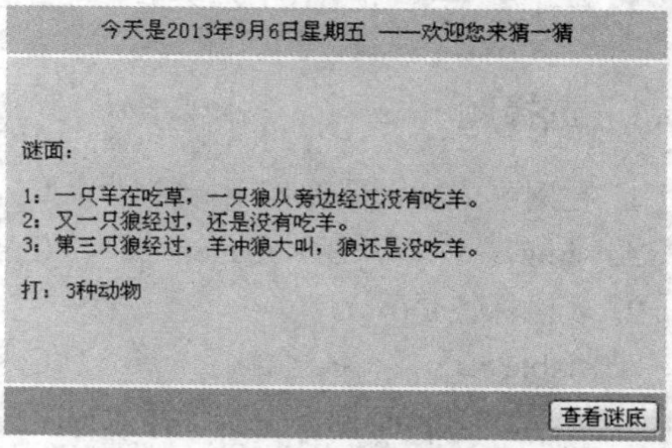

今天是2013年9月6日星期五 ——欢迎您来猜一猜

谜面：

1：一只羊在吃草，一只狼从旁边经过没有吃羊。
2：又一只狼经过，还是没有吃羊。
3：第三只狼经过，羊冲狼大叫，狼还是没吃羊。

打：3种动物

查看谜底

图 2-25　综合练习

第 3 章

JSP的开发和运行环境

开发基于 JSP 的动态网站，首先需要建立 JSP 的开发和运行环境。Eclipse 是一个强大的开源开发平台，用它来编写 Java 代码十分方便快捷。Eclipse 中没有 JSP 的可视化编写平台，Lomboz 是 Eclipse 的一个插件，使用它可以直接在 Eclipse 平台下可视化编写 JSP 页面，这样可以使整个开发过程完全在 Eclipse 下完成。目前流行的 JSP 运行服务器有 Apache Tomcat、WebLogic 和 Resin 等，由于 Tomcat 是常见的开源免费软件，因此本书的案例全部使用 Tomcat 来测试运行。

本章学习目标

◎ 了解 JSP 的开发和应用平台

◎ 掌握 Eclipse Java EE 开发环境搭建

◎ 掌握 Eclipse 集成开发环境的配置

◎ 掌握 MyEclipse 的开发环境

3.1 JSP 的开发和应用平台介绍

JSP 基于 Java Servlet 技术，是 Servlet 2.1 API 的扩展，因此，支持 Servlet 的新版本平台都支持 JSP。这样的平台现在越来越多，要学习 JSP 和 Servlet 开发，首先必须准备一个符合 Servlet 2.1/2.2 和 JSP 1.1 或更高规范的开发环境。

除了开发工具之外，还要安装一个支持 Java Servlet 的 Web 服务器，或者在现有的 Web 服务器上安装 Servlet 软件包。目前许多 Web 服务器都自带了一些必要的软件。

到现在为止，Apache Gercnimo、BEA、CAS、IBM、JBoss、NEC 等厂家的产品都支持 JSP 技术和 Java Servlet。

3.1.1 Caucho 公司的 Resin 平台

Resin 平台是由 Caucho 公司发布的 JSP 平台，通过 http://www.caucho.com/可以访问 Resin 平台的首页。根据 http://www.caucho.com/提供的测试结果，Resin 平台是迄今为止最快的商业 JSP 平台。

Resin 提供了最快的 JSP/Servlet 运行平台。在 Java 和 JavaScript 的支持下，Resin 可以为任务灵活选用合适的开发语言。Resin 的 XSL 语言(XML Stylesheet Language)可以使形式和内容相分离。

如果选用 JSP 平台作为 Internet 商业站点的支持，那么速度、价格和稳定性都是要考虑到的，Resin 十分出色，表现更成熟，很具备商业软件的要求，从网站下载的就是完整版本。

Resin 的特性包括以下方面：

- 支持 JSP 和在服务器端编译的 JavaScript。
- 比 mod_perl、mod_php 更快，比 Tomcat 快 3 倍。
- 自动的 Servlet/Bean 编译。
- 支持 Servlet、XSL Filtering。
- 支持 IIS、Apache、Netscape 和其他内置了 HTTP/1.1 的 Web 服务器。
- XSLT 和 XPath1.0 引擎。
- 企业级的共享软件(基于一个开放源码的协议)。

3.1.2 Apache 公司的 Tomcat 平台

Tomcat 是 Apache Jakarta 软件组织的一个子项目，Tomcat 是一个 JSP/Servlet 容器，它是在 SUN 公司的 JSWDK(Java Server Web Development Kit)基础上发展起来的，也是一个 JSP 和 Servlet 规范的标准实现，使用 Tomcat 可以体验 JSP 和 Servlet 的最新规范。经过多年的发展，Tomcat 具备了很多商业 Java Servlet 容器的特性，并被一些企业用于商业用途。

Tomcat 是 Servlet 2.2 和 JSP 1.1 规范的官方参考实现。Tomcat 既可以单独作为小型 Servlet、JSP 测试服务器，也可以继承 Apache Web 服务器。直到 2000 年，Tomcat 还是唯一支持 Servlet 2.2 和 JSP 1.1 规范的服务器，但现在已经有许多其他服务器宣布对这方面的支持。

Tomcat 和 Apache 一样是免费的。但是，Tomcat 服务器的安装和配置有点麻烦，和其他商业级的 Servlet 引擎相比，配置 Tomcat 的工作量显然要多一些。2010 年 6 月 29 日，Apache 基金会发布了 Tomcat 7 的首个版本。Tomcat 7 最大的改进是其对 Servlet 3.0 和 Java EE 6 的支持。在 http://tomcat.apache.org/上列出了所有 Tomcat 版本的下载和其他信息。

3.1.3 BEA 公司的 WebLogic 平台

BEA 公司的 WebLogic 平台是一套基于 Java 的功能强大的电子商务套件，它提供了许多功能强大的中间件，能方便编程人员编写 JSP、Servlet 等电子商务应用，可以为企业提供一个完整的商务应用解决方案，是为超大型电子商务应用系统而设计的。它采用 CORBA(公共对象)的系统结构，提供基于分布式的 JSP 应用系统。CORBA 的核心是 ORB(对象请求中介)，ORB 的作用就像一个中间人，使各个对象能够互递请求。尽管 ORB 是在 Client/Server 环境中工作，但是与 ORB 一起工作的对象，既可以是客户，又可以是服务器，取决于具体情况。将 ORB、IDL 和接口存储库连接起来，就是一个基本的 CORBA 模型。由于 BEA 公司的 WebLogic 平台是针对超大型电子商务应用系统而设计的，读者可以访问 http://www.bea.com/了解更多信息。

对于开发人员，可以从 http://www.bea.com/免费下载一套完整的 WebLogic，并得到一个限制了 IP 的 license，用于学习和开发这个套件的代码。如果需要正式投入使用的话，则必须支付一定的费用获得无限制的 license。由于这个套件基于这种发布方式，一般网站开发人员可以轻易地得到 WebLogic 用于学习开发。

3.1.4 IBM WebSphere Application Server 平台

WebSphere Application Server 基于 Java 的应用环境，用于建立、部署和管理 Internet 和 Intranet Web 应用程序。这一整套产品进行了扩展，以适应 Web 应用服务器的需要，范围从简单到高级直到企业级。

IBM WebSphere Application Server 是一种功能完善、开放的 Web 应用程序服务器，是 IBM 电子商务计划的核心部分，具有以下特性：

- 基于 Java 和 Servlet 的 Web 应用程序运行环境，包含了为 Web 站点提供服务所需要的一切，如项目管理、连接数据库、Java Servlet 代码生成器、Bean 和 Servlet 开发工具、HTML 编译器、网站发布等，为开发 Servlet 和 Java Bean 提供了多种向导。WebSphere Performance Pack 作为网络优化管理工具，可以减少网络服务器的拥挤现象，扩大容量，提高 Web 服务器性能。
- 运行时可以协同并扩展 Apache、Netscape、IIS 和 IBM 的 HTTP Web 服务器，因此可以成为强大的 Web 应用服务器。
- 包含了 eNetworkDispatcher，WebTrafficExpress 代理服务器和 AFS 分布式文件系统，可以提供伸缩的 Web 服务器环境。其基本工作过程是：客户发出请求后，由 HTTP Server 将 Servlet 调用请求交给 Application Server，由 Application Server 和 Java Servlet Engine 执行用户调用的 Servlet 进行数据库连接，将 SQL 请求发送给数据库进行处理；数据库将结果返回 Application Server；Servlet 生成动态页面后，将处理结果交给 Http Server，Http Server 将页面返回给用户。由于 Websphere 面向专业人员，所以要完全掌握的话有一定的难度。

在 http://www-306.ibm.com/software/webservers/appserv/was/上有关于 WebSphere Application Server 的相关信息。

3.2 Eclipse Java EE 集成开发环境

JSP 开发环境主要包括 JavaBean 和 Servlet 等 Java 类的开发环境与 JSP 页面的开发环境，Java 类的编译需要 JDK 的支持。前面介绍了 JSP 的多个开发和应用平台，它们有各自的优点，也适合于不同的开发环境。本书程序都是使用免费开源的强大工具平台开发和运行的，本书选择的软件是最新版的 JDK1.7+Eclipse Java EE+Tomcat 7.0 集成开发环境、经典版的 JDK1.5+ Eclipse 3.2 +Tomcat 5.5 以及 MyEclipse8.6 开发环境。下面介绍它们的安装和配置。

3.2.1 安装和配置 JDK

在 Oracle 公司的网站上可以免费下载 JDK 安装软件，下载网址是：

http://www.oracle.com/technetwork/java/index.html

打开此网址，找到下载的位置，如图 3-1 所示。选中 Java SE 7 Update 17，出现如图 3-2 所示的界面，单击 JDK 下的 Download 按钮，出现如图 3-3 所示的界面。

图 3-1　选择要下载的软件 Java SE 7 Update 17

图 3-2　选择 JDK DOWNLOAD

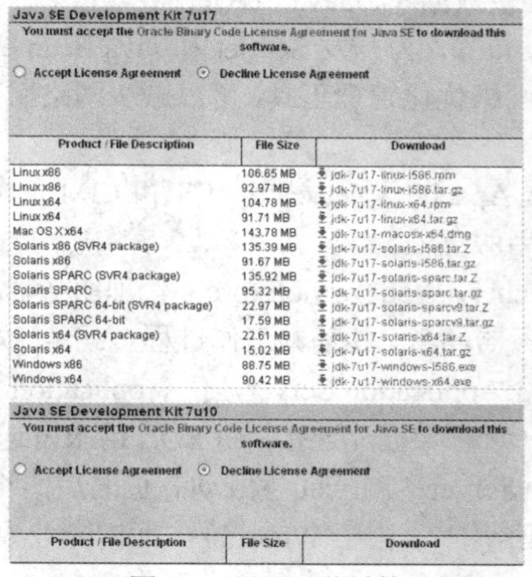

Java SE Development Kit 7u17

You must accept the Oracle Binary Code License Agreement for Java SE to download this software.

Accept License Agreement　Decline License Agreement

Product / File Description	File Size	Download
Linux x86	106.65 MB	jdk-7u17-linux-i586.rpm
Linux x86	92.97 MB	jdk-7u17-linux-i586.tar.gz
Linux x64	104.78 MB	jdk-7u17-linux-x64.rpm
Linux x64	91.71 MB	jdk-7u17-linux-x64.tar.gz
Mac OS X x64	143.78 MB	jdk-7u17-macosx-x64.dmg
Solaris x86 (SVR4 package)	135.39 MB	jdk-7u17-solaris-i586.tar.Z
Solaris x86	91.67 MB	jdk-7u17-solaris-i586.tar.gz
Solaris SPARC (SVR4 package)	135.92 MB	jdk-7u17-solaris-sparc.tar.Z
Solaris SPARC	95.32 MB	jdk-7u17-solaris-sparc.tar.gz
Solaris SPARC 64-bit (SVR4 package)	22.97 MB	jdk-7u17-solaris-sparcv9.tar.Z
Solaris SPARC 64-bit	17.59 MB	jdk-7u17-solaris-sparcv9.tar.gz
Solaris x64 (SVR4 package)	22.61 MB	jdk-7u17-solaris-x64.tar.Z
Solaris x64	15.02 MB	jdk-7u17-solaris-x64.tar.gz
Windows x86	88.75 MB	jdk-7u17-windows-i586.exe
Windows x64	90.42 MB	jdk-7u17-windows-x64.exe

Java SE Development Kit 7u10

You must accept the Oracle Binary Code License Agreement for Java SE to download this software.

Accept License Agreement　Decline License Agreement

Product / File Description	File Size	Download

图 3-3　显示下载链接

要下载 JDK 的 Windows 版本，这里下载的是 jdk-7u17-windows-i586.exe。注意，选择 Accept License Agreement 后才可以下载。

下载完成后，直接双击下载软件即可执行安装。按照安装指示进行即可。安装过程如下：

(1) 欢迎使用 Java SE Development Kit 7 Update 17 安装向导，如图 3-4 所示。

(2) 选择 JDK 的安装路径，单击“更改(A)”按钮可以选择 JDK 的安装路径，也可以使用默认安装路径，如图 3-5 所示。

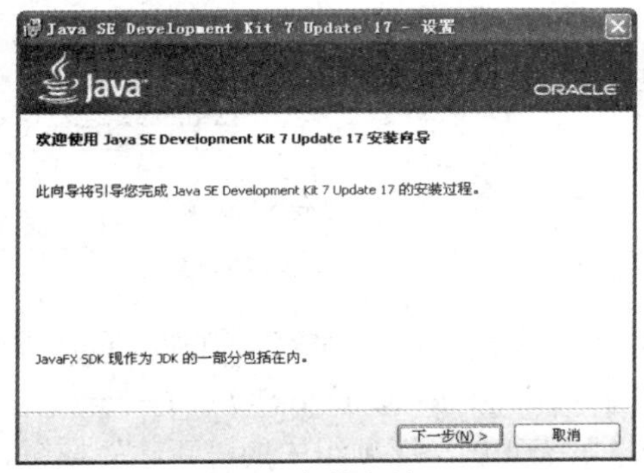

图 3-4 安装向导

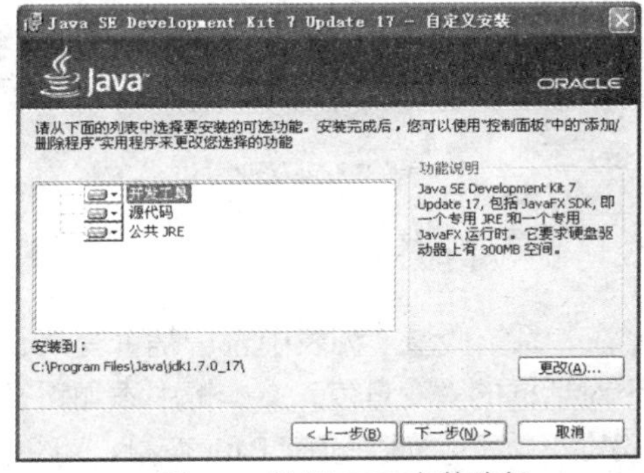

图 3-5 选择 JDK 安装路径

(3) 选择 jre 的安装路径，如图 3-6 所示。

(4) 安装进度，如图 3-7 所示。

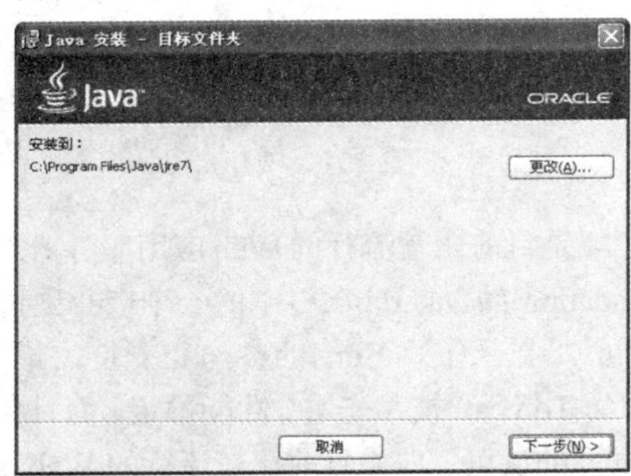

图 3-6 选择 jre 安装路径

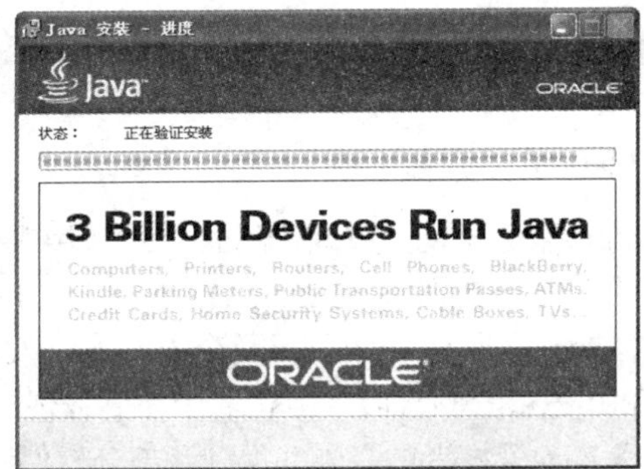

图 3-7 安装进度

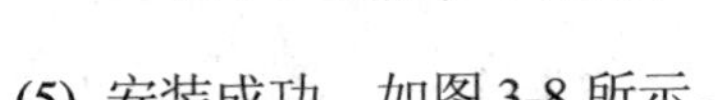

(5) 安装成功，如图 3-8 所示。

安装完成后，需要做一些配置工作，以便 JDK 能正常运行。可以按照以下步骤来配置 JDK。

(1) 右击桌面上的“计算机”图标，如图 3-9 所示，选择“属性”命令，这时会弹出“系统属性”对话框，选中“高级”选项卡，如图 3-10 所示，单击“环境变量”按钮。

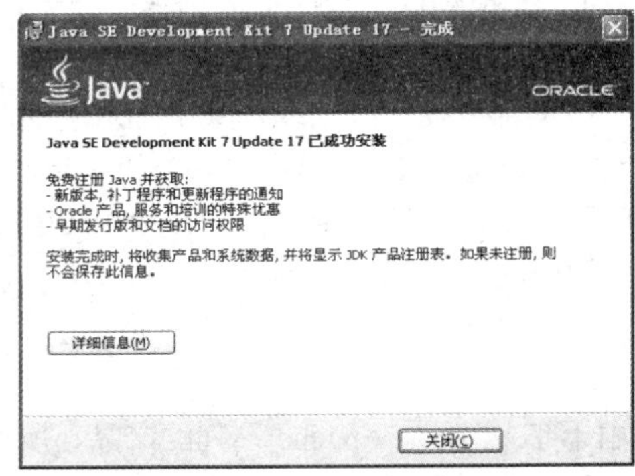

图 3-8 安装成功

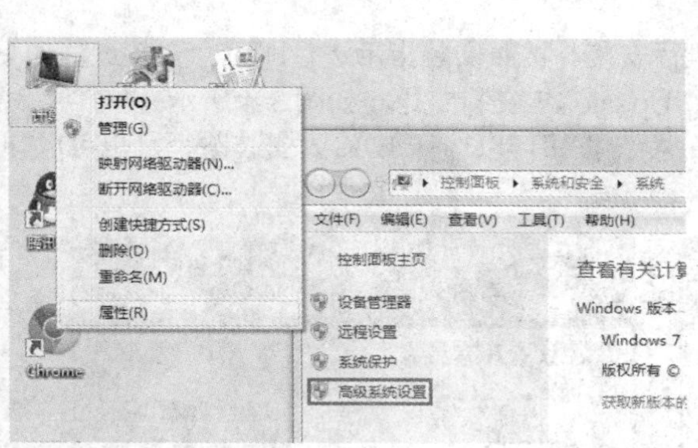

图 3-9 设置环境变量

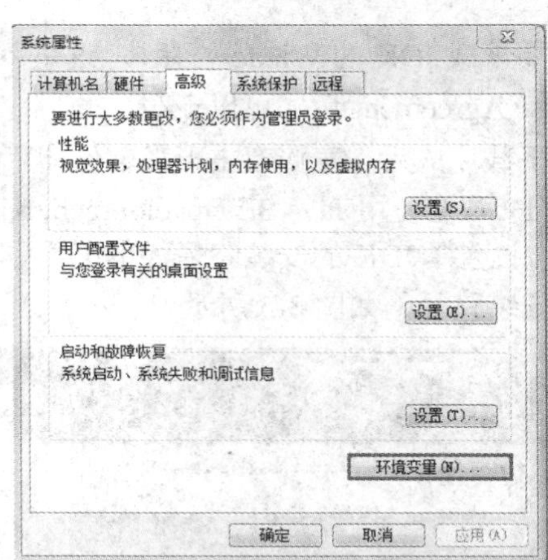

图 3-10 设置环境变量

(2) 在“系统变量”列表中查看是否有 Path 变量，单击“编辑”按钮，在弹出的“编辑系统变量”对话框的“变量值”文本框中添加路径 C:\Program Files\Java\ jdk1.7.0_17\bin;，完成后单击“确定”按钮。如果没有 Path 变量，可单击“系统变量”选项组中的“新建”按钮。

(3) 在“用户变量”列表中新建一个名为 JAVA_HOME 的变量，变量值为 C:\Program Files\Java\ jdk1.7.0_17;。在“用户变量”列表中新建一个名为 classpath 的变量，变量值为 C:\Program Files\Java\ jdk1.7.0_17\lib。

3.2.2 Tomcat 服务器

1. Tomcat 简介与下载

Tomcat 服务器是开放源代码的 Web 应用服务器，是目前比较流行的 Web 应用服务器之一。Tomcat 是Apache 软件基金会(Apache Software Foundation)的 Jakarta 项目中的一个核心项目，由 Apache、Sun 和其他一些公司及个人共同开发而成。由于有了 Sun 的参与和支持，最新的 Servlet 和JSP规范总是能在 Tomcat 中得到体现。因为 Tomcat 技术先进、性能稳定，而且免费，因而深受 Java 爱好者的喜爱并得到了部分软件开发商的认可，成为目前比较流行的 Web 应用服务器。

Tomcat 很受广大程序员的喜欢，因为它运行时占用的系统资源小，扩展性好，支持负载平衡与邮件服务等开发应用系统常用的功能；而且它还在不断地改进和完善中，任何一个感兴趣的程序员都可以更改它或在其中加入新的功能。

目前 Tomcat 最新版本为 8.0.9。Tomcat 7.x 是目前的开发焦点，它在汲取了 Tomcat 6.0.x 优点的基础上，实现了对于 Servlet 3.0、JSP 2.2 和 EL 2.2 等特性的支持。除此以外的改进如下：Web 应用内存溢出侦测和预防，增强了管理程序和服务器管理程序的安全性及一般 CSRF 保护，支持 Web 应用中的外部内容的直接引用，重构 (connectors, lifecycle)及很多核心代码的全面梳理。

由于 Tomcat 是 Apache 系列的产品，所以可以在 http://tomcat.apache.org/ 网站里找到最新的安装程序，如图 3-11 所示。本书用到的是 Tomcat 7.0.39。

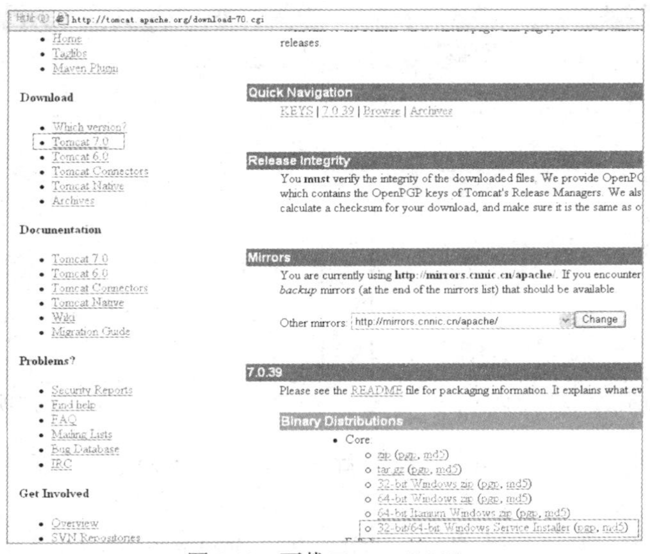

图 3-11　下载 Tomcat 7.0.39

2. Tomcat 安装

下载完成后，可以按以下步骤安装 Tomcat 服务器。

(1) 双击打开 apache-tomcat-7.0.39.exe 安装程序，显示如图 3-12 所示的选择安装向导界面。

(2) 单击 Next 按钮，出现安装协议，如图 3-13 所示。

图 3-12　Tomcat 安装向导

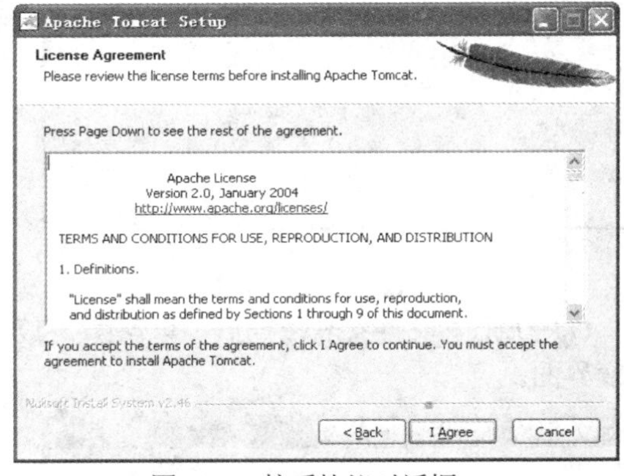

图 3-13　接受协议对话框

(3) 单击图 3-13 上的 I Agree 按钮后，显示如图 3-14 所示的选择安装选项界面。其中，默认选项是把 Tomcat 加载到“开始”菜单的“程序”组中，并安装 Tomcat 的说明文档。如果选中 Examples 选项，系统会安装 Tomcat 自带的实例程序；如果选中 Host Manager 选项，系统会安装 Tomcat 自带的 Web 应用程序。读者可以自行选择这两项，建议全部选中。这样，在安装结束后，就可以运行 Tomcat 自带的实例程序，并查看其中的代码。

(4) 配置选项，如图 3-15 所示。该对话框可以设置服务器的端口号以及管理服务器所需的用户名和密码。

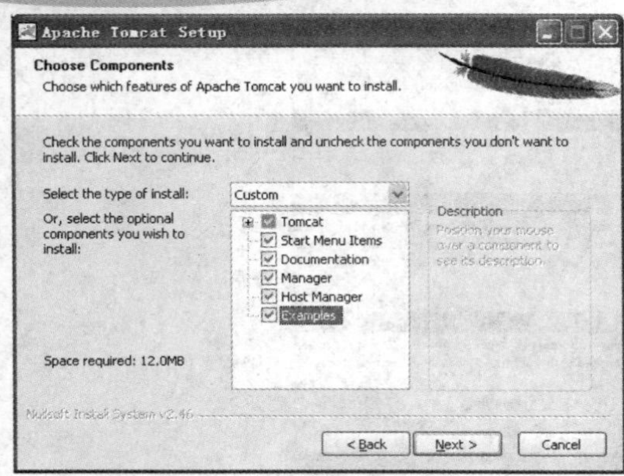

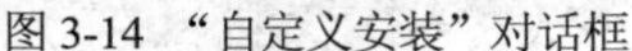
图 3-14 “自定义安装”对话框

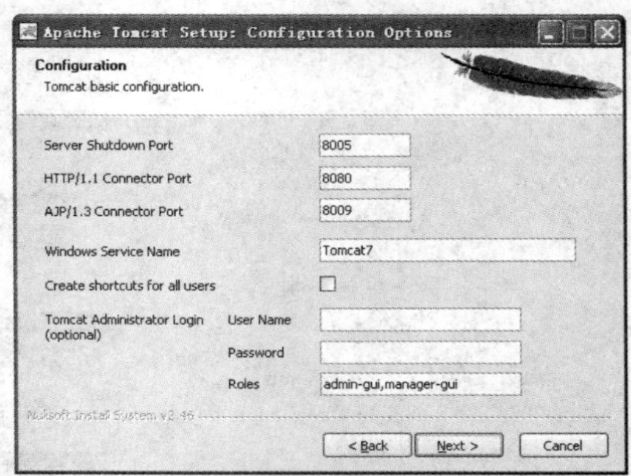

图 3-15 配置选项

(5) 选择安装虚拟机路径，可以使用默认路径，如图 3-16 所示。注意，Tomcat 7.0.39 需要 Java SE 6.0 或者更高版本的 JRE。

(6) 设置安装路径，如图 3-17 所示。其中，单击 Browse 按钮，可以选择安装路径。本书采用默认的路径。

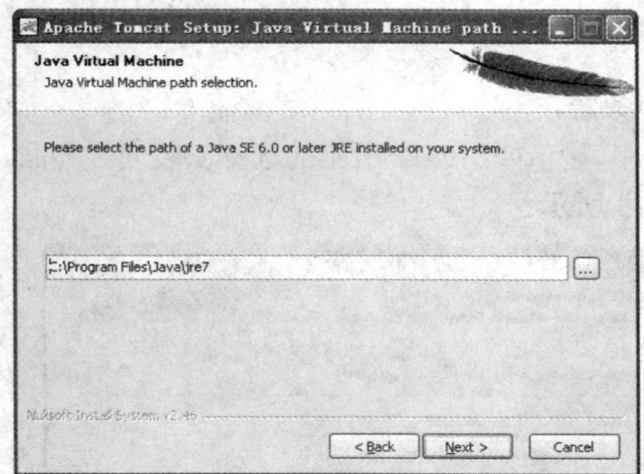

图 3-16　选择安装虚拟机路径

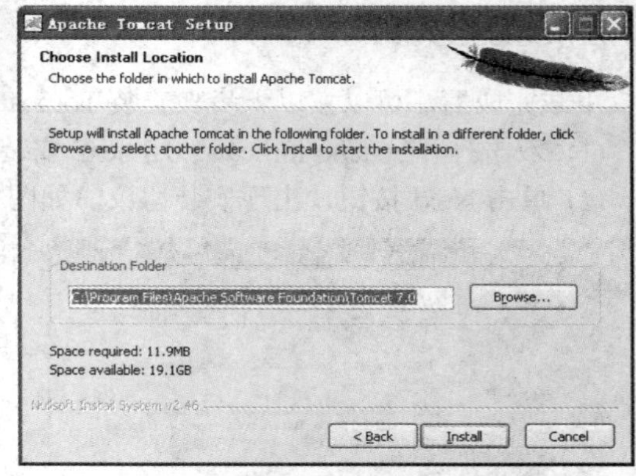

图 3-17　设置安装路径

(7) 在完成设置安装路径后，单击图 3-17 中的 Install 按钮会进入到如图 3-18 所示的安装进度界面。

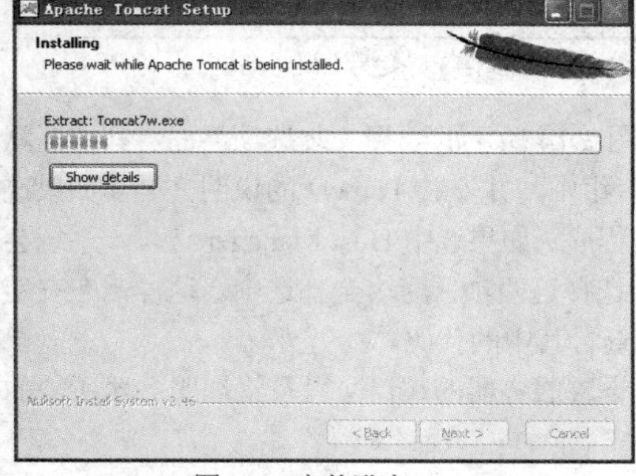

图 3-18 安装进度

图 3-19 安装完成

(8) 安装完毕弹出如图 3-19 所示的对话框，单击 Finish 按钮完成 Tomcat 的安装，并启动 Tomcat 服务器。服务器启动后，会在桌面的右下角显示，如图 3-20 所示。

图 3-20　Tomcat 服务器已启动

(9) 在浏览器中输入http://loaclhost:8080，显示如图 3-21 所示界面，说明 Tomcat 安装成功。

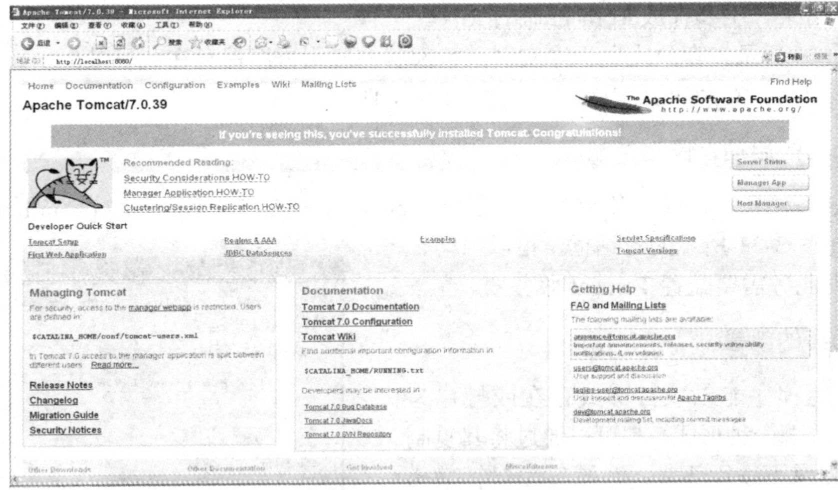

图 3-21　Tomcat 安装成功图

3. Tomcat 安装文件夹

Tomcat 安装完成后，其安装目录下包含 bin、conf、lib、logs、temp、webapps、work 等子目录，如图 3-22 所示。

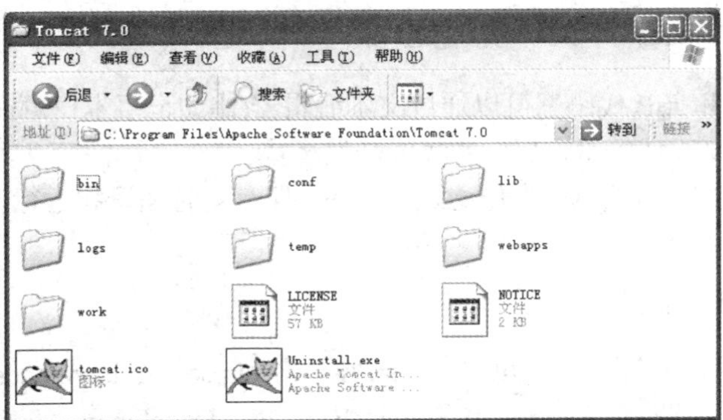

图 3-22　Tomcat 安装文件夹内容

各个子目录简介如下：

(1) bin 目录。主要存放 Tomcat 的命令文件。

(2) conf 目录。包括 Tomcat 的配置文件，例如 server.xml 和 tomcat-users.xml。server.xml 是 Tomcat 的主要配置文件，其中包含了 Tomcat 的各种配置信息，例如监听端口号、日志配置等。如果要修改 Tomcat 默认的端口号 8080，找到如下这段代码可以更改。

```
<Connector port="8080" protocol="HTTP/1.1"
connectionTimeout="20000"
    redirectPort="8443" />
```

把8080改成想用的端口号就可以了。tomcat-users.xml中定义了Tomcat的用户。对于Tomcat的配置及管理有专门的应用程序，所以不推荐直接修改这些配置文件。

(3) logs 目录。存放日志文件。

(4) temp 目录。主要存放 Tomcat 临时文件。

(5) webapps 目录。存放应用程序实例，待部署的应用程序保存在此目录。

(6) work 目录。存放 JSP 编译后产生的 class 文件。

4. Tomcat 的启动、停止、配置

单击“任务栏”，选择“开始”|“程序”| Apache Tomcat 7.0 Tomcat 7 | Configure Tomcat 命令，弹出如图 3-23 所示的对话框，可以启动、停止以及根据业务需要配置 Tomcat 服务器。

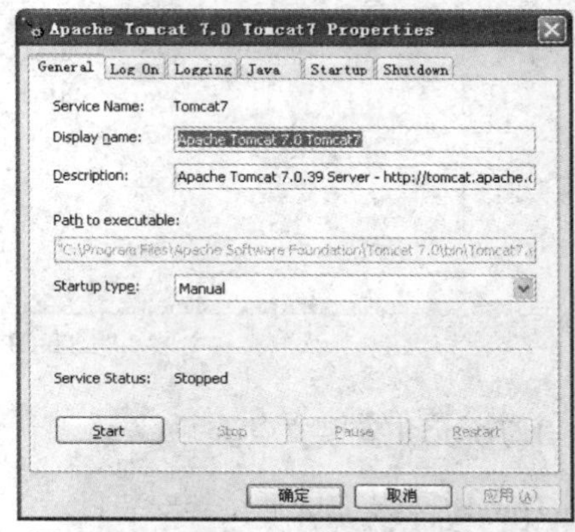

图 3-23 “Tomcat 服务器配置”对话框

5. Tomcat 的部署

Web 应用程序能以项目形式存在或打包为 war 文件。不管哪一种形式，都可以通过将其复制到 webapps 目录下进行部署。例如，有一个 Web 应用程序名为 myApp 的 Web 项目，将该 Web 应用程序文件夹复制到 webapps 下，启动 Tomcat 后，通过 URL 就可以访问 http://localhost:8080/myApp/xxx.jsp，其中 xxx.jsp 为项目下的 JSP 文件。

3.2.3 Eclipse Java EE 开发环境搭建

虽然所有的 Java 和 JSP 代码都可以通过文本编辑器(比如记事本)来编写，但为了提高开发效率，还需要类似于 Visual Studio 那样的集成开发环境。

Eclipse Java EE 作为一款 Java 的开发集成软件，拥有即时编译和运行便捷等特性，是开发 Java 类代码的方便利器。

1. 安装 Eclipse Java EE

Eclipse Java EE 也是开源软件，可以从http://www.eclipse.org/downloads/网站下载到相应文件。如图 3-24所示，选择 Eclipse IDE for Java EE Developers 下载。下载后的文件 eclipse-jee-juno-SR2-win32.zip，解压缩即可使用。

2. 配置 Eclipse Java EE

(1) 解压后，在 eclipse 文件夹中找到 eclipse.exe，双击打开 Eclipse，如图 3-25 所示，选择一个工作空间，或者使用默认的工作空间。

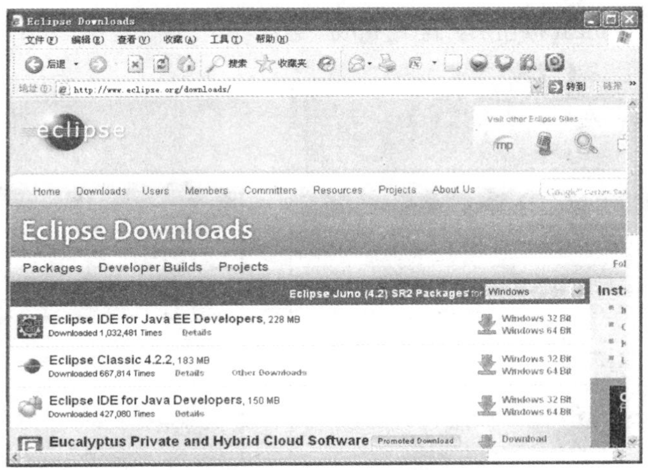

图 3-24 Eclipse 下载页面

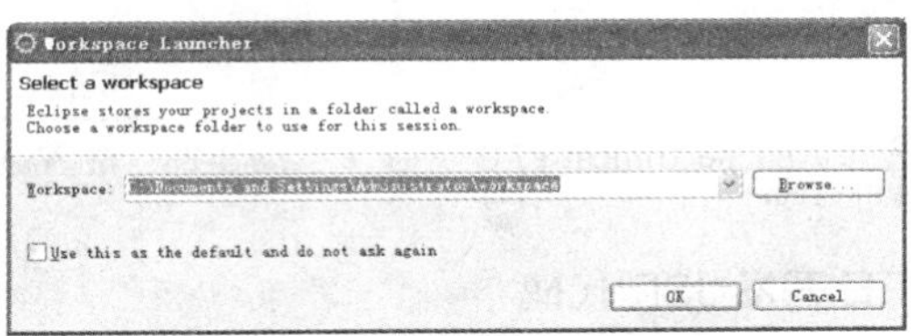

图 3-25 选择工作空间

(2) 选择 Window | Preferences 命令，首先配置所安装的 JRE，打开如图 3-26 所示配置对话框，通过 add、edit 等按钮配置 Java 下的 Installed JREs。

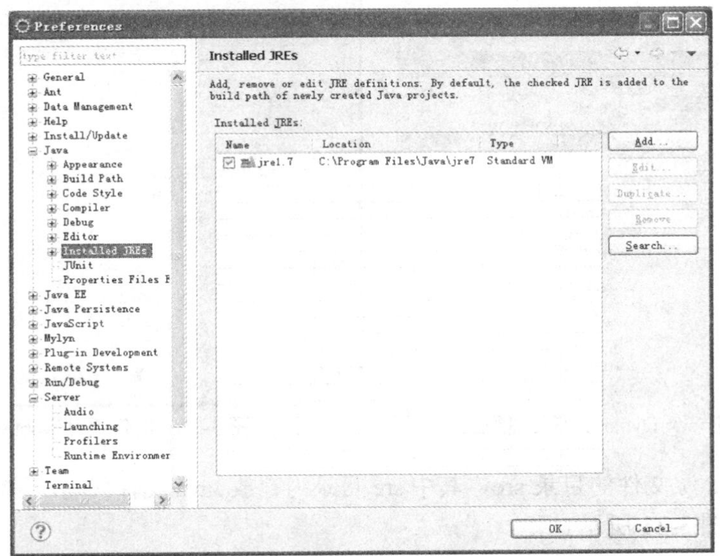

图 3-26 配置 JRE

(3) 配置 Server。如图 3-27 所示，通过单击 add 按钮添加 Server 下的 Runtime Environments。这里选择 Apache Tomcat v7.0。通过单击 Browse 按钮查找到 Apache Tomcat 7.0 的安装路径，

如图 3-28 所示。单击 Finish 按钮后，配置完成。

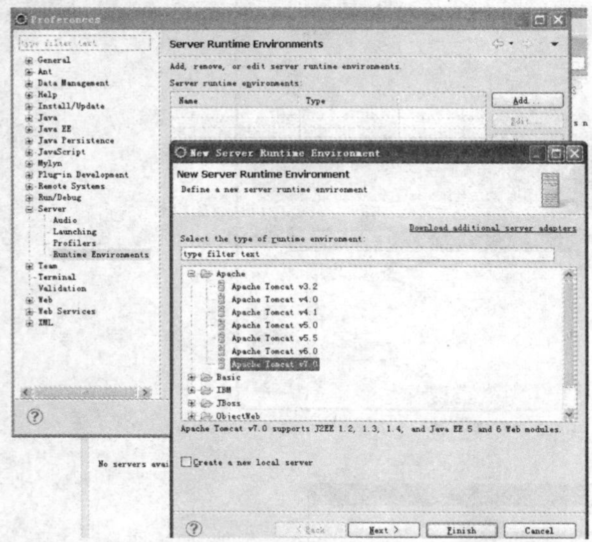

图 3-27　配置 Server 选择 Apache Tomcat v7.0

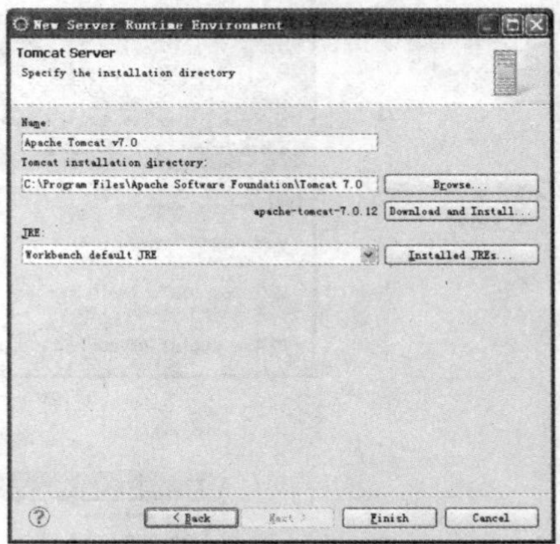

图 3-28　配置 Apache Tomcat v7.0 的路径

3. 采用 Eclipse Java EE 开发 JSP 代码

(1) 新建一个 Dynamic Web 项目，如图 3-29 所示。输入项目名如 webtest，如图 3-30 所示。

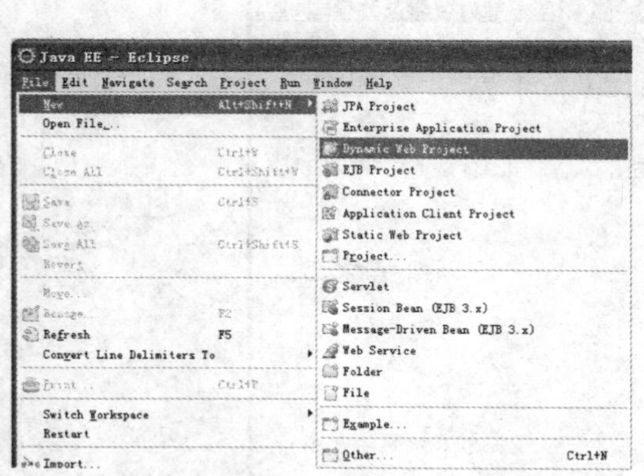

图 3-29　新建一个 Dynamic Web 项目

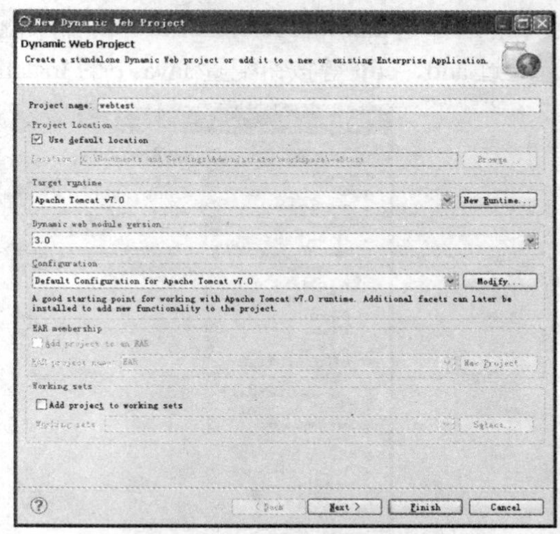

图 3-30　新建项目 webtest

(2) 配置 java 源文件的目录 src，其中 src 目录内存放 Java 文件代码，编译输出目录为 build/classes，如图 3-31 所示。

(3) 配置 Web 文件目录。WebContent 文件夹用来保存 Web 文件(如 JSP 文件、HTML 文件等)，如图 3-32 所示。

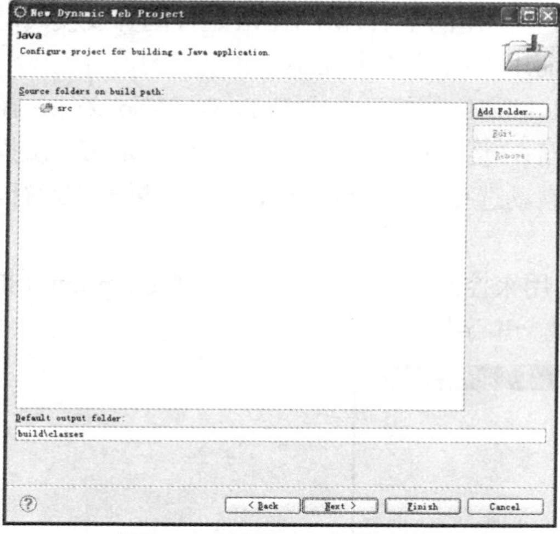

图 3-31　配置 java 文件目录

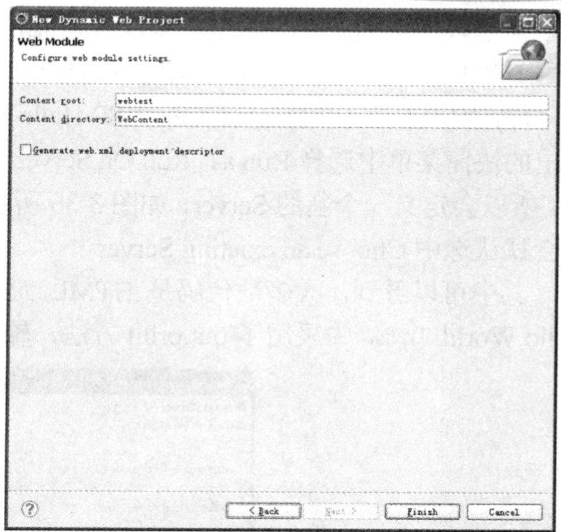

图 3-32　配置 Web 文件目录 WebContent

(4) 创建第一个 JSP 文件 HelloWorld.jsp。选中项目 webtest 或者文件夹 WebContent，右击，在弹出的快捷菜单中选择 JSP File，如图 3-33 所示，输入文件名 HelloWorld.jsp。

(5) 选择是否使用文件的模版，这里选择默认选项，如图 3-34 所示。

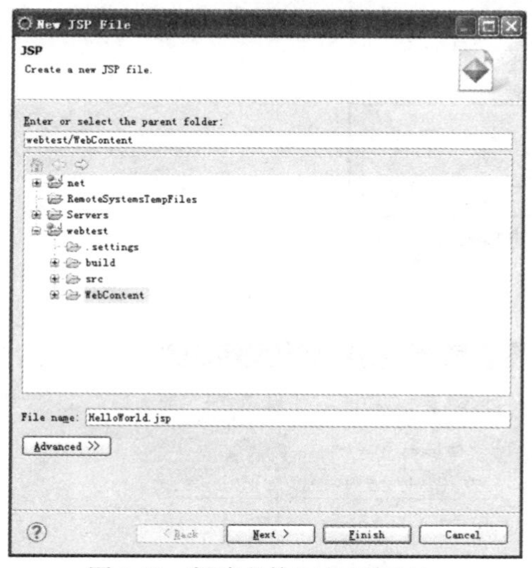

图 3-33　新建文件 HelloWorld.jsp

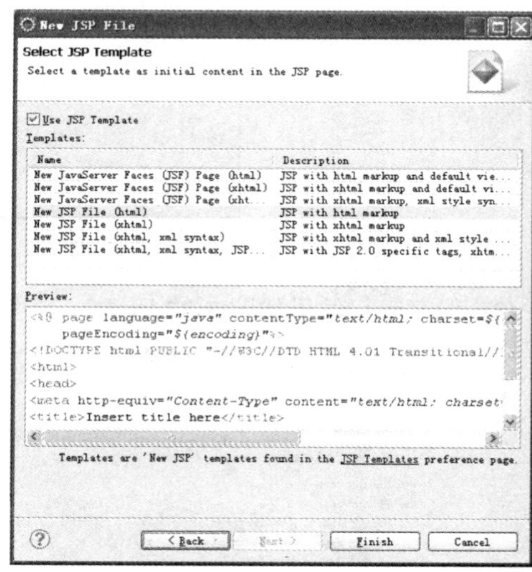

图 3-34　应用 JSP 模版

(6) 单击 Finish 按钮，依据模版建好的文件自动产生 JSP 文件的代码，如图 3-35 所示。

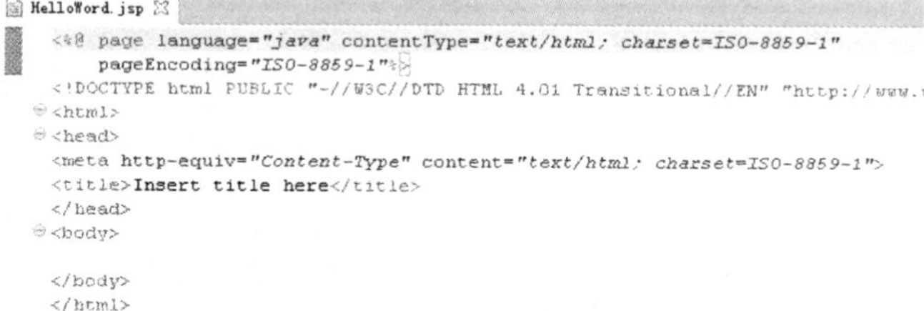

```
<%@ page language="java" contentType="text/html; charset=ISO-8859-1"
    pageEncoding="ISO-8859-1"%>
<!DOCTYPE html PUBLIC "-//W3C//DTD HTML 4.01 Transitional//EN" "http://www.
<html>
<head>
<meta http-equiv="Content-Type" content="text/html; charset=ISO-8859-1">
<title>Insert title here</title>
</head>
<body>

</body>
</html>
```

图 3-35　自动生成的 JSP 文件代码

从这段简单的 JSP 代码里，可以看到 JSP 程序里采用的是 HTML+Java 这样的开发模式，即用 HTML 元素来控制页面输出的风格与格式，而用 Java 代码来控制页面输出的内容。

(7) 插入 Java 代码<%out.print("JSP Hello World! ");%>，然后右击 Helloworld.jsp 文件，在弹出的快捷菜单中选择 Run as | Run On Server 命令后，运行第一个 JSP 程序。由于是第一次执行，所以会定义一个新的 Server，如图 3-36 所示，自动选择 Tomcat v7.0 Server。如果再次运行，就会默认选中 Choose an existing Server。

其中可以看到，大多数代码是 HTML 元素，用来控制字体等格式，而在<%out.print("JSP Hello World!"); %>中采用了 out.print 方法，输出了一串字符串。

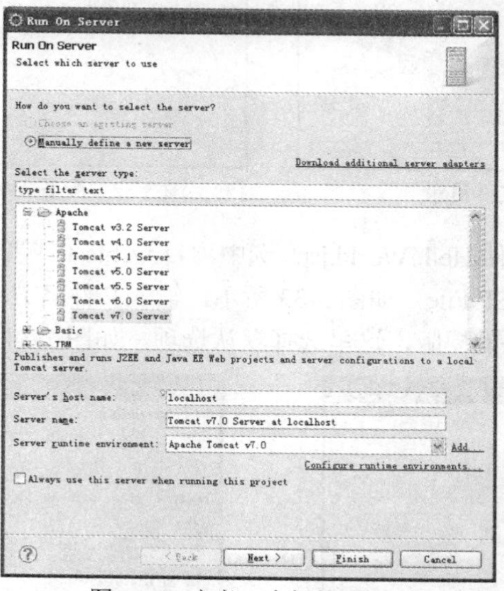

图 3-36 定义一个新的 Server

(8) 程序运行结果如图 3-37 所示。

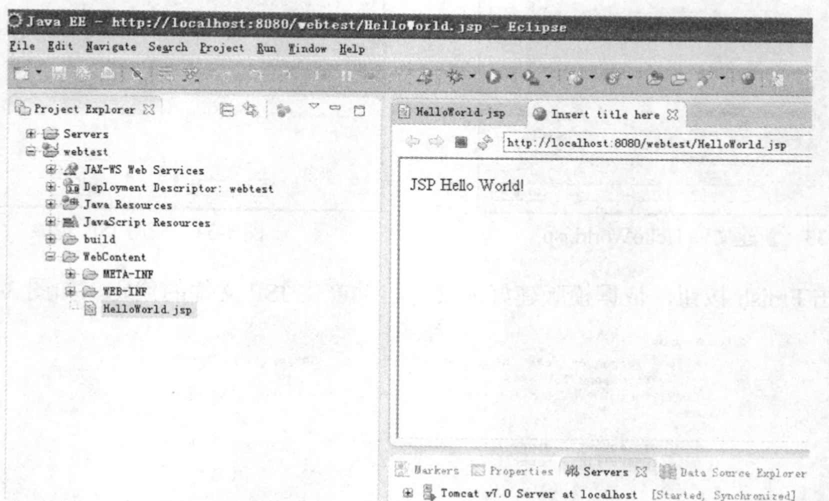

图 3-37 HelloWorld.jsp 的执行结果

图 3-37 说明已经成功地通过 Eclipse Java EE 开启了 Tomcat，完成后，在 IE 地址栏中输入

http://localhost:8080/webtest/HelloWorld.jsp，同样也可以看到如图 3-37 所示的 JSP 程序运行效果。

注意

在运行程序之前，关闭 Eclipse Java EE 之外的 Tomcat 服务器。因为如果在 Eclipse Java EE 中启动 Tomcat，外部的 Tomcat 服务器也处于 Started 状态，就会出现错误对话框，提示 8080 等端口已经被占用，如图 3-38 所示。出现这种问题需要关闭外部的 Tomcat 服务器。如果不是此原因造成的，可以修改 Tomcat 的端口号。

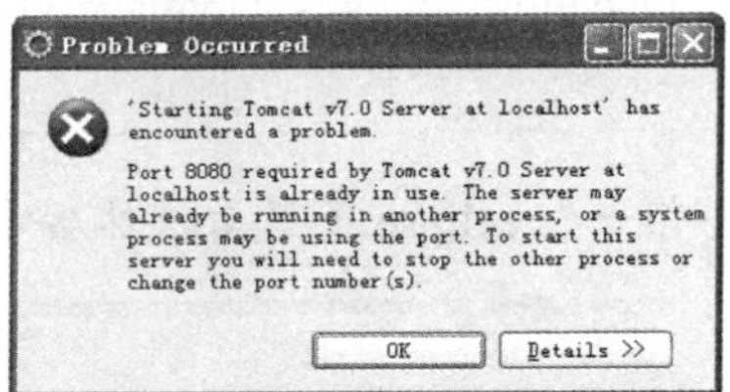

图 3-38　Tomcat 服务器端口号被占用

3.3 Eclipse 集成开发环境配置

如果计算机所使用的操作系统是 Windows XP，可以采用 JDK 1.5 + Eclipse 3.2 +Tomcat 5.5 的经典开发模式。这里着重介绍 Eclipse 插件的安装。

1. 安装 Eclipse

Eclipse 也是开源软件，可以从 http://www.eclipse.org/downloads/网站下载到相应文件。Eclipse 同样有多种版本可供选择，这里采用 eclipse-SDK-3.2.1 版本。Eclipse 下载之后是一个压缩包，不需要安装，直接把它解压缩到指定的目录即可。把 eclipse-SDK-3.2.1-win32.zip 文件解压缩到 D 盘(其中 eclipse.exe 的路径为 D:\eclipse\eclipse.exe)。由于 Eclipse 程序在启动后，会自动根据系统信息寻找并配置 JDK 环境，所以用户不用为其手动指定 JDK 环境。

注意

路径的正确设置非常重要!

解压缩完成之后，通过单击该目录的图标，运行 D:\eclipse\eclipse.exe 文件，即可启动 Eclipse 程序。

2. 安装中文补丁包

对英文版的 Eclipse 开发环境不习惯的读者，可以按以下步骤安装并配置 Eclipse 的中文补丁包。

(1) 在 http://download.eclipse.org/eclipse/downloads/的网址里，找到 Eclipse 的中文语言补丁包 3.2.1_Language_Packs 文件，根据页面上的提示信息，下载名为 NLpack1-eclipse-SDK-3.2.1-win32.zip 的文件。

(2) 创建一个专门存放 Eclipse 插件的目录 D:\eclipse_plugins。

(3) 在文件夹 eclipse_plugins 下创建一个用于存放语言包插件的目录 language。

(4) 把 NLpack1-eclipse-SDK-3.2.1-win32.zip 文件解压缩后生成一个 eclipse 文件夹，其中包含两个文件夹，即 features 文件夹和 plugins 文件夹。

(5) 把 eclipse 文件夹复制到 D:\eclipse_plugins \language 目录下，目录结构如图 3-39 所示。

注意

language 目录下必须要有一个 eclipse 子目录，然后才是 features 和 plugins 目录。

(6) 在 D: \eclipse 下新建一个 links 目录，在 links 目录中创建一个文本文件 language.link(可任意取名)，文件内容仅一行文字，如图 3-40 所示。

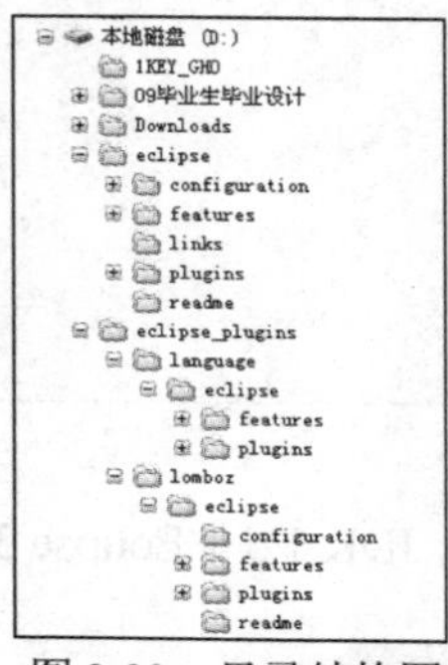

图 3-39　目录结构图

图 3-40　language.link 文件的内容

注意

路径分隔符由两个反斜杠组成，也可以用斜杠，如 pah=d:/eclipse_plugins/language，还可以使用相对路径(相对于 d:\eclipse)，如 path=../eclipse_plugins/language。

至此，汉化版 Eclipse 安装完毕！重启 Eclipse，就能看到中文版的 Eclipse 集成开发界面了。Eclipse 启动时会查找 links 目录中的所有文件夹，并将其中 Path 指向的插件注册到 Eclipse 中。

3. 安装 Lomboz 包

Lomboz 是一个 Eclipse 插件。一定要针对 Eclipse 版本来选择相应版本的 Lomboz，否则可能导致 Lomboz 无法正常使用。

安装并配置 Eclipse 的 Lomboz 包的步骤和前面安装中文补丁包的步骤类似，也是采用 Links 式的插件安装方法。

(1) 在 http://fore.objectweb.org/project/showfiles.php?group_id=97 的网址里选择并下载 org.objectweb.lomboz-and-prereqs-R-3.2-200610201336.zip。

(2) 在 D:\eclipse_plugins 目录下新建一个文件夹 lomboz。

(3) 把 org.objectweb.lomboz-and-prereqs-R-3.2-200610201336.zip(注意，Lomboz 的版本和 Eclipse 的必须一致)文件解压缩，解压过程会提示路径过长，不影响使用。解压后得到一个 eclipse 目录，将此整个目录复制到 D:\eclipse_plugins\lomboz 目录中，目录结构图如图 3-39 所示。

(4) 在 D:\eclipse\links 目录中创建一个文本文件 lomboz.link(可任意取名)，文件内容仅一行文字，如图 3-41 所示。

(5) 测试 Lomboz 是否安装成功。此时运行 eclipse.exe，安装成功 Lomboz 之后新建项目时会增加多个选项，如图 3-42 所示。

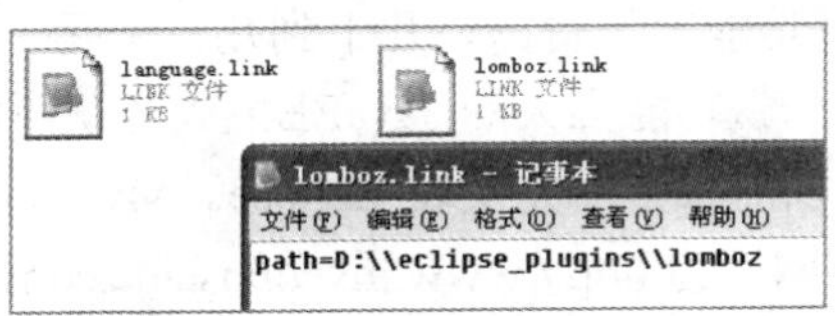

图 3-41　lomboz.link 文件的内容

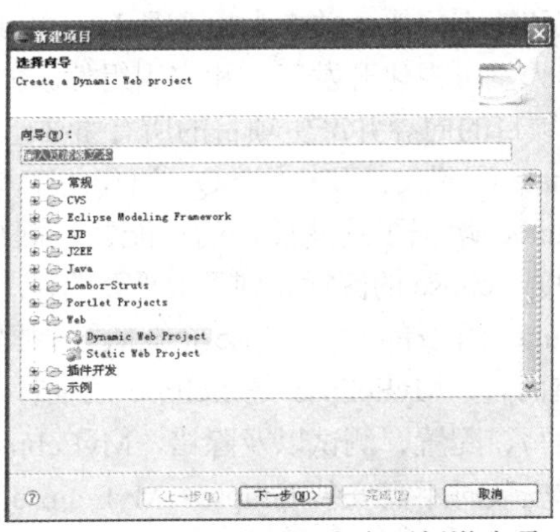

图 3-42　安装 Lomboz 包之后新增选项

注意

如果未能出现如图 3-39 所示画面，须做如下检查和尝试:

(1) 给 Eclipse 加一个参数 eclipse.exe – clean。

(2) 检查 Lomboz 的版本是否和 Eclipse 的一致。

(3) Links 文件中的 Path 项是否设置正确。

Lomboz 的 plugin 目录的绝对路径应该是 D:\eclipse_plugins\lomboz\eclipse\ plugins。

4. 安装和配置 Tomcat 环境

关于安装和配置 Tomcat 环境及开发 JSP 代码与Eclipse Java EE 环境下非常类似，不再赘述。

3.4 MyEclipse 开发环境

MyEclipse 企业级工作平台(MyEclipse Enterprise Workbench，简称 MyEclipse)是对 Eclipse IDE 的扩展，也就是所说的插件，利用它可以在数据库和 J2EE 的开发、发布，以及应用程序服务器的整合方面极大地提高工作效率。它是功能丰富的 J2EE 集成开发环境，包括了完备的编码、调试、测试和发布功能，完整支持 HTML、UML、Web Tools、JSF、CSS、JavaScript、SQL、Struts、Hibernate、Spring 等技术。MyEclipse 可以简化 Web 应用开发，并对 Struts、Hibernate、

Spring 等开发框架的广泛应用起到了非常好的促进作用。

3.4.1 MyEclipse 简介与下载

MyEclipse 是一个专门为 Eclipse 设计的商业插件和开源插件的完美集合。MyEclipse 为 Eclipse 提供了一个大量私有和开源的 Java 工具的集合，MyEclipse 目前支持 Java Servlet、AJAX、JSP、JSF、Struts、Spring、Hibernate、EJB3、JDBC 数据库链接工具等多项功能。可以说 MyEclipse 几乎囊括了目前所有主流开源产品的专属 Eclipse 开发工具，很大程度上解决了各种开源工具的不一致和缺点问题，并大大提高了 Java 和 JSP 应用开发的效率。MyEclipse 的实际价值来自其发布的大量可视化开发工具和实用组件。如 CCS/JS/HTML/XML 的编辑器，帮助创建 EJB 和 Struts 项目的向导并产生项目的所有主要组件如 Action/Session Bean/Form 等，此外还包含编辑 Hibernate 配置文件和执行 SQL 语句的工具。MyEclipse 包含大量由其他组织开发的开源插件，Genuitec 增强了这些插件的功能并且撰写了很多使用文档，便于开发者学习。Myeclipse 插件对加速 Eclipse 的流行起到了很重要的作用，并大大简化了复杂 Java 和 JSP 应用程序的开发。

Genuitec 开发的 MyEclipse 企业版插件提供更多功能，年费需要几十到几百美元。

简单而言，MyEclipse 是 Eclipse 的插件，也是一款功能强大的 JavaEE集成开发环境，支持代码编写、配置、测试以及除错，MyEclipse 6.0 以前版本需先安装 Eclipse。MyEclipse 6.0 以后版本安装时不需安装 Eclipse。MyEclipse 的官方网站为 http://www.myeclipseide.com。可根据需要购买或者使用试用版的 MyEclipse 版本。本节使用的是 MyEclipse 8.6 版本。

3.4.2 MyEclipse 安装与使用

1. MyEclipse 安装

在下载文件夹中双击文件 myeclipse-8.6.0-win32.exe 即开始安装，具体安装步骤如下：

(1) 双击 myeclipse-8.6.0-win32.exe 文件，进行参数传送后，弹出如图 3-43 所示的对话框。当安装 MyEclipse 的组件准备好后，即弹出如图 3-44 所示的对话框。

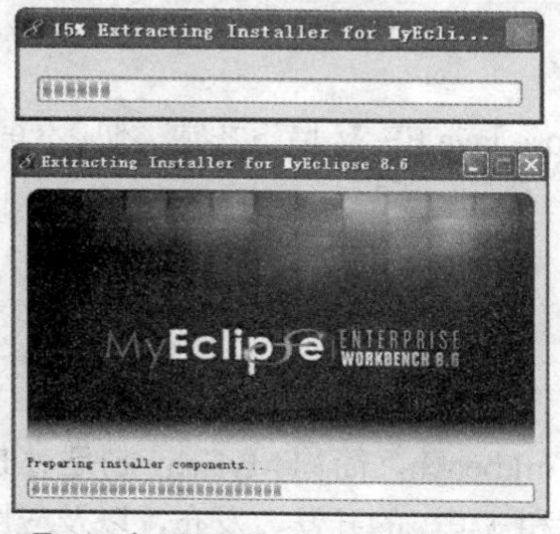

图 3-43 Extracting Installer for MyEclipse Launching

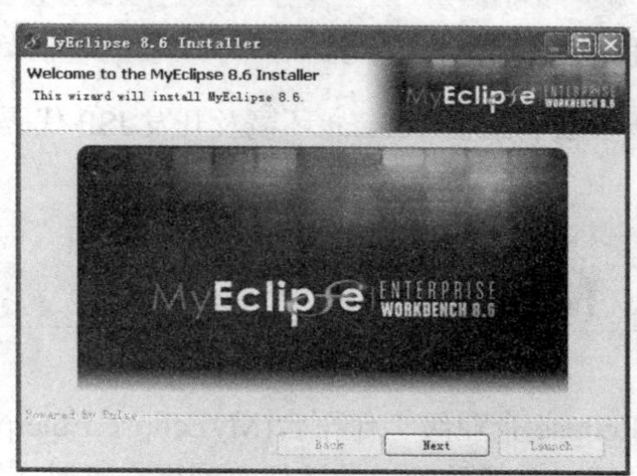

图 3-44 “安装”对话框

(2) 单击 next 按钮后勾选 I accept the terms of the license agrement，如图 3-45 所示。

(3) 单击 next 按钮后，弹出如图 3-46 所示的对话框，单击 Change 按钮，可以选择 MyEclipse 安装路径，这里选用默认路径。

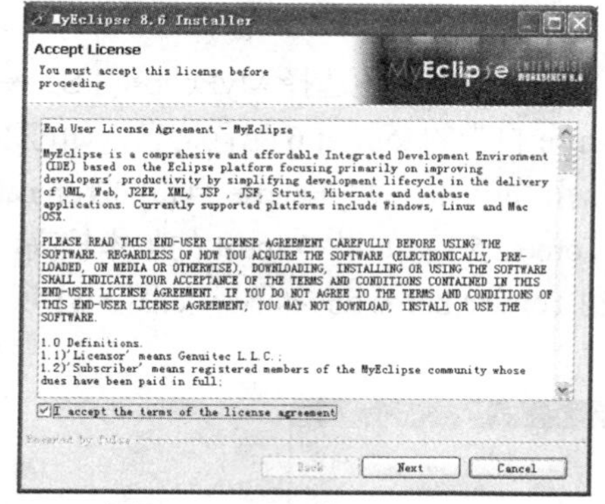

图 3-45 “选择协议”对话框

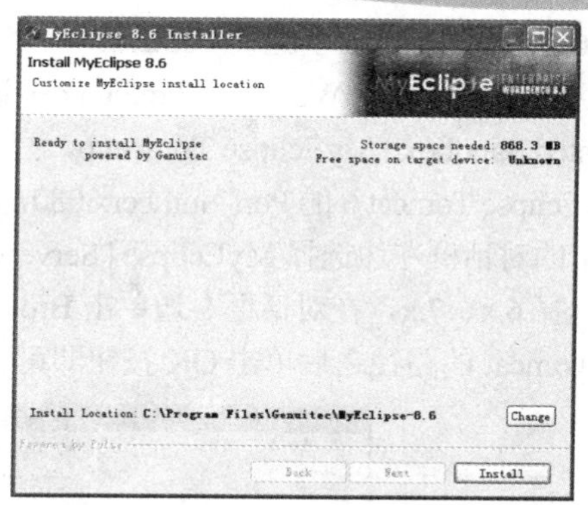

图 3-46 选择安装路径

(4) 单击 Install 按钮后开始安装， 弹出如图 3-47 所示的安装进度对话框。

(5) 经过几分钟安装后弹出如图 3-48 所示的对话框。在该对话框中选择工作区路径，可以使用默认值，选择后单击 OK 按钮。弹出如图 3-49 所示的 MyEclipse 开发主界面。可以使用菜单项对该开发工具进行设置与使用。

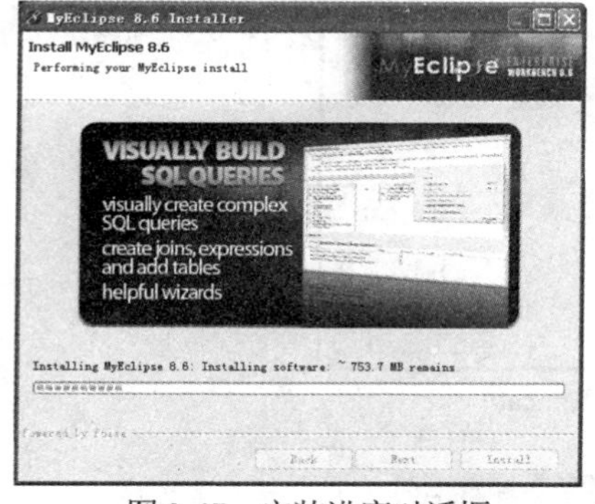

图 3-47 安装进度对话框

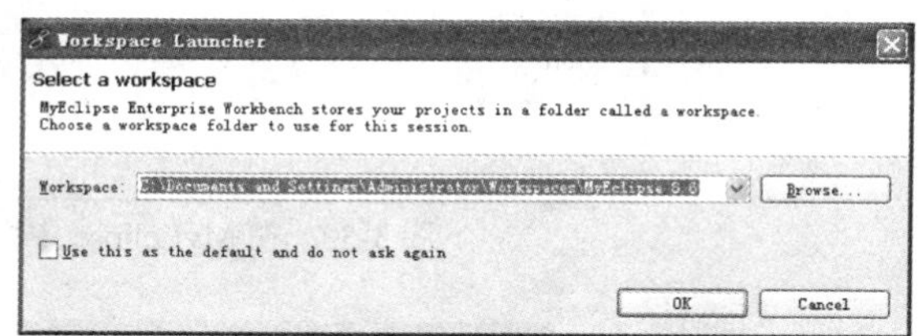

图 3-48 选择工作区路径

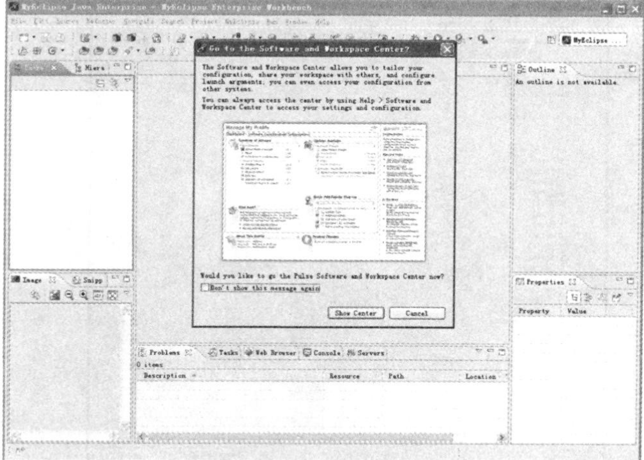

图 3-49 开发主界面

(6) 在 MyEclipse 中配置 Tomcat。

选择菜单栏中的 Window | Preferences 选项。在弹出的对话框左边选择 MyEclipse | Servers | Integrated Sandbox | MyEclipse Tomcat 6，显示出 MyEclipse 自带的 tomcat 6 配置信息，如可以修改 MyEclipse Tomcat 6 的 Port Number:8080，如图 3-50 所示。如果不用 MyEclipse 自带的 Tomcat 6，在弹出的对话框左边选择 MyEclipse | Servers | Tomcat | Tomcat 5.x，如果 Tomcat 的版本较高，也可以选择 6.x、7.x，在对话框右边单击 Browse 按钮找到 Tomcat home directory，如图 3-51 所示。指定 Tomcat 的路径之后单击 OK 按钮即可。

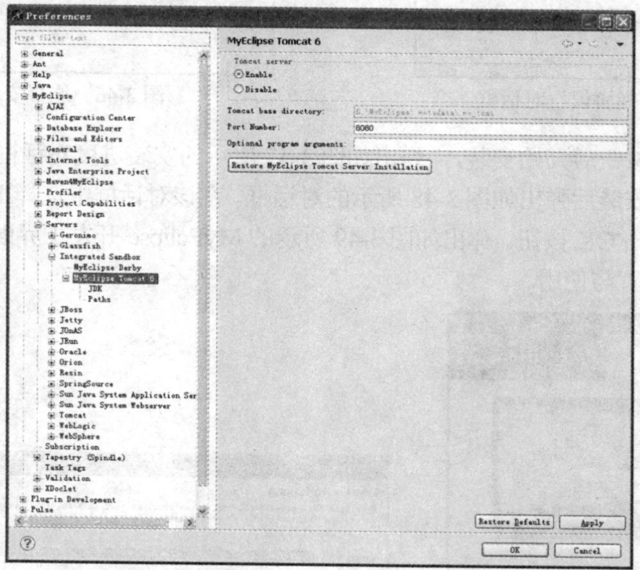

图 3-50　在 MyEclipse 中配置 Tomcat

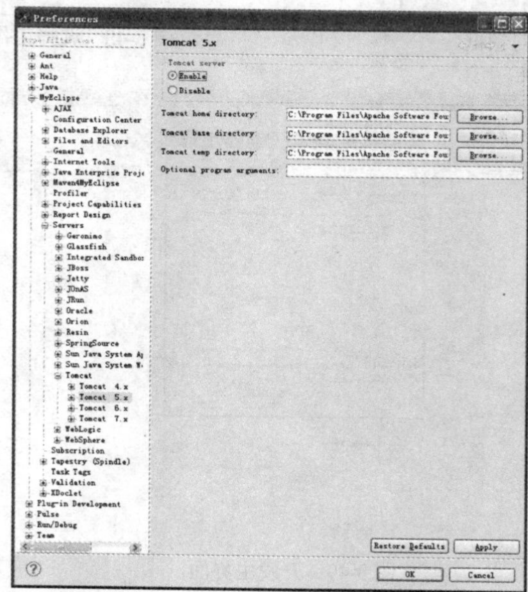

图 3-51　在 MyEclipse 中配置 Tomcat

2. MyEclipse 的使用

(1) 选择菜单栏中的 File | New | Web Project 命令，命名项目名称为/ch03，如图 3-52 所示。

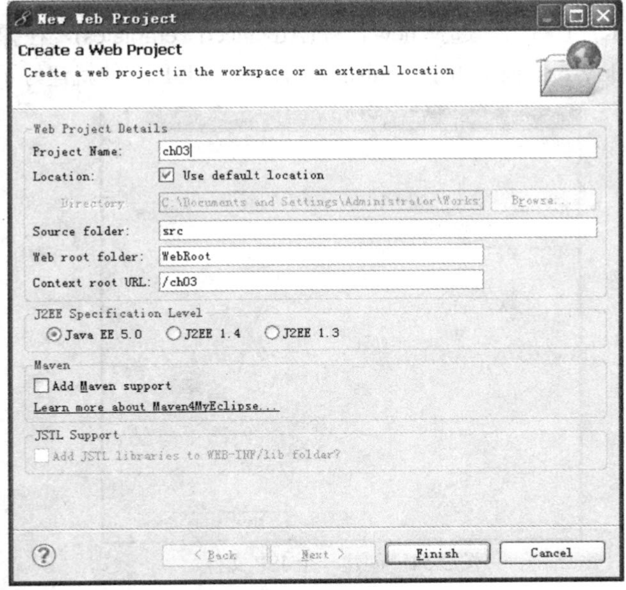

图 3-52　新建项目

(2) 单击图 3-52 中的 Finish 按钮，项目建成，如图 3-53 所示。完成后，在 Workspace 栏会生成一些默认的目录。

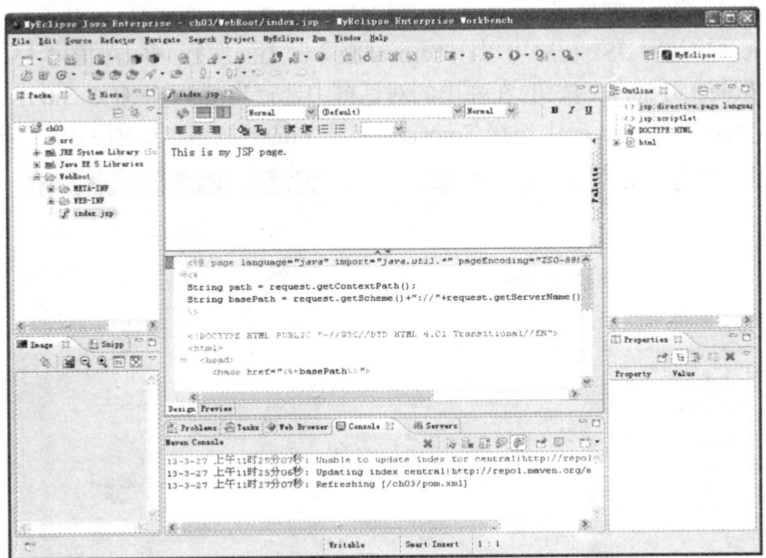

图 3-53　项目界面

- src 目录。存放 java 源文件。
- WebRoot 目录。它是 web 应用顶层目录。

➢ EMTA-INF 目录。存放系统描述信息。

➢ WEB-INF 目录。由以下部分组成：lib 目录，存放.jar 或.zip 文件；web.xml 文件，Web 应用初始化配置文件；JSP 文件，动态页面的 JSP 文件。

(3) 在 WebRoot 目录上右击，选择 new | JSP(Advanced Templates)，在弹出的对话框中输入一个 FileName，如 HelloWorld.jsp，单击 Finish 按钮，一个 JSP 文件就建好了，如图 3-54 所示。

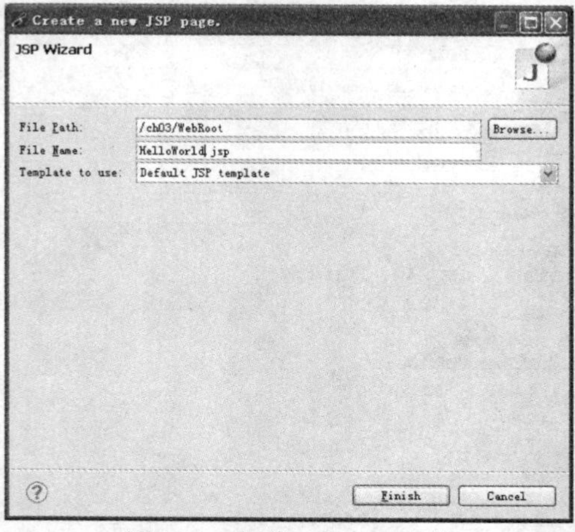

图 3-54　创建一个 JSP 文件

(4) 在 MyEclipse 编辑器中进行编程，插入简单的 Java 代码。找到<body></body>中间的部分，插入如下代码：

```
<%out.print("JSP Hello World!"); %>
```

(5) Web Project 的部署。JSP 程序可以在 Tomcat 服务器上面运行。单击如图 3-55 所示的 Deploy MyEclipse J2EE Project to Server 按钮。在弹出的对话框中选择当前 Project(如 ch03)，然后单击 Add 按钮，如图 3-56 所示。在 Server 中选择 Tomcat，单击 Finish 按钮，如图 3-57 所示。

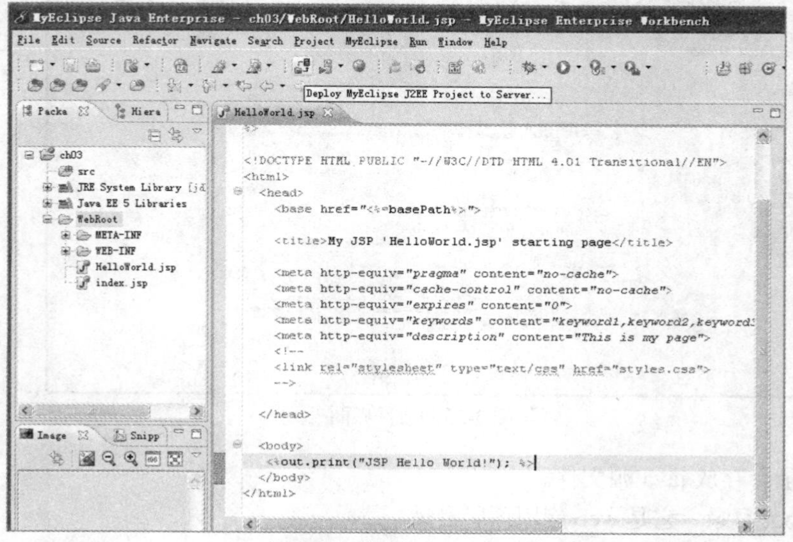

图 3-55　部署 Web Project

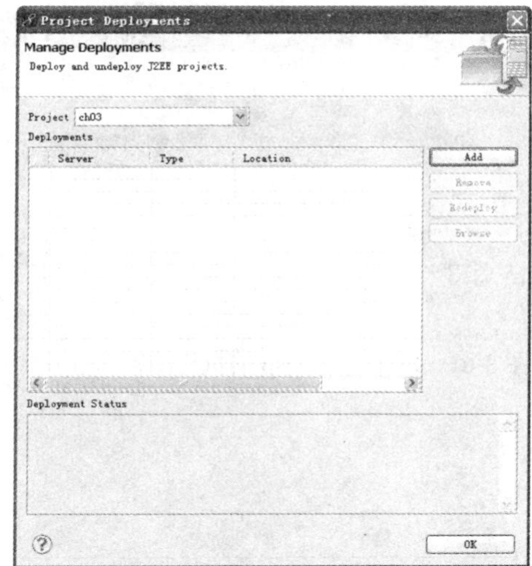

图 3-56　部署 Web Project ch03

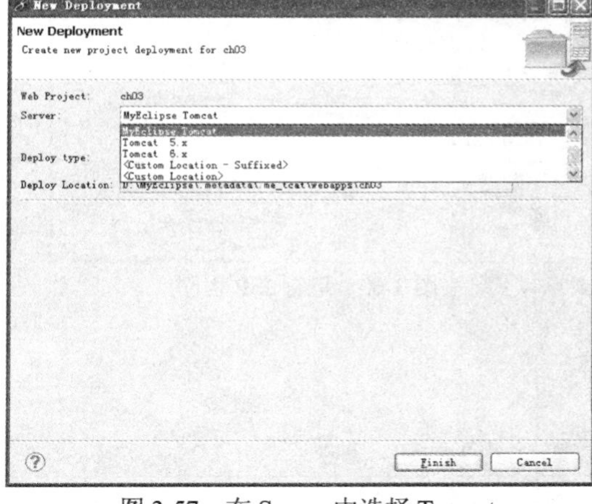

图 3-57　在 Server 中选择 Tomcat

(6) 启动 Tomcat。单击 Deploy 旁边的 Run/stop/restart MyEclipse 按钮。选择 MyEclipse Tomcat | Start，如图 3-58 所示。稍等一下，Tomcat 服务启动完毕。在下方的 Console 中可以看到显示 Tomcat 启动成功的信息。如果要在浏览器中运行.jsp 页面，Tomcat 必须处于启动状态，如图 3-59 所示。

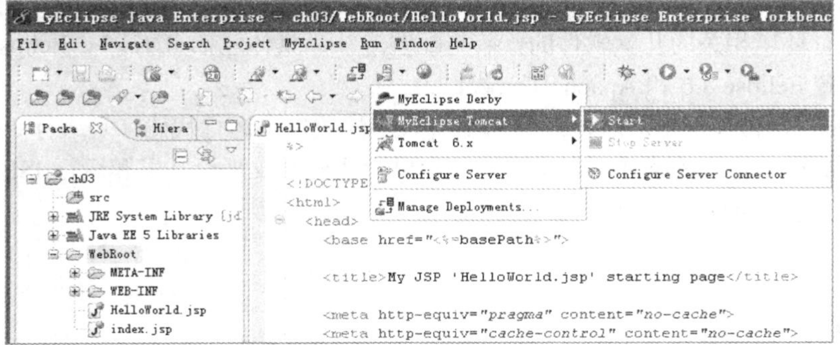

图 3-58　启动 Tomcat

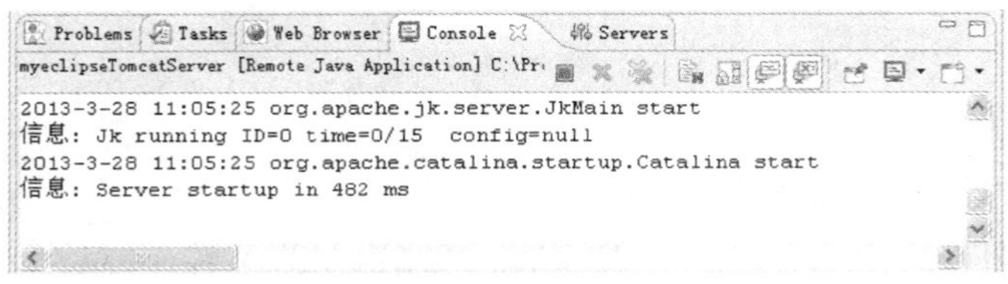

图 3-59　Tomcat 已启动

(7) 运行 HelloWorld.jsp 程序。在菜单栏选择 Run | Run，如图 3-60 所示。在浏览器中输入 http://zh-ffd913c6622a:8080/ch03/HelloWorld.jsp，就可以看到显示的页面，如图 3-61 所示。

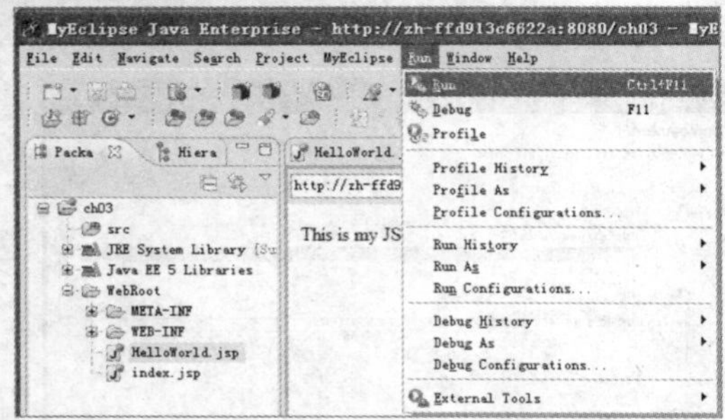

图 3-60　运行 JSP 程序

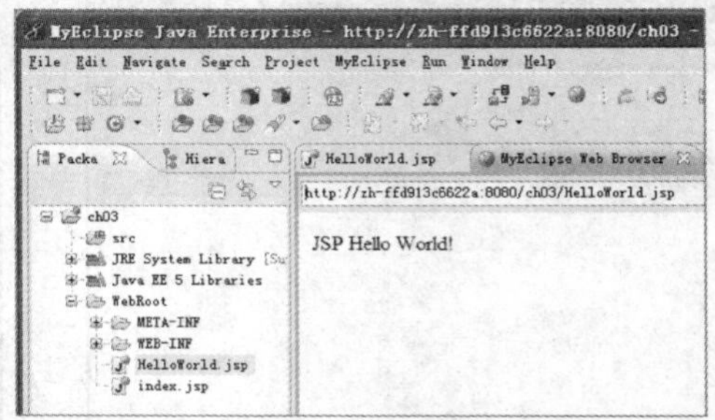

图 3-61　HelloWorld.jsp 的执行结果

3.5 小　结

本章讲述了 JSP 的开发和应用平台以及本书所用的开发和运行环境。详细讲述了 Eclipse Java EE 集成开发环境安装与配置步骤。Eclipse Java EE 开发 JSP 动态网站需要 JDK 的支持，通过讲解 JSP 运行环境的搭建，创建一个简单的实例，告诉读者如何进行 JSP 项目的开发，这些都是进行 JSP 编程的基础。Eclipse 是一个比较常用的 Java 开发平台，由于 Eclipse 不具有 JSP 文件的可视化编辑功能，可以使用 Lomboz 插件来开发 JSP 页面。另外，本章详细介绍了与 JSP 网站开发和运行环境相关的几款软件的安装与配置方法，具体包括 JDK1.7、Eclipse Java EE、Eclipse 3.2、My Eclipse 8.6 和 Apache Tomcat 7.0。

如何综合集成开发环境以及 Web 服务器开发、配置以及运行代码，是进行 JSP 编程的基础，希望读者能通过本章的描述，熟练掌握使用以上几种开发平台开发和运行 JSP 程序。如需了解其他软件可以参考其他相关书籍或资料。

3.6 习　题

3.6.1 选择题

1. WebContent 文件夹用来保存的文件是(　)。

A. JSP 文件和 HTML 文件　　B. Class 文件和 JAR 文件

C. Web 文件和 Java 文件　　D. 以上都不对

2. 在 Web 应用程序的目录结构中，在 WEB-INF 文件夹外的文件为(　)。

A. .jsp 文件　　B. .class 文件　　C. .jar 文件　　D. web.xml 文件

3. Tomcat 服务默认使用的端口号，可以在(　)文件中修改。

A. server.xml　　B. web.xml　　C. context.xml　　D. admin.xml

4. 当多个用户请求同一个 JSP 页面时，Tomcat 服务器为每个客户启动一个(　)。

A. 进程　　B. 线程　　C. 程序　　D. 服务

5. 在本机上安装了 Tomcat 服务器，使用的均为默认安装选项，将自己编写的 test.jsp 文件放在 Tomcat 安装目录\webapps\examples 里，那么在本机的浏览器中要访问 test.jsp 文件，应使用的 url 地址为(　)。

A. http://localhost:8080/examples/test.jsp　　B. Http://localhost:8080/ webapps /examples/test.jsp

C. HTTP://localhost:8080 /test.jsp　　D. http://localhost /examples/test.jsp

3.6.2 判断题

1. Lomboz 是一个 Eclipse 插件。一定要针对 Eclipse 版本来选择相应版本的 Lomboz，否则可能导致 Lomboz 无法正常使用。(　)

2. Tomcat 是一个 JSP/Servlet 容器。(　)

3. 在 Eclipse 开发环境中，Java 文件代码的编译输出目录为 WEB-INF。(　)

4. 如果要在浏览器中运行 JSP 页面，Tomcat 必须处于启动状态。(　)

5. 安装 MyEclipse 以前，需先安装 Eclipse。(　)

3.6.3 填空题

1. 除了开发工具之外，还要安装一个支持 Java Servlet 的__________，或者在现有的 Web 服务器上安装__________软件包。

2. Tomcat 的全局配置文件是__________。

3. __________是 Eclipse 的插件，也是一款功能强大的 JavaEE集成开发环境，支持代码编写、配置、测试以及除错。

4. 在 Eclipse 的开发项目中 src 目录用来存放__________。

5. MyEclipse__________以后版本安装时不需安装 Eclipse。

3.6.4 简答题

1. 为什么在客户端双击.jsp 文件不能运行 JSP?

2. JSP 是否支持 JavaScript 语言?

3. 安装 JDK 有什么用，是否需要掌握 JDK 的命令使用?

4. Tomcat 服务器有什么优点?

第 4 章

JSP基本语法

本章主要介绍 JSP 的基本语法。JSP 语法分为脚本元素(Scripting Elements)、指令元素(Directive Elements)和动作元素(Action Elements)3 种。JSP 页面由 JSP 元素(Elements)和模板数据(Template Data)组成。JSP 元素是指由 JSP 引擎直接处理的部分，这一部分必须符合 JSP 语法，否则会导致编译错误。模板数据是不需要经过 JSP 应用服务器特殊处理的直接发送到客户端的所有非元素的其他内容，例如静态的 HTML 代码内容。

JSP 基本语法的学习是后面深入了解和全面掌握 JSP 的基础，本章从 JSP 文件的基本结构开始，结合一些小实例介绍上述 3 种元素的使用。

本章学习目标

◎ 掌握 JSP 的脚本元素：隐藏注释、声明、表达式

◎ 掌握 JSP 的指令元素：page、include

◎ 了解 JSP 的指令元素：taglib

◎ 掌握 JSP 的动作元素：<jsp:include>、<jsp:forward>和<jsp:param>

◎ 掌握 include 指令和 include 动作的区别

◎ 掌握 JSP 的动作元素：<jsp:useBean>、<jsp:getProperty>和<jsp:setProperty>

◎ 了解 JSP 的动作元素：<jsp:plugin>

4.1 JSP 文件的结构

在传统的网页 HTML(*.htm、*.html)中加入 Java 程序片断，就构成了 JSP 网页(*.JSP)。Web 服务器在遇到访问 JSP 网页的请求时，首先执行其中的程序片断，然后将执行结果以 HTML 格式返回给客户端。

4.1.1 创建第一个 JSP 文件

以下是一段简单的 JSP 程序，其中包含了最基本的 Java 语法及重要的 JSP 网页结构。

【例 4-1】第一个 JSP 程序(helloJSP.jsp)。

```
<%@ page contentType="text/html; charset=GBK"%>
<html>
<head>
<title>我的第一个 JSP 程序！！！</title>
</head>
<body>
<%!int number = 1;%>
<%--这是声明一个变量 --%>
<%!public int count() {
        return number++;
    }

/*这是声明一个方法*/%>
<%
    //JSP 程序代码
    out.println("Hello JSP! ");
    out.println("欢迎使用 JSP 交互式动态网页!!   ");
%>
<br>
<%="您是第" + count() + "个客人!"%>
<br>
</body>
</html>
```

在浏览器中查看此网页，并刷新，其结果如图 4-1 所示。

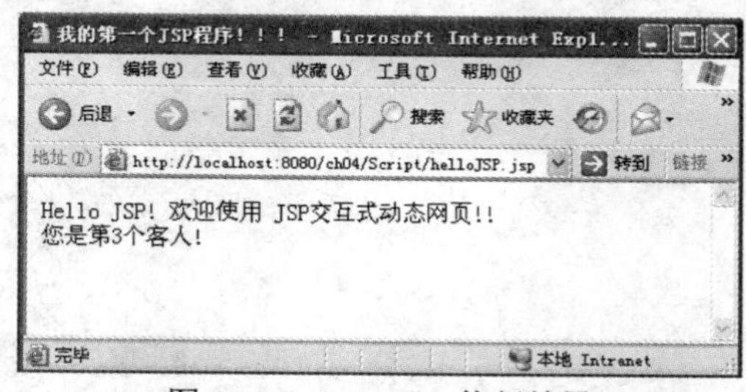

图 4-1 helloJSP.jsp 执行结果

这个实例的程序代码可以分为两个部分：HTML 标签和 Java 程序代码。程序代码中符号<%…%>之间的内容，便是由 Java 程序片段所构建的 JSP 网页程序代码，剩下的则是 HTML 标签，而第一行为 JSP 指令元素。

在 JSP 网页中撰写 Java 程序代码，都必须放在<%与%>所包含的区域中，与 HTML 标签进行区分，如下面的代码：

```
<%
Java 程序代码 …
%>
```

<%…%>里的程序代码是 JSP 网页提供交互功能的程序模块，JSP 网页服务器负责编译这些程序代码，并且将执行结果结合其中的 HTML 创建一份单纯的 HTML 网页，返回给客户端的浏览器进行显示。

原始 JSP 网页中<%…%>区域里的 Java 程序代码被编译，转换成为纯粹的 HTML 标签文字，重新建立只包含 HTML 的网页内容，然后传送至前台，由浏览器进行最后的转换工作，并显示 JSP 网页执行后的结果。

4.1.2 分析 JSP 文件的组成元素

helloJSP.jsp 网页实例的结构非常简单，本小节将继续针对程序内容进行解释。

(1) page 指令

```
<%@ page contentType="text/html; charset=GBK" %>
```

这行代码为 page 指令，page 是 JSP 指令元素的一种，在本章 4.3.1 节将为大家详细介绍该元素。

(2) 批注

```
<%--这是声明一个变量 --%>
<%/*这是声明一个方法*/%>
<%// JSP 程序代码%>
```

<%…%>区域里的程序代码，程序执行的过程中，这些标识的程序代码都将被忽略。批注在程序中可有可无，然而为了程序日后便于维护，为程序加上良好的批注，是一个优秀的程序员必须养成的习惯。

(3) 数据输出

out 对象进行指定字符串的输出。out 是 JSP 中的默认对象，主要用来输出数据到客户端网页上。println 则是 out 对象提供将字符串等数据输出网页的方法，接受一个特定类型的参数，并且将参数的内容输出到网页上。且其中每一行完整的程序语句，均必须以分号(；)作为结尾。

```
<%
out.println("Hello JSP ");
out.println("欢迎使用 JSP 交互式动态网页 !! ");
%>
```

而下面的这行代码使用的是表达式，也是脚本元素的一部分，在表达式中调用 count()方法，计算访问该页面的人数，并在页面上输出结果。

```
<%= "您是第" + count() + "个客人!" %>
```

(4) 声明

```
<%!int number = 1;%>
<%--这是声明一个变量 --%>
<%!public int count() {
        return number++;
    }
%>
```

这段代码表示的是声明，这里声明了一个公有的变量 number，还声明了一个公有的方法 count()。这里还需要注意的是，声明是脚本元素的一部分，在 4.2 节中将详细为读者介绍脚本元素。

4.2 JSP 的脚本元素

JSP 语句中的 JSP 脚本元素(Scripting Elements)用来插入一些 Java 语言程序代码，这些 Java 语言的程序代码将出现在由当前 JSP 页面生成的 Servlet 中，用来实现一些功能。它包括隐藏注释、HTML 注释、声明语句、脚本段和表达式等内容。

4.2.1 隐藏注释(Hidden Comment)

JSP 语句中的隐藏注释镶嵌在 JSP 程序的源代码中，使用隐藏注释的目的并不是提醒用户，而是为了：

- 使程序设计人员和开发人员阅读程序方便，增强程序的可读性。
- 在增强程序可读性的同时，又顾及程序系统的安全性。如果用户通过 Web 浏览器查看该 JSP 页面，将看不到隐藏注释的内容。
- 隐藏注释写在 JSP 程序代码中，但不发送到客户端。

隐藏注释的语法格式如下：

```
<%-- comment --%> 或
<%-- 注释 --%>
```

隐藏注释标记的字符在 JSP 编译时会被忽略掉，它在希望隐藏或者注释 JSP 程序时是非常有用的。JSP 编译器不会对<%和%>之间的语句进行编译，且该语句也不会显示在客户端的浏览器中。

【例 4-2】隐藏注释(hidden-comment.jsp)。

```
<%@ page contentType="text/html; charset=GBK"%>
<html>
<head>
```

```
<title>隐藏注释示例</title>
</head>
<body>
<h1>隐藏注释测试</h1>
<%-- 这行注释将不显示在客户端的浏览器上 --%>
</body>
</html>
```

将此程序执行后，在浏览器上显示如图 4-2 所示的结果。查看源文件，注释的语句没有显示出来。

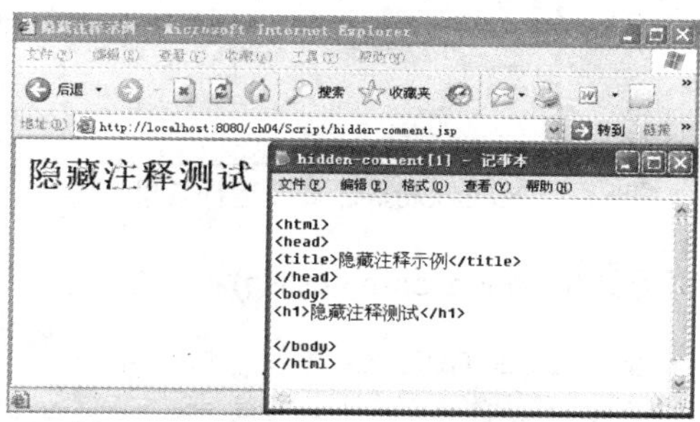

图 4-2　hidden-comment.jsp 页面运行效果

4.2.2　HTML 注释

HTML 注释又称为显式注释，用户能够在客户端看到注释内容。HTML 注释的形式如下。

```
<!-- 注释语句[<%=表达式%>] -->
```

例如：

```
<!-- HTML 注释，用户将会看到本段注释内容 -->
```

【例 4-3】HTML 注释(html-notes.jsp)。

```
<%@ page contentType="text/html; charset=GBK"%>
<html>
<head>
<title>HTML 注释</title>
</head>
<body>
<!-- This file displays the user login screen -->
未显示上一行的注释。
</body>
</html>
```

JSP 语法中的 HTML 注释和 HTML 语言本身十分相似，它们都可以通过在某一 JSP 页面中右击，然后在弹出的快捷菜单中选择“查看源文件”命令查看其代码。

将此程序执行后，可在浏览器上显示如图 4-3 所示的结果。查看源文件，注释的语句会显示出来。

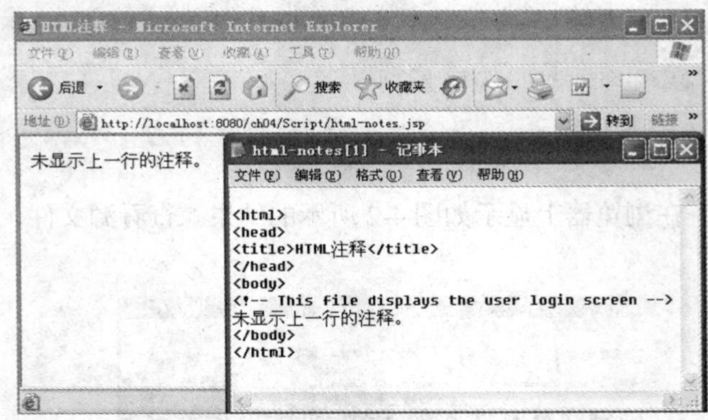

图 4-3 html-notes.jsp 页面运行效果

【例 4-4】比较两种注释方式(comparison-notes.jsp)。

```
<%@ page contentType="text/html; charset=GBK"%>
<html>
<head>
<title>要多加练习</title>
</head>
<body>
<!--This page was loaded on <%= (new java.util.Date()).toLocaleString() %>    -->
在源文件中包括当前时间。
<%=(new java.util.Date()).toLocaleString()%>
</body>
</html>
```

将此程序执行后，可在浏览器上显示如图 4-4 所示的结果。查看源文件，HTML 注释中的时间会计算出结果并显示出来。

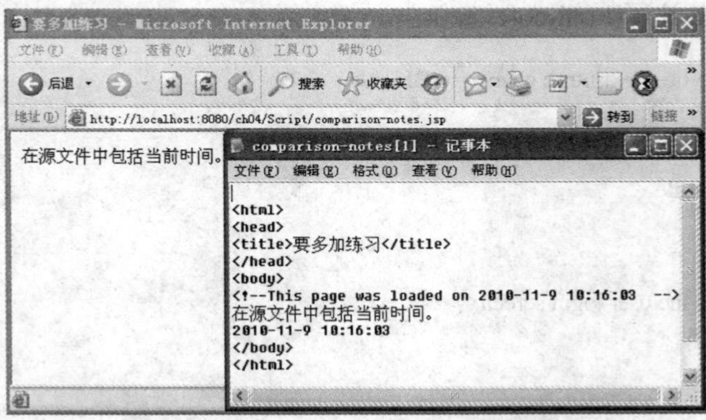

图 4-4 comparison-notes.jsp 页面运行效果

由于 Scriptlets 包含 Java 代码，所以 Java 中的注释规则在 Scriptlets 中也适用。常用的 Java 注释使用“//”表示单行注释，使用“/*　　*/”表示多行注释。例如

```
<%
        …
        //color 表示颜色，通过它来动态控制颜色
        String color1="99ccff";
        …
 %>
```

也可以这样。

```
<%
        …
        /*
        color 表示颜色，通过它来动态控制颜色
        */
        String color1="99ccff";
        …
%>
```

4.2.3 声明语句(Declaration)

JSP 中的声明用来定义一个或多个合法的变量(包括普通变量和类变量)和方法，并不输出任何的文本到输出流去，声明的变量和方法将在 JSP 页面初始化时被初始化。

JSP 声明的语法格式如下：

```
<%! declaration; [ declaration; ] ... %> 或
<%! 声明; [声明; ] ... %>
```

例如：

```
<%! int a=1; %>
<%! int b; %>
<%! String s="test"; %>
```

JSP 语法中的声明语句用来声明将要在 JSP 中使用到的变量和方法。变量和方法必须要声明，否则就会出错。可以一次声明多个变量和方法，只要以“;”结尾就行，而且必须保证这些声明在 Java 中是合法的。

在声明方法或变量时，应注意以下方面：

➢ 声明必须以“;”结尾，在这一点上与 JSP 语法中的 Scriptlet 语句有同样的规则，但是 JSP 语法中的表达式就不能以“;”结尾。

➢ 可以直接使用在<%@ page %>中被包含进来的已经声明的变量和方法，不需要对它们重新进行声明。

➢ 一个声明仅在一个页面中有效，对于一些在每个页面都用得到的声明，最好把它们写成一个单独的文件，然后用<%@ include %>或<jsp:include >语句把该文件及文件中的各个元素包含进来。

➢ 由于声明不会有任何输出，因此它们往往和 JSP 表达式或 Scriptlet 结合在一起使用。例如下面代码定义了变量 a 和变量 b：

```
<%!
int a= 2;
int b= 3;
%>
```

输出 a 与 b 的乘积为：

```
<%= a*b %>
```

JSP 的变量可以分为局部变量和全局变量，在 JSP 中声明变量时，要注意变量的定义域。

- 在程序片断中声明的变量，即在<%　%>中声明的变量是 JSP 的局部变量，它们对外部函数是不可见的。
- 在<%！　%>中声明的变量是全局变量，这种变量在整个 JSP 页面内都有效。因为 JSP 引擎将 JSP 页面编译成 Java 文件时，将这些变量作为类的成员变量，这些变量的内存空间直到服务器关闭后才释放。
- 在<%！　%>中声明的方法，该方法在整个 JSP 页面内有效，但是在该方法内定义的变量只在该方法内有效。

【例 4-5】比较局部变量和全局变量的不同之处(welcome.jsp)。

```
<%@ page contentType="text/html; charset=gb2312"%>
<%!int Num = 0;%>
<%
int count = 0;
%>
<html>
<head>
<title>欢迎你！！！</title>
</head>
<body>
<h1><%="欢迎！"%></h1>
<br>
<%
    Num++;
    count++;
%>
<%="您是第" + Num + "个客人!"%>
<br>
<%="您是第" + count + "个客人!"%>
</body>
</html>
```

执行此程序，并且不断地刷新页面，可以看到全局变量 Num 随着刷新不断增大，而局部变量 count 始终是 1。在浏览器上显示如图 4-5 所示的结果。

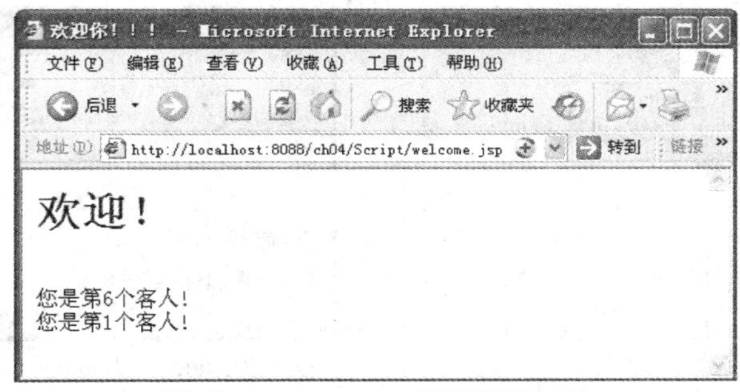

图 4-5　welcome.jsp 页面运行效果

【例 4-6】方法的声明(dec-method.jsp)。

在这个实例中声明计算圆的面积和周长的两种方法，根据从表单提交圆的半径调用这两种方法进行计算。

```
<%@ page contentType="text/html;charset=gb2312"%>
<html>
<body>
<p>请输入圆的半径:</p>
<form action="dec-method.jsp" method="get" name="form"><input
    type="text" name="radius"> <input type="submit" name="submit"
    value="开始计算"></form>

<%!double area(double r) {
        return Math.PI * r * r;
    }

    double perimeter(double r) {
        return Math.PI * 2 * r;
    }%>
<%
    String str = request.getParameter("radius");
    if (str != null) {
        try {
            double r;
            r = Double.parseDouble(str);
%>

<p>圆的面积是：<%=area(r)%>
<p>圆的周长是：<%=perimeter(r)%> <%
            } catch (Exception e) {
            out.print(e.getMessage());
        }
    }
 %>
</body>
</html>
```

在表单中输入半径的值并单击“开始计算”按钮，程序执行结果如图 4-6 和图 4-7 所示。

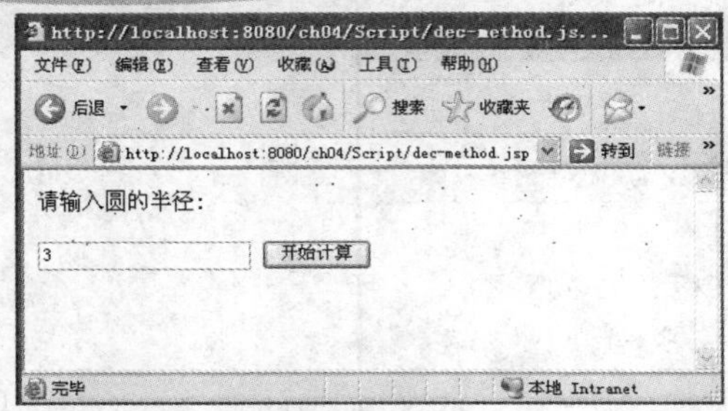

图 4-6　输入半径为 3

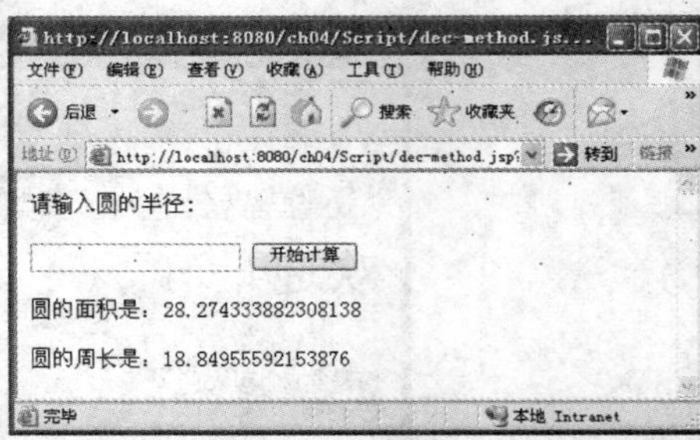

图 4-7　dec-method.jsp 页面计算并显示结果

4.2.4　脚本段(Scriptlets)

JSP 中的脚本代码是一段 Java 程序代码，这些代码在请求处理时在服务器端按顺序执行，脚本代码中如果使用了 out 对象则会在客户端显示输出内容。

脚本代码的语法格式如下：

```
<% code fragment %> 或
<% 代码 %>
```

一个 Scriptlet 能够包含多个 JSP 语句、方法、变量、表达式。有了 Scriptlet，用户可以进行以下操作：

- 声明将要用到的变量。
- 编写 JSP 表达式。
- 使用任何隐含的对象和任何用<jsp:useBean>声明过的对象。
- 编写 JSP 语句 (如果使用 Java 语言，这些语句必须遵从 Java Language Specification，即 Java 语言规范)。
- 填写任何文本和 HTML 标记，注意 JSP 元素必须在 Scriptlet 之外。

当 JSP 收到客户的请求时，Scriptlet 就会被执行，如果 Scriptlet 有显示的内容，这些显示的内容就可以存放在 out 对象中。

```
<%
String t = "test";
out.println(t);
%>
```

Scriptlet 中的代码将被照搬到 Servlet 内，而 Scriptlet 前面和后面的静态 HTML 代码将被转换成 println 语句。这就意味着，Scriptlet 内的 Java 语句并非一定要完整，没有关闭的块将影响 Scriptlet 外的静态 HTML。

【例 4-7】程序 scriptlets.jsp 混合了静态 HTML 代码和 Scriptlet，程序运行结果如图 4-8 所示。

```
<%@ page contentType="text/html; charset=GBK"%>
<%@ page language="java" import="java.util.*"%>
<html>
<head>
<title>混合静态 HTML 代码和 Scriptlet</title>
```

```
</head>
<body>
<%
if (Calendar.getInstance().get(Calendar.AM_PM) == Calendar.AM) {
  %>
  早上好！
  <%
} else {
  %>
  下午好！
  <%
}
%>
</body>
</html>
```

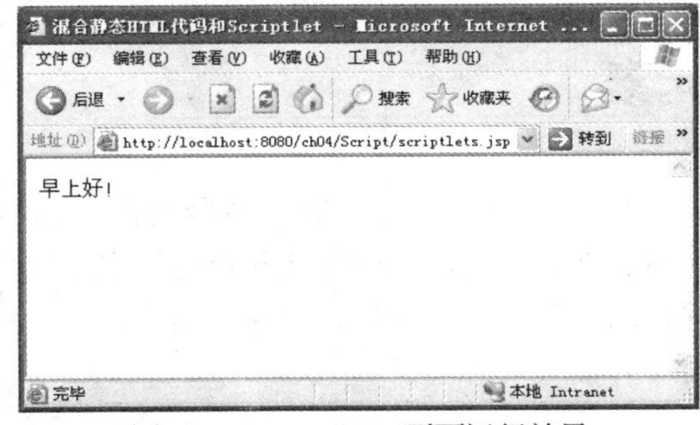

图 4-8　scriptlets.jsp 页面运行效果

注意

如果要在 Scriptlet 内部使用字符“%>”，必须写成“%\>”。

脚本段内不能定义方法，这与声明不同，这是因为 JSP 引擎会把脚本段内的代码放到 Servlet 的方法内，而方法是不能被嵌套定义的。

4.2.5　表达式(Expression)

JSP 能够计算表达式，并向 JSP 页面输出表达式的运算结果。其语法格式如下：

```
<%= expression %> 或
<%= 表达式 %>
```

表达式元素表示的是一个在 Java 脚本语言中被定义的 Java 表达式，在运行后被自动转换成字符串，然后插入到表达式所在 JSP 文件的位置显示。表达式的计算在运行时进行(页面被请求时)，因此可以访问和请求有关的全部信息。例如：

```
<%= new java.util.Date() %>      //输出系统当前时间
<%= "Hello" %>                   //输出 Hello
<%= 1+3+5 %>                     //输出 9
```

在 JSP 页面中使用表达式时应注意以下两点：

- 不能用分号“;”作为表达式的结束符，这一点与 Scriptlet 不同，同样的表达式用在 Scriptlet 中时，就需要以分号来作为一个 Scriptlet 语句的结尾。
- 有时表达式也能作为其他 JSP 元素的属性值，一个表达式能够变得很复杂，它可能由一个或者多个表达式组成，这些表达式的顺序是从左到右。

注意

JSP 的表达式中没有分号，除非在加引号的字符串部分才使用分号。

表达式实际上是被转换成 out.println()方法中的内容。如<%= "hello world "%>相当于 JSP 页面中的<%out.println("hello world "); %>。

4.3 JSP 指令元素

JSP 的指令元素描述了 JSP 页面转换成 JSP 容器所能执行的 Java 代码的控制信息，如 JSP 页面所使用的语言、导入的 Java 类、网页的编码方式和指定错误处理页面等。JSP 的指令元素独立于 JSP 页面接受的任何请求，且不产生任何页面输出信息。

指令元素的语法格式如下：

```
<%@ 指令名 属性 1="值 1" 属性 2="值 2" …属性 n="值 n"%>
```

例如，用户常在每个 JSP 页头加上一个指定页面语言和编码方式的指令：

```
<%@ page language="java" contentType="text/html; charset=gb2312"%>
```

JSP 中包括 page、include 和 taglib 3 种指令。

4.3.1 page 指令

page 指令用来定义 JSP 页面中的全局属性，它描述了与页面相关的一些信息。page 指令的位置一般在 JSP 页面的开头，放在其他位置也是可行的，在一个 JSP 页面中可以有多个 page 指令。其语法格式如下：

```
<%@ page
        [ language="java" ]
        [ extends="package.class" ]
        [ import="{package.class | package.*},..." ]
        [ session="true | false" ]
        [ buffer="none | 8kb | sizekb" ]
        [ autoFlush="true | false" ]
        [ isThreadSafe="true | false" ]
        [ info="text" ]
        [ errorPage="relativeURL" ]
```

```
        [ contentType="mimeType [ ;charset=characterSet ]"    |    "text/html ;
            charset=ISO-8859-1" ]
        [ isErrorPage="true | false" ]
%>
```

page 指令语法中各属性的含义如下：

(1) language="java"

JSP 中仅定义了一个 language 属性值 Java，表示脚本的语法必须符合 Java 语法规范。该属性的默认值即是 Java，所以可以不指定该属性。

(2) extends="package.class"

标明 JSP 编译时需要加入的 Java Class 的全名，但是得慎重使用，除非用户对 Java 非常熟悉，因为它会限制 JSP 的编译能力。

(3) import="{package.class | package.* },..."

import 属性用于导入 JSP 页面中将要使用的 Java 类，一个 import 属性导入一个或多个 Java 类的定义，中间用逗号分隔，例如：

```
<%@ page import="java.util.Vector, java.util.Calendar" %>
```

或

```
<%@ page import="java.util.Vector" %>
<%@ page import="java.util.Calendar " %>
```

另外有些 Java 类是默认导入的，不需要用户特别指定，例如：

```
java.lang.*
javax.servlet.*
javax.servlet.jsp.*
javax.servlet.http.*
```

(4) session="true | false"

设定客户是否需要 HTTP Session，如果它为 true，那么 session 是有用的；如果它为 false，那么用户就不能使用 session 对象，以及定义 scope=session 的<jsp:useBean>元素。默认值是 true。

例如：

```
<%@ page session="false" %>
<%= session.getId() %>
```

由于 session 被设置为 false，无法使用 session 对象，因此该实例代码实行时将产生异常。

(5) buffer="none | 8kb | sizekb"

buffer 的大小被 out 对象用于处理执行后的 JSP 对客户浏览器的输出，默认值是 8KB。如果设置为 none，则不使用缓冲区。

例如：设置页面缓冲区的大小为 64KB。

```
<%@ page    buffer="64kb" %>
```

禁用缓冲区。

```
<%@ page   buffer="none" %>
```

(6) autoFlush="true | false"

设置如果 buffer 溢出，是否需要强制输出，如果其值被定义为 true(默认值)，输出正常；如果它被设置为 false，这个 buffer 溢出就会导致一个意外错误的发生。如果用户把 buffer 设置为 none，那么就不能把 autoFlush 设置为 false。

(7) isThreadSafe="true | false"

设置 JSP 文件是否能多线程使用，默认值是 true。也就是说，JSP 能够同时处理多个用户的请求，如果设置为 false，一个 JSP 一次只能处理一个请求。

(8) info="text"

一个文本在执行 JSP 时将会被逐字加入 JSP 中，能够使用 Servlet.getServletInfo 方法取回。使用方法如下：

```
<%@ page info="要设置的字符串信息"%>
```

(9) errorPage="relativeURL"

设置处理异常事件的 JSP 文件。

(10) isErrorPage="true | false"

isErrorPage 属性设置此 JSP 页面是否为错误处理页面，默认值为 false。如果设置为 true，则表明在该页面中可以获取异常对象 exception，并通过该对象取得从发生错误的页面传出的错误信息，获取错误信息的常用方法是<%=exception.getMessage()%>。

(11) contentType="mimeType [;charset=characterSet]" | "text/html

contentType属性指定返回浏览器的内容类型。可用的属性值有text/plain(纯文本页面)、text/html(纯文本的HTML页面)、text/xml(XML页面)、applcation/x-msexcel(Excel文件)和application/msword(Word文件)等。contentType中可以同时指定返回页面中所使用的字符编码，例如charset=gbk等。常用格式如下：

```
<%@ page contentType="text/html; charset=gb2312"%>
```

注意

无论把<%@ page %>指令放在 JSP 文件的哪个地方，它的作用范围都是整个 JSP 页面。不过，为了 JSP 程序的可读性，以及好的编程习惯，最好还是把它放在 JSP 文件的顶部。

下面通过几个简单的实例来设置 page 指令。

【例 4-8】中文编码示例(setCharset.jsp)。

contentType 的设置对于 JSP 网页的中文显示有非常大的影响，JSP 网页默认的编码方式并没有办法识别中文，因此用户会发现网页内容的中文部分将呈现乱码。想要正常显示中文，contentType 属性的charset 项目必须设置为 GB2312。

```
<html>
<head>
<title>演示 page 指令 charset 设置</title>
</head>
<body>
<%
out.println("Hello，欢迎使用 JSP 2.x  技术  !! ");
%>
</body>
</html>
```

在网页开始的地方并没有设置 page 指令。其执行结果如图 4-9 所示。

从浏览结果可以很明显地看出，标题栏和网页内容均呈现乱码。下面将上述 page 指令的设置程序片段<%@ page contentType="text/html; charset=gb2312"%>加入网页开始的地方。

重新浏览网页，这时中文部分已经能正常显示，如图 4-10 所示。

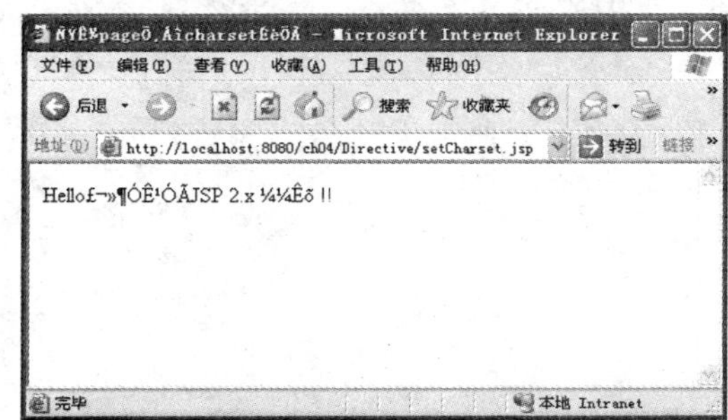

图 4-9　setCharset.jsp 执行结果

图 4-10　添加中文编码后的网页执行结果

contentType 是网页最常使用的指令，为了正常显示中文，这个指令的设置是必要的。

【例 4-9】setInfo.jsp 简单示范了 info 属性的设置方式。

```
<%@ page contentType="text/html; charset=gb2312"%>
<%@page language="java"%>
<%@ page info="info 属性设置测试字符串"%>
<html>
<head>
<title>info 属性设置说明</title>
</head>
<body>
<%
out.println(getServletInfo());
%>
</body>
</html>
```

程序代码设置 info 属性为说明字符串，再引用 getServletInfo()方法取得此说明字符串，并且将其输出到网页上，如图 4-11 所示。

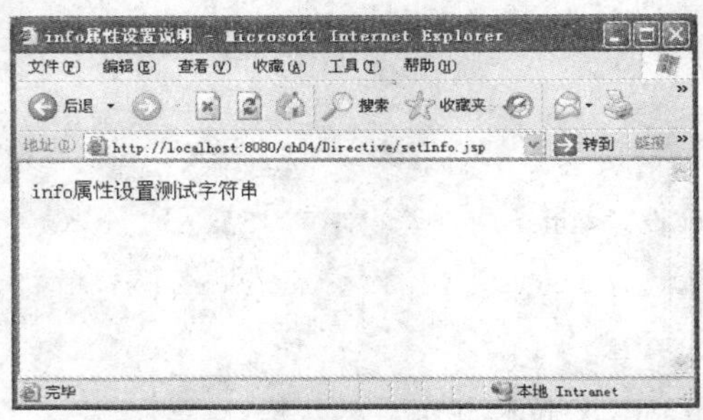

图 4-11 setInfo.jsp 执行结果

【例 4-10】出错程序 pageError.jsp 如何从 error.jsp 中获取发生的错误信息。

pageError.jsp 程序中设置了出错处理页面为 errorPage="error.jsp"，在页面运行过程中一旦遇到异常，就自动跳转到 error.jsp 中处理异常。在 error.jsp 中利用 isErrorPage="true"将其设置为错误页面，可以在该页面中处理捕捉到的异常。

pageError.jsp 程序代码如下：

```
<%@ page language="java" contentType="text/html; charset=GB18030"
    pageEncoding="GB18030"%>
<%@ page import="java.util.*,java.lang.*"%>
<%@ page buffer="24kb" autoFlush="false"%>
<%@ page errorPage="error.jsp"%>
<html>
<head>
<title>page</title>
</head>
<body>
Test for using 'Page'.
<%
int i = 0;
%>
<%=10 / i%>
</body>
</html>
```

error.jsp 代码如下：

```
<%@ page contentType="text/html;charset=GB2312" isErrorPage="true"%>
<html>
<head>
<title>出错原因</title>
</head>
<body>
<font color=red>
<h2>出错啦</h2>
Message：<%=exception.getMessage()%><br>
</font>
</body>
</html>
```

由于 IE 浏览器在出现错误时会将默认的错误页面替代返回的错误页面，因此必须先在 IE 中将该功能屏蔽才能看到运行效果。首先打开 IE 浏览器，然后在 IE 中选择“工具”|“Internet 选项”菜单，在弹出的“Internet 选项”对话框中选择“高级”选项卡，如图 4-12 所示，取消选中“显示友好 HTTP 错误信息”复选框，然后单击“确定”按钮，完成设置。

运行效果如图 4-13 所示。

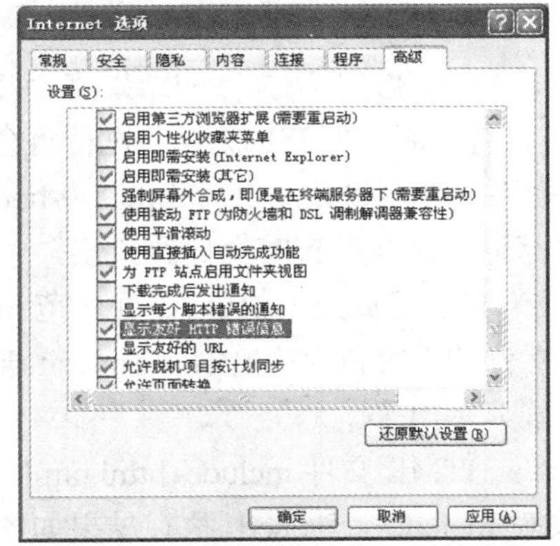

图 4-12　屏蔽 IE 默认错误页面的设置

图 4-13　出现异常的返回页面

<%@ page %>指令作用于整个 JSP 页面，同样包括静态的包含文件。但是<%@ page %>指令不能作用于动态的包含文件，如<jsp:include>。

可以在一个页面中使用多个<%@ page %>指令，但是其中的属性只能用一次，不过也有例外，那就是 import 属性。因为 import 属性和 Java 中的 import 语句类似(import 语句引入的是 Java 语言中的类)，所以此属性就能多用几次。

4.3.2　include 指令

JSP 中的 include 指令用来包含一个静态的文件，在解析当前页面时，这个文件中的代码会被复制到当前页面中。其语法格式如下：

```
<%@ include file="relative url" %>
```

其中，file="filename"这个被包含文件的路径名一般来说是指相对路径，不需要什么端口、协议和域名，例如"conn.jsp"、"/beans/calendar.jsp"等。如果路径是以文件名或目录名开头，那么这个路径就是正在使用的 JSP 文件的当前路径；如果这个路径以“/”开头，那么这个路径主要是参照 JSP 应用的上下关系路径。

<%@ include %>指令将会在 JSP 程序代码被编译时，插入一个包含文本或者源代码的文件一起进行编译。使用<%@ include %>指令语句去包含某个文本或程序代码文件的过程是静态的，静态包含的具体含义是指这个被包含的文件将会被完整地插入到原来的主 JSP 文件中去，这个由主 JSP 文件包含的文件可以是 JSP 文件、HTML 文件、文本文件或者是一段 Java 代码等。如果<%@ include %>指令包含的文件是 JSP 文件，则该 JSP 文件将会被主 JSP 文件一起编译执行。

include 指令将会在 JSP 编译时插入一个文件，而这个包含过程是静态的。所谓静态的是指

file 属性值不能是一个变量，例如，下面为 file 属性赋值的方式是不合法的。

```
<%String url="header.htmlf";%>
<%@include file="<%=url%>"%>
```

也不可以在 file 所指定的文件后添加任何参数，下面这行代码也是不合法的。

```
<%@ include file="query.jsp?name=browser"%>
```

如果只是用 include 来包含一个静态文件，那么这个包含的文件所执行的结果将会插入到 JSP 文件中放<% @ include %>的地方。一旦包含文件被执行，那么主 JSP 文件的过程将会被恢复，继续执行下一行。但是要注意，在这个包含文件中不能使用<html>、</html>、<body>、</body>标记，因为这将会影响在原 JSP 文件中同样的标记，这样做有时会导致错误。

一旦引用了 include 指令，加载的外部文件内容将成为当前网页的一部分。下面示范 include 指令操作。使用 include 指令有一点必须特别注意，当文件的内容包含中文时，Tomcat 会显示为乱码；在外部文件中加入 page 指令，即可将中文正确显示出来。

【例 4-11】 文件 include.jsp 中静态包含了 4 个文件：HTML 文件 include_html.html、文本文件 include_txt.txt、JSP 文件 include_jsp.jsp、JSP 代码文件 include_code.cod。执行结果如图 4-14 所示。

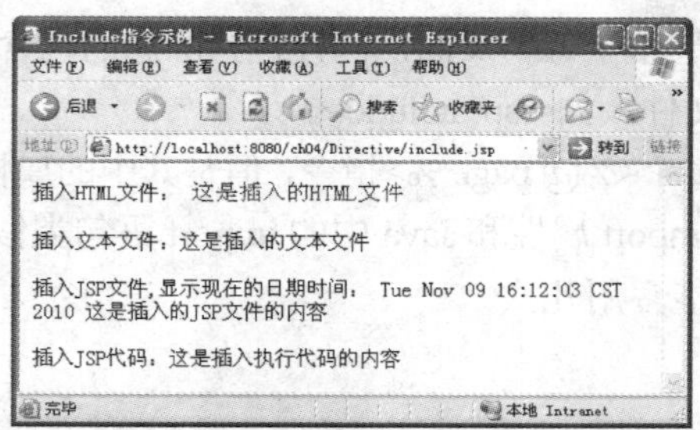

图 4-14 include.jsp 中静态包含了 4 个文件的执行结果

include.jsp 代码如下：

```
<%@ page contentType="text/html; charset=gb2312" language="java"%>
<html>
<head>
<title>Include 指令示例</title>
</head>
<body>
<p>插入 HTML 文件：<%@ include file="include_html.html"%>
<p>插入文本文件：<%@ include file="include_txt.txt"%>
<p>插入 JSP 文件，显示现在的日期时间：<%@include file="include_jsp.jsp"%>
<p>插入 JSP 代码：<%@ include file="include_code.cod"%>
</body>
</html>
```

include_html.html 代码如下：

```
<%@ page contentType="text/html; charset=gb2312" %>
<font color=blue size=4>
```

```
这是插入的 HTML 文件
</font>
```

include_txt.txt 代码如下：

```
<%@ page contentType="text/html; charset=gb2312" %>
<%="这是插入的文本文件"%>
```

include_jsp.jsp 代码如下：

```
<%@ page contentType="text/html; charset=gb2312"%>
<%@ page import="java.util.*"%>
<%=new Date().toString()%>
<%="这是插入的 JSP 文件的内容"%>
```

include_code.code 代码如下：

```
<%@ page contentType="text/html; charset=gb2312" %>
<% String s="这是插入执行代码的内容";
   out.print(s);
%>
```

include 指令只能加载指定的外部文件，而且不能进行传递参数操作，后面将要说明 action element 有一个与此类似的指令，可以突破这些限制。如果外部文件只包含单纯的静态内容，使用 include 指令是理所当然的选择。

由于使用 include 指令，可以把一个复杂的 JSP 页面分成若干简单的部分，这样大大增加了 JSP 页面的管理性。当要对页面进行更改时，只需要更改对应的部分就可以了。

4.3.3 taglib 指令

taglib 指令用来定义一个标签库及其自定义标签的前缀。其语法格式如下：

```
<%@ taglib uri=" tagLibraryURI" prefix=" tagPrefix" %>
```

其中，属性 uri(Uniform Resource Identifier，统一资源标识符)用来唯一地确定标签库的路径，并告诉 JSP 引擎在编译 JSP 程序时如何处理指定标签库中的标签，属性 prefix 定义了一个指示使用此标签库的前缀。例如：

```
<%@ taglib uri="http://www.jspcentral.com/tags" prefix="public" %>
<public:loop>
…
</public:loop>
```

在上边的代码中，uri=http://www.jspcentral.com/tags 说明了使用的标签库所在的路径，<public:loop>说明了要使用 public 标签库中的 loop 标签，如果这里不写 public，就是不合法的。定义标签时，不能使用 jsp、jspx、java、javax、servlet、sun 和 sunw 作为前缀，这些前缀是 JSP 保留的。在使用自定义标签之前必须使用<% @ taglib %>指令，并且可以在一个页面中多次使用，但是前缀只能使用一次。

4.4 JSP 动作元素

JSP 动作元素(Action Element)和 JSP 指令元素不同，它是在客户端请求时动态执行的，是通过 XML 语法格式的标记来实现控制 Servlet 引擎行为的。JSP 动作元素是一种特殊标签，并且以前缀 jsp 和其他的 HTML 标签相区别，利用 JSP 动作元素可以实现很多功能，包括动态地插入文件、重用 JavaBean 组件、把用户重定向到另外的页面、为 Java 插件生成 HTML 代码等。JSP 定义了几个预设的 Action Element 标签，如表 4-1 所示。

表 4-1　JSP 预设 Action Element 标签

分　类	项　目	功 能 说 明
JavaBean	<jsp:useBean>	使用 JavaBean
	<jsp:setProperty>	设置 JavaBean 的属性值
	<jsp:getProperty>	取得 JavaBean 的属性值
	<jsp:param>	设置传送参数
一般元素	<jsp:plugin>	载入 Java Applet 或 JavaBean
	<jsp:forward>	网页重新定向
	<jsp:include>	载入 HTML 或 JSP 文件
XML(2.0 新增)	<jsp:attribute>	设置标签属性
	<jsp:body>	动态设置 XML 标签主体
	<jsp:element>	动态设置 XML 标签

第一部分的操作元素是在 JSP 网页中使用 JavaBean 及属性值存取的元素，这一部分在第 7 章中讨论 JavaBean 时会有详细的说明。表格中第三部分是 JSP 2.0 规格里新增的与 XML 有关的元素，本章接下来的部分将针对一般性的 Action Element 的使用方式进行说明。

4.4.1 <jsp:include>

<jsp:include>动作元素可以用来包含其他静态和动态页面。JSP 中有两种不同的包含方式：编译时包含和运行时包含。编译时包含只是将静态文件内容加到 JSP 页面中，其优点是速度快，如前面提到的<%@ include file="" %>指令。运行时包含指被包含的文件在运行时被 JSP 容器编译执行，<jsp:include>的包含就是运行时包含，同时支持编译时包含。

<jsp:include>有带参数和不带参数两种语法格式，分别是：

```
<jsp:include page="relative URL" flush="true|false"/>
```

和

```
<jsp:include page="relative URL" flush="true|false">
<jsp:param name="attributeName" value="attributeValue"/>
<jsp:param …
</jsp:include>
```

其中，relative URL 指代被包含文件的相对路径；属性 flush 为 true 时，表示实时输出缓冲区。<jsp:param>用于在包含文件时传递一些参数，一个<jsp:include>中可以包含一个或多个

<jsp:param>动作元素。

下面通过一个具体的例子来阐述<jsp:include>动作元素的用法。

【例 4-12】文件 jsp_include.jsp 静态包含文件 static.html，动态包含文件 action.jsp。

jsp_include.jsp 代码如下：

```
<%@ page contentType="text/html; charset=gb2312" language="java"%>
<html>
<body>
<%@ include file="static.html"%>
<%
//静态包含只是把文件包含进来
%>
<a href="action.jsp">goto two--></a>
<br>
<!-- 超链接转到 action.jsp 文件和动态包含该文件显示是不同的 -->
this examples show include works
<br>
<!-- 动态包含文件并传递参数 -->
<jsp:include page="action.jsp" flush="true">
    <jsp:param name="a1" value="<%=request.getParameter("name")%>" />
    <jsp:param name="a2" value="<%=request.getParameter("password")%>" />
</jsp:include>
</body>
</html>
```

其中方法 String request.getParameter("parameterName") 以字符串的形式返回客户端传来的某一个请求参数的值，该参数名由 parameterName 指定。当传递给此方法的参数名没有实际参数与之对应时，返回 null。此方法将在下一章详细说明。

static.html 代码如下：

```
<html>
<body>
<form method=post action="jsp_include.jsp">
<table>
    <tr>
        <td>please input your name:</td>
        <td><input type=text name=name></td>
    </tr>
    <tr>
        <td>input you password:</td>
        <td><input type=password name=password></td>
    </tr>
    <tr>
        <td></td>
        <td><input type=submit value=login></td>
    </tr>
</table>
</body>
</html>
```

action.jsp 代码如下：

```
<%@ page contentType="text/html; charset=gb2312" language="java"%>
举例说明动态包含的工作原理：
<br>
this is a1=
<%=request.getParameter("a1")%>
<br>
this is a2=
<%=request.getParameter("a2")%>
<br>
<%
out.println("hello from action.jsp");
%>
```

jsp_include.jsp 执行时，它所静态包含的文件 static.html 显示的表单出现在页面的上方，而它动态包含的文件 action.jsp 出现在页面的下方，实际上包含进来的是 action.jsp 的执行结果。此时并未提交数据，所以 a1 和 a2 都显示为 null，程序执行的效果如图 4-15 所示。当在表单中输入数据并单击 login 按钮提交后，页面下方的 a1 和 a2 显示出输入的数据，说明参数传递已经成功，程序执行的效果如图 4-16 所示。从图中可以看出，action.jsp 的内容是动态变化的，它的内容由 a1 和 a2 参数决定，而 static.html 文件的内容是不变的。

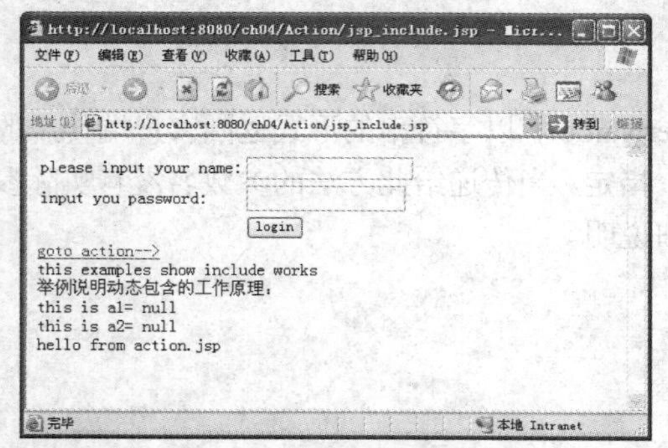

图 4-15　jsp_include.jsp 的执行结果

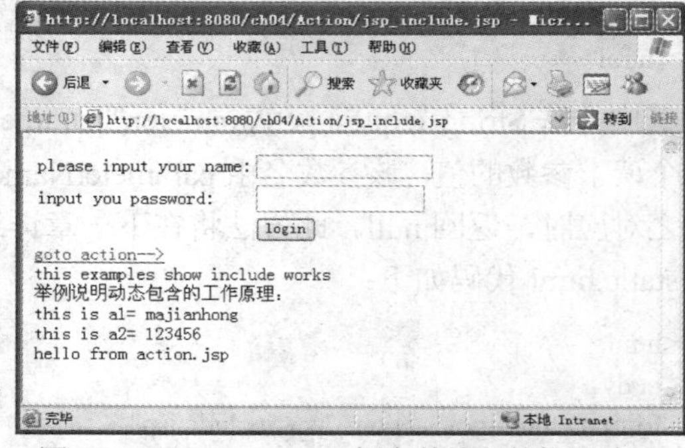

图 4-16　jsp_include.jsp 提交数据后的执行结果

如果通过超链接跳转到 action.jsp，页面的执行结果如图 4-17 所示，因为超链接中并没有传递参数，所以 a1 和 a2 都显示为 null。

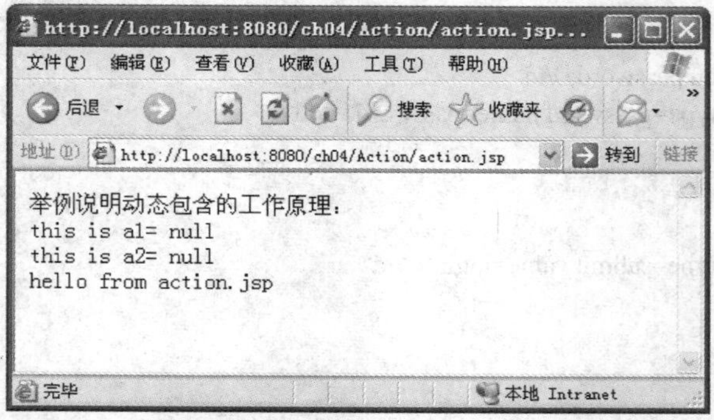

图 4-17　通过超级链接跳转到 action.jsp 页面的执行结果

由于<jsp:include>也可以包含静态文件，所以文件 jsp_include.jsp 中的代码<%@ include file="static.html"%>改为<jsp:include page="static.html" flush="true"/>，执行效果是一样的。

注意

使用操作元素的单行语句，必须在该元素语句后加上一个斜线“/”。

与使用<%@ include %>的注意事项相同，被包含的文件中不要重复出现某些 HTML 标记，以免出错。

JSP 中 include 指令与 include 动作的区别如下：

- include 指令是指把其他页面的 Java 代码(源码)加进来，跟本页面的代码合并在一起，相当于把源代码从那个页面复制到本页面中来，然后再编译。并且由于本页面编译时已经包含了别的文件的源代码，所以以后其他页面更改时，本页面并不理会，因为已经编译过了。
- <jsp:include>动作是指两个页面的代码运行完以后，再把包含的那个页面运行后的 HTML 结果页面，加到本页面运行后的 HTML 结果页面中来。所以是运行时包含，并且还可以传递参数给被包含的页面。

表 4-2 列出了 include 指令与 include 动作的主要区别。

表 4-2　两种 include 指令的异同

语　法	状　态	对　象	描　述
<%@include file= "....." %>	编译时包含	静态	JSP 引擎将对所包含的文件进行语法分析
<jsp:include page= "" />	运行时包含	静态和动态	JSP 引擎将不对所包含的文件进行语法分析

4.4.2　<jsp:forward>

<jsp:forward>用于在服务器端结束当前页面的执行，并从当前页面跳转到其他指定页面。转向的目标页面可以是静态的HTML页面、JSP文件或Servlet类。这个元素的使用语法和<jsp:include>类似。

<jsp:forward>可以带参数也可以不带参数，它们的语法格式如下：

```
<jsp:forward page="pageURL"/>
```

和

```
<jsp:forward page="pageURL">
<jsp:param name="attributeName" value="attributeValue"/>
<jsp:param …
</jsp:forward>
```

【例 4-13】usingForward.jsp 重定向到页面 forwardTo.jsp，可以很清楚地了解<jsp:forward>操作元素的使用方法与功能。

usingForward.jsp 代码如下：

```
<HTML>
<HEAD>
<TITLE>演示 forward</TITLE>
</HEAD>
<BODY>
<jsp:forward page = "forwardTo.jsp"/>
此行代码将不能显示
</BODY>
</HTML>
```

使用<jsp:forward>元素将网页重定向到程序 forwardTo.jsp，且不传递任何参数。

forwardTo.jsp 代码如下：

```
<HTML>
  <HEAD>
      <TITLE>演示 forward</TITLE>
  </HEAD>
  <BODY>
    <b>从网页 usingForward.jsp 转向过来，
   目前您在 forwardTo.jsp 网页</b>
  </BODY>
  </HTML>
```

执行结果如图 4-18 所示，其中地址栏显示为 usingForward.jsp，但是由于指令<jsp:forward>执行的关系，显示的却是 forwardTo.jsp 网页的内容，并且指令<jsp:forward>后面的文字“此行代码将不能显示！”没有显示出来。

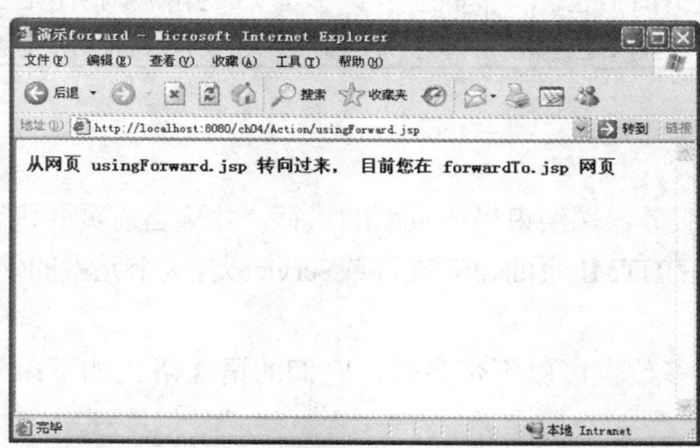

图 4-18　forward /usingForward.jsp 执行结果

<jsp:forward>操作典型的使用就是登录，如进行权限验证的页面。当验证通过后，就把页面 forword 到登录成功页面；当验证不通过时，就把页面 forword 到登录页面。

【例 4-14】login.jsp 是用户登录界面，checklogin.jsp 是登录验证界面，如果验证成功，它把页面 forword 到 success.jsp 页面，如果不成功，它把页面 forword 到 login.jsp 页面进行重新验证。

login.jsp 代码如下：

```
<%@ page contentType="text/html; charset=gb2312"%>
<html>
<body>
<form method=get action=checklogin.jsp>
```

```
<table>
    <tr>
        <td>输入用户名：</td>
        <td><input type=text name=name
            value=<%=request.getParameter("user")%>></td>
    </tr>
    <tr>
        <td>输入密码：</td>
        <td><input type=password name=password></td>
    </tr>
    <tr colspan=2>
        <td><input type=submit value=login></td>
    </tr>
</table>
</body>
</html>
```

checklogin.jsp 代码如下：

```
<%@ page contentType="text/html; charset=gb2312"%>
<html>
<body>
<%--进行登录检查--%>
<%
    String name = request.getParameter("name");
    String password = request.getParameter("password");
    // if 验证通过，forward-->sucess.jsp
    //else forward-->login.jsp
    if (name.equals("hellking") && password.equals("12345")) {
%>
<jsp:forward page="sucess.jsp">
    <jsp:param name="user" value="<%=name%>" />
</jsp:forward>
<%
    }//if
    else {
%>
<jsp:forward page="login.jsp">
    <jsp:param name="user" value="<%=name%>" />
</jsp:forward>
<%
}
%>
</body>
</html>
```

success.jsp 代码如下：

```
<%@page contentType="text/html;charset=gb2312"%>
登录成功
<br>
```

```
欢迎你,
<%=request.getParameter("user") %>
```

login.jsp 执行的结果如图 4-19 所示，输入正确的用户名和密码，单击 login 按钮提交后，经 checklogin.jsp 验证，验证成功，它把页面 forword 到 success.jsp 页面，如图 4-20 所示。如果输入错误的用户名和密码，checklogin.jsp 把页面 forword 到 login.jsp 页面进行重新验证，如图 4-21 所示。输入的用户名作为参数通过 checklogin.jsp 传递给 login.jsp 和 success.jsp。

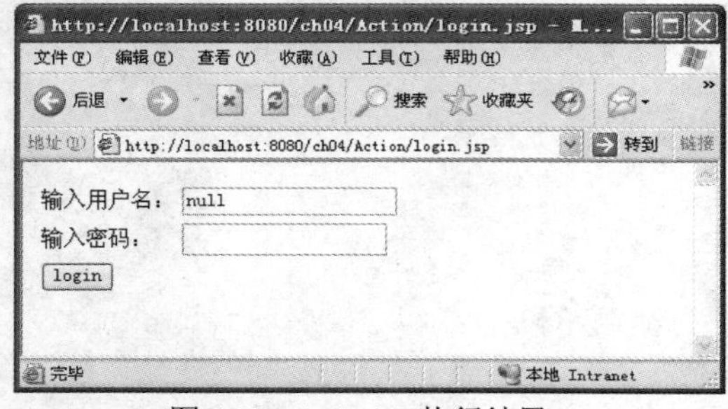

图 4-19　login.jsp 执行结果

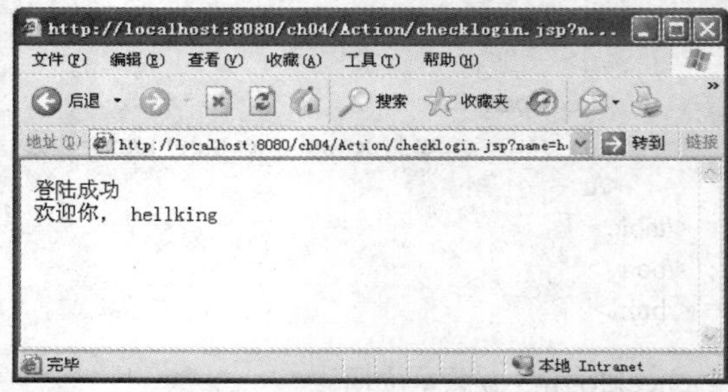

图 4-20　验证成功 forword 到 sucess.jsp 的执行结果

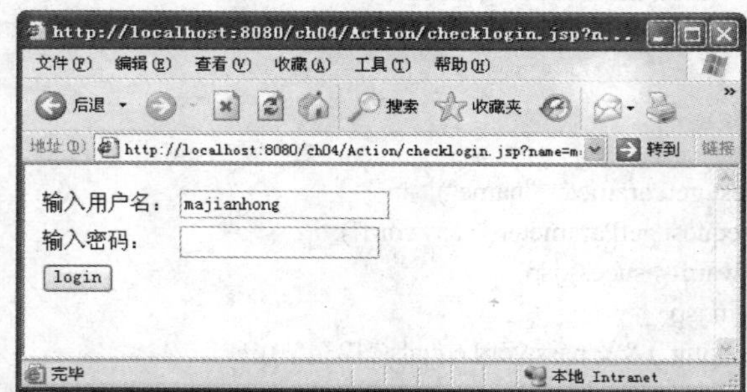

图 4-21　验证失败 forword 到 login.jsp 的执行结果

在页面重定向的过程中，图 4-20 和图 4-21 地址栏中的地址并没有发生变化，这样防止用户跳过登录验证页面而直接进入到其他网页。另外，由于地址不变，就不会产生新的 request，可以在页面重定向的时候不传递参数，而使用 request.getParameter("name")，注意此参数名是 name，就是表单中的用户名，程序执行的效果是一样的。读者可以更改程序代码，查看运行结果，体会 forword 的含义。在 5.3.2 节通过 forword 和 sendRedirect 的比较，读者将能更加清楚地理解重定向的本质。

4.4.3 <jsp:param>

<jsp:param>元素主要用来传递参数给 JSP 程序，而由程序取得参数值，在程序中便是一个变量值。此操作元素的语法如下：

```
<jsp:param name="attributeName" value="attributeValue"/>
```

<jsp:param>元素在使用时必须要设置其 name 属性表示传递参数的名称，并通过 value 属性来设置该参数的值。且 JSP 操作元素和 HTML 不同，要设置元素的属性则必须加上双引号 ""，

否则执行时会出现错误。

使用<jsp:param>元素来传递参数，在 JSP 程序中则是以如下的程序代码来取得此参数的值，这与取得用户输入数据的方式相同，是通过使用预设对象 request 的 getParameter()方法来取得<jsp:param>所设置的参数值。

```
request.getParameter("attributeName ");
```

<jsp:param>操作元素的使用必须配合<jsp:include>、<jsp:forward>及<jsp:plugin>等元素，在加载外部程序或是网页转换的时候，传递参数给另一个 JSP 程序。

4.4.4 <jsp:useBean>、<jsp:setProperty>和<jsp:getProperty>动作

1. <jsp:useBean>

<jsp:useBean>用来加载 JSP 页面中使用的 JavaBean，其语法格式如下：

```
<jsp:useBean
id="beanInstanceName"
scope="page|request|session|application"
class="package.class"
></useBean>
```

其中，id 指定该 JavaBean 的实例变量的名称，scope 指定该 Bean 变量的有效范围。page 指只在当前 JSP 页面中有效，request 指在任何执行相同请求的 JSP 文件中使用 Bean，直到页面执行完毕，session 指从创建该 Bean 开始，在相同 session 下的 JSP 页面中可以使用该 Bean；application 指从创建该 Bean 开始，在相同 application 下的 JSP 页面中可以使用该 Bean。表 4-3 说明了这些属性的用法。

表 4-3 jsp:useBean 的属性和用法

属　性	用　法
id	命名引用该 Bean 的变量。如果能够找到 id 和 scope 相同的 Bean 实例，jsp:useBean 动作将使用已有的 Bean 实例而不是创建新的实例
class	指定 Bean 的完整包名
scope	指定 Bean 在哪种上下文内可用，可以取 page、request、session 和 application 4 个值之一： • page(是默认值)表示该 Bean 只在当前页面内可用(保存在当前页面的 PageContext 内)。 • request 表示该 Bean 在当前的客户请求内有效(保存在 ServletRequest 对象内)。 • session 表示该 Bean 对当前 HttpSession 内的所有页面都有效。 • application 表示该 Bean 对所有具有相同 ServletContext 的页面都有效。 scope 之所以很重要，是因为 jsp:useBean 只有在不存在具有相同 id 和 scope 的对象时才会实例化新的对象；如果已有 id 和 scope 都相同的对象则直接使用已有的对象，此时 jsp:useBean 开始标记和结束标记之间的任何内容都将被忽略
type	指定引用该对象的变量类型，它必须是 Bean 类的名字、超类名字、该类所实现的接口名字之一。记住变量的名字是由 id 属性指定的
beanName	指定 Bean 的名字。如果提供了 type 属性和 beanName 属性，允许省略 class 属性

注意

包含 Bean 的类文件应该放到服务器正式存放 Java 类的目录下，而不是保留给修改后能够自动装载的类的目录。

<jsp:useBean>的 class 属性指定 Bean 的类路径和类名，不可接受动态值，这个 class 不能是抽象的。

【例 4-15】<jsp:useBean>动作实例 useBean.jsp 代码如下：

```
<%@ page contentType="text/html; charset=gb2312"%>
<html>
<head>
<title>jsp:useBean 演示</title>
</head>
<body>
    <h1><jsp:useBean id="clock" class="java.util.Date"/>
    现在时间：<%=clock %>
</body>
</html>
```

useBean.jsp 运行结果如图 4-22 所示。

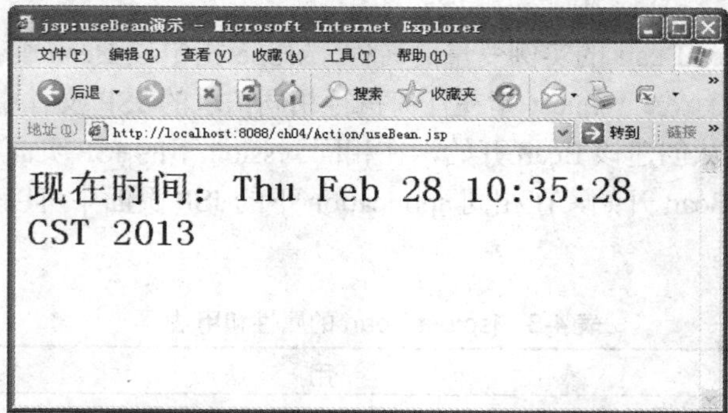

图 4-22 useBean.jsp 运行结果

<jsp:useBean>的 bean 属性用于指定 Bean 的名字，可以接受动态值。beanName 属性必须与 type 属性结合使用，不能与 class 属性同时使用。

【例 4-16】<jsp:useBean>动作实例 useBeanBeanName.jsp 代码如下：

```
<%@ page contentType="text/html; charset=gb2312"%>
<html>
<head>
<title>jsp:useBeanBeanName 演示</title>
</head>
<body>
    <h1><jsp:useBean id="clock" type="java.io.Serializable" beanName="java.util.Date"/>
    现在时间：<%=clock %>
</body>
</html>
```

useBeanBeanName.jsp 运行结果如图 4-23 所示。

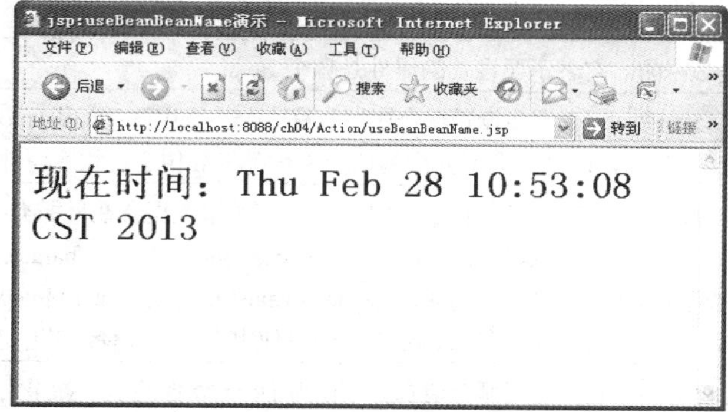

图 4-23　useBean.jsp 运行结果

2. <jsp:setProperty>

<jsp:setProperty>用于设置 Bean 的属性值。语法格式如下：

```
<jsp:setProperty
        name="beanInstanceName"
        {
            property= "*"    |
            property="propertyName" [ param="parameterName" ]    |
            property="propertyName" value="{string | <%= expression %>}"
        }
/>
```

jsp:setProperty 动作用来设置已经实例化的 Bean 对象的属性，它有两种用法。

(1) 可以在 jsp:useBean 元素的外面(后面)使用 jsp:setProperty。

```
<jsp:useBean id="myName" ... />
...
<jsp:setProperty name="myName" property="someProperty" ... />
```

此时，不管jsp:useBean是找到了一个现有的Bean，还是新创建了一个Bean实例，jsp:setProperty都会执行。

(2) 把<jsp:setProperty>放入 jsp:useBean 元素的内部。

```
<jsp:useBean id="myName" ... >
...
<jsp:setProperty name="myName" property="someProperty" ... />
</jsp:useBean>
```

此时，<jsp:setProperty>只有在新建 Bean 实例时才会执行，如果使用现有实例，则不执行<jsp:setProperty>。

<jsp:setProperty>动作有 4 个属性，这 4 个属性及其用法如表 4-4 所示。

表 4-4 jsp:setProperty 的属性和用法

属　　性	用　　法
name	该属性是必需的，它表示要设置的属性是哪个 Bean
property	该属性是必需的，它表示要设置哪个属性。有一个特殊用法：如果 property 的值是“*”，表示所有名字和 Bean 属性名字匹配的请求参数都将被传递给相应属性的 set 方法
value	该属性是可选的，它用来指定 Bean 属性的值。字符串数据会在目标类中通过标准的 valueOf 方法自动转换成数字、boolean、Boolean、byte、Byte、char、Character。例如，boolean 和 Boolean 类型的属性值(比如 true)通过 Boolean.valueOf 转换，int 和 Integer 类型的属性值通过 Integer.valueOf 转换。value 和 param 不能同时使用，但可以使用其中任意一个
param	该属性是可选的，它指定用哪个请求参数作为 Bean 属性的值。如果当前请求没有参数，则什么事情也不做，系统不会把 null 传递给 Bean 属性的 set 方法。因此，可以让 Bean 自己提供默认属性值，只有当请求参数明确指定了新值时才修改默认属性值

<jsp:setProperty>元素使用 Bean 给定的 set 方法，在 Bean 中设置一个或多个属性值。在使用这个元素之前必须首先使用<jsp:setProperty>声明此 Bean。因为<jsp:useBean>和<jsp:setProperty>是联系在一起的，同时使用 Bean 实例的名字也应当相匹配，就是说，在<jsp:setProperty>中的 name 值应当和<jsp:useBean>中的 id 值相同，且大小写敏感。

可以使用以下方法使用<jsp:setProperty>来设定属性值。

- 通过用户输入的所有值(被作为参数储存在 request 对象中)来匹配 Bean 中的属性。
- 通过用户输入的指定值来匹配 Bean 中指定的属性。
- 在运行时使用一个表达式来匹配 Bean 的属性。

每一种设定属性值的方法都有其特定的语法，使用时应注意以下方面：

- 在 Bean 中的属性名字必须和 request 对象中的参数名一致。
- 如果 request 对象的参数值中有空值，那么对应的 Bean 属性将不会设定任何值。同样，如果 Bean 中有一个属性没有与之对应的 request 参数值，那么这个属性同样也不会设定。
- 如果 Bean 属性和 request 参数的名字不同，那么用户就必须得指定 property 和 param，如果它们同名，那么就只需要指明 property 就行了。
- 如果参数值为空(或未初始化)，则对应的 Bean 属性不用被设定。

如果用户使用了 property="*"，那么 Bean 的属性没有必要按 HTML 表单中的顺序排序，只要名称正确就可以了。

【例 4-17】<jsp:setProperty>的属性和用法，useBeanParam.jsp 代码如下：

```
<%@ page contentType="text/html; charset=gb2312"%>
<html>
<head>
<title>jsp:setProperty 动作实例</title>
</head>
<body>
<h1><jsp:useBean id="clock" class="java.util.Date">
    <jsp:setProperty name="clock" property="hours" param="hh" />
    <jsp:setProperty name="clock" property="minutes" value="79" />
    <jsp:setProperty name="clock" property="seconds" param="*" />
```

```
</jsp:useBean> 设置属性后的时刻：<%=clock%> <br>
现在是<%=clock.getHours()%>点，
<%=clock.getMinutes()%>分，
<%=clock.getSeconds()%>秒
</body>
</html>
```

useBeanParam.jsp 运行结果如图 4-24 所示。

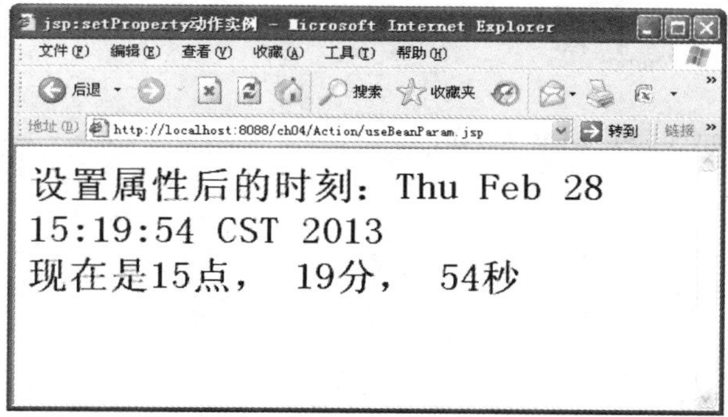

图 4-24 useBeanParam.jsp 运行结果

3. <jsp:getProperty>

使用<jsp:getProperty>可获取 Bean 的属性值，用于在页面中显示。其语法格式如下：

```
<jsp:getProperty name="beanInstanceName" property="propertyName" />
```

<jsp:getProperty>语法属性的含义如下。

(1) name="beanInstanceName"

Bean 的名字由<jsp:useBean>指定。

(2) property="propertyName"

指定 Bean 的属性名，例如：

```
<jsp:useBean id="calendar" scope="page" class="employee.Calendar" />
    <jsp:getProperty name="calendar" property="username" />
```

<jsp:getProperty>元素可以获得 Bean 的属性值，并可以将其使用或显示在 JSP 页面中。在使用<jsp:getProperty>之前，必须有由<jsp:useBean>所创建的 Bean 对象。

使用<jsp:getProperty>元素时注意以下限制：首先不能使用<jsp:getProperty>来检索一个已经被索引了的属性；其次，能够和 JavaBean 组件一起使用<jsp:getProperty>，但是不能与 Enterprise Bean(企业级 Bean)一起使用。

在 SUN 的 JSP 参考中提到，如果使用<jsp:getProperty>来检索的值是空值，那么将会产生 NullPointerException 例外。如果使用程序段或表达式来检索值，那么在浏览器上出现的将是 null(空值)。

【例 4-18】通过一个用户注册的例子来具体介绍这 3 个动作元素的使用方法，因为使用之前先要创建一个 JavaBean，在 ch04 项目中建立一个名为 TestBean 的 Java 类(关于 JavaBean 的概念及具体的创建方法，会在第 7 章详细介绍)。把下面的代码存为 TestBean.java 文件。

TestBean.java 代码如下：

```
package ch04;
public class TestBean {
        public String userName;
                public String password;
                public int age;
        public void setUserName(String name) {
                this.userName = name;
        }
        public void setPassword(String password) {
                this.password = password;
        }
        public String getUserName() {
                return this.userName;
        }
        public String getPassword() {
                return password;
        }
        public int getAge() {
                return this.age;
        }
        public void setAge(int age) {
                this.age = age;
        }
}
```

从面向对象角度来看，这个TestBean类就代表了用户，它具有用户名、用户密码、年龄等属性。这个JavaBean的方法都是setProperty()和getProperty()类型的，主要用来配合JSP页面中的<jsp:setProperty>和<jsp:getProperty>动作元素。这些方法在Eclipse开发环境中可以自动生成，不需要一个一个写出来，具体方法在后面章节中会介绍。创建这个类的实例就可以代表一个一个不同的用户。

用户登录文件 register.html 的代码如下：

```
<html>
<body>
用户信息注册:
<br>
<hr>
<form method="get" action="register.jsp">
<table>
        <tr>
                <td>姓名：<input name="userName" type="text"></td>
        </tr>
        <tr>
                <td>密码：<input name="password" type="password"></td>
        </tr>
        <tr>
```

```
            <td>年龄:<input name="age" type="text"></td>
        </tr>
        <tr>
            <td><input type=submit value="提交"></td>
        </tr>
    </table>
    </form>
    </body>
    </html>
```

register.jsp 显示注册成功的用户的提交信息，代码如下：

```
</body>
</html>
<%@ page contentType="text/html;charset=gb2312"%>
<jsp:useBean id="user" scope="page" class="ch04.TestBean" />
<jsp:setProperty name="user" property="*" />
<html>
<body>
注册成功:
<br>
<hr>
使用 bean 属性方法:
<br>
用户名:
<%=user.getUserName()%>
<br>
密码:
<%=user.getPassword()%>
<br>
年龄:
<%=user.getAge()%>
<br>
<hr>
使用 getProperty:
<br>
用户名:
<jsp:getProperty name="user" property="userName" />
<br>
密码:
<jsp:getProperty name="user" property="password" />
<br>
年龄:
<jsp:getProperty name="user" property="age" />
<br>
</body>
</html>
```

register.jsp 文件使用<jsp:useBean>、<jsp:setProperty>和<jsp:getProperty>这 3 个动作元素来处理用户填写的信息并将结果显示在页面上。

程序 register.html 执行结果如图 4-25 所示，输入注册信息并提交。成功后，注册信息通过 register.jsp 页面显示出来，如图 4-26 所示。

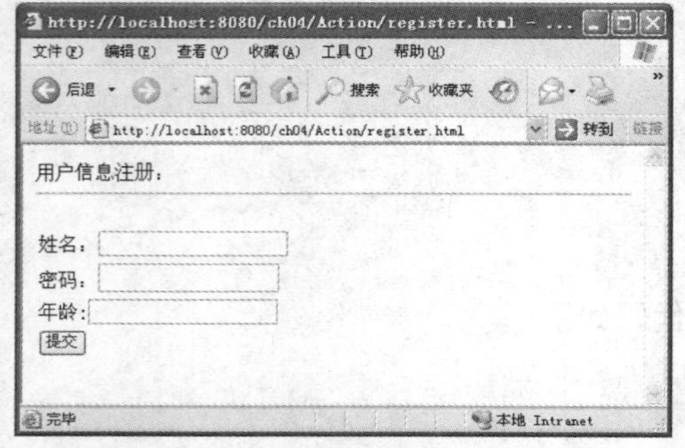

图 4-25　用户注册 register.html 的执行结果

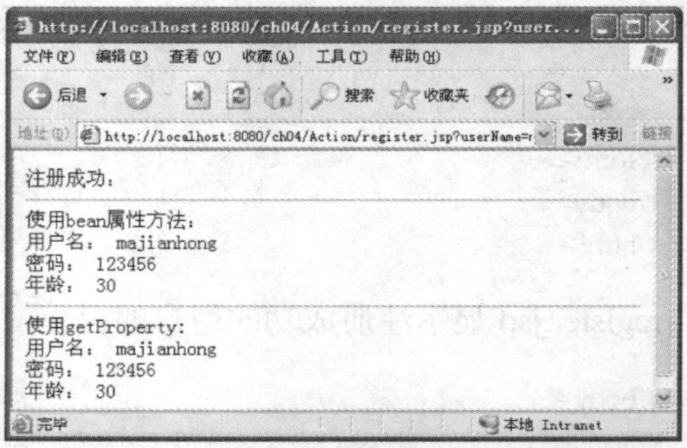

图 4-26　显示用户注册信息 register.jsp 的执行结果

在本例中，register.jsp 中的代码<jsp:useBean id="user" scope="page" class="ch04.TestBean" />指定在本页面中使用 JavaBean，此 JavaBean 的类为 ch04.TestBean，id 为 user。

在 register.html 中表单的参数名和 TestBean.java 中属性名完全一样，所以在 register.jsp 中可以通过<jsp:setProperty name="user" property="*" />把用户从表单提交的数据传递给 TestBean 的对象 user。

在 register.jsp 中，可以通过 user.getUserName()方法获得用户名信息。也可以通过<jsp:getProperty name="user" property="userName" />获得 JavaBean 的属性，两种方法的执行结果是一样的。

为了理解<jsp:getProperty>的使用并演示 form 参数和 JavaBean 属性的关系，把【例 4-18】做以下两种更改。

(1) 把 register.html 中表单参数 userName 改为 xingming(即和 JavaBean 的属性名不一致)，修改后的代码为

```
<td>姓名：<input name="xingming" type="text"></td>
```

其他代码保持不变，把它保存为 register2.html。重新执行程序，可以看到，由于表单参数 xingming 和 Bean 属性名不一致，使用<jsp:setProperty name="user" property="*" />指令为 JavaBean 设置属性时并没有设置 xingming 属性，所以造成 user.getUserName()方法返回空的结果。程序执行结果如图 4-27 所示。

此时需要更改 register.jsp，代码如下：

```
<jsp:setProperty name="user" property="userName" param="xingming"/>
<jsp:setProperty name="user" property="*" />
```

而其他的两个属性没有任何变化，所以依然用<jsp:setProperty name="user" property="*" />即可。把更改过的文件保存为 register2.jsp，然后 register2.html 把信息提交给 register2.jsp 处理。

```
<form method="get" action="register2.jsp">
```

再次执行程序，输入一些信息并提交，这次可以把 form 的参数和 Bean 的属性进行重新映射。程序执行结果如图 4-28 所示。

图 4-27　测试 form 参数和 Bean 属性不一致的执行结果

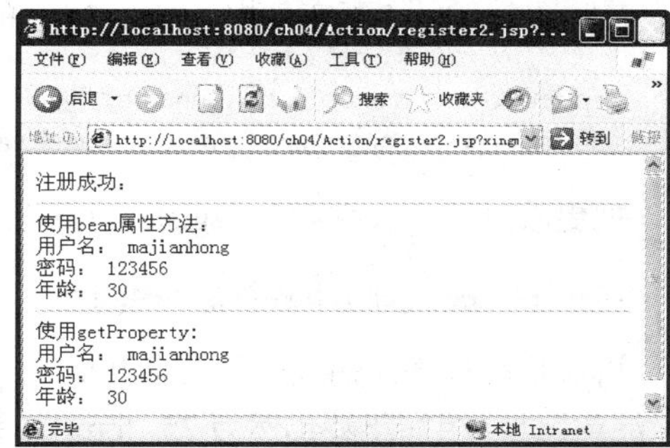

图 4-28　测试 form 参数和 Bean 属性一致的执行结果

(2) 再把 register2.jsp 中的

```
<jsp:setProperty name="user" property="userName" param="xingming"/>
```

改为

```
<jsp:setProperty name="user" property="userName" value="xingming"/>
```

重新执行程序，输入数据并提交，可以看出，不管在表单中输入的用户名是什么，在 register.jsp 执行后用户名信息都是 xingming。程序执行结果如图 4-29 所示。

通过上面的两个实例，读者应该能够理解 param 和 value 标记的作用了。

另外需要注意的是，<jsp:setProperty>元素使用 Bean 给定的 set()方法，在 Bean 中设置一个或多个属性值，是按照设置的先后顺序来确定的，例如再把【例 4-18】做以下两种更改。

(1) register.html 不变，此时需要更改 register.jsp，代码如下：

```
<jsp:setProperty name="user" property="age" value="30"/>

<jsp:setProperty name="user" property="*" />
```

把更改过的文件保存为 register3.jsp，然后 register.html 把信息提交给 register3.jsp 处理。

```
<form method="get" action="register3.jsp">
```

再次执行程序，输入一些信息并提交，注意，此次填写年龄为 25，form 的参数和 Bean 的属性进行重新映射。程序执行结果如图 4-30 所示。

图 4-29　测试 value 属性的执行结果

图 4-30　测试属性先后设置的执行结果

(2) register.html 不变，把 register3.jsp 的两行代码顺序交换，代码如下：

```
<jsp:setProperty name="user" property="*" />
<jsp:setProperty name="user" property="age" value="30"/>
```

把更改过的文件保存为 register4.jsp，然后 register.html 把信息提交给 register4.jsp 处理。

```
<form method="get" action="register4.jsp">
```

再次执行程序，输入一些信息并提交，注意，此次填写年龄仍然为 25，form 的参数和 Bean 的属性进行重新映射。程序执行结果如图 4-31 所示。比较这两次程序执行的结果发现，年龄的值第一次是从表单提交得来的数据，而第二次是固定值 30。这与 set()方法设置的先后顺序有关。

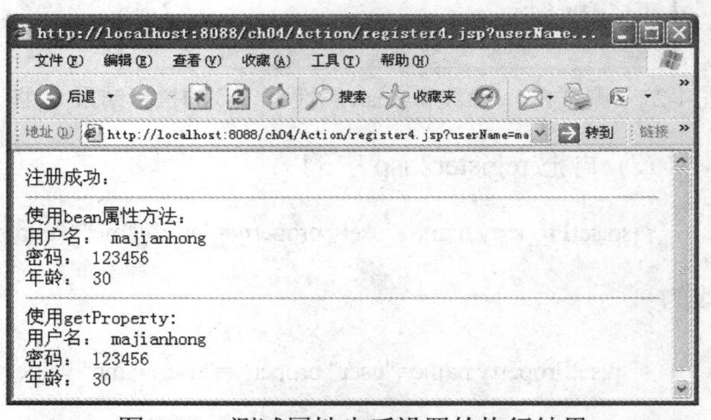

图 4-31　测试属性先后设置的执行结果

4.4.5　<jsp:plugin>

<jsp:plugin>操作元素的功能在于从 JSP 网页中加载 Java Applet 或 JavaBean 程序组件，与 HTML 的<Applet>与<Object>标签有着类似的功能。这个元素有许多属性设置，以下是此元素的使用语法。

```
<jsp:plugin
type="bean|applet"
code="classFileName"
codebase="classFileDirectoryName"
name="instanceName"
align="left|right|top|middle|bottom"
width="width"
height="height"
hspace="horizontalSpace"
vspace="verticalSpace"
archive="archiveURL,…"
>
<jsp:params>
<jsp:param name="propertyName" value="propertyValue"/>
…
</jsp:params>
<jsp:fallback>text message</jsp:fallback>
</jsp:plugin>
```

<jsp:plugin>元素的属性如表 4-5 所示。

表 4-5 <jsp:plugin>元素属性

项　目	说　明
type	加载 Java 程序的类型，可设置的值有 applet 及 bean。其中 applet 代表加载 Java Applet 程序，bean 则代表加载 JavaBean 程序
code	加载 Java 程序编译后的类名称，如 showpic.class、showmsg.class
codebase	编译后 Java 程序类所在的目录，可设置绝对路径或者相对路径，若未设置此属性，则以当前执行网页所在的目录为默认值
name	用来对加载的 Java Applet 或 JavaBean 程序设置一个用以识别的名称
align	设置加载的程序在窗口中显示的对齐方式，可设置的值有 bottom(下对齐)、top(上对齐)、middle(居中)、left(左对齐)、right(右对齐)
height	加载的程序在窗口中显示的高度
width	加载的程序在窗口中显示的宽度
hspace	加载程序的显示区与网页其他内容的水平间隔
vspace	加载程序的显示区与网页其他内容的垂直间隔
<jsp:params>	若要传递参数给加载的程序，则必须在<jsp:params>与</jsp:params>的起始与结束标签中(此标签加有 s)使用<jsp:param>操作元素来设置

【例 4-19】 演示<jsp:plugin>元素的用法。使用<jsp:plugin>加载两个 Java Applet 程序，其中一个 Applet 程序将指定的图片显示在窗口中，另一个 Applet 程序则会取得几个<jsp:param>所设置的参数，并将参数的内容输出到窗口中。

showmsg.java 代码如下：

```
package ch04;

import java.awt.*;
import java.applet.*;

public class showmsg extends Applet {

    String msg1, msg2, msg3;

    public void init() {
        msg1 = getParameter("msg1");
        msg2 = getParameter("msg2");
        msg3 = getParameter("msg3");
    }

    public void paint(Graphics g) {
        Font font = new Font("SansSerif", Font.BOLD, 30);
        g.setFont(font);
        g.setColor(Color.blue);
        g.drawString(msg1, 20, 40);
        g.drawString(msg2, 20, 70);
        g.drawString(msg3, 20, 100);
    }
}
```

为了演示<jsp:plugin>，设计一个名称为 howmsg 的 applet，主要的功能是用来取得 JSP 网页中所设置的各个参数：msg1、msg2 及 msg3，然后将这些参数的内容显示在该 Applet 在网页中所显示的区域中。

usingPlugin.jsp 代码如下：

```
<%@page contentType="text/html"%>
    <%@page pageEncoding="GB2312"%>
    <html>
    <title>演示 plugin</title>
    <body>
        <jsp:plugin type = "applet" code = "ch04/showmsg.class"
                        height = "200" width = "200">
         <jsp:params>
              <jsp:param name = "msg1" value = "C++"/>
              <jsp:param name = "msg2" value = "Java"/>
              <jsp:param name = "msg3" value = "C#"/>
        </jsp:params>
       </jsp:plugin>
   </body>
   </html>
```

程序代码引用<jsp:plugin>，将上述程序 showmsg.java 编译的 Applet 组件 showmsg.class 加载至网页当中，<jsp:plugin type = "applet" code = "ch04/showmsg.class" height = "200" width = "200"> 表示在 JSP 页面中插入 Applet 类型的小程序，该小程序的字节码文件 "ch04/showmsg.class"存放在与 JSP 页面相同的目录下，小程序在浏览器的显示为高 200 像素，宽 200 像素大小。<jsp:params>语句依次设置每个要传递给 Applet 程序的参数，分别是 3 个程序语言的名称，其执行结果如图 4-32 所示。

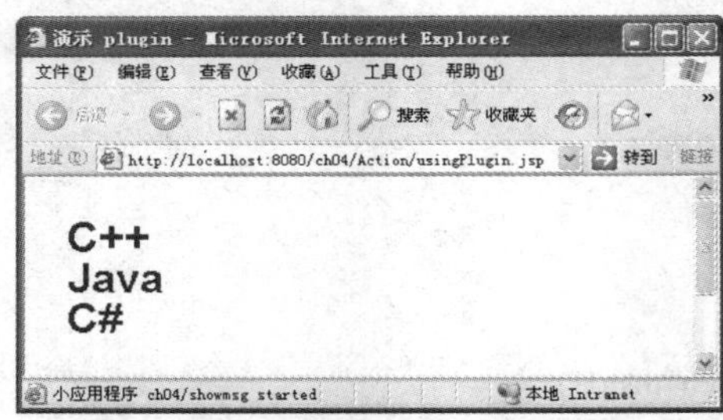

图 4-32 usingPlugin.jsp 执行结果

4.5 小 结

本章介绍了 JSP 编程中的一些重要语法，掌握这些语法是读者进行 JSP 开发的基本要求。JSP 原始代码中包含了 JSP 元素和 Template data 两类。Template data 指的是 JSP 引擎不处理的部分，即标记<%…%>以外的部分，例如代码中的 HTML 内容等，这些数据会直接传送到客户端的浏览器。JSP 元素则是指由 JSP 引擎直接处理的部分，这一部分必须符合 JSP 语法，否则会导致编译错误。

本章集中介绍的 JSP 语法包括脚本元素、指令元素和动作元素 3 个主要元素。脚本元素包括声明(Declaration)、表达式(Expression)、脚本代码(Scriptlet)，指令元素包括 page 指令、include 指令和 taglib 指令，动作元素包括<jsp:include>、<jsp:param>、<jsp:forward>、<jsp:useBean>、<jsp:getProperty>、<jsp:setProperty>和<jsp:plugin>动作。与 Bean 相关的几种语法的使用将在第 7 章中专门进行讲解，因此可对照学习。熟练使用这些语法是必须的，因此读者应该多加练习，观察不同用法所产生的效果上的差异。对于给出的实例最好是自己输入文件并观察执行结果。

4.6 习 题

4.6.1 选择题

1. 在 JSP 中，要定义一个方法，需要用到(　)元素。

A. <%=　%>　　B. <%　%>

C. <%@　%>　　D. <%!　%>

2. 在 J2EE 中，在一个 JSP 文件中，有表达式<%=2+3 %>，它将输出(　)。

A. 2+3　　B. 5

C. 2　　D. 不会输出，因为表达式是错误的

3. 在 JSP 中，(　)动作用于将请求转发给其他 JSP 页面。

A. forward　　B. include

C. useBean　　D. setProperty

4. 要设置某个 JSP 页面为错误处理页面，以下 page 指令正确的是(　)。

A. <%@ page errorPage="true"%>

B. <%@ page isErrorPage="true"%>

C. <%@ page extends="javax.servlet.jsp.JspErrorPage"%>

D. <%@ page info="error"%>

5. 当浏览器第二次访问以下 JSP 网页时的输出结果是(　)。

```
<%! int a=0;        %>
<%
     int b=0;
     a++;
     b++;
%>
a:<%= a %> <br>
b:<%= b %>
```

A. a=0　b=0　　B. a=1　b=1

C. a=2　b=1　　D. a=2　b=2

6. 关于<jsp:include>，下列说法不正确的是(　)。

A. 它可以包含静态文件

B. 它可以包含动态文件

C. 当它的 flush 属性为 true 时，表示缓冲区满时，将会被清空

D. 它的 flush 属性默认值为 true

7. 在 JSP 中，对<jsp:setProperty>标记描述正确的是(　)。

A. <jsp:setProperty>和<jsp:getProperty>必须在一个 JSP 文件中搭配出现

B. 就如同 session.setAttribute()一样，来设计属性值

C. 和<jsp:useBean>动作一起使用，来设置 bean 的属性值

D. 就如同 request.setAttribute()一样，来设置属性值

8. 在 myjsp.jsp 中，关于下面的代码说法错误的是(　)。

```
<%@ page language="java" import="java.util.*" errorPage="error.jsp" isErrorPage="false" %>
```

A. 该页面可以使用 exception 对象

B. 该页面发生异常会转向 error.jsp

C. 存在 errorPage 属性时，isErrorPage 是必须的属性值且一定为 false

D. error.jsp 页面一定要有 isErrorPage 属性且值为 true

9. 下列(　)不是 JSP 中的注释符。

A. <!--注释内容-->　　　　B. /*注释内容*/

C. //注释内容　　　　D. /**注释内容**/

10. J2EE 中在 JSP 中要使用 user 包中的 User 类，则以下写法正确的是(　)。

A. <jsp:useBean id= " user " class= " user.User " scope= " page " />

B. <jsp:useBean class= " user.Use.class " />

C. <jsp:useBean name= " user " class= " user.User " />

D. <jsp:useBeam id= " user " class= " user " import= " user.* " />

4.6.2 判断题

1. 在 page 指令中，import 参数允许重复使用多次。　(　)

2. <!--　-->中可以使用<% %>动态输出注释内容，同时<%--　--%>中也可以使用<% %>，因为预览 JSP 页面时没有报错。　(　)

3. 当 page 标识的 isThreadSafe 属性设为 true 时，JSP 只可以接受一个用户访问。　(　)

4. <jsp:include page="body.jsp?name=tom&password=123" />可用于在 JSP 页面中包含 body.jsp 文件，并传递两个参数 name 和 password。　(　)

5. <%@ include file="URL" %>允许包含动态文件和静态文件，但是这两种包含文件的结果是不同的，如果文件仅仅是静态文件，那么这种包含仅仅是把包含文件的内容加到 JSP 文件中去，这个被包含的文件不会被 JSP 编译执行。相反，如果被包含文件是动态文件，那么这个被包含文件会被 JSP 编译器执行。　(　)

4.6.3 填空题

1. JSP 有三个指令元素：__________、__________、__________。

2. JSP 的脚本元素包含以下 4 个部分：_________、_________、_________、_________。

3. 动作元素<jsp:setProperty>的作用为__________。

4. <jsp:forward>的作用是__________。

5. 在 JSP 页面中可以声明方法，但是仅在__________内有效。

4.6.4 简答题

1. 如何在 HTML 网页中嵌入 JSP 程序代码？怎样来定义 JSP 中的声明区与程序区？

2. 请说明 JSP 中有哪 3 个指令元素，以及这 3 个指令的主要用途。

3. JSP 中 include 指令与 include 动作的区别是什么？

4. JSP 网页可以使用的特殊操作元素有哪些？其中<jsp:forward>与<jsp:param>操作元素各有什么功能？

4.6.5 编程题

1. 编写一个 JSP 程序，计算 10!，并显示出结果。要求先声明计算阶乘的方法，再调用该方法，最后在页面上输出结果。

进阶要求：通过表单提交一个正整数，然后计算它的阶乘。

2. 在 JSP 页面中静态包含文件。要求程序包含两个文件，主文件静态包含一个能够计算数据的算数平方根的页面。

3. 动态包含页面并传递数据。要求程序包含两个文件，主文件加载次文件，将随机产生的 0～1 之间的数据传递给它，并且在页面上显示出来。

进阶要求：把动态包含改为动态重定向，比较两者之间的区别。

4. 计算三角形的面积。要求由用户输入三角形的三条边，判断这三条边是否能构成一个三角形，若能构成三角形，则输出三角形的面积。

第 5 章

JSP内置对象

为了方便 Web 程序的开发，在 JSP 页面中内置了一些默认的对象，这些对象不需要预先声明就可以在脚本代码和表达式中使用。内置对象也称为隐含对象，在不需要显示声明的情况下，每一个 JSP 页面中可以使用的内置对象有 9 个：request、response、out、session、application、pageContext、config、page 和 exception。本章将分别介绍这些内置对象的使用方法。

本章学习目标

◎ 了解和掌握 request 请求对象方法
◎ 了解和掌握 response 响应对象方法
◎ 了解和掌握 out 输出对象方法
◎ 了解和掌握 session 会话对象方法
◎ 了解和掌握 application 应用程序对象方法
◎ 了解 pageContext 页面上下文对象方法
◎ 了解 config 配置对象方法
◎ 了解 page 页面对象方法
◎ 了解 exception 例外对象方法

5.1 JSP 内置对象概述

Java 程序的功能主要是由 Java 包下的各个类在运行期所产生的对象所提供，并且应用这些对象组织构建程序所需的功能。从本节开始，将介绍如何使用 JSP 的内置对象构建 JSP 网页。JSP 提供了 9 个预设的对象，我们将其称为内置对象。这些对象内置在 JSP 网页环境之下，因此用户不需要引用这些对象所属的包，便可以直接在 JSP 网页中使用这些对象。

表 5-1 列出了 JSP 的 9 个预设对象，以及各个对象是从何类衍生而成的，并作简略的说明。

表 5-1　JSP 内置对象

对 象 名 称	衍 生 类	功 能 说 明
request	javax.servlet.ServletRequest. HttpServletRequest	取得客户端数据与系统的信息
response	javax.servlet.ServletRequest. HttpServletRequest	响应客户端信息
application	javax.servlet.ServletContext	记录与处理上线者共享的数据
session	javax.servlet.http.HttpSession	记录与处理上线者的个别数据
out	javax.servlet.jsp.JspWriter	控制数据输出的操作
config	javax.servlet.ServletConfig	取得 JSP 编译后的 Servlet 信息
pageContext	javax.servlet.jsp.PageContext	存取与处理系统运行时的各项信息
page	java.lang.Object	代表目前的这个 JSP 网页对象
exception	java.lang.Throwable	异常处理机制

表 5-1 中简述衍生的基础类与对象功能，根据对象的特点，下面进一步说明这些对象之间的关联。

(1) request 与 response 对象

JSP 网页能够具备与用户互动的功能，关键在于 request 对象与 response 对象所提供的功能，request 让服务器取得用户在网页表单中所输入的数据内容，response 则提供服务器端程序响应客户端信息所需的功能。

request 与 response 对象是学习构建 JSP 网页交互功能最重要的两个内置对象，它们与 HTML 窗体标签有着相当密切的关系。下面章节将会对其有详细的说明与范例介绍。

(2) application 与 session 对象

application 与 session 这两个对象基本上用于记录和处理 JSP 网页之间的共享数据。

由于因特网本身是一种无联机状态的应用程序，当一份网页文件从网站服务器传送至客户端的浏览器之后，客户端和服务器端之间就没有任何联机状态存在，这个先天的缺陷，让网页无法存储应用程序运行期间所需的共享数据，application 与 session 对象就是用来解决这样问题的。

(3) out 对象

JSP 是一种动态的网页，与 HTML 这一类静态文件的最大不同，在于同一份网页经过程序运算得以根据各种条件及情况进行呈现。out 对象在这一方面提供相关的支持，服务器端利用 out 对象将所要输出的内容，在传送至网页的时候动态写入客户端。

(4) config、pageContext 以及 page 对象

这 3 个对象被用于存取 JSP 网页程序运行阶段的各种信息内容，其中 config 包含 JSP 网页文件被编译成为 Servlet 之后的相关信息；pageContext 则是提供系统运行期间各种信息内容的存取操作功能；page 代表目前正在运行的 JSP 网页对象。

JSP 服务器端应用程序可以运用这 3 个对象，存取网页运行期间的各种环境信息，同时将当前网页当作对象进行操作，本章最后对于这几个对象将会有详细的说明与探讨。

(5) exception 对象

exception 为 JSP 提供用于处理程序运行错误的异常对象，此对象搭配功能强大的异常处理机制，运用于 JSP 网页的程序除错与异常处理上。

5.2 request 对象

request 对象主要用于接收客户端通过 HTTP 协议连接传输到服务器端的数据。在客户端的请求中如果有参数，则该对象就有一个参数列表，它通常是 HttpServletRequest 的子类，其作用域就是一次 request 请求。

5.2.1 request 对象常用方法

request 对象包括很多方法，它的主要方法及对应的说明如表 5-2 所示。

表 5-2 request 对象的主要方法

方　　法	说　　明
Object getAttribute(String name)	返回 name 所指定的属性值
void setAttribute(String name, Object obj)	设定 name 所指定的属性值为 obj
void removeAttribute(String name)	删除 name 所指定的属性
java.util.Enumeraton getAttributeNames()	返回 request 对象所有属性的名称集合
String getParameter(String name)	从客户端获取 name 所指定的参数值
java.util.Enumeraton getParameterNames()	从客户端获取所有参数名称
String [] getParameterValues(String name)	从客户端获取 name 所指定参数的所有值
String getServerName()	返回服务器名称
int getServerPort()	返回服务器接受请求的端口
String getRemoteAddr()	获取客户端的 IP 地址
int getRemotePort()	获取客户端的请求端口
String getContextPath()	返回环境路径(Web 服务程序根目录)
String getCharacterEncoding()	返回请求正文中所使用的字符编码
void setCharacterEncoding(String chaen)	设定请求正文中所使用的字符编码
Cookie[] getCookies()	返回客户端所有的 Cookie 对象
Session getSession()	返回请求相关的 session 对象
String getContentType()	返回请求正文的 MIME 类型
int getContentLength()	返回请求的 Body 的长度，单位为字节

5.2.2 request 对象应用实例

request 对象包括很多方法，最主要的有 getParameter(String name)、getParameterValues(String name)、getParameterNames()等方法。下面通过实例分别加以说明。

1. String getParameter(String name)

- 用表单和超链接、<jsp:param>传递参数的时候，使用 getParameter(String name)接收传递的参数。
- 返回给定参数的值，当传递给此方法的参数名没有实际参数与之对应时，返回 null。
- 使用 getParameter(String name)取得的值都是字符串类型，需要转换为需要的类型。

【例 5-1】request 对象应用实例。在 requestInfo.jsp 页面中输入用户名和密码，在 showInfo.jsp 页面中将输入的用户名和密码显示出来。

requestInfo.jsp 页面的代码如下。

```
<%@ page contentType="text/html; charset=GBK"%>
<html>
<head>
<title>使用 Request 对象</title>
</head>
<body bgcolor="#ffc7c7">
<form name="form1" method="post" action="showInfo.jsp">
<p align="center">用户名：  <input type="text" name="username"></p>
<p align="center">密   码  ：  <input type="password" name="password">
</p>
<p align="center"><input type="submit" name="Submit" value="提交">
    <input name="cancel" type="reset" id="cancel" value="取消">
</p>
</form>
</body>
</html>
```

showInfo.jsp 页面的代码如下。

```
<%@ page language="java" import="java.util.*"
     contentType="text/html; charset=GBK"%>
<%
request.setCharacterEncoding("gb2312");
%>
<html>
<head>
<title>使用 Request 对象</title>
</head>
<body bgcolor="#ccffcc">
<h1>您刚才输入的内容是：<BR>
</h1>
<%
     Enumeration enu = request.getParameterNames();
     while (enu.hasMoreElements()) {
          String parameterName = (String) enu.nextElement();
```

```
            String parameterValue = (String) request.getParameter(parameterName);
            out.print("参数名称： " + parameterName + "<BR>");
            out.print("参数内容： " + parameterValue + "<BR>");
        }
%>
</body>
</html>
```

这个实例中，requestInfo.jsp 页面将表单中用户输入的信息提交给 showInfo.jsp 页面，showInfo.jsp 页面利用 getParameterNames()和 getParameter(String name)这两个方法获取表单中传过来的参数名称和参数值。程序运行效果如图 5-1 和图 5-2 所示。

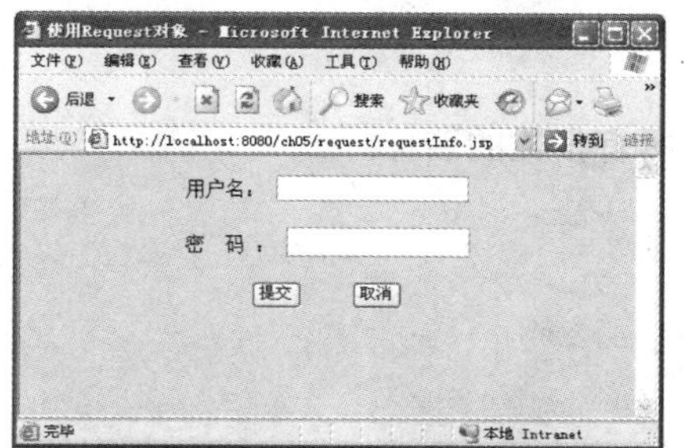

图 5-1　requestInfo.jsp 页面运行效果

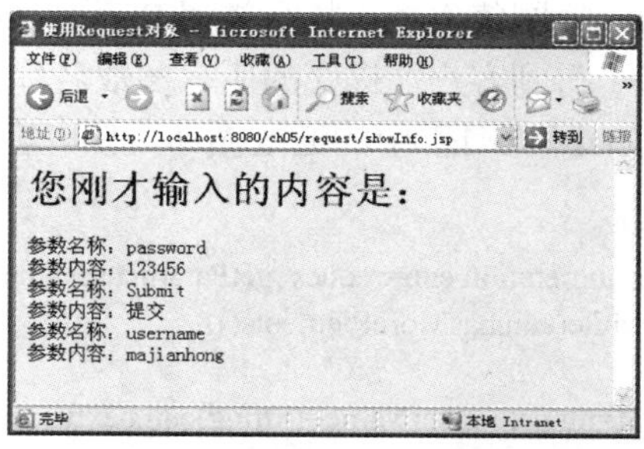

图 5-2　showInfo.jsp 页面运行效果

其实通过表单传递参数，采用 getParameter(String name)接受传递参数的实例在第 4 章已经介绍过，例如【例 4-6】。

通过表单输入数据的代码如下：

```
<form action="dec-method.jsp" method="get" name="form">
<input   type="text" name="radius">
<input type="submit" name="submit"   value="开始计算">
</form>
```

通过

```
String str = request.getParameter("radius");
```

得到输入数据。

由于使用 getParameter(String name)取得的值都是字符串类型，所以采用如下代码

```
double r;
r = Double.parseDouble(str);
```

来转换数据类型。

由于在传递参数时，在表单中采用的方法 method="get"，此时运行程序会发现在地址栏中显示所输入的数据，如下所示：

```
http://localhost:8080/ch04/Script/dec-method.jsp?radius=3
```

关于 get()和 post()方法的比较会在 7.5.3 节有详细的说明。

如果在页面中采用超级链接的方法使用如下代码：

```
<a href="dec-method.jsp?radius=3">超级链接传递参数</a>
```

那么得到此超级链接所传递的参数，同样是采用方法

```
String str = request.getParameter("radius");
```

所以采用超级链接所传递的参数也是采用 getParameter(String name)取得值。

通过<jsp:param>传递参数，同样使用 getParameter(String name)接收传递的参数。如【例 4-12】，不再详述。

2. Enumeration getParameterNames()

- 返回值类型：枚举类型 Enumeration。
- 得到客户端提交的所有参数名称。

如【例 5-1】中的通过循环可获取客户端提交的所有参数的名称：

```
<%
Enumeration enu=request.getParameterNames();
while(enu.hasMoreElements())
{
String parameterName=(String)enu.nextElement();
String parameterValue=(String)request.getParameter(parameterName);
out.print("参数名称："+parameterName+"<BR>");
out.print("参数内容："+parameterValue+"<BR>");
}
%>
```

3. void setCharacterEncoding(String chaen)

在 form 表单中采用 post 方式提交请求时，需要设置 request 对象的编码方式，保证能够正确地取到数据。例如：

```
<%request.setCharacterEncoding("gb2312");%>
```

关于解决汉字乱码问题将在 7.5.2 节介绍。

4. String [] getParameterValues(String name)

- 使用 getParameterValues()能够取出变量的多个值。返回值类型为字符串数组 String[]。
- 能够取出变量的多个值，主要用于获取复选框的值或是下拉列表带 multiple 属性的值。

【例 5-2】读取复选框数据。在 hobby.html 页面中选中多个选项，在 hobbyInfo.jsp 页面中将所选内容显示出来。hobby.html 页面的代码如下。

```
<html>
<head>
  <title>用户信息</title>
<meta http-equiv="Content-Type" content="text/html; charset=GB2312">
</head>
<body>
<form name="Example" method="post" action="hobbyInfo.jsp">
```

```
<p>兴趣:
    <input type="checkbox" name="Habit" value="Read">
    看书
    <input type="checkbox" name="Habit" value="Football">
    足球
    <input type="checkbox" name="Habit" value="Travel">
    旅游
    <input type="checkbox" name="Habit" value="Music">
    听音乐
    <input type="checkbox" name="Habit" value="Tv">
    看电视</p>
<p>
<input type="submit" value="传送">
<input type="reset" value="清除">
</p>
</form>
</body>
</html>
```

hobbyInfo.jsp 页面的代码如下。

```
<%@ page contentType="text/html;charset=gb2312" language="java"%>
<%request.setCharacterEncoding("gb2312");%>
<html>
<head>
<title>显示用户信息</title>
</head>
<body>
兴趣:
<%
String[] hobby = request.getParameterValues("Habit");
if (hobby != null) {
    for (int i = 0; i < hobby.length; i++) {
        if (hobby[i].equals("Read")) {
            out.println("看书 ");
        }
        if (hobby[i].equals("Football")) {
            out.println("足球 ");
        }
        if (hobby[i].equals("Travel")) {
            out.println("旅游 ");
        }
        if (hobby[i].equals("Music")) {
            out.println("听音乐 ");
        }
        if (hobby[i].equals("Tv")) {
            out.println("看电视 ");
        }
    }
}
%>
```

```
</body>
</html>
```

程序运行效果如图 5-3 和图 5-4 所示。

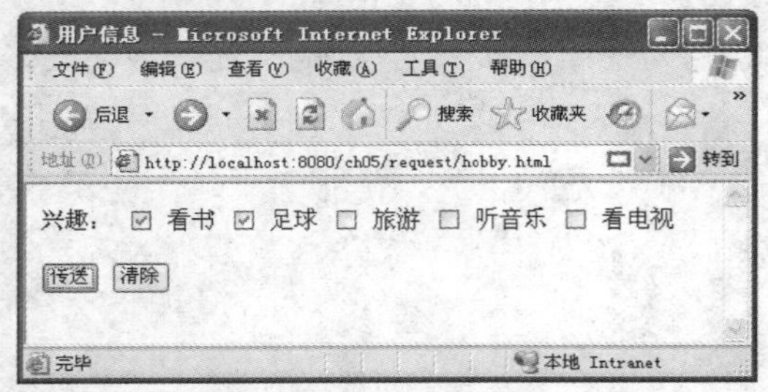

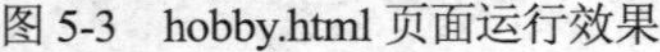

图 5-3　hobby.html 页面运行效果

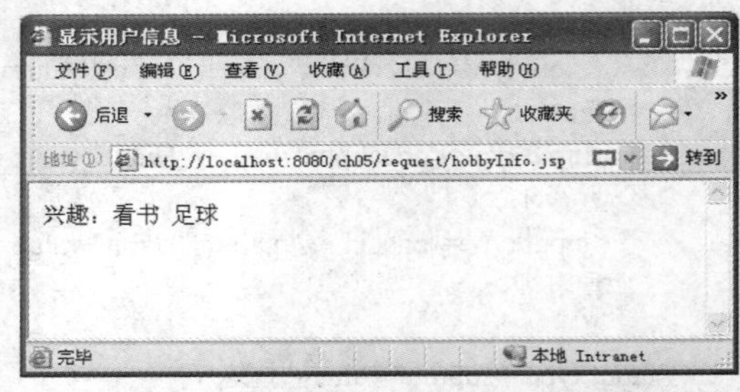

图 5-4　hobbyInfo.jsp 页面显示所选复选框的数据

【例 5-3】读取带 multiple 属性的下拉列表中的数据。在 city.html 页面中选中多个下拉列表选项，在 cityInfo.jsp 页面中将所选内容显示出来。

city.html 页面的代码如下。

```
<html>
<head>
  <title>用户信息</title>
<meta http-equiv="Content-Type" content="text/html; charset=GB2312">
</head>
<body>
<form name="Example" method="post" action="cityInfo.jsp">
<p>您喜欢的城市：
    <select name="city" multiple size=4>
      <option selected>郑州市</option>
      <option>北京市</option>
      <option>上海市</option>
      <option>南京市</option>
      <option>杭州市</option>
      <option>济南市</option>
      <option>重庆市</option>
    </select>
</p>
<input type="submit" value="传送">
<input type="reset" value="清除">
</form>
</body>
</html>
```

cityInfo.jsp 页面的代码如下。

```
<%@ page contentType="text/html;charset=gb2312" language="java"%>
<%
request.setCharacterEncoding("gb2312");
%>
<html>
<head>
```

```
<title>显示用户信息</title>
</head>
<body>
喜欢的城市：
<%
    String[] city = request.getParameterValues("city");
    if (city != null) {
        for (int i = 0; i < city.length; i++) {
            out.println(city[i] + " ");
        }
    }
%>
</body>
</html>
```

程序运行效果如图 5-5 和图 5-6 所示。

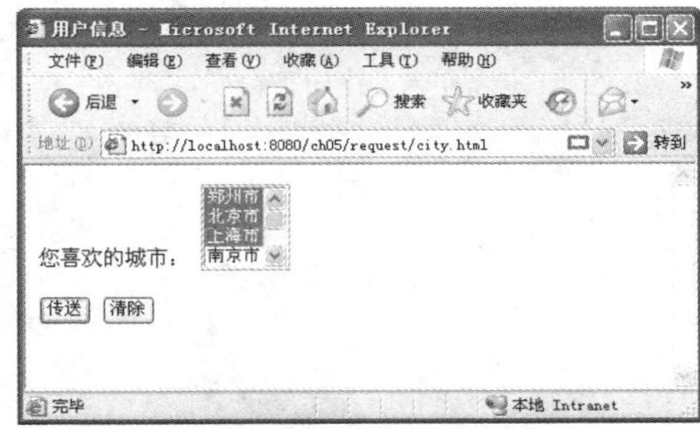

图 5-5　city.html 页面运行效果

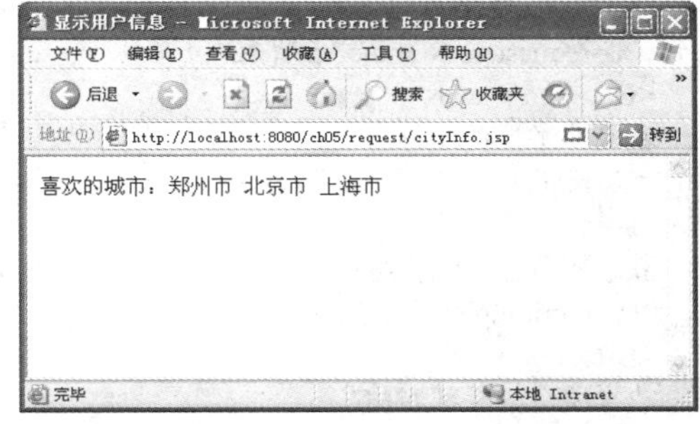

图 5-6　cityInfo.jsp 页面运行效果

【例 5-4】在 request.jsp 中利用 request 对象的一些方法，回显系统信息。

request.jsp 页面的代码如下。

```
<%@ page contentType="text/html;charset=GB2312"%>
<%@ page import="java.util.*"%>
<HTML>
<head>
<title>reuqest 对象示例</title>
</head>
<BODY>
<BR>
客户使用的协议是:
<%=request.getProtocol()%>
<BR>
获取接受客户提交信息的页面:
<%=request.getServletPath()%>
<BR>
接受客户提交信息的长度:
<%=request.getContentLength()%>
<BR>
客户提交信息的方式:
<%=request.getMethod()%>
```

```
<BR>
获取 HTTP 头文件中 User-Agent 的值：
<%=request.getHeader("User-Agent")%>
<BR>
获取 HTTP 头文件中 Host 的值：
<%=request.getHeader("Host")%>
<BR>
获取 HTTP 头文件中 accept 的值：
<%=request.getHeader("accept")%>
<BR>
获取 HTTP 头文件中 accept-encoding 的值：
<%=request.getHeader("accept-encoding")%>
<BR>
获取客户机的名称：
<%=request.getRemoteHost()%>
<BR>
获取客户的 IP 地址：
<%=request.getRemoteAddr()%>
<BR>
获取服务器的名称：
<%=request.getServerName()%>
<BR>
获取服务器的端口号：
<%=request.getServerPort()%>
<BR>
枚举所有的头部名称：
<%
    Enumeration enum_headed = request.getHeaderNames();
    while (enum_headed.hasMoreElements()) {
        String s = (String) enum_headed.nextElement();
        out.println(s);
    }
%>

<BR>
枚举头部信息中指定头名字的全部值：
<%
    Enumeration enum_headedValues = request.getHeaders("cookie");
    while (enum_headedValues.hasMoreElements()) {
        String s = (String) enum_headedValues.nextElement();
        out.println(s);
    }
%>
</BODY>
</HTML>
```

程序运行结果如图 5-7 所示。

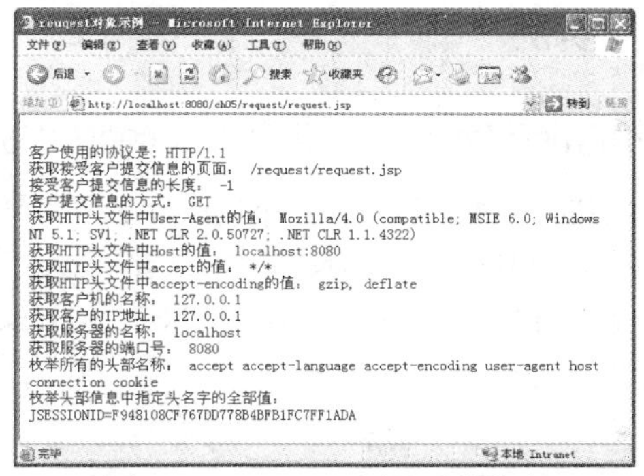

图 5-7　request.jsp 回显系统信息

5.3　response 对象

response 对象用于将服务器端数据发送到客户端以响应客户端的请求。response 对象实现 HttpServletResponse 接口，可对客户的请求做出动态的响应，向客户端发送数据，如 Cookie、HTTP 文件头信息等，一般是 HttpServlet.Response 类或其子类的一个对象。

5.3.1　response 对象常用方法

response 对象的主要方法及对应的说明如表 5-3 所示。

表 5-3　response 对象的主要方法

方　法	说　明
void sendRedirect(String redirectURL)	将客户端重定向到指定的 URL
void setContentType(String contentType)	设置响应数据内容的类型
void setContentLength(int contentLength)	设置响应数据内容的长度
void setHeader(Stringname, String value)	设置 HTTP 应答报文的首部字段和值及页面的自动刷新
void setStatus(int n)	设置响应的状态行
ServletOutputStream getOutputStream()	获取二进制类型的输出流对象
PrintWriter getWriter()	获取字符类型的输出流对象
String encodeURL(String url)	编码指定的 URL
String encodeRedirectURL(String url)	编码指定的 URL，以便向 sendRedirect 发送
int getBufferSize()	获取缓冲区的大小
void setBufferSize(int bufferSize)	设置缓冲区的大小
void flushBuffer()	强制发送当前缓冲区的内容到客户端
void resetBuffer()	清除响应缓冲区中的内容
void addCookie(Cookie cookie)	向客户端发送一个 Cookie
void addHeader(String name, String value)	添加 HTTP 文件的头文件
boolean isCommitted()	判断服务器端是否已将数据输出客户端

5.3.2 response 对象应用实例

1. public void setContentType(String type) 动态响应 contentType 属性

当用户访问一个 JSP 页面时，如果该页面用 page 指令设置页面的 contentType 属性是 text/html，那么 JSP 引擎将按照这种属性值作出反映。如果要动态改变这个属性值来响应客户，就需要使用 response 对象的 setContentType(String s)方法来改变 contentType 的属性值。

设置输出数据的类型如下。

- text/html：网页。
- text/plain：纯文本。
- application/x-msexcel：Excel 文件。
- application/msword：Word 文件。

【例 5-5】创建 setContentType.jsp 页面，应用 setContentType 改变 contentType 的属性值。

setContentType.jsp 的代码如下。

```
<%@ page contentType="text/html;charset=GB2312" %>
<%
 String str=request.getParameter("submit");
 if(str==null) {
      str="";
 }
 if(str.equals("yes")) {
      response.setContentType("application/msword;charset=GB2312");
 }
%>
<HTML>
<head>
     <title>response 对象示例</title>
</head>
<BODY>
<P>我正在学习 response 对象
<P>将当前页面保存为 word 文档吗?
<FORM method="get" name="form">
      <INPUT TYPE="submit" value="yes" name="submit">
</FORM>
</BODY>
</HTML>
```

在浏览器中输入 http://localhost:8080/ch05/response/setContentType.jsp，单击 yes 按钮运行效果，如图 5-8 所示。

如果单击“打开”按钮，则会用写字板打开 setContentType.jsp 文件，如图 5-9 所示。

如果想以其他类型显示文件，只需修改 response.setContentType(String contentType); 中的 contentType 参数的相应类型即可。

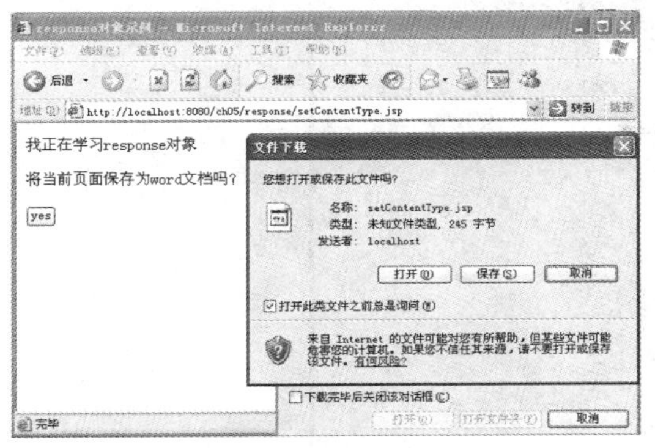

图 5-8 setContentType.jsp 运行效果

```
<HTML>
<head>
    <title>response对象示例</title>
</head>
<BODY>
<P>我正在学习response对象
<P>将当前页面保存为word文档吗?
<FORM method="get" name="form">
      <INPUT TYPE="submit" value="yes" name="submit">
</FORM>
</BODY>
</HTML>
```

图 5-9 用写字板方式打开 setContentType.jsp 文件

2. 设置刷新 public void setHeader(Stringname, String value)

setHeader 可以设置 HTTP 应答报文的首部字段和值；利用 setHeader()方法可以设置页面的自动刷新。例如：

```
reponse.setHeader("Refresh","5");          //5 秒后自动刷新本页面
reponse.setHeader("Refresh", "5;URL=http://www.163.com");          //5 秒后自动跳转到新页面
```

【例 5-6】在 refresh.jsp 页面中控制页面的刷新频率，在页面中实时显示当前时间。

refresh.jsp 的代码如下。

```
<%@page language="java" contentType="text/html;charset=gb2312"
     import="java.util.*"%>
<HTML>
<HEAD>
<TITLE>response 应用实例</TITLE>
</HEAD>
<BODY>
<%
     out.println(new Date().toLocateString());          //获得当前时间
     response.setHeader("refresh", "1");          //设置每 1 秒刷新一次
%>
</BODY>
</HTML>
```

运行效果如图 5-10 所示。可以看到页面每一秒钟刷新一次，显示新的时间。

3. void sendRedirect(String redirectURL)将客户端重定向到指定的 URL

在某些情况下，当响应客户时，需要将客户重新引导至另一个页面，可以使用 response 的 sendRedirect(URL)方法实现客户的重定向。

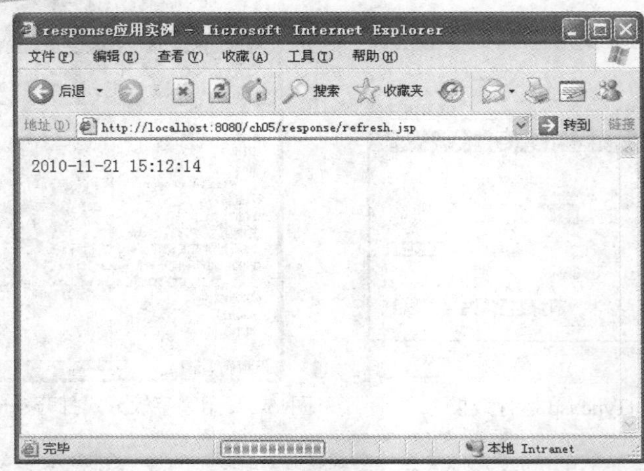

图 5-10 refresh.jsp 运行效果

sendRedirect 和<jsp:forward>的区别如下：

- response.sendRedirect()会在客户端呈现跳转后的 URL 地址；这种跳转称为客户端跳转。使用 response.sendRedirect()方法将重定向的 URL 发送到客户端，浏览器再根据这个 URL 重新发起请求。所以用这个方法时，在浏览器地址栏上会看到新的请求资源的地址。并且这时的 request 和 response 都与第一次的不一样了，因为重新产生了新的 request 和 response。
- 使用<jsp:forward>完全是在服务器上进行，浏览器地址栏中的地址保持不变；这种跳转称为服务器端跳转。所以使用这个方法时没有产生新的 request 和 response。因为 request 没有变，在同一个请求内，可以用 request 来传递参数。
- response.sendRedirect()方法想带参数的话，在地址中写成 xxx.jsp?param1=aaa&... 这种形式传递参数。<jsp:forward>能够使用<jsp:param/>标签向目标文件传送参数和值，目标文件必须是一个动态的文件，能够处理参数。
- <jsp:forward>后面的语句不会被执行也不会继续发送到客户端，response.sendRedirect()方法后面的语句会继续执行，除非语句前面有 return。
- <jsp:forward>是在服务器的内部进行转换，只发送给客户端最后转到的页面，速度会比较快；response.sendRedirect()方法需要服务器与客户端之间的往返，可以转到任何页面，包括网络有效域名，但速度比较慢。

【例 5-7】页面重定向实例。在 sendRedirect.jsp 中输入用户名然后重定向到 redirect.jsp 页面，显示输入的用户名。

sendRedirect.jsp 的代码如下：

```
<%@ page contentType="text/html; charset=gb2312"%>
<title>sendRedirect</title>
<html>
<body>
<form method=post action=sendRedirect.jsp>
输入用户名：
    <input type=text    name=name>
```

```
    <input type=submit value=login>
</form>
<%
    String name = request.getParameter("name");
    if (name != null) {
        response.sendRedirect("redirect.jsp?sendname=" + name);
        System.out.print("重定向后的语句执行！ ");
    }//if
%>
</body>
</html>
```

redirect.jsp 的代码如下：

```
<%@ page language="java" contentType="text/html; charset=gb2312"%>
<html>
<head>
<title>重定向的页面</title>
</head>
<body>
<%
String sendname = request.getParameter("sendname");
%>
用户名：
<%=sendname%>
</body>
</html>
```

在浏览器中输入 http://localhost:8080/ch05/response/sendRedirect.jsp，在表单中输入数据后单击 login 按钮，会发现地址栏中的地址变为 http://localhost:8080/ch05/response/redirect.jsp?sendname=xxx，说明已经跳转到其他的 URL。

如果把上例中的页面重定向语句 response.sendRedirect("redirect.jsp?sendname=" + name);改为<jsp:forward page="redirect.jsp"/>不用传递参数 name，在 redirect.jsp 中采用 String sendname = request.getParameter("name");即可得到输入的用户名，注意，在这里参数名为 name 和表单项的名字一致，说明 request 没有改变，在同一个请求内。但是如果采用 response.sendRedirect()重定向必须传递参数，否则得到 null 值，因为产生了新的 request 对象。

另外，response.sendRedirect()方法后面的语句会继续执行，可以看到控制台上输出的文字，程序执行结果如图 5-11 所示。当然如果改为<jsp:forward page="redirect.jsp"/>，则控制台上不会显示图 5-11 所示文字。

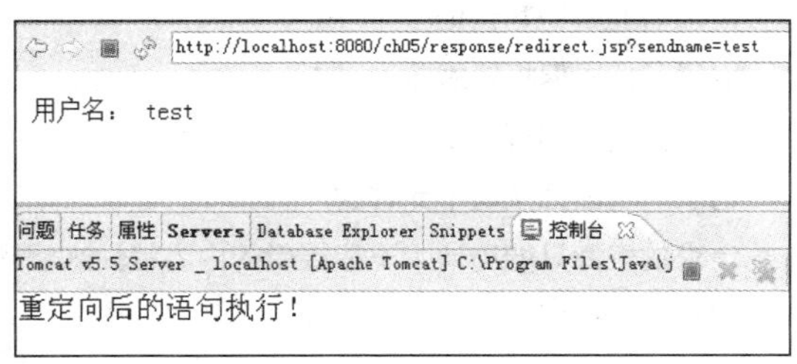

图 5-11　页面重定向运行效果

4. 设定状态显示码的方法 void setStatus(int n)

当服务器对请求进行响应时，发送的首行称为状态行。

response 的状态行包括 3 位数字的状态代码，下面给出对 5 类状态代码的简单描述。

- 1**(1 开头的 3 位数字)：主要是实验性质的。
- 2**：用来表示请求成功。
- 3**：用来表示在请求满足之前应该采取进一步的行动。
- 4**：当浏览器做出无法满足的请求时，返回该状态码。
- 5**：用来表示服务器出现的问题。

一般情况下页面中不需要修改状态行，在服务器处理页面时一旦出现问题，服务器会自动响应，并发送响应的状态行代码。因此了解状态代码能够便于程序调试。通过状态代码提示能够快速查找出程序出现的问题。

状态码及其说明如表 5-4 所示。

表 5-4　状态代码表

状 态 代 码	代 码 说 明
100	客户可以继续
101	服务器正在升级协议
200	请求成功
201	请求成功且在服务器上创建了新的资源
202	请求已被接受但还没有处理完毕
203	客户端给出的元信息不是发自服务器的
204	请求成功，但没有新信息
205	客户必须重置文档视图
206	服务器执行了部分 get 请求
300	请求的资源有多种表示法
301	资源已经被永久移动到新位置
302	资源已经被临时移动到新位置
303	应答可以在另外一个 URL 中找到
304	get 方式请求不可用
305	请求必须通过代理来访问
400	请求有语法错误
401	请求需要 HTTP 认证
403	取得了请求但拒绝服务
404	请求的资源不可用
405	请求所用的方法是不允许的
406	请求的资源只能用请求不能接受的内容特性来响应
407	客户必须得到认证
408	请求超时

(续表)

状态代码	代码说明
409	发生冲突，请求不能完成
410	请求的资源已经不可用
411	请求需要一个定义的内容长度才能处理
413	请求太大，被拒绝
414	请求的 URL 太大
415	请求的格式被拒绝
500	服务器发生内部错误，不能服务
501	不支持请求的部分功能
502	从代理和网关接受了不合法的字符
503	HTTP 服务暂时不可用
504	服务器在等待代理服务器应答时发生超时
505	不支持请求的 HTTP 版本

【例 5-8】设置响应的状态行示例。在 setStatus.jsp 中通过几个超链接，链接到不同的页面，根据设置的状态码显示不同的页面状态。

setStatus.jsp 的代码如下。

```
<%@ page contentType="text/html; charset=GB2312"%>
<html>
<body bgcolor=cyan>
<font size=3>
<p>单击下面的超级链接：<br>
<a href="status1.jsp">状态行请求超时<br>
<a href="status2.jsp">状态行请求成功<br>
<a href="status3.jsp">状态表示服务器内部错
</font>
</body>
</html>
```

status1.jsp 的代码如下。

```
<%@ page contentType="text/html; charset=GB2312"%>
<html>
<body>
<%
    response.setStatus(408);
    out.print("不显示了");
%>
</body>
</html>
```

status2.jsp 的代码如下。

```
<%@ page contentType="text/html; charset=GB2312"%>
<html>
<body>
```

```
<%
        response.setStatus(200);
        out.print("OK");
%>
</body>
</html>
```

status3.jsp 的代码如下。

```
<%@ page contentType="text/html; charset=GB2312"%>
<html>
<body>
<%
response.setStatus(500);
%>
</body>
</html>
```

程序执行结果如图 5-12 所示。

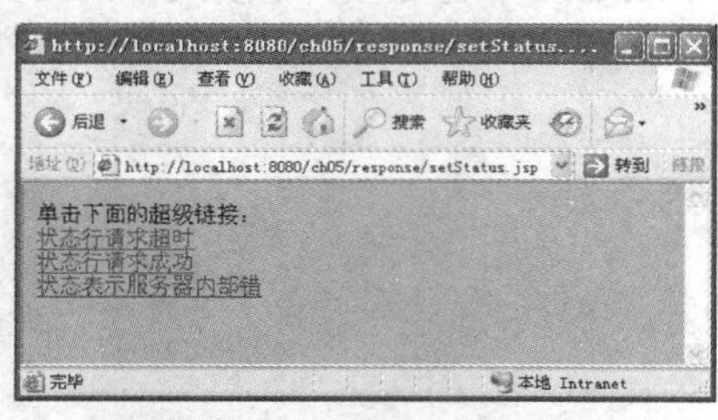

(1) 设置响应状态实例的不同输出页面

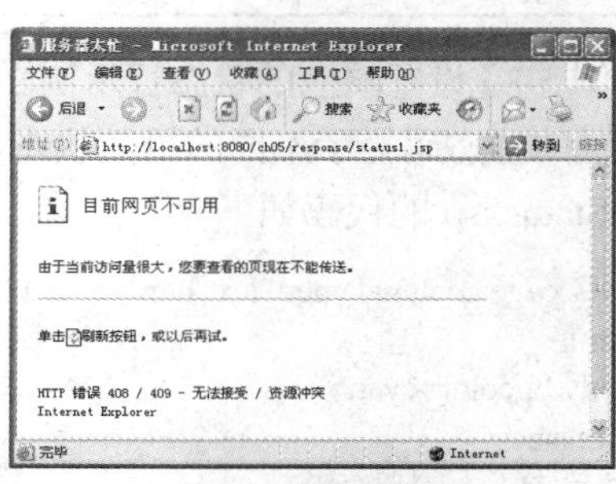

(2) 服务器忙

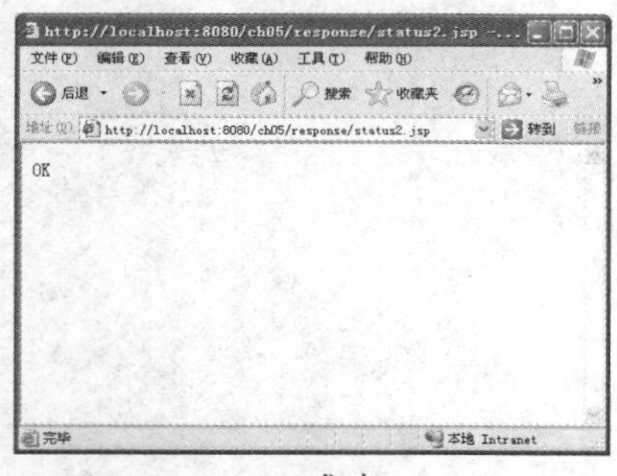

(3) 成功

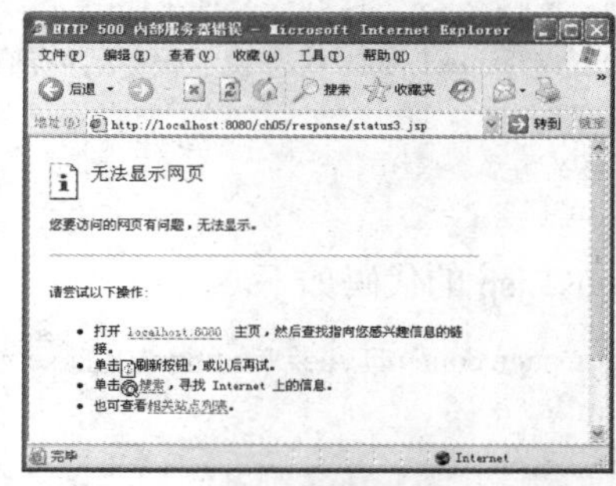

(4) 内部服务器错误

图 5-12　程序执行结果

5. void addCookie(Cookie cookie)

添加一个 Cookie 对象，用来保存客户端的用户信息。可以通过 request 对象的 getCookie()方法获得这个 Cookie。

Cookie 可以保存用户的个性化信息，从而对下一次访问提供方便。

【例 5-9】创建 responseCookie.jsp 页面，通过 response 对象对 Cookie 进行操作。

responseCookie.jsp 的代码如下：

```
<%@page contentType="text/html;charset=GB2312"%>
<%@ page import="javax.servlet.http.Cookie,java.util.*"%>
<TITLE>response 应用实例</TITLE>
<%
    //通过 request 对象将 Cookie 中的内容读出
    Cookie[] cookies = request.getCookies();
    Cookie cookie_response = null;
    if (cookies = = null) // 如果没有任何 Cookie
        out.print("没有 Cookie" + "<br>");
    else {
        try {
            if (cookies.length == 0) {
        System.out.println("客户端禁止写入 Cookie");
            } else {

        for (int i = 0; i < cookies.length; i++) { // 循环列出所有可用的 Cookie

            Cookie temp = cookies[i];
            if (temp.getName().equals("cookietest")) {
                cookie_response = temp;
                break;
            }
        }
            }
        } catch (Exception e) {
            System.out.println(e);
        }
    }
    out.println("当前的时间：" + new java.util.Date() + "<br>");
    //如果不是第一次访问，显示 Cookie 保存的时间
    if (cookie_response != null) {
        out.println(cookie_response.getName() + "上一次访问的时间："
        + cookie_response.getValue());
        cookie_response.setValue(new Date().toString());
    }
    //如果该客户第一次访问此页面所进行的操作
    else {
        out.print("第一次访问!");
        cookie_response = new Cookie("cookietest", new java.util.Date().toString());
        out.print("创建 Cookie!");
    }
    //更新 Cookie 的内容
    response.addCookie(cookie_response);
    response.setContentType("text/html");
    response.flushBuffer();
%>
```

responseCookie.jsp 在第一次执行时由于没有创建 Cookie 对象，所以显示如图 5-13 所示。

当刷新页面后，会显示所创建的 Cookie 对象名 cookietest 和它的值，即上次访问的时间，每次刷新都会把当前时间和上次访问时间显示出来，如图 5-14 所示。关于 Cookie 的有关内容请参考第 6 章的详细介绍。

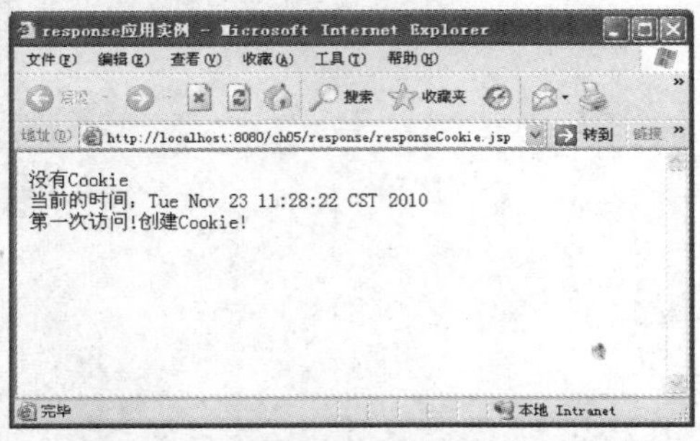

图 5-13　responseCookie.jsp 第一次执行时的效果

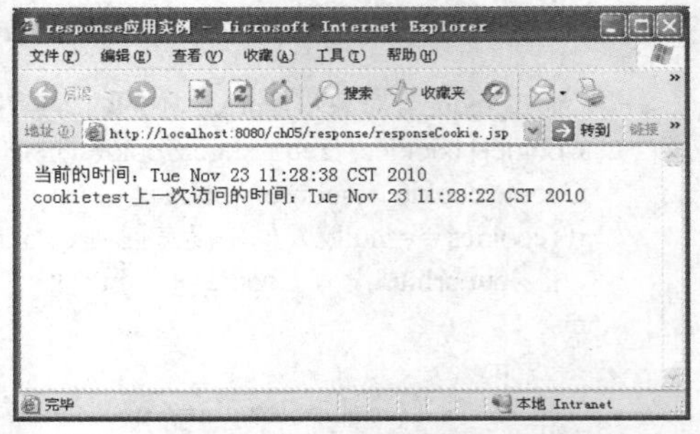

图 5-14　responseCookie.jsp 刷新之后的效果

5.4 out 对象

out 对象是 javax.servlet.jsp.JspWriter 的一个对象，它能把信息发送给客户端的浏览器。out 对象常用的方法是 print()和 println()，两者都在浏览器上显示信息。out 对象最主要的功能在于将特定的数据内容搭配 JSP 程序代码动态输出至客户端的浏览器网页，在前面章节的范例中，已经初步了解了如何使用这个对象进行文本输出，这一节将进一步说明 out 对象的相关特性。

5.4.1 out 对象方法成员与数据输出

除了使用 println()方法外，out 对象也提供了一些用来控制输出的相关方法成员。表 5-5 列出了其中比较常用的方法。

表 5-5　out 对象的常用方法

方　法	方　法	说　明
缓冲处理	clear()	清除缓冲区中的数据，若缓冲区中已经是空的，则会产生 IOException 的异常
	clearBuffer()	清除缓冲区中的数据，但若缓冲区已经是空的，并不会产生 IOException 的异常
	flush()	直接将目前暂存于缓冲区中的数据输出
	getBufferSize()	返回缓冲区的大小
	getRemaining()	返回缓冲区中剩余的空间大小
	isAutoFlush()	返回布尔值表示是否自动输出缓冲区中的数据
输出数据	newLine()	输出换行
	print(datatype data)	输出数据类型为 datatype 的数据 data
	println(datatype data)	输出数据类型为 datatype 的数据 data，并自动换行

表 5-5 中将这些方法分成两大类，其中一类用于控制缓冲区的行为；另一类则是数据的输出操作。缓冲区是一种数据暂存的应用概念，用以存储暂时性的数据内容。下面首先介绍与数据输出相关的方法成员。

关于数据输出的方法成员包含了 newLine、print 和 println，其中 newLine 在网页中输出一个新行，例如下面的程序代码：

```
out.newLine() ;
```

这一行程序代码输出一行空白，当网页的输出内容必须以行空白作分隔时，可以使用这个方法进行输出。

Print()和 println()这两个方法成员被引用时均接受一个特定类型的参数，并且将这个参数输出至网页上，例如下面的程序代码：

```
out.print("Hello JSP") ;
out.println("Hello JSP") ;
```

其中第 1 行程序代码将 Hello JSP 直接输出至网页上，第 2 行则在输出 Hello JSP 之后，紧接着加上一个断行，但这个换行符在浏览器中会被忽略，要想真正在页面中实现换行，就需要在输出内容的最后加上换行标签
。除了字符串，其他种类的数据类型也能够被当作参数输出至网页。

JSP 程序利用 out 对象将网页内容输出时，都要和客户端做一次连接，并且会为此消耗不少的资源；因此可以将要输出的内容放在一个固定大小的缓冲区中，等到缓冲区满时再一次将内容送往客户端，这就要将 autoFlush 设为 true，否则缓冲区满时将产生 IOException 错误。设置代码如下：

```
<%@ page autoFlush="true"%>
```

注意

out.print()方法与 out.println()方法的区别是：out.print()方法在输出完毕后并不结束该行，而 out.println()方法在输出完毕后会结束当前行，下一个输出语句将在下一行开始输出。

5.4.2 缓冲区操作

缓冲区是 JSP 将数据输出至浏览器之前，用来暂时存储数据的一块区域，顾名思义，这块区域提供一种数据输出的缓冲机制，让数据从服务器真正送出到客户端浏览器之前能够有重新调整的机会。

如图 5-15 所示是缓冲区的说明图示，其中 JSP 网页在将数据传送至浏览器之前，会被存放在预先定义的缓冲区里面，最后才被整批输出至客户端的浏览器。

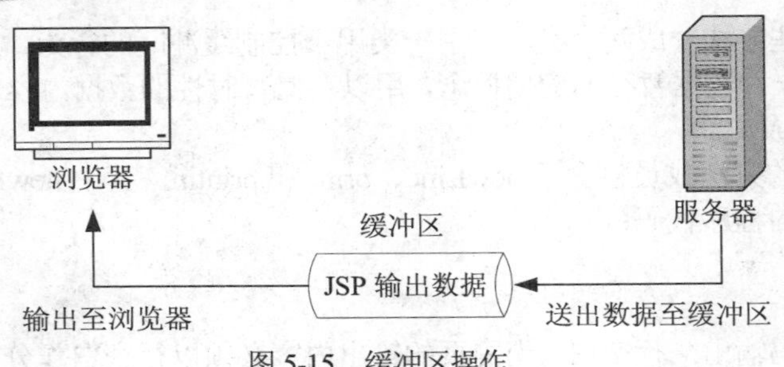

图 5-15　缓冲区操作

内置对象中的 out 对象和 response 对象，均提供控制缓冲区的方法，这些方法的行为相当类似，下面来看看 out 对象操作缓冲区的方式。

上述列举的 out 对象方法成员，其中与缓冲区作业有关的 6 个方法中，前 3 个成员 clear、clearBuffer 和 flush 用于清空缓冲区内容，后 3 个成员则用来取得缓冲区目前的状态，它们分别为 getBufferSize、getRemaining 和 isAutoFlush，下面针对这几个方法成员进行较为详细的说明。

clear()与 clearBuffer()方法均用于清空缓冲区的暂存数据内容，其差异主要在于在引用 clear 方法时，缓冲区必须存在存储的数据，否则系统会引发一个 IOException 异常，而 clearBuffer()方法比较单纯，只负责清除操作而不在乎是否存在任何数据。

flush()是另外一个具备清空缓冲区数据内容功能的成员，在引用该方法时，系统会进一步将所清空的数据内容输出到网页，因此若是想将存储的数据内容清空输出至网页，使用这个方法是比较合适的。

除了清空缓冲区的操作外，还可以利用另外 3 个方法成员取得缓冲区当前的状态，getBufferSize()返回一个表示当前缓冲区大小的整数值，而 getRemaining()所返回的整数值则是当前缓冲区中剩余的空间大小。IsAutoFlush()用来设置当数据存储量大于缓冲区剩余空间时，是否清空其中的数据内容，是则返回值为 true，否则返回值为 false。

5.4.3　out 对象应用实例

【例 5-10】在 outBuffer.jsp 页面中实现 out 对象对缓冲区的操作。

outBuffer.jsp 的代码如下。

```
<%@page contentType="text/html"%>
<%@page pageEncoding="GB2312"%>
<html>
    <head><title>演示 out 对象缓冲区的操作</title></head>
    <body>
        <%
            out.println("JSP 程序设计<br>");
            out.clearBuffer();//clearBuffer()方法将缓冲区中的数据清空了
            out.println("清华出版社<br>");
            out.flush();//先把缓冲区原有数据写到客户端上，再清空缓冲区里的数据
            out.println("康牧编著<br>");
            out.println("==========<br>");
            out.println("剩余缓冲区大小：" + out.getRemaining() + " bytes<br>");
            out.println("预设缓冲区大小：" + out.getBufferSize() + " bytes<br>");
```

```
            out.println("AutoFlush：" + out.isAutoFlush());
            out.close();//关闭输出流，从而可以强制终止当前的剩余部分向浏览器输出
            out.print("hello");
            %>
        %>
    </body>
</html>
```

程序代码 out.println("JSP 程序设计
");设置要输出的字符串为 JSP 动态网页，此字符串会被先存入缓冲区，clearBuffer()方法清空缓冲区的数据，因此字符串 JSP 动态网页最后并不会显示在用户的浏览器上。程序最后的 out.close()关闭输出流，所以 hello 也不会显示在用户的浏览器上。

程序代码 out.println("清华出版社
");设置要输出的字符串为“清华出版社”， flush()方法直接将缓冲区中的内容输出。out.getBufferSize() 和 out.getRemaining()方法输出缓冲区的存储容量与剩余空间大小，其运行结果如图 5-16 所示。

以上的运行结果反映了方法 clearBuffer()的运行效果，引用此方法之前的内容均没有被显示出来，甚至标题栏文字也消失了，为了更清楚地进行说明，现在 IE 菜单栏中选择“查看”|“源文件”命令，打开如图 5-17 所示的网页源文件。

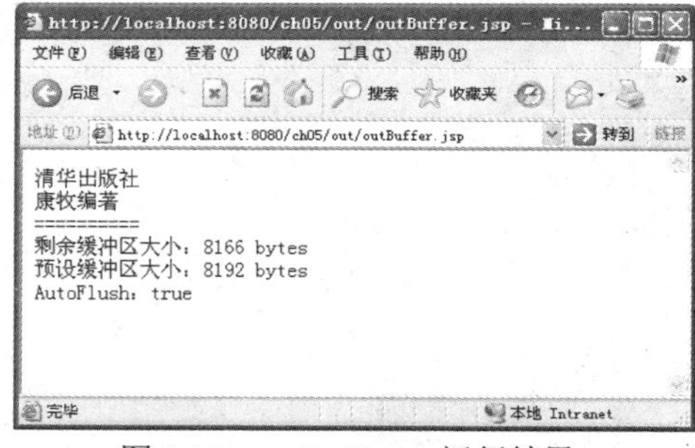

图 5-16　outBuffer.jsp 运行结果

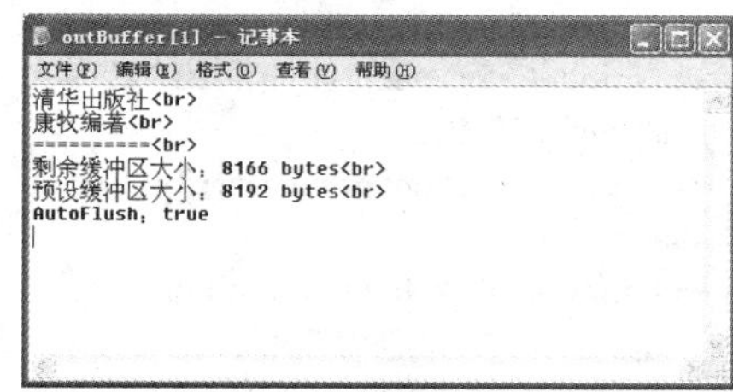

图 5-17　outBuffer.jsp 源文件

现在将程序代码中引用方法 clearBuffer()的这一行程序代码批注掉，如下：

```
//out.clearBuffer();
```

此时重新浏览此范例，得到的输出结果如图 5-18 所示，所有的文字均已输出到了网页上。特别值得注意的是，下面这一行代码设置了此范例标题栏的 HTML：

```
<TITLE>演示 out 对象缓冲区的操作</TITLE>
```

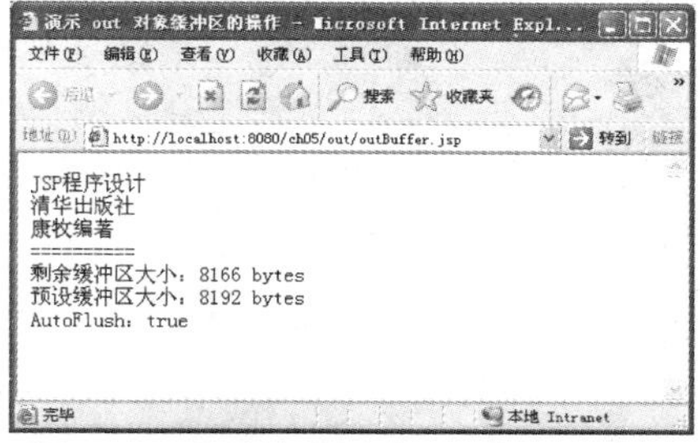

图 5-18　取消清除缓冲区后的运行结果

由于缓冲区中所存储的数据包含 HTML 标签，因此引用 clearBuffer()方法同样会将其内容清除，由于此次已将 clearBuffer()方法批注掉，因此图中的标题已经出现，用户可以对比上述的输出结果以了解其中的差异。

【例 5-11】创建 outExample.jsp 页面，实现 out 对象对数据的输出操作。

outExample.jsp 的代码如下。

```
<%@ page contentType="text/html; charset=GB2312"%>
<html>
<head>
<title>out 对象应用实例</title>
</head>
<body>
<%
    response.setContentType("text/html");
    out.println("out 对象应用实例：<br><hr>");
    out.println("<br>out.println(boolean):");
    out.println(true);
    out.println("<br>out.println(char):");
    out.println('a');
    out.println("<br>out.println(char[]):");
    out.println(new char[] { 'a', 'b' });
    out.println("<br>out.println(double):");
    out.println(5.66d);
    out.println("<br>out.println(float):");
    out.println(36.8f);
    out.println("<br>out.println(int):");
    out.println(8);
    out.println("<br>out.println(long):");
    out.println(123456789123456L);
    out.println("<br>out.println(object):");
    out.println(new java.util.Date());
    out.println("<br>out.println(string):");
    out.println("hello jsp");
    out.println("<br>out.newLine():");
    out.newLine();
    out.flush();
    out.println("<br>调用 out.flush()");
%>
</body>
</html>
```

程序运行结果如图 5-19 所示。

图 5-19 outExample.jsp 运行结果

5.5 session 对象

session(会话)对象是类 javax.servlet.Httpsession 的一个对象。session 是从客户端连接服务器开始，直到与服务器断开连接为止。session 对象用于保存每个与服务器建立连接的客户端的信息，session 的 ID 保存于客户端的 Cookie 中，这个 sessionID 标识唯一的用户，与其他用户的 sessionID 不同。接下来针对 session 的概念与其中数据的处理方式进行讨论。

5.5.1 session 的概念

session 存在于服务器端，当客户端用户向服务器提出请求打开网页时，若该网页中包含了为用户建立 session 的程序代码，则 session 便会产生。这个 session 可用来存放属于该用户的数据，且每一份网页都可以使用这个 session 中的内容，不过由于每一个 session 都是独立的，且其中数据内容互不相干，对不同的用户来说，网页所读取的数据也就不同。如图 5-20 所示为 session 数据存取的方式。

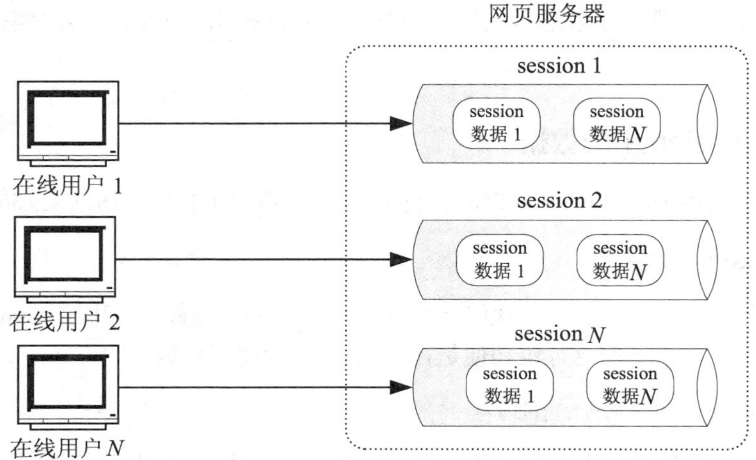

图 5-20 session 对象示意图

在服务器内部可能会由于有多个不同的用户同时上线而建立多个 session，这样，当用户向服务器提出请求时，服务器端会用以下方法来辨别该用户属于哪一个 session：当服务器为某一用户建立 session 之后，会给 session 一个用于识别的字符串，此字符串数据还会传送到客户端并记录在浏览器的 Cookie 中，当用户再度向服务器提出请求时，此字符串数据便会一并传送，这样，服务器端在收到此字符串数据后，再与各 session 的标识符串进行对比后，便可知道用户拥有哪一份 session 数据。

5.5.2 session 对象的 ID

当一个客户首次访问服务器上的一个 JSP 页面时，JSP 引擎产生一个 session 对象，同时分配一个 String 类型的 ID 号，JSP 引擎同时将这个 ID 号发送到客户端，存放在 Cookie(Cookie 是 Web 服务器保存在用户硬盘上的一段文本)中，这样 session 对象和客户之间就建立了一一对应的关系。当客户再访问连接该服务器的其他页面时，不再分配给客户新的 session 对象，直到客户关闭浏览器后，服务器端该客户的 session 对象才取消，并且和客户的会话对应关系消失。当客户重新打开浏览器再连接到该服务器时，服务器为该客户再创建一个新的 session 对象。

采用 getId()方法返回 session 对象在服务器端的编号。每生成一个 session 对象，服务器都会给它一个编号，并且该编号不会重复，这样服务器才能根据编号来识别 session，并且正确地处理某一特定的 session 及其提供的服务。

5.5.3 session 的有效期限

session 和 application 相同，有其存在的期限，当以下 4 种情况发生其一时，session 与其中的数据便会清空。

- 用户关闭当前正在使用的浏览器程序。
- 关闭网页服务器。
- 用户未向服务器提出请求超过预设的时间，Tomcat 服务器预设为 30 分钟。
- 运行程序结束 session。

对 session 有了大概的了解之后，接下来将进一步讨论使用 session 内置对象处理 session 中数据的方式。

5.5.4 访问 session 中的数据

session 对象是由 HttpSession 接口衍生而来的，在该接口下提供了访问 session 数据的方法。

1. 建立 session 变量

在 JSP 中不需要特别设置程序代码来建立用户 session，当程序使用了 session 对象时，便会自动建立 session，而下面这行语句便是在 session 中新增变量数据的方式：

```
session.setAttribute("变量名称",变量内容)
```

变量内容可为字符串或者其他对象类型，接着再来看看如何使用这个方法在 session 中设置变量数据：

```
<%
  session.setAttribute("id","编号");                          //设置字符串
  session.setAttribute("expire",new Date(86400*10));         //设置日期
  session.setAttribute("level",new Integer(3));              //设置整数
%>
```

上面的代码在 session 中建立了 3 个变量数据：id、expire 与 level，用户在当前浏览器中打开各个网页都能访问这些变量数据，不过要是打开了另一个浏览器窗口，或者用户是其他联机的用户，将无法取得其中的内容。

2. 返回 session 中的变量

在 session 中设置了变量数据后，在其他各个网页中便可使用 getValue 读取其中的内容，此方法所返回的数据类型为对象(Object)类型，语法如下：

```
session.getAttribute("变量名称")
```

3. 返回所有 session 中的变量名称

getValueNames()方法可以取出 session 中所有变量的名称，其结果为一个枚举类的实例。语法如下：

```
session.getAttributeNames()
```

4. 清除 session 中的变量

removeValue()方法可以清除 session 中的变量数据，语法如下：

```
session. removeAttribute("变量名称")
```

5. 结束 session

对于已经建立的 session，可使用 invalidate()方法将其结束，语法如下：

```
session.invalidate()
```

本小节介绍了 JSP 存取 session 数据的方式，下面接着介绍一些 session 特性的设置与常用的方法。

5.5.5 其他 session 对象的常用方法

除了访问 session 中数据的基本方法外，在 session 对象下还有一些非常常用的方法，例如取得 session 标识符串、设置或取得系统预设结束 session 的时间等，如表 5-6 所示。

表 5-6 session 对象的常用方法

方法	说明
getCreationTime()	返回 session 建立的时间，返回值为从格林威治时间 1970 年 1 月 1 日开始算起到 session 建立时的毫秒数

(续表)

方　法	说　明
getLastAccessedTime()	返回客户端对服务器端提出请求至处理 session 中数据最后的时间，若为新建立的 session 则返回 -1
getMaxInactiveInterval()	返回客户端未对 session 提出请求而 session 开始停滞到自动消失之间所间隔的时间，返回值以秒为单位
isNew()	返回布尔值表示是否为新建的 session
SetMaxInactiveInterval (int interval)	设置客户端未对 session 提出请求而 session 开始停滞到自动消失之间所间隔的时间为 interval，以秒为单位

5.5.6 session 对象应用实例

【例 5-12】存取 session 对象数据。sessionInfo.jsp 用来输入用户的信息，sessionData.jsp 读取输入信息并设置 session 内容变量，usingSession.jsp 取得 session 变量。

sessionInfo.jsp 的代码如下：

```
<%@ page contentType="text/html; charset=gb2312" %>
<html>
<body>
<form method=post action=sessionData.jsp>
<table>
<tr><td>输入用户名：</td>
<td><input type=text name=name></td>
</tr>
<tr><td>输入性别：</td>
<td><input type=text name=sex></td>
</tr>
<tr colspan=2><td><input type=submit value=提交></td></tr>
</table>
</body>
</html>
```

sessionData.jsp 的代码如下：

```
<%@ page language="java" contentType="text/html; charset=gb2312"%>
<%
request.setCharacterEncoding("gb2312");
%>
<html>
<head>
<title>设置 session 数据</title>
</head>
<body>
<%
String name = request.getParameter("name");
String sex = request.getParameter("sex");
```

```
session.setAttribute("name", name);
session.setAttribute("sex", sex);
%>
<a href="usingSession.jsp"> 显示已设置的 session  数据内容 </a>
</body>
</html>
```

sessionInfo.jsp 程序代码中引用了 session 对象的 setAttribute()方法在 session 中存入 2 笔变量数据：name 和 sex 接下来显示网页 usingSession.jsp 的超链接，其中包含取得此 session 数据内容的程序代码。

usingSession.jsp 的代码如下：

```
<%@ page language="java" contentType="text/html; charset=gb2312"%>
<HTML>
<HEAD>
<TITLE>读取 session 值</TITLE>
</HEAD>
<BODY>
<%
Object id = session.getAttribute("name");
Object sex = session.getAttribute("sex");

if (id != null) {
        out.println("姓名： " + id.toString());
        out.println("<br>");
        out.println("性别： " + sex.toString());

} else {
        out.println("无设置 seeion 数据 !!");
}
%>
</BODY>
</HTML>
```

这个网页主要是取得前一个网页记录在 session 中的数据，然后在网页中显示出来，程序代码取得 session 中的变量值，依序显示了 session 中的变量名称及其内容。在这里不像以前那样在页面之间跳转时参数要经过传递才能正确显示，此例采用 session 保存用户的信息，非常方便。

当用户单击 sessionData.jsp 网页超链接时，由于均属于同一个 session，因此 usingSession.jsp 网页就取得了 sessionData.jsp 网页所设置的 session 数据内容，如图 5-21 所示。

现在重新打开一个新的浏览器窗口，然后直接输入 usingSession.jsp 网页的网址进行浏览，由于这是一个全新的 session，而且没有经过第一个网页的设置，因此这个 session 并没有包含任何数据内容，如图 5-22 所示。

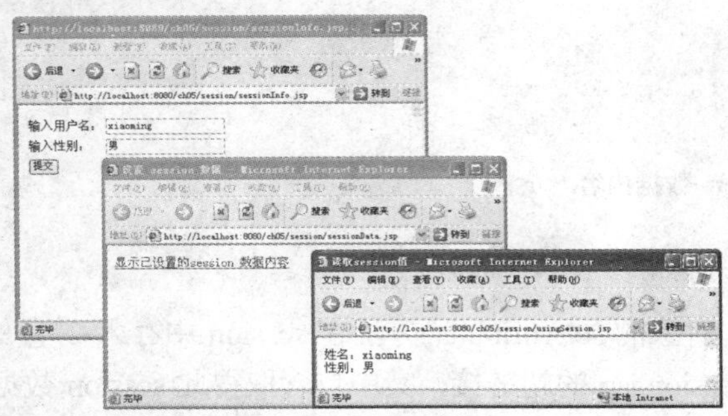

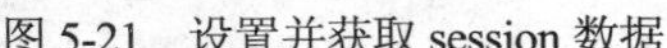
图 5-21　设置并获取 session 数据

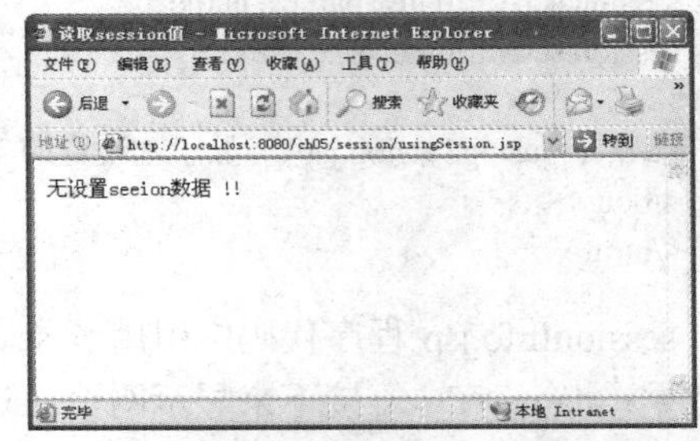

图 5-22　直接查看 usingSession.jsp 的运行结果

> **注意**
>
> session.getValue()方法所返回的数据类型为对象(Object)类型，可以根据程序的需要转换为其他数据类型。

【例 5-13】引用 session 对象方法，显示 session 对象中部分属性值。此例中包含了两个程序 sessionMethod.jsp 和 sessionMethodInfo.jsp。使用表 5-6 中的方法来取得与 session 有关的信息。其中 isNew()方法会判断 session 是否为新建的，并返回布尔值 true 或 false。新建 session 的意义是指程序调用 session 对象在服务器端建立 session，而尚未将此 session 的信息记录到客户端的 Cookie 中。

sessionMethod.jsp 的代码如下：

```
<%@page contentType="text/html"%>
<%@page pageEncoding="GB2312"%>
<html>
<head>
<title>引用 session 方法</title>
</head>
<body>
<h2>session 方法第一个页面</h2>
<%
session.setAttribute("user1", "sessionTest1");
session.setAttribute("user2", "sessionTest2");
%>
<table border=1>
<tr>
        <th align="left">session 的建立时间</th>
        <td><%=session.getCreationTime()%></td>
</tr>
<tr>
        <th align="left">session 的标识符串</th>
        <td><%=session.getId()%><br>
        </td>
</tr>
<tr>
```

```
        <th align="left">session 最后被请求的时间</th>
        <td><%=session.getLastAccessedTime()%></td>
    </tr>
    <tr>
        <th align="left">session 预设结束的时间</th>
        <td><%=session.getMaxInactiveInterval()%></td>
    </tr>
    <%
      session.setMaxInactiveInterval(session.getMaxInactiveInterval() + 100);
    %>
    <tr>
        <th align="left">session 新的有效时间</th>
        <td><%=session.getMaxInactiveInterval()%></td>
    </tr>
    <tr>
        <th align="left">是否为新建的 session</th>
        <td><%=session.isNew()%></td>
    </tr>
    <tr>
        <th align="left">session1 对象取值</th>
        <td><%=session.getAttribute("user1")%></td>
    </tr>
    <tr>
        <th align="left">session2 对象取值</th>
        <td><%=session.getAttribute("user2")%></td>
    </tr>
    </table>
    <%
    session.removeAttribute("user1");
    //session.invalidate();
    %>
    <p><a href="sessionMethodInfo.jsp">转到下一页</a>
    </body>
    </html>
```

在浏览器中打开 http://localhost:8080/ch05/session/sessionMethod.jsp，则返回 session 为新建的信息 true，如图 5-23 所示。

图 5-23　sessionMethod.jsp 的运行结果

sessionMethodInfo.jsp 的代码如下。

```
<%@ page contentType="text/html;charset=GB2312"%>
<html>
<head>
<title>session 方法</title>
</head>
<body>
<h2>session 方法第二个页面</h2>
<table border=1>
<tr>
    <th align="left">session 的建立时间</th>
    <td><%=session.getCreationTime()%></td>
</tr>
<tr>
    <th align="left">session 的标识符串</th>
    <td><%=session.getId()%><br>
    </td>
</tr>
<tr>
    <th align="left">session 最后被请求的时间</th>
    <td><%=session.getLastAccessedTime()%></td>
</tr>
<tr>
    <th align="left">session 预设结束的时间</th>
    <td><%=session.getMaxInactiveInterval()%></td>
</tr>
<tr>
    <th align="left">是否为新建的 session</th>
    <td><%=session.isNew()%></td>
</tr>
<tr>
    <th align="left">session1 对象取值</th>
    <td><%=session.getAttribute("user1")%></td>
</tr>
<tr>
    <th align="left">session2 对象取值</th>
    <td><%=session.getAttribute("user2")%></td>
</tr>
</table>
</body>
</html>
```

当通过超链接链接到 sessionMethodInfo.jsp 时，isNew()方法返回 false，表示这是一个已经存在的 session。除此之外，代表 session 身份的标识符串也相同，表示这两个页面是同一个 session，如图 5-24 所示。session1 对象 user1 的取值为 null，是由于在 sessionMethod.jsp 页面中采用了 session.removeAttribute("user1");删除了与 user1 相关联的属性，而 user2 的值不变。

如果把 session.removeAttribute("user1");换成 session.invalidate();，则跳转到 sessionMethodInfo.jsp 页面时会产生一个新的 session 对象，如图 5-25 所示。和前面两个图比较除了新建 session 为 true

之外，标识符串也不相同，session 对象的 value 都为 null，表示这是一个全新的 session。

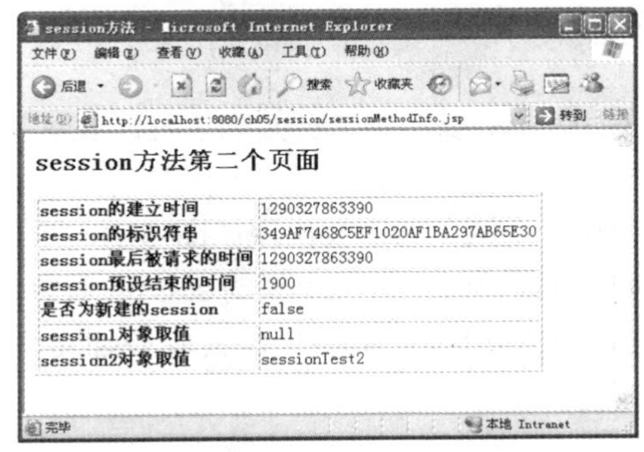

图 5-24 sessionMethodInfo.jsp 的运行结果

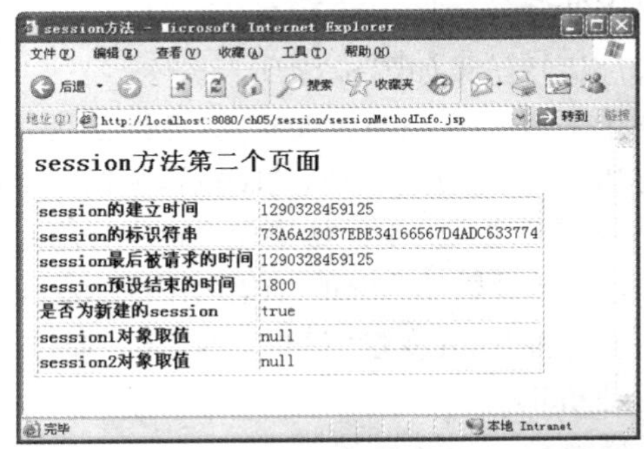

图 5-25 结束 session 后 sessionMethodInfo.jsp 的运行结果

现在关闭浏览器后将其重新打开，并查看 sessionMethod.jsp，也会产生一个全新的 session。如图 5-26 所示。

图 5-26 重新打开浏览器获取新 session 数据

【例 5-14】创建 sessionCount.jsp 页面，统计访问站点的用户数目。

sessionCount.jsp 的代码如下：

```
<%@ page contentType="text/html;charset=GB2312"%>
<%!int Num = 0;%>
<%
    if (session.isNew()) {
        Num += 1;
        session.setAttribute("Num", Num);//将 Num 变量值存入 session
    }
%>
<HTML>
<HEAD>
<TITLE>session 计数器</TITLE>
</HEAD>
<BODY>
<CENTER><FONT SIZE=5>session 计数器</FONT></CENTER>
<BR>
<CENTER><Font color=blue>您是第</Font>
<Font color=red><%=session.getAttribute("Num")%></Font>
<Font color=blue>个访问本站的用户</Font></CENTER>
```

```
</BODY>
</HTML>
```

程序运行结果如图 5-27 所示。

由于采用 if (session.isNew())来判断是否是一个新的用户，所以在每个页面刷新时计数器并不会增加，只有开启一个新的浏览器窗口才会计数。

另外需要注意的是，如果在执行本程序时不是新开启一个浏览器，会出现如图 5-28 所示的界面，显示计数器为 null。这是由于 if (session.isNew())判断此时不是一个新的 session 对象，所以并没有将 Num 变量值存入 session。通过<%=session.getAttribute("Num")%>读取 session 对象的值是 null。

图 5-27　sessionCount.jsp 统计访问站点的用户数

图 5-28　session 计数器为 null

5.6 application 内置对象

application 对服务器而言，可以视为一个所有联机用户共享的数据存取区，application 中的变量数据在程序设置其值时被初始化，而当关闭网页服务器，或者超过预设时间而未有任何用户联机时将自动消失，如图 5-29 所示说明了 application 的意义。

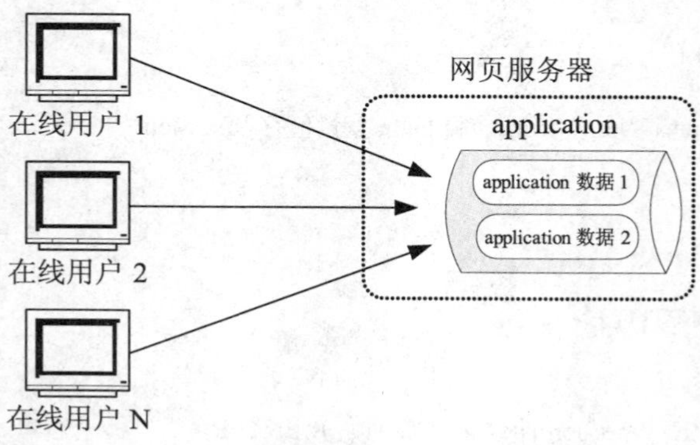

图 5-29　application 对象示意图

对于每一个联机浏览网页的用户来说，application 对象用于存储其共享数据，无论是网站

中任何一份网页，用户存取的数据内容均相同，可以将其视为传统应用程序中的全局共享数据。需要注意以下方面：

- application 对象保存了一个应用系统中公有的数据，一旦创建了 application 对象，除非服务器关闭，否则 application 对象将一直保存，并为所有客户共享。
- 服务器启动后就会自动创建 application 对象，当客户在所访问的网站的各个页面之间浏览时，这个 application 对象都是同一个，直到服务器关闭。但是与 session 不同的是，所有客户的 application 对象都是同一个，即所有客户共享这个内置的 application 对象。
- 在 JSP 服务器运行时，仅有一个 application 对象，它由服务器创建，也由服务器自动清除，不能被用户创建和清除。

5.6.1 存取 application 中的数据

application 对象是通过 ServletContext 接口衍生而来的，利用此对象所提供的各种方法，便可处理 application 的数据，下面就来说明存取 application 中数据的方式。

1. 建立 application 变量

除了系统预设的 application 变量外，要在 application 中建立变量数据则必须使用 setAttribute()方法，建立 application 变量的语法如下：

```
application.setAttribute("变量名称",变量内容)
```

其中“变量内容”可为字符串或者其他对象类型，下面是设置 application 变量数据的实例：

```
<%
 application.setAttribute("id","编号");                          //设置字符串
 application.setAttribute("expire",new Date(86400*10));          //设置日期
 application.setAttribute("level",new Integer(3));               //设置整数
%>
```

上述代码会在 application 中建立 3 个变量数据：id、expire 与 level。这 3 个 application 变量存在于系统当中，各个网页均能访问其内容。

2. 返回 application 中的变量

在设置了 application 中的变量数据之后，接着在各个网页中便可利用 getAttribute()方法来取得所设置的 application 变量内容，使用语法如下：

```
application.getAttribute("变量名称")
```

此方法返回的数据内容为对象(Object)类型，延续前面的例子，若在其他网页中加入下面的程序代码，则会在浏览器上显示 objApp 变量存储的内容。

```
<%
 Object objApp = application.getAttribute("id");
 out.println(id);
%>
```

3. 删除 application 变量

要删除 application 中的变量数据，必须引用 removeAttribute()，语法如下：

```
application.removeAttribute("变量名称")
```

4. 返回所有 application 变量

getAttributeNames()方法会返回 application 中所有变量名称的集合对象，数据类型为 Enumeration。

getAttributeNames()语法如下：

```
application.getAttributeNames()
```

5.6.2 使用 application 对象取得信息

application 对象除了可设置 application 中的变量数据外，还可用来取得服务器或者是网页的信息，用来取得这些信息的常用方法如表 5-7 所示。

表 5-7 使用 application 对象获取信息

方 法	说 明
getMajorVersion()	返回服务器解释引擎所支持的最新 Servlet API 版本
getMinorVersion()	返回服务器解释引擎所支持的最低 Servlet API 版本
getMimeType(String file)	返回文件 file 的文件格式与编码方式
getRealPath(String path)	返回虚拟路径 path 的真实路径
getServerInfo()	返回服务器解释引擎的信息

这些方法成员的使用方式相当直接，这里不再进行示范说明，与 session 的方式相同，其中的差异在于两者变量存在的有效范围，用户可以自行在 JSP 网页中进行引用，以了解其返回的结果。

5.6.3 application 对象应用实例

【例 5-15】存取 application 对象数据。

把【例 5-12】稍作更改。将 sessionData.jsp 改为 applicationData.jsp，采用 application.setAttribute()方法设置两个 application 变量，usingSession.jsp 改为 usingApplication.jsp，采用 application.getAttribute()方法获得两个变量的数据内容(代码不再详述)。

首先在浏览器中输入 http://localhost:8080/ch05/application/usingApplication.jsp，结果如图 5-30 所示，表示未设置 application 变量。

在 applicationInfo.jsp 中输入数据，浏览 applicationData.jsp 网页，其中设置了 application 变量，并且显示了超链接，单击超链接，将出现 usingApplication.jsp，显示设置好了的数据内容，如图 5-31 所示。

图 5-30　直接查看 usingApplication.jsp 的运行结果

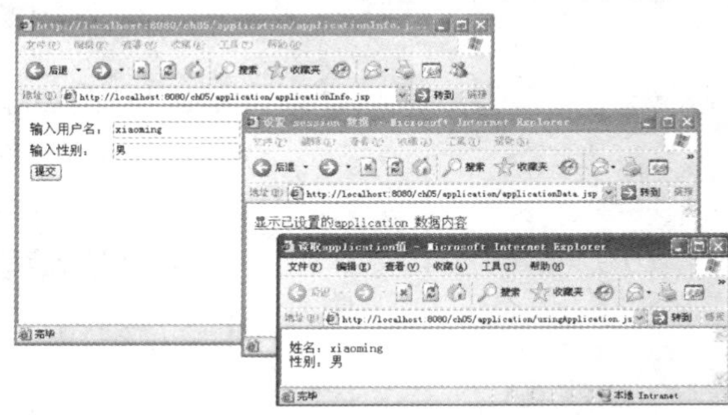

图 5-31　设置并获取 application 变量

由于 application 代表整个网站应用程序的共享数据，因此若是重新启动浏览器，当再次查看 usingApplication.jsp 时，将会看到相同的结果。

【例 5-16】创建 applicationCount.jsp 页面，利用 applicatin 对象实现简单页面计数器。

applicationCount.jsp 的代码如下。

```
<%@ page contentType="text/html;charset=GB2312"%>
<%
    int Num = 0;
    String strNum = (String) application.getAttribute("Num");

    //检查 Num 变量是否可取得，如果能取得将该值加 1
    if (strNum != null)
        Num = Integer.parseInt(strNum) + 1;

    application.setAttribute("Num", String.valueOf(Num));    //将 Num 变量值存入 application
%>
<HTML>
<HEAD>
<TITLE>application 对象示例</TITLE>
</HEAD>
<BODY>
<CENTER><FONT SIZE=5>application 对象示例</FONT></CENTER>
<HR>
本页面对应的实际路径是:
<BR>
<%=application.getRealPath("application.jsp")%>
<BR>
<BR>
<Font color=blue>您已经访问页面</Font>
<Font color=red><%=Num%></Font>
<Font color=blue>次</Font></BODY>
</HTML>
```

在浏览器中输入 http://localhost:8080/ch05/application/applicationCount.jsp 并不断刷新，会看到计数器不断增加。重新开启新的浏览器窗口，计数器也会增加。程序运行结果如图 5-32 所示。

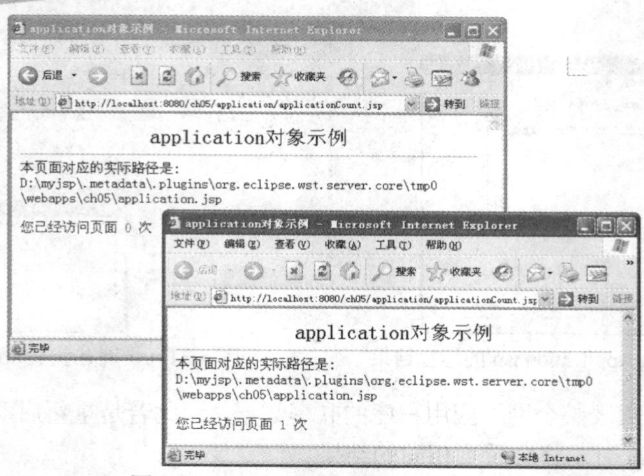

图 5-32 applicationCount.jsp 执行结果

当然，如果把本例中的 application 改为 sesssion，刷新页面也能实现页面计数器。但是开启新的浏览器，会重新从 0 开始计数。这就说明了 session 和 application 的作用域是不同的。但是一般 session 做计数器是记录访问的用户数而不是访问的次数。如【例 5-14】。

比较【例 5-16】和【例 5-14】会发现，用 application 实现的计数器时 Num 采用局部变量，而用 session 实现的计数器 Num 采用全局变量。

通过以上比较，读者应该能够掌握 session 对象和 application 的区别。

5.7 其他 JSP 内置对象

除了以上介绍的 5 种常见内置对象外，还有其他一些内置对象也经常使用，本节分别介绍它们的方法和应用。

5.7.1 pageContext 对象

pageContext 对象衍生于 javax.servlet.jsp.PageContext 类，该对象可以得到当前页面中所有其他的 JSP 隐含对象，例如 getRequest()、getResponse()、getOut()和 getSesison()等，并提供了处理 JSP 各个对象与属性的方法。

pageContext 对象用于访问页面有效属性的方法及对应的说明，如表 5-8 所示。

表 5-8 pageContext 对象访问页面内有效属性的方法

方　法	说　明
Object getAttribute(String name)	返回当前页面内的 name 变量
void setAttribute(String name, Object obj)	设定当前页面内 name 变量值为 obj
void removeAttribute(String name)	删除当前页面内的 name 变量
HttpSession getSession() ;	取得页面的 session 对象

(续表)

方　　法	说　　明
ServletContext getServletContext()	返回 ServletContext 对象，这个对象对所有的页面都是共享的
javax.servlet.ServletRequest getRequest()	该方法的返回对象是 JSP 内置对象 request，主要用于获取客户端的信息

pageContext 对象访问所有范围的属性操作与上面的方法类似，只是多了一个输入参数，例如设置变量值可以用 setAttribute(String name,Object obj,int scope)，其中，scope 取值可以为 PAGE_SCOPE、REQUEST_SCOPE、SESSION_SCOPE 和 APPLICATION_SCOPE，分别代表页内有效、请求有效、会话有效和应用有效。pageContext 对象还可以实现页面重定向和包含页面等功能。

【例 5-17】创建 pagecontext1.jsp 和 pagecontext2.jsp 页面，验证属性的作用域。

pagecontext1.jsp 的代码如下。

```
<%@ page import="javax.servlet.http.*,javax.servlet.*"%>
<%@ page language="java" contentType="text/html; charset=gb2312"%>
pageContext 的测试页面一在 pagecontext 中设置一些属性：
<br>
<%
    ServletRequest req = pageContext.getRequest();
    String name = req.getParameter("name");//和 request.getParameter("name")效果是一样的
    out.println("request 的到的参数:name=" + name);
    pageContext.setAttribute("userName", name);
    pageContext.getSession().setAttribute("sessionValue", name);
    pageContext.getServletContext().setAttribute("sharevalue", name);
    out.println("<br>pageContext.getAttribute('userName'):");
    out.println(pageContext.getAttribute("userName"));//只在当前的页面有效
    out.println("<br>pageContext.getSession().getAttribute('sessionValue')=");
    out.println(pageContext.getSession().getAttribute("sessionValue"));
    out.println("<br>pageContext.getServletContext().getAttribute('sharevalue')=");
    out.println(pageContext.getServletContext().getAttribute("sharevalue"));
%>
<a href="pagecontext2.jsp">next--></a>跳转到下一个测试页面
```

在浏览器中输入 http://localhost:8080/ch05//other/pagecontext1.jsp?name=test 向 pagecontext1.jsp 传递参数，运行结果如图 5-33 所示。

图 5-33　pagecontext1.jsp 的运行结果

pagecontext2.jsp 的代码如下。

```
<%@ page language="java" contentType="text/html; charset=gb2312"%>
pageContext 的测试页面 - 获得前一页面设置的值:
<br>
<%
	out.println("<br>pageContext.getAttribute('userName')=");
	out.println(pageContext.getAttribute("userName"));
	out.println("<br>pageContext.getSession().getAttribute('sessionValue')=");
	out.println(pageContext.getSession().getAttribute("sessionValue"));
	out.println("<br>pageContext.getServletContext().getAttribute('sharevalue')=");
	out.println(pageContext.getServletContext().getAttribute("sharevalue"));
%>
```

通过超链接跳转到 pagecontext2.jsp 查看显示结果，如图 5-34 所示。

通过比较图 5-33 和图 5-34，可以看出各属性的作用域。关闭浏览器，直接打开 pagecontext2.jsp，结果会看到如图 5-35 所示。

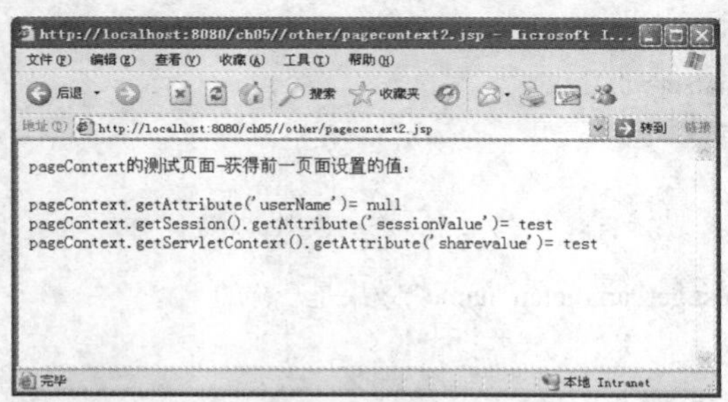

图 5-34　跳转到 pagecontext2.jsp 的运行结果

图 5-35　直接运行 pagecontext2.jsp 的效果

由此得出如下结论:

pageContext.setAtrribute("useName",name)设置的属性在当前页面有效。

pageContext.getSession().setAtrribute("session Value",name)设置的属性在 session 中有效。

pageContext.getServletContext().setAttribute("sharevalue",name)设置的属性是对所有页面共享的。

5.7.2　config 对象

config 对象是类 javax.servlet.ServletConfig 的一个对象，它标识 Servlet 的配置。config 对象主要用来取得服务器的配置信息，在 JSP 页面通过 JSP Container 进行初始化时被传递。使用 config 对象，在修改需要在 Web 服务器中处理的变量时，不需要逐一修改 JSP 文件，而只需修改相应属性文件的内容，这样就大大简化了网络维护工作，而且能够避免由于忘记修改一些文件而造成的错误。config 对象常用的方法及对应的说明如表 5-9 所示。

表 5-9　config 对象的主要方法

方　法	说　明
String getInitParameter(String name)	返回 name 所指定的初始参数
java.util.Enumeration getInitParameterNames()	返回所有初始参数

(续表)

方 法	说 明
ServletContext getServletContext()	返回 Servlet 相关的上下文对象
String getServletName()	返回 Servlet 名称

【例 5-18】创建 config.jsp 页面，利用 config 对象的方法，使用 Servlet 配置的初始值。

前面【例 5-16】所示的计数器有一个缺陷，就是每当应用服务器关闭后再启动时，计数器就会从 0 开始重新计数。解决这个问题的办法就是在应用服务器死机后设置计数的初始值。

config.jsp 的代码如下。

```
<%@page contentType="text/html; charset=gb2312" language="java"
    import="java.sql.*" errorPage=""%>
<html>
<head>
<title>config 读取初始值计数器的例子</title>
</head>
<body>
<%
    int org = 0;
    int count = 0;
    try {
        org = Integer.parseInt(config.getInitParameter("counter"));
    } catch (Exception e) {
        out.print("org:" + e);
    }
    try {
        count = Integer.parseInt((application
        .getAttribute("config_counter").toString()));
    } catch (Exception e) {
        out.print("config_counter" + e);
    }
    if (count < org)
        count = org;
    out.print("此页面已经访问了" + count + "次");
    count++;
    application.setAttribute("config_counter", new Integer(count));
%>
</body>
</html>
```

在 config.jsp 中利用 config.getInitParameter("counter")方法获取 Web 服务器上初始参数 counter 的值。通过 web.xml 文件设置初始参数。

web.xml 的代码如下。

```
<?xml    version="1.0"    encoding="ISO-8859-1"?>
<web-app xmlns="http://java.sun.com/xml/ns/j2ee"
    xmlns:xsi="http://www.w3.org/2001/XMLSchema-instance"
```

```
    xsi:schemaLocation="http://java.sun.com/xml/ns/j2ee    http://java.sun.com/xml/ns/j2ee/web-app_2_4.xsd"
    version="2.4">

    <display-name>Welcome to Tomcat</display-name>
    <description>study jsp</description>

    <!--   JSPC   servlet   mappings   start   -->

    <servlet>
        <servlet-name>config_counter</servlet-name>
        <jsp-file>/other/config.jsp</jsp-file>
        <init-param>
            <param-name>counter</param-name>
            <param-value>1000</param-value>
        </init-param>
    </servlet>

    <servlet-mapping>
        <servlet-name>config_counter</servlet-name>
        <url-pattern>/other/config_counter</url-pattern>
    </servlet-mapping>

    <!--   JSPC   servlet   mappings   end   -->

</web-app>
```

从上面的配置可以看出，counter 的初始值是 1000，并且为 config.jsp 做了一个映射。运行这个 JSP 页面，在浏览器中输入 http://localhost:8080/ch05/other/config_counter，效果如图 5-36 所示。

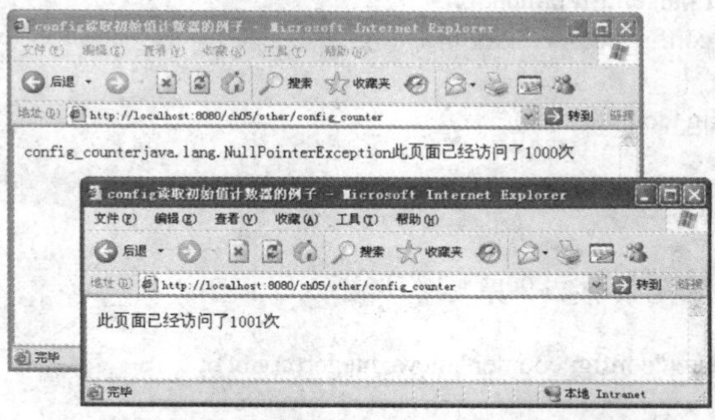

图 5-36　config.jsp 运行及刷新后的效果

注意

这里必须输入 http://localhost:8080/ch05/other/config_counter。如果在浏览器里使用 http://localhost:8080/ch05/other/config.jsp 来访问，那么不能得到 counter 的参数。原因是当通过前一种方式访问 config.jsp 时，它是作为一个 Servlet 组件来运行的，而后者不一样。有关 Servlet 的内容请参考第 12 章。

5.7.3 page 对象

page 对象代表了正在运行的由 JSP 文件产生的类对象，此对象在 JSP 中并不常用，用户只需了解其意义即可。

page 对象是指向当前 JSP 程序本身的对象，有点像类中的 this，参考【例 4-9】。page 对象其实是java.lang.Object类的实例对象，它可以使用Object类的方法，例如hashCode()、toString()等方法。page 对象在 JSP 程序中的应用不是很广，但是 java.lang.Object 类还是十分重要的，因为 JSP 内置对象很多方法的返回类型是 Object，需要用到 Object 类的方法，读者可以参考相关的文档，这里就不详细介绍了。

5.7.4 exception 对象

exception 对象是类 java.lang.Throwable 的一个对象，是为 JSP 提供用于处理程序运行错误的异常对象，可以配合 page 指令一起使用。参考【例 4-10】，通过指定某一个页面为错误处理页面，把所有的错误都集中到那个页面进行处理，可以使整个系统的健壮性得到加强，也可以使程序的流程更加简单明晰。exception 对象常用的方法及对应的说明如表 5-10 所示。

表 5-10 exception 对象的主要方法

方　法	说　明
String getMessage()	返回错误信息
String getLocalizedMessage()	取得本地语系的错误提示信息
void printStackTrace()	以标准错误的形式输出一个错误和错误的堆栈
String toString()	该方法以字符串的形式返回一个对异常的描述
Throwable fillInStackTrace()	重写错误的堆栈

注意

必须在 isErrorPage="true"的情况下才可以使用 exception 对象。

5.8 小　结

Java 提供了预设的内置对象并内置在 JSP 网页环境中，而且提供了编写 JSP 所需的基本功能。目前 JSP 中有 9 个隐含对象，分别是 request、response、out、session、application、pageContext、config、page 和 exception。使用这些对象可以方便访问请求、响应或会话等信息。

request 内置对象代表了客户端的请求信息，主要用于接受客户端通过 HTTP 协议传送给服务器端的数据。

response 对象实现 HttpServletResponse 接口，可对客户的请求做出动态的响应，向客户端发送数据，如 Cookie、HTTP 文件头信息等。

out 对象主要用于将特定的数据内容搭配 JSP 程序代码动态输出至客户端的浏览器。out

方法成员可以分为两大类，分别是控制缓冲区和数据的输出操作。

session 是服务器端上线用户数据的存取区，存放的是用户的个别数据，每一个上线用户所使用的 session 是独立的。session 对象所存储的数据，会在用户离线或是应用程序关闭时消失。

application 对象可以被视为一个所有联机用户可共享数据的存取区，其类似于在一般的应用程序中，存储整个应用程序所共享的数据。

除了以上介绍的 5 种常见内置对象外，还介绍了一些其他内置对象 pageContext、config、page 和 exception。

JSP 内置对象可以在 JSP 页面中直接使用，而不用使用<jsp:useBean>来生成，生成这些对象的工作将由服务器自动处理。

到本章为止，JSP 的语法都讲完了，读者可以尝试开发一些简单的 JSP 应用程序，以后的章节将讨论一些高级话题，为开发高质量的程序做准备。

5.9 习 题

5.9.1 选择题

1. 在 J2EE 中，下列(   )语句可以获取页面请求中的一个单选框的选项值(单选框的名称为 name)。

A. response.getParameter("name");

B. request.getAttribute("name");

C. request.getParameter("name");

D. request.getParameters("name");

2. 在 J2EE 中，request 对象的(   )方法可以获取页面请求中一个表单控件对应多个值时的用户的请求数据。

A. String getParameter(String name)

B. String[] getParameter(String name)

C. String getParameterValues(String name)

D. String[] getParameterValues(String name)

3. 以下对象中作用域最大的是(   )。

A. request　　B. session

C. application　　D. page

4. 在 JSP 页面中，能够完成输出操作的内置对象是 (   )。

A. out　　B. response

C. request　　D. config

5. 要在 session 对象中保存属性，可以使用(   )语句。

A. session.getAttribute("key","value");　　B. session.setAttribute("key","value");

C. session.setAtrribute("key");　　D. session.getAttribute("key");

6. 需要删除 session 中的某个属性 key，可以调用下面的(　)方法。

A. remove("key")　　B. removeAttribute("key")

C. invalidate()　　D. logout()

7. 在 J2EE 中，假如 HttpSession 的 getLastAccessTime()方法返回值为 x，getCreationTime()方法返回值为 y，则 x - y 为(　)。

A. 两个连续请求之间间隔的最长时间

B. 最近的两个连续请求之间的时间间隔

C. 最后使用 session 发送请求的时间和 session 创建时间的间隔

D. 最后使用 session 发送请求的时间

8. 以下代码能否编译通过，假如能编译通过，运行时得到的输出结果是(　)。

```
<%
request.setAttribute("count",new Integer(0));
Integer count = request.getAttribute("count") ;
%>
<%=count %>
```

A. 编译不通过

B. 可以编译运行，输出 0

C. 编译通过，但运行时抛出 ClassCastException

D. 可以编译通过，但运行无输出

9. 现在 session 中没有任何属性，阅读下面两个 JSP 中的代码，将分别输出(　)。

```
<%
    out.println(session.getAttribute("svse "));
%>
<%
    session.invalidate();
    out.println(session.getAttribute("svse "));
%>
```

A. null, 异常信息　　B. null, null

C. 异常信息，异常信息　　D. 异常信息，null

10. Form 表单提交的信息中含有"name= svse"，阅读下面的 JSP，a.jsp 将输出(　)。

接受该请求的 JSP：

```
<%
    response.sendRedirect("a.jsp");
%>
```

a. jsp 包含如下代码：

```
<%=request.getParameter("name") %>
```

A. null　　B. 什么都不输出

C. 异常信息　　D. svse

5.9.2 判断题

1. <jsp:forward ... >标记的 page 属性值是相对的 URL 地址，只能用静态的 URL 地址。 ( )

2. 利用 response 对象的 sendRedirect 方法只能实现本网站内的页面跳转，不能传递参数。 ( )

3. contentType 属性用来设置 JSP 页面的 MIME 类型和字符编码集，取值格式为"MIME 类型"或"MIME 类型;charset=字符编码集"，response 对象调用 addHeader 方法修改该属性的值。 ( )

4. 在 J2EE 中，重定向到另一个页面，可以用 request.sendRedirect("http://www.jb-aptech.com.cn");。 ( )

5. 应用 application 对象能在不同用户之间共享数据。 ( )

5.9.3 填空题

1. 当客户端请求一个 JSP 页面时，JSP 容器会将请求信息包装在__________对象中。

2. 已知文件 look.jsp 的路径为 c:/myjsp/inc，文件 login.jsp 的路径为 c:/myjsp。若使用 response 的重定向方法由 look.jsp 跳转到 login.jsp 中，则正确的写法为__________。

3. 当 getParameter()方法的参数部分指定的输入控件不存在时，该方法的返回值为__________。

4. 列表框的 name 属性值为"city"，并且允许多选，若要一次读取所有的选中项并存放于数组 str 中，则对应的 java 语句为__________。

5. 给定一个 JSP 程序源码如下：

```
<jsp:include page = "test.jsp"flush = "true">
<jsp:param name = "location"value = "beijing"/>
</jsp:include>
```

在 test.jsp 中加入__________代码片断可以输出参数 location 的值。

5.9.4 简答题

1. JSP 中的内建对象包含哪些？试简述这些对象在 JSP 中的主要功能。

2. response 重定向方法 sendRedirect()和动作元素<jsp:forward>的区别是什么？

3. application 与 session 对象存储数据变量的方式有何区别？

4. 请说明 session 对象的生命周期在哪些状况下会结束。

5.9.5 编程题

1. 编写一个简单的网上测试系统。要求由两个页面组成，第 1 个页面显示试题，例如单选题，如图 5-37 所示。第 2 个页面获取考生提交的选择，统计考生得分并显示。

2. 信息的保存和获取。

例如简单的网上购物，将购买者的姓名、商品名保存在session对象中，实现一个Web目录下的页面对session对象中信息的共享。要求创建3个页面，第1个页面输入用户的姓名，第2个页面输入购买商品名的名称，第3个页面实现结账处理。

3. 简单的用户登录。

用户通过输入用户名和密码(假设用户名和密码都是admin)进入用户或管理员页面，拒绝绕过登录页面直接进入用户或管理员页面。

要求创建4个文件，第1个是用户登录页面，此页面输入用户名和密码以及登录类型，如图5-38所示。

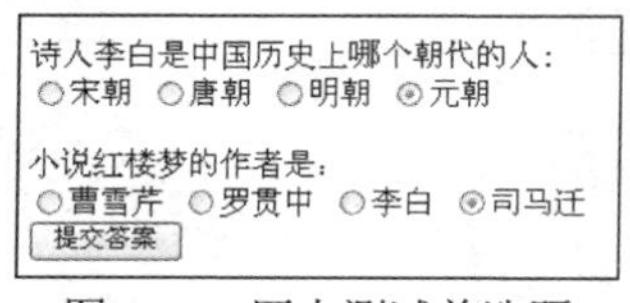

图5-37　网上测试单选题

图5-38　用户登录页面

第2个文件对提交信息进行检查，如果输入正确，则根据登录类型分别进入到管理员或普通用户页面，用重定向的方法实现跳转到这两个页面。如果输入有误，则弹出警示对话框，如图5-39所示，让用户重新输入信息。

第3个文件是管理员页面，显示管理员成功登录的信息。

第4个文件是普通用户页面，显示普通用户成功登录的信息。

4. 用application对象实现一个简单的聊天室。

要求采用application对象记录所有用户的留言信息并在页面上显示出来，如图5-40所示。

图5-39　警示对话框

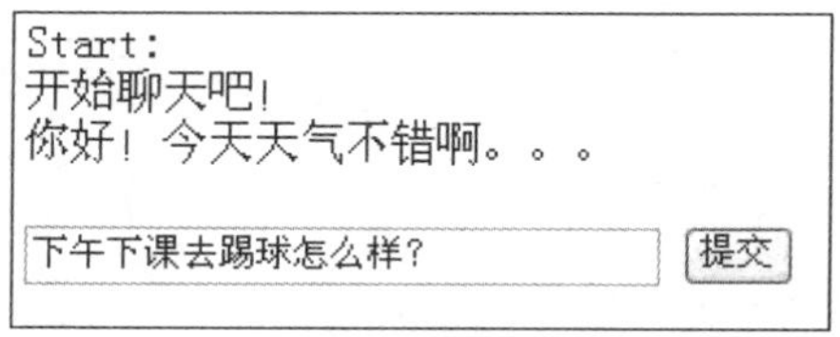

图5-40　显示聊天内容

第6章

使用Cookie记录信息

Cookie 是一种应用较久的技术了，早在 HTML 刚刚出现的时候，在每个独立的页面之间没有办法记录和标识不同的用户，后来人们就发明了 Cookie 技术，当用户访问网页时，它能够在访问者的机器上创立一个文件，我们把它叫作 Cookie，写一段内容进去，来标识不同的用户。如果下次用户再访问这个网页的时候，它又能够读出这个文件里面的内容，这样网页就知道上次这个用户已经访问过该网页了。

虽然现在网页的制作技术比起几年前已经发展了许多。不过有些时候，Cookie 还是能够帮用户很多忙。本章就来介绍一下如何在写 JSP 文件的时候，用 JSP 操作 Cookie。

本章学习目标

◎ 了解 Cookie 的基本概念

◎ 掌握在 JSP 中创建 Cookie 的方法

◎ 掌握在 JSP 中读写 Cookie 的方法

◎ 掌握设置 Cookie 存在期限的方法

◎ 了解 Cookie 的安全问题

6.1 Cookie 的概念和特性

Cookie 是设计交互式网页的一项重要技术，它可以将一些简短的数据存储在用户的计算机上，这些存放在用户计算机上的变量数据，称为 Cookie。当浏览器向服务器提出网页浏览请求时，服务器根据存储在用户计算机上的 Cookie 内容，针对此浏览器显示其专门的内容。

6.1.1 什么是 Cookie

浏览器与 Web 服务器之间是使用 HTTP 协议进行通信的，当某个用户发出页面请求时，Web 服务器只是简单地进行响应，然后就关闭与该用户的连接。因此，当一个请求发送到 Web 服务器时，无论其是否是第一次来访，服务器都会把它当作第一次对待，这样做的缺陷可想而知。为了弥补这个缺陷，Netscape 开发出了 Cookie 这个有效的工具来保存某个用户的识别信息，因此人们昵称它为“小甜饼”。Cookie 是一种 Web 服务器通过浏览器在访问者的硬盘上存储信息的手段。Netscape Navigator 使用一个名为 cookies.txt 的本地文件保存从所有站点接收的 Cookie 信息，而 IE 浏览器把 Cookie 信息保存在类似于 C:\windows\cookies 的目录下。当用户再次访问某个站点时，服务端将要求浏览器查找并返回先前发送的 Cookie 信息，来识别这个用户。

由于 Cookies 是用户浏览的网站传输到用户计算机硬盘中的文本文件或内存中的数据，因此它在硬盘中存放的位置与使用的操作系统和浏览器密切相关。在 Windows 9X 系统计算机中，Cookies 文件的存放位置为 C:\windows\cookies，在 Windows NT/2000/XP 系统计算机中，Cookies 文件的存放位置为 C:\Documents and Settings\用户名\Cookies。

硬盘中的 Cookies 文件可以被 Web 浏览器读取，它的命令格式为：用户名@网站地址[数字].txt。如笔者计算机中的一个 Cookies 文件名为：administrator@t.sohu[1].txt。要注意的是，硬盘中的 Cookies 属于文本文件，不是程序。

Cookie 是服务器发送给浏览器的体积非常小的纯文本信息，用户以后访问同一个 Web 服务器时浏览器会把它们原样发送给服务器。通过让服务器读取它原先保存到客户端的信息，网站能够为浏览者提供一系列的方便，例如在线交易过程中标识用户身份、安全需求不高的场合避免用户重复输入名字和密码、门户网站的主页制定、有针对性地投放广告，等等。

Cookie 数据存储的功能由浏览器本身所提供，因此，Cookie 功能都必须要有浏览器的支持才行，一般通用的浏览器(例如 IE)都支持此功能。

当用户打开的网页中包含 Cookie 程序代码时，服务器端会建立 Cookie 数据，然后将这个 Cookie 传送到客户端用户的计算机上。如图 6-1 所示为 Cookie 示意图。

图 6-1　Cookie 示意图

当 Cookie 的数据传送至客户端的计算机后，便存储在浏览器当中，此时服务器端的网页都可以访问这个 Cookie 的数据内容，而当用户关闭浏览器的时候，Cookie 的数据便会消失。

若服务器在建立 Cookie 时设置了 Cookie 的存在时间期限，则用户在关闭浏览器后，Cookie 的数据会以文本文件存储在用户的计算机上，只要在设置的时间期限内，当用户连接网页时，服务器端的网页均可使用先前 Cookie 的内容，等到了所设置的期限后，Cookie 中的数据便会自动被删除。

6.1.2 Cookie 的常见用途

Cookie 是用户浏览某网站时，网站存储在用户机器上的一个小文本文件，它记录了用户的 ID、密码、浏览过的网页、停留的时间等信息，当用户再次来到该网站时，网站通过读取 Cookie，得知用户的相关信息，就可以做出相应的动作，如在页面显示欢迎你的标语，或者让用户不用输入 ID、密码就直接登录等。

几乎所有的网站设计者在进行网站设计时都使用了 Cookie，因为他们都想给浏览网站的用户提供一个更友好的、人文化的浏览环境，同时也能更加准确地收集访问者的信息。Cookie 的常见用途如下：

(1) 网站浏览人数管理

由于代理服务器、缓存等的使用，唯一能帮助网站精确统计来访人数的方法就是为每个访问者建立一个唯一的 ID。使用 Cookie，网站可以完成以下工作：测定多少人访问过；测定访问者中有多少是新用户(即第一次来访)，多少是老用户；测定一个用户多久访问一次网站。

通常情况下，网站设计者是借助后台数据库来实现以上目的的。当用户第一次访问该网站时，网站在数据库中建立一个新的 ID，并把 ID 通过 Cookie 传送给用户。用户再次来访时，网站把该用户 ID 对应的计数器加 1，得到用户的来访次数或判断用户是新用户还是老用户。

(2) 按照用户的喜好定制网页外观

有的网站设计者为用户提供了改变网页内容、布局和颜色的权力，允许用户输入自己的信息，然后通过这些信息对网站的一些参数进行修改，以定制网页的外观。

(3) 在电子商务站点中实现诸如“购物篮”等功能

可以使用 Cookie 记录用户的 ID，这样当用户在“购物篮”中放了新东西时，网站就能记录下来，并在网站的数据库里对应于用户的 ID 记录。当用户“买单”时，网站通过 ID 检索数据库中用户的所有选择就能知道用户的“购物篮”里有些什么。

在一般事例中，网站的数据库能够保存的有用户所选择的内容、浏览过的网页、在表单里填写的信息等；而包含有用户唯一 ID 的 Cookie 则保存在用户的电脑里。

Cookies 给网站和用户带来的好处非常多，列举如下：

- Cookie 能使站点跟踪特定访问者的访问次数、最后访问时间和访问者进入站点的路径。
- Cookie 能告诉在线广告商广告被点击的次数，从而可以更精确地投放广告。
- Cookie 有效期限未到时，能使用户在不键入密码和用户名的情况下进入曾经浏览过的一些站点。
- Cookie 能帮助站点统计用户个人资料以实现各种各样的个性化服务。

6.1.3 对 Cookie 进行适当设置

为了保证上网安全，需要对 Cookie 进行适当设置。在 IE 浏览器中选择“工具”|“Internet 选项”命令，在打开的“Internet 选项”对话框中选择“隐私”选项卡(注意，该设置只在 IE 6.0 中存在，有的 IE 版本可以在“安全”选项卡中单击“自定义级别”按钮，进行简单调整)，调整 Cookie 的安全级别。通常情况下，可以将滑块调整到“中高”或者“高”的位置，如图 6-2 所示。多数的论坛站点需要使用 Cookie 信息，如果用户从来不去这些地方，可以将安全级调到“阻止所有 Cookie”。如果只是为了禁止个别网站的 Cookie，可以单击“编辑”按钮，将要屏蔽的网站添加到列表中。单击“高级”按钮，在打开的“高级隐私策略设置”对话中，可以对第一方 Cookie 和第三方的 Cookie 进行设置。第一方 Cookie 是用户正在浏览的网站的 Cookie，第三方 Cookie 是非正在浏览的网站发给用户的 Cookie，通常要对第三方 Cookie 选择“拒绝”，如图 6-3 所示。如果需要保存 Cookie，可以使用 IE 的“导入和导出”功能，选择“文件”|“导入和导出”命令，打开“导入和导出向导”对话框，按提示操作即可。

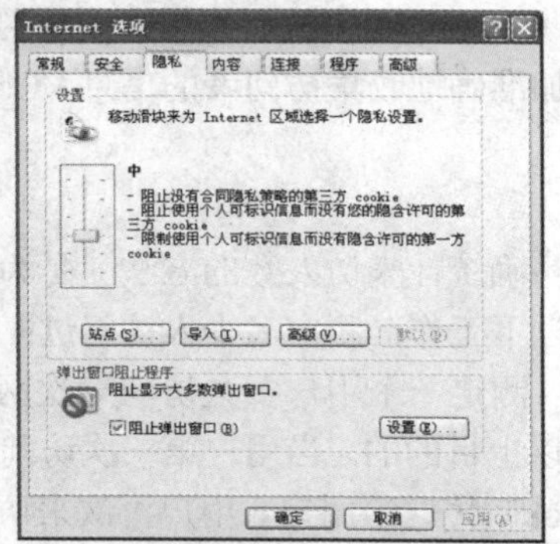

图 6-2 对 Cookie 进行适当设置

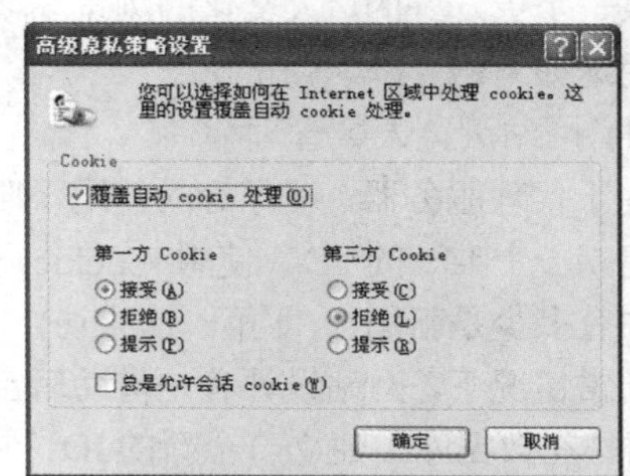

图 6-3 对 Cookie 进行高级设置

如果想查看所有保存到用户电脑里的 Cookie，可以在“Internet 选项”的“常规”选项卡中，单击“设置”按钮，在打开的“设置”对话框中单击“查看文件”按钮，在打开的 Temporary Internet Files 窗口中查看文件，这些文件通常是以 user@domain 格式命名的，user 是用户的本地用户名，domain 是所访问的网站的域名。如果用户使用 NetsCape 浏览器，则存放在 C:\PROGRAMFILES\NETSCAPE\USERS\里面，与 IE 不同的是，NetsCape 是使用一个 Cookie 文件记录所有网站的 Cookies。

Cookie 中的内容大多数经过了加密处理，因此在用户看来只是一些毫无意义的字母数字组合，只有服务器的 CGI 处理程序才知道它们真正的含义。

如果想从 IE 中删除 Cookie 文件，可以按照以下步骤删除存储在计算机上的 Cookie。删除 Cookie 之后，网站将不再记住用户以前访问时所输入的信息(例如，网站将不再保存用户的用户名或首选项记录)。

(1) 选择“开始”|“控制面板”命令，打开“控制面板”窗口，然后单击“Internet 选项”，打开“Internet”属性，如图 6-4 所示。

(2) 选择“常规”选项卡，然后在“历史记录”选项组中单击“清除历史纪录”按钮。

(3) 在“Internet 临时文件”选项组中，单击“删除 Cookies”按钮，然后单击“确定”按钮，确认要将其删除。

(4) 单击“确定”按钮关闭“Internet 属性”对话框。

图 6-4　删除 Cookie 文件

6.2 在 JSP 中使用 Cookie

Cookie 实质上是服务器端与客户端之间传送的普通 HTTP 头，可以保存也可以不保存在客户的硬盘上。如果保存，是每个文件大小不超过 4KB 的文本文件，多个 Cookie 可保存到同一个文件中。如果从编程角度来看，在 JSP 中 Cookie 就是 Java 提供的一个类。

6.2.1 创建 Cookie

Cookie 是由 Javax.servlet.http.Cookie 类所衍生出来的对象，建立 Cookie 的语法如下：

```
Cookie objCookie = new Cookie(indexValue,stringValue)
```

从上面的语法中可以看出，一个 Cookie 对象必须包含有一个特定的 indexValue 索引值与字符串类型的数据内容 stringValue。例如：

```
Cookie c = new Cookie("mycookie","Cookie Test");
```

建立了 Cookie 之后，该 Cookie 数据还必须传送到客户端，用 addCookie()方法发送一个 HTTP Header。传送的方式为 response.addCookie(objCookie)。

response 对象与 request 对象均提供与 Cookie 相关的方法成员，利用这些成员，用户可以很轻易地访问指定的 Cookie 内容。上述的程序片段利用 response 的 addCookie()方法将指定的 Cookie 对象传送至客户端。

6.2.2 读写 Cookie

1. 写 Cookie

对 Cookie 进行操作首先是将 Cookie 保存到客户端。在 JSP 编程中，利用 response 对象通过 addCookie()方法将 Cookie 写入客户端。其语法格式如下：

```
response.addCookie(cookie);
```

例如：

```
<%//从提交的 HTML 表单中获取用户名
String username=request.getParameter(name);
Cookie user_name=new Cookie("cookie_name",username);//创建一个 Cookie
response.addCookie(user_name);
%>
```

2. 读 Cookie

将 Cookie 保存到客户端，就是为了以后得到其中保存的数据。调用 HttpServletRequest 的 getCookies，得到一个 Cookie 对象的数组。

其语法格式如下：

```
Cookie[] 数组变量名＝request.getCookies();
```

在客户端传来的 Cookie 数据类型都是数组类型，因此要得到其中某一项指定的 Cookie 对象，需要遍历数组来找。JSP 将调用 request.getCookies()从客户端读入 Cookie，getCookies()方法返回一个 HTTP 请求头中的内容对应的 Cookie 对象数组。用户只需要用循环访问该数组的各个元素，调用 getName()方法检查各个 Cookie 的名字，直至找到目标 Cookie，然后对该 Cookie 调用 getValue()方法取得与指定名字关联的值。可通过如下代码实现：

```
<%
Cookie[] Cookies＝request.getCookies();//创建一个 Cookie 对象数组
if(Cookies=null
    out.print("none any Cookie ");
else
{
    for (int i=0;i< Cookies.length;i++){
    //设立一个循环，来访问 Cookie 对象数组的每一个元素
            if(Cookies[i].getName().equals("cookie_name"))
            //判断元素的值是否为 username 中的值
            out.println(Cookies[i].getValue()+"<br>");
            }
}
%>
```

6.2.3 Cookie 中的主要方法

在 JSP 中，通过 Cookie.set×××来设置各种属性，用 Cookie.get×××读出 Cookie 的属性，Cookie 的主要属性如表 6-1 所示。

表 6-1　Cookie 中的主要方法及其说明

类　型	方 法 名	方 法 解 释
String	getComment()	返回 Cookie 中注释，如果没有注释的话将返回空值
String	getDomain()	返回 Cookie 中 Cookie 适用的域名。使用 getDomain() 方法能指示浏览器把 Cookie 返回给同一域内的其他服务器，而通常 Cookie 只返回给和发送它的服务器名字完全相同的服务器。注意域名必须以点开始，例如 yesky.com
int	getMaxAge()	返回 Cookie 过期之前的最大时间，以秒计算
String	getName()	返回 Cookie 的名字。名字和值是我们始终关心的两个部分
String	getPath()	返回 Cookie 适用的路径。如果不指定路径，Cookie 将返回给当前页面所在目录及其子目录下的所有页面
boolean	getSecure()	如果浏览器通过安全协议发送 Cookie，将返回 true 值，如果浏览器使用标准协议，则返回 false 值
String	getValue()	返回 Cookie 的值
int	getVersion()	返回 Cookie 所遵从的协议版本
void	setComment(String purpose)	设置 Cookie 中注释
void	setDomain(String pattern)	设置 Cookie 中 Cookie 适用的域名
void	setMaxAge(int expiry)	以秒计算，设置 Cookie 过期时间
void	setPath(String uri)	设置能够访问 Cookie 对象的网页路径为 uri 与其下的子目录
void	setSecure(boolean flag)	指出浏览器使用的安全协议，例如 HTTPS 或 SSL
void	setValue(String newValue)	Cookie 创建后设置一个新的值
void	setVersion(int v)	设置 Cookie 所遵从的协议版本

6.2.4　几个操作 Cookie 的常用方法

下面介绍几个操作 Cookie 的常用方法，这些方法虽然简单，但是在使用 Cookie 时很有用。

1. 设置 Cookie 的存在期限

Cookie 可以保持登录信息到用户下次与服务器会话，换句话说，下次访问同一网站时，用户会发现不必输入用户名和密码就已经登录了(当然，不排除用户手动删除 Cookie)。而还有一些 Cookie 在用户退出会话的时候就被删除了，这样可以有效保护个人隐私。

Cookie 在生成时就会被指定一个 Expire 值，这就是 Cookie 的生存周期，在这个周期内 Cookie 有效，超出周期 Cookie 就会被清除。有些页面将 Cookie 的生存周期设置为 0 或负值，这样在关闭页面时，就马上清除 Cookie，不会记录用户信息，更加安全。在默认情况下，Cookie 是随着用户关闭浏览器而自动消失的，不过，Cookie 也可以设置其存在的期限，让用户下次在打开网页时，服务器端仍然能够取得同样一个 Cookie 中的数据内容。

下面的代码使用 setMaxAge()方法设置 Cookie 对象 login 在一天之内都是有效的：

```
<%
 Cookie login = new Cookie("today","true");
 login.setMaxAge(86400);
```

```
 response.addCookie(login);
%>
```

如果希望 Cookie 能够在浏览器退出时自动保存下来，则可以用下面的 LongLivedCookie 类来取代标准的 LongLivedCookie 类。LongLivedCookie 类的代码如下：

```
package ch06;

import javax.servlet.http.*;

public class LongLivedCookie extends Cookie {
    public static final int SECONDS_PER_YEAR = 60 * 60 * 24 * 365;

    public LongLivedCookie(String name, String value) {
        super(name, value);
        setMaxAge(SECONDS_PER_YEAR);
    }
}
```

2. 删除 Cookie

要删除某一个客户端的 Cookie，必须使用前面的 setMaxAge()方法，并将 Cookie 的存在期限设为 0，方式如下：

```
Cookie 名称.setMaxAge(0)
```

下面的代码在 JSP 中删除一个 Cookie：

```
<%
 Cookie killMyCookie = new Cookie("mycookie", null);
 killMyCookie.setMaxAge(0);
 killMyCookie.setPath("/");
 response.addCookie(killMyCookie);
%>
```

3. 获取指定名字的 Cookie 值

下面的代码可以获取指定名字的 Cookie 值：

```
public static String getCookieValue(Cookie[] cookies,
    String cookieName, String defaultValue) {
    for(int i=0; i<cookies.length; i++) {
        Cookie cookie = cookies[i];
        if (cookieName.equals(cookie.getName()))
        return(cookie.getValue());
    }
    return(defaultValue);
}
```

本节介绍了在 JSP 中使用 Cookie，用户若能善用以 Cookie 来存储客户端数据这样一种方式，在设计交互式网页时更将得心应手！

6.3 Cookie 对象的应用实例

前面介绍了 JSP 读写 Cookie 信息的基础知识，但是还没有涉及具体的应用。下面通过两个具体的实例来帮助读者进一步学习。

【例 6-1】在 JSP 中使用 Cookie。该实例有 writeCookie.jsp 和 readCookie.jsp 两个文件。其中 writeCookie.jsp 用于写入 Cookie，readCookie.jsp 用于读取 Cookie。

writeCookie.jsp 写一个 Cookie 到客户端，代码如下：

```
<%@ page contentType="text/html;charset=gb2312"%>
<html>
<head>
<title>操纵 Cookie 示例-写入 Cookie</title>
</head>
<body>
<h2>操纵 Cookie 示例-写入 Cookie</h2>
<%
    try {
    Cookie _Cookie = new Cookie("mycookie", "COOKIE_TEST");
    _Cookie.setMaxAge(10 * 60); // 设置 Cookie 的存活时间为 10 分钟
    response.addCookie(_Cookie); // 写入客户端硬盘
    out.print("已经把 Cookie 写入客户端");
} catch (Exception e) {
    System.out.println(e);
}
%>
</body>
</html>
```

执行结果如图 6-5 所示。

图 6-5 writeCookie.jsp 的执行结果

readCookie.jsp 代码如下：

```
<%@ page contentType="text/html;charset=gb2312"%>
<html>
<head>
<title>操纵 Cookie 示例-读取 Cookie</title>
</head>
<body>
<h2>操纵 Cookie 示例-读取 Cookie</h2>
<%
//将当前站点的所有 Cookie 读入并存入 Cookies 数组中
Cookie[] Cookies = request.getCookies();
Cookie sCookie = null;
String cookieName = null;
String cookieValue = null;
if (Cookies == null) //如果没有任何 Cookie
	out.print("没有 Cookie");
else {
	try {
		if (Cookies.length == 0) {
			System.out.println("客户端禁止写入 Cookie");
		} else {
		for (int i = 0; i < Cookies.length; i++) { //循环列出所有可用的 Cookie

		sCookie = Cookies[i];
		cookieName = sCookie.getName();
		cookieValue = sCookie.getValue();
		if (cookieName.equals("mycookie")) {
			out.println(cookieName + "->" + cookieValue
			+ "<br>");
			break;
		}
		}
	}
		} catch (Exception e) {
		System.out.println(e);
	}
}
%>
</body>
</html>
```

readCookie.jsp 必须注意两个问题：一是读入 Cookie 数组时需要判断是否为 null，如果为空就不能进行下一步的操作，只能显示出 Cookie 为空的错误信息。二是对 Cookie 数组的长度进行判断，如果 Cookie.length==0，说明该客户端浏览器不支持 Cookie。

在写完 Cookie 的 10 分钟之内，readCookie.jsp 页面的执行结果如图 6-6 所示。超过 10 分钟，该 Cookie 就会被浏览器删除。

如果没有执行 writeCookie.jsp，而直接执行 readCookie.jsp，那么将显示“没有 Cookie”，如图 6-7 所示。

图 6-6　readCookie.jsp 的执行结果

图 6-7　直接执行 readCookie.jsp 的结果

【例 6-2】Cookie 的作用是在客户端保存客户的信息，供客户下一次访问服务器的程序时使用。本例包括两个程序，CookieJSP.jsp 创建并保存 Cookie，ShowCookie.jsp 取得客户端所有 Cookie 信息，并在页面上显示。

CookieJSP.jsp 代码如下：

```
<%@ page contentType="text/html;charset=gb2312"%>
<html>
<head>
<title>操纵 Cookie 示例</title>
</head>
<body>
<h2>Cookie 示例</h2>
<%
//取得传入的名字参数
String name=(request.getParameter("name")!=null)?request.getParameter("name"):"jack";
//创建 Cookie
Cookie cookie=new Cookie("name",name);
//设置 Cookie 的保存时间
cookie.setMaxAge(6000);
//在客户端保存 cookie
response.addCookie(cookie);
%>
<a href="ShowCookie.jsp">显示 Cookie 值</a>
</body>
</html>
```

注意

如果不设置 Cookie 的保存时间，Cookie 不会保存在硬盘内。

ShowCookie.jsp 的代码如下所示：

```
<%@ page contentType="text/html;charset=gb2312"%>
```

```
<html>
<head>
<title>显示 Cookie</title>
</head>
<body>
<h2> Cookie 如下所示：</h2>
<%
//取得客户端的所有 Cookie
Cookie[] Cookies = request.getCookies();
Cookie sCookie = null;
String cookieName = null;
String cookieValue = null;
int cookieVersion=0;
if (Cookies == null) // 如果没有任何 Cookie
    out.print("没有 Cookie");
else {
    try {
        if (Cookies.length == 0) {
    System.out.println("客户端禁止写入 Cookie");
        } else {
            for (int i = 0; i <= Cookies.length; i++) { //循环列出所有可用的 Cookie
        sCookie = Cookies[i];
        cookieName = sCookie.getName();
        cookieValue = sCookie.getValue();
        cookieVersion=sCookie.getVersion();
        out.print("<P><b>Cookie 的名字是："+cookieName+"<br><p>");
        out.print("<P><b>Cookie 的版本是："+cookieVersion+"<br><p>");
        out.print("<P><b>Cookie 的值是："+cookieValue+"<br><p>");
        }
    }
        }
    catch (Exception e) {
        System.out.println(e);
    }
}
%>
</body>
</html>
```

CookieJSP.jsp 的运行结果如图 6-8 所示。

图 6-8　CookieJSP.jsp 的执行结果

单击“显示 Cookie 值”链接的运算结果如图 6-9 所示。

在地址栏中输入 http://localhost:8088/ch06/CookieJSP.jsp?name=tom，然后单击“显示 Cookie 值”链接的运算结果如图 6-10 所示。

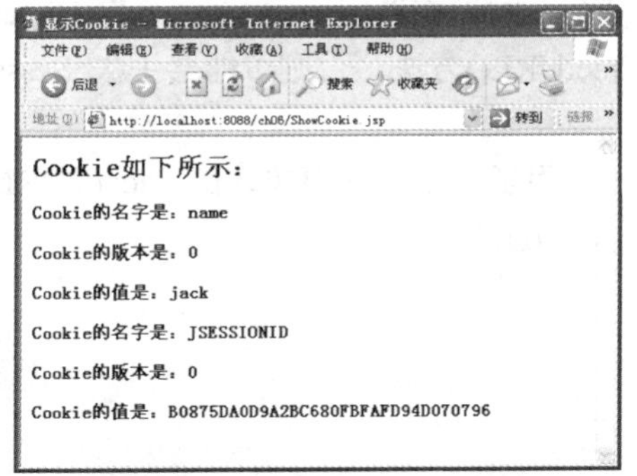

图 6-9 ShowCookie.jsp 的执行结果

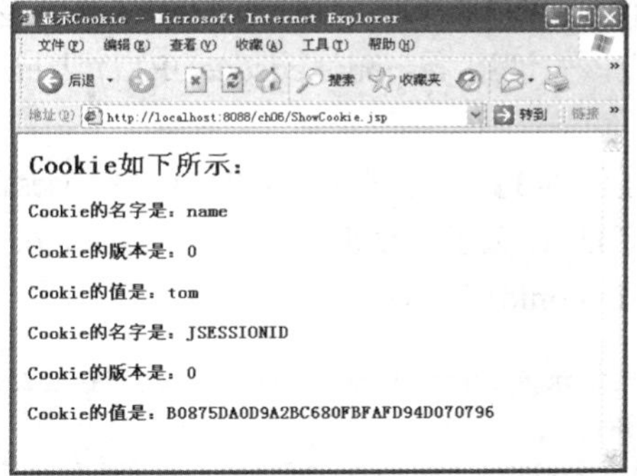

图 6-10 输入 name 后 ShowCookie.jsp 的执行结果

打开另一个浏览器，直接输入 http://localhost:8088/ch06/ShowCookie.jsp 地址访问 Cookie 的值，如图 6-11 所示。

刷新 http://localhost:8088/ch06/ShowCookie.jsp 页面，如图 6-12 所示。

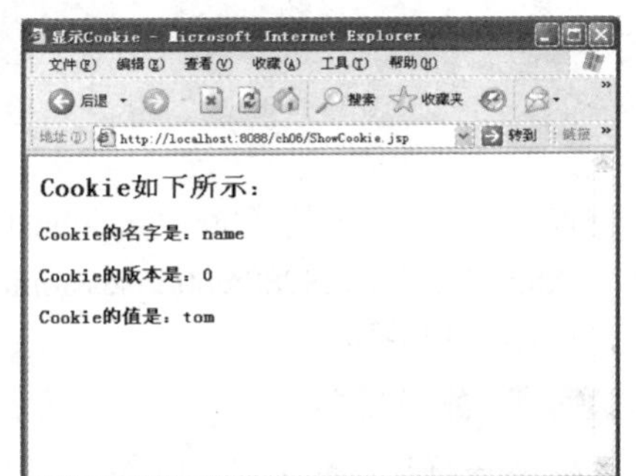

图 6-11 直接运行 ShowCookie.jsp 的执行结果

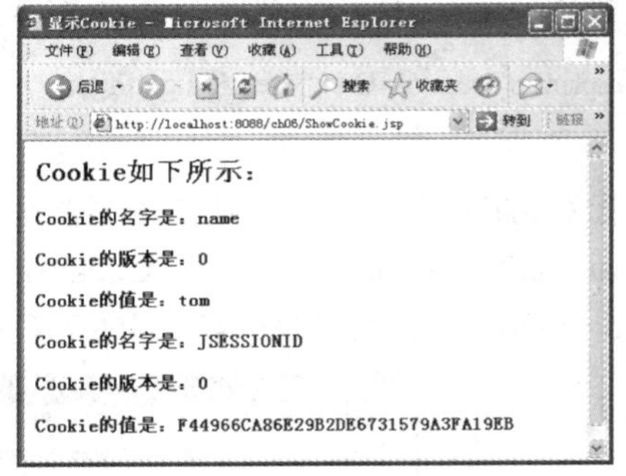

图 6-12 刷新 ShowCookie.jsp 的执行结果

从上述运行结果可见，同一台机器的不同客户端都可以访问服务器保存在本地机器的 Cookie。新开启的页面中未保存 JSESSIONID 的信息。

jsessionid 就是客户端用来保存 sessionid 的变量，一般对于 Web 应用来说，客户端变量都会保存在 Cookie 中，jsessionid 也不例外。不过与一般的 Cookie 变量不同，jsessionid 是保存在内存 Cookie 中的，在一般的 Cookie 文件中看不到。内存 Cookie 在打开一个浏览器窗口的时候会创建，在关闭这个浏览器窗口的时候也同时销毁。这也就解释了为什么 session 变量不能跨窗口使用，要跨窗口使用就需要手动把 jsessionid 保存到 Cookie 里面的问题。

只有通过 jsessionid 才能使 session 机制起作用，而 jsessionid 又是通过 Cookie 来保存的。如果用户禁用了 Cookie，可以通过 url 重写来实现 jsessionid 的传递。jessionid 通过这样的方式来从客户端传递到服务器端，从而来标识 session。这样在用户禁用 Cookie 的时候，也可以传递 jsessionid 来使用 session，只不过需要每次都把 jsessionid 作为参数跟在 url 后面传递。那这样岂不是很麻烦，每次请求一个 url 都要判断 Cookie 是否可用，如果禁用了 Cookie，还要从 url 里解析出 jsessionid，然后跟在处理完后转到的 url 后面，以保持 jsessionid 的传递。这些问题 sun 当然已经帮我们想到了，所以提供了两个方法来使事情变得简单：response.encodeURL()和 response.encodeRedirectURL()。这两个方法会判断 Cookie 是否可用，如果禁用了，会解析出 url 中的 jsessionid，并连接到指定的 url 后面；如果没有找到，jsessionid 会自动帮我们生成一个。这两个方法在判断是否要包含 jsessionid 的逻辑上会稍有不同。在调用 response.sendRedirect 之前，应该先调用 response.encodeURL()或 encodeRedirectURL()方法，否则可能会丢失 Sesssion 信息。

【例 6-3】服务器使用 URL 重写。jsessionid1.jsp 利用了 response 对象内的 encodeURL 方法，将 URL 做了一个编码动作。jsessionid2.jsp 显示 sessionID。

jsessionid1.jsp 代码如下：

```
<%@ page contentType="text/html;charset=gb2312"%>
<%
String url =response.encodeURL("jsessionid2.jsp");
response.sendRedirect(url);
%>
```

jsessionid2.jsp 代码如下：

```
<%@ page contentType="text/html;charset=gb2312"%>
<%
  out.println("sessionID is "+session.getId());
%>
```

如果 Cookie 没有禁用，则在浏览器地址栏中看到的地址是这样的：http://localhost:8088/ch06/jsessionid2.jsp；如果禁用了 Cookie，会看到：http://localhost:8088/ch06/jsessionid2.jsp;jsessionid=989A54B6B8DAD17453C36C79C32748EE，如图 6-13 所示。

图 6-13　禁用 Cookie 时 jsessionid1.jsp 的执行结果

注意一点，jsessionid 与一般的 url 参数传递方式是不同的，不是作为参数跟在“?”后面，而是紧跟在 url 后面用“;”来分隔。

【例 6-4】应用 Cookie 保留用户提交的信息。这个例子包含 3 个文件，usingCookie.html 文件是一个 HTML 表单，其中布置了几种可供用户选取及输入个人数据的表单选项。usingCookie.jsp 网页取得上述表单传送过来的变量数据，并将这些数据存入 Cookie 当中，然后将网页定向 responseCookie.jsp。responseCookie.jsp 网页程序会取得稍早存储在 Cookie 中的用户数据，并加以变化输出至浏览器。

usingCookie.html 代码如下：

```
<html>
<head>
<title>运用 Cooike</title>
```

```
</head>
<body>
<form action="usingCookie.jsp" method="post">
<table border="1">
<tr>
    <td>姓名：</td>
    <td><input type="text" name="name"></td>
</tr>
<tr>
    <td>性别：</td>
    <td>男<input type="radio" name="sex" value="M" checked> 女<input
        type="radio" name="sex" value="F"></td>
</tr>
<tr>
    <td>喜好颜色：</td>
    <td><select size="1" name="color">
        <option selected>none
        <option>blue
        <option>green
        <option>red
        <option>yellow
    </select></td>
    <td colspan="2" align="center"><input type="submit" value="发送资料">
    </td>
</tr>
</table>
</form>
</body>
</html>
```

usingCookie.jsp 代码如下：

```
<%@page contentType="text/html"%>
<%@page pageEncoding="GB2312"%>
<%
request.setCharacterEncoding("gb2312");
%>
<html>
<head>
<title>运用 Cooike</title>
</head>
<body>
<%
String strname = request.getParameter("name");
String strsex = request.getParameter("sex");
String strcolor = request.getParameter("color");

Cookie nameCookie = new Cookie("name", strname);
Cookie sexCookie = new Cookie("sex", strsex);
```

```
Cookie colorCookie = new Cookie("color", strcolor);

response.addCookie(nameCookie);
response.addCookie(sexCookie);
response.addCookie(colorCookie);

response.sendRedirect("responseCookie.jsp");
%>
</body>
</html>
```

responseCookie.jsp 代码如下：

```
<%@page contentType="text/html; charset=gb2312"%>
<%@page pageEncoding="GB2312"%>
<html>
<head>
<title>获取 Cookie 资料</title>
</head>
<body>
<%
Cookie cookies[] = request.getCookies();
    if (cookies == null) //如果没有任何 Cookie
out.print("没有 Cookie");
    else {
    try {
        if (cookies.length == 0) {
            System.out.println("客户端禁止写入 Cookie");
        } else {


int count = cookies.length;
String name = "", sex = "", color = "";

for (int i = 0; i < count; i++)
    if (cookies[i].getName().equals("name"))
        name = cookies[i].getValue();
    else if (cookies[i].getName().equals("sex"))
        sex = cookies[i].getValue();
    else if (cookies[i].getName().equals("color"))
        color = cookies[i].getValue();
%>
<font color="<%=color%>" size="5"><%=java.net.URLDecoder.decode(name)%></font>
您好，以下是您的个人资料…
<p>
<%
out.println("性别：<br>");
```

```
if (sex.equals("M"))
        out.println("<img src = 'boy.jpg'>我是男生..<p>");
else
        out.println("<img src = 'girl.jpg'>我是女生..<p>");

            }
        }

        catch (Exception e) {
            System.out.println(e);
        }
}

%>

</body>
</html>
```

查看 usingCookie.html 网页，在表单中输入所需资料信息，单击“发送资料”按钮，如图 6-14 所示。在表单中输入的数据被存储至 Cookie 当中，接下来转至 responseCookie.jsp，将 Cookie 数据取出并在浏览器中显示，如图 6-15 所示。

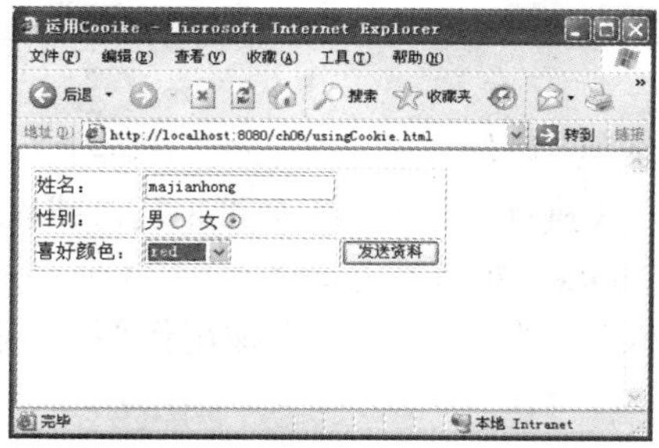

图 6-14　提交用户信息

图 6-15　应用 Cookie 保存用户信息

第 5 章学习了 session 对象，通常采用 session 对象来保存用户的信息，可以在多个页面之间跳转时保持有效，而此例采用 Cookie 对象来保存用户的信息。usingCookie.jsp 把用户信息存入 Cookie 当中，responseCookie.jsp 读取 Cookie 中的用户数据，可以得到和 session 对象同样的效果。

另外，可以在 usingCookie.jsp 中使用 setMaxAge()方法设置 Cookie 对象的存在期限。这样，Cookie 对象就会保存在硬盘中的 Cookies 文件夹中，如文件 administrator@ch06[1].txt。用户可以不用从 usingCookie.html 登录，直接打开 responseCookie.jsp 就可以读取 Cookie 中的用户数据。不论浏览器是否关闭，或者服务器是否重启，只要该文件还存在，就会一直保留用户的信息。Cookie 和 session 的关系以及 Cookies 和 session 有什么本质区别请大家查阅相关资料，这里不再详述。

在此例中还存在一个问题，就是如果输入的用户名是中文的话会出现乱码，虽然在第 7 章有解决中文乱码的方法，但是在这里并不适用。若想解决乱码问题，可以采用如下方法：

使用 java.net.URLEncoder.encode()对要传递的中文进行编码，在传参数之前先把参数进行转码，java.net.URLEncoder.encode(param);取值时用语句 java.net.URLDecoder.decode(param);再转回中文。

把 usingCookie.jsp 中创建 Cookie 的代码

```
Cookie nameCookie = new Cookie("name", strname);
```

改为：

```
Cookie nameCookie = new Cookie("name", java.net.URLEncoder.encode(strname));
```

把 responseCookie.jsp 中显示用户名的代码

```
<font color="<%=color%>" size="5"><%=name%></font>
```

改为：

```
<font color="<%=color%>" size="5"><%=java.net.URLDecoder.decode(name)%></font>
```

即可解决中文乱码问题。

6.4 Cookie 的安全问题

使用 Cookie 的目的就是为用户带来方便，为网站增值。虽然有着许多误传，事实上 Cookie 并不会造成严重的安全威胁。Cookie 永远不会以所有方式执行，因此也不会带来病毒或攻击用户的系统。另外，由于浏览器一般只允许存放 300 个 Cookie，每个站点最多存放 20 个 Cookie，每个 Cookie 的大小限制为 4 KB，因此 Cookie 不会塞满用户的硬盘，更不会被用作“拒绝服务”攻击手段。

1. Cookie 欺骗

Cookie 记录着用户的账户 ID、密码之类的信息，如果在网上传递，通常使用的是 MD5 方法加密。这样经过加密处理后的信息，即使被网络上一些别有用心的人截获，也看不懂，因为他看到的只是一些无意义的字母和数字。然而，现在遇到的问题是，截获 Cookie 的人不需要知道这些字符串的含义，他们只要把别人的 Cookie 向服务器提交，并且能够通过验证，他们就可以冒充受害人的身份，登录网站，这种方法叫做 Cookie 欺骗。Cookie 欺骗实现的前提条件是服务器的验证程序存在漏洞，并且冒充者要获得被冒充的人的 Cookie 信息。目前网站的验证程序要排除所有非法登录是非常困难的，例如，编写验证程序使用的语言可能存在漏洞。而且要获得别人的 Cookie 是很容易的，用支持 Cookie 的语言编写一小段代码就可以实现，只要把这段代码放到网络里，那么所有人的 Cookie 都能够被收集。如果一个论坛允许 HTML 代码或者允许使用 Flash 标签，就可以利用这些技术收集 Cookie 的代码放到论坛里，然后给帖子取一个吸引人的主题，写上有趣的内容，很快就可以收集到大量的 Cookie。在论坛上，有许多人的密码就是被这种方法盗去的。至于如何防范，目前还没有特效药，用户也只能使用通常的防护方法，不要在论坛里使用重要的密码，也不要使用 IE 自动保存密码的功能，以及尽量不登录不了解底细的网站。

2. Flash 的代码隐患

Flash 中有一个 getURL()函数，Flash 可以利用这个函数自动打开指定的网页。因此它可能把用户引向一个包含恶意代码的网站。例如，当用户在自己电脑上欣赏精美的 Flash 动画时，动画帧里的代码可能已经悄悄地连上网，并打开了一个极小的包含有特殊代码的页面。这个页面可以收集用户的 Cookie、也可以做一些其他的事情，比如在用户的机器上种植木马甚至格式化用户硬盘等。对于Flash的这种行为网站是无法禁止的，因为这是 Flash 文件的内部行为。用户所能做到的，如果是在本地浏览尽量打开防火墙，如果防火墙提示的向外发送的数据包并不知悉，最好禁止。如果是在 Internet 上欣赏，最好找一些知名的大网站。

3. 隐私、安全和广告

Cookie 在某种程度上说已经严重危及用户的隐私和安全。其中的一种方法是：一些公司的高层人员为了某种目的(比如市场调研)而访问了从未去过的网站(通过搜索引擎查到的)，而这些网站包含了一种叫做“网页臭虫”的图片，该图片透明，且只有一个像素大小(以便隐藏)，它们的作用是将所有访问过此页面的计算机写入 Cookie。而后，电子商务网站将读取这些 Cookie 信息，并寻找写入这些 Cookie 的网站，随即发送包含了针对这个网站的相关产品广告的垃圾邮件给这些高级人员。

因为更具有针对性，使得这套系统行之有效，收到邮件的客户或多或少表现出对产品的兴趣。这些站点一旦写入 Cookie 并使其运作，就可以从电子商务网站那里获得报酬，以维持网站的生存。

鉴于隐藏的危害性，瑞典已经通过对 Cookie 立法，要求利用 Cookie 的网站必须说明 Cookie 的属性，并且指导用户如何禁用 Cookie。

4. 偷窃 Cookie 和脚本攻击

尽管 Cookie 没有病毒那么危险，但它仍包含了一些敏感信息：用户名、计算机名、使用的浏览器和曾经访问的网站。用户不希望这些内容泄漏出去，尤其是当其中还包含有私人信息的时候。

这并非危言耸听，一种名为 Cross site scripting 的工具可以达到此目的。在受到 Cross site scripting 攻击时，Cookie 盗贼和 Cookie 毒药将窃取内容。一旦 Cookie 落入攻击者手中，它将会重现其价值。Cookie 盗贼搜集用户 Cookie 并发给攻击者的黑客。攻击者将利用 Cookie 信息通过合法手段进入用户账户。Cookie 毒药利用安全机制，攻击者加入代码从而改写 Cookie 内容，以便持续攻击。

6.5 小　结

Cookie 是设计交互式网页的一项重要技术，它可以将一些简短的数据存储在用户的计算机上，这些存放在用户计算机上的变量数据，称为 Cookie。当浏览器向服务器提出网页浏览请求时，服务器根据存储在用户计算机上面的 Cookie 内容，针对此浏览器显示其专门的内容。

本章介绍了 Cookie 的概念和特征，以及在 JSP 中如何使用 Cookie。并给出了两个简单例子加以说明。Cookie 是设计交互式网页的一项重要技术，希望读者可以更加深入地了解并掌握。

6.6 习 题

6.6.1 选择题

1. 在 web 程序中，Cookie 和 session 的信息保存位置分别是( )。

A. Cookie 保存在客户端，session 保存在服务器端

B. Cookie 和 session 都保存在客户端

C. Cookie 和 session 都保存在服务器端

D. Cookie 保存在服务器端，session 保存在客户端

2. 有关会话跟踪技术描述不正确的是( )。

A. Cookie 是 Web 服务器发送给客户端的一小段信息，客户端请求时，可以读取该信息发送到服务器端

B. 关闭浏览器意味着会话 ID 丢失，但所有与原会话关联的会话数据仍保留在服务器上，直至会话过期

C. 在禁用 Cookie 时可以使用 URL 重写技术跟踪会话

D. 隐藏表单域将字段添加到 HTML 表单并在客户端浏览器中显示

3. J2EE 中，Servlet API 为使用 Cookie，提供了( )类。

A. Javax.servlet.http.Cookie

B. Javax.servlet.http.HttpCookie

C. Javax.servlet. Cookie

D. Javax.servlet.http. HttpCookie

4. 带有名为 myCookie 的 Cookie 存在于客户计算机上，服务器发送一个同名的 Cookie。这会导致( )。

A. 新 Cookie 重写到老的 Cookie　　B. 新 Cookie 被拒绝

C. 作为拷贝存储新 Cookie　　D. 抛出一个异常

5. 不能在不同用户之间共享数据的方法是( )。

A. 通过 Cookie

B. 利用文件系统

C. 利用数据库

D. 通过 ServletContext 对象

6. 获取一个 Cookie[]可以通过( )。

A. request.getCookies()

B. request.getCookie()

C. response.getCookies()

D. response.getCookie()

7. 发送 Cookie 可以( )。

A. 使用 new Cookie 语句

B. 调用 response.addCookie 方法

C. 使用 Cookie 的 setMaxAge 方法

D. setCookie 方法

8. 将 Cookie 保存到客户端，就是为了以后得到其中保存的数据。以下说法错误的是( )。

A. 调用 HttpServletRequest 的 getCookies 得到一个 Cookie 对象的数组

B. 在客户端传来的 Cookie 数据类型都是数组类型，因此要得到其中某一项指定的 Cookie 对象，需要遍历数组来找

C. 在客户端传来的 Cookie 数据类型都是枚举类型，因此要得到其中某一项指定的 Cookie 对象，需要指定元素位置来找

D. JSP 将调用 request.getCookies()从客户端读入 Cookie，getCookies()方法返回一个 HTTP 请求头中的内容对应的 Cookie 对象

9. Cookie 调用 getValue( )方法取得( )。

A. 与指定名字关联的值

B. 从客户端读入 Cookie

C. 检查各个 Cookie 的名字

D. 检查各个 Cookie 的值

10. 下面的代码中，使用 setMaxAge()方法设置 Cookie 对象 login 在一天之内都有效的是( )。

A. login.setMaxAge(3600);

B. login.setMaxAge(86400);

C. login.setMaxAge(1);

D. login.setMaxAge(7200);

6.6.2 判断题

1. 当用户关闭浏览器的时候，Cookie 的数据便会消失。 ( )

2. Cookie 实质上是服务器端与客户端之间传送的普通 HTTP 头，可以保存也可以不保存在客户的硬盘上。 ( )

3. Cookie 在生成时就会被指定一个 Expire 值，这就是 Cookie 的生存周期，在这个周期内 Cookie 有效，超出周期 Cookie 就会被清除。 ( )

4. 使用 Cookie 的目的就是为用户带来方便，为网站带来增值，但是事实上 Cookie 会造成严重的安全威胁。 ( )

5. Cookie 中的内容大多数经过了加密处理，因此在我们看来只是一些毫无意义的字母数字组合，只有服务器的 CGI 处理程序才知道它们真正的含义。 ( )

6.6.3 填空题

1. Cookie数据存储的功能由__________所提供，因此，Cookie功能都必须要有浏览器的支持才行。

2. Response 对象的 addCookie(Cookie cookie)方法添加一个__________对象，用来保存客户端的用户信息。

3. 用 Request 的__________方法可以获得这个 Cookie。

4. 用 Response 对象的__________方法可以将 Cookie 对象写入客户端。

5. 要删除某一个客户端的 Cookie，必须使用前面的 setMaxAge()方法，并将 Cookie 的存在期限设为__________。

6.6.4 简答题

1. 简述 Cookie 的概念与使用方式。

2. 查看自己计算机上 Cookie 文件的保存位置。浏览网页，运行本书的例子，看是否会把信息记录在此位置？文件是如何命名的？文件的内容是什么？

3. Cookie 的常见用途有哪些？

4. Cookie 与 session 有何不同？

6.6.5 编程题

理解并掌握 Cookie 的作用及利用 Cookie 实现用户的自动登录功能，如图 6-16 所示。

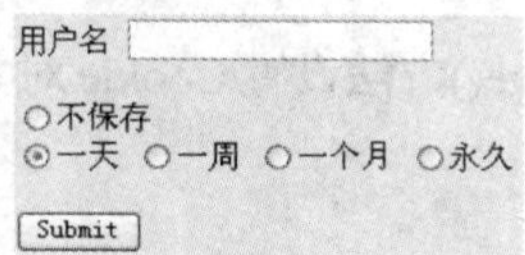

图 6-16　应用 Cookie 保存用户信息

当服务器判断出该用户是首次登录时，会自动跳转到登录页面等待用户登录，并填入相关信息。通过设置 Cookie 的有效期限来保存用户的信息。关闭浏览器后，验证是否能够自动登录，若能登录，则打印欢迎信息；否则跳转到登录页面。

第 7 章

JavaBean和表单处理

JavaBean 是一种可重用组件技术，可以将内部动作封装起来，用户不需要了解其如何运行，只需要知道如何调用及处理对应的结果即可。在动态网站开发应用中，使用 JavaBean 可以简化 JSP 页面的设计与开发，提高代码可读性，从而提高网站应用的可靠性和可维护性。本章首先讲解了 JSP 的设计模式——非 MVC 模式(Model1)和 MVC 模式(Model2)，然后介绍了 JavaBean 的基础知识，以及如何在动态网站开发中创建与使用 JavaBean，并举例说明 JavaBean 技术如何应用在表单上。

本章学习目标

◎ 掌握 JSP 的两种设计模式
◎ 掌握如何创建一个 JavaBean
◎ 掌握使用 JavaBean 技术处理表单

7.1 非 MVC 模式(Model1)

在基于 JSP 的 B/S 程序开发中，可以采用不同的程序模式。非 MVC 模式(Model1)是一种最初级的模式，它以 JSP 文件为中心，在这种模式中 JSP 页面不仅负责表现逻辑，也负责控制逻辑。非 MVC 模式有两种结构。项目中只有 JSP 页面组成的 Web 应用程序和 JSP + JavaBean 技术组成的 Web 应用程序。

7.1.1 Model1 的特点

最简单的方法就是直接使用 JSP 文件开发所有功能。这种模式对于初学者来说，逻辑比较简单，容易理解，但是不容易实现复杂的页面功能，而且当功能复杂时，代码的可读性差。这种结构的优点是简单，可以快速地搭建原型，适合涉及几个 JSP 页面的非常小型的应用。但它也有非常多的缺点：

- HTML 和 Java 强耦合在一起。JSP 页面中 HTML 与大量的 Java 代码交织在一起，给页面设计带来极大困难的同时，也给阅读代码、理解程序带来干扰。
- 极难维护与扩展。在 JSP 页面中直接嵌入访问数据的代码及 SQL 语句，会使数据库的任何改动都必须打开所有的 JSP 页面进行维修，当有几十个甚至几百个 JSP 页面时，改动的工作量是非常大的。
- 不方便调试。业务逻辑与 HTML 代码，甚至 JavaScript 代码强耦合在一起，极难定位错误。

现在网上很多开源的 JSP 代码都是这种结构，不过在实际项目中应该少用或根本不使用这种结构，因为此结构完全没有体现出 JSP 技术的强大优势。

JSP + JavaBean 技术组成的应用程序模式中，JSP 页面不仅负责表示逻辑，也负责控制逻辑，而业务逻辑则由 JavaBeans 来实现，如图 7-1 所示。在专业书籍中这种方式称之为逻辑耦合在页面中。这种处理方式对一些规模很小的项目，如一个简单的留言簿，没什么太大的坏处，实际上，人们开始接触一些新的东西(例如用 JSP 访问数据库)，往往喜欢别人能提供一个包含这一切的单个 JSP 页面，因为这样就可以在一个页面上把握全局，便于理解。这种结构的优点如下：

- 纯净的 JSP 页面。因为业务逻辑和数据库操作已经从 JSP 页面中剥离出来，JSP 页面中只需嵌入少量的 Java 代码甚至不使用 Java 代码。
- 可重用的组件。设计良好的 JavaBean 可以重用，甚至可以作为产品销售，在团队协作的项目中，可重用的 JavaBean 将会大大减少开发人员的工作量，加快开发进度。
- 方便进行调试。因为复杂的操作都封装在一个或者多个 JavaBean 中，错误比较容易定位。
- 易维护易扩展。系统的升级或者更改往往集中在一组 JavaBean 中，而不用编辑所有的 JSP 页面。

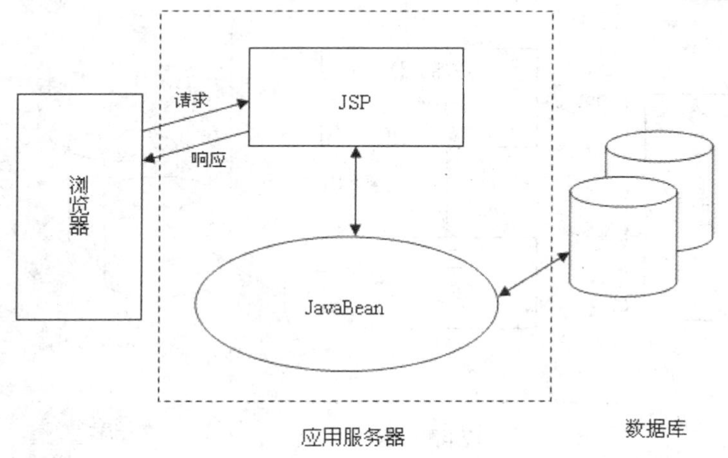

图 7-1　JSP + JavaBean 技术组成的应用程序模式

7.1.2　Model1 的应用范围

Model1 模式的表现逻辑和控制逻辑全部逻辑耦合在页面中，这种处理方式比较适用于一些规模很小只有几个简单页面的项目。用 Model1 模式开发大型项目时，程序流向由一些互相能够感知的页面决定，当页面很多时，要清楚地把握其流向将是很复杂的事情，当用户修改一页时，可能会影响相关的很多页面，大有牵一发而动全局的感觉，使得程序的修改与维护变得异常困难；还有一个问题就是程序逻辑开发与页面设计纠缠在一起，既不便于分工合作也不利于代码的重用，这样的程序其健壮性和可伸缩性都不好。

7.2　MVC 编程模式(Model2)

为了克服 Model1 的缺陷，人们引入了三层模型，术语称作 MVC 模式(Model2)。Model2 架构基本上是基于模型视图控制器(MVC，Model-View-Controller)的设计模式，这种模式比较适合构建复杂的应用程序。

7.2.1　什么是 MVC 模式

Model2 的结构如图 7-2 所示，用户通过提交请求与 Controller 组件(通常表现为 Servlets)交互。接着 Controller 组件实例化 Model 组件(通常表现为 JavaBeans 或者类似技术)，并且根据应用的逻辑操纵它们。Model 被创建后，Controller 就要确定为用户显示的 View(常常表现为 JSP)，同时 View 与 Model 交互操作，获得并显示相关数据。在下一个请求被提交到 Controller 重复上述操作之前，View 可以修改 Model 的状态。

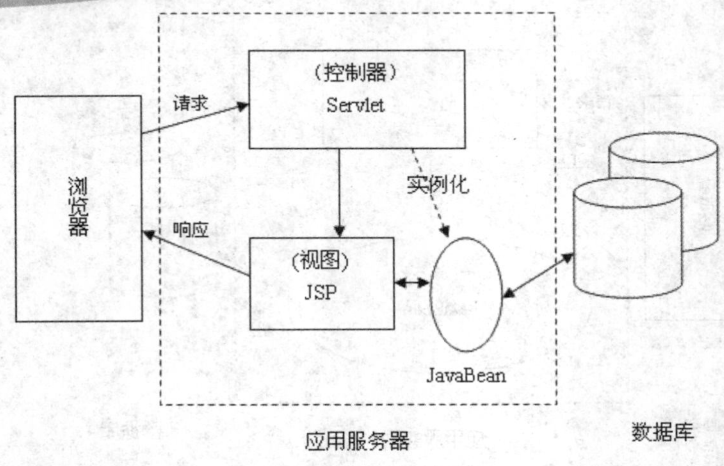

图 7-2　Model2 的结构

Model2 模式引入了“控制器”这个概念，控制器一般由 Servlet 来担任，客户端的请求不再直接送给一个处理业务逻辑的 JSP 页面，而是送给这个控制器，再由控制器根据具体的请求调用不同的事务逻辑，并将处理结果返回到合适的页面。因此，这个 Servlet 控制器为应用程序提供了一个进行前后端处理的中枢。一方面为输入数据的验证、身份认证、日志及实现国际化编程提供了一个合适的切入点，另一方面也提供了将业务逻辑从 JSP 文件分离的可能。业务逻辑从 JSP 页面分离后，JSP 文件蜕变成一个单纯完成显示任务的东西，这就是常说的 View。而独立出来的事务逻辑变成人们常说的 Model，再加上控制器本身，就构成了 MVC 模式。实践证明，MVC 模式为大型程序的开发及维护提供了巨大的便利。

MVC 设计模式很清楚地划定了程序员与设计者的角色界限。换句话说，从商业逻辑上拆解了数据。这种模式让设计者集中于设计应用程序的显示部分，而让开发者集中于开发驱动应用程序功能所需的组件。

7.2.2　MVC 模式在 Web 编程中的应用

MVC 模式有多种变异，不过它们都是基于相同的基础结构：应用程序的数据模型(Model)、代码显示(View)，以及程序控制逻辑(Controller)是存在其中的独立但能相互间通信的组件。模型组件描述并处理应用程序数据，视图指的是用户接口，它反映的是模型数据并把它递交给用户。控制器是将视图上的行为(例如按下 Submit 按钮)映射到模型上的操作(例如，检索用户详细信息)。模型更新后，视图也被更新，用户就能够完成更多行为。MVC 模式使代码易懂而且使代码更容易重用；另外，在很多工程中视图经常要被更新，MVC 模式将模型和控制器与这些所做的更改独立开来。

MVC 模式是一种非常理想化的设计模式，应用 MVC 模式完成两个以上项目的人都有同样的体会，它们已经对以前的工作方法进行了彻底的改造。工作模式的改变要付出很大的代价，但现在有现成的技术架构可以采用，避免在项目中自己开发、摸索。开源 Apache Struts framework 提供了实现 MVC 设计模式最好的工具。

7.3 剖析 JavaBean

在开发 JSP 网页程序的过程中，如果需要的应用程序功能已经存在于其他网页中，最快的方法便是重复使用相同的程序代码，将内容复制到新的网页中，或是直接将其加载。

当应用程序的规模愈来愈大，复制程序代码的做法很快就会造成程序代码维护上的困难，为了维持不同版本功能的完整性与一致性，每次修改原始版本的程序代码其复本的程序代码必须一并改动，当一份程序代码同时应用于数十甚至于数百个网页内容时，对于 JSP 网页系统来说无异于一场灾难。

解决程序代码重复使用问题的方法很多，其中一个比较简单的方式便是将其写成子程序网页，其他的程序设计人员只需引用这个网页即可获得相同的功能而不需重新开发。当相同的功能需要调整时，只需修改子程序即可将所做的改变直接应用到使用此子程序的所有网页上。

利用前面章节所讨论的 include 指令，也可轻易解决一部分程序代码共享的问题。这对于小型的应用程序来说或许已经足够，然而当用户开发大规模的 JSP 网页系统程序时，事情就没有这么简单了。其中一个最大的问题在于如何将制作好的功能程序提供给其他程序开发人员，同时避免被不当修改，以至于衍生出难以维护的版本。

JSP 网页取得外部文件，并且将其嵌入当前的网页中，由于显露在外的程序代码非常容易被更改，因此很快便导致了各种不同的版本产生，如图 7-3 所示。

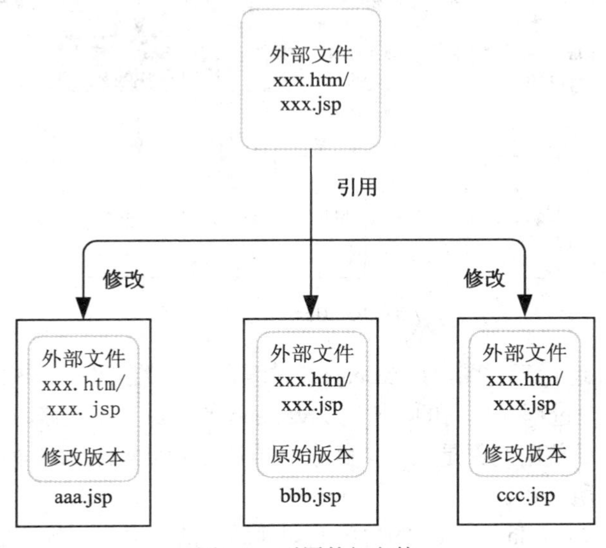

图 7-3　引用外部文件

为了彻底解决程序代码重复使用的问题，同时建立牢固的商业级应用程序，组件化的程序技术被发展起来，以提供这一方面相关问题的最佳解决方案。

7.3.1 什么是 JavaBean

JavaBean 从本质上来说是一种 Java 类，它通过封装属性和方法成为具有独立功能、可重复使用的，并且可与其他控件通信的组件对象。

将 JavaBeans 按功能分类，可分为“可视化的 JavaBeans”和“非可视化的 JavaBeans”两类。可视化的 JavaBeans 就是在画面上可以显示出来的 JavaBeans。通过显性接口接收数据并根据接收的信息将数据显示在画面上，这就是可视化 JavaBeans 的功能。一般用到的组件大部分都是可视化的。

非可视化的 JavaBeans，就是没有 GUI 图形用户界面的 JavaBeans。在 JSP 程序中常用来封装事务逻辑、数据库操作等，可以很好地实现业务逻辑和前台程序(如 JSP 文件)的分离，使系统具有更好的健壮性和灵活性。

用户可把 JavaBean 想象为功能特定且可重复使用的子程序，当应用程序需要提供相同的特定功能时，只需直接引用编译好的 JavaBean 组件即可，而不需编写重复的程序代码，如图 7-4 所示。

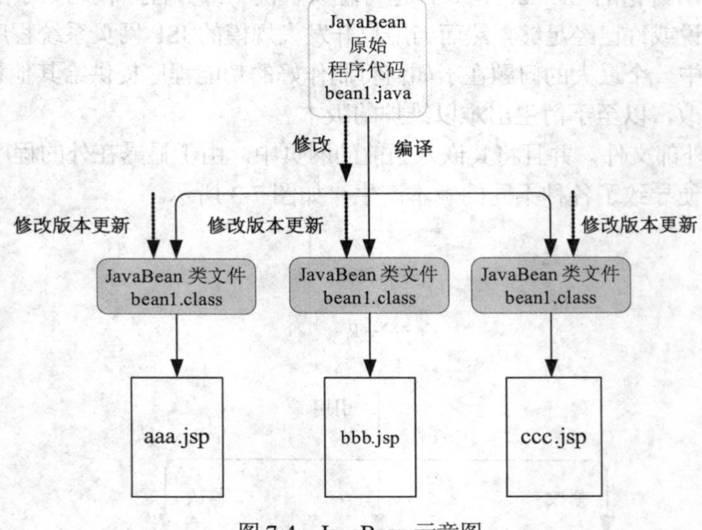

图 7-4 JavaBean 示意图

图 7-4 为 JavaBean 运行示意图，JavaBean 经过编译成为类文件，它由原始程序代码产生，然后由网页所引用。这个过程是单向的，使用 JavaBean 的网页并不能修改已编译的类文件，因此也可以保证所有的网页使用的都是同一个版本，同时由于类文件是编译过的组件，因此非常容易被其他的应用程序所引用。

通常用户并不需要知道 JavaBean 的内部是如何运作的，而只需知道它提供了哪些方法供用户使用。这如同在看电视时并不需要知道电视是怎么将画面显示出来的，而只需要知道按下哪个按钮可以切换频道，或是调整画质即可。

大型的 JSP 应用系统非常依赖 JavaBean 组件，它们用来封装所有包含运算逻辑的程序代码，画面数据的输出与展示部分则交由网页程序来处理，如此一来，当 JSP 网页需要 JavaBean 组件的功能时，只需在网页中直接引用此组件即可，以达到简化 JSP 程序结构、程序代码重复使用的目的，同时也能够提供应用程序扩充与修改的更大灵活性。

7.3.2 JavaBean 的特征

标准的 JavaBean 类必须满足以下 3 个条件。

(1) 该类必须包含没有任何参数的构造函数。例如一个 Java 类名为 UserBean，则这个类必须包含 public UserBean()这个不带有参数的构造函数。

(2) 该类需要实现 java.io.Serializable 接口。实现了 Serializable 接口的对象可以转换为字节序列，这些字节序列可以被完全存储以备以后重新生成原来的对象。目前一般不需要特殊申明 implements Serializable，已经默认实现了序列化。

(3) 该类必须有属性接口。也就是说，每个属性都要有 get()和 set()的属性操作方法。例如描述一个用户的类 UserBean，它的用户属性名为 userName，那么这个类中必须同时包含 getUserName()和 setUserName ()这两个方法。

【例 7-1】下面是一个 JavaBean 文件，文件名为 UserBean.java。

```
package jsp.test;
public class UserBean {
    private String userName;        //用户名
    private String pwd;             //密码
    private String name;            //真实姓名
    private String gender;          //性别
    private int age;                //年龄
    private String email;           //电子邮件
    private String tel;             //固定电话
    private String mphone;          //手机
    public int getAge() {
        return age;
    }
    public void setAge(int age) {
        this.age = age;
    }
    public String getEmail() {
        return email;
    }
    public void setEmail(String email) {
        this.email = email;
    }
    public String getGender() {
        return gender;
    }
    public void setGender(String gender) {
        this.gender = gender;
    }
    public String getMphone() {
        return mphone;
    }
    public void setMphone(String mphone) {
        this.mphone = mphone;
    }
    public String getName() {
```

```
            return name;
        }
        public void setName(String name) {
        this.name = name;
        }
        public String getPwd() {
        return pwd;
        }
        public void setPwd(String pwd) {
            this.pwd = pwd;
        }
        public String getTel() {
            return tel;
        }
        public void setTel(String tel) {
            this.tel = tel;
        }
        public String getUserName() {
            return userName;
        }
        public void setUserName(String userName) {
            this.userName = userName;
        }
    }
```

这里再来详细介绍一下这个 JavaBean 的结构。对于动态网站开发应用中，最常用的 JavaBean 类是描述各种业务对象的 Java 类，例如一个网上书店系统可能包含用户、图书、用户订单和订单条目等业务对象，在设计时经常为每个业务对象制作一个对应的 JavaBean 类。这里的 UserBean 类就是针对用户来设计的。UserBean.java 中最重要的两个部分是属性和方法，它包括 userName(用户名)、pwd(密码)、name(真实姓名)、gender(性别)、age(年龄)、email(电子邮件)、tel(固定电话)和 mphone(手机)这 8 个属性，同时每个属性都有 get()和 set()两个对应的方法，因此这个类总共有 16 种方法。当然，根据需要，JavaBean 还可以添加其他的方法。

7.3.3 创建一个 JavaBean

现在具体介绍如何在 MyEclipse(或 Eclipse)中创建一个 JavaBean。以 7.3.2 节中的 UserBean.java 为例来说明如何操作。

(1) 打开需要创建 JavaBean 的项目工程 test，新建一个类名为 UserBean，Package 路径为 jsp.test 的 Java 类。这时 MyEclispe(或 Eclipse)左侧窗口中显示项目树结构，同时，MyEclispe(或 Eclipse)会自动打开新建的 Java 类，文件内容如图 7-5 所示。

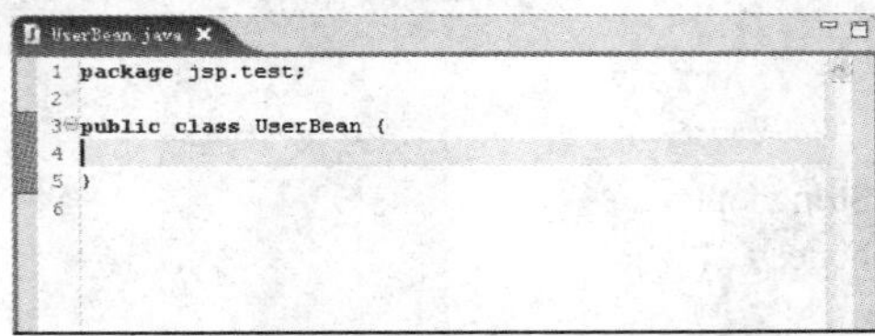

图 7-5　UserBean 类的默认内容

(2) 在 UserBean.java 文件中输入前面所描述的 8 个属性，而且每个属性都是私有的(private)，这样保证只有 JavaBean 自己本身可以直接调用修改这些属性，外部类只能调用 get 和 set 属性方法来获取或修改 JavaBean 的属性，修改结果如图 7-6 所示。

```java
package jsp.test;

public class UserBean {
    private String userName;

    private String pwd;

    private String name;

    private String gender;

    private int age;

    private String email;

    private String tel;

    private String mphone;

}
```

图 7-6　加入属性后的 UserBean 类

(3) 创建 JavaBean 类的方法。使用 MyEclipse(或 Eclipse)这样的集成开发工具来编写 JavaBean，用户不需要手动输入类的方法，只需要确定类的属性后使用开发工具的菜单功能就可以完成。具体方法是选择“源代码”|“生成 Getters and Setters……”命令，弹出如图 7-7 所示的对话框。单击“全部选定”按钮，程序会自动选中所有属性的 get()和 set()方法，窗口下面会提示“已选择 16 个中的 16 个”。

(4) 单击“确定”按钮，MyEclipse(或 Eclipse)会自动生成所有属性的 get()和 set()方法，如图 7-8 所示，用户可以根据需要，添加其他方法。对于 UserBean.java 类不需要其他的方法，至此整个 JavaBean 的创建过程就结束了。

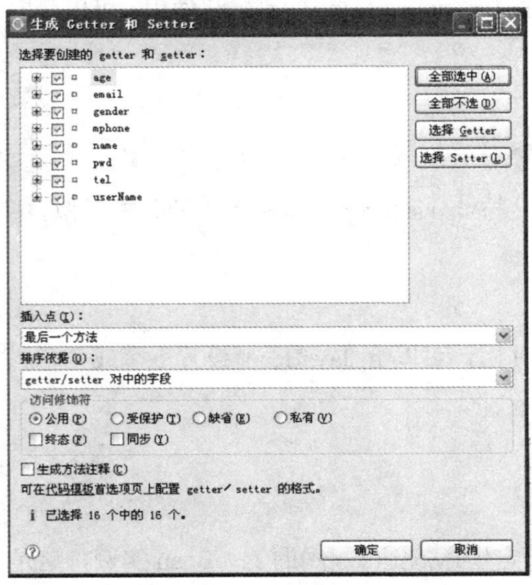

图 7-7　生成 Getters and Setters 对话框

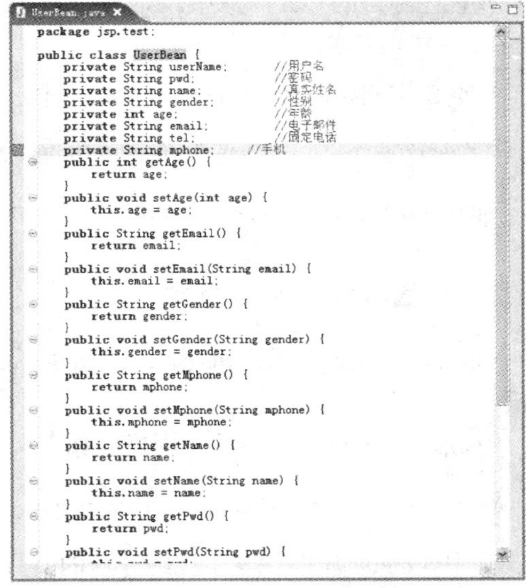

```java
package jsp.test;

public class UserBean {
    private String userName;        //用户名
    private String pwd;             //密码
    private String name;            //真实姓名
    private String gender;          //性别
    private int age;                //年龄
    private String email;           //电子邮件
    private String tel;             //固定电话
    private String mphone;      //手机
    public int getAge() {
        return age;
    }
    public void setAge(int age) {
        this.age = age;
    }
    public String getEmail() {
        return email;
    }
    public void setEmail(String email) {
        this.email = email;
    }
    public String getGender() {
        return gender;
    }
    public void setGender(String gender) {
        this.gender = gender;
    }
    public String getMphone() {
        return mphone;
    }
    public void setMphone(String mphone) {
        this.mphone = mphone;
    }
    public String getName() {
        return name;
    }
    public void setName(String name) {
        this.name = name;
    }
    public String getPwd() {
        return pwd;
    }
    public void setPwd(String pwd) {
```

图 7-8　自动生成 get()和 set()方法

7.4 在 JSP 中使用 JavaBean

在 JSP 中使用 JavaBean 最直接的方式就是在 page 指令中引入 JavaBean，接着实例化 JavaBean，然后就可以使用。

在 JSP 中有 3 个与 JavaBean 操作相关的标准标签，分别是<jsp:userBean>、<jsp:setProperty>和<jsp:getProperty>，可以使用它们引用并读取/设置 JavaBean 的属性值。

7.4.1 调用 JavaBean

<jsp:useBean>标签可以定义一个具有一定生存范围，以及一个唯一 ID 的 JavaBean 实例。这样 JSP 就可以通过这个 ID 来识别 JavaBean，也可以通过 id.method 类似的语句来操作 JavaBean。

<jsp:useBean>标签的常用格式如下：

```
<jsp:useBean id="name" class="classname" scope="page|request|session|application" />
```

在执行过程中，<jsp:useBean>首先会尝试寻找已经存在的具有相同 ID 和 scope 值的 JavaBean 实例，如果没有就会自动创建一个新的实例。

7.4.2 访问 JavaBean 属性

<jsp:getProperty>标签可以得到 JavaBean 的属性值，并将它们转换为 java.lang.String 类型，最后放置在隐含的 Out 对象中。<jsp:getProperty>标签和<jsp:useBean>标签一起使用，可以获取 JavaBean 中一个或多个属性值。

<jsp:getProperty>标签的常用格式如下：

```
<jsp:getProperty name="name" property="propertyName" />
```

<jsp:getProperty>标签中的 name 和 property 属性与<jsp:setProperty>标签中的基本类似。

7.4.3 设置 JavaBean 属性

<jsp:setProperty>标签和<jsp:useBean>标签一起使用，可以给 JavaBean 设置一个或多个属性值。

<jsp:setProperty>标签的常用格式如下：

```
<jsp:setProperty name="beanName" last_syntax />
```

其中，name 属性代表了已经存在的并且具有一定生存范围(scope)的 JavaBean 实例，这是通过<jsp:useBean>标签设置的 JavaBean 的 ID 属性。last_syntax 代表 4 种不同的语法形式：

- property="*"
- property="propertyName"

➢ property="propertyName" param="parameterName"
➢ property="propertyName" value="propertyValue"

7.4.4 JavaBean 的生命周期

<jsp:useBean>动作元素是 JSP 的精华之一，这个元素使得 JSP 成为具有强大扩充性和易维护性的体系结构。

Bean 的生命周期是一个很重要的概念，分为 page、request、session 和 application 这 4 种类型。通过设置 Bean 的 scope 属性值，可以使不同的程序需求拥有不同的生命周期。

在 C 语言等传统的程序设计语言中，变量的生命周期分为“全局变量”和“局部变量”两种。“局部变量”是指变量的生命周期在固定的区域内，当程序执行完这个区域后，则该变量就被释放而不存在了，且不能被区域外的程序所引用。“全局变量”是指变量的生命周期与整个程序的执行周期一致，而且不区分区域，可被所有的程序引用。与此概念类似，Bean 的 scope 属性就是用来限制一个 Bean 的有效区域与生命周期。然而由于 Web 应用程序的客户端/服务器结构，使得 Bean 的 scope 属性远比传统程序设计语言复杂。下面将对 Bean 的不同 scope 属性值进行说明，并比较它们之间的差异性。

1. page 范围

page 范围的 JavaBean 的生命周期是最短的，当一个网页由 JSP 程序产生并传送到客户端后，属于 page 范围的 JavaBean 也将被清除，至此生命周期告终。

当客户端发出请求给 Web 服务器后，对应客户端请求的 JSP 程序被执行。如果执行期间使用了 JavaBean，则产生这个 JavaBean 的实例化对象，并通过 get/set 类的方法来存取 JavaBean 内部的属性值。当 JSP 程序执行完成，并把结果网页传送给客户端后，属于 page 范围的 JavaBean 对象就会被清除，结束了它的生命周期。当有新的请求产生时，属于 page 范围的 JavaBean 都会产生新的实例化对象。

【例 7-2】建立一个名为具有计算访客人数功能的 JavaBean 类 Counter，在程序中定义一个名为 setCounter()的方法来设置属性值 Count，并且定义取得属性的方法 getCounter()，代码如下：

```
package bean;
public class Counter {
    public Counter() {
    }
    private int Count=0;
    public void setCounter(int count){
        Count=count;
    }
    public int getCounter(){
        return ++Count;
    }
}
```

接下来建立另外一个使用 Counter 组件的 JSP 网页 usingCounter.jsp，其代码如下：

```
<%@page contentType="text/html"%>
```

```
<%@page pageEncoding="GB2312"%>
<html>
    <head><title>示范 page 类型的生命周期</title></head>
    <body>
    <jsp:useBean id="count" scope="page" class="bean.Counter"/>
    <font color="red">演示：page </font><br>    <br>
    您是本站第
        <font color=blue>
            <jsp:getProperty name="count" property="counter"/>
    </font>位参观者
    </body>
</html>
```

运行结果如图 7-9 所示。当用户重复单击“刷新”按钮，会发现计数器的值不会增加，这是由于单击“刷新”按钮后该 JavaBean 对象即告消失，然后再重新建立一个新的 JavaBean 对象，因此计数器的值永远保持为 1，不会更新。

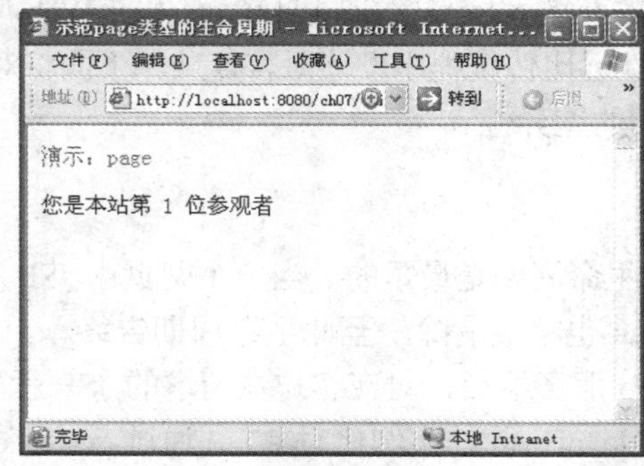

图 7-9 usingCounter.jsp 运行结果

2. request 范围

request 类型的生命周期除了该份网页之外，若该网页中使用到了<jsp:include>或<jsp:forward>操作指令，则其生命周期延伸至被 include 进来的页面或 forward 出去的网页。request 范围的 JavaBean 的生命周期与 JSP 程序的 request 对象同步。当一个 JSP 程序通过 forward 操作将 request 对象传送到下一个 JSP 程序时，属于 request 范围的 JavaBean 也将会随着 request 对象送出，因此由 forward 操作所串联起来的 JSP 程序可以共享相同的 JavaBean。

JSP 内置对象 request 有两个存取其他对象的方法：setAttribute()和 getAttribute()。如果一个 JavaBean 对象被设置为 request 范围时，JSP 引擎会把<jsp:useBean>标签中的 ID 属性值当作索引值，通过 setAttribute()方法将新产生的 JavaBean 对象放置在 request 对象中，当下一个 JSP 程序通过 forward 程序取得由前面传来的 request 对象时，可以通过 getAttribute()方法和索引值获取这个 Bean 对象。整个过程虽然很复杂，但是这些过程都被 JSP 引擎所实现了，用户只需要使用<jsp:useBean>标签就可以了，而不必关心背后的复杂过程。下面使用一个范例来说明。

【例 7-3】创建页面 setRequest.jsp。

```
<%@page contentType="text/html"%>
<%@page pageEncoding="GB2312"%>
<html>
```

```
        <head><title>request 类型的生命周期</title></head>
        <body>
        <jsp:useBean id="count" scope="request" class="bean.Counter"/>
        <font color="red">范围：request</font><br>
            您是本站第<font color=blue>
                <jsp:getProperty name="count" property="counter"/>
            </font>位参观者
            <jsp:forward page="request.jsp" />
        </body>
</html>
```

程序将 count 对象的生命周期定义为 request 类型。程序将网页转移至 request.jsp 网页。

当网页 request.jsp 开始运行时，首先会先建立一个生命周期为 request 的 count 对象，并读取 count 属性值，此时的 count 值等于 1，接着网页重新导向至 request.jsp。

```
<%@page contentType="text/html"%>
<%@page pageEncoding="GB2312"%>
<html>
        <head><title>request 类型的生命周期</title></head>
        <body>
        <jsp:useBean id="count"scope="request" class="bean.Counter"/>
         <font color="red">request.jsp</font><br><br>
         您是 request.jsp 网页的第<font color=blue>
         <jsp:getProperty name="count" property="counter"/>
         </font>位参观者<br>
         <%
                        out.println(" 这是 request.jsp 网页的计数器 !!");
         %>
        </body>
</html>
```

而在 request.jsp 这个网页程序中，因为 request 的周期尚未结束，所以在 setRequest.jsp 中的 count 值会延续到 request.jsp 这个页面中。当程序运行时便会根据上一页所传来的 count 值做加 1 操作，因此在 request.jsp 中所取得的 count 属性值为 2。运行结果如图 7-10 所示。

若将 setRequest.jsp 中的<jsp:forward>改为<jsp:include>，则 setRequest.jsp 的内容会先被显示出来，而后才会显示 request.jsp 中的数据，结果如图 7-11 所示。

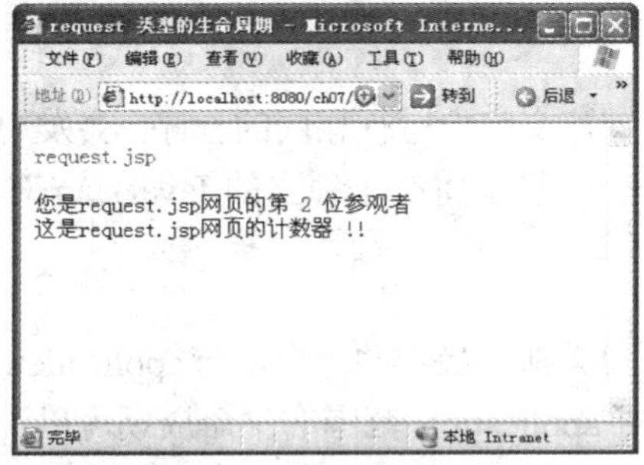

图 7-10　setRequest.jsp 运行结果

图 7-11　修改后 setRequest.jsp 运行结果

值得注意的是，仅仅可以通过 forward 操作将 JavaBean 对象传递给下一个 JSP 程序使用，而重定向 sendRedirect 是不能这样做的。因为重定向是将 URL 送到客户端后，再由客户端重新发出请求至新的 URL，因此无法将 request 对象传递出去，也就无法把 Bean 对象送到下一个 JSP 程序中处理了。

3. session 范围

由于 HTTP 协议是无状态的通信协议，在 Web 服务器端没有直接的方法可以维护每个客户端的状态，因此必须使用一些技巧来跟踪使用者。属于 session 范围的 JavaBean 的生命周期可以在一个使用者的会话期间存在。

【例 7-4】创建 usingCounter_session.jsp，代码在 usingCounter.jsp 基础上将其中的 scope 属性设为 session，运行结果如图 7-12 所示。

```
<%@page contentType="text/html"%>
<%@page pageEncoding="GB2312"%>
<html>
    <head><title>示范 session 类型的生命周期</title></head>
    <body>
    <jsp:useBean id="count"scope="session" class="bean.Counter"/>
    <font color="red">范围：session </font><br> <br>
    您是本站第
            <font color=blue>
                <jsp:getProperty name="count" property="counter"/>
    </font>位参观者
    </body>
</html>
```

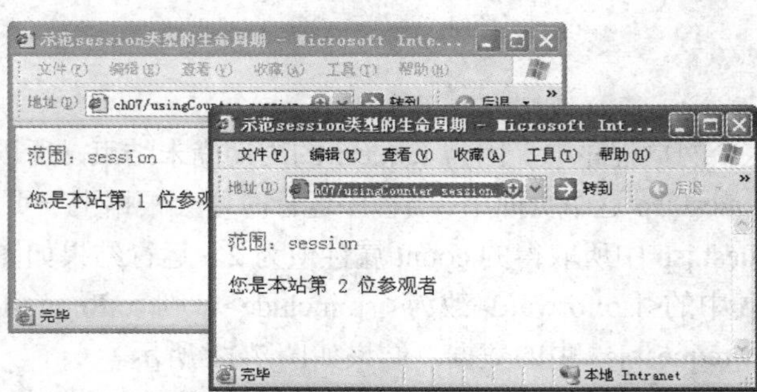

图 7-12　usingCounter.jsp 运行结果

由于生命期设为 session，因此每次在另一个新的浏览窗口中运行相同的程序，会发现新浏览窗口中的计数值是从头开始算起的，这说明了每一个联机都将产生独立的 JavaBean 对象。

4. application 范围

application 范围的 JavaBean 的生命周期是 4 类范围类别中最长的一个，当 application 范围的 JavaBean 被实例化后，除非是特意将它删除，否则 application 范围的生命周期可以说是和 JSP 引擎相当。当某个 JavaBean 属于 application 范围时，所在同一个 JSP 引擎下的 JSP 程序都可以共享这个 JavaBean。换句话说，只要有一个 JSP 程序将 JavaBean 设置为 application 范围，则在相同 JSP 引擎下的 Web 应用程序都可以通过这个 JavaBean 来交换信息。

修改 scope 属性，将其设置为 application，重新运行范例【7-4】，每一次同一个用户浏览更新其画面，计数器会不断累加。

如果打开一个新的浏览窗口并浏览此网页，会发现计数值并不会从头开始计算，由于设置 JavaBean 对象的生命周期为 application，所以每一个联机都共享同一个 JavaBean。(运行画面同范例【7-4】，用户可以自行尝试。)

7.4.5 类型自动转换规则

在程序执行过程中，有时会遇到需要将数据转换为特定类型的情况。使用<jsp:setProperty>设置 Bean 属性值时，它的 value 属性值都是字符串类型，系统会根据 Bean 中对应的属性类型进行转换。注意，如果将表达式的值设置为 beans 属性的值，表达式值的类型必须和 beans 的属性类型一致。如果将字符串设置为 beans 属性的值，这个字符串会自动被转化为 beans 的属性类型。例如，使用 request 对象的 getParameter()方法或者 getParammeterValues()方法从表单中得到的数据，可能是字符串类型或是字符串数组，在实际应用中常常需要得到其他类型，这就需要将字符转换为需要的类型。表 7-1 所示为数据类型之间的转换方法。

表 7-1 数据类型的转换方法

转换结果类型	转 换 方 法
byte	Byte.parseByte(String s) / Byte.valueOf(String s)
boolean	Boolean.parseBoolean(String s) / Boolean.valueOf(String s)
short	Short.parseShort(String s) / Short.valueOf(String s)
int	Integer.parseInteger(String s) / Integer.valueOf(String s)
long	Long.parseLong(String s) / Long.valueOf(String s)
float	Float.parseFloat(String s) / Float.valueOf(String s)
double	Double.parseDouble(String s) / Double.valueOf(String s)
string	String.valueOf(type t) 其中：type 可以是 float,int,double,object 等类型
object	New String(String s)

7.5 使用 JavaBean 处理表单数据

标签<form>所构成的表单区块，可以取得用户在其中的特定属性中输入的数据内容，在进行指定的逻辑运算之后，产生符合条件需求的网页内容，并重新将结果返回给浏览器，其整个过程如图 7-13 所示。

图 7-13 中左半部分为浏览器解释网页的部分，右半部分则是 Tomcat 服务器，当用户在提供 JSP 网页的网页表单中输入数据之后，重新返回至 Tomcat 启动数据处理网页，其中的 JSP 程序代码进行数据的处理运算，同时输出结果网页至浏览器中。

在整个过程中，处理数据网页、原始数据网页及结果输出网页，可以是同一份 JSP 网页文件或是不同的 JSP 文件，这要依据 JSP 程序开发人员的设计而定，其中的细节在本书以后的章节中会针对各个部分逐步进行说明、探讨。

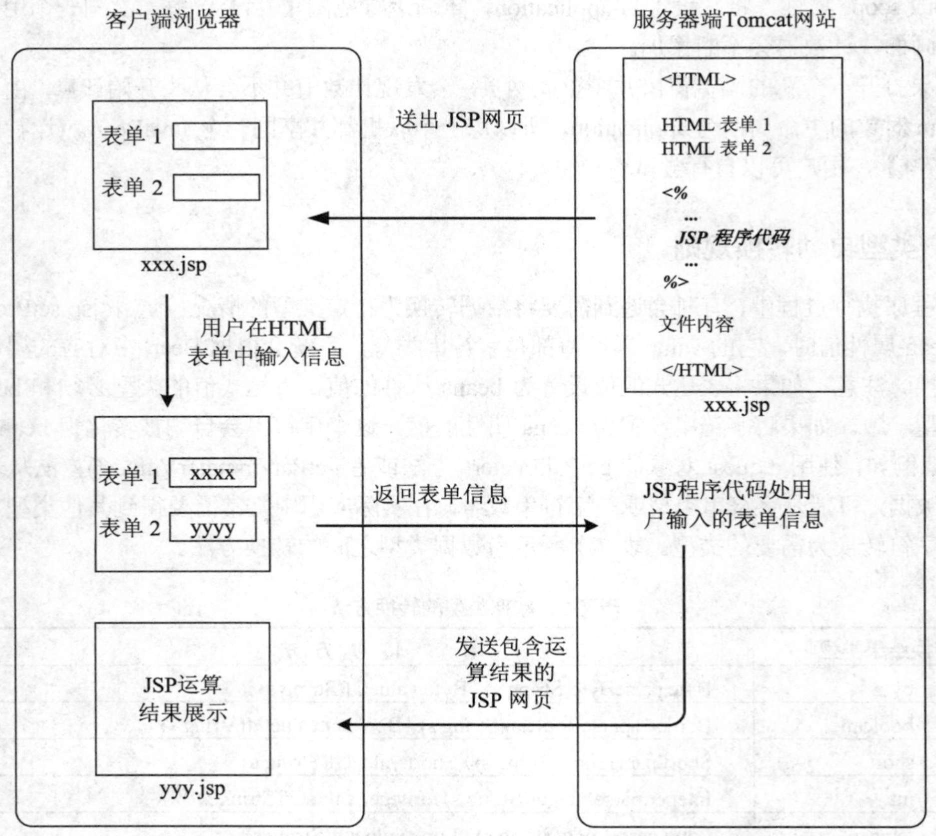

图 7-13　HTML 表单与 JSP 的应用

JSP 网页通过 HTML 表单属性的辅助，取得用户输入的数据内容，依据用户的需求与特定运算逻辑，在同一份 JSP 文件中展现不同的网页结果，达到与用户互动的目的，因此 HTML 表单属性标签对 JSP 而言是相当重要的，没有窗口对象的辅助，动态网页的技术将成为空谈。

表单是网页服务器赖以取得客户端数据的网页元素。表单可以很简单，例如一个仅包含用户账号与密码的登录表单，或是复杂如设置用户数据的会员注册网页。无论何种形式的表单，JSP 通过取得用户填入其中的数据内容，进行特定的逻辑运算，然后响应适当的信息，从而达到能够创建与用户进行交互的网页的目的。

7.5.1　JSP 处理与 form 相关的常用标签简单实例

request 对象为网页服务器端程序中，用以取得客户端表单属性内容数据的主要核心对象，表单与 request 对象搭配，创建交互式的动态网页。

request 对象使用得最为频繁，同时也是最重要的方法成员，GetParameter()是用以取得表单属性数据的最简单方法，引用此方法的语法如下：

```
request.GetParameter(strName)
```

该方法接收一个参数 strName，代表所要取得的表单属性名称。下面用一个范例进行说明。

【例 7-5】本范例包含两个文件，usingGetParameter.jsp 和 usingGetParameter.html，其中 usingGetParameter.html 让用户输入个人信息，服务器取得这些信息之后，利用 usingGetParameter.jsp 将其一一输出。

usingGetParameter.html 的代码如下：

```
<html>
  <head>
    <title>数据输入表单</title>
  </head>
  <body>
    <form action = "usingGetParameter.jsp" method = "post" >
        <table border = "0">
        <tr><td bgcolor = "#E1E1E1">姓名：</td>
        <td><input type = "text" name = "name"></td></tr>
        <tr><td bgcolor = "#E1E1E1">电话：</td>
        <td><input type = "text" name = "tel"></td>
        <tr><td bgcolor = "#E1E1E1">E-mail：</td>
        <td><input type = "text" name = "email"></td>
        <tr><td colspan = "2" align = "center">
        <input type = "submit" value = "确定">
        <input type = "reset" value = "取消">
        </td></tr>
        </table>
    </form>
  </body>
</html>
```

usingGetParameter.html 提供用户数据的输入画面，在这个输入表单中的定义了 3 个文字输入属性，名称分别为 name、tel 和 email，程序当中会以这 3 个名称作为变量数据的来源。

form 标签的 action 属性被设为 usingGetParameter.jsp，为处理表单数据的网页程序。当用户填写数据完毕，单击“确定”按钮，网页重新定向至 usingGetParameter.jsp，并且针对其中的属性数据进行处理。

usingGetParameter.jsp 的代码如下：

```
<%@page contentType="text/html"%>
<%@page pageEncoding="GB2312"%>
<html>
    <head><title>JSP Page</title></head>
    <body>
    <%
        String name = request.getParameter("name");
        String email = request.getParameter("email");
        String tel = request.getParameter("tel");
    %>
    Hi , <%=name%> 您好 : <br>    <br>
    您输入的个人数据如下<p>
    姓名：<%=name%><br>
```

```
    E-mail：<%=email%><br>
    电话：<%=tel%>
    </body>
</html>
```

引用 request 对象的 getParameter()方法取得各网页参数的数据，程序代码则是显示这些数据的内容。其运行结果如图 7-14 所示。

图 7-14　getParameter()方法应用结果

接下来利用另外一个完整的范例进行说明，使用 JSP+JavaBean 形式处理表单。

【例 7-6】本范例包含两个文件，showInfo.jsp 和 show.java，其中 showInfo.jsp 让用户输入个人信息，服务器取得这些信息之后，利用 show.java 这个 JavaBean 中的方法将其一一输出。

showInfo.jsp 的代码如下：

```
<%@ page contentType="text/html;charset=gb2312" language="java"   %>
<% request.setCharacterEncoding("gb2312");%>
<html>
<head>
  <title>显示用户信息</title>
</head>
<body>
<jsp:useBean id="user" scope="session" class="jsp.test.show" />
<jsp:setProperty name="user" property="*" />
<% if(request.getParameter("name")==null){%>
<form name="Example" method="post" action="">
<p> 姓名：<input type="text" name="name" size="15" maxlength="15"></p>
<p> 密码：<input type="password" name="password" size="15" maxlength="15"></p>
<p> 性别：<input type="radio" name="sex" value="Male" checked>男
          <input type="radio" name="sex" value="Female">女
</p>
<p>年龄：
   <select name="age">
     <option value="10">10 ~ 20</option>
     <option value="20" selected>21 ~ 30</option>
     <option value="30">31 ~ 40</option>
     <option value="40">41 ~ 65</option>
   </select>
```

```
    </p>
    <p>兴趣:
        <input type="checkbox" name="habit" value="Read">
        看书
        <input type="checkbox" name="habit" value="Football">
        足球
        <input type="checkbox" name="habit" value="Travel">
        旅游
        <input type="checkbox" name="habit" value="Music">
        听音乐
        <input type="checkbox" name="habit" value="Tv">
        看电视</p>
    <p>
    <input type="submit" value="传送">
    <input type="reset" value="清除">
    </p>
    </form>
    <%}else{%>
    姓名: <%=user.getName()%><br>
    密码: <%=user.getPassword() %><br>
    性别: <%=user.getSex() %><br>
    年龄: <%=user.getAge() %><br>
    爱好: <%=user.getHobby() %>
    <%} %>
    </body>
    </html>
```

showInfo.jsp 提供用户数据的输入画面，在这个输入表单中定义了 5 个属性，名称分别为 name、password、sex、age 和 habit，程序当中会以这 5 个名称作为变量数据的来源。

页面首次运行效果和提交后运行效果分别为图 7-15 和图 7-16 所示。

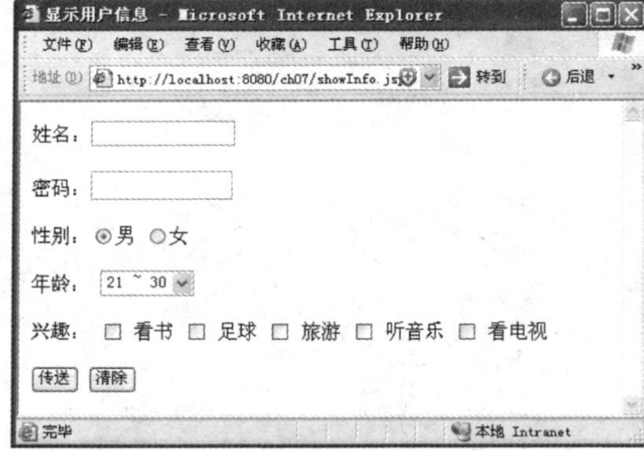

图 7-15 showInfo.jsp 首次运行结果

姓名：李四
密码：123456
性别：男
年龄：21 ~ 30
爱好：看书 足球 听音乐

图 7-16 信息提交后运行结果

show.java 的代码如下：

```
package jsp.test;
public class show {
 private String name,password,sex,age,hobby;
```

```
 private String[] habit;
 public String getAge() {
return age;
}
public void setAge(String age) {

    int age1 = Integer.parseInt(age);
    switch(age1)
    {
     case 10:
      this.age ="10～20";
        break;
     case 20:
      this.age ="21～30";
        break;
     case 30:
      this.age ="31～40";
        break;
     case 40:
      this.age ="41～65";
        break;
     default:
      this.age ="error";
        break;
    }
}
public String getName() {
return name;
}
public void setName(String name) {
this.name = name;
}
public String getPassword() {
return password;
}
public void setPassword(String password) {
this.password = password;
}
public String getSex() {

return sex;
}
public void setSex(String sex) {
    if(sex.equals("Male")){
```

```
            this.sex="男";
            }
            else{
             this.sex="女";
            }
    }
    public String[] getHabit() {
    return habit;
    }
    public void setHabit(String[] habit) {
    hobby = "";
    for (int i=0; i<habit.length; i++)
      {
        if(habit[i].equals("Read"))
          {
           hobby+="看书 ";
          }
        if(habit[i].equals("Football"))
          {
              hobby+="足球 ";
          }
        if(habit[i].equals("Travel"))
          {
              hobby+="旅游 ";
          }
        if(habit[i].equals("Music"))
          {
              hobby+="听音乐 ";
          }
        if(habit[i].equals("Tv"))
          {
              hobby+="看电视 ";
          }
      }
    }
    public String getHobby() {
    return hobby;
    }
    }
```

7.5.2 设置中文编码

前面讲述的范例运作得很好，但是它有一个很重大的缺陷，就是无法处理中文数据，重新运行范例，输入中文内容，会看到类似如图 7-17 所示的结果，其中的中文均变成了乱码。

为了避免出现这种情况，必须设置 request 对象的编码格式，使用 setCharacterEncoding()方法可以解决该问题。此方法接收一个代表编码格式的标识符串，简体中文的编码为 GB2312，在 usingGetParameter.jsp 网页的开始处加入下面程序代码：

```
<%request.setCharacterEncoding("GB2312") ; %>
```

完成设置之后，重新运行范例程序，得到如图 7-18 所示的正确结果。

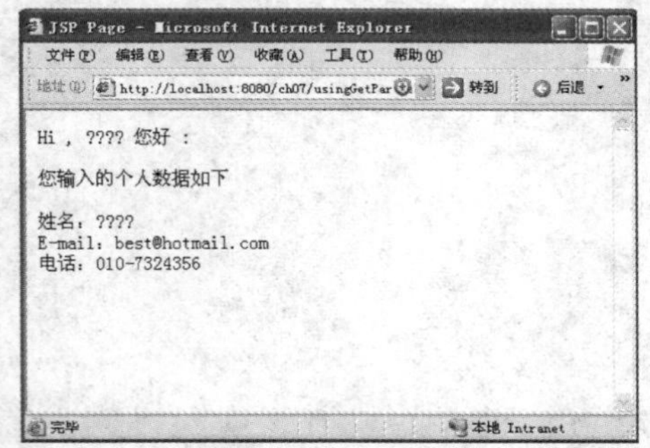

图 7-17　输入中文显示乱码

图 7-18　正确显示中文

7.5.3　Post 与 Get 的差异

前面介绍表单内容的过程中，曾经提及标签<form>的 Method 属性。该属性有两种可能值，Post 或 Get，这两种设置方式的主要差异在于数据的传送方式，前者将所要传送的数据包含在 HTTP 文件头中，如上述 GetParameter()方法的范例。后者则是将数据直接串接在网址栏的后端。两者都可使用 GetParameter()方法取得传送的数据内容。

下面重新修改上述范例 usingGetParameter.html，说明利用 Post 和 Get 传送数据的差异。下面为修改的程序代码片段，它将原先 Method 的属性从 Post 改为 Get，如下所示：

```
<form action = "usingGetParameter.jsp" method = "Get" >
```

重新运行此范例，运行结果如图 7-19 所示。

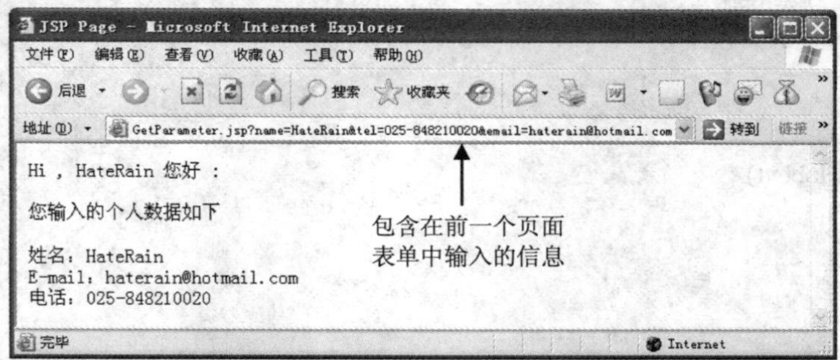

图 7-19　设置<Form>的 Method 属性值为 get

查看结果画面的网址，发现在前一张表单网页中所填入的属性信息，这一次全部被串在网址栏后面。

尽管 Post 和 Get 都可以取得所需的数据内容，然而必须注意的是，当网页所要传送的是属于机密性的数据，选择 Get 会将数据在传送的过程中显示出来，造成数据外泄，因此 JSP 程序设计人员必须慎选适当的数据传输方式。

7.6 小 结

在 JSP 程序中，使用 JavaBeans 封装事务逻辑、数据库操作等，可以很好地实现业务逻辑和前台程序(如 JSP 文件)的分离，使系统具有更好的健壮性和灵活性。本章介绍了 JavaBean 的基本概念及使用方法。使用 JavaBean 可以简化 JSP 页面的设计与开发，提高程序的可读性与可维护性。本章还介绍了在 MyEclispe(或 Eclipse)中快速创建 JavaBean 的方法，以及如何解决中文乱码问题，Get 和 Post 方法之间的差异。

7.7 习 题

7.7.1 选择题

1. <jsp:useBean>声明对象的默认有效范围为(　)。

A. page　　B. session　　C. application　　D. request

2. 编写 JavaBean 就是编写一个 Java 类，所以只要会写类就能编写一个 Bean，一个完整 JavaBean 在类的命名上需要遵守以下规则，其中错误的是(　)。

A. 类中方法的访问属性必须是 public 的

B. 对于 boolean 类型的成员变量，允许使用 is 代替 get

C. 类中如果有构造方法，那么这个构造方法也是 public 的，并且是无参数的

D. 在 JavaBean 中定义属性时，应该定义成 public

3. 关于 JavaBean 的说法，正确的是(　)。

A.JavaBean 的具体类可以不是 public 的

B. JavaBean 可以只提供一个带参数的构造器

C. jsp:userBean 可以向 HTML 标记一样不关闭

D. JavaBean 可以保存状态

4. 下边不是 MVC 中的组成部分的是(　)。

A.JavaBean　　B. FrameWork　　C. JSP　　D. Servlet

5. 下面正确使用 JavaBean 的方式的是(   )。

A. <jsp:useBean id="address" class="AddressBean" />

B. <jsp:useBean name="address" class="AddressBean"/>

C. <jsp:useBean bean="address" class="AddressBean" />

D. <jsp:useBean beanName="address" class="AddressBean" />

6. 在 JSP 中使用<jsp:getProperty>标记时，不会出现的属性是(   )。

A. name　　B. property　　C. value　　D.以上皆不会出现

7. 在 JSP 中调用 JavaBean 时不会用到的标记是：(   )

A.<javabean>　　B. <jsp:useBean>　　C.<jsp:setProperty>　　D. <jsp:getProperty>

8. 关于 JavaBean 正确的说法是(   )。

A. Java 文件与 Bean 所定义的类名可以不同，但一定要注意区分字母的大小写

B. 在 JSP 文件中引用 Bean，其实就是用<jsp:useBean>语句

C. 被引用的 Bean 文件的文件名后缀为.java

D. Bean 文件放在任何目录下都可以被引用

9. test.jsp 文件中有如下一行代码：

```
<jsp:useBean id="user" scope="__" type="com.UserBean">
```

要使 user 对象可以作用于整个应用程序，下划线中应添入(   )。

A. page　　B. request　　C. session　　D. application

10. 错误设置 Bean 属性值的方法的是(   )。

A. <jsp:setProperty name="beanInstanceName" property= "*" />

B. <jsp:setProperty name="beanInstanceName" property="propertyName"/>

C. <jsp:setProperty name="beanInstanceName" property="propertyName" param="parameterName" />

D. <jsp:setProperty name="beanInstanceName" property="*" value="{string | <%= expression %>}"/>

7.7.2 判断题

1. 在 MVC 模式中，因为 Servlet 负责创建 JavaBean，所以 JavaBean 的构造函数可以带有参数，除了保留 get 和 set 规则外，还可以有其他功能的函数。(   )

2. Bean 文件放在任何目录下都可以被引用。(   )

3. get 请求处理的数据量大小不受到限制。(   )

4. <jsp:getProperty>必须出现在其对应的<jsp:usebean>标签之后。(   )

5. 相同的 Javabean 只会实例化一次。(   )

7.7.3 填空题

1. Javabean 是一种__________类，通过封装__________和__________成为具有某种功能或者处理某个业务的对象，简称 bean。

2. 在 Tomcat 中，所有编译好的 JavaBean 都需要放在某个应用目录下的__________目录之下。

3. JSP 开发网站的两种模式分为__________和__________。

4. 如果你想使用 Javabean 设计一个网站计数器，那么该 bean 的 scope 应当设为__________。

5. 按功能 JavaBean 可以分为__________和__________。

7.7.4 简答题

1. 试说明什么是 JavaBean。
2. 试说明如何在 JSP 网页中载入 JavaBean。
3. JavaBean 对象可声明哪些不同的生命周期？
4. JavaBean 程序除了必须要有一个无传入值的建构式之外，还有哪些特色？
5. 试说明 Get 和 Post 方法之间的差异。

7.7.5 编程题

要求编写两个 JSP 页面：input.jsp 和 show.jsp。编写一个名字为 car 的 JavaBean，其中 car 由 Car.class 类负责创建。

input.jsp 页面提供一个表单。其中表单允许用户输入汽车的牌号、名称和生产日期，该表单将用户输入的信息提交给当前页面，当前页面调用名字为 car 的 bean，并使用表单提交的数据设置 car 的有关属性的值。要求在 input.jsp 提供一个超链接，以便用户单击这个超链接访问 show.jsp 页面。

show.jsp 调用名字为 car 的 bean，并显示该 bean 的各个属性的值。

编写的 Car.java 应当有汽车号码、名称和生产日期的属性，并提供相应的 get×××和 set×××方法，来获取和修改这些属性的值。

第 8 章

JSP中的文件操作

文件可以永久地存储信息。从本质上讲，文件就是存放在盘上的一系列数据的集合。应用程序如果想长期保存数据，就必须将数据存储到文件中，这就涉及文件的操作。而在编写网站应用程序的过程中，有许多地方要对文件进行操作。本章将要对 JSP 中文件操作的应用做一些介绍，如读写文件、上传下载文件、创建删除目录等。

本章学习目标

◎ 了解 JSP 中的数据流

◎ 了解 File 类

◎ 掌握文件相关的操作，如读写、上传、下载文件和创建删除目录等

◎ 了解使用 SmartUpload 上传包

8.1 数据流和 File 类

JSP 网页结合 Java 类库中的 I/O 类，可以轻易开发出具备文件存取功能的网页程序。

8.1.1 数据流

我们知道，多数程序在不获取外部数据的情况下不能顺利完成目标。数据从一个输入源获得，程序的结果被送到输出目的地，这些源和目的地被广泛地定义。例如一个网络连接器、内存缓冲区或磁盘文件可以被输入/输出类熟练地操作，这些外设都由相同的抽象体流(stream)来处理。流，是一个生产或消费信息的逻辑实体。流通过输入/输出系统与物理设备相连。尽管与之相连的实际的物理设备各不相同，但所有的流都以同样的方式运转。

JSP 定义了两种数据流，即字节流和字符流。

字节流类为处理字节式输入/输出提供了丰富的环境，其处理单元为 1 个字节，操作字节和字节数组。一个字节流可以和其他任何类型的对象并用，包括二进制数据。这样的多功能性使得字节流对很多类型的程序都很重要。字节流以 InputStream(输入流)和 OutputStream(输出流)为顶层。InputStream 是一个定义了流式字节输入模式的抽象类，该类的所有方法在出错条件下引发一个 IOException 异常。OutputStream 是定义了流式字节输出模式的抽象类，该类的所有方法返回一个 void 值，并且在出错情况下引发一个 IOException 异常。

字符流提供了处理任何类型输入/输出操作的足够功能，字符流处理的单元为 2 个字节的 Unicode 字符，分别操作字符、字符数组或字符串。字符流以 Reader 和 Writer 为顶层。Reader 是定义 Java 的流式字符输入模式的抽象类，该类的所有方法在出错情况下都将引发 IOException 异常。Writer 是定义流式字符输出的抽象类，所有该类的方法都返回一个 void 值并在出错条件下引发 IOException 异常。

8.1.2 File 类

除了一些流式操作的类外，还有一些用于文件系统操作的类，即 File 类。Java 内建的用来操作文件目录的 File 类，提供新增、删除与修改等操作文件相关功能所需的方法成员。也就是说，File 类没有指定信息怎样从文件读取或向文件存储，它描述了文件本身的属性。File 对象用来获取或处理与磁盘文件相关的信息，例如权限、时间、日期和目录路径。另外，File 还浏览子目录层次结构。JSP 网页在使用 File 类之前，必须建立 File 类的实体对象，同时指定对象所要操作的文件实体路径。然而这并非是绝对的，在某些并非针对特定文件对象的操作之下，可直接使用 File 类。用来生成 File 对象的构造函数如下。

```
File(String directoryPath)
File(String directoryPath,String filename)
File(File dirObj,String filename)
```

其中，directoryPath 是文件的路径名，filename 是文件名，dirObj 是一个指定目录的 File

对象。第一个构造函数通过全路径，即路径文件名来创建对象，pathname 可以是绝对路径也可以是相对路径。第二个构造函数通过父目录和文件名来创建对象，filename 是不含路径的文件名。第三个构造函数也是通过父目录和文件名来创建对象，但父目录由一个 File 对象提供。

File 类位于命名空间 Java.io，因此在 JSP 网页使用 File 类之前，必须利用以下的程序代码将此命名空间载入：

```
<%@ page import ="java.io.*" %>
```

注意

文件的路径有两种形式，即绝对路径和相对路径。绝对路径包含它所指定的文件的完整路径信息，根据绝对路径就可以唯一定位一个文件。而相对路径是针对“其他某个路径”而言的，这个路径和相对路径共同定位一个文件的位置。

File 类提供了许多的成员，File 类对象通过引用这些成员，可以轻易取得特定文件目录的性质，如表 8-1 所示是几个常用的属性成员。

表 8-1　File 类的属性

方　法	说　明
isDirectory()	返回一个布尔值，true 表示为目录，false 表示为文件，借以判断 File 对象所参考的路径是否为目录
isFile()	返回一个布尔值，true 表示为文件，false 表示为目录，借以判断 File 对象所参考的路径是否为文件
canRead()	返回布尔值，true 表示此为允许读取的文件
canWrite()	返回布尔值，true 表示此为允许写入的文件
exists()	返回一个布尔值，true 表示参考的文件目录存在
getName()	取得 File 对象所参考的路径底下的目录或文件名称
getPath()	取得 File 对象所参考的路径字符串
toString()	将 File 对象转换成以字符串类型的名称表示
equals()	比较两个 File 对象是否相等

这些方法包含一些常见的文件特性，例如查看文件是只读或是只写的 canRead 与 canWrite，取得文件名称的 getName 与文件大小长度的 length，等等。

由于 File 对象本身仅仅只是参考一个特定的路径，因此上述的路径及文件参数也可能代表一个不存在的文件，在进行文件的操作之前，可以利用 Exists()方法查看文件是否存在，以判断是否进行相关的文件操作，这一点非常重要，若是尝试存取一个不存在的文件，会让系统产生一个错误的例外对象。

下面的范例演示一个查看文件相关性质的 JSP 网页实例。

【例 8-1】查看文件内容(usingFile.jsp)。

```
<%@page contentType="text/html"%>
  <%@page pageEncoding="GB2312"%>
```

```
<%@page import="java.io.*"%>
<html>
    <head><title>运用 File 对象</title></head>
    <body>
    <%
        String thePath=request.getRealPath("/")+"ch08\\theFile" ;
        File myDir = new File(thePath);
        File myFile = new File(thePath,"testFile.txt" );
        File mynotExistFileFile = new
            File(thePath,"notExistFile.txt" );
        out.println(
                "目录 "+thePath+" 是否存在："+
                myDir.exists() + "<BR>"   );
        out.println(
                "文件 "+thePath+ "\\testFile.txt 是否存在："+
                myFile.exists() + "<BR>" );
        out.println("文件 "+thePath+ "\\notExistFile.txt 是否存在："+
        mynotExistFileFile.exists() + "<BR>"+ "<BR>" );
        out.println("文件 "+thePath+ "\\testFile.txt 是否可读取："+
        myFile.canRead() + "<BR>" );
        out.println("文件 "+thePath+ "\\testFile.txt 是否可写入："+
        myFile.canWrite() + "<BR>" );
    %>
    </body>
</html>
```

程序建立了 3 个文件对象，myDir、myFile 和 mynotExistFileFile，这 3 个对象分别代表一个目录，以及两个文件，接着引用上述表中的各种方法，查看其属性内容，并且将结果输出于网页上。

上述 File 类的方法都相当简单，这里不再将其用法全数列出，用户可以自行尝试运行看看，图 8-1 为此范例的运行结果。

图 8-1　usingFile.jsp 运行结果

一般文件的维护操作包含了新增、删除及列举等操作，File 类本身也提供了相关功能的方法成员，如表 8-2 所示。

表 8-2　文件维护方法

方　法	说　明
CreateNewFile()	创建一个新文件
delete()	删除指定的文件
renameTo()	重新命名文件
setReadonly	将文件对象所参照的文件设为只读
mkdir()	建一指定的目录
mkdirs()	建立指定路径底下的所有目录

表 8-2 中所列举的方法包含了文件与目录的创建、删除与重新命名等。File 对象不仅仅代表一个文件，它同时可以参考至一个实体目录，因此可以看到表中的方法成员，同时包含了文件夹操作所需的功能。

8.2 读写文本文件

读写文件是文件操作最基本的内容。读写文本文件所需的功能主要由两个类所提供：FileWriter 及 FileReader。其中 FileWriter()负责将数据写入文件，FileReader()则用以读取文件中的数据。

利用 FileReader 类读取文件内容数据之前，必须建立一个 FileReader 对象，然后引用其提供的方法成员读取文件的数据内容。建立 FileReader 对象必须输入指定操作的文件完整路径名称或是 File 对象，语法如下：

```
FileReader   myFileReader   = new FileReader(strFileName) ;
FileReader   myFileReader   = new FileReader(objFile) ;
```

将数据写入文本文件之前，如同 File 类，首先必须建立 FileWriter 对象，同时传入所要操作的文件完整路径名称字符串，语法如下：

```
FileWriter myFileWriter = new FileWriter(fileName )
FileWriter myFileWriter = new FileWriter(myFile )
```

这一段程序代码建立一个参考路径文件 fileName 的写入文件对象，允许应用程序将文本数据写入其中，还可以利用另外一个版本的方法建立所需的对象，这个方法只需传入上述讨论 File 类时所用的文件对象 myFile，即可建立用以编辑的写入文件对象。

【例 8-2】编写一个读写文本文件的例子 readwrite.jsp，本例将首先创建一个 test.txt 文件，并写入几句话，然后再读取文件中的数据，并且把它们显示到浏览器中。

```
<%@ page contentType="text/html;charset=gb2312"%>
<%@ page import="java.io.*,java.lang.*"%>
<html>
<head>
```

```
<title>读写文本文件</title>
</head>
<body>
<%
String path=request.getRealPath("");
//建立 FileWriter 对象，并实例化 fw
FileWriter fw=new FileWriter(path + "\\test.txt");
//将字符串写入文件
fw.write("大家好！");
fw.write("hello！");
fw.write("请多多指教！");
fw.close();
FileReader fr=new FileReader(path + "\\test.txt");
//在读取过程中，要判断所读取的字符是否已经到了文件的末尾，并且这个字符是不是文件中的换行
 符，即判断该字符值是否为 13
int c=fr.read();//从文件中读取一个字符
//判断是否已读到文件结尾
while(c!=-1)
{
    //输出读到的数据
    out.print((char)c);
    //从文件中继续读取数据
    c=fr.read();
    //判断是否为换行字符
    if(c= =13)
    {
        //输出分行标签
        out.print("<br>");
        //略过一个字符
        fr.skip(1);
        //读取一个字符
        c=fr.read();
    }
}
fr.close();
%>
</body>
</html>
```

程序运行效果如图 8-2 所示。

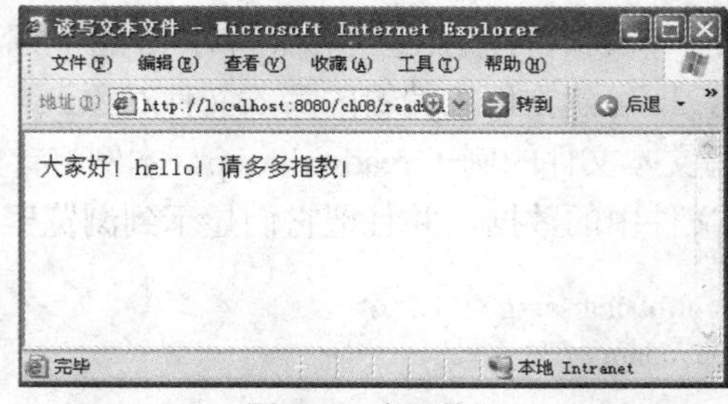

图 8-2　读取数据

8.3 文件的浏览

【例 8-3】编写一个浏览当前目录中文件与子目录的例子 browserFile.jsp，执行后，会在浏览器中输出当前目录中的所有文件和子目录，并对文件和子目录进行统计。在该例中将调用 java.io 类，这个类提供了对文件和路径的抽象，在 JSP 中对文件的操作都是以它为核心展开的。

```
<%@ page contentType="text/html;charset=gb2312"%>
<%@ page import="java.io.*"%>
<html>
<head>
<title>文件的浏览</title>
</head>
<body>
 <h1>文件的浏览</h1>
 <%int fcount=0,dcount=0;%>
 <%
 String path=request.getRealPath("/");
 //建立当前目录中文件的 File 对象
 File d=new File(path);
 //取得代表目录中所有文件的 File 对象数组
  File list[]=d.listFiles();
 out.println("<font color=#ff0000>" + path + "目录下的文件：</font><br>");
 //循环输出当前目录下的所有文件
 for(int i=0;i<list.length;i++)
 {
      if(list[i].isFile())
      {
           out.println(list[i].getName() + "<br>");
           fcount++;
      }
  }
  out.println("<br><font color=#ff0000>" + path + "目录下的目录：</font><br>");
  //循环输出当前目录下的所有子目录
  for(int i=0;i<list.length;i++)
  {
      if(list[i].isDirectory())
      {
           out.println(list[i].getName() + "<br>");
           dcount++;
      }
  }
  %>
  <hr>
  <h3>统计结果：</h3>
  <center>
  文件总数：<%=fcount%><br>
  目录总数：<%=dcount%><br>
```

```
</center>
</body>
</html>
```

在代码中获得了当前目录中所有文件的 File 对象数组，然后通过 for 语句循环输出获得的文件和子目录名。运行效果如图 8-3 所示。

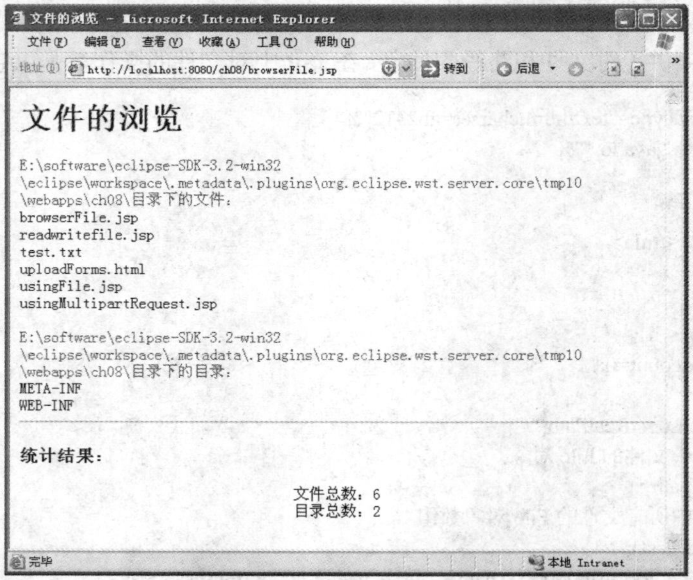

图 8-3　文件的浏览

8.4 创建和删除目录

【例 8-4】编写一个有关目录的创建与删除的例子 Directory.jsp。本例的效果是，如果没有目录文件就创建一个新的目录文件，如果目录文件存在就删除该目录文件。

```
<%@ page contentType="text/html;charset=gb2312"%>
<%@ page import="java.io.*"%>
<html>
<head>
<title>目录的创建、检查与删除</title>
</head>
<body>
<%
String path=request.getRealPath("");
path=path + "\\text";
//将要建立的目录路径
File d=new File(path);
//建立代表 uploadFile 目录的 File 对象，并得到它的一个引用
if(d.exists())
{
```

```
        //检查 uploadFile 目录是否存在

        d.delete();
        out.println("uploadFile 目录存在，现被删除");
    }else
    {
        d.mkdir();
        //建立 uploadFile 目录
        out.println("uploadFile 目录不存在，现被建立");
    }
    %>
    </body>
    </html>
```

在本例中，首先检查 text 目录是否存在，如果 uploadFile 目录不存在，则在当前目录中建立一个 text 目录，其效果如图 8-4 所示；如果 uploadFile 目录已经存在，则 uploadFile 目录将会被删除，其效果如图 8-5 所示。

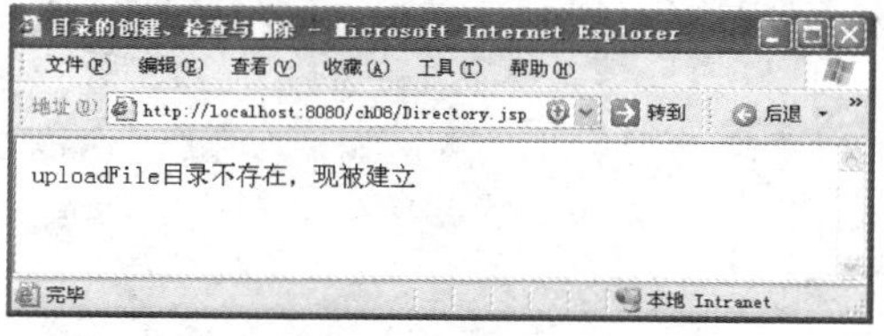

图 8-4　创建目录

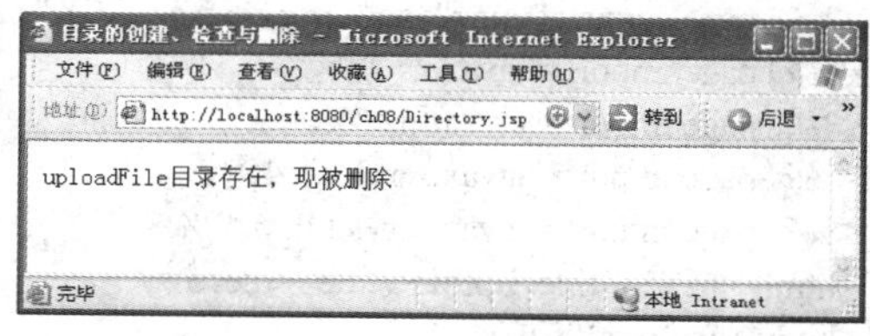

图 8-5　删除目录

8.5 文件的上传和下载

要实现文件上传，必须先了解上传文件的 HTTP 请求。下面这个例子示范了如何上传文件以及把 HTTP 请求的原始数据写入文件。用文本编辑器查看该文件即可了解请求的格式，在此基础上就可以提取出上传文件的名字、文件内容以及原本混合在一起的其他信息。

【例 8-5】编写一个简单的页面 uploadfile.jsp，提供一个表单，用户从这里选择文件并把文件上传到服务器。页面显示如图 8-6 所示。

```
<%@ page contentType="text/html;charset=gb2312" %>
<html>
    <head><title>上传文件</title></head>
    <body bgcolor="#ffffff" text="#000000">
        <p><b><font size=5>选择要上传文件</font></b></p>
      <FORM METHOD="POST" ACTION="uploadfile1.jsp" ENCTYPE="multipart/form-data">
          <INPUT TYPE="FILE" NAME="FILE1" SIZE="30"><BR>
          <INPUT TYPE="SUBMIT" VALUE="开始上传">
      </FORM>
    </body>
</html>
```

图 8-6　uploadfile.jsp 页面

在 uploadfile.jsp 页面中，需要注意的是：

```
<FORM METHOD="POST" ACTION="uploadfile1.jsp" ENCTYPE="multipart/form-data">
```

在该语句中，ENCTYPE="multipart/form-data"表示以二进制的方式传递提交的数据。

现在创建处理信息的页面 uploadfile1.jsp，实现获取文件里面的信息并保存在指定的文件夹 upload 内的功能，代码如下：

```
<%@ page contentType="text/html; charset=GBK" %>
<%@ page import="java.io.*"%>
<%@ page import="java.util.*"%>
<%@ page import="javax.servlet.*"%>
<%@ page import="javax.servlet.http.*"%>
<html><head><title>upFile</title></head>
<body bgcolor="#ffffff">
<%
    int MAX_SIZE = 102400 * 102400; //定义上载文件的最大字节
    String rootPath; // 创建根路径的保存变量
    DataInputStream in = null; //声明文件读入类
    FileOutputStream fileOut = null;
    String remoteAddr = request.getRemoteAddr(); //取得客户端的网络地址
    String serverName = request.getServerName(); //获得服务器的名字
    String realPath = request.getRealPath("/");//取得互联网程序的绝对地址
    realPath = realPath.substring(0,realPath.lastIndexOf("\\"));
    rootPath = realPath + "\\upload\\"; //创建文件的保存目录
    out.println("上传文件保存目录为"+rootPath);
    String contentType = request.getContentType(); //取得客户端上传的数据类型
  try{
        if(contentType.indexOf("multipart/form-data") >= 0){
            in = new DataInputStream(request.getInputStream()); //读入上传的数据
            int formDataLength = request.getContentLength();
            if(formDataLength > MAX_SIZE){
            out.println("<P>上传的文件字节数不可以超过" + MAX_SIZE + "</p>");
            return;
    }
    byte dataBytes[] = new byte[formDataLength]; //保存上传文件的数据
    int byteRead = 0;
    int totalBytesRead = 0;
    while(totalBytesRead < formDataLength){ //上传的数据保存在 byte 数组
            byteRead = in.read(dataBytes,totalBytesRead,formDataLength);
```

```
            totalBytesRead += byteRead;
        }
        String file = new String(dataBytes); //根据 byte 数组创建字符串
        String saveFile = file.substring(file.indexOf("filename=\"") + 10); //取得上传数据的文件名
        saveFile = saveFile.substring(0,saveFile.indexOf("\n"));
        saveFile = saveFile.substring(saveFile.lastIndexOf("\\") + 1,saveFile.indexOf("\""));
        int lastIndex = contentType.lastIndexOf("=");
         //取得数据的分隔字符串
        String boundary = contentType.substring(lastIndex + 1,contentType.length());
        String fileName = rootPath + saveFile;
        int pos;
        pos = file.indexOf("filename=\"");
        pos = file.indexOf("\n",pos) + 1;
        pos = file.indexOf("\n",pos) + 1;
        pos = file.indexOf("\n",pos) + 1;
        int boundaryLocation = file.indexOf(boundary,pos) - 4;
      int startPos = ((file.substring(0,pos)).getBytes()).length;//取得文件数据的开始的位置
        //取得文件数据的结束的位置
      int endPos = ((file.substring(0,boundaryLocation)).getBytes()).length;
        File checkFile = new File(fileName); //检查上载文件是否存在
        if(checkFile.exists()){
                out.println("<p>" + saveFile + "文件已经存在.</p>");
        }
        File fileDir = new File(rootPath);//检查上载文件的目录是否存在
        if(!fileDir.exists()){
            fileDir.mkdirs();
        }
        fileOut = new FileOutputStream(fileName); //创建文件的写出类
        fileOut.write(dataBytes,startPos,(endPos - startPos)); //保存文件的数据
        fileOut.close();
         out.println("<P><font color=red size=5>" + saveFile + "文件成功上传.</font></p>");
        }
        else{
              String content = request.getContentType();
              out.println("<p>上传的数据类型不是是 multipart/form-data</p>");
         }
        }catch(Exception ex)
         {
                throw new ServletException(ex.getMessage());
        }
    %>
    <a href="uploadfile.jsp">继续上传文件</a>
    </body>
    </html>
```

代码中首先获取了上传文件的相关属性信息和文件内容，然后将获取的信息转换为指定格式的文件保存在服务器上。用 request 对象获取相关信息。然后在保存文件之前使用 if(checkFile.exists())判断上传文件是否存在，使用 if(!fileDir.exists())判断保存的文件目录是否存在，判断结束后，使用 fileOut.write(dataBytes,startPos,(endPos - startPos))语句保存文件信息。文

件保存成功后，页面显示效果如图 8-7 所示。

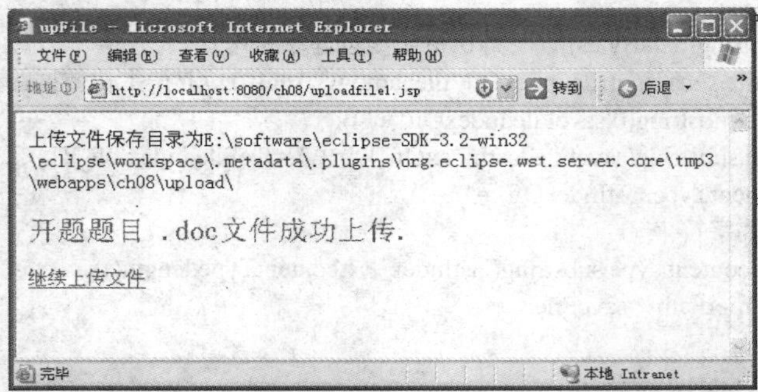

图 8-7　上传文件成功

让一个已知文件类型直接提示浏览者下载，而不是用它相关联的程序打开。以下用例子说明如何操作。创建两个 jsp 页面共同完成该功能，一个 Downfile.jsp 页面主要显示指定文件夹 upload 中要下载的文件对象，可以由客户选择其中之一；另一个文件 Downfile1.jsp 从服务器获取相关下载信息，把数据输出到客户端。

Downfile.jsp 的代码如下：

```
<%@ page contentType="text/html;charset=GB2312"%>
<%@ page import="java.io.File"%>
<%@ page import="java.io.FilenameFilter"%>
<HTML>
        <head><title>显示现在文件</title></head>
        <body>
            <center>
            <h3>请选择要下载的文件</h3>
            <table >
                <%
                    String path = request.getRealPath("/");
                    File file1=new File(path,"\\upload");
                    String str[]=file1.list();
                    for(int i=0;i<str.length;i++){
                        String ss=str[i];
                        out.println("<tr><td>"+ss+"</td><td><a href='Downfile1.jsp?name1="+ss+"'>下载
                              </a></td></tr>");
                    }
                %>
            </table>
            <center>
        </body>
</HTML>
```

在该文件中，使用创建的 File 对象调用 list()方法，将指定文件夹 upload 中所有文件显示并可以选择下载保存。

Downfile1.jsp 的代码如下：

```
<%@ page contentType="text/html;charset=GB2312" %><%@ page import="java.io.*" %>
```

```
<%  response.reset();
   try{
    String str=request.getParameter("name1");    //获得响应客户的输出流：
    str=new String(str.getBytes("iso8859-1"),"gb2312");
    String path = request.getRealPath("/");
    path = path.substring(0,path.lastIndexOf("\\"));
    path = path + "\\upload\\";
    File fileLoad=new File(path,str);//下载文件位置：
    response.reset();
    OutputStream o=response.getOutputStream();
    BufferedOutputStream bos=new BufferedOutputStream(o);
    byte b[]=new byte[500];  //输出文件用的字节数组，每次发送 500 个字节到输出流：
     response.setHeader("Content-disposition","attachment;filename="+new
         String(str.getBytes("gb2312"),"iso8859-1")); //客户使用保存文件的对话框
    response.setContentType("application/x-tar");//通知客户文件的 MIME 类型：
     long fileLength=fileLoad.length();//通知客户文件的长度：
     String length=String.valueOf(fileLength);
     response.setHeader("Content_Length",length);
    FileInputStream in=new FileInputStream(fileLoad);//读取文件，并发送给客户下载:
     int n=0;
    while((n=in.read(b))!=-1)
        { bos.write(b,0,n);
        }
     bos.close();
      }catch(Exception e){System.out.print(e);}
   response.reset();
%>
```

运行结果如图 8-8 和图 8-9 所示。

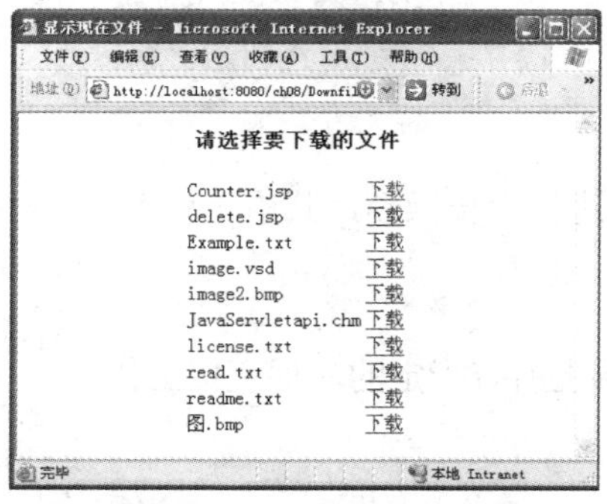

图 8-8　Downfile.jsp 页面

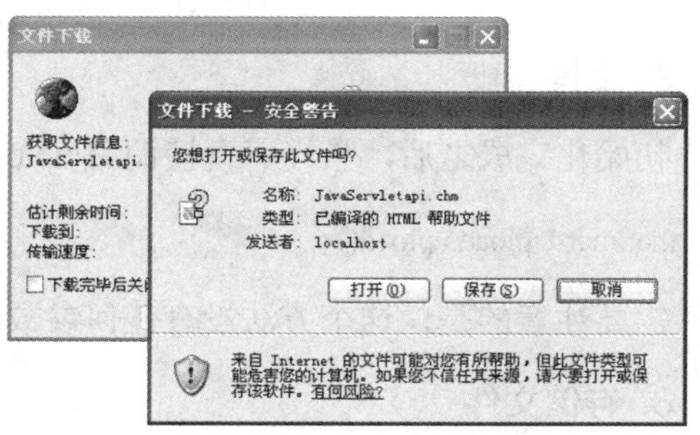

图 8-9　“文件下载”对话框

8.6 使用 jspSmartUpload 上传包

JSP 本身并没有内建的机制可以直接在网页上制作文件上传功能，因此必须寻求其他的解决方案。网络上对于这方面提供了足够的支持，有几个现成包可以直接使用，其中比较著名的有 jspSmart 所提供的 jspSmartUpload 包。

首先介绍如何安装所需的包，从网站上下载 jspsmartupload.jar 这个文件，将此文件放到网站 WEB-INF\lib 的文件夹下，接下来就可以在 JSP 网页当中使用此包。

在网页当中引用包的时候，必须以下式将其载入：

```
<%@page import="com.jspsmart.upload.*" %>
```

上传文件的类是一种 JavaBean 组件，在使用前要先实例化，代码如下：

```
<jsp:useBean id="theSmartUpload"
class="com.jspsmart.upload.SmartUpload"    />
```

这段语法声明网页当中将以 id 值 theSmartUpload 为名称，引用 SmartUpload 这个组件，进行文件上传操作。

jspSmartUpload 提供了相当丰富的功能，其中最简单的方式便是引用 SmartUpload 类的方法成员，其中包含了 3 个步骤：初始化、上传和存储文件。

1. 初始化 SmartUpload 对象

在引用 SmartUpload 之前，必须对其进行初始化，方法 initialize()用来完成初始化操作，语法如下，其中的 theSmartUpload 为 SmartUpload 的名称，pageContext 则是初始化过程所需的对象。

```
theSmartUpload.initialize(pageContext) ;
```

初始化完成之后，就可以开始准备上传文件的操作，在此之前，还必须引用 setTotalMaxFileSize()方法，设置所允许的文件大小，下面的程序代码设置一个最大为 10MB 的上传限制。

```
theSmartUpload.setTotalMaxFileSize(10*1024*1024) ;
```

2. 上传

初始化完成之后，紧接着直接调用 upload()，开始进行上传操作，其语法如下：

```
theSmartUpload.upload() ;
```

需要注意的是，这个方法没有任何参数，它将表单上所有指定的文件直接上传。

3. 存储文件

存储文件是上传的最后一个步骤，save()用来指定上传之后文件所要保存的位置，其语法如下，其中的 fileSavePath 代表上传之后的文件所要存储的位置。

```
fileCount=theSmartUpload.save(fileSavePath) ;
```

save()方法完成文件的存储工作之后，便会返回一个表示上传文件数目的整数值，上式的 fileCount 用来存储这个值。

了解相关的基础用法，接下来要说明上传文件的表单，通常必须提供一个文件地址框，让用户输入所要上传的文件名称及完整路径，然后进行上传，一般来说，以下的 HTML 文件输入方块标签，便可以提供所需的功能。如下式：

```
<input type=file name=File1 size=50 />
```

最后必须注意的是，用来容纳文件标签的表单，其编码格式必须设置为 multipart/form-data，才能在文件传输的过程中进行正确的编码，如下式：

```
<form action=actionpage    enctype="multipart/form-data" >
```

【例 8-6】现在来看看一个简单的范例，其中演示了最简单的文件上传功能。

文件上传(uploadForm.html)。输入如下代码，生成页面如图 8-10 所示。

```
<html>
  <head>
    <title></title>
  </head>
  <body>
  <form action="usingsmartupload.jsp"
          enctype="multipart/form-data"
          name=theFile    method="post" >
      <input type=file name=File1 size=50 /> <br>
      <input type=submit name=submitButton value="上传"    />
  </form>
  </body>
</html>
```

usingsmartupload.jsp。输入如下代码，生成页面如图 8-11 所示。

```
<%@ page contentType="text/html; charset=gb2312" language="java" import="java.sql.*" errorPage="" %>
<%@ page import="com.jspsmart.upload.*"%>
<jsp:useBean id="theSmartUpload" scope="page" class="com.jspsmart.upload.SmartUpload" />
<html>
<head>
<title>上载附件 </title>
<meta http-equiv="Content-Type" content="text/html; charset=gb2312">
</head>
<body>
  <center>正在上传文件...
<%
//上载附件
try
{
theSmartUpload.initialize(pageContext);
theSmartUpload.setTotalMaxFileSize(5*1024*1024) ;
theSmartUpload.upload();
String fn=theSmartUpload.getFiles().getFile(0).getFileName();
theSmartUpload.save("C:\\saveDir\\");//文件保存的目录为 upload
out.println(fn);
out.println("已经成功上传了文件，请查看文件是否上传成功");
}
catch(Exception e)
{
e.printStackTrace();
```

```
    }
%>
<a href=FileUpload.html>重新上传</a>
</body>
</html>
```

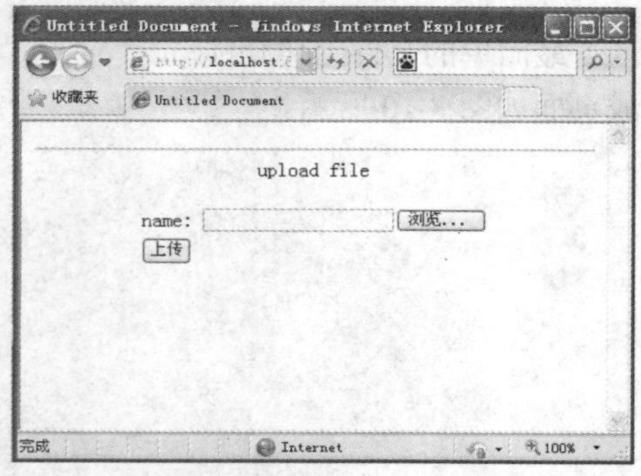

图 8-10　uploadForm.html 页面

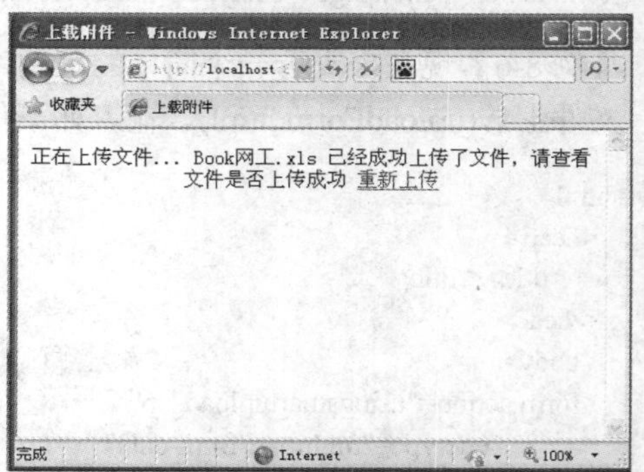

图 8-11　文件上传对话框

8.7　小　结

通过本章的学习应该了解到，文件操作是网站编程的重要内容之一。在编写网站应用程序的过程中，有许多地方要对文件进行操作。本章介绍了文件存储数据的相关知识、数据流和 File 类及文件的相关操作，如读写文本文件、文件的浏览、文件的上传和下载数据等内容。通过本章的学习，读者应该掌握文件存储数据的相关知识、数据流和 File 类，以及文件操作的应用。

8.8　习　题

8.8.1　选择题

1. 在 WEB 应用程序的目录结构中，在 WEB-INF 文件夹中的 lib 目录是放(　)的。

A. .jsp 文件　　B. .class 文件　　C. .jar 文件　　D. web.xml 文件

2. java.io.File 对象的(　)方法可以新建一个文件。

A. delete()　　B. createFile()　　C. mkdir()　　D. createNewFile()

3. 在 JSP 应用程序中要求删除所有 photo 目录中的文件，但是保留文件夹，下列代码中空缺位置最适合的选项为(　)。

```
String path=request.getRealPath("photo");
File fp1=new File(path);
File[] files=fp1.listFiles();
for(int i=0;i<files.length;i++)
```

```
{
  if(________________________)
  {
     files[i].delete();
  }
}
```

A. files[i].isFile()　B. files[i].isDirectory()　C. !files[i].isFile()　D. ! files[i].isDirectory()

4. 下列 File 对象的(　)方法能够判断给定路径下的文件是否存在。

A. canRead()　　B .canWrite()　　C. exists()　　D. isDirectory()

5. BufferedReader 处理 Reader 类中的方法外，还提供了 public String readLine()方法，该方法读入一行文本，这里的“一行”指字符串以“\n”或(　)做结尾。

A. \t　　B. \f　　C. \r　　D. \p

8.8.2 判断题

1. File 类直接处理文件和文件系统，它并不涉及文件的读写操作。(　)

2. 创建一个 File 对象，就会在某个物理路径下创建一个文件或目录。(　)

3. 使用 Java 的输出流写入数据的时候，就会开启一个通向目的地的通道，这个目的地可以是文件，但不能是内存或网络连接等。(　)

4. “纯文本”类的信息，一般使用字符流来进行处理。(　)

5. InputStream 抽象类的 read 方法出错后一定会抛出一个 IOException 异常。(　)

8.8.3 填空题

1. Java 中有 4 个“输入/输出”的抽象类：__________、__________、__________和__________。

2. 从网站上下载 jspsmartupload.jar 这个文件，将此文件放到网站的__________文件夹下。

3. 字节流类为处理字节式输入/输出提供了丰富的环境，其处理单元为__________个字节；字符流提供了处理任何类型输入/输出操作的足够功能，字符流处理的单元为__________个字节的 Unicode 字符。

8.8.4 简答题

1. JSP 网页使用 File 类之前，将哪个命名空间载入？

2. 试说明如何利用 File 类进行文件目录的操作。

3. 简述文件存取操作的操作过程。

8.8.5 编程题

1. 创建两个文件 selectContent.jsp 和 writeContent.jsp，首先使用 selectContent.jsp 中的表单输入存放路径、保存的文件名和将要写入文件的文件内容信息，提交后，由 writeContent.jsp 文件负责将内容写到指定的文件中，同时放到指定的路径下。运行结果如图 8-12 和图 8-13 所示。

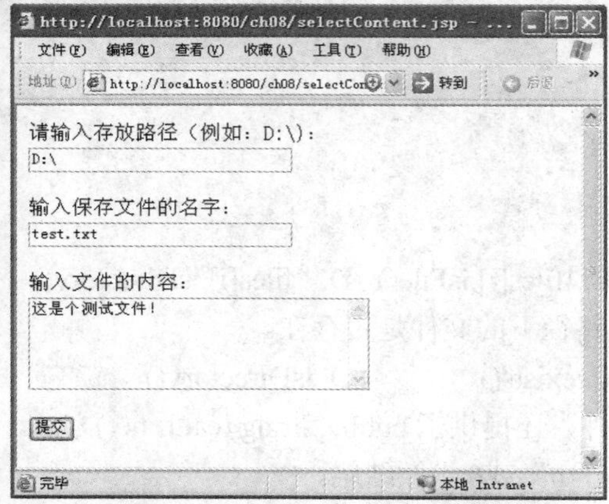

图 8-12 selectContent.jsp 页面

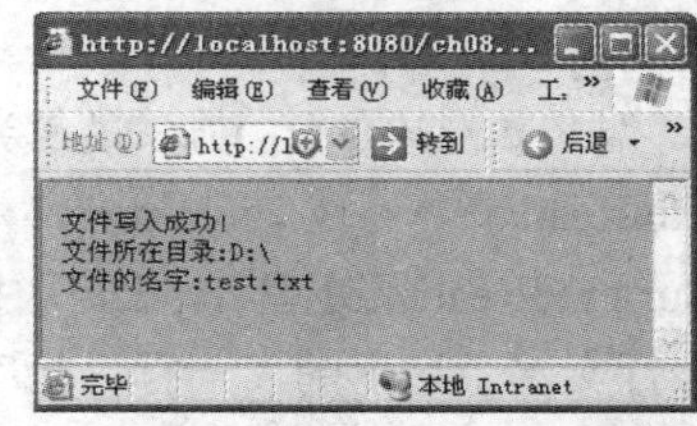

图 8-13 提交成功后的结果

2、创建两个文件 selectFile.jsp 和 readContent.jsp。首先使用 selectFile.jsp 中的表单输入存放路径和将要读取的文件名，提交后，由 readContent.jsp 文件负责将文件读出并显示在页面上。运行结果如图 8-14 和图 8-15 所示。

图 8-14 selectFile.jsp 页面

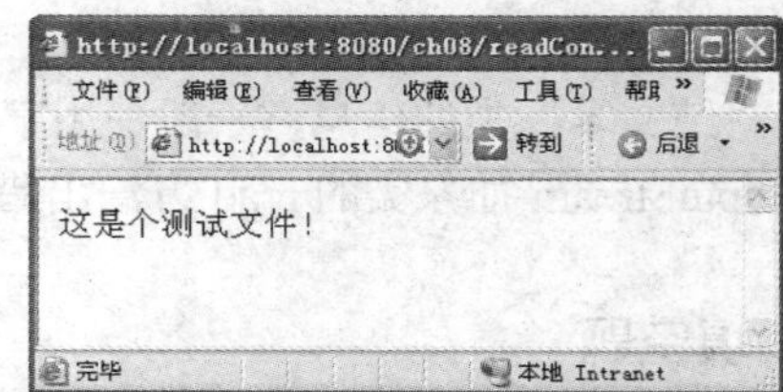

图 8-15 提交成功后的结果

第 9 章

数据库操作基础

JSP 是一种执行于服务器端的动态网页开发技术，它所要实现的动态功能主要是将存储在后台数据库中的数据动态地展示给用户，大部分的 JSP 项目都要用到数据库，因此 JSP 开发离不开数据库。本书 JSP 开发技术以 MySQL 为数据库，本章将讲述 MySQL 数据库操作的基础知识，包括 MySQL 的安装与配置、常用操作以及常用查询语句。

本章学习目标

◎ 了解关系数据库 MySQL
◎ 掌握 MySQL 的安装和配置步骤
◎ 掌握 MySQL 中的一些常用操作
◎ 熟悉 MySQL 中常用查询语句

9.1 关系数据库及 SQL

MySQL 是最受欢迎的开源 SQL 数据库管理系统，它由 MySQL AB 开发、发布和支持。MySQL AB 是一家基于 MySQL 开发的商业公司，是一家使用了一种成功的商业模式来结合开源价值和方法的第二代开源公司。MySQL 是 MySQL AB 的注册商标。

MySQL 是一个快速的、多线程、多用户和健壮的 SQL 数据库服务器管理系统。MySQL 服务器支持关键任务、重负载生产系统的使用，也可以将它嵌入到一个大配置(mass-deployed)的软件中去。

MySQL 是完全网络化的跨平台关系型数据库系统，同时是具有客户机/服务器体系结构的分布式数据库管理系统。它具有功能强、使用简便、管理方便、运行速度快、安全可靠性强等优点，用户可以使用许多语言编写访问 MySQL 数据库的程序，另外，MySQL 在 UNIX 等操作系统上是免费的，在 Windows 操作系统上可以免费使用其客户机程序和客户机程序库。

关于 MySQL 有如下几点总结：

(1) MySQL 是一个数据库管理系统

一个数据库是一个结构化的数据集合。它可以是从一个简单的销售表到一个美术馆、或一个社团网络的庞大信息集合。如果要添加、访问和处理存储在一个计算机数据库中的数据，用户就需要一个像 MySQL 这样的数据库管理系统。从计算机可以很好地处理大量的数据以来，数据库管理系统就在计算机处理中和独立应用程序(或其他部分应用程序)一样扮演着重要的角色。

(2) MySQL 是一个关系数据库管理系统

关系数据库把数据存放在分立的表格中，这比把所有数据存放在一个大仓库中要好得多，这样做将增加速度和灵活性。MySQL 中的 SQL 代表 Structured Query Language(结构化查询语言)。SQL 是用于访问数据库的最通用的标准语言，它是由 ANSI/ISO 定义的 SQL 标准。SQL 标准发展自 1986 年以来，已经存在多个版本：SQL-86，SQL-92，SQL:1999，SQL:2003，其中 SQL:2003 是该标准的当前版本。

(3) MySQL 是开源的

开源意味着任何人都可以使用和修改该软件，任何人都可以从 Internet 上下载和使用 MySQL 而不需要支付任何费用。如果愿意，可以研究其源代码，并根据需要修改它。MySQL 使用 GPL(GNU General Public License，通用公共许可)在 http://www.fsf.org/licenses 中定义了在不同的场合对软件可以或不可以做什么。如果觉得 GPL 使用不方便或者想把 MySQL 的源代码集成到一个商业应用中去，用户可以向 MySQL AB 购买一个商业许可版本。

(4) MySQL 服务器是一个快速、可靠和易于使用的数据库服务器

MySQL 服务器包含了一个由用户紧密合作开发的实用特性集。用户可以在 MySQL AB 的 http://www.MySQL.com/it-resources/benchmarks/上找到 MySQL 服务器和其他数据库管理系统的性能比较。

MySQL 服务器原本就是开发比已存在的数据库更快的、用于处理大的数据库的解决方案，并且已经成功用于高苛刻生产环境多年。尽管 MySQL 仍在开发中，但它已经提供一个丰富和极其有用的功能集。它的连接性、速度和安全性使其非常适合访问在 Internet 上的数据库。

(5) MySQL 服务器工作在客户/服务器或嵌入系统中

MySQL 数据库服务器是一个客户/服务器系统，它由多线程 SQL 服务器组成，支持不同的后端、多个不同的客户程序和库、管理工具和广泛的应用程序接口(APIs)。

MySQL 也可以是一个嵌入的多线程库，用户可以把它连接到应用中而得到一个小、快且易于管理的产品。

(6) 有大量支持 MySQL 的软件可以使用

用户可以找到所喜爱的已经支持 MySQL 数据库服务器的软件和语言。

9.2 在 Windows 上安装 MySQL

在 Windows 上安装 MySQL 的方法如下。

(1) 打开下载的 MySQL 安装文件 mysql-5.1.25-rc-win32.zip，双击解压缩，运行 setup.exe，出现如图 9-1 所示界面。MySQL 安装向导启动，单击 Next 按钮继续，进入选择安装界面，如图 9-2 所示。

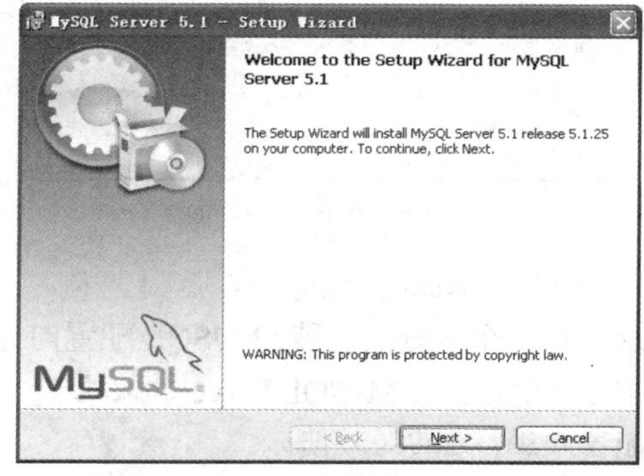

图 9-1　MySQL 安装向导启动界面

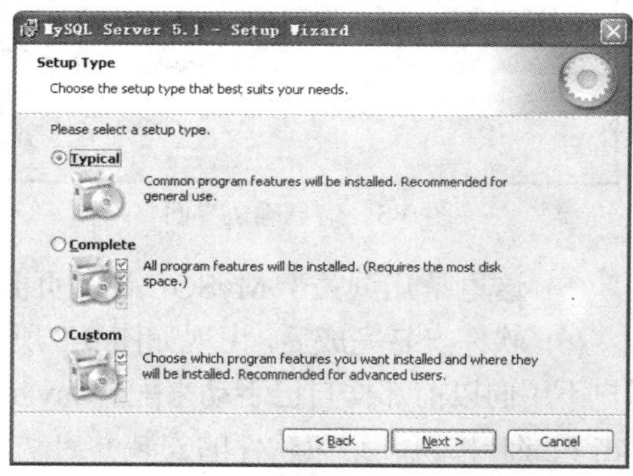

图 9-2　选择安装界面

(2) 选择安装类型，有 Typical(默认)、Complete(完全)、Custom(用户自定义)3 个选项，这里选择 Custom 单选按钮，单击 Next 按钮，进入如图 9-3 所示界面。

(3) 在 Developer Components(开发者部分)上单击，选择 This feature, and all subfeatures, will be installed on local hard drive.(此部分，及下属子部分内容，全部安装在本地硬盘上)选项。在 MySQL Server(MySQL 服务器)、Client Programs(MySQL 客户端程序)、Documentation(文档)选项上也如此操作，以保证安装所有文件。然后单击 Change 按钮，在打开的对话框中，手动指定安装目录，如图 9-4 所示。

(4) 指定安装目录，例如 D:\Program files\MySQL\MySQL Server 5.1，建议不要放在与操作系统同一分区，这样可以防止系统备份还原的时候，数据被清空。单击 OK 按钮继续，返回如图 9-3 所示的界面，单击 Next 按钮继续，打开如图 9-5 所示界面，确认一下先前的设置，如果有误，单击 Back 按钮，返回重做。单击 Install 按钮开始安装，打开如图 9-6 所示界面。正在安装中，请稍候，直到出现如图 9-7 所示界面。

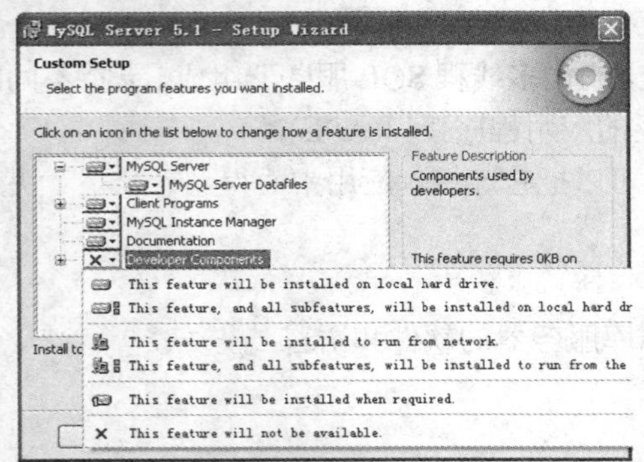

图 9-3　Custom 界面

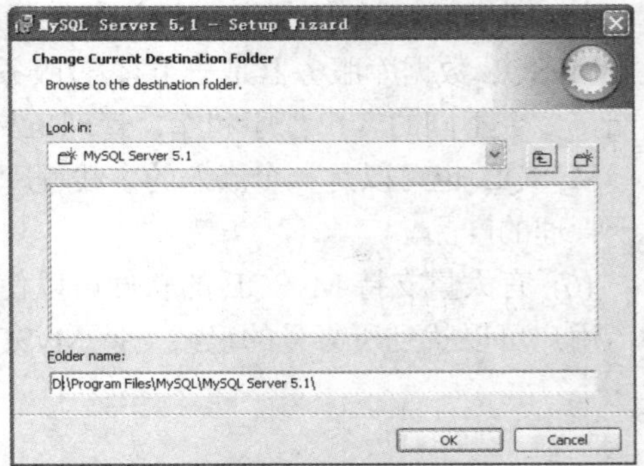

图 9-4　手动指定安装目录界面

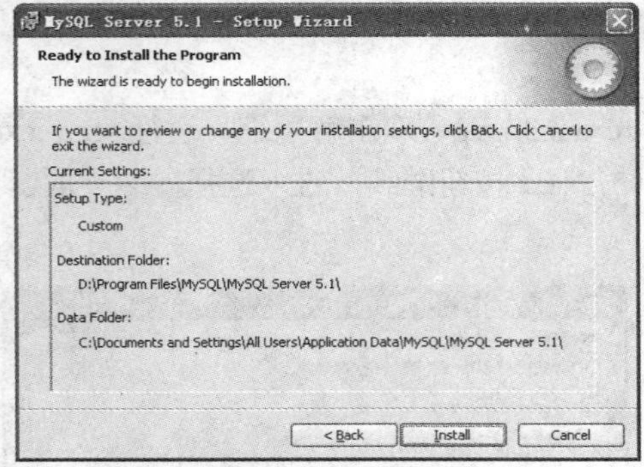

图 9-5　信息确认界面

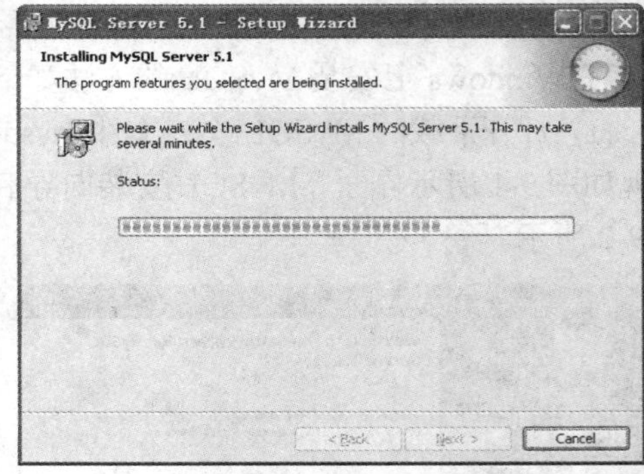

图 9-6　正在安装界面

(5) 这里是几页关于 MySQL 说明页面，看过后，都单击 Next 按钮即可。

(6) 软件安装完成后，出现如图 9-8 所示界面，这里有一个很好的功能，MySQL 配置向导，用户不用向以前那样自己手动来配置 my.ini 了，选中 Configure the MySQL Server now 复选框，单击 Finish 按钮，结束软件的安装并启动 MySQL 配置向导，如图 9-9 所示。

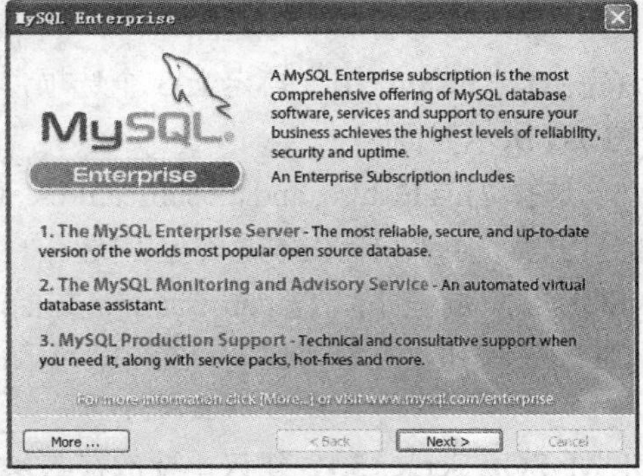

图 9-7　MySql 说明页面

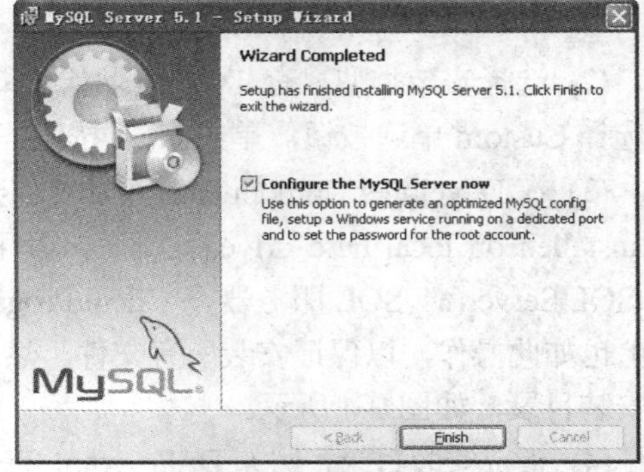

图 9-8　安装结束

(7) 单击 Next 按钮，出现如图 9-10 所示界面，选择配置方式，Detailed Configuration(手动精确配置)、Standard Configuration(标准配置)，这里选择 Detailed Configuration 单选按钮，方便熟悉配置过程。

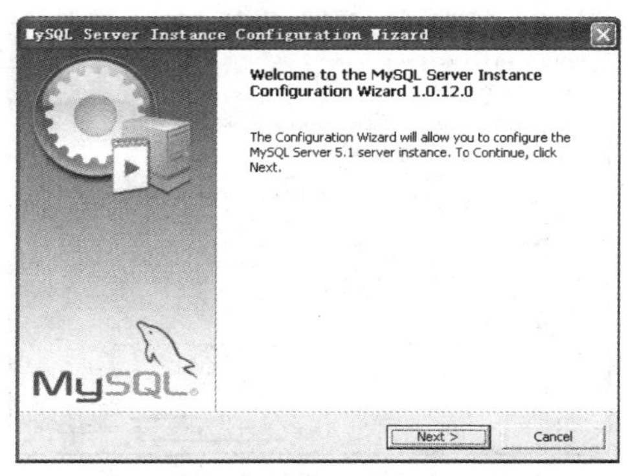

图 9-9　MySQL 配置向导界面

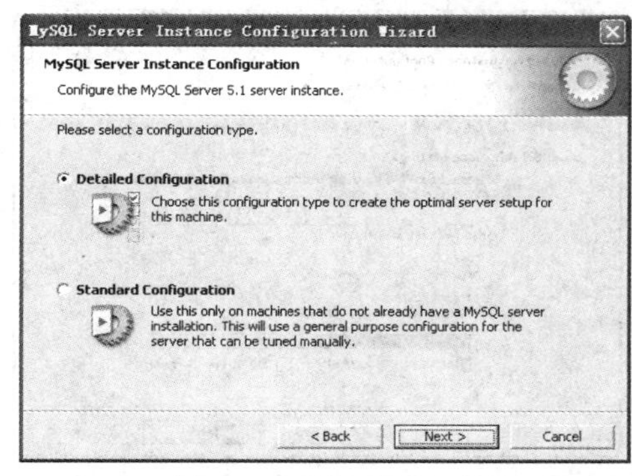

图 9-10　选择配置方式

(8) 单击 Next 按钮，出现如图 9-11 所示界面，选择服务器类型：Developer Machine(开发测试类，MySQL 占用很少资源)、Server Machine(服务器类型，MySQL 占用较多资源)、Dedicated MySQL Server Machine(专门的数据库服务器，MySQL 占用所有可用资源)。用户可以根据自己的需要进行选择，一般选择 Server Machine，不会太少，也不会占满。这里选择 Developer Machine 单击按钮。单击 Next 按钮，进入如图 9-12 所示界面。选择 MySQL 数据库的大致用途：Multifunctional Database(通用多功能型，好)、Transactional Database Only(服务器类型，专注于事务处理，一般)、Non-Transactional Database Only(非事务处理型，较简单，主要做一些监控、记数用，对 MyISAM 数据类型的支持仅限于 non-transactional)。用户可以根据自己的用途进行选择，这里选择 Multifunctional Database 单选按钮，单击 Next 按钮继续，进入如图 9-13 所示界面。

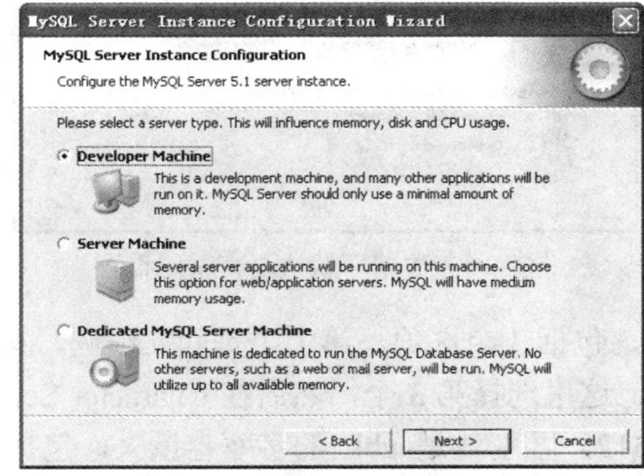

图 9-11　选择服务器类型界面

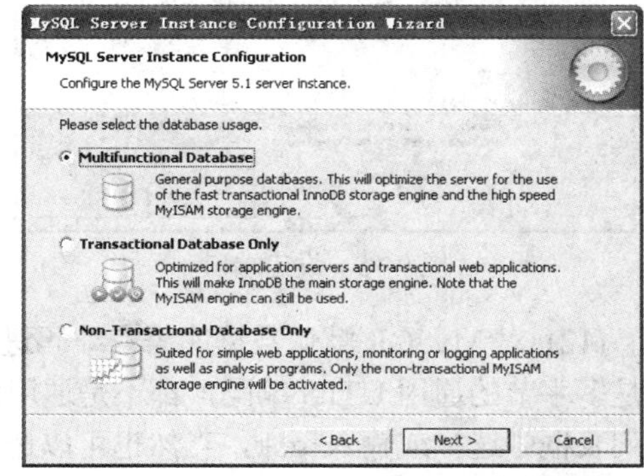

图 9-12　选择 MySQL 数据库的用途界面

(9) 对 InnoDB Tablespace 进行配置，就是为 InnoDB 数据库文件选择一个存储空间，如果修改了路径，要记住位置，重装的时候要选择同样的位置，否则可能会造成数据库损坏，当然，对数据库做个备份就没问题了，这里不作详述。这里使用默认位置，直接单击 Next 按钮继续，进入如图 9-14 所示界面。

(10) 选择网站的一般 MySQL 访问量，以及能同时连接的数目，包括 Decision Support(DSS)/OLAP(20个左右)、Online Transaction Processing(OLTP)(500个左右)、Manual Setting(手动设置，自己输一个数)，这里选择 Decision Support(DSS)/OLAP 单选按钮。

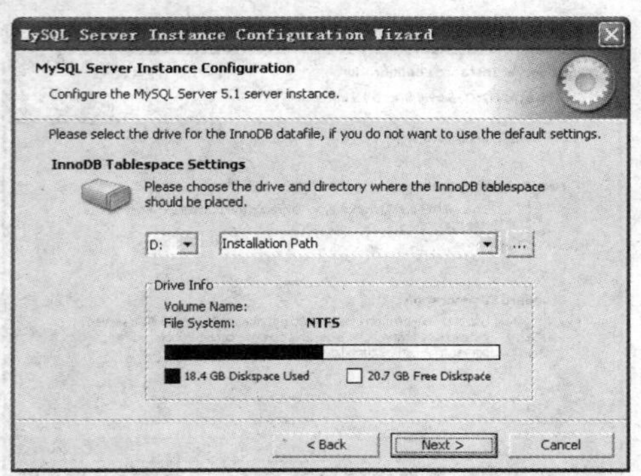

图 9-13　InnoDB Tablespace 配置界面

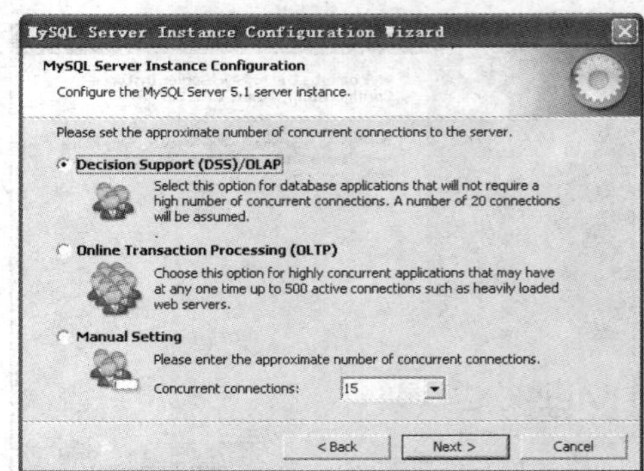

图 9-14　设置访问量

(11) 单击 Next 按钮，进入如图 9-15 所示界面，选择是否启用 TCP/IP 连接，设定端口，如果不启用，就只能在自己的机器上访问 MySQL 数据库了，这里选择 Enable TCP/IP Networking 单选按钮，设置 Port Number 为 3306。如果选择 Enable Strict Mode(启用标准模式)单选按钮，这样 MySQL 就不会允许细小的语法错误。建议用户取消标准模式以减少麻烦。但熟悉 MySQL 以后，尽量使用标准模式，因为它可以降低有害数据进入数据库的可能性。单击 Next 按钮继续，进入如图 9-16 所示界面。

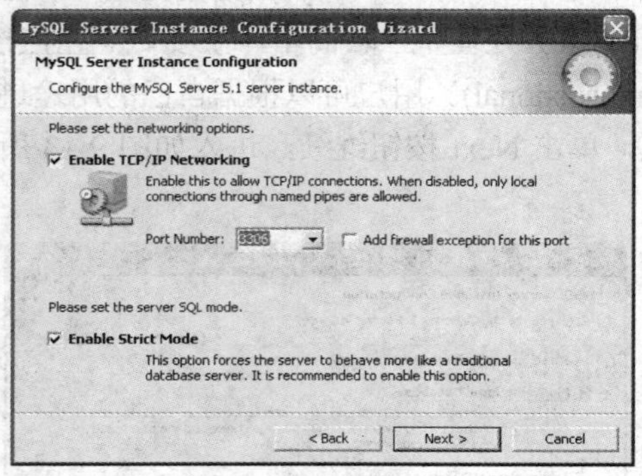

图 9-15　设定端口

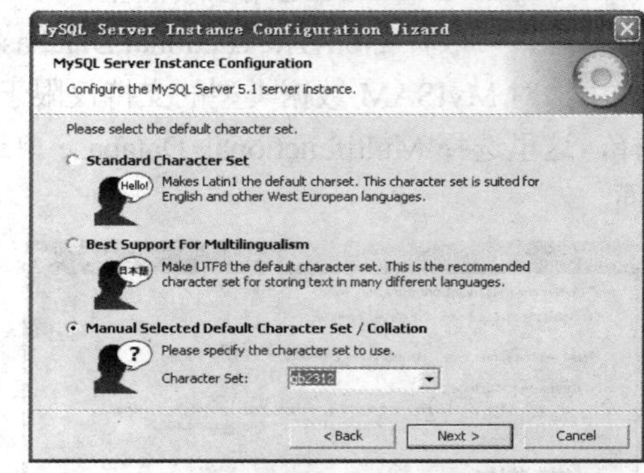

图 9-16　数据库默认语言编码设置

(12) 对 MySQL 默认数据库语言编码进行设置，包括 3 个选项。第 1 个是西文编码，第 2 个是多字节的通用 UTF8 编码，都不是通用的编码，这里选择第 3 个，然后在 Character Set 下拉列表框中选择或输入 gbk，当然也可以选择 gb2312，区别就是 gbk 的字库容量大，包括了 gb2312 的所有汉字，并且加上了繁体字和其他的文字——使用 MySQL 的时候，在执行数据操作命令之前运行一次 SET NAMES GBK;(运行一次就行了，GBK 可以替换为其他值，视这里的设置而定)，就可以正常地使用汉字(或其他文字)，否则不能正常显示汉字。

(13) 单击 Next 按钮，进入如图 9-17 所示界面，选择是否将 MySQL 安装为 Windows 服务，还可以指定 Service Name(服务标识名称)，是否将 MySQL 的 bin 目录加入到 Windows PATH(加入后，就可以直接使用 bin 下的文件，而不用指出目录名，比如连接，mysql.exe-uusername -ppassword;就可以了，不用指出 mysql.exe 的完整地址，很方便)，这里全部选中，Service Name 不变。

(14) 单击 Next 按钮，进入如图 9-18 所示界面，询问是否要修改默认 root 用户(超级管理)的密码(默认为空)，New root password 如果要修改，就在此填入新密码(如果是重装，并且之前已经设置了密码，在这里更改密码可能会出错，请留空，取消选中 Modify Security Settings 复选框，安装配置完成后另行修改密码)，Confirm(再输一遍)内再填一次，防止输错。Enable root access from remote machines 复选框表示是否允许 root 用户在其他的机器上登录，如果要安全，就不要选择，如果要方便，就选中。Create An Anonymous Account 复选框表示新建一个匿名用户，匿名用户可以连接数据库，不能操作数据，包括查询，一般不选。设置完毕，单击 Next 按钮继续，进入如图 9-19 所示界面，确认设置是否有误，如果有误，单击 Back 按钮返回检查。单击 Execute 按钮，使设置生效。

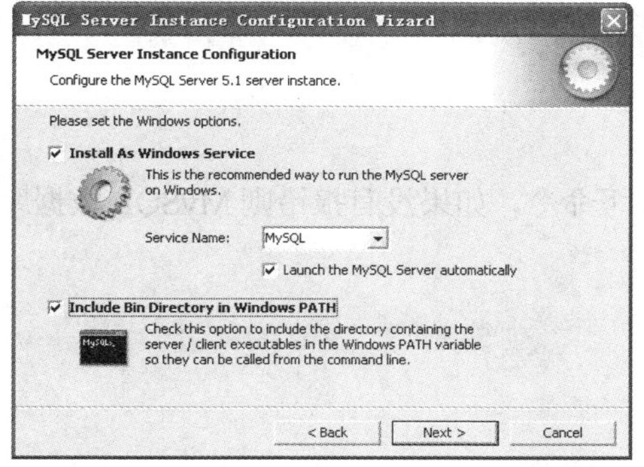

图 9-17　设置 MySQL 为 Windows 服务

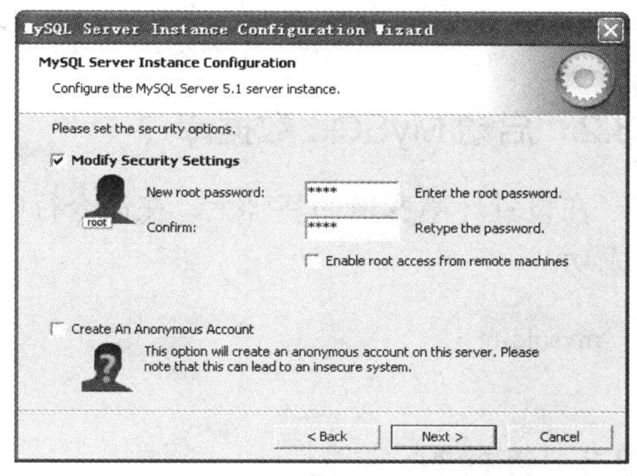

图 9-18　设置超级管理员

(15) 进入如图 9-20 所示界面，设置完毕，单击 Finish 按钮，结束 MySQL 的安装与配置。

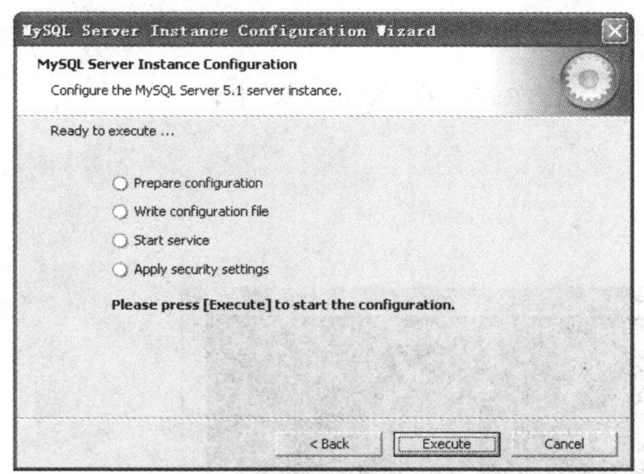

图 9-19　确认设置界面

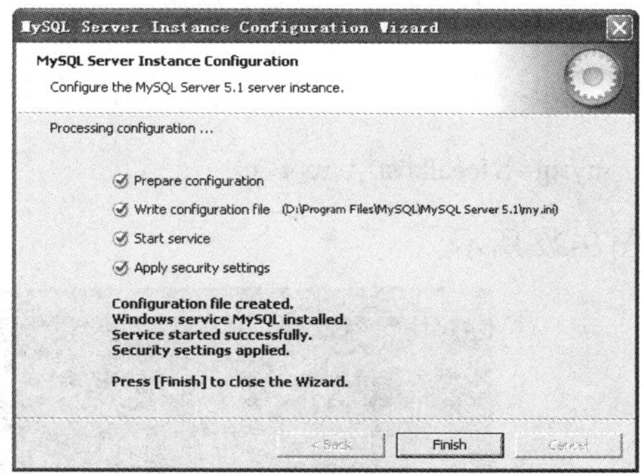

图 9-20　设置完毕

9.3 MySQL 的常用操作

MySQL 支持 SQL 语言，这里就不再过多地讲解 SQL 语句，将 MySQL 常用命令结合实例演示一下。

9.3.1　设置环境变量

将 MySQL 安装根目录下的 bin 子目录的绝对路径加入到 Windows 的 path 环境变量中，这样就不用每次都在启动和连接数据库之前在命令行中执行命令设置 path 环境。图 9-21 显示了在命令行窗口中设置 path 变量的命令。

```
命令提示符
Microsoft Windows XP [版本 5.1.2600]
(C) 版权所有 1985-2001 Microsoft Corp.

C:\Documents and Settings\Administrator>set path=c:\program files\mysql\mysql se
rver 5.0\bin

C:\Documents and Settings\Administrator>
```

图 9-21　设置 path 变量命令

9.3.2　启动 MySQL 数据库

在设置环境变量的基础上，在命令行中输入如下命令，如果没有报错则 MySQL 数据库启动成功。

```
mysqld-nt
```

9.3.3　连接 MySQL

在命令行中输入如下命令连接 MySQL 数据库。

```
mysql -h 主机地址  -u 用户名 –p
```

例如，连接本地的 MySQL，用户名是 root，密码是 root，输入命令如下：

```
mysql –h localhost –u root –p
```

如图 9-22 所示。

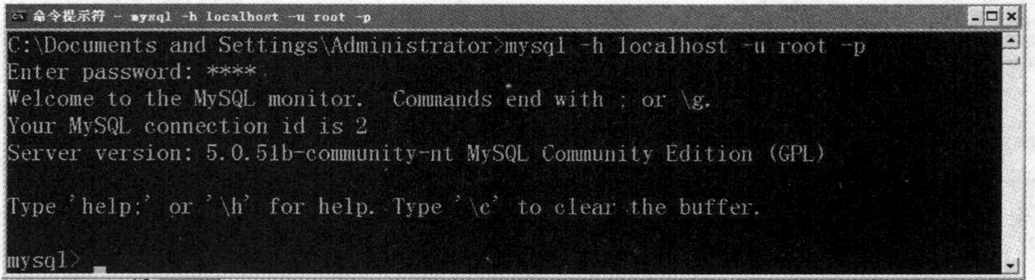

图 9-22　连接数据库

9.3.4　退出 MySQL

如果要退出 MySQL，可以输入如下命令：

```
myslq>exit;
```

如图 9-23 所示。

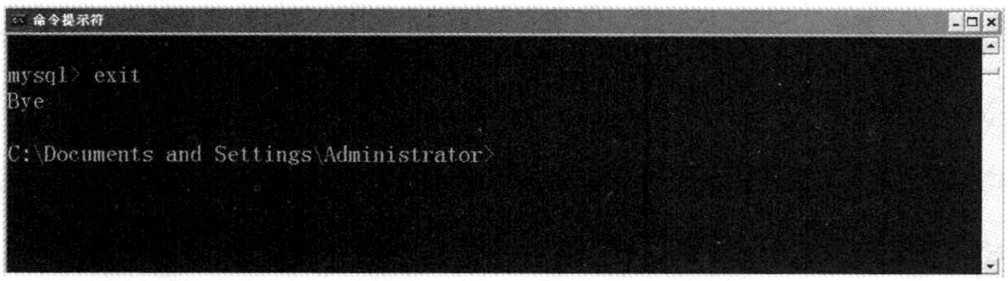
命令提示符
mysql> exit
Bye
C:\Documents and Settings\Administrator>

图 9-23　退出 MySQL

9.3.5　增加用户

添加一个用户 test1，密码为 123，使其可以在任何主机上登录，并对所有数据库有查询、插入、修改、删除的权限。首先用 root 用户连入，输入命令如下：

```
mysql>grant select,insert,update,delete on *.* to test1@"%" Identified by "123";
```

如图 9-24 所示。

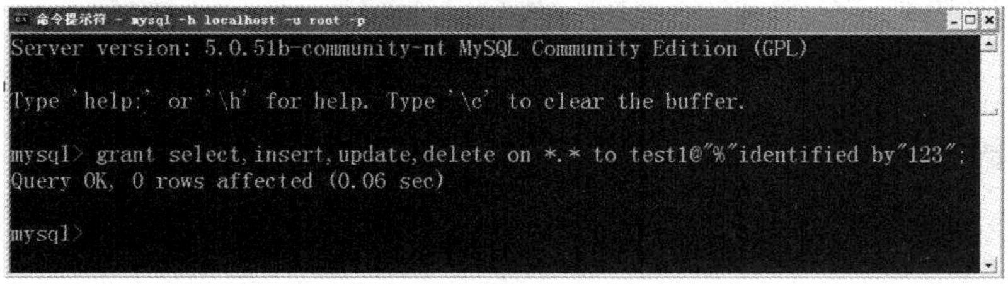
命令提示符 - mysql -h localhost -u root -p
Server version: 5.0.51b-community-nt MySQL Community Edition (GPL)
Type 'help;' or '\h' for help. Type '\c' to clear the buffer.
mysql> grant select,insert,update,delete on *.* to test1@"%"identified by"123";
Query OK, 0 rows affected (0.06 sec)
mysql>

图 9-24　增加用户

如果增加一个用户 test2，密码为 123，使其只可以在 localhost 上登录，并可以对数据库 mydb 进行查询、插入、修改、删除操作(localhost 指本地主机，即 MySQL 数据库所在的那台主机)，这样用户即使用知道 test2 的密码，也无法从 Internet 上直接访问数据库，只能通过 MySQL 主机上的 Web 页来访问，输入命令如下：

```
mysql>grant select,insert,update,delete on mydb.* to test2@localhost identified by "123";
```

也可以增加一个能够从任何地方连接服务器的完全的超级用户，输入命令如下：

```
mysql>grant all privileges on *.* to test3@"%" identified by '123' with grant option;
```

9.3.6　删除授权

如果要删除用户，不要用将要删除的用户名和密码进入数据库，例如删除上面创建的用户 test1 的权限，输入命令如下：

```
mysql>revoke select,insert,update,delete om *.* from test1 ;
```

9.3.7 备份数据库

要备份在 MySQL 中创建的某个数据库，在命令行中输入如下命令：

```
mysqldump -h(ip) -uroot –p databasename > database.sql
```

例如，要将 MySQL 中 ch09 的数据库备份到文件 ch09.sql 中，命令如下：

```
mysqldump –h localhost –u root –p ch09>ch09.sql
```

文件 ch09.sql 保存在运行命令所在的文件夹中，如图 9-25 所示，即 ch09.sql 保存在 C:\Dcocuments and Settings\Administrator 中。

```
命令提示符
C:\Documents and Settings\Administrator>mysqldump -h localhost -u root -p  ch09>
ch09.sql
Enter password: ****

C:\Documents and Settings\Administrator>
```

图 9-25　备份数据库

9.3.8 恢复数据库

恢复数据库的命令行如下：

```
mysql -h(ip) -uroot –p databasename < database.sql
```

例如，要恢复上面备份的 ch09.sql 文件到数据库中，命令如下：

```
mysql –h localhost –u root –p ch09<ch09.sql
```

如图 9-26 所示。

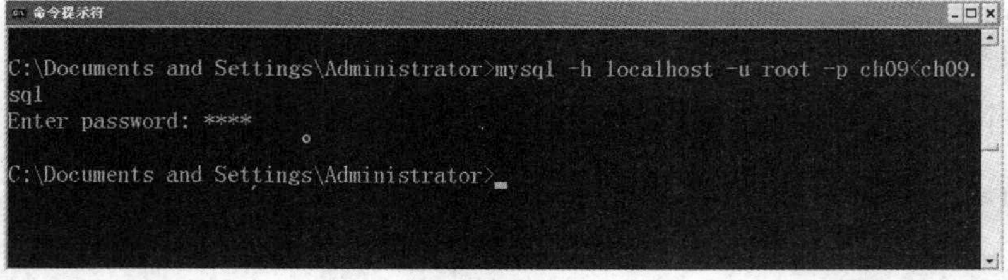

图 9-26　恢复数据库

9.3.9 备份表

将 MySQL 中的某个数据库中的表备份成文件，命令如下：

```
mysqldump -h(ip) -uroot –p databasename tablename > tablename.sql
```

例如，要将 MySQL 中 ch10 数据库中的 student 表备份到文件 student.sql 中，命令如下：

```
mysqldump –h localhost –u root –p ch10 student>student.sql
```

文件 student.sql 保存在运行命令所在的文件夹中，如图 9-27 所示，即 student.sql 文件保存在 C:\Documents and Settings\Administrator 中。

```
C:\Documents and Settings\Administrator>mysqldump -h localhost -u root -p ch10 s
tudent>student.sql
Enter password: ****

C:\Documents and Settings\Administrator>
```

图 9-27　备份表

9.3.10　恢复表

如果要将备份好的表放入到某个数据库中，操作前需要先将原来的表删除，命令如下：

```
mysql -h(ip) -uroot -p databasename < tablename.sql
```

9.3.11　查看、创建、删除和选择数据库命令

使用下面的 show 语句可以找出在服务器上当前存在什么数据库，如图 9-28 所示。

```
mysql>show databases;
```

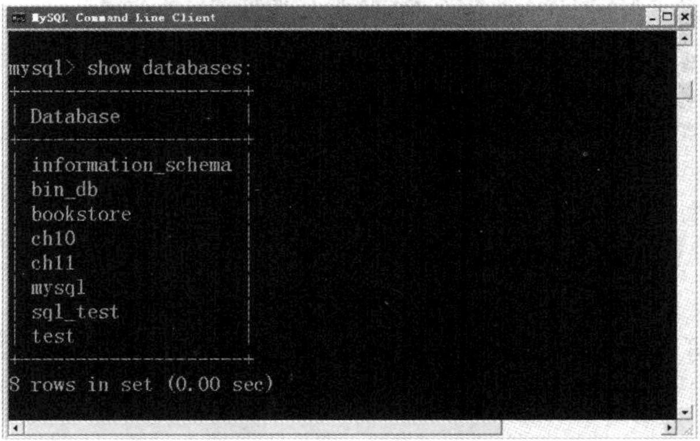

图 9-28　show 命令效果图

创建一个数据库的语法如下：

```
Create database <数据库名>;
```

例如，需要创建一个名为 ch09 的数据库，如图 9-29 所示，其 SQL 语句如下：

```
mysql> create database ch09;
```

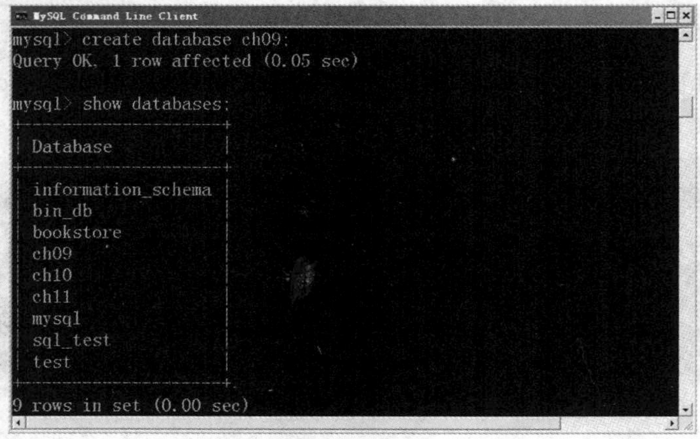

```
mysql> create database ch09;
Query OK, 1 row affected (0.05 sec)

mysql> show databases;
+--------------------+
| Database           |
+--------------------+
| information_schema |
| bin_db             |
| bookstore          |
| ch09               |
| ch10               |
| ch11               |
| mysql              |
| sql_test           |
| test               |
+--------------------+
9 rows in set (0.00 sec)
```

图 9-29　新建数据库效果图

删除一个数据库的语法如下：

```
Drop database <数据库名>;
```

在对数据库进行操作之前，必须首先选择所创建的数据库，选择数据库的语法如下：

```
Use <数据库名>; //按 Enter 键出现 Database changed 时说明操作成功
```

例如，要选择一个名为 ch09 的数据库，其 SQL 语句如下，如图 9-30 所示。

```
mysql> use ch09;
```

图 9-30　选择数据库成功效果图

9.3.12　导入命令

使用 source 命令可以将一个扩展名是 sql 或者 txt 的现有数据库文件，导入到 MySQL 中，命令如下：

```
mysql>source d:/mysql.sql;
```

9.4 常用查询的例子

以下使用 MySQL 的函数和 select 语句介绍常用的 MySQL 查询操作。

9.4.1 查询时间

查询当前系统的时间，查询命令如下，结果显示如图 9-31 所示。

```
mysql>select now();
```

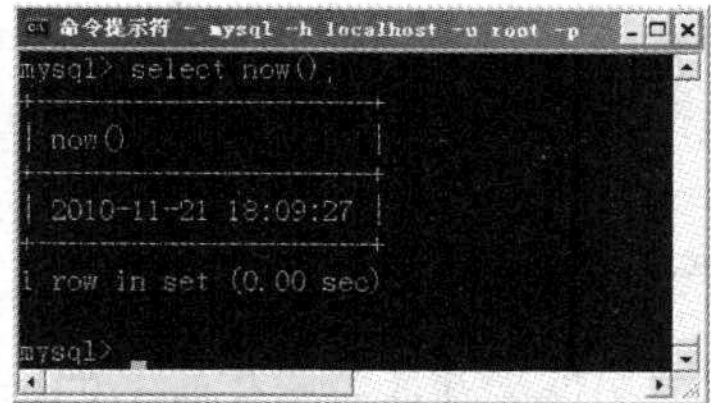

图 9-31 查询当前系统时间

9.4.2 查询当前用户

查询当前是哪个用户正在操作数据库，查询命令如下，结果显示如图 9-32 所示。

```
mysql>select user();
```

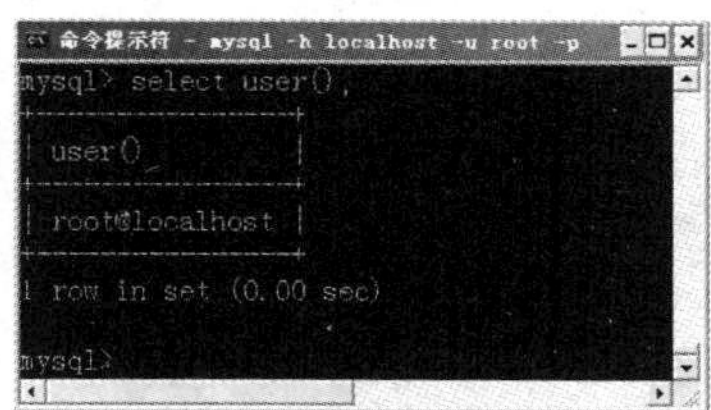

图 9-32 查询当前用户

9.4.3 查询数据库版本

查询当前操作的数据库的版本号，查询命令如下，结果显示如图 9-33 所示。

```
mysql >select version();
```

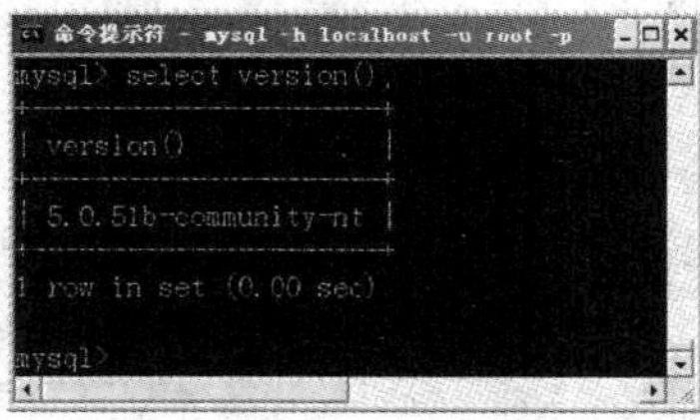

图 9-33 查询数据库的版本号

9.4.4 查询当前使用的数据库

查询当前正在操作的数据库，查询命令如下，结果显示如图 9-34 所示。

```
mysql>select database();
```

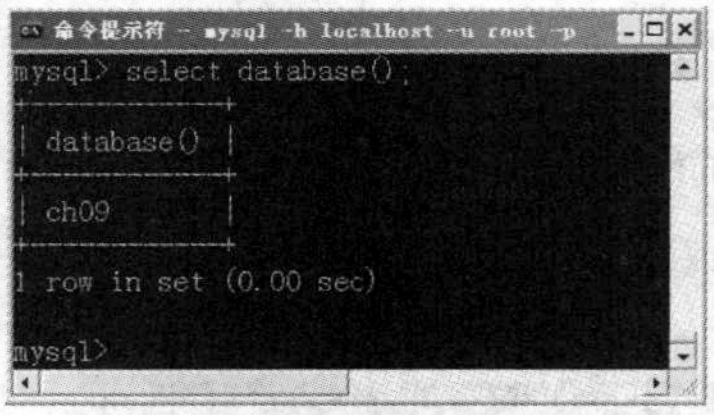

```
mysql> select database();
+------------+
| database() |
+------------+
| ch09       |
+------------+
1 row in set (0.00 sec)

mysql>
```

图 9-34　查询正在操作的数据库

9.4.5　使用 AUTO_INCREMENT

可以通过 AUTO_INCREMENT 属性为新的行产生唯一的标识，并且默认的情况下自动分配标识，例如创建表 person，表中的 id 是主键，让主键的属性使用 AUTO_INCREMENT，并用 insert 命令插入数据，默认 id，然后用 select 查看结果，代码如下，如图 9-35 所示。

```
CREATE TABLE person (
    id MEDIUMINT NOT NULL AUTO_INCREMENT,
    name CHAR(30) NOT NULL,
    PRIMARY KEY (id)
);
```

```
INSERT INTO person (name) VALUES
  ('张三'),('李四'),('小王'),
   ('小明'),('夏婧');
SELECT * FROM person;
```

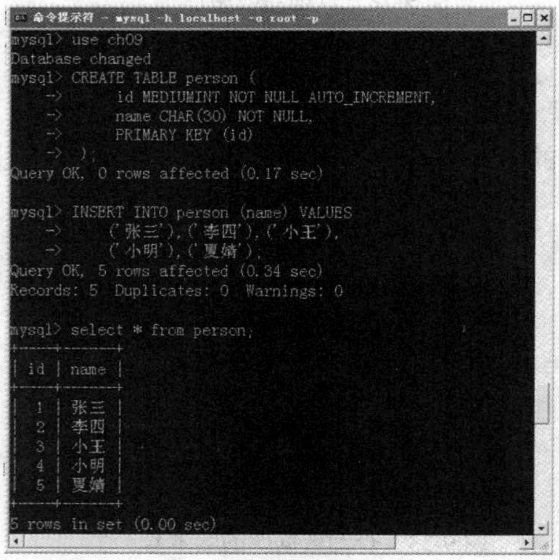

```
mysql> use ch09
Database changed
mysql> CREATE TABLE person (
    ->        id MEDIUMINT NOT NULL AUTO_INCREMENT,
    ->        name CHAR(30) NOT NULL,
    ->        PRIMARY KEY (id)
    -> );
Query OK, 0 rows affected (0.17 sec)

mysql> INSERT INTO person (name) VALUES
    ->      ('张三'),('李四'),('小王'),
    ->      ('小明'),('夏婧');
Query OK, 5 rows affected (0.34 sec)
Records: 5  Duplicates: 0  Warnings: 0

mysql> select * from person;
+----+------+
| id | name |
+----+------+
|  1 | 张三 |
|  2 | 李四 |
|  3 | 小王 |
|  4 | 小明 |
|  5 | 夏婧 |
+----+------+
5 rows in set (0.00 sec)
```

图 9-35　AUTO_INCREMENT 使用效果

9.4.6　列的最大值

要查询到某个表中某列值最大的记录，例如创建表 shop，并且插入数据，选择 title 列中最大的那条记录，代码如下：

```
CREATE TABLE shop (
        title INT UNSIGNED ZEROFILL DEFAULT '0000' NOT NULL,
        dealer  CHAR(20)              DEFAULT ''      NOT NULL,
        price   DOUBLE              DEFAULT '0.00' NOT NULL,
        PRIMARY KEY(title, dealer));
INSERT INTO shop VALUES
    (1,'A',3.4),(1,'B',3.99),(2,'C',10.99),(3,'B',1.45),
    (3,'C',1.69),(3,'D',1.25),(7,'D',19.95);
```

执行语句后，选择 title 最大的记录，代码如下，结果显示如图 9-36 所示。

```
SELECT MAX(title) AS title FROM shop;
```

```
mysql> CREATE TABLE shop (
    ->         title INT UNSIGNED ZEROFILL DEFAULT '0000' NOT NULL,
    ->         dealer  CHAR(20)              DEFAULT ''      NOT NULL,
    ->         price   DOUBLE            DEFAULT '0.00' NOT NULL,
    ->         PRIMARY KEY(title, dealer));
Query OK, 0 rows affected (0.09 sec)

mysql> INSERT INTO shop VALUES
    ->     (1,'A',3.4),(1,'B',3.99),(2,'C',10.99),(3,'B',1.45),
    ->     (3,'C',1.69),(3,'D',1.25),(7,'D',19.95);
Query OK, 7 rows affected (0.01 sec)
Records: 7  Duplicates: 0  Warnings: 0

mysql> SELECT MAX(title) AS title FROM shop;
+-------+
| title |
+-------+
|     7 |
+-------+
1 row in set (0.00 sec)

mysql>
```

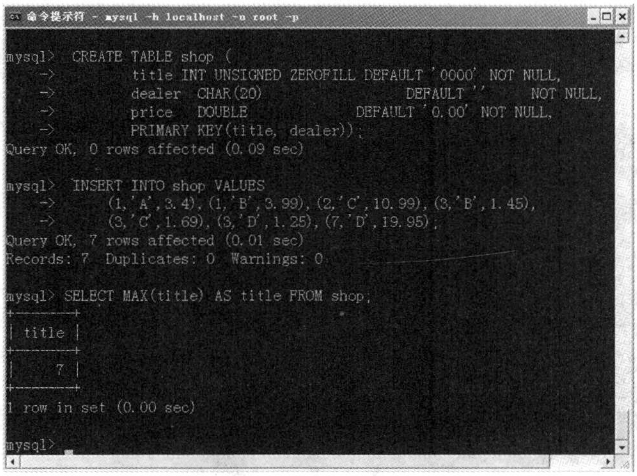

图 9-36　选择列最大的记录

例如，要得到每项物品中的最高价格记录，命令如下，结果显示如图 9-37 所示。

```
SELECT title, MAX(price) AS price
FROM    shop
GROUP BY title;
```

```
mysql> SELECT title, MAX(price) AS price
    -> FROM   shop
    -> GROUP BY title;
+------------+-------+
| title      | price |
+------------+-------+
| 0000000001 |  3.99 |
| 0000000002 | 10.99 |
| 0000000003 |  1.69 |
| 0000000007 | 19.95 |
+------------+-------+
4 rows in set (0.00 sec)

mysql>
mysql>
```

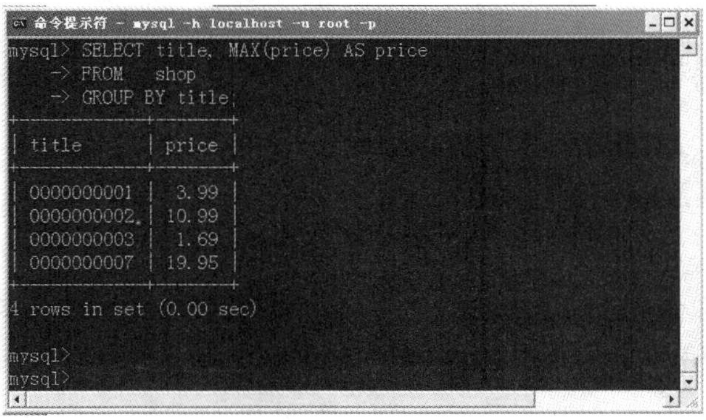

图 9-37　按组操作结果

9.4.7　拥有某个字段的组间最大值的行

例如，找出最贵价格物品的经销商，代码如下。

```
SELECT title, dealer, price
FROM     shop s1
WHERE   price=(SELECT MAX(s2.price)
                 FROM shop s2
                 WHERE s1.title = s2.title);
```

9.4.8　使用用户变量

例如，要找出价格最高或最低的物品，其方法如下，如图 9-38 所示。

```
mysql> SELECT @min_price:=MIN(price),@max_price:=MAX(price) FROM shop;
mysql> SELECT * FROM shop WHERE price=@min_price OR price=@max_price;
```

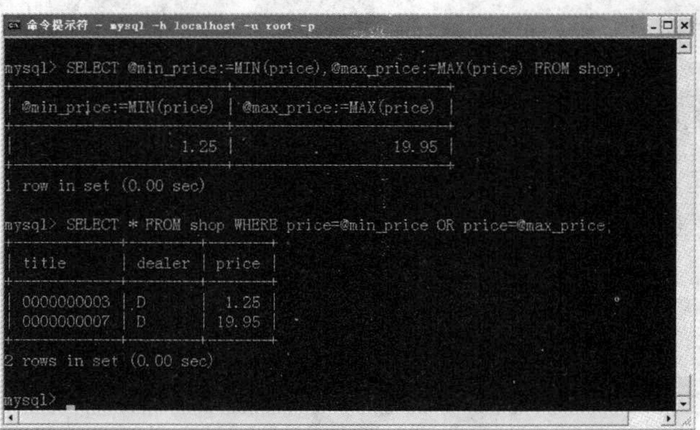

图 9-38　运行结果

9.5　MySQL GUI Tools

现在有很多 MySql 图形界面工具可供程序员使用，这里只是介绍其中一种的安装和基本使用方法。

9.5.1　MySQL GUI Tools 安装

安装步骤如下：

(1) 双击 mysql-gui-tools-5.0-r8-win32.msi 安装程序，出现如图 9-39 所示界面。MySQL GUI Tools 安装向导启动，单击 Next 按钮继续，进入接受协议界面，如图 9-40 所示。

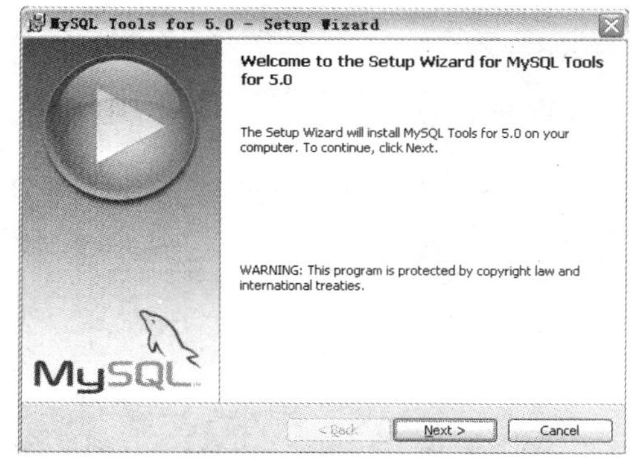

图 9-39　MySQL 图形界面安装向导启动界面

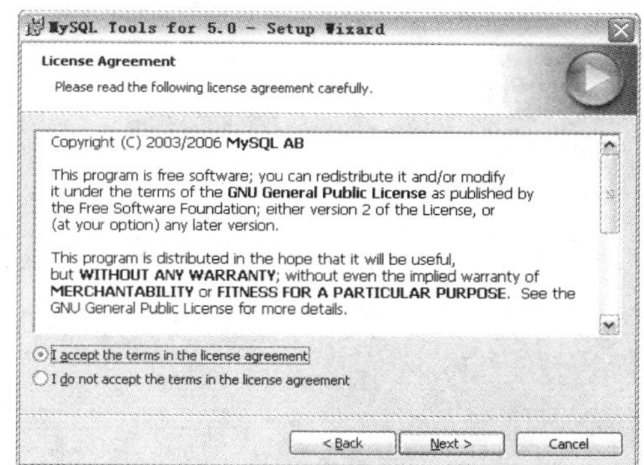

图 9-40　接受协议界面

(2) 在接受协议界面，选择 I accept the terms in th license agreement，单击 Next 按钮继续，进入设置安装路径界面，如图 9-41 所示，在该界面中可以修改默认的安装路径，然后单击 Next 按钮继续，进入选择安装方式界面，如图 9-42 所示。

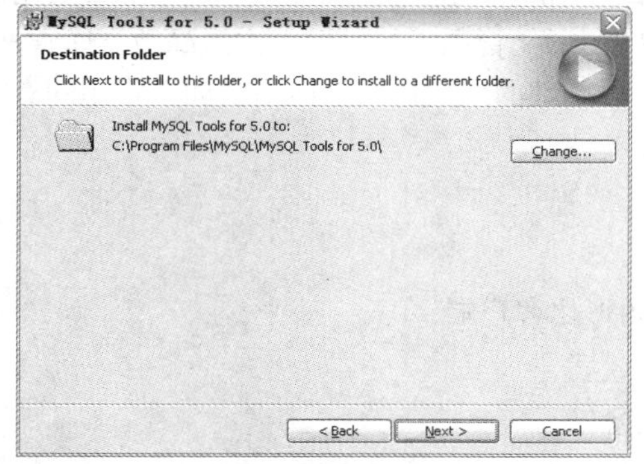

图 9-41　设置安装路径

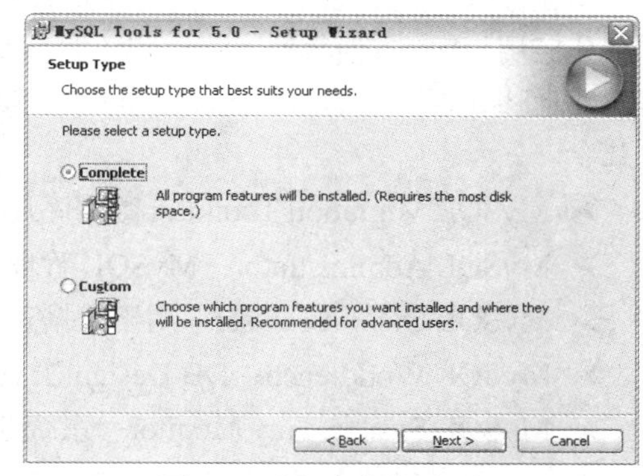

图 9-42　选择安装类型界面

(3) 选择安装类型，有 Complete(完全)和 Custom(用户自定义)两个选项。如果选择 Complete 单选按钮，单击 Next 按钮，进入如图 9-43 界面，如果选择 Custom 单选按钮，单击 Next 按钮进入如图 9-44 所示界面。选择要安装的程序后，单击 Next 按钮，进入安装界面，如图 9-45 所示，安装结束后，显示如图 9-46 所示界面。

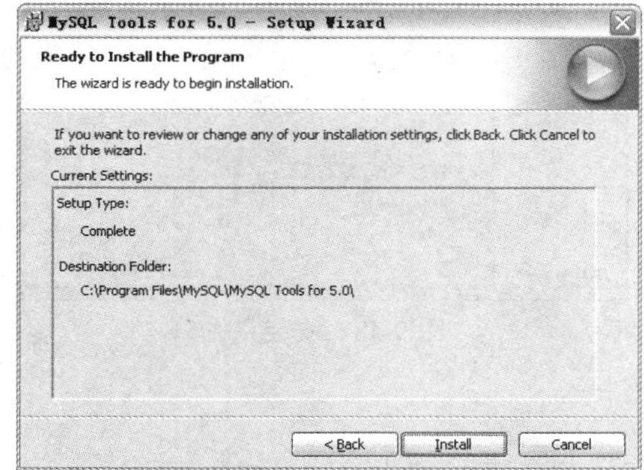

图 9-43　完全安装确认界面

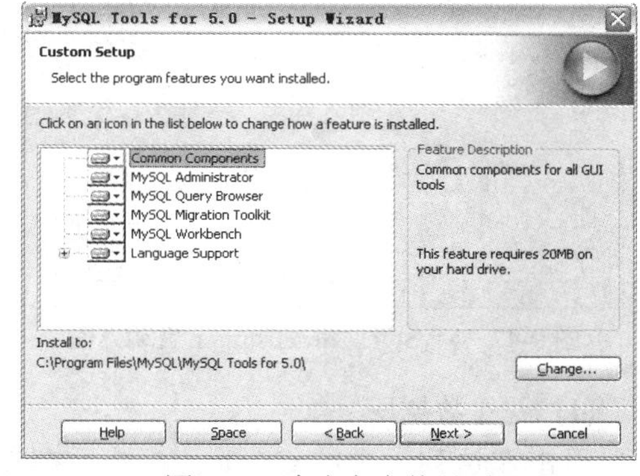

图 9-44　自定义安装界面

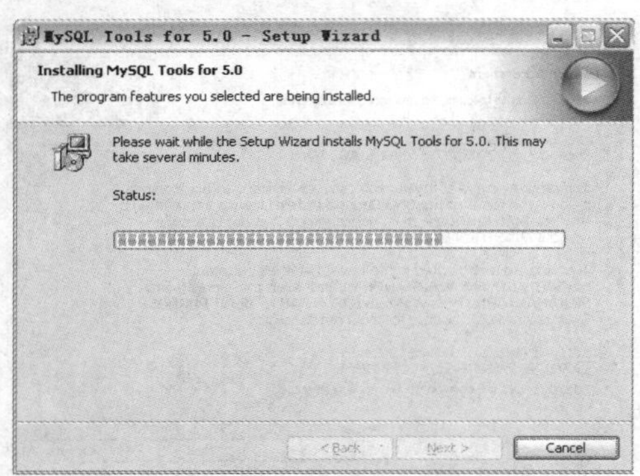

图 9-45　正在安装界面

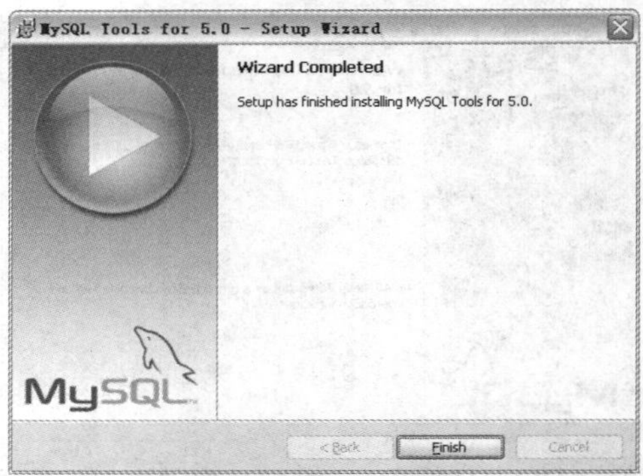

图 9-46　安装完成

9.5.2　MySQL GUI Tools 基本使用方法

MySQL GUI Tools 一个可视化界面的 MySQL 数据库管理控制台，提供了几个非常好用的图形化应用程序，方便数据库管理和数据查询。这些图形化管理工具可以大大提高数据库管理、备份、迁移和查询效率，即使没有丰富的 SQL 语言基础的用户也可以应用自如。常用的有如下几个。

- MySQL Migration Toolkit：数据库迁移。
- MySQL Administrator：MySQL 管理器。
- MySQL Query Browser：用于数据查询的图形化客户端。
- MySQL Workbench：DB Design 工具。
- MySQL System Tray Monitor：系统监控视窗。

首先，可以启动 MySQL Administrator，如图 9-47 所示。如果是本地 Server Host 可以填写 localhost 或者 127.0.0.1。单击 OK 按钮，进入 MySQL Administrator 界面。安装完成，界面如图 9-48 所示。

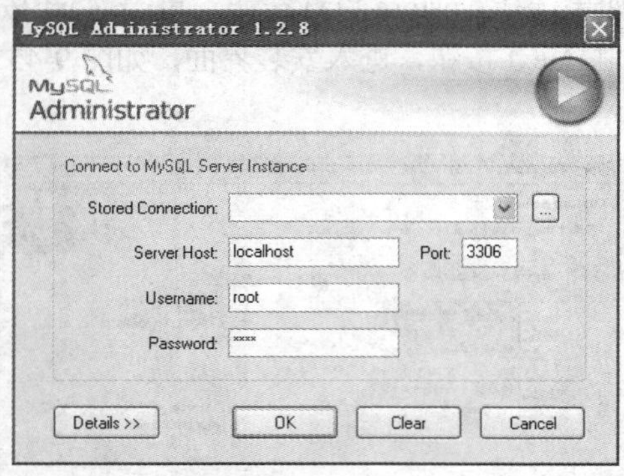

图 9-47　MySQL Administrator 启动界面

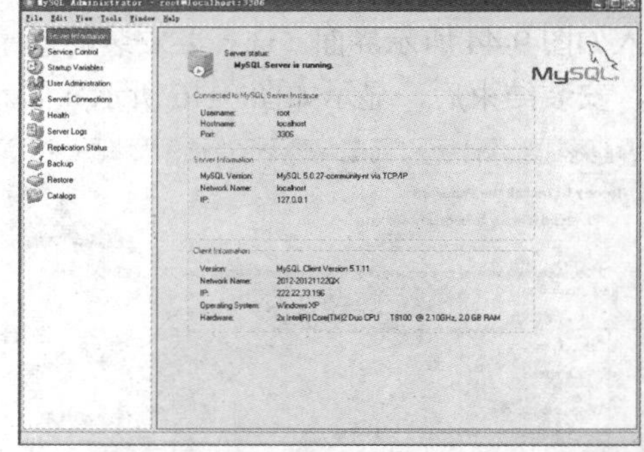

图 9-48　安装完成

(1) 创建数据库

单击左边列表中的 Catalogs，然后在左下空白区域右击，选择 Create New Schema，如图 9-49 所示。弹出创建数据库名称的对话框，如图 9-50 所示。

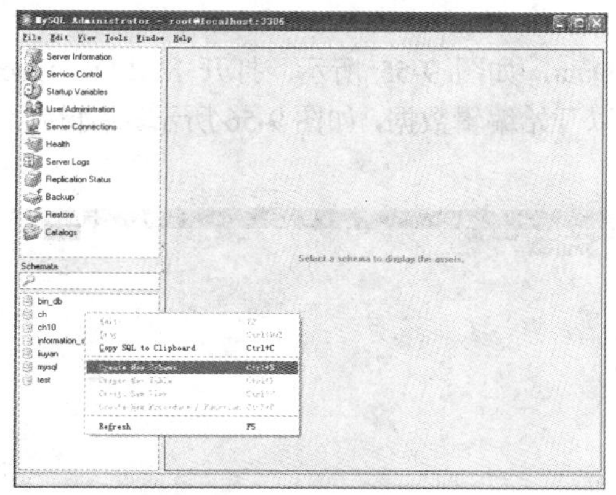

图 9-49　创建数据库

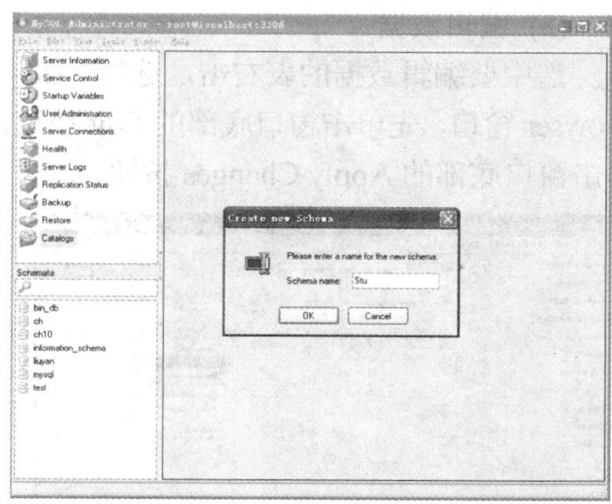

图 9-50　创建数据库名字

(2) 创建表

在左下区域找到要创建 Table 表的数据库选中，然后再右边区域空白处右击，选择 Create Table，如图 9-51 所示。进入 Table 编辑器，如图 9-52 所示，可以编辑表内容，编辑完后单击 Apply Changes 按钮。弹出 Confirm Table Edit 窗口，如图 9-53 所示，单击 Execute 按钮执行，执行结果如图 9-54 所示。

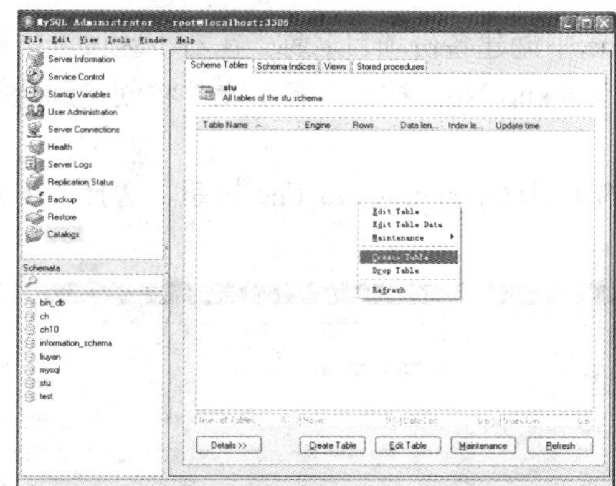

图 9-51　创建数据表

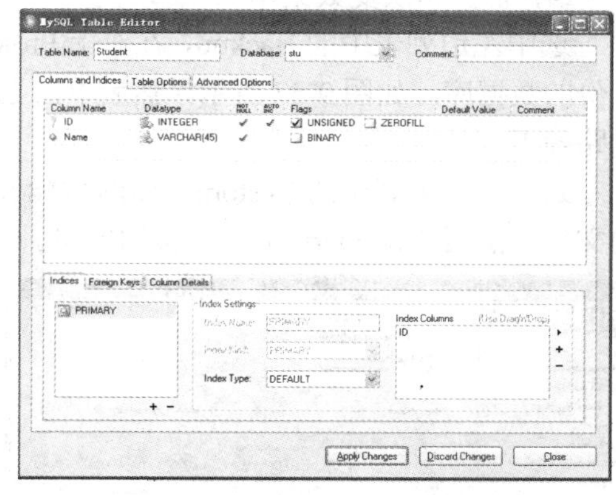

图 9-52　在 Table 编辑器中创建表

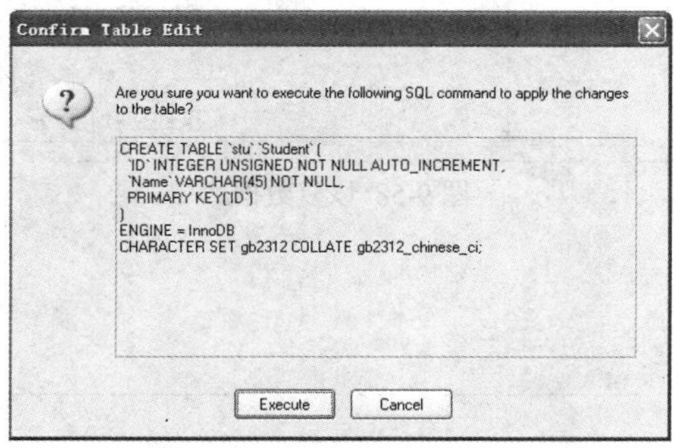

图 9-53　Confirm Table Edit

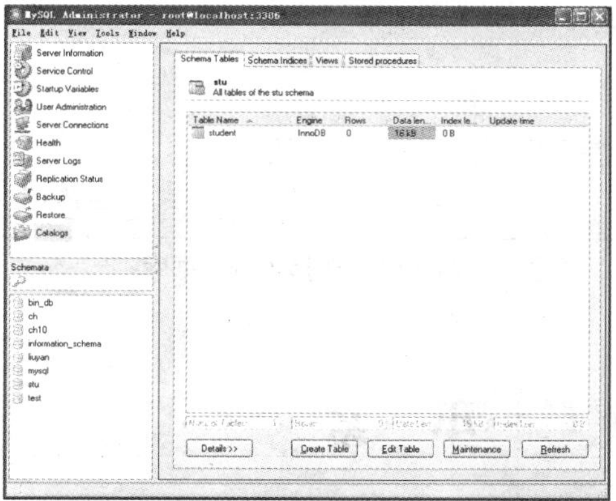

图 9-54　在 Table 编辑器中创建表

(3) 编辑数据

选中要编辑数据的表右击，选择 Edit Table Data，如图 9-55 所示。打开 MySQL Query Browser 窗口，先单击窗口底部的 Edit 按钮，就可以开始编辑数据，如图 9-56 所示。编辑完后，单击窗口底部的 Apply Changes 按钮。

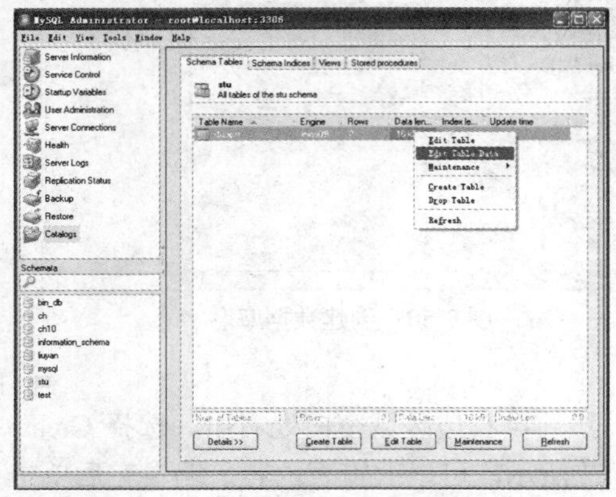

图 9-55　编辑表数据

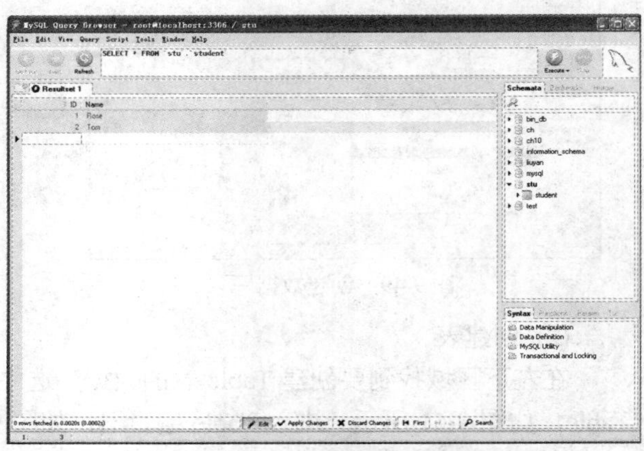

图 9-56 在 Table 编辑器中创建表

(4) 备份和恢复数据库

选中左边列表中的 Backup，在右上 ProjectName 中创建备份项目名称，在右下区域选中要备份的数据库，如图 9-57 所示。然后单击 Execute Backup Now 按钮，备份文件将创建到选择的路径下。

选中左边列表中的 Restore，如图 9-58 所示，先单击 Open Backup File 按钮，选择要恢复的文件，然后单击 Start Restore 按钮即可。

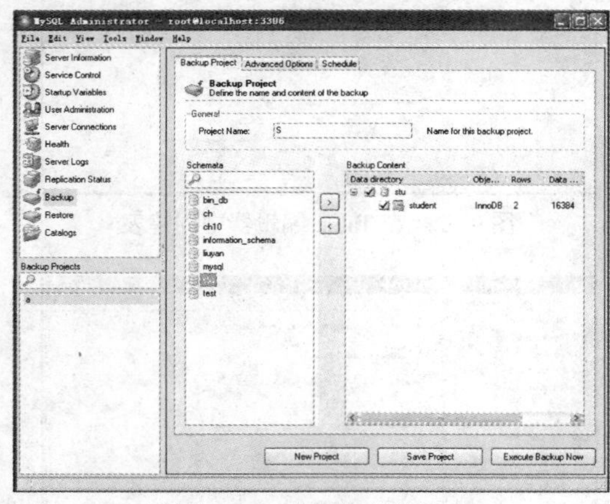

图 9-57　选择备份数据库

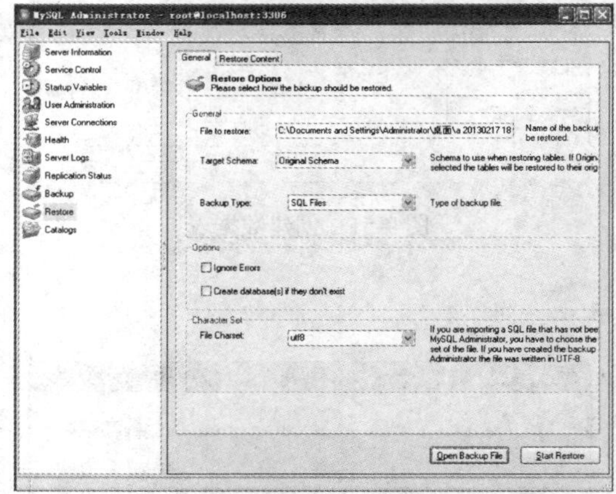

图 9-58 恢复数据库

9.6 小　结

MySQL 数据库是由瑞典的 MySQL AB 公司开发的多用户、多线程的 SQL 数据库，是一个客户机/服务器结构的应用，由一个服务器守护程序 MySQLD 和很多不同的客户程序和库组成。它提供了其他数据库少有的编程工具，而且 MySQL 对于商业和个人用户是免费的。本章重点讲解了 MySQL 的安装与配置，并介绍了 MySQL 的常用操作，举例说明了一些常用的查询语句和 MySQL GUI Tools 的安装和简单操作。

9.7 习 题

9.7.1 选择题

1. 以下关于MySQL 的说法中错误的是( )。

A. MySQL 是一种关系型数据库管理系统

B. MySQL 软件是一种开放源码软件

C. MySQL 服务器工作在客户端/服务器模式下，或嵌入式系统中

D. MySQL 配置向导将用户选择结果放到模板中生成一个 my.xml 文件

2. 要想对表中记录分组查询，可以使用( )子句。

A. GROUP BY　B. AS GROUP　C. GROUP AS　D. TO GROUP

3. 使用 DELETE 删除数据时，会有一个返回值，其含义是( )。

A. 被删除记录的数目　B. 删除操作所针对的表名

C. 删除是否成功执行　D. 以上均不正确

4. 在显示数字时，要想使用 0 作为填充符，可以使用( )关键字。

A. ZEROFILL　B. ZEROFULL　C.FILLZERO　D. FULLZERO

5、以下( )命令是 DDL 语句。

A. ALTER TABLE 命令　B. CREATE DATABASE 命令

C. SELECT 命令　D. INSERT 命令

9.7.2 填空题

1. 在创建数据库时，可以使用__________子句确保如果数据库不存在就创建它，如果存在就直接使用它。

2. 有时在查询中，需要从查询的结果中消除重复的内容，这时可以使用__________关键字来实现这一要求。

3. 如果一个列作为主键并且默认时能自动增加，那么该列是__________类型，并且要使用__________关键字修饰。

4. 使用 MySQL 命令时，默认主机名是__________。

5. 在关系模型中，实现“关系中不允许出现相同的元组”的约束是通过__________。

9.7.3 编程题

1. 创建一张学生表，包含以下信息：学号、姓名、年龄、性别、家庭住址、联系电话。
2. 修改学生表的结构，添加一列信息：学历。
3. 修改学生表的结构，删除一列信息：家庭住址。
4. 向学生表添加如下信息：

学号	姓名	年龄	性别	联系电话	学历
(1)	A	22	男	123456	小学
(2)	B	21	男	119	中学
(3)	C	23	男	110	高中
(4)	D	18	女	114	大学

5. 修改学生表的数据，将电话号码以 11 开头的学员的学历改为“大专”。
6. 删除学生表的数据，将姓名以 C 开头、性别为男的记录删除。
7. 查询学生表的数据，将所有年龄小于 22 岁、学历为“大专”的学生的姓名和学号显示出来。
8. 查询学生表的数据，查询所有信息，列出前 25%的记录。
9. 查询出所有学生的姓名、性别和年龄，并按年龄降序排列。
10. 按照性别分组查询所有学生的平均年龄。

第10章

应用JDBC进行数据库开发

与数据库交互是 Web 应用程序的一个重要的组成部分。JSP 使用 JDBC(Java DataBase Connectivity)技术来实现与数据库的连接。JDBC 提供了 JSP 操作数据库的各种接口程序，所以 JDBC 数据库编程对 Web 开发是非常重要的。很多数据库管理系统都提供 JDBC 驱动程序，JSP 可以直接利用它访问数据库，有一些数据库管理系统没有提供 JDBC 驱动程序，JSP 可以通过 Sun 公司的 JDBC-ODBC 桥来实现对它们的访问。本章主要介绍在 JSP 中如何实现数据库的连接和访问。同时，为了提高数据库访问效率，也将介绍一种常见的技术——数据库连接池。数据库连接池通过统一管理一定数量的数据库连接来满足动态网站中所发送的数据库请求，并提高数据库的连接与断开等执行效率。本章最后还介绍了二进制文件在数据库中的存取方法和经常使用的分页技术。

本章学习目标

◎ 了解 JDBC 的用途、体系结构和驱动器类型
◎ 了解 JDBC 连接数据库的方法
◎ 掌握 JDBC 访问数据的过程
◎ 掌握 Statement 接口及相关常用方法
◎ 掌握 PreparedStatement 接口及相关常用方法
◎ 了解 CallableStatement 对象
◎ 掌握 ResultSet 处理结果集
◎ 了解使用 JDBC 连接其他数据库
◎ 掌握连接池的原理及如何配置
◎ 熟悉从数据库中存取各种二进制文件
◎ 熟悉分页显示技术

10.1 JDBC 概述

JDBC 是一种可用于执行 SQL 语句的 Java API(Application Programming Interface 应用程序设计接口)，它由一些 Java 语言编写的类和页面组成。JDBC 为数据库应用开发人员、数据库前台工具开发人员提供了一种标准的应用程序设计接口，使开发人员可以用纯 Java 语言编写完整的数据库应用程序。

10.1.1 JDBC 的用途

简单地说，JDBC 主要有 3 种作用，分别是与数据库连接、发送 SQL 语句和处理语句执行结果。同时，JDBC 是一种低级的 API 接口，它直接调用 SQL 语句，功能简单，在它的基础上可以建立起一些高级的 API 接口，高级 API 接口往往使用更为方便且便于理解。通过 JDBC，可以很方便地向各种关系数据发送 SQL 语句并获得执行结果。换句话说，有了 JDBC API，就不必为访问 MySQL、SQL Server 或 Oracle 等数据库专门编写一个程序，程序员只需调用 JDBC API 编写一个程序就够了，只要保证所使用的 SQL 语法在各种数据库中都支持就可以了。JDBC 对 Java 程序员而言是 API，对实现与数据库连接的服务提供商而言是接口模型。作为 API，JDBC 为程序开发提供标准的接口，并为数据库厂商及第三方中间件厂商实现与数据库的连接提供了标准方法。

10.1.2 JDBC 的典型用法

JDBC 支持两层模型，也支持三层模型访问数据库。

如图 10-1 所示，在两层模型中，一个 Java Applet 或者一个 Java 应用直接同数据库连接。这就需要与数据库进行连接的 JDBC 驱动器。用户的 SQL 语句被传送给数据库，而这些语句执行的结果将被返回给用户。数据库可以在同一计算机上，也可以在另一台计算机上通过网络进行连接，这称为 Client/Server 结构，用户的计算机作为 Client，运行数据库的计算机作为 Server。这个网络可以是 Intranet，例如连接全体雇员的企业内部网，当然也可以是 Internet。

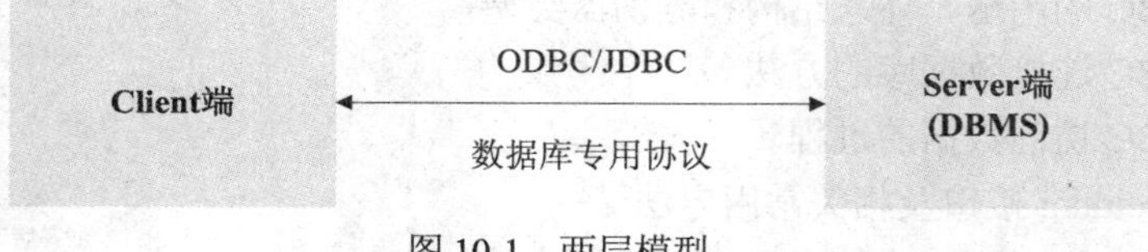

图 10-1　两层模型

如图 10-2 所示，在三层模型中，命令将被发送到服务的“中间层”，而“中间层”将 SQL 语句发送到数据库。数据库处理 SQL 语句并将结果返回“中间层”，然后“中间层”将它们返回给用户。MIS 管理员将发现三层模型很有吸引力，因为“中间层”可以控制访问并协同更新数据库。另一个优势就是如果有一个“中间层”，用户就可以使用一个易用的高层的 API，这个 API 可以由“中间层”转换成底层的调用。而且，在许多情况下，三层模型可以提供更好的性能。

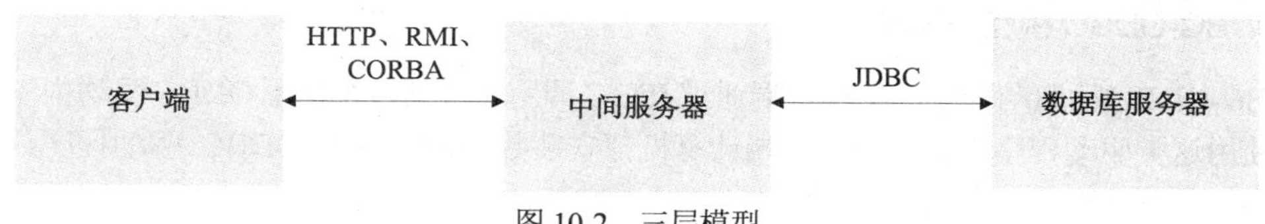

图 10-2　三层模型

到目前为止，“中间层”通常还是用 C 或 C++实现，以保证其高性能。但随着优化编译器的引入，将 Java 的字节码转换成高效的机器码，用 Java 来实现“中间层”将越来越实际。而 JDBC 是允许从一个 Java“中间层”访问数据库的关键。

10.1.3　JDBC 体系结构

现在应用程序与数据库进行信息交换已经非常普遍，因此，一种程序设计语言对数据库开发能力的支持直接影响着该语言的流行程度。在 JDK 1.1 版本之前，Java 语言提供的对数据库访问支持的能力是很弱的，编程人员不得不使用 ODBC(Open Database Connectivity)函数调用，这使得 Java 程序的跨平台发布能力受到很大的限制。JDBC 的出现使 Java 程序对各种数据库的访问能力大大增强。通过使用 JDBC，开发人员可以很方便地将 SQL 语句传送给几乎任何一种数据库。JDBC 的体系结构如图 10-3 所示。

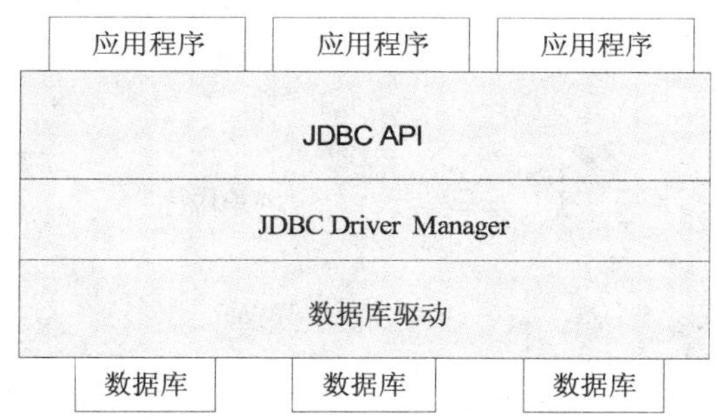

图 10-3　JDBC 的体系结构

由图 10-3 可以看出，JDBC API 的作用就是屏蔽不同的数据库驱动程序之间的差别，使得程序设计人员有一个标准的、纯 Java 的数据库程序设计接口，为在 Java 中访问任意类型的数据库提供技术支持，而驱动程序管理器(Driver Manager)则为应用程序加载数据库驱动程序。数据库驱动程序是与具体的数据库相关的，用于向数据库提交 SQL 请求。

10.1.4　驱动器类型

要通过 JDBC 来存取某一特定的数据库，必须有相应的 JDBC 驱动程序，它往往是由生产数据库的厂家提供，是连接 JDBC API 与具体数据库之间的桥梁。

通常，Java 程序首先使用 JDBC API 与 JDBC 驱动程序 Manager 交互，由 JDBC 驱动程序 Manager 载入指定的 JDBC 驱动程序，以后就可以通过 JDBC API 来存取数据库。

JDBC 驱动程序是用于特定数据库的一套实施了 JDBC 接口的类集，共有 4 种类型的 JDBC 驱动程序。

1. JDBC-ODBC 桥驱动程序

JDBC-ODBC 桥驱动程序能使客户端通过 JDBC 调用连接到一个使用 ODBC 驱动程序的数据库。使用这类驱动程序需要每个客户端计算机都安装数据库对应的 ODBC 驱动程序，但该 ODBC 驱动程序不一定要与 Java 兼容。

如图 10-4 所示显示了通过 JDBC-ODBC 桥连接 Java 和数据库的过程。

2. 部分本地 API Java 驱动程序

部分本地 API Java 驱动程序将 JDBC 调用转换为特定的数据库调用，与 JDBC-ODBC 桥驱动程序一样，这类驱动程序也要求客户端计算机安装相应的二进制代码。所以这类驱动程序不太适合于使用数据库的 Applet。

Native API 驱动程序利用客户机上的本地代码库与数据库进行直接通信，通信过程如图 10-5 所示。

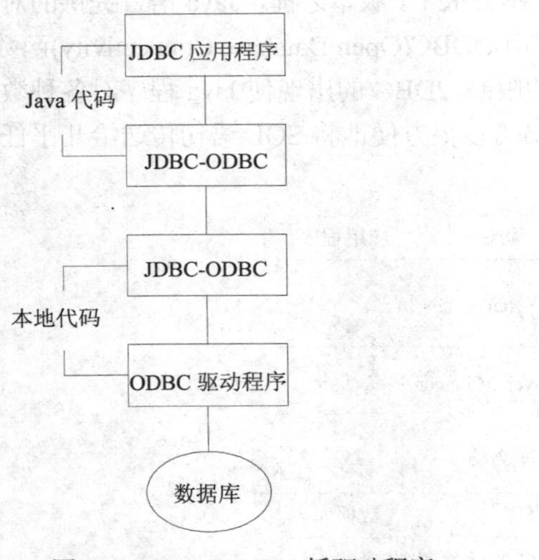

图 10-4　JDBC-ODBC 桥驱动程序

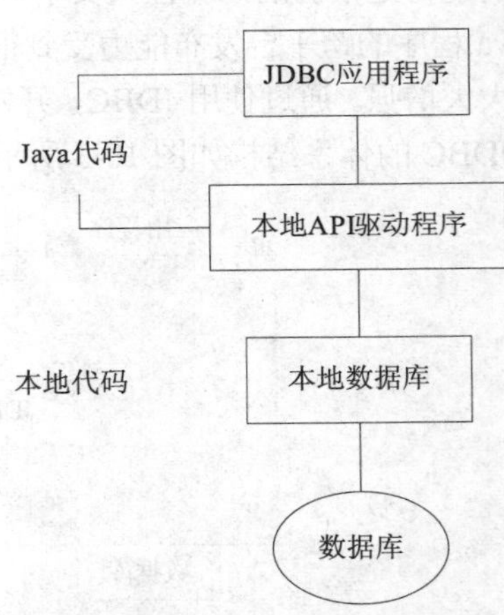

图 10-5　本地 API 驱动程序

3. JDBC 纯网络 Java 驱动程序

JDBC 纯网络 Java 驱动程序能将 JDBC 的调用转换为独立于数据库的网络协议，这种类型的驱动程序特别适合于具有中间件的分布式应用，但目前这类驱动程序的产品不多。

图 10-6 显示了 JDBC 纯网络 Java 驱动程序与数据库的通信过程。

4. 本地协议的纯 Java 驱动程序

本地协议的纯 Java 驱动程序能将 JDBC 调用转换为数据库直接使用的网络协议，它不需要安装客户端软件，它是 100%的 Java 程序，使用 Java Sockets 来连接数据库，所以特别适合于通过网络使用后台数据库的 Applet。后面介绍的程序主要使用这类驱动程序。

图 10-7 显示了本地协议驱动程序与数据库的通信过程。

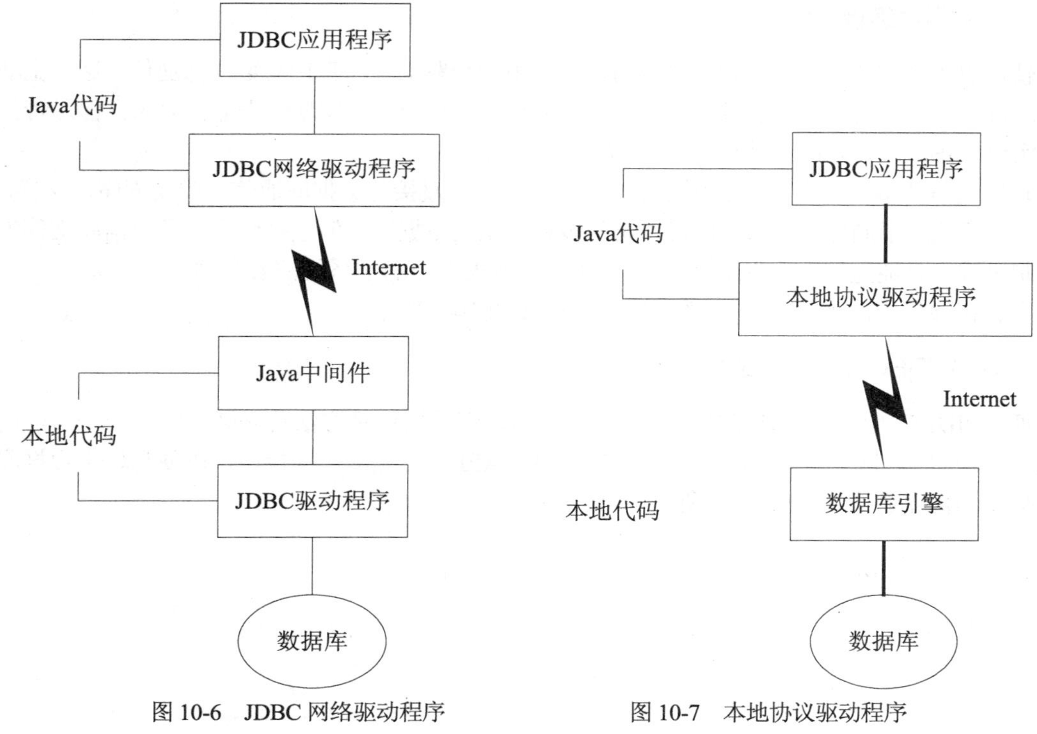

图 10-6　JDBC 网络驱动程序　　　　图 10-7　本地协议驱动程序

10.1.5　安装驱动器

安装 JDBC 非常容易，本书以 MySQL 为例，安装步骤如下：

(1) MySQL 的驱动程序称为 Connector/J，本书选择采用 5.1.13 版本，该版本是目前较新并且相对稳定的版本，可以在 MySQL 的官方网站上免费取得，其网址为 http://www.mysql.com/downloads/connector/j/。下载压缩包名为 mysql-connector-java-5.1.13.zip，解压缩至硬盘，目录下名为 mysql-connector-java-5.1.13-bin.jar 的文件就是 JDBC 驱动。

(2) 将 mysql-connector-java-5.1.13.zip 文件复制到%TOMCAT_HOME%/common/lib 目录下，例如 C:\Program Files\Apache Software Foundation\Tomcat 5.5\common\lib 目录。

(3) 将 C:\Program Files\Apache Software Foundation\Tomcat 5.5\common\lib\mysql-connector-java-5.1.13.zip 写入 CLASSPATH，具体方法可参照前面介绍的 Tomcat 运行环境的配置。这样就可以保证在 JSP 页面或 Servlet 等 Java 类中顺利地调用 JDBC 程序，而且所有的网站应用都可以共享这个文件。

10.2　JDBC 连接数据库的方法

JDBC 提供了连接数据库的几种方法，即直接通信、通过 JDBC 驱动程序通信以及通过 ODBC 通信。

1. 与数据源直接通信

使用 JDBC 和数据库已制定的协议时，可使用一个驱动程序直接与数据源通信，这个驱动程序既可以是自己建立的，也可以是一个公用的程序。直接通信实现起来非常复杂，但尽管如此，实现 JDBC 最有效的方法还直接通信。

直接通信从本质上说，就是使用它的协议创建一个直接与数据库通信的驱动程序，这样，只要客户机使用了同样的协议，就可以访问多种类型的数据库。但直接通信要求数据库文件为二进制格式，且能直接对文件进行读/写操作，这就大大影响了系统的安全性。

用直接通信方法连接 Java 和数据库的过程如图 10-8 所示。

2. 通过 JDBC 驱动程序通信

通过 JDBC 驱动程序通信比直接通信要容易，但采用这种方法首先必须编写一个实际的 JDBC 驱动程序，这个驱动程序可以实现在 JDBC API 中定义的不同接口，以便与属于数据库的专有驱动程序通信，如图 10-9 所示。

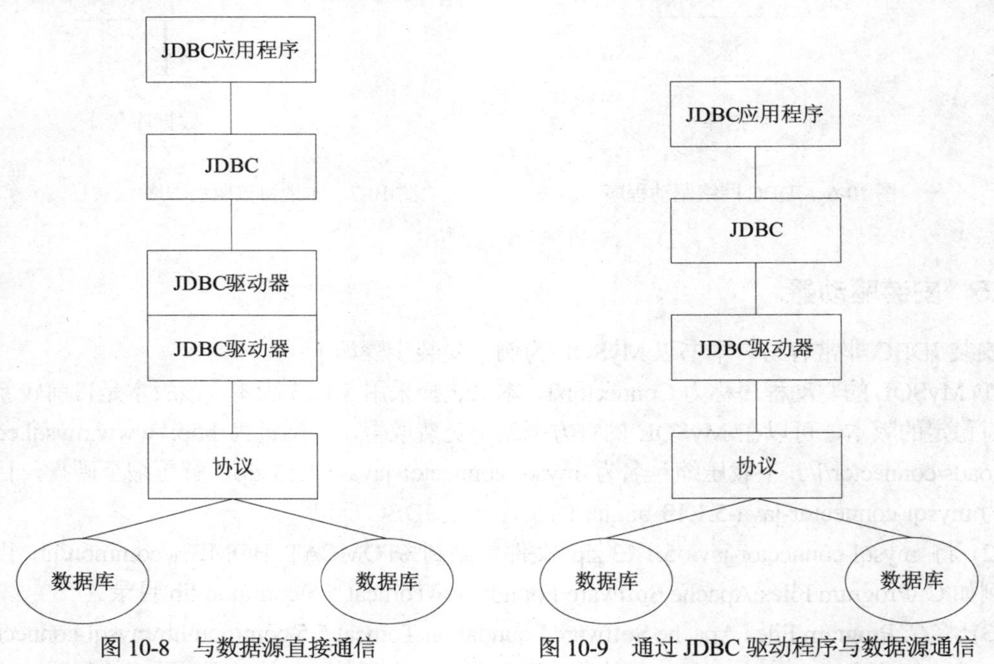

图 10-8　与数据源直接通信　　图 10-9　通过 JDBC 驱动程序与数据源通信

3. 与 ODBC 数据源通信

JDBC 通过 JDBC-ODBC 桥与 ODBC 数据源相连，从而实现 Java 与数据库的连接，这是一种最容易和最常用的实现方法。

10.3 使用 JDBC 操作数据库

JDBC 的接口分为两个层次：一是面向程序开发人员的 JDBC API，一是底层的 JDBC Driver API。JDBC 接口如图 10-10 所示。

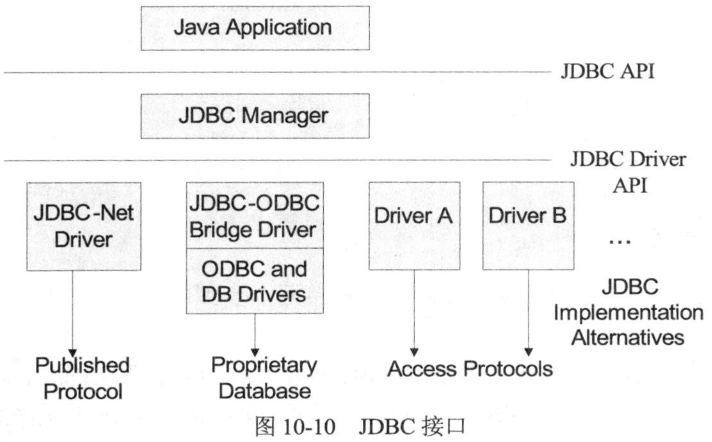

图 10-10　JDBC 接口

Java Database Connectivity(JDBC)是一个标准的 Java API，由一组类和接口组成，Java 应用程序开发人员使用它来访问数据库和执行 SQL 语句。JDBC API 主要包括 6 种接口，如表 10-1 所示。

表 10-1　JDBC API 接口说明

接　　口	功　　能
java.sql.DriverManager	处理驱动程序的调用并对后续数据库连接提供支持
java.sql.Connection	处理特定的数据库连接
java.sql.Statement	代表一个特定的 SQL 执行语句
java.sql.PreparedStatement	代表一个预编译的 SQL 执行语句
java.sql.CallableStatement	代表一个内嵌过程的 SQL 调用语句
java.sql.ResultSet	控制一个特定的 SQL 语句的执行结果

10.3.1　使用 JDBC 访问数据库的过程

JDBC 访问数据库可以分为连接数据库和操作数据库两个步骤。图 10-11 显示了一个用简单的 JDBC 模型进行连接、执行和获取数据的过程。

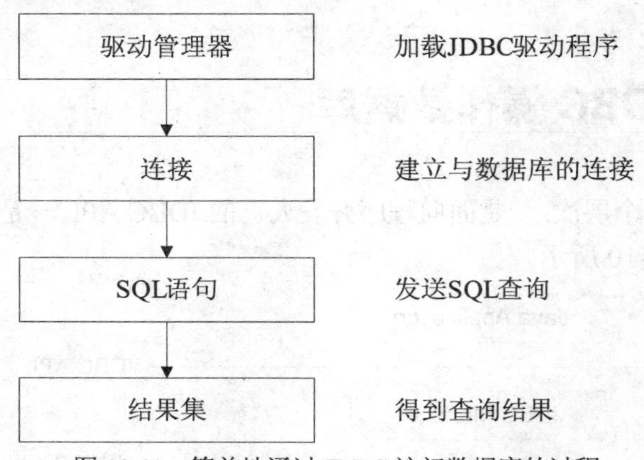

图 10-11　简单地通过 JDBC 访问数据库的过程

1. JDBC 连接数据库

JDBC 连接数据库分为加载驱动程序和建立连接两个步骤。

(1) 加载驱动程序

为了与特定的数据源或者数据库相连，JDBC 必须加载相应的驱动程序。驱动程序可以是 JDBC-OBDC Bridge 驱动程序、JDBC 到通过网络协议的驱动程序，或者是由数据库厂商提供的驱动程序。可以通过设置 Java 属性中的 sql.driver 来指定驱动程序列表，这个属性是一系列用冒号隔开的 driver 类的名称，JDBC 将按照列表搜索驱动程序，并使用第一个能成功与给定的 URL 相连的驱动程序。在搜索驱动程序列表时，JDBC 将跳过那些包含不可信任代码的驱动程序，除非它与要打开的数据库来自于同一个服务器主机。也可以不设置 sql.driver 属性，而使用 Class.forName 方法显示加载一个驱动程序，例如：

```
String driverName="com.mysql.jdbc.Driver ";
Class.forName(driverName);
```

上面的语句直接加载了 MySQL 数据库的驱动程序，由驱动程序负责向 DriverManager 登记。在与数据库相连接时，DriverManager 将试图使用此驱动程序。

(2) 建立连接

DriverManager 类的 getConnection()方法用于建立与某个数据源的连接，例如：

```
String url="jdbc:mysql://localhost/sql_test";
Connection con=DriverManager.getConnection(url);
```

上面的语句用来与url对象指定的数据源建立连接，若连接成功，则返回一个Connection类的对象con。以后对这个数据源的操作都是基于con对象的。GetConnection()方法是DriverManager类中的静态方法，所以使用时不用生成DriverManager类的对象，直接使用类名DriverManager调用就可以了。

前面使用的 getConnection()方法是最简单的建立连接的方法，它除数据源名外没有给出任何附加信息，在小型数据库(例如 Access)中，这种方法是合适的。但是在大型数据库中，建立连接需要给出用户名和密码，有另一个 getConnection()方法用于这种情况：

```
getConnection(String url,String user,String password);
```

例如：

```
String Name="root";
String Password="123456";
Connection con=
        DriverManager.getConnection("jdbc:mysql://localhost/sql_test ",name,Password);
```

【例 10-1】用下面的例子测试数据是否连接成功。首先将本章的 db.txt 导入到 MySQL 中，使用命令：

```
source 绝对路径\db.txt
```

创建 testconnection.jsp 页面，如果连接正常，页面将输出“连接数据库成功”。

```
<%@ page contentType="text/html; charset=gb2312"   language="java" errorPage=""%>
<%@ page import="java.sql.*" %>
<!DOCTYPE HTML PUBLIC "-//W3C//DTD HTML 4.01 Transitional//EN">
<html>
<head>
<meta http-equiv="Content-Type" content="text/html; charset=gb2312">
<title>test connection</title>
</head>
<body>
<%
String url = "jdbc:mysql://localhost/ch10";
    String userName = "root";
    String password = "root";
    Connection conn = null;
    try {
        Class.forName("com.mysql.jdbc.Driver");
        } catch(ClassNotFoundException e) {

        out.println("加载驱动器类时出现异常");
    }try {
        conn = null;
        conn = DriverManager.getConnection(url, userName, password);
        } catch(SQLException e) {
        out.println("连接数据库的过程中出现 SQL 异常");
    } if (conn==null)
        out.println("连接数据库失败");
    else
        out.println("连接数据库成功");
    try {
        conn.close();
    } catch (SQLException e) {
        out.println("关闭数据库连接时出现 SQL 异常");
    }
    %>
```

```
</body>
</html>
```

2. JDBC 操作数据库

JDBC 连接数据库之后，就可以对数据库中的数据进行操作了，可按以下步骤进行。

(1) 执行 SQL 语句

建立数据库连接后，就能够向数据库发送 SQL 语句了。JDBC 提供了 Statement 类来发送 SQL 语句，Statement 类的对象用 createStatement()方法创建；SQL 语句发送后，返回的结果通常存放在一个 ResultSet 类的对象中，ResultSet 可以看作是一个表，这个表包含由 SQL 返回的列名和相应的值，ResultSet 对象中维持了一个指向当前行的指针，通过一系列的 get×××方法可以检索当前行的各个列，并显示出来。

(2) 检索结果

对比 ResultSet 对象进行处理后，才能将查询结果显示给用户。ResultSet 对象包括一个由查询语句返回的表，这个表中包含所有的查询结果。对 ResultSet 对象的处理必须逐行进行，ResultSet.next 方法使指针下移一行。而对每一行中的各个列，则可以按任何顺序进行处理。ResultSet 类的 get×××方法可将结果集中的 SQL 数据类型转换为 Java 数据类型，如 getInt、getString 等。

(3) 关闭连接

在对象使用完毕后，应关闭连接。

10.3.2 使用 Statement 执行 SQL 语句

java.sql 包下有两个非常重要的接口——Statement 与 ResultSet，其中 Statement 定义运行 SQL 指令所需的方法成员，如果运行的 SQL 是一种 SELECT 类型的指令，ResultSet 将封装 Statement 运行 SQL 指令之后所返回的数据内容，用户通过 ResultSet 取得 SQL 叙述返回的数据内容。

JSP 网页在使用 Statement 的功能之前，必须先取得其对象，而 Statement 类型的对象则是通过引用 Connection 接口类型对象的方法成员 createStatement()所产生的。

图 10-12 说明了 Statement 与 ResultSet 类型对象在整个 JSP 网页当中所扮演的角色。

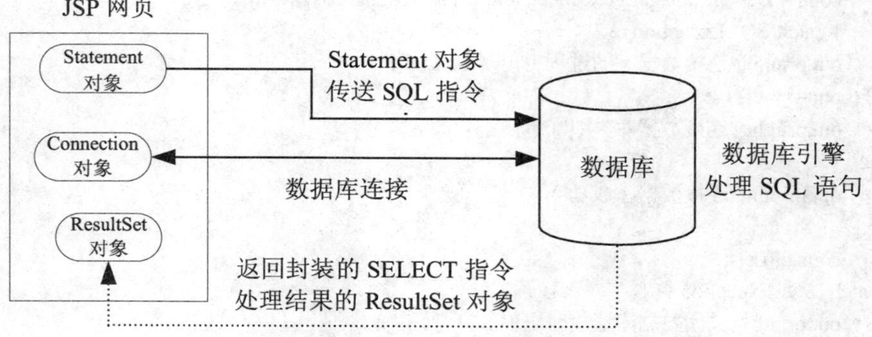

图 10-12　Statement 与 ResultSet 对象

JSP 网页通过 SQL 的引用，可以进行各种数据库的操作，其中包含了修改数据库结构和数据内容的更新与查询。修改数据库结构包含了新增与删除数据表、变更数据表内容、修改字段等；数据查询与更新则是根据选择条件从数据库中取出部分数据，或是新增、删除、修改数据内容。

Statement 主要提供运行 SQL 指令运行的方法，以及设置运行 SQL 后所返回 ResultSet 类型对象的属性，如表 10-2 所示。

表 10-2　Statement 对象的方法

方　　法	说　　明
close()	结束对象，释放占用资源
addBatch(String sql)	将要运行的 SQL 指令加到批处理指令中
clearBatch()	清除所有的 SQL 批处理运行指令
executeBatch()	运行 SQL 批处理指令
execute(String sql)	运行 SQL 一般指令
executeQuery(String sql)	运行 SQL 查询指令，如 select 指令
executeUpdate(String sql)	运行 SQL 更改指令，如 insert、delete、update
getConnection()	返回产生这个 Statement 对象的 Connection 对象
setMaxRows(int max)	设置 ResultSet 对象中可包含的最多数据笔数为 max
getMaxRows()	返回 ResultSet 对象中可包含的最多数据笔数

1. executeQuery()方法

executeQuery()方法用于执行产生单个结果集的 SQL 语句，如 Select 语句。executeQuery()方法在 Statement 接口中完整的声明如下：

```
ResultSet executeQuery(String sql)throws SQLException;
```

【例 10-2】下面的 testExecuteQuery.jsp 中使用 executeQuery()方法访问 student 中的数据，并显示返回的结果集，结果如图 10-13 所示。

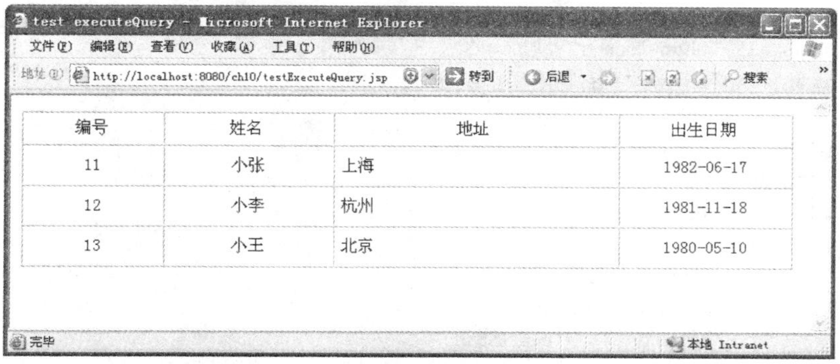

图 10-13　testExecuteQuery.jsp 运行结果

testExecuteQuery.jsp 的代码如下。

```
<%@ page contentType="text/html; charset=gb2312"   language="java" errorPage=""%>
<%@ page import="java.sql.*" %>
<!DOCTYPE HTML PUBLIC "-//W3C//DTD HTML 4.01 Transitional//EN">
<html>
<head>
<meta http-equiv="Content-Type" content="text/html; charset=gb2312">
<title>test executeQuery</title>
</head>
<body>
<%
String url = "jdbc:mysql://localhost/ch10";
      String userName = "root";
      String password = "root";
      String sql = null;
      Connection conn = null;
      Statement stmt = null;
      try {
            Class.forName("com.mysql.jdbc.Driver");
      } catch(ClassNotFoundException e) {
            out.println("加载驱动器类时出现异常");
      }

      try {
            conn = DriverManager.getConnection(url, userName, password);

            //创建 Statement 语句
            stmt = conn.createStatement();
            sql = "SELECT * FROM student";

            //使用 executeQuery 执行 SQL 查询语句
            ResultSet rs = stmt.executeQuery(sql);
            %>
      <table width="740" border="1" cellspacing="0" cellpadding="6">
      <tr>
         <td width="120" align="center" valign="middle">编号</td>
         <td width="145" align="center">姓名</td>
         <td width="253" align="center">地址</td>
         <td width="148" align="center">出生日期</td>
      </tr>
            <%
            //显示返回的结果集
            while (rs.next()) {
                   int id              = rs.getInt(1);
                  String name       = rs.getString(2);
                  String address = rs.getString(3);
                  String birthday        = rs.getString(4);
            %>
            <tr>
         <td height="40" align="center" valign="middle"><%=id%></td>
         <td align="center" valign="middle"><%=name%></td>
```

```
        <td valign="middle"><%=address%></td>
         <td align="center" valign="middle"><%=birthday%></td>
      </tr>
            <%}
            rs.close();
            stmt.close();

      } catch(SQLException e) {
            out.println("出现 SQLException 异常");
      } finally {
            //关闭语句和数据库连接
            try {
                  if (conn != null) conn.close();
            } catch(SQLException e) {
                  out.println("关闭数据库连接时出现异常");
            }
      }
%>
</body>
</html>
```

2. executeUpdate()方法

executeUpdate()方法运行给定的 SQL 语句，可以是 INSERT、UPDATE 或 DELETE 语句；或不返回任何内容的 SQL 语句，例如 CREATE TABLE 和 DROP TABLE。INSERT、UPDATE 或 DELETE 语句的效果是修改表中零行或多行中的一列或多列。executeUpdate()的返回值是一个整数，指示受影响的行数(即更新计数)。对于 CREATE TABLE 或 DROP TABLE 等不操作行的语句，executeUpdate()的返回值总为零。executeUpdate()用于更新表的时间更多，因为表只需要创建一次，但经常被更新。

ExecuteUpdate()方法在 Statement 接口中完整的声明如下：

```
int executeUpdate(String sql)throws SQLException;
```

【例 10-3】下面的 testExecuteUpdate.jsp 中使用 executeUpdate()方法访问 student 中的数据，并更新 student 表，运行结果如图 10-14 所示。

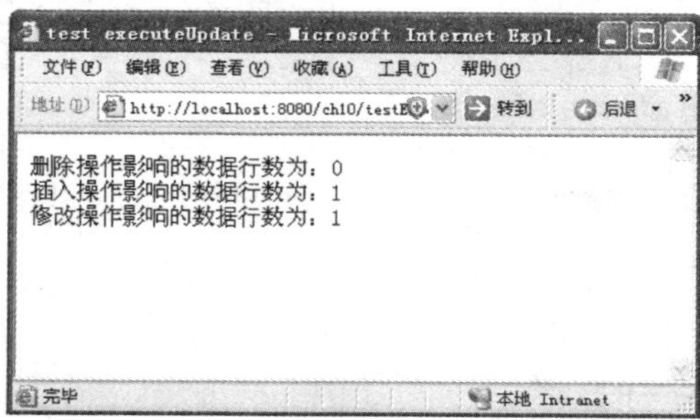

图 10-14　testExecuteUpdate.jsp 运行结果

testExecuteUpdate.jsp 的代码如下。

```
<%@ page contentType="text/html; charset=gb2312"    language="java" errorPage=""%>
<%@ page import="java.sql.*" %>
<!DOCTYPE HTML PUBLIC "-//W3C//DTD HTML 4.01 Transitional//EN">
<html>
<head>
<meta http-equiv="Content-Type" content="text/html; charset=gb2312">
<title>test executeUpdate</title>
</head>
<body>
<%String url = "jdbc:mysql://localhost/ch10";
String userName = "root";
String password = "root";
String sql = null;
Connection conn = null;
Statement stmt = null;
try {
      Class.forName("com.mysql.jdbc.Driver");
} catch(ClassNotFoundException e) {
      out.println("加载驱动器类时出现异常");
}
try {
      conn = DriverManager.getConnection(url, userName, password);

      //创建 Statement 语句
      stmt = conn.createStatement();
      sql = "DELETE FROM student WHERE stu_id=10";

      //使用 executeUpdate 执行更新语句
      int affectedRowCount = stmt.executeUpdate(sql);
      out.println("删除操作影响的数据行数为：" + affectedRowCount+"<br>");

      //使用 executeUpdate 执行更新语句
      sql = "INSERT INTO student(name,address,birthday)" +
                "VALUES('小王', '北京', '1980-05-10')";
      affectedRowCount = stmt.executeUpdate(sql);
      out.println("插入操作影响的数据行数为：" + affectedRowCount+"<br>");

      sql = "update student set address='shanghai' where stu_id=11 " ;
      affectedRowCount = stmt.executeUpdate(sql);
      out.println("修改操作影响的数据行数为：" + affectedRowCount+"<br>");
      stmt.close();

} catch(SQLException e) {
      out.println("出现 SQLException 异常");
} finally {
      //关闭语句和数据库连接
      try {
            if (conn != null) conn.close();
```

```
        } catch(SQLException e) {
            out.println("关闭数据库连接时出现异常");
        }
}
 %>
</body>
</html>
```

3. execute()方法

execute()方法用于执行返回多个结果集、多个更新计数或二者组合的语句。execute()方法应该仅在语句能返回多个 ResultSet 对象、多个更新计数或 ResultSet 对象与更新计数的组合时使用。当执行某个已存储过程或动态执行未知 SQL 字符串(即应用程序程序员在编译时未知)时，有可能出现多个结果的情况，尽管这种情况很少见。execute()方法可以执行查询语句也可以执行修改语句。

execute()方法在 Statement 接口中完整的声明如下：

```
boolean execute(String sql)throws SQLException;
```

【例 10-4】下面的 testExecute.jsp 中使用 execute()方法访问 student 中的数据，在表单文本框中输入想要执行的 SQL 语句，提交后，如果 SQL 语句正确，页面将执行并返回结果。例如，输入 select * from student，运行结果如图 10-15 和图 10-16 所示。

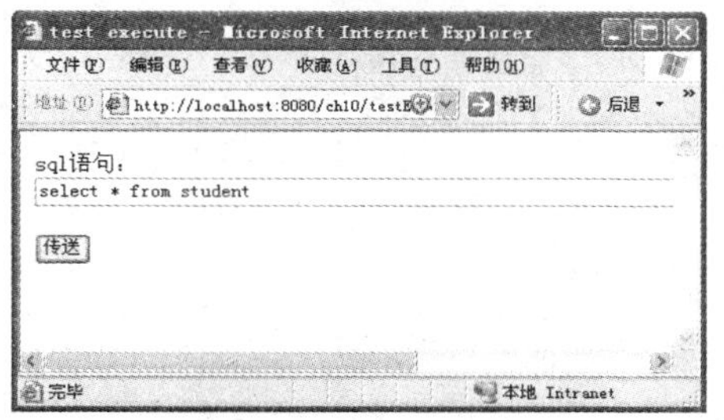

图 10-15 testExecute.jsp 页面显示

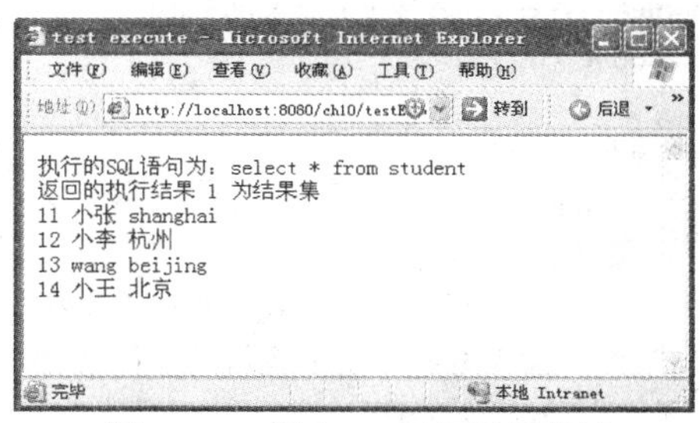

图 10-16 提交 sql 语句运行结果

testExecute.jsp 的代码如下。

```
<%@ page contentType="text/html; charset=gb2312"    language="java" errorPage=""%>
<%@ page import="java.sql.*" %>
<!DOCTYPE HTML PUBLIC "-//W3C//DTD HTML 4.01 Transitional//EN">
<html>
<head>
<meta http-equiv="Content-Type" content="text/html; charset=gb2312">
<title>test execute</title>
</head>
<body>
<%String sql=request.getParameter("sqltest");
if(sql==null){%>
    <form name="Example" method="post" action="">
    <p> sql 语句：<input type="text" name="sqltest" size="100" maxlength="100"></p>
```

```
    <p><input type="submit" value="传送"></p>
<%}else{
String url = "jdbc:mysql://localhost/ch10";
String userName = "root";
String password = "root";
Connection conn = null;
Statement stmt = null;

try {
    Class.forName("com.mysql.jdbc.Driver");
} catch(ClassNotFoundException e) {
    out.println("加载驱动器类时出现异常"+"<br>");
}

try {
conn = DriverManager.getConnection(url, userName, password);

//创建 Statement 语句
stmt = conn.createStatement();

out.println("执行的 SQL 语句为：" + sql+"<br>");

//使用 execute 执行未知 SQL 语句
boolean isResultSet = stmt.execute(sql);
int count = 0;

while (true) {
    count ++;
    if (isResultSet) {
        ResultSet rs = stmt.getResultSet();
        out.println("返回的执行结果 " + count + " 为结果集"+"<br>");
        //显示返回的结果集
        while (rs.next()) {
            Int f1 = rs.getInt (1);
            String f2 = rs.getString(2);
            String f3 = rs.getString(3);
            out.println(f1 + "     " + f2 + "     " + f3);
            out.println("<br>");
        }
        rs.close();
    }
    else {
        int affectedRowCount = stmt.getUpdateCount();
        if (affectedRowCount == -1) break;
        out.println("返回的执行结果 " + count + " 为更新计数"+"<br>");
        out.println("更新计数为：" + affectedRowCount+"<br>");
    }
```

```
        isResultSet = stmt.getMoreResults();
    }
    stmt.close();

    } catch(SQLException e) {
    out.println("出现 SQLException 异常");
    } finally {
    //关闭语句和数据库连接
    try {
        if (conn != null) conn.close();
    } catch(SQLException e) {
        out.println("关闭数据库连接时出现异常");
    }
    } }%>
    </form>
    </body>
    </html>
```

4. executeBatch()方法

executeBatch()方法用于成批地执行 SQL 语句，但不能执行返回值是 ResultSet 结果集的 SQL 语句，例如 select。

ExecuteBatch()方法在 Statement 接口中完整的声明如下：

```
int[] executeBatch(String sql)throws SQLException;
```

为了配合该操作还有两个辅助方法：

- addBatch()：向批处理中加入一个更新语句。
- clearBatch()：清空批处理中的更新语句。

【例 10-5】下面的 testExecuteBatch.jsp 中使用 executeBatch()方法访问 student 中的数据，执行多条 SQL 语句，提交后，如果 SQL 语句正确，页面将按照顺序执行各个语句并返回结果，运行结果如图 10-17 所示。

图 10-17　testExecuteBatch.jsp 运行结果

testExecuteBatch.jsp 的代码如下。

```
<%@ page contentType="text/html; charset=gb2312"    language="java" errorPage=""%>
<%@ page import="java.sql.*" %>
```

```
<!DOCTYPE HTML PUBLIC "-//W3C//DTD HTML 4.01 Transitional//EN">
<html>
<head>
<meta http-equiv="Content-Type" content="text/html; charset=gb2312">
<title>test executeBatch</title>
</head>
<body>
<%String url = "jdbc:mysql://localhost/ch10";
String userName = "root";
String password = "root";
Connection conn = null;
Statement stmt = null;
try {
Class.forName("com.mysql.jdbc.Driver");
} catch(ClassNotFoundException e) {
out.println("加载驱动器类时出现异常");
}

try {
conn = DriverManager.getConnection(url, userName, password);

//创建 Statement 语句
stmt = conn.createStatement();

//使用 addBatch 方法添加一个删除语句
stmt.addBatch("DELETE FROM student WHERE stu_id=13");
    //使用 addBatch 方法添加一个插入语句
stmt.addBatch("INSERT INTO student " +
                    "VALUES(13, 'wang', 'beijing', '1980-05-01')");
    stmt.addBatch("USE CH10");
    //使用 addBatch 方法添加一个 DROP TABLE DDL 语句
stmt.addBatch("DROP TABLE test_table");
    //使用 addBatch 方法添加一个 CREATE TABLE DDL 语句
stmt.addBatch("CREATE TABLE test_table " +
                    "(clumn1 CHAR(10),clumn2 CHAR(20))");

//使用 executeBatch 执行批量更新语句
int[] affectedRowCounts = stmt.executeBatch();

//显示更新计数数组
for (int i=0; i<affectedRowCounts.length; i++) {
     out.println("第" + (i+1) + "个更新语句影响的数据行数为：" + affectedRowCounts[i]+"<br>");
}
stmt.close();

} catch(SQLException e) {
out.println("出现 SQLException 异常");
} finally {
```

```
//关闭语句和数据库连接
try {
        if (conn != null) conn.close();
} catch(SQLException e) {
        out.println("关闭数据库连接时出现异常");
}}%>
</body>
</html>
```

10.3.3 PreparedStatement 接口

PreparedStatement 接口继承自 Statement，可作为在给定连接上执行 SQL 语句的包容器。

1. 与 Statement 的异同

PreparedStatement 与 Statement 在两方面有所不同：

- PreparedStatement 实例包含已编译的 SQL 语句，这就是使语句“准备好”。
- 包含于 PreparedStatement 对象中的 SQL 语句可具有一个或多个 IN 参数。IN 参数的值在 SQL 语句创建时未被指定。相反，该语句为每个 IN 参数保留一个问号“？”作为占位符。每个问号的值必须在该语句执行之前，通过适当的 set×××方法来提供。

由于 PreparedStatement 对象已预编译过，所以其执行速度要快于 Statement 对象。因此，多次执行的 SQL 语句经常创建为 PreparedStatement 对象，以提高效率。

作为 Statement 的子类，PreparedStatement 继承了 Statement 的所有功能。另外它还添加了一整套方法，用于设置发送给数据库以取代 IN 参数占位符的值。同时，execute()，executeQuery()和 executeUpdate()3 种方法已被更改，以使之不再需要参数。这些方法的 Statement 形式(接受 SQL 语句参数的形式)不应该用于 PreparedStatement 对象。

2. 创建 PreparedStatement 对象

以下代码(其中 con 是 Connection 对象)创建包含带两个 IN 参数占位符的 SQL 语句的 PreparedStatement 对象。

```
PreparedStatement pstmt = con.prepareStatement("UPDATE test SET a = ? WHERE b = ?");
```

pstmt 对象包含语句 UPDATE test SET a = ? WHERE b = ?，它已发送给 DBMS，并为执行做好了准备。

3. 传递 IN 参数

在执行 PreparedStatement 对象之前，必须设置每个问号“?”的参数值。可以通过调用 set×××方法来完成，其中×××是与该参数对应的类型。例如，如果参数具有 Java 类型 long，则使用的方法就是 setLong。set×××方法的第 1 个参数是要设置给该参数的序数位置，第 2 个参数是设置给该参数的值。例如，以下代码将第 1 个参数设为 1，第 2 个参数设为 10。

```
pstmt.setLong(1,1);
pstmt.setLong(2,10);
```

一旦设置了给定语句的参数值，就可用它多次执行该语句，直到调用 clearParameters()方法清除它为止。

在连接的默认模式下(启用自动提交)，当语句完成时将自动提交或还原该语句。

如果基本数据库和驱动程序在语句提交之后仍保持这些语句的打开状态，则同一个 PreparedStatement 可执行多次。如果这一点不成立，那么试图通过使用 PreparedStatement()对象代替 Statement 对象来提高性能是没有意义的。

4. IN 参数中数据类型的一致性

set×××方法中的×××是 Java 类型，它是一种隐含的 JDBC 类型(一般为 SQL 类型)，因为驱动程序将把 Java 类型映射为相应的 JDBC 类型，并将该 JDBC 类型发送给数据库。例如，以下代码将 PreparedStatement 对象 pstmt 的第 2 个参数设置为 4，Java 类型为 short。

```
pstmt.setShort(2,4);
```

驱动程序将 4 作为 JDBC SMALLINT 发送给数据库，它是 Javashort 类型的标准映射。

程序员的责任是确保将每个 IN 参数的 Java 类型映射为与数据库所需的 JDBC 数据类型兼容的 JDBC 类型。不妨考虑数据库需要 JDBC SMALLINT 的情况。如果使用方法 setByte，则驱动程序将 JDBC TINYINT 发送给数据库。这是可行的，因为许多数据库可从一种相关的类型转换为另一种类型，并且通常 TINYINT 可用于 SMALLINT 适用的任何地方。然而，对于要适用于尽可能多的数据库的应用程序，最好使用与数据库所需的确切 JDBC 类型相应的 Java 类型。如果所需的 JDBC 类型是 SMALLINT，则使用 setShort 代替 setByte，这将使应用程序的可移植性更好。

5. 使用 setObject()方法

程序员可使用 setObject()方法显式地将输入参数转换为特定的 JDBC 类型。该方法可以接受第三个参数，用来指定目标 JDBC 类型。将 JavaObject 发送给数据库之前，驱动程序将把它转换为指定的 JDBC 类型。

如果没有指定 JDBC 类型，驱动程序就会将 JavaObject 映射到其默认的 JDBC 类型，然后将它发送到数据库，这与常规的 set×××方法类似。以上情况，驱动程序在将值发送到数据库之前，会将该值的 Java 类型映射为适当的 JDBC 类型。二者的差别在于 set×××方法使用从 Java 类型到 JDBC 类型的标准映射，而 setObject()方法使用从 JavaObject 类型到 JDBC 类型的映射。

setObject()方法允许接受所有 Java 对象的能力，使应用程序更为通用，并可在运行时接受参数的输入。这种情况下，应用程序在编译时并不清楚输入类型。通过使用 setObject()方法，应用程序可接受所有 Java 对象类型作为输入类型，并将其转换为数据库所需的 JDBC 类型。

6. 将 JDBC NULL 作为 IN 参数发送

setNull()方法允许程序员将 JDBCNULL 值作为 IN 参数发送给数据库。但要注意，仍然必须指定参数的 JDBC 类型。

当把 Java null 值传递给 set×××方法时(如果它接受 Java 对象作为参数)，也将同样把 JDBC NULL 发送到数据库。但仅当指定 JDBC 类型时，setObject()方法才能接受 null 值。

7. 发送大的 IN 参数

setBytes()和setString()方法能够发送无限量的数据。但是，有时程序员更喜欢用较小的块传递大型的数据，这可以通过将IN参数设置为Java输入流来完成。当语句执行时，JDBC驱动程序将重复调用该输入流，读取其内容并将它们当作实际参数数据传输。

JDBC 提供了 3 种将 IN 参数设置为输入流的方法：setBinaryStream()方法用于含有未说明字节的流，setAsciiStream()方法用于含有 ASCII 字符的流，而 setUnicodeStream()方法用于含有 Unicode 字符的流。因为必须指定流的总长度，所以这些方法所采用的参数比其他的 set×××方法要多一个。这很有必要，因为一些数据库在发送数据之前需要知道其总的传送大小。

【例 10-6】下面给出一个使用 PreparedStatement执行SQL语句的完整实例，创建页面testPreparedStatement.jsp，运行结果如图10-18所示。

图 10-18　testPreparedStatement.jsp 运行结果

testPreparedStatement.jsp 的代码如下。

```
<%@ page contentType="text/html; charset=gb2312"   language="java" errorPage=""%>
<%@ page import="java.sql.*" %>
<!DOCTYPE HTML PUBLIC "-//W3C//DTD HTML 4.01 Transitional//EN">
<html>
<head>
<meta http-equiv="Content-Type" content="text/html; charset=gb2312">
<title>test executeBatch</title>
</head>
<body>
<%String url = "jdbc:mysql://localhost/ch10";
String userName = "root";
String password = "root";
Connection conn = null;
try {
Class.forName("com.mysql.jdbc.Driver");
} catch(ClassNotFoundException e) {
out.println("加载驱动器类时出现异常");
}
try {
conn = DriverManager.getConnection(url, userName, password);

//创建 PreparedStatement 语句
PreparedStatement pstmtDelete = conn.prepareStatement(
            "DELETE FROM student WHERE stu_id=?");
PreparedStatement pstmtInsert = conn.prepareStatement(
            "INSERT INTO student(name,address,birthday) VALUES(?, ?, ?)");
PreparedStatement pstmtSelect = conn.prepareStatement(
```

```
                "SELECT * FROM student WHERE stu_id>=? " +
                "ORDER BY stu_id");

    pstmtSelect.setInt(1, 1);

    //      多次执行同一语句
    for (int i=1; i<4; i++) {

            //使用 set×××方法设置 IN 参数
        pstmtDelete.setInt(1, i);

        pstmtInsert.setString(1, "name"+i);
        pstmtInsert.setString(2, "city"+i);
        pstmtInsert.setDate(3, new Date(85, 12, i));

            //执行 PreparedStatement 语句
        pstmtDelete.executeUpdate();
        pstmtInsert.executeUpdate();
            ResultSet rs = pstmtSelect.executeQuery();

        out.println("第 " + (i) + " 次循环后的结果集为: "+"<br>");

    //          显示返回的结果集
        while (rs.next()) {
            String stuID        = rs.getString(1);
            String name         = rs.getString(2);
            String address      = rs.getString(3);
            String birthday     = rs.getString(4);
            out.println(stuID + "     " +
                    name + "      " + address + "      " + birthday+"<br>");
        }
    }

    pstmtDelete.close();
    pstmtInsert.close();
    pstmtSelect.close();

    } catch(SQLException e) {
    out.println("出现 SQLException 异常");
    } finally {
    //关闭语句和数据库连接
    try {
        if (conn != null) conn.close();
    } catch(SQLException e) {
        out.println("关闭数据库连接时出现异常");
    }
    }%>

    </body>
    </html>
```

10.3.4 CallableStatement 对象

CallableStatement 对象为所有的 DBMS 提供了一种以标准形式调用存储过程的方法。存储过程储存在数据库中。对存储过程的调用是 CallableStatement 对象所含的内容。这种调用是用一种换码语法来写的，有两种形式：一种形式带结果参数，另一种形式不带结果参数。结果参数是一种输出(OUT)参数，是存储过程的返回值。两种形式都可带有数量可变的输入(IN 参数)、输出(OUT 参数)或输入和输出(INOUT 参数)参数。问号将用作参数的占位符。

1. 调用存储过程的语法

在 JDBC 中调用存储过程的语法如下所示。注意，方括号表示其间的内容是可选项；方括号本身并不是语法的组成部分。

```
{call 过程名[(?, ?, ...)]}
```

返回结果参数过程的语法如下：

```
{? = call 过程名[(?, ?, ...)]}
```

不带参数存储过程的语法如下：

```
{call 过程名}
```

通常，创建 CallableStatement 对象的用户应当知道所用的 DBMS 是支持存储过程的，并且知道这些过程都是些什么。然而，如果需要检查，多种 DatabaseMetaData 方法都可以提供这样的信息。例如，如果 DBMS 支持存储过程的调用，则 supportsStoredProcedures()方法将返回 true，而 getProcedures()方法将返回对存储过程的描述。

CallableStatement 继承 Statement 的方法(用于处理一般的 SQL 语句)，还继承了 PreparedStatement 的方法(用于处理 IN 参数)。CallableStatement 中定义的所有方法都用于处理 OUT 参数或 INOUT 参数的输出部分：注册 OUT 参数的 JDBC 类型(一般 SQL 类型)、从这些参数中检索结果，或者检查所返回的值是否为 JDBC NULL。

2. 创建 CallableStatement 对象

CallableStatement 对象用 Connection 方法 prepareCall()创建。下面是创建 CallableStatement 的实例，其中含有对存储过程 getTestData 的调用。该过程有两个变量，但不含结果参数。

```
CallableStatement cstmt = con.prepareCall("{call getTestData(?, ?)}");
```

其中，“?”占位符为 IN、OUT 或 INOUT 参数，取决于存储过程 getTestData。

3. IN 和 OUT 参数

将 IN 参数传给 CallableStatement 对象是通过 set××× 方法完成的，该方法继承自 PreparedStatement。所传入参数的类型决定了所用的 set×××方法(例如，用 setFloat 来传入 float 值等)。

如果存储过程返回 OUT 参数，则在执行 CallableStatement 对象以前必须先注册每个 OUT 参数的 JDBC 类型(这是必需的，因为某些 DBMS 要求 JDBC 类型)。注册 JDBC 类型是用

registerOutParameter()方法来完成的。语句执行完后，CallableStatement 的 get×××方法将取回参数值。正确的 get×××方法是为各参数所注册的 JDBC 类型所对应的 Java 类型。换句话说，registerOutParameter()方法使用的是 JDBC 类型(因此它与数据库返回的 JDBC 类型匹配)，而 get×××将之转换为 Java 类型。

例如，下述代码先注册 OUT 参数，执行由 cstmt 所调用的存储过程，然后检索在 OUT 参数中返回的值。GetByte 方法从第 1 个 OUT 参数中取出一个 Java 字节，而 getBigDecimal()方法从第 2 个 OUT 参数中取出一个 BigDecimal 对象(小数点后面带三位数)。

```
CallableStatement cstmt = con.prepareCall( "{call getTestData(?, ?)}");
cstmt.registerOutParameter(1, java.sql.Types.TINYINT);
cstmt.registerOutParameter(2, java.sql.Types.DECIMAL, 3);
cstmt.executeQuery();
byte x = cstmt.getByte(1);
java.math.BigDecimal n = cstmt.getBigDecimal(2, 3);
```

CallableStatement 与 ResultSet 不同，它不提供用增量方式检索大 OUT 值的特殊机制。

4. INOUT 参数

既支持输入又接受输出的参数(INOUT 参数)除了调用 registerOutParameter()方法外，还要求调用适当的 set×××方法(该方法是从 PreparedStatement 继承来的)。set×××方法将参数值设置为输入参数，而 registerOutParameter()方法将它的 JDBC 类型注册为输出参数。set×××方法提供一个 Java 值，而驱动程序先把这个值转换为 JDBC 值，然后将它送到数据库中。

这种 IN 值的 JDBC 类型和提供给 registerOutParameter()方法的 JDBC 类型应该相同。然后，要检索输出值，就要用对应的 get×××方法。例如，Java 类型为 byte 的参数应该使用方法 setByte 来赋输入值。应该为 registerOutParameter()提供类型为 TINYINT 的 JDBC 类型，同时应使用 getByte()来检索输出值。

例如，下面代码假设有一个存储过程 reviseTotal，其唯一参数是 INOUT。SetByte()方法把此参数设为 25，驱动程序将把它作为 JDBC TINYINT 类型发送到数据库中。接着，registerOutParameter()方法将该参数注册为 JDBC TINYINT。执行完该存储过程后，将返回一个新的 JDBC TINYINT 值。getByte()方法将把这个新值作为 Java byte 类型检索。

```
CallableStatement cstmt = con.prepareCall("{call reviseTotal(?)}");
cstmt.setByte(1, 25);
cstmt.registerOutParameter(1, java.sql.Types.TINYINT);
cstmt.executeUpdate();
byte x = cstmt.getByte(1);
```

5. 先检索结果后检索 OUT 参数

由于某些 DBMS 的限制，为了实现最大的可移植性，建议先检索由执行 CallableStatement 对象所产生的结果，然后再用 CallableStatement.get×××方法来检索 OUT 参数。

如果 CallableStatement 对象返回多个 ResultSet 对象(通过调用 execute()方法)，在检索 OUT 参数前应先检索所有的结果。这种情况下，为确保对所有的结果都进行了访问，必须对 Statement 的 getResultSet()，getUpdateCount()和 getMoreResults()方法进行调用，直到不再有结果为止。

检索完所有的结果后，就可用 CallableStatement.get×××方法来检索 OUT 参数中的值了。

6. 检索作为 OUT 参数的 NULL 值

返回到 OUT 参数中的值可能会是 JDBC NULL。当出现这种情形时，将对 JDBC NULL 值进行转换以使 get×××方法所返回的值为 null、0 或 false，这取决于 get×××方法类型。对于 ResultSet 对象，要知道 0 或 false 是否源于 JDBC NULL 的唯一方法，可用方法 wasNull 进行检测。如果 get×××方法读取的最后一个值是 JDBC NULL，则该方法返回 true，否则返回 flase。

10.3.5 使用 ResultSet 处理结果集

ResultSet 类型的对象由于是一个数据集合，因此必须考虑到指针的移动以便从该集合对象中取得所要的数据，所以在 ResultSet 接口中所定义的方法大都是用来控制指针移动的，如表 10-3 所示。

表 10-3 ResultSet 对象的方法

方　法	说　明
absolute(int index)	移动指针到第 index 笔数据
first()	移动指针到第一笔数据
last()	移动指针到最后一笔数据
afterLast()	移动指针到最后一笔数据之后
beforeFirst()	移动指针到第一笔数据之前
next()	移动指针到下一笔数据
previous()	移动指针到上一笔数据
relative(int rows)	将指针向上或向下移动 rows 个位置，向上移则 rows 为负数，向下移则 rows 为正数
isAfterLast()	返回布尔值表示指针是否位于最后一笔数据之后
isBeforeFirst()	返回布尔值表示指针是否位于第一笔数据之前
isFirst()	返回布尔值表示指针是否位于第一笔的位置
isLast()	返回布尔值表示指针是否位于最后一笔的位置
getRow()	返回当前指针所指数据的位置
getString(int index)	返回当前指针所指的数据，第 index 字段中的字符串
getString(String name)	返回当前指针所指的数据，字段名称为 name 中的字符串
getInt(int index)	返回当前指针所指的数据，第 index 字段中的数值
getInt(String name)	返回当前指针所指的数据，字段名称为 name 中的字符串
deleteRow()	删除指针所在的该笔数据
cancelrowUpdates()	取消使用 update×××方法对当前行数剧所作的修改
moveToInsertRow()	将游标移动到结果集对象的插入行
movetocurrentRow()	将游标移动到当前行
refreshRow()	重设数据中的值为上一次更新前的值
getFetchSize()	返回 ResultSet 对象中可包含最多的数据笔数
close()	结束对象，释放占用资源

Statement 和 ResultSet 接口所产生的对象分别是用来运行各类 SQL 指令，以及控制查询所返回的数据集合。这两个对象将配合其生成接口中所提供的方法，构成了 JSP 与数据库交互的基础。

当用任何一种 Statement 来进行 JDBC 操作的时候，都可以用不同的参数来确定结果集返回的状态，包括可读可写和游标的指向类型。

➢ Statement 语句：

```
createStatement(int resultSetType, int resultSetConcurrency)
```

➢ PreparedStatement 语句：

```
preparedStatement(String sql, int resultSetType, int resultSetConcurrency)
```

➢ CallableStatement 语句：

```
preparedCall(String sql, int resultSetType, int resultSetConcurrency)
```

参数说明如下。

➢ resultSetType：

ResultSet.TYPE_FORWARD_ONLY(结果集不可滚动)

ResultSet.TYPE_SCROLL_INSENSITIVE(结果集可滚动，但对底层数据变化不敏感)

ResultSet.TYPE_SCROLL_SENSITIVE(结果集可滚动，但对底层数据变化敏感)

➢ resultSetConcurrency：

ResultSet.CONCUR_READ_ONLY (结果集不可更新)

ResultSet.CONCUR_UPDATABLE (结果集可更新)

1. 使用可滚动结果集

当需要在结果集中任意的移动游标时，则应该使用可滚动的结果集。

【例 10-7】以下代码实现了可滚动结果集的各种方法的使用，创建页面 testScrollResultset.jsp。

```
<%@ page contentType="text/html; charset=gb2312"    language="java" errorPage=""%>
<%@ page import="java.sql.*" %>
<!DOCTYPE HTML PUBLIC "-//W3C//DTD HTML 4.01 Transitional//EN">
<html>
<head>
<meta http-equiv="Content-Type" content="text/html; charset=gb2312">
<title>test ScrollResultset</title>
</head>
<body>
<%String url = "jdbc:mysql://localhost/ch10";
String userName = "root";
String password = "root";
Connection conn = null;
try {
Class.forName("com.mysql.jdbc.Driver");
} catch(ClassNotFoundException e) {
out.println("加载驱动器类时出现异常");
}
```

```
try {
conn = DriverManager.getConnection(url, userName, password);
//创建返回可滚动结果集的语句对象
Statement stmt = conn.createStatement(
            ResultSet.TYPE_SCROLL_INSENSITIVE,
            ResultSet.CONCUR_READ_ONLY);

//执行 SQL 查询语句得到可滚动结果集
ResultSet rs = stmt.executeQuery("SELECT * FROM student");
out.println("当前游标是否在第一行之前：" + rs.isBeforeFirst()+"<br>");
out.println("由前至后顺序显示结果集："+"<br>");
//使用 next()方法顺序显示结果集
while (rs.next()) {
    int id          = rs.getInt(1);
    String name     = rs.getString(2);
    String address = rs.getString("address");
    Date birthday = rs.getDate(4);

    out.println(id + "    " + name + "    " +
            address + "    " + birthday+"<br>");
}
out.println("当前游标是否在最后一行之后：" + rs.isAfterLast()+"<br>");
out.println("由后至前逆序显示结果集："+"<br>");
//使用 previous()方法逆序显示结果集
while (rs.previous()) {
    int id          = rs.getInt(1);
    String name     = rs.getString(2);
    String address = rs.getString("address");
    Date birthday = rs.getDate(4);

    out.println(id + "    " + name + "    " +
            address + "    " + birthday+"<br>");
}
out.println("将游标移动到第一行"+"<br>");
rs.first();
out.println("当前游标是否在第一行：" + rs.isFirst()+"<br>");
out.println("结果集第一行的数据为："+"<br>");
out.println(rs.getInt(1) +  "    " + rs.getString(2) +
        "    " + rs.getString(3) +  "    " + rs.getDate(4)+"<br>");
out.println("将游标移动到最后一行"+"<br>");
rs.last();
    out.println("当前游标是否在最后一行：" + rs.isLast()+"<br>");
out.println("结果集最后一行的数据为："+"<br>");
out.println(rs.getInt(1) +  "    " + rs.getString(2) +
    "    " + rs.getString(3) +  "    " + rs.getDate(4)+"<br>");
//游标的相对定位
out.println("将游标移动到最后一行的前两行"+"<br>");
rs.relative(-2);
```

```
out.println("结果集最后一行的前两行的数据为："+"<br>");
out.println(rs.getInt(1) +  "    " + rs.getString(2) +
            "    " + rs.getString(3) +  "    " + rs.getDate(4)+"<br>");
    //游标的绝对定位
out.println("将游标移动到第二行"+"<br>");
rs.absolute(2);
out.println("结果集第二行的数据为："+"<br>");
out.println(rs.getInt(1) +  "    " + rs.getString(2) +
            "    " + rs.getString(3) +  "    " + rs.getDate(4)+"<br>");
    //beforeFirst()方法和 next()方法的配合使用
    out.println("先将游标移动到第一行之前"+"<br>");
rs.beforeFirst();
out.println("再次由前至后顺序显示结果集："+"<br>");
while (rs.next()) {
    int id          = rs.getInt(1);
    String name     = rs.getString(2);
    String address = rs.getString("address");
    Date birthday = rs.getDate(4);

    out.println(id + "    " + name + "    " +
            address + "    " + birthday+"<br>");
}
rs.close();
stmt.close();
} catch(SQLException e) {
out.println("出现 SQLException 异常"+"<br>");
} finally {
//关闭语句和数据库连接
try {
    if (conn != null) conn.close();
} catch(SQLException e) {
    out.println("关闭数据库连接时出现异常"+"<br>");
}
}%>
</body>
</html>
```

2. 使用可更新结果集

当需要在更新结果集中的数据并存到数据库中时，使用可更新的结果集。

【例 10-8】以下代码实现了可更新结果集的各种方法的使用，创建页面 testUpdateResultset.jsp。

```
<%@ page contentType="text/html; charset=gb2312"   language="java" errorPage=""%>
<%@ page import="java.sql.*" %>
<!DOCTYPE HTML PUBLIC "-//W3C//DTD HTML 4.01 Transitional//EN">
<html>
<head>
<meta http-equiv="Content-Type" content="text/html; charset=gb2312">
```

```
<title>test ScrollResultset</title>
</head>
<body>
<%String url = "jdbc:mysql://localhost/ch10";
String userName = "root";
String password = "root";
Connection conn = null;
try {
Class.forName("com.mysql.jdbc.Driver");
} catch(ClassNotFoundException e) {
out.println("加载驱动器类时出现异常"+"<br>");
}
try {
conn = DriverManager.getConnection(url, userName, password);
//创建返回可更新结果集的语句对象
Statement stmt = conn.createStatement(
            ResultSet.TYPE_SCROLL_INSENSITIVE,
            ResultSet.CONCUR_UPDATABLE);
//执行 SQL 查询语句得到可更新结果集
ResultSet rs = stmt.executeQuery(
            "SELECT * FROM student ORDER BY stu_id");
    out.println("修改之前的结果集：");
while (rs.next()) {
    int id        = rs.getInt(1);
    String name     = rs.getString(2);
    String address = rs.getString("address");
    Date birthday = rs.getDate(4);
  out.println(id + "     " + name + "     " +
              address + "     " + birthday+"<br>");
}
//将游标移动到最后一行
rs.last();
int stuID = rs.getInt("stu_id");
//使用 update×××方法更新列值
rs.updateString(2, "newName"+Integer.toString(stuID));
rs.updateString("address", "newAddr");
rs.updateDate("birthday", new Date(79, 7, stuID%29));
//使用 updateRow()方法提交更新结果
rs.updateRow();
//将游标移动到插入行
rs.moveToInsertRow();
stuID++;

//使用 update×××方法更新列值
rs.updateInt("stu_id", stuID);
rs.updateString(2, "Name"+Integer.toString(stuID));
rs.updateString("address", "Addr"+Integer.toString(stuID));
rs.updateDate("birthday", new Date(79, 7, stuID%29));
```

```
//使用 insertRow()方法提交插入行
rs.insertRow();
//将游标移动到当前行
rs.moveToCurrentRow();
rs.previous();
//使用 deleteRow()方法删除一行
rs.deleteRow();
rs.close();
//重新查询并显示结果集
rs = stmt.executeQuery(
          "SELECT * FROM student ORDER BY stu_id");
out.println("修改之后的结果集："+"<br>");
while (rs.next()) {
     int id          = rs.getInt(1);
     String name     = rs.getString(2);
     String address = rs.getString(3);
     Date birthday = rs.getDate(4);

     out.println(id + "      " + name + "      " +
               address + "      " + birthday+"<br>");
}
rs.close();
stmt.close();
} catch(SQLException e) {
out.println("出现 SQLException 异常"+"<br>");
} finally {
//关闭语句和数据库连接
try {
     if (conn != null) conn.close();
} catch(SQLException e) {
     out.println("关闭数据库连接时出现异常"+"<br>");
}
}%>
</body>
</html>
```

10.4 Java 与 SQL 的数据类型转换

Java 和 SQL 各自有一套自己定义的数据类型(JSP 的数据类型实际上就是 Java 的数据类型)，要在 JSP 程序和数据库管理系统之间正确地交换数据，必然要将二者的数据类型进行转换。但这种转换并不是要求绝对相同，例如 Java 只提供可变长度的数组，而不提供固定长度的数组，SQL 语言却二者都支持，解决方法是将 SQL 中的定长数组也看成是变长的。再如 SQL 语言中没有 Java 中的 String 类型，却可以用各种 CHAR，VARCHAR 数据类型来代替。表 10-4 说明了 SQL 语言中的各种数据类型在 Java 中的默认表示。

表 10-4　SQL 到 Java 数据类型映射表

SQL 数据类型	Java 数据类型
CHAR	String
VARCHAR	String
LONGVARCHAR	String
NUMERIC	java.math.BigDecimal
DECIMAL	java.math.BigDecimal
BIT	Boolean
TINYINT	Byte
SMALLINT	Short
INTEGER	Int
BIGINT	Long
REAL	Float
FLOAT	Double
DOUBLE	Double
BINARY	byte[]
VARBINARY	byte[]
LONGVARBINARY	byte[]
DATE	java.sql.Date
TIME	java.sql.Time
TIMESTAMP	java.sql.Timestamp

表 10-5 说明了 Java 语言中的各种数据类型在 SQL 中的默认表示。

表 10-5　Java 到 SQL 数据类型映射表

Java 数据类型	SQL 数据类型
String	VARCHAR or LONGVARCHAR
java.math.BigDecimal	NUMERIC
Boolean	BIT
Byte	TINYINT
Short	SMALLINT
Int	INTEGER
Long	BIGINT
Float	REAL
Double	DOUBLE
byte[]	VARBINARY or LONGVARBINARY
java.sql.Date	DATE
java.sql.Time	TIME
java.sql.Timestamp	TIMESTAMP

10.5 使用 JDBC 连接不同的数据库

JDBC 对各种数据库的访问，不同之处在于连接数据库。连接数据库之后的各种操作，基本上都是相同的。这里列出 JDBC 与当前流行的各种数据库的连接方法，所使用的各种驱动程序在各数据库厂商的网站或是 SUN 公司的网站上都可以下载。

10.5.1 连接 Oracle 数据库

JDBC 使用 thin 模式连接 Oracle 数据库，连接代码如下：

```
//载入驱动程序类别
Class.forName("oracle.jdbc.driver.OracleDriver").newInstance();
String url="jdbc:oracle:thin:@localhost:1521:orcl"; //orcl 为数据库的 SID
//数据库用户名
String user="test";
//数据库密码
String password="test";
//获得 Connection 对象
Connection dbConn= DriverManager.getConnection(url,user,pass word);
```

10.5.2 连接 DB2 数据库

JDBC 连接 DB2 数据库的代码如下：

```
//载入驱动程序类别
Class.forName("com.ibm.db2.jdbc.app.DB2Driver").newInstance();
String url="jdbc:db2://localhost:5000/test"; //test 为数据库名
//数据库用户名
String user="admin";
//数据库密码
String password="123456";
//获得 Connection 对象
Connection dbConn = DriverManager.getConnection(url,user,password);
```

10.5.3 连接 SQL Server 数据库

JDBC 连接 SQL Server 数据库的代码如下：

```
//载入驱动程序类别
Class.forName("com.microsoft.jdbc.sqlserver.SQLServerDriver").newInstance();
String url="jdbc:microsoft:sqlserver://localhost:1433;DatabaseName=test"; //test 为数据库名
//数据库用户名
String user="sa";
//数据库密码
```

```
String password="123456";
//获得 Connection 对象
Connection dbConn = DriverManager.getConnection(url,user,password);
```

10.5.4 连接 Sybase 数据库

JDBC 连接 Sybase 数据库的代码如下：

```
Class.forName("com.sybase.jdbc.SybDriver").newInstance();
String url =" jdbc:sybase:Tds:localhost:5007/test"; //test 为数据库
Properties sysProps = System.getProperties();
//数据库用户名
SysProps.put("user","admin");
//数据库密码
SysProps.put("password","123456");
//获得 Connection 对象
Connection dbConn = DriverManager.getConnection(url, SysProps);
```

10.5.5 连接 Access 数据库

JSP 连接 Access 数据库非常简单，只是 JSP 不能直接去访问 Access 数据库，在连接之前需要建立 Access 数据库对应的一个数据源。建立 Access 数据库中数据源的方法与建立 SQL Server 数据库中数据源的方法基本一致。假设建立的一个 Access 数据库对应的数据源的名称是 test，可以通过下面的代码实现对这个数据源的访问，从而实现对 Access 数据库的操作。

```
//载入驱动程序类别
Class.forName("sun.jdbc.odbc.JdbcOdbcDriver");
Connection dbConn = DriverManager.getConnection("jdbc:odbc:test"); //test 为数据源的名称
```

10.6 连接池

在 Web 应用程序中，数据库连接是一种重要的资源，对数据库连接的管理能显著影响到整个应用程序的可伸缩性和健壮性。数据库连接池负责分配、管理和释放数据库连接，它允许应用程序重复使用一个现有的数据库连接，而不是再重新建立一个；释放空闲时间超过最大空闲时间的数据库连接，从而避免因为没有释放数据库连接而引起的数据库连接遗漏，这样可以显著提高对数据库操作的性能。

10.6.1 连接池的实现原理

对于访问量非常高的系统来说，每次创建一个连接都会消耗一定的资源，这样会大大降低系统的访问效率。为了解决这个问题，可以事先创建好一定数量的连接放入连接池中提供给用户使用，用户使用完后把连接返回连接池，下面就介绍连接池的管理。

(1) 创建连接池

首先要创建一个静态的连接池。这里的“静态”是指池中的连接是在系统初始化时就分配好的，并且不能够随意关闭。Java 提供了很多容器类可用来构建连接池，例如 Vector、Stack 等。在系统初始化时，根据配置创建连接并放置在连接池中，以后所使用的连接都是从该连接池中获取的，这样就可以避免连接随意建立、关闭造成的开销。

(2) 分配、释放策略

创建好连接池后，需要提供一套自定义的分配、释放策略以保证数据库连接的有效复用。当客户请求数据库连接时，首先看连接池中是否有空闲连接(这里的空闲是指目前没有分配出去的连接)，如果存在空闲连接则把连接分配给客户，并作相应处理；若连接池中没有空闲连接，就在已经分配出去的连接中，寻找一个合适的连接给客户，此时该连接在多个客户间复用。当客户释放数据库连接时，可以根据该连接是否被复用，进行不同的处理。如果连接没有使用者，就放入到连接池中，而不是被关闭。

分配、释放策略对于有效复用连接非常重要。Reference Counting(引用记数)是一种在复用资源方面应用得非常广泛的方法，这里将该方法运用到对于连接的分配释放上。使用连接池时，为每一个数据库连接保留一个引用记数，用来记录该连接的使用者的个数。在具体的实现上，可以采用两级连接池：空闲池和使用池。空闲池中存放目前还没有分配出去被使用的连接，一旦一个连接被分配出去，那么就会放入到使用池中，并且增加引用记数。这样做可以更高效地使用连接，一旦空闲池中的连接被全部分配出去，就可以根据相应的策略从使用池中挑选出一个已经正在使用的连接用来复用，而不是随意拿出一个连接去复用。策略可以根据需要去选择，比较简单的做法是复用引用记数最小的连接。Java 的面向对象特性，使得可以灵活地选择不同的策略(提供一个不同策略共用的抽象接口，各个具体的策略都实现这个接口，这样对于策略的处理逻辑就和策略的实现逻辑分离)。

(3) 配置策略

数据库连接池中到底要放置多少个连接，连接耗尽后该如何处理，这就是配置策略需要解决的问题。在一般情况下，配置策略在开始时就根据具体的应用需求，给出一个初始的连接池中连接的数目以及一个连接池可以扩张到的最大连接数目。

10.6.2 在 Tomcat 上配置数据源与连接池

前面概括介绍了连接池的管理策略，下面通过一个具体的实例来介绍如何配置 Tomcat 服务器的连接池。这里以 Tomcat 5.5 连接 MySQL 数据库为例。

【例 10-9】配置 Tomcat 的连接池。

(1) 配置 Server.xml 文件。首先打开\tomcat\conf 目录下的 Server.xml 文件，然后在其</host>标签前面添加如下代码。

```
<Context>
 <Resource name="jdbc/my_db"
          auth="Container"
          type="javax.sql.DataSource" driverClassName="com.mysql.jdbc.Driver"
          url="jdbc:mysql://localhost/ch10"
          username="root"
```

```
            password="root"
            maxActive="20"
            maxIdle="10"
            maxWait="-1"/>
</Context>
```

在上边的代码中，详细地配置了连接池连接的数据源的属性，其中各属性的含义如下。

- path：指定路径。这里设定的是/CATALINA_HOME/webapps 下的 DBTest 目录。
- docBase：指定应用程序文件根目录。
- reloadable：设定当网页被更新时是否重新编译。
- maxActive：设定连接池的最大数据库连接数，设为 0 表示没有连接数限制。
- maxIdle：设定数据库连接的最大空闲时间，超过此空闲时间，数据库连接将被标记为不可用，然后被释放，设为 0 表示没有限制。
- maxWait：设定最大建立连接等待时间，如果超过此时间将接到异常，设为-1 表示没有限制。
- username：访问数据库的用户名。
- password：访问数据库的密码。
- driverClassName：数据库的 JDBC 驱动程序名称。
- url：数据库连接串。

(2) 配置 web.xml 文件。将 server.xml 文件配置好之后还需要配置 web.xml 文件。首先在 DBTest 文件夹下创建一个 WEB-INF 文件夹、一个 lib 文件夹、一个 class 文件夹，然后在 WEB-INF 文件夹内创建 web.xml 文件，代码如下。

```
<?xml version="1.0" encoding="UTF-8"?>
<web-app id="WebApp_ID" version="2.4" xmlns="http://java.sun.com/xml/ns/j2ee"
 xmlns:xsi=http://www.w3.org/2001/XMLSchema-instance
 xsi:schemaLocation="http://java.sun.com/xml/ns/j2ee http://java.sun.com/xml/ns/j2ee/web-app_2_4.xsd">
<display-name>
CH10</display-name>
<welcome-file-list>
     <welcome-file>index.html</welcome-file>
     <welcome-file>index.htm</welcome-file>
     <welcome-file>index.jsp</welcome-file>
     <welcome-file>default.html</welcome-file>
     <welcome-file>default.htm</welcome-file>
     <welcome-file>default.jsp</welcome-file>
</welcome-file-list>
 <resource-ref>
     <description>DB Connection</description>
     <res-ref-name>jdbc/my_db</res-ref-name>
     <res-type>javax.sql.DataSource</res-type>
     <res-auth>Container</res-auth>
 </resource-ref>
</web-app>
```

其中各属性的含义如下。

- description：对被引用资源的描述。
- res-ref-name：引用的资源名称。
- res-type：引用资源的类型，这里是前面配置的数据源。

(3) 编写测试页面。创建一个 test.jsp 页面来测试数据库连接是否成功，代码如下。

```
<%@ page contentType="text/html; charset=gb2312" language="java"
import="java.sql.*,javax.naming.*,javax.sql.*" errorPage="" %>
<!DOCTYPE HTML PUBLIC "-//W3C//DTD HTML 4.01 Transitional//EN"
"http://www.w3.org/TR/html4/loose.dtd">
<html>
…
<body>
<%
out.print("使用连接池连接 MySQL 数据库成功！<br>");//输出提示信息
out.println("<br>");
Context ctx=null;
DataSource ds=null;
Statement stmt=null;
ResultSet rs=null;
Connection con=null;
ResultSetMetaData md=null;
try{
    ctx = new InitialContext();

    ds = (DataSource)ctx.lookup("java:comp/env/jdbc/my_db");//找到配置的数据源
    con=ds.getConnection();//创建数据库连接
    stmt=con.createStatement();
    rs=stmt.executeQuery("select * from student");//执行 SQL 查询从数据表中取出数据
    md=rs.getMetaData();//获取数据集的列数，即字段数
    out.print(md.getColumnLabel(1)+" ");//输出第一列的名称，即第一个字段名称
    out.print(md.getColumnLabel(2)+" ");
    out.print(md.getColumnLabel(3)+" ");
    out.print(md.getColumnLabel(4)+"<br>");
    while(rs.next()){
        out.print(rs.getInt(1)+" ");//输出第一个字段对应的值
        out.print(rs.getString(2)+" ");
        out.print(rs.getString(3)+" ");
        out.print(rs.getString(4)+"<br>");
    }
}catch(Exception e){
    out.print(e);
}finally{
    if(rs!=null) rs.close();
    if(stmt!=null) stmt.close();
    if(con!=null) con.close();//断开数据库连接
            if(ctx!=null) ctx.close();//没有连接时，释放资源

}
%>
```

```
</body>
</html>
```

在 Tomcat 中配置好数据源后，Tomcat 会将这个数据源绑定到 JNDI 名称空间，然后通过 Context.lookup()方法来查找到这个数据源，找到数据源之后，使用 getConnection()方法创建一个数据库连接，之后就可以像使用 JDBC 直接连接数据库那样操作数据库了。需要注意的是，对数据库访问完毕后要注意释放资源，尤其是 Context 资源，将数据库连接返回连接池，同时如果释放了 ctx，那么 rs、stmt 和 cnn 都将不可用了。此程序的运行效果如图 10-19 所示。

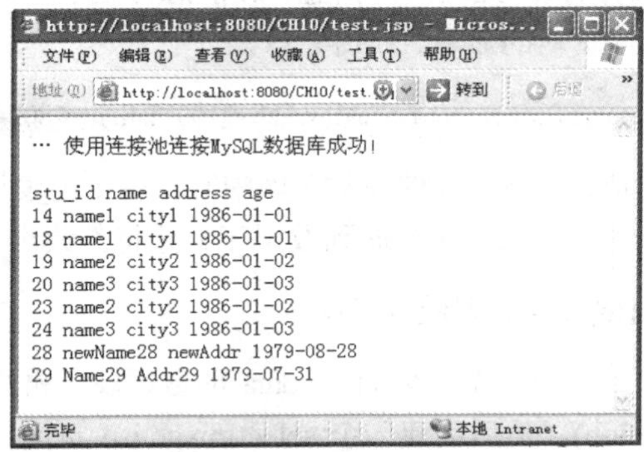

图 10-19 test.jsp 页面运行效果

10.6.3 配置连接池时需要注意的问题

数据库连接池在初始化时将创建一定数量的数据库连接放到连接池中，这些数据库连接的数量是由最小数据库连接数来设定的。无论这些数据库连接是否被使用，连接池都将一直保证至少拥有这么多的连接数量。连接池的最大数据库连接数量限定了这个连接池能占有的最大连接数，当应用程序向连接池请求的连接数超过最大连接数量时，这些请求将被加入到等待队列中。数据库连接池的最小连接数和最大连接数的设置要考虑到下列几个因素。

(1) 最小连接数是连接池一直保持的数据库连接，所以如果应用程序对数据库连接的使用量不大，将会有大量的数据库连接资源被浪费。

(2) 最大连接数是连接池能申请的最大连接数，如果数据库连接请求超过此数，后面的数据库连接请求将被加入到等待队列中，这会影响之后的数据库操作。

(3) 如果最小连接数与最大连接数相差太大，那么最先的连接请求将会获利，之后超过最小连接数量的连接请求等价于建立一个新的数据库连接，这些大于最小连接数的数据库连接在使用完之后不会马上被释放，而是被放到连接池中等待重复使用或是空闲超时后被释放。

10.7 存取二进制文件

在二进制文件内存储的是二进制数据流，它把数据在内存中存储的形式原样输出到磁盘上。在实际应用中，有很多文件都是以二进制格式保存的，例如*.java 文件、*.obj 文件、*.jpg 文件和*.jar 文件等。在 Java 中以字节流 InputStream 和 OutputStream 来读写二进制数据和字符数据，它们包含在 java.io.*包中，使用起来非常简单。

10.7.1 图像文件存取到数据库的过程

在 Web 应用程序中经常需要存储或显示一些图片，HTML 语言可以实现静态显示图片资料，而要动态显示图片资料时，就要采用相关的数据库访问技术来实现。在 JSP 编程环境中解决办法很多，最常用的一种方法是在数据库中保存相应的图片资料的名称，然后在 JSP 中建立相应的数据源，利用数据库访问技术处理图片信息。在静态标记的基础上，略加修改就可以用如下的标记语言实现动态图片资料的显示。

```
<img src="../image/"+RS_photo.getString(photo_fiield) width="100" height="80">
```

但是如果图像是以二进制数据格式存储在数据库中时，就不能使用上面的方法来读取了。下面将介绍如何将图片以二进制数据格式存储到数据库中并将其读出。

1. 将图像以二进制数据格式存储到数据库中

【例 10-10】在 bin_db 中创建一个命名为 bindata 的数据表，再给这个表添加两个字段：filename(char)和 binfile(longblob)，然后创建一个 selectImage.jsp 页面，用来提交图片的信息，代码如下。

```
<%@ page contentType="text/html;charset=gb2312"%>
<!DOCTYPE HTML PUBLIC "-//W3C//DTD HTML 4.01 Transitional//EN"
"http://www.w3.org/TR/html4/loose.dtd">
<html>
<head></head>
<body>
<form name="form1" method="post" action="testimage.jsp">
  <p align="center">请选择图片的 URL:
    <input type="file" name="image">
</p>
  <p align="center">
    <input type="submit" name="Submit" value="提交">
</p>
</form>
</body>
</html>
```

下面再创建一个 testimage.jsp 页面，用来实现存储图片的操作，代码如下。

```
<%@ page contentType="text/html;charset=gb2312"%>
<%@ page import="java.sql.*" %>
<%@ page import="java.util.*"%>
<%@ page import="java.text.*"%>
<%@ page import="java.io.*"%>
<%@ page import="java.nio.*"%>
<html>
<head>
<meta http-equiv="Content-Type" content="text/html; charset=gb2312">
```

```
</head>
    <body>
     <%
        Class.forName("com.mysql.jdbc.Driver").newInstance();
        //加载 JDBC 驱动程序
        String   url="jdbc:mysql://localhost/bin_db";
        //bin_db 为你的数据库的名称
        String   user="root";
        String   password="root";
        String filename=request.getParameter("image");
        File file = new File(filename); //获取表单传过来的图片的 url
        try {
          //打开文件
          FileInputStream fin = new FileInputStream(file);
          //建一个缓冲保存数据
          ByteBuffer nbf = ByteBuffer.allocate((int) file.length());
          byte[] array = new byte[1024];
          int offset = 0, length = 0;
          //读存数据
          while ((length = fin.read(array)) > 0) {
                if (length != 1024)
                      nbf.put(array, 0, length);
                else
                      nbf.put(array);
                offset += length;
          }
      //新建一个数组保存要写的内容
          byte[] content = nbf.array();
          //创建数据库连接
          Connection   conn=   DriverManager.getConnection(url,user,password);
          //保存数据
          Statement stmt =conn.createStatement(
                      ResultSet.TYPE_SCROLL_INSENSITIVE,
                      ResultSet.CONCUR_UPDATABLE);
          String sqlstr = "select * from bindata where filename='01'";
          ResultSet rs = stmt.executeQuery(sqlstr);
          if (rs.next())
          {
                rs.updateBytes(2, content);
                rs.updateRow();
          } else {
                rs.moveToInsertRow();
                rs.updateString(1, "01" );
                rs.updateBytes(2, content);
                rs.insertRow();
          }
          rs.close();
  //      关闭文件
          fin.close();
          out.println("恭喜，已经将新的记录成功地添加到数据库中！");
```

```
        } catch (FileNotFoundException e) {
                e.printStackTrace();
        } catch (IOException e) {
                e.printStackTrace();
        }
    %>
    </body>
</html>
```

在上边的这段代码中，首先要获取表单提交过来的图片的参数，并将图片数据转化为字符输入流，代码如下。

```
String filename=request.getParameter("image");
String saveFile = filename.substring(filename.indexOf("filename=\"") + 10);
 File file = new File(filename); //获取表单传过来的图片的 url
 try {
   //打开文件
   FileInputStream fin = new FileInputStream(file);
   //建一个缓冲保存数据
   ByteBuffer nbf = ByteBuffer.allocate((int) file.length());
   byte[] array = new byte[1024];
   int offset = 0, length = 0;
   //读存数据
   while ((length = fin.read(array)) > 0) {
           if (length != 1024)
                   nbf.put(array, 0, length);
           else
                   nbf.put(array);
           offset += length;
   }
   //新建一个数组保存要写的内容
   byte[] content = nbf.array();
```

程序运行效果如图 10-20 和图 10-21 所示。

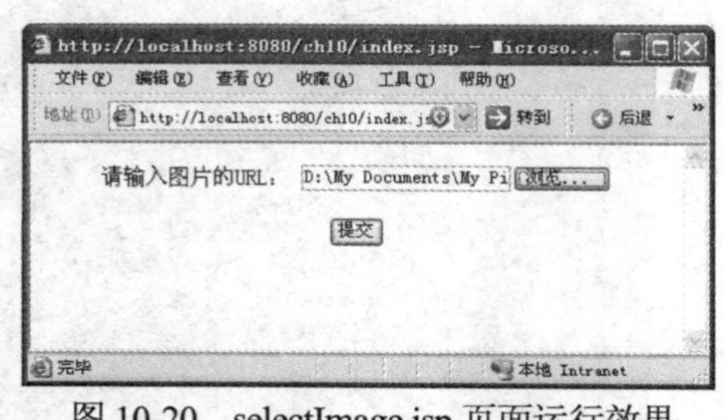

图 10-20 selectImage.jsp 页面运行效果

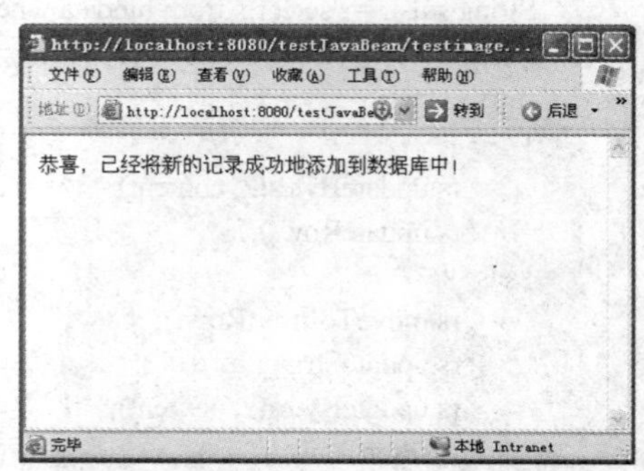

图 10-21 testimage.jsp 页面运行效果

2. 从数据库中读出图像

上面介绍了如何将图片以二进制数据格式存储到数据库中，下面介绍如何从数据库中将图像读出并显示在浏览器中。

【例 10-11】创建一个 showImage.jsp 页面，添加如下代码。

```
<%@ page contentType="text/html;charset=gb2312"%>
<%@ page import="java.sql.*" %>
<%@ page import="java.util.*"%>
<%@ page import="java.text.*"%>
<%@ page import="java.io.*"%>
<html>
<body>
<%Class.forName("com.mysql.jdbc.Driver");
//加载 JDBC 驱动程序
String   url="jdbc:mysql://localhost/bin_db";
//bin_db 为你的数据库的名称
String   user="root";
String   password="root";
Connection   conn=   DriverManager.getConnection(url,user,password);
//创建数据库连接
String sql="select binfile from bindata where filename='01'"; //查询 filename 为 01 的记录的 pic 字段
Statement stmt=null;
ResultSet rs=null;
try{
    stmt=conn.createStatement();
    rs=stmt.executeQuery(sql);
    }catch(SQLException e){}
try {
    while(rs.next()) {
      response.setContentType("image/jpeg");   //设置返回图像的类型
        ServletOutputStream sout = response.getOutputStream();
        //声明 ServletOutputStream 的实例 sout
        InputStream in = rs.getBinaryStream(1); //获取二进制输入流
        byte b[] = new byte[0x7a120];//  创建 byte 数组用作缓冲
        for(int i = in.read(b); i != -1;)
            {
                sout.write(b); //向输出流中写入返回页面的内容
                in.read(b); //读取输入流中的数据
            }
            sout.flush();
            sout.close(); //关闭输入流
            }
      }
      catch(Exception e){System.out.println(e);}
%>
</body>
</html>
```

在上边的代码中，首先使用 setContentType 来设定图片在浏览器中的显示格式，代码如下。

```
response.setContentType("image/jpeg");   //设置返回图像的类型
```

在输入并显示图像时用到了 ServletOutputStream 类。首先用 Response 对象的方法 getOutputStream()可以获得 ServletOutputStream 的实例，这样就可以利用 ServletOutputStream 的 write()方法向输出流中写入返回页面的内容；在获取从数据库中取得的二进制输入流时，使用了 ResultSet 类的 getBinaryStream()方法。getBinaryStream()用来获得二进制的输入流，其参数为 int 类型，用来指定当前结果集中的列的索引，代码如下。

```
ServletOutputStream sout = response.getOutputStream();//声明 ServletOutputStream 的实例 sout
        InputStream in = rs.getBinaryStream(1); //获取二进制输入流
```

然后创建一个 byte 数组用作缓冲，并使用 ServletOutputStream 对象的 write()方法结合 for 循环语句将图像输出并显示到浏览器中，代码如下。

```
byte b[] = new byte[0x7a120]; //创建 byte 数组用作缓冲
        for(int i = in.read(b); i != -1;)
            {
                sout.write(b); //向输出流中写入返回页面的内容
                in.read(b); //读取输入流中的数据
            }
```

程序运行效果如图 10-22 所示。

图 10-22　showImage.jsp 页面运行效果

10.7.2　声音文件存取到数据库的过程

有时候需要在数据库中存储声音文件，例如音乐网站需要在数据库内存储大量的声音文件。和存储图像类似，数据库中可以保存声音文件的 URL 地址，也可以直接将声音文件以二进制数据格式存储到数据库中。下面就介绍如何将声音文件以二进制数据格式保存到数据库中，并将其从数据库中读取出来。

1. 将声音文件存储到数据库中

【例 10-12】创建 selectSound.jsp 页面和一个 writeSound.jsp 文件，添加如下代码。

```
<%@ page contentType="text/html;charset=gb2312"%>
<!DOCTYPE HTML PUBLIC "-//W3C//DTD HTML 4.01 Transitional//EN"
"http://www.w3.org/TR/html4/loose.dtd">
<html>
```

```
<head></head>
<body>
<form name="form1" method="post" action="writeSound.jsp">
  <p align="center">请选择声音文件的 URL：
    <input type="file" name="sound">
     *选择声音文件不要太大，并且要求最好是.wav 或者.wmv 格式
</p>
  <p align="center">
    <input type="submit" name="Submit" value="提交">
</p>
</form>
</body>
</html>
```

上面是个选择声音文件的页面，尽量选择文件不是很大的 wav 格式或者 wmv 格式的。writeSound.jsp 文件代码如下：

```
<%@ page contentType="text/html;charset=gb2312"%>
<%@ page import="java.sql.*" %>
<%@ page import="java.util.*"%>
<%@ page import="java.text.*"%>
<%@ page import="java.io.*"%>
<html>
<body>
<%
Class.forName("com.mysql.jdbc.Driver");
      //加载 JDBC 驱动程序
      String   url="jdbc:mysql://localhost/bin_db";
      //bin_db 为用户的数据库的名称
      String   user="root";
      String   password="root";
      Connection   conn=   DriverManager.getConnection(url,user,password);
      //创建数据库连接
         String filename=request.getParameter("sound");
        File file = new File(filename); //获取表单传过来的声音的 url
        try {
          //打开文件
          FileInputStream fin = new FileInputStream(file);
       //获取声音文件并转化为单字符的字符输入流
       String sql1="delete from bindata where filename='03'";
       PreparedStatement pstmt1=conn.prepareStatement(sql1); //创建 PreparedStatement 对象
       pstmt1.execute();
        String sql="insert into bindata(filename,binfile) values('03',?)"; //插入记录的 SQL 语句
        PreparedStatement pstmt=conn.prepareStatement(sql); //创建 PreparedStatement 对象
        pstmt.setBinaryStream(1,fin,fin.available()); //将字符输入流 in 存储到 pstmt 对象中
        pstmt.execute(); //pstmt 将记录插入到数据库中
```

```
            out.println("恭喜，声音文件已经成功地存储到数据库中！"); }
            catch(SQLException e) {
              out.println("出现 SQLException 异常");
            }
    %>
    </body>
</html>
```

在上边的这段代码中，首先要获取表单提交过来的声音参数，并将声音数据转化为字符输入流，代码如下。

```
String filename=request.getParameter("sound");
File file = new File(filename); //获取表单传过来的图片的 url
FileInputStream fin = new FileInputStream(file); //获取声音文件并转化为单字符的字符输入流
```

然后使用 PreparedStatement 对象的 setBinaryStream()方法为要插入数据的字段设定 values 值，最后调用 execute()方法执行 SQL 语句。PreparedStatement 对象的使用方法在 7.1 节中已经介绍，这里不再赘述。这部分的代码如下。

```
String sql="insert into bindata(filename,binfile) values('03',?)"; //插入记录的 SQL 语句
PreparedStatement pstmt=conn.prepareStatement(sql); //创建 PreparedStatement 对象
pstmt.setBinaryStream(1,fin,fin.available()); //将字符输入流 in 存储到 pstmt 对象中
```

在上面的代码中，主要使用了 FileInputStream 类、PreparedStatement 类，并结合 SQL 插入记录语句实现了将声音文件存储到数据库中。

2. 从数据库中读取声音文件

上面介绍了如何将声音文件存储到数据库中，下面介绍如何从数据库中读取声音文件。声音文件的读取与普通二进制文件的读取原理是相同的，只是普通二进制文件可以直接输出到浏览器中，而声音文件则需要在网页内添加多媒体播放器才能播放。

【例 10-13】创建一个 readSound.jsp 页面，然后为其添加如下代码。

```
<%@ page contentType="text/html;charset=gb2312"%>
<%@ page import="java.sql.*" %>
<%@ page import="java.util.*"%>
<%@ page import="java.text.*"%>
<%@ page import="java.io.*"%>
<html>
<head>
<meta http-equiv="Content-Type" content="text/html; charset=gb2312">
<title>从数据库中读取声音文件</title>
<style type="text/css">
<!--
body {
background-color: #FFFFCC;
}
.style1 {
```

```
 color: #FF0000;
 font-size: 18px;
 }
-->
</style></head>
<body  topmargin="0" leftmargin="0">
<%Class.forName("com.mysql.jdbc.Driver").newInstance();
//加载 JDBC 驱动程序
String  url="jdbc:mysql://localhost/bin_db";
//bin_db 为你的数据库的名称
String  user="root";
String  password="root";
Connection  conn=  DriverManager.getConnection(url,user,password);
//创建数据库连接
String sql="select * from bindata where filename='03'";
Statement stmt=null;
ResultSet rs=null;
try{
    stmt=conn.createStatement();
    rs=stmt.executeQuery(sql);
    }catch(SQLException e){}
try {
    String rootPath = application.getRealPath("/");//获取当前应用程序的根目录
   if (rs.next()) {
        File f=new File(rootPath+"03");//在应用程序根目录下输出读取的声音文件
        FileOutputStream outs=new FileOutputStream(f);
        InputStream in = rs.getBinaryStream(2); //获取二进制输入流
        byte b[] = new byte[0x7a120];// 创建 byte 数组用作缓冲
        while (in.read(b) != -1)
            {
                outs.write(b); //输出二进制文件

            }
          outs.flush();
            outs.close();
            }
      }
      catch(Exception e){System.out.println(e);}
%>
<p>   </p>
<p align="center" class="style1"> 单击播放按钮播放声音文件</p>
<p> </p>
<p align="center">

<!--在页面中插入 Windows Media Player 播放器用来播放声音文件-->
  <object  classid=clsid:22D6F312-B0F6-11D0-94AB-0080C74C7E95 codebase=
http://activex.microsoft.......ols/mplayer/en/nsmp2inf.cab#
Version=9.0 height=53 id=NSPlay0 name=NSPlay type=application/x-oleobject
 width=300 VIEWASTEXT standby="Loading Microsoft Windows Media Player
```

```
    components..." border="0">
        <param name="AudioStream" value="-1">
        <param name="AutoSize" value="0">

        <!--设置播放器为“不自动播放”-->
        <param name="AutoStart" value="0">
          ……<!--设置播放器的播放参数-->
          ……

            <!-- 设置播放文件的名称-->
            <param name="Filename" value="03">
      ……<!--设置播放器的播放参数-->
      ……
      </object>

  </p>
  </body>
  </html>
```

在上面的代码中，首先使用 SQL 语句查询出文件名为 03 的声音文件数据并保存到结果集 rs 中，相关代码如下。

```
String sql="select * from bindata where filename='03'";
stmt=conn.createStatement();
    rs=stmt.executeQuery(sql);
```

为了实现播放声音文件，这里将读出的文件保存到此应用程序的根目录下。首先使用 Application 对象的 getRealPath()方法获取此应用程序的根目录，相关代码如下。

```
String rootPath = application.getRealPath("/");//获取当前应用程序的根目录
```

接下来在应用程序的根目录下创建一个 03 文件，用来保存从数据库中读取的声音数据，相关代码应如下。

```
File f=new File(rootPath+"03");//在应用程序根目录下输出读取的声音文件
```

然后使用 FileOutputStream 类和 InputStream 类将从数据库中读取的数据写入到刚刚创建的 call.wav 文件中，相关代码如下。

```
FileOutputStream outs=new FileOutputStream(f);
        InputStream in = rs.getBinaryStream(1); //获取二进制输入流
        byte b[] = new byte[0x7a120];// 创建 byte 数组用作缓冲
        while (in.read(b) != -1)
            {
                outs.write(b); //输出二进制文件
            }
```

接下来在网页中插入一个合适的播放器用来播放此声音文件(这里使用 Windows media player 9)，并设置好其参数以及要播放文件的名称。需要注意的是，播放文件最好保存在此应用程序的根目录下，这样网页中的播放器才能找到这个声音文件，相关代码如下。

```
<param name="Filename" value="03 ">
```

这里主要介绍的是如何从数据库中读取声音文件。关于如何在网页中播放声音文件，请读者参照 HTML 中多媒体知识。运行此应用程序，单击播放器的播放按钮即可播放该声音文件，运行效果如图 10-23 所示。

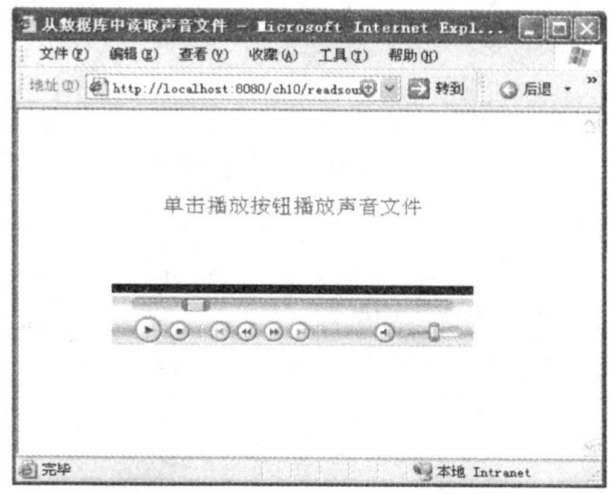

图 10-23　readSound.jsp 页面运行效果

10.7.3　视频文件存取到数据库的过程

现在很多网站都需要从数据库中存储、读取视频文件，如新闻网站需要在页面上播放新闻采访视频、一些电影网站需要存储和读取电影视频文件等，下面介绍如何在数据库中存储和读取视频文件。

1. 将视频文件存储到数据库中

【例 10-14】创建 selectVideo.jsp 页面(和上面的 selectSound.jsp 类似)和一个 writeVideo.jsp 文件，添加如下代码。在运行程序前找一视频文件。

```
<%@ page contentType="text/html;charset=gb2312"%>
<!DOCTYPE HTML PUBLIC "-//W3C//DTD HTML 4.01 Transitional//EN"
"http://www.w3.org/TR/html4/loose.dtd">
<html>
<head></head>
<body>
<form name="form1" method="post" action="writeVideo.jsp">
  <p align="center">请选择视频文件的 URL：
    <input type="file" name="video"><br>
     *选择视频文件不要太大，并且要求最好是.wav 或者.wmv 格式
</p>
  <p align="center">
    <input type="submit" name="Submit" value="提交">
</p>
</form>
</body>
</html>
```

writeVideo.jsp 页面主要功能是将提交的视频存放到数据库中，代码如下。

```
<%@ page contentType="text/html;charset=gb2312"%>
<%@ page import="java.sql.*" %>
<%@ page import="java.util.*"%>
<%@ page import="java.text.*"%>
<%@ page import="java.io.*"%>
<html>
<body>
<%
Class.forName("com.mysql.jdbc.Driver");
        //加载 JDBC 驱动程序
        String   url="jdbc:mysql://localhost/bin_db";
        //bin_db 为你的数据库的名称
        String   user="root";
        String   password="root";
        Connection   conn=   DriverManager.getConnection(url,user,password);
        //创建数据库连接
            String filename=request.getParameter("video");
          File file = new File(filename); //获取表单传过来的视频的 url
          try {
             //打开文件
             FileInputStream fin = new FileInputStream(file);
           //获取声音文件并转化为单字符的字符输入流
           String sql1="delete from bindata where filename='05'";
           PreparedStatement pstmt1=conn.prepareStatement(sql1); //创建 PreparedStatement 对象
           pstmt1.execute();
             String sql="insert into bindata(filename,binfile) values('05',?)"; //插入记录的 sql 语句
             PreparedStatement pstmt=conn.prepareStatement(sql); //创建 PreparedStatement 对象
             pstmt.setBinaryStream(1,fin,fin.available()); //将字符输入流 in 存储到 pstmt 对象中
             pstmt.execute(); //pstmt 将记录插入到数据库中
             out.println("恭喜，视频文件已经成功地存储到数据库中！"); }
             catch(SQLException e) {
               out.println("出现 SQLException 异常");
             }
    %>
      </body>
</html>
```

如果存放成功，结果如图 10-24 和图 10-25 所示。

存储视频文件的实现原理与存储声音文件、普通二进制文件相同，只是要存储到数据库中的文件格式不同。在上边的这段代码中向数据库中存储了一个.wmv 格式的视频文件。

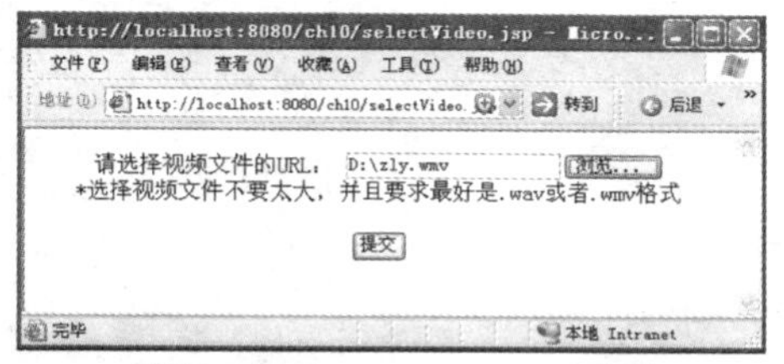

图 10-24　selectVideo.jsp 页面

图 10-25　成功提交视频文件结果

2. 从数据库中读取视频文件

将视频文件存储到数据库中之后，如何从数据库中读取视频文件呢？视频文件的读取和声音文件的读取是相同的，就是首先将视频数据从数据库中读取出来，并保存在一个视频文件中，然后再使用合适的播放器在网页中播放即可。下面就以上一小节存储的视频文件为例，介绍如何读取视频文件。

【例 10-15】创建一个 readVideo.jsp 页面，为其添加如下代码。

```
<%@ page contentType="text/html;charset=gb2312"%>
<%@ page import="java.sql.*" %>
<%@ page import="java.util.*"%>
<%@ page import="java.text.*"%>
<%@ page import="java.io.*"%>
<html>
<head>
<meta http-equiv="Content-Type" content="text/html; charset=gb2312">
<title>从数据库中读取视频文件</title>
<body   topmargin="0" leftmargin="0">
<%Class.forName("com.mysql.jdbc.Driver");
//加载 JDBC 驱动程序
String   url="jdbc:mysql://localhost/bin_db";
//bin_db 为你的数据库的名称
String   user="root";
String   password="root";
Connection   conn=   DriverManager.getConnection(url,user,password);
//创建数据库连接
String sql="select binfile from bindata where filename='05'";
Statement stmt=null;
ResultSet rs=null;
try{
     stmt=conn.createStatement();
     rs=stmt.executeQuery(sql);
     }catch(SQLException e){}
try {
     String rootPath = application.getRealPath("/");//获取当前应用程序的根目录
   while(rs.next()) {
          File f=new File(rootPath+"05");//在应用程序根目录下输出读取的视频文件
          FileOutputStream outs=new FileOutputStream(f);
          InputStream in = rs.getBinaryStream(1); //获取二进制输入流
          byte b[] = new byte[0x7a120];//  创建 byte 数组用作缓冲
```

```
                while (in.read(b) != -1)
                    {
                        outs.write(b); //输出二进制文件

                    }
                  outs.flush();
                    outs.close();
                    }
                    }
            catch(Exception e){System.out.println(e);}
%>
<p>    </p>
<p align="center" class="style1"> 单击播放按钮播放文件</p>
<p> </p>
<p align="center">

<!--在页面中插入 Windows Media Player 播放器用来播放文件-->
<object   classid=clsid:22D6F312-B0F6-11D0-94AB-0080C74C7E95 codebase=
http://activex.microsoft.......ols/mplayer/en/nsmp2inf.cab#
Version=9.0 height=300 id=NSPlay0 name=NSPlay type=application/x-oleobject
  width=300 VIEWASTEXT standby="Loading Microsoft Windows Media Player
  components..." border="0">


     <!--设置播放器为“不自动播放”-->
     <param name="AutoStart" value="0">
       ……<!--设置播放器的播放参数-->
       ……


         <!--  设置播放文件的名称-->
           <param name="Filename" value="05">//设置播放的视频文件
   ……<!--设置播放器的播放参数-->
   ……
   </object>
</p>
</body>
</html>
```

上述代码是将视频文件从数据库中读取出来并保存到此应用程序根目录下的zly.wmv文件中，也就是将从数据库中读取的二进制数据转化为.wmv 格式的视频文件，实现方法和声音文件的实现方法是完全相同的，这里不再赘述。接下来要在网页中添加播放器来播放此视频文件，这里添加的播放器和播放声音文件的播放器一样，使用的都是 Windows media player 9，但是要注意，设置播放器的大小要比声音文件的大一些，否则页面中看不到视频播放窗口，其相关代码如下。

```
<object   classid=clsid:22D6F312-B0F6-11D0-94AB-0080C74C7E95 codebase=
http://activex.microsoft.......ols/mplayer/en/nsmp2inf.cab#
Version=9.0 height=300 id=NSPlay0 name=NSPlay type=application/x-oleobject
  width=300 VIEWASTEXT standby="Loading Microsoft Windows Media Player
```

```
components..." border="0">
…
    <param name="Filename" value="05">//设置播放的视频文件
```

程序运行效果如图 10-26 所示。

图 10-26 video_read.jsp 页面运行效果

10.8 实现分页显示

分页显示是针对数据库所进行的操作。本章所使用的是 MySQL 数据库，所建立的数据库的名称是 ch10。为了让读者更容易理解，ch10 中只包含一个 words 数据表，所有的分页操作都是针对 words 数据表进行的。表 10-6 描述了 words 数据表的结构。

表 10-6 words 数据表的结构

字　段	中文描述	数据类型	是否为空	备　注
WordsID	索引号	int	否	主键，自动增长
WordsTitle	留言标题	Varchar(100)	是	—
WordsContent	留言内容	Text	是	—
WordsTime	留言时间	Datetime	是	默认值是 0000-00-00 00:00:00
UserID	留言人对应的索引号	int	否	默认值是 0

10.8.1 分页显示技术的优劣比较

1. 使用游标定位，丢弃不属于页面的数据

这是一种最简单的分页显示实现技术，在每个页面先查询得到所有的数据行，接着使用游

标定位到结果集中页面对应的行数，读取并显示该页面的数据，然后关闭数据库连接，丢弃该页面之外的结果集数据。该分页技术适用于数据量较少的查询，但对于数据量大的查询操作来说效率非常低，因为这种操作需要返回所有的数据行，从而浪费了大量的内存资源。

2. 使用缓存结果集，一次查询所有数据

目前比较广泛使用的分页方式是将查询结果存在 Httpsession 或状态 bean 中，翻页的时候从缓存中取出一页数据显示。该方法能减少数据库的连接次数，节省数据库连接资源，但有两个主要的缺点：一是用户可能看到的是过期数据；二是如果数据量非常大时第一次查询遍历结果集会耗费很长时间，并且缓存的数据也会占用大量内存，效率明显下降。

3. 使用数据库提供的定位集的 SQL 语句，返回特定行的数据

在用户的分页查询请求中，将获取的查询请求的行范围作为参数，通过这些参数生成 SQL 查询语句，然后每次请求获得一个数据库连接对象并执行 SQL 查询，把查询结果返回给用户，最后释放所有的数据库访问资源。该方式无论对内存资源的占用还是对数据库资源的占用都是最合理的，是效率最高的一种实现方式，但是由于不同数据库对应的定位行集 SQL 语句的语法差异很大，如果需要改变 Web 应用所使用的后台数据库的话，就要修改程序中所有特定于数据库的定位行集 SQL 语句。

10.8.2 分页显示的 JavaBean 实现

下面将介绍第三种技术实现分页显示。目前各类数据库都提供了分页查询语句，根据它们提供的 SQL 语法，可以获取符合条件的数据集中的 N 个连续数据。下面来看一下常见的几个数据库的分页查询语句，它们的目的都是从数据库表 words 中的第 M 条数据开始取 N 条记录。

1. SQL Server 数据库的分页查询语句

从数据库表中的第 M 条记录开始取 N 条记录，利用 Top 关键字进行查询。注意，如果 Select 语句中既有 top，又有 order by，则是从排序好的结果集中选择。查询语句的语法如下：

```
SELECT * FROM (
SELECT Top N * FROM (
    SELECT Top (M + N - 1) * FROM 表名称 Order by 主键 desc ) t1 ) t2 Order by 主键 asc
```

例如，在数据表 words(主键为 WordsID)中，从第 10 条记录开始查询 20 条记录，查询语句如下：

```
SELECT * FROM (
SELECT TOP 20 * FROM (
    SELECT TOP 29 * FROM words order by WordsID desc) t1) t2 Order by WordsID asc
```

2. Oracle 数据库的分页语句

在 Oracle 数据库中，可以使用 ROWNUM 来限制结果集的大小和起始位置。从数据库表中第 M 条记录开始查询 N 条记录，查询语句的语法如下：

```
SELECT *    FROM (
SELECT ROWNUM r,t1.* From  表名称  t1 where rownum < M + N)    t2
where t2.r >= M
```

例如，在数据表 words(主键为 WordsID)中，从第 10 条记录开始查询 20 条记录，查询语句的语法如下：

```
SELECT * FROM (
SELECT ROWNUM R,t1.* From Swords where rownum < 30 ) t2
    Where t2.R >= 10
```

3. MySQL 数据库的分页语句

MySQL 数据库的分页查询语句最简单，它通过使用 LIMIT 函数实现，从数据表中第 M 条记录开始查询 N 条记录，查询语句的语法如下：

```
SELECT * FROM  表名称  LIMIT M-1,N
```

例如，在数据表 words(主键为 WordsID)中，从第 10 条记录开始检索 20 条记录，查询语句的语法如下：

```
select * from words limit 9,20
```

【例 10-16】以 MySQL 数据库为例，利用它提供的分页查询语句介绍一个通用的分页显示类，任何用到分页显示的页面都可以调用这个类。这个类的名称是 splitPage.java，代码如下。

```
package com.ch10;
import java.sql.*;
import java.util.*;
public class splitPage
{
//定义数据库连接对象和结果集对象
private Connection con=null;
private Statement stmt=null;
private ResultSet rs=null;
private ResultSetMetaData rsmd=null;
//SQL 查询语句
private String sqlStr;
//总记录数目
private int rowCount=0;
//所分的逻辑页数
private int pageCount=0;
//每页显示的记录数目
private int pageSize=0;
//设置参数值
public void setCon(Connection con)
{
    this.con=con;
    if (this.con == null)
    {
```

```
            System.out.println("Failure to get a connection!");
        }
        else
        {
            System.out.println("Success to get a connection!");
        }
    }
    //初始化，获取数据表中的信息
    public void initialize(String sqlStr,int pageSize,int ipage)
    {
        int irows = pageSize*(ipage-1);
        this.sqlStr=sqlStr;
        this.pageSize=pageSize;
        try
        {
            stmt=this.con.createStatement();
            rs=stmt.executeQuery(this.sqlStr);
            if (rs!=null)
            {
                rs.last();
                this.rowCount = rs.getRow();
                rs.first();
                this.pageCount = (this.rowCount - 1) / this.pageSize + 1;
            }
            this.sqlStr=sqlStr+" limit "+irows+","+pageSize;
            stmt=this.con.createStatement();
            rs=stmt.executeQuery(this.sqlStr);
            rsmd=rs.getMetaData();

        }
        catch(SQLException e)
        {
            System.out.println(e.toString());
        }
    }
    //将显示结果存到 Vector 集合类中
    public Vector getPage()
    {
        Vector vData=new Vector();
        try
        {
            if (rs!=null)
            {
                while(rs.next())
                {
                    String[] sData=new String[6];
                    for(int j=0;j<rsmd.getColumnCount();j++)
                    {
                        sData[j]=rs.getString(j+1);
                    }
```

```
                    vData.addElement(sData);
                }
            }
            rs.close();
            stmt.close();
        }
        catch(SQLException e)
        {
            System.out.println(e.toString());
        }

        return vData;
    }
    //获得页面总数
    public int getPageCount()
    {
        return this.pageCount;
    }
    //获取数据表中记录总数
    public int getRowCount()
    {
        return this.rowCount;
    }
}
```

在 splitPage.java 中，通过查询获得所有要显示的数据信息，然后将要显示页面的所有数据保存到 Vector 集合类中，这样在 JSP 页面只要显示这个集合类中的数据就可以了。下面介绍一下这个类中各个方法的功能。

- public void setCon(Connection con)方法设置类中的数据库连接对象 con 的值，它不带任何返回值。
- public void initialize(String sqlStr,int pageSize,int ipage)方法根据查询获得查询结果集，并且根据参数值 pageSize 的大小确定总页数，它也不带任何返回值。
- public Vector getPage()方法根据要显示的页码 ipage。
- public int getPageCount()方法获取页面的总数。
- public int getRowCount()方法获取数据条目的总数。

words_list_javabean.jsp 页面的显示效果如图 10-27 所示，代码如下。

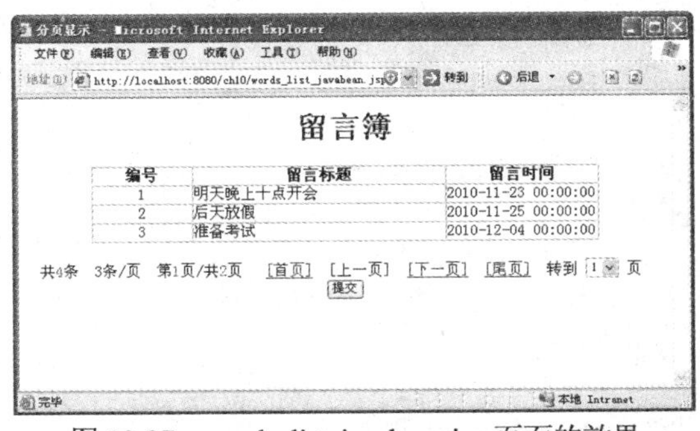

图 10-27　words_list_javabean.jsp 页面的效果

```
<%@ page contentType="text/html; charset=gb2312" language="java" %>
<%@ page import="java.sql.*"%>
<%@ page import="java.io.*" %>
<%@ page import="java.util.*" %>
```

```
<%@ page import="com.ch10.*" %>
<jsp:useBean id="pages" scope="page" class="com.ch10.splitPage"/>
<!DOCTYPE HTML PUBLIC "-//W3C//DTD HTML 4.01 Transitional//EN"
"http://www.w3.org/TR/html4/loose.dtd">
<%!
//每页显示的记录数
int pageSize = 3;
String sqlStr="";
//当前页
int showPage=1;
//数据库用户名
String userName="root";
//数据库密码
String userPassword="root";
    //数据库的 URL，包括连接数据库所使用的编码格式
String url="jdbc:mysql://localhost:3306/ch10?useUnicode=
true&characterEncoding=gb2312";
//定义连接对象
Connection dbcon;
%>
<%
try
{
    //加载驱动程序
    Class.forName("com.mysql.jdbc.Driver");
    //获得数据库的连接对象
    dbcon= DriverManager.getConnection(url,userName,userPassword);
}
catch(SQLException ex)
{
    //打印出异常信息
    System.out.println(ex.toString());
}
catch(ClassNotFoundException ex)
{
    //打印出异常信息
    System.out.println(ex.toString());
}

//给 pages 中参数 con 赋值
pages.setCon(dbcon);
sqlStr = "select * from words order by WordsID";
//查询数据表，获得查询结果
String strPage=null;
//获取跳转到的目的页面
```

```
strPage=request.getParameter("showPage");
if (strPage==null)
{
    showPage=1;
}
else
{
    try
    {
        showPage=Integer.parseInt(strPage);
    }
    catch(NumberFormatException e)
    {
        showPage = 1;
    }
    if(showPage<1)
    {
        showPage=1;
    }
}
pages.initialize(sqlStr,pageSize,showPage);
//获取要显示的数据集合
Vector vData=pages.getPage();
%>
<html>
<head>
    <meta http-equiv="Content-Type" content="text/html; charset=gb2312">
    <title>分页显示</title>
</head>
<body bgcolor="#FFFFFF" text="#000000">
    <h1 align=center>留言簿</h1>
    <div align=center>
    <table border="1" cellspacing="0" cellpadding="0" width="80%">
        <tr>
        <th width="20%">编号</th>
        <th width="50%">留言标题</th>
        <th width="30%">留言时间</th>
        </tr>
    <%
        for(int i=0;i<vData.size();i++)
        {
            //显示数据
            String[] sData=(String[])vData.get(i);
    %>
            <tr>
```

```
                        <td><%=sData[0]%></td>
                        <td align=left><%=sData[1]%></td>
                        <td align=left>
                        <%
                            //显示留言时间，省去时间串中"."后面的字符
                            String str_WordsTime = sData[3];
                            if(str_WordsTime.indexOf(".")>-1)
                            {
                              str_WordsTime=str_WordsTime.substring(0,str_
                              WordsTime.indexOf("."));
                            }
                            out.println(str_WordsTime);
                        %>
                        </td>
                    </tr>
<%
        }
%>
</table>
<form action="words_list_javabean.jsp" method="get" target="_self">
        共<font color=red><%=pages.getRowCount()%></font>条 
        <%=pageSize%>条/页 
        第<font color=red><%=showPage%></font>页/共
        <font color=red><%=pages.getPageCount()%></font>页   
        <a href="words_list_javabean.jsp?showPage=1" target="_self">[首页]</a> 
        <%
            //判断“上一页”链接是否要显示
            if(showPage > 1)
            {
        %>
                <a
                  href="words_list_javabean.jsp?showPage
                  =<%=showPage-1%>" target="_self">[上一页]</a> 
        <%
            }
            else
            {
        %>
                [上一页] 
        <%
            }
            //判断"下一页"链接是否要显示
            if(showPage < pages.getPageCount())
            {
        %>
```

```
                <a
                  href="words_list_javabean.jsp?showPage
                  =<%=showPage+1%>" target="_self">[下一页]</a> 
        <%
            }
            else
            {
        %>
                [下一页] 
        <%
            }
        %>
        <a href="words_list_javabean.jsp?showPage=<%=pages.getPageCount()%>"
            target="_self">[尾页]</a> 
        转到
        <select name="showPage">
        <%
            for(int x=1;x<=pages.getPageCount();x++)
            {
        %>
        <option value="<%=x%>" <%if(showPage==x) out.println("selected");%>
      ><%=x%></option>
        <%
            }
        %>
        </select>
        页 
        <input type="submit" name="go" value="提交"/>
    </form>
    <%
        //关闭数据库连接
        dbcon.close();
    %>
    </div>
</body>
</html>
```

words_list_javabean.jsp 页面将 SQL 查询语句和每页要显示的信息数量传递给分页显示类中的方法，然后可以直接获得当前页面所要显示的数据的集合，最后将这些数据显示到页面上，这个过程的代码实现如下：

```
...//连接数据库，获得连接对象
pages.setCon(dbcon);
sqlStr = "select * from words order by WordsID";
pages.initialize(sqlStr,pageSize);
Vector vData=pages.getPage(showPage);
```

```
for(int i=0;i<vData.size();i++)
{
...//循环显示数据信息
}
```

分页显示类(splitPage.java)可以说是一个通用类，它能够应用于各种需要进行分页显示的页面。此外，这个类还不受数据库的限制，除了 MySQL 数据库以外，其他数据库也都适用。

10.9 小 结

本章主要介绍了在动态网站中如何进行数据库的连接和访问，其中重点介绍了 JDBC、JSP 连接数据库的方法、数据库连接池的应用和一些数据库的基本类中的方法操作数据库，包括 statement、preparestatement、resultset 等。

接下来介绍了如何将图像、声音、视频以及一些大文本文件存储到数据库中，并且从数据库中读取出来。这些文件的存取不是像数据库中普通数据(如 int，String)那样实现的，而是通过文件流的操作来实现的，主要应用的是 FileInputStream 和 FileOutputStream 这两个类来实现。

最后，介绍了分页技术。当需要在一个页面上显示所有数据信息，而要显示的数据信息条目又非常多时，浏览它们将会非常不方便。分页显示技术很好地解决了这个问题，将要显示的数据信息分页面显示，在每个页面显示一定数量的数据信息，这样用户查看起来非常方便。

10.10 习 题

10.10.1 选择题

1. 创建 JSP 应用程序时，配置文件 web.xml 应该在程序下的(　)目录中。

A. admin　　B. servlet　　C. WEB-INF　　D. WebRoot

2. Oracle 数据库的 JDBC 驱动程序类名及完整包路径为(　)。

A. jdbc.driver.oracle.OracleDriver　　B. jdbc.oracle.driver.OracleDriver

C. driver.oracle.jdbc.OracleDriver　　D. oracle.jdbc.driver.OracleDriver

3. 请选出微软公司提供的连接 SQL Server 2000 的 JDBC 驱动程序(　)。

A. oracle.jdbc.driver.OracleDriver

B. sun.jdbc.odbc.JdbcOdbcDriver

C. com.microsoft.jdbc.sqlserver.SQLServerDriver

D. com.mysql.jdbc.Driver

4. 下述选项中不属于 JDBC 基本功能的是(　)。

A. 与数据库建立连接　　B. 提交 SQL 语句

C. 处理查询结果　　D. 数据库维护管理

5. 在 JSP 中，使用 Resultset 对象的 next()方法移动光标时，如果超过界限，会抛出异常，该异常通常是( )。

A. InterruptedExceptlon　　B. AlreadyBoundExceptlon

C. SQLException　　D. NetException

6. cn 是 Connection 对象，创建 Statement 对象的方法是( )。

A. Statement st=new Statement ();　　B. Statement st=cn.createStatement()

C. Statement st=cn.Statement ();　　D. Statement st=DriuerMange.CreateStatement()

7. 查询数据库得到的结果集中，游标最初定位在( )。

A. 第一行　B. 第一行的前面　C. 最后一行　D. 最后一行的后面

8. 在 JDBC 中，下列接口不能被 Connection 创建的是( )。

A. Statement　　B. PreparedStatement

C. CallableStatement　　D. RowsetStatement

9. 程序 Class.forName("sun.jdbc.odbc.Jdbc Odbc Driuer);加载的驱动是( )。

A. JDBC-ODBC 桥连接驱动　　B. 部分 Java 编写本地驱动

C. 本地协议纯 Java 驱动　　D. 网络纯 Java 驱动

10. 下列代码生成了一个结果集

```
conn=DriverManager.getConnection(uri,user,password);
stmt=conn.createStatement(ResultSet.TYPE_SCROLL_SENSITIVE,
ResultSet.CONCUR_READ_ONLY);
rs=stmt.executeQuery("select * from book");
rs.first();rs. previous();
```

下面对该 rs 描述正确的是( )。

A. rs.isFirst()为真　　B. rs.ifLast()为真

C.rs.isAfterLast()为真　　D. rs.isBeforeFirst()为真

10.10.2　判断题

1. 使用 JDBC-ODBC 桥效率会有所降低。 ( )

2. Statement 对象提供了 int executeUpdate(String sqlStatement)方法，用于实现对数据库中数据的添加、删除和更新操作。 ( )

3. 数据库服务与 Web 服务器需要在同一台计算机上。 ( )

4. 使用数据库连接池需要繁琐的配置，一般不宜使用。 ( )

5. JDBC 构建在 ODBC 基础上，为数据库应用开发人员、数据库前台工具开发人员提供了一种标准，使开发人员可以用任何语言编写完整的数据库应用程序。 ( )

10.10.3　填空题

1. JSP 应用程序配置文件的根元素为__________。

2. JDBC 的主要任务是：__________、__________和__________。

3. 如果想创建一个不敏感可滚动并且不可更新的结果集，参数选择_________和_________。

4. 在可更新的结果集中插入一条新纪录，首先需要将游标移动到一个可更新行，则该行为需要调用__________函数。

5. Class.forName("sun.jdbc.odbc.JdbcOdbcDriver"); 是______________数据库的加载驱动语句。

10.10.4 简答题

1. 试说明 Statement 与 ResultSet 接口的意义，以及它们生成的对象在 JSP 程序处理数据库时，分别扮演着什么样的角色。

2. 试列举说明 Statement 运行 SQL 指令的 3 种方法成员。

3. 说明如何一次运行多段 SQL 语句。

10.10.5 编程题

1. 使用本章的数据库 ch10 中 student 表的结构，创建 3 个页面 selectStudent.jsp、byNumber.jsp 和 byName.jsp，通过 JSP 页面对 student 表进行名字和学号的查询。运行效果如图 10-28、图 10-29 和图 10-30 所示。

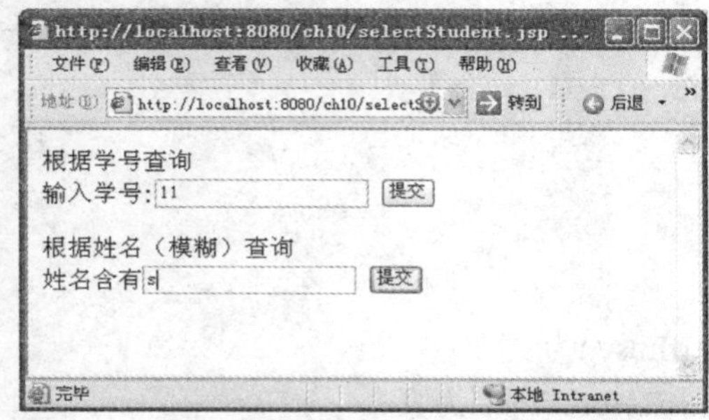

图 10-28 selectStudent.jsp 页面

图 10-29 byNumber.jsp 页面

2. 使用本章数据库 ch10 中 student 表的结构通过 JSP 页面对 student 表进行添加、删除和修改。添加 JSP 页面处理功能：添加新学生、修改和删除选中的学生信息，如图 10-31 所示(或者自行设计界面)。

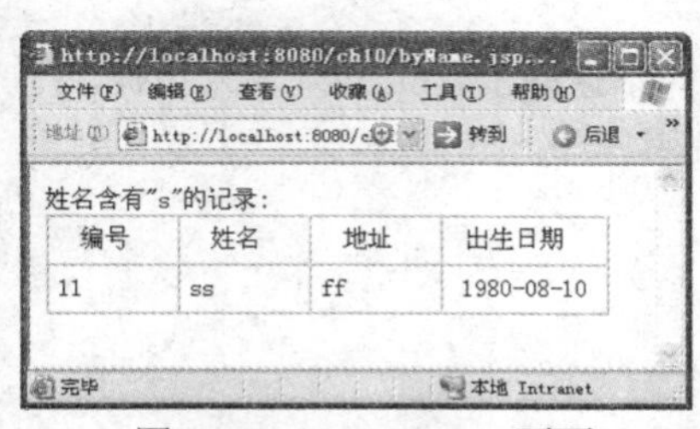

图 10-30 byName.jsp 页面

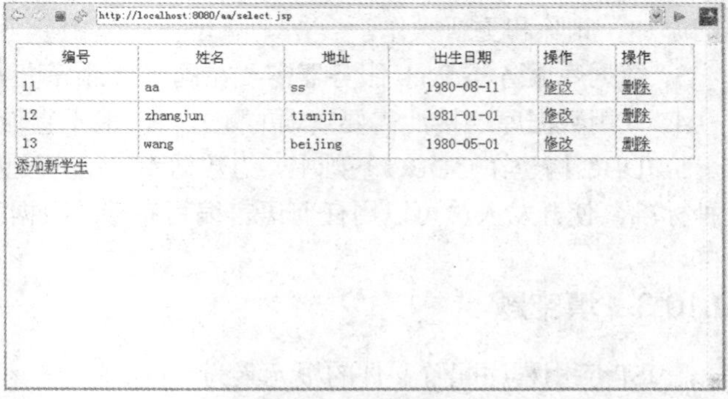

图 10-31 演示页面

第11章

JSP与JavaBean应用实例

前面章节介绍了 JSP、JavaBean 和 JDBC，其中 JSP 负责用户界面，JavaBean 封装业务逻辑，JDBC 用来连接数据库，应用这些技术，已经足以开发一个中小型规模的项目。电子商务系统是一种功能较简单、又较实用的小数据库模块。所以本章将以电子商务系统为例，介绍 JSP+JavaBean 技术在实际项目中的应用。按照电子商务系统的设计实现，包括数据库设计、模块设计和页面编程实现等方面。

本章学习目标

◎ 初步了解功能模块开发的过程

◎ 掌握使用 JSP 模式创建小型模块

◎ 加深连接数据库的应用

11.1 需求和设计

需求分析就是描述系统的需求，通过定义系统中的关键域类来建立模型。分析的根本目的是在开发者和提出需求的人员之间建立一种理解和沟通机制，因此，电子商务系统的需求分析也应该是开发人员和用户(或者客户)一起完成的。

本章将要介绍的电子商务系统是某中小规模商店的一个具体实施案例。

11.1.1 功能介绍

电子商务系统的角色可以划分为两类。

(1) 商品管理员：负责管理商品、订单、用户。

(2) 注册用户：在线购物、管理购物车、查看订单。

这两类用户分别拥有自己的操作功能。每一个操作模块都要实现自身的功能，并且在整个的操作流程中负责承上启下。下面根据这两方面的需求，来分别描述要实现的功能。

(1) 管理员登录：系统初始化商品管理员用户，这些管理员能够通过该入口进入后台进行管理操作。

(2) 管理员管理商品：首先要求的就是能够添加商品。商品的分类在系统初始化时初始化好，在添加商品时包含的信息有商品名、销售员、生产商、商品编号、定价、总数量、商品简介、商品类别。管理员可以由一个界面查看所有的商品，对已经添加的商品可以修改它的某一个属性，也可以删除不想保留的商品。

(3) 管理员管理订单：管理员可以查看注册用户下达的所有订单，订单的信息包括订单编号、用户名、下单时间、交货时间、总金额、订货人 IP、付款状态、发货状态。管理员可以删除某一订单，也可以修改某一订单的付款状态(未付、已付)、发货状态。

(4) 管理员管理用户：管理员可以查看所有注册用户，用户的信息包括登录用户名、密码、真实姓名、性别、联系地址、联系邮编、联系电话、电子邮件。管理员可以删除某一个用户，也可以修改某一个用户的基本信息。

(5) 用户注册：网络用户均能够注册。注册的用户信息包括登录用户名、密码、确认密码(以便保证用户两次输入的密码都一样)、真实姓名、性别、联系地址、联系邮编、联系电话、电子邮件。用户名不能重复。

(6) 用户登录：系统注册用户使用自己注册的用户名登录系统，进行购物、管理购物车、查看订单操作，还可以修改个人基本信息。

(7) 用户在线购物：用户可以查看所有的上架商品，选择购买，填写购买的数量。

(8) 用户管理购物车：用户可以查看自己已经选购的商品、数量和金额，修改某一商品的购买数量，不选择某一已选的商品，也可以继续购物，清空购物车，提交购物车下达订单。在下达订单时，填写个人信息文字。

(9) 用户查看订单：用户可以查看自己下达的所有订单，查看订单的付款状态、发货状态，还可以查看某一个订单的商品列表。

将以上信息汇总成一幅系统流程图，如图 11-1 所示。

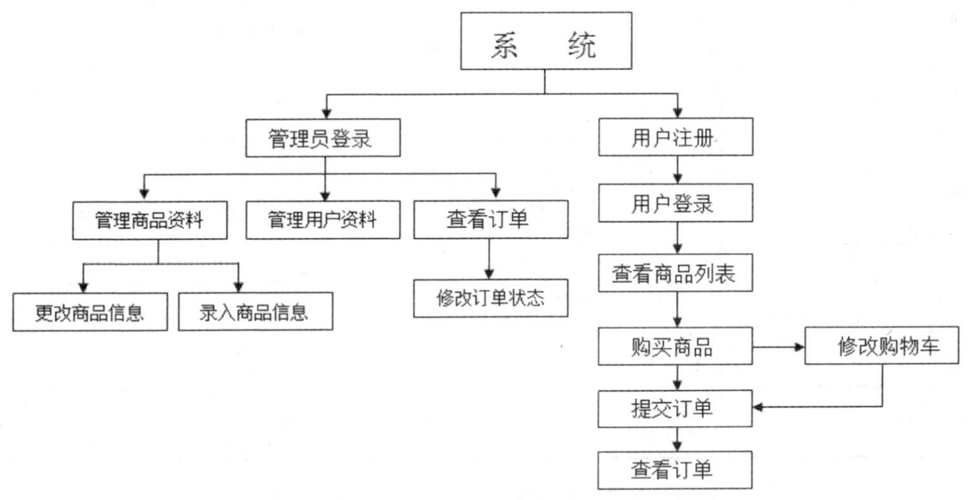

图 11-1　系统流程图

11.1.2　文件结构

整个电子商务系统包括 25 个页面和 14 个 Java 文件。从功能上说，整个模块可以分为管理员模块和用户模块。表 11-1～表 11-3 分别列出了各文件所对应的功能。

表 11-1　电子商务系统中 java 文件列表

文 件 名	功 能 描 述
DBConnectionManager.java	数据库访问类，它提供对数据库的连接
strFormat.java	字符串格式化工具
DataBase.java	封装了数据库操作的基本函数，用于作为 JavaBean 的父类，便于统一管理
goodsclasslist.java	商品类别列表
goodsmn.java	提供对 goodsclass 数据表的操作方法
login.java	用户登录信息检查
purchase.java	提供对 my_Book 数据表的操作方法
usermn.java	提供对 my_users 数据表的操作方法
goods.java	商品类 javaBean 属性创建
goodclass.java	商品类别 javaBean 属性创建
indent.java	用户订单基本信息资料表 javaBean 属性创建
indentlist.java	订单列表 javaBean 属性创建

(续表)

文 件 名	功 能 描 述
shopercar.java	购物车 javaBean 属性创建
shopuser.java	个人用户资料 javaBean 属性创建

表 11-2　电子商务系统中用户主要页面文件列表

文 件 名	功 能 描 述
index.jsp	系统首页
reg.jsp	用户注册页面
login.jsp	用户登录页面
goodslist.jsp	用户在线购物页面
purchase.jsp	用户购买某个商品页面
showgoods.jsp	商品详细信息页面
shoperlist.jsp	查看购物车商品页面
userinfo.jsp	查看用户详细信息页面
showindent.jsp	查看页面订单清单
modify.jsp	修改用户信息页面
bottom.jsp	每个页面页脚界面
logout.jsp	用户注销页面
errorpage.jsp	出错页面

表 11-3　电子商务系统中管理员主要页面文件列表

文 件 名	功 能 描 述
login.jsp	管理员登录页面
main.jsp	管理员首页面
addgoods.jsp	添加商品页面
userlist.jsp	用户列表信息页面
goodslist.jsp	商品列表信息页面
modigoods.jsp	修改商品信息页面
modiuser.jsp	修改用户信息页面
showuser.jsp	用户详细信息页面
showgoods.jsp	商品信息页面
indentlist.jsp	商品订购详细信息页面
orderlist.jsp	所有用户订单信息列表信息页面
logout.jsp	管理员注销页面

11.1.3　数据库设计

在电子商务系统的数据库设计中，首先要创建系统数据库，然后在数据库中创建需要的表和字段。建立的数据库的名称是 business，在这个数据库管理系统中要建立 6 个数据表。

(1) 管理员表(My_GoodsAdminuser)：用于存放初始管理员用户的数据记录。

(2) 注册用户表(My_Users)：用于存放注册用户的记录。

(3) 商品类别表(My_GoodsClass)：用户存放商品记录。

(4) 商品信息表(My_Goods)：用于存放初始的商品类别记录。

(5) 用户-订单表(My_Indent)：用户存放用户下达的订单基本信息。

(6) 订单-商品表(My_IndentList)：用于存放订单的商品信息。

这 6 张数据表的字段说明如表 11-4～表 11-9 所示。

表 11-4　管理员表(My_GoodsAdminuser)

编　号	字 段 名 称	字 段 类 型	说　明
1	AdminUser	varchar(20)	管理员用户名
2	AdminPass	varchar(20)	管理员密码

表 11-5　注册用户表(My_Users)

编　号	字 段 名 称	字 段 类 型	说　明
1	Id	Int	ID 序列号
2	UserName	varchar(20)	购物者用户名
3	PassWord	varchar(20)	用户密码
4	Names	varchar(20)	用户联系用姓名
5	Sex	varchar(2)	用户性别
6	Address	varchar(150)	用户联系地址
7	Phone	varchar(25)	用户联系电话
8	Post	varchar(8)	用户联系邮编
9	Email	varchar(50)	用户电子邮件
10	RegTime	Date	用户注册时间
11	RegIpAddress	varchar(20)	用户注册时 IP 地址

表 11-6　商品类别表(My_GoodsClass)

编　号	字 段 名 称	字 段 类 型	说　明
1	Id	int	ID 序列号
2	ClassName	varchar(30)	商品类别名

表 11-7　商品信息表(My_Goods)

编　号	字 段 名 称	字 段 类 型	说　明
1	Id	int	ID 序列号
2	GoodsName	varchar(40)	商品名称
3	GoodsClass	int	商品类别
4	Seller	varchar(25)	销售员
5	Provider	varchar(150)	生产商
6	GoodsNo	varchar(30)	商品编号
7	Content	varchar(3000)	说明
8	Price	float	定价
9	Amount	int	总数量
10	Leav_number	int	剩余数量
11	RegTime	date	登记时间

表 11-8　用户-订单表(My_Indent)

编　号	字段名称	字段类型	说　明
1	Id	int	ID 序列号
2	IndentNo	varchar2(20)	订单编号
3	UserId	int	用户序列号
4	SubmitTime	date	提交订单时间
5	ConsignmentTime	varchar2(20)	交货时间
6	TotalPrice	float	总金额
7	content	varchar2(400)	用户备注
8	IPAddress	varchar2(20)	下单时 IP
9	IsPayoff	int	用户是否已付款
10	IsSales	int	是否已发货

表 11-9　订单-商品表(My_IndentList)

编　号	字段名称	字段类型	说　明
1	Id	int	ID 序列号
2	IndentNo	int	订单号表序列号
3	GoodsNo	int	商品表序列号
4	Amount	int	订货数量

11.2 使用 JavaBean 封装数据库的访问

整个电子商务系统中 JSP 页面不直接操作数据库，通过 JavaBean 封装 JDBC 对数据库的操作，这么做的好处是将来对 JDBC 的一些操作进行扩展修改比较方便。

本系统采用数据库连接池进行数据库的统一管理，同时在数据库操作上进行了封装，方便程序开发时与数据库的交互，接下来详细看一下这两个方面。数据库访问类(DBConnectionManager.java)的主要功能是提供对数据库的连接和操作，对数据库的各种操作都通过它执行。其他对数据库操作的各个类以及 JSP 页面中对数据库的操作都需要调用它，它是整个模块操作数据库的唯一接口。

DBConnectionManager.java 的代码如下。

```
public class DBConnectionManager {
    private String driverName = "com.mysql.jdbc.Driver";
    private String url = jdbc:mysql://localhost:3306/business?useUnicode=true&characterEncoding=GBK";
    private String user = "root";
    private String password = "root";
    public void setDriverName(String newDriverName) {
        driverName = newDriverName;
    }
    public String getDriverName() {
```

```
            return driverName;
        }
        public void setUrl(String newUrl) {
            url = newUrl;
        }
        public String getUrl() {
            return url;
        }
        public void setUser(String newUser) {
            user = newUser;
        }
        public String getUser() {
            return user;
        }
        public void setPassword(String newPassword) {
            password = newPassword;
        }
        public String getPassword() {
            return password;
        }
        public Connection getConnection() {
            try {
                Class.forName(driverName);
                return DriverManager.getConnection(url, user, password);
            }
            catch (Exception e) {
                e.printStackTrace();
                return null;
            }
        }
    }
```

在此类中，有 4 个参数，即数据库的驱动、连接地址、用户名和密码，这 4 个参数在整个系统中只有这一个入口。在数据库移植或系统环境改变时，只需修改这一个地方即可，十分方便。

在每一次需要进行数据库的某种操作时，只需调用对应的 JDBC 的函数即可。但是，在实际的开发中发现，直接使用 JDBC 函数将使代码的编写工作耗费性很大。为了提高编写代码的效率，可以封装如下的数据库操作类(DataBase.java)。

DataBase.java 的代码如下：

```
public class DataBase {
protected Connection conn = null;                    //Connection 接口
protected Statement stmt = null;                     //Statement 接口
protected ResultSet rs = null;                       //记录结果集
protected PreparedStatement prepstmt = null;  //PreparedStatement 接口
protected String sqlStr;                             //sql String
```

```
protected boolean isConnect=true;                    //与数据库连接标识
public DataBase() {
    try
    {
        sqlStr = "";
        DBConnectionManager dcm = new DBConnectionManager();
        conn = dcm.getConnection();
        stmt = conn.createStatement();
    }
    catch (Exception e)
    {
        System.out.println(e);
        isConnect=false;
    }
}
public Statement getStatement() { return stmt; }
public Connection getConnection() { return conn; }
public PreparedStatement getPreparedStatement() { return prepstmt; }
public ResultSet getResultSet() { return rs; }
public String getSql() { return sqlStr; }
public boolean execute() throws Exception    { return false; }
public boolean insert() throws Exception { return false; }
public boolean update() throws Exception    { return false; }
public boolean delete() throws Exception    { return false; }
public boolean query() throws Exception { return false; }
public void close() throws SQLException {
    if ( stmt != null )
    {
        stmt.close();
        stmt = null;
    }
    conn.close();
    conn = null;
}
};
```

该类封装了数据库操作的基本函数，用于作为 JavaBean 的父类，便于统一管理。该类的一个重要作用是从连接池里取得一个连接，在使用结束时关闭连接。统一处理了这些额外的工作和异常的抛出，使设计者能够放心编写 JavaBean。

每个数据库表都对应这样一个或者两个 JavaBean 提供对数据表进行操作和相关的方法。例如：shopuser.java 针对表 user 所创建的程序，每个属性对应 get 和 set 方法。

```
public class shopuser {
private long Id;                    //ID 序列号
private String UserName;            //购物用户名
private String PassWord;            //用户密码
```

```
private String Names;           //用户联系用姓名
private String Sex;             //用户性别
private String Address;         //用户联系地址
private String Phone;           //用户联系电话
private String Post;            //用户联系邮编
private String Email;           //用户电子邮件
private String RegTime;         //用户注册时间
private String RegIpAddress;    //用户注册时 IP 地址
public shopuser() {
    Id = 0;
    UserName = "";
    PassWord = "";
    Names = "";
    Sex = "";
    Address = "";
    Phone = "";
    Post = "";
    Email = "";
    RegTime = "";
    RegIpAddress = "";
}
   public long getId() {
    return Id;
}
public void setId(long newId) {
    this.Id = newId;
}
public String getUserName() {
    return UserName;
}
public void setUserName(String newUserName) {
    this.UserName = newUserName;
}
public String getPassWord() {
    return PassWord;
}
public void setPassWord(String newPassWord) {
    this.PassWord = newPassWord;
}
public String getNames() {
    return Names;
}
public void setNames(String newNames) {
    this.Names = newNames;
}
public String getSex() {
```

```
        return Sex;
    }
    public void setSex(String newSex) {
        this.Sex = newSex;
    }
    public String getAddress() {
        return Address;
    }
    public void setAddress(String newAddress) {
        this.Address = newAddress;
    }
    public String getPhone() {
        return Phone;
    }
    public void setPhone(String newPhone) {
        this.Phone = newPhone;
    }
    public String getPost() {
        return Post;
    }
    public void setPost(String newPost) {
        this.Post = newPost;
    }
    public String getEmail() {
        return Email;
    }
    public void setEmail(String newEmail) {
        this.Email = newEmail;
    }
    public String getRegTime() {
        return RegTime;
    }
    public void setRegTime(String newRegTime) {
        this.RegTime = newRegTime;
    }
    public String getRegIpAddress() {
        return RegIpAddress;
    }
    public void setRegIpAddress(String newRegIpAddress) {
        this.RegIpAddress = newRegIpAddress;
    }}
```

项目其他相关完整的 JavaBean 程序，可以查看光盘材料，这里不再赘述。本书余下部分，都将只介绍主要的代码，如需其他代码，读者可根据页面的链接查看光盘材料。

11.3 项目页面实现

从上面系统设计可知，本系统的界面共分为如下两大部分：管理员模块和用户模块。图 11-2 中为整个系统的入口，一般用户直接找到注册入口和登录入口即可，管理用户单击“管理员登录”链接，即可进入后台管理的登录界面。

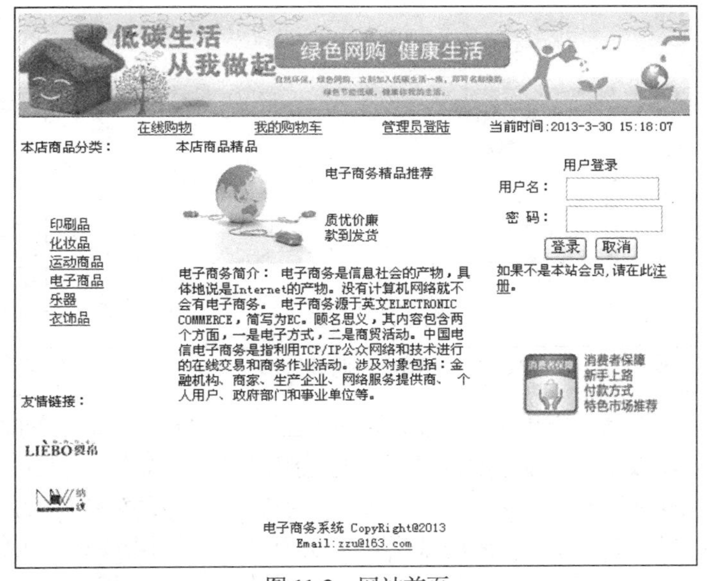

图 11-2　网站首页

根据这些整体关系的设计，下面对每一个部分给出主要界面的设计及其设计相关代码。

11.3.1　用户模块设计与实现

用户模块，用于用户进行网上购物，是电子商务面向外界的功能，因此要满足用户使用的基本流程和要求，它包括如下几个部分：

- 用户注册：包括注册、修改个人信息。
- 用户登录界面。
- 用户在线购物：查看商品列表、购买到购物车。
- 用户购物车管理：查看购物车、修改、删除、提交购物车。
- 用户订单查看：主要是查看订单。

(1) 用户注册功能的设计与实现

电子商务是用来买卖商品的，那么购物者就是一般用户。根据管理员部分的设计可知，一般用户要使用该系统来下订单，需要进行注册，来记录自己的个人信息到系统里，以便管理员进行工作。

用户注册界面对应的数据表是用户表 My_Users，根据这个表的字段信息，可知注册界面中需要填入的用户信息包括登录用户名、密码、确认密码(以便保证用户两次输入的密码都一样)、真实姓名、性别、联系地址、联系邮编、联系电话、电子邮件。用户注册界面设计如图 11-3 所示。

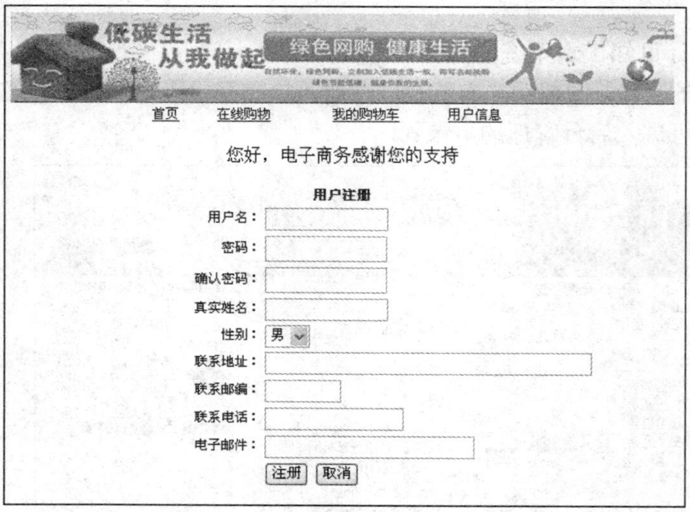

图 11-3　用户注册界面设计

管理员如果需要修改某一个用户的信息，它的界面与这个界面相同。另外，在用户的操作功能中，可能还需要修改个人基本信息的功能，这也跟用户注册界面一样。

用户注册的页面是 reg.jsp。在该界面中可知，注册用户时需要填写用户的基本信息，如用户名、密码等，在用户单击“提交”按钮保存填入的数据时，页面需要将这些页面的表单取出来。在本页面的处理时，将 JSP 页面的提交对象 request 作为参数，传进 usermn.java 类中，取参数的方法与添加商品时取出参数的方法相似。在执行添加新用户之前，需要检验新输入的用户名是否在系统中存在，一旦存在则不允许添加，因为用户名是标志一个用户的唯一信息，然后再根据表 My_Users 组合 INSERT 语句，执行代码如下：

```
//用户注册
public boolean insert(HttpServletRequest req) throws Exception {
    if (getRequest(req)) {
        sqlStr = "select * from My_users where username = '" + user.getUserName() +"'";
        rs = stmt.executeQuery(sqlStr);
        if (rs.next())
        {
            message = message + "该用户名已存在!";
            rs.close();
            return false;
        }
        sqlStr = "insert into my_users (username,password,Names,sex,Address,Phone,
                Post,Email,RegTime,RegIpaddress) values ('";
        sqlStr = sqlStr + strFormat.toSql(user.getUserName()) + "','";
        sqlStr = sqlStr + strFormat.toSql(user.getPassWord()) + "','";
```

```
            sqlStr = sqlStr + strFormat.toSql(user.getNames()) + "',''";
            sqlStr = sqlStr + strFormat.toSql(user.getSex()) + "',''";
            sqlStr = sqlStr + strFormat.toSql(user.getAddress()) + "',''";
            sqlStr = sqlStr + strFormat.toSql(user.getPhone()) + "',''";
            sqlStr = sqlStr + strFormat.toSql(user.getPost()) + "',''";
            sqlStr = sqlStr + strFormat.toSql(user.getEmail()) + "',now(),'";
            sqlStr = sqlStr + user.getRegIpAddress() + "')";
            stmt.execute(sqlStr);
            sqlStr = "select max(id) from My_users where username = '"
                    +user.getUserName()+ "'";
            rs = stmt.executeQuery(sqlStr);
            while (rs.next())
            {
                userid = rs.getLong(1);
            }
            rs.close();
            return true;
        } else{
            return false;
        }
    }
```

reg.jsp 执行插入的代码片段如下：

```
<jsp:useBean id="user" scope="page" class="org.pan.web.usermn" />
<%
String mesg = "";
String submit = request.getParameter("Submit");
if (submit!=null && !submit.equals("")) {
if(user.insert(request)){
    session.setAttribute("username",user.getUserName());
    session.setAttribute( "userid", Long.toString( user.getUserid() ) );
    response.sendRedirect("userinfo.jsp?action=regok");
} else if (!user.getMessage().equals("")) {
    mesg = user.getMessage();
} else   mesg = "注册时出现错误，请稍后再试";
}%>
```

(2) 用户登录功能的设计与实现

用户注册以后，就可以使用这个系统的功能了。那么，登录自然是使用这些功能的入口，因为不同的用户需要系统记录该用户的身份信息才能进行购物。如果没有登录，游客也可以进行选择购物车，但是当链接“用户信息”时，会进入登录页面，菜单中会有“用户登录”链接，如有登录，则没有这些。

登录界面与管理员用户登录相似，不过由于它的登录数据表是用户表 My_Users，登录界面中也包括用户名和密码两个输入文本框。界面设计的结果如图 11-4 所示。

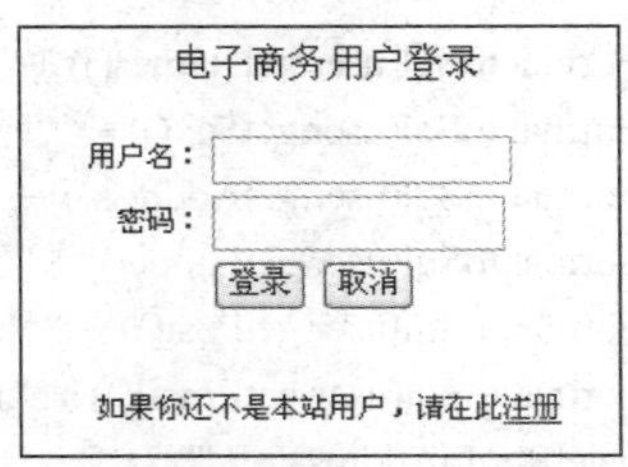

图 11-4　用户登录页面设计

(3) 用户在线购物功能的设计与实现

用户登录后，主要的工作就是在线购物了。在线购物时，首先需要查看货架上有哪些商品。根据商品的分类，设计商品的列表页面。这个页面包括商品的基本信息如商品名、销售员、生产商、单价、商品类别等。另外，需要可以查看商品详细资料的地方，此界面只是展示数据表 My_Goods 中的基本数据。每一种商品还需要提供"购买"按钮，以便用户能够方便地购买。goodslist.jsp 界面设计的结果如图 11-5 所示。该页面要使用 goodsmn.java 中提取商品列表的函数，其中，查看商品"详细资料"的链接跳转到的页面是 showgoods.jsp，这一功能也是使用了 goodsmn.java 中的函数，这些功能的编写在管理员商品管理部分会介绍。

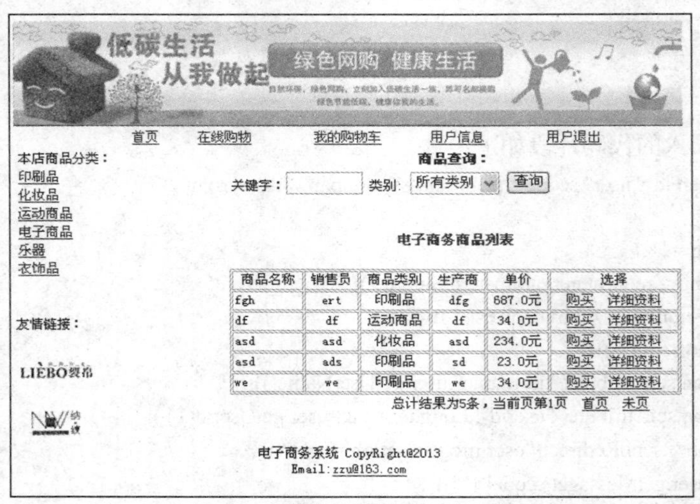

图 11-5　在线购物商品列表界面

单击图 11-5 中每种商品对应的"购买"链接，跳转到 purchase.jsp 页面，就可以进行购买操作。与实际的购物过程相似，在购买操作中，需要填写的是购买该商品的数量。单击"购买"时提交到数据库，界面设计结果如图 11-6 和图 11-7 所示。

在提交时将选择商品的 Id 和商品的数量，通过 request 传递到 purchase.java 中。

此部分工作的流程如下：

① 判断用户输入的购买数量是否合法，如果不合法，则不予执行。

② 查看商品库中剩余商品的数量是否满足用户刚才输入的数量要求，如果不够，则也不予执行。

③ 查看该用户在这次购物(即购物车)中是否已经购买了该商品，如果是第一次购买，则往购物车中添加该数量的该商品，否则将购物车中该商品的数量累加。

④ 将重新计算的购物车商品列表添加到用户的 session 中，即将用户此次购买的商品放到用户的缓存中，暂不提交数据库。

当单击图 11-5 中所示的“详细资料”链接或者单击图 11-6 中所示的“查看详细资料”链接时，都能进入如图 11-8 所示的界面，该界面除了可以查看详细信息，同时也具有购买功能。

图 11-6 购物界面

图 11-7 购物成功界面

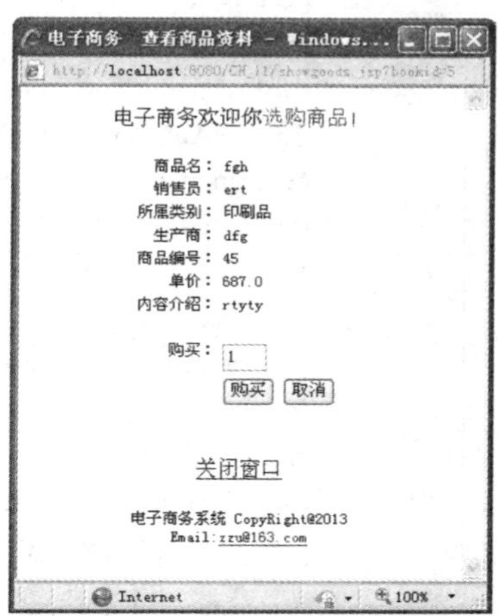

图 11-8 查看商品详细信息界面

purchase.java 中用户购物的代码如下：

```
//用户在线购物
public boolean addnew(HttpServletRequest newrequest){
        request = newrequest;
        String ID = request.getParameter("Goodsid");
        String Amount = request.getParameter("amount");
        long Goodsid = 0;
        int amount = 0;
        Goodsid = Long.parseLong(ID);
        amount = Integer.parseInt(Amount);

        if (amount<1) return false;
        session = request.getSession(false);
        if (session == null)
        {
                return false;
        }
        purchaselist = (Vector)session.getAttribute("shopcar");
        sqlStr = "select leav_number from My_Goods where id=" + Goodsid;
        rs = stmt.executeQuery(sqlStr);
        if (rs.next())
        {
                if (amount > rs.getInt(1))
                {
                        leaveGoods = rs.getInt(1);
```

```
                isEmpty = true;
                return false;
            }
        }
        rs.close();
        indentlist iList = new indentlist();
        iList.setGoodsNo(Goodsid);
        iList.setAmount(amount);
        boolean match = false;          //是否购买过该商品
        if (purchaselist==null)    //第一次购买
        {
            purchaselist = new Vector();
            purchaselist.addElement(iList);
        }
        else { //不是第一次购买
            for (int i=0; i< purchaselist.size(); i++) {
                indentlist itList= (indentlist) purchaselist.elementAt(i);
                if ( iList.getGoodsNo() == itList.getGoodsNo() ) {
                    itList.setAmount(itList.getAmount() + iList.getAmount());
                    purchaselist.setElementAt(itList,i);
                    match = true;
                    break;
                } //if name matches 结束
            } // for 循环结束
            if (!match)
                purchaselist.addElement(iList);
        }
        session.setAttribute("shopcar", purchaselist);
        return true;
    }
```

goodslist.jsp 代码如下：

```
<%@ page contentType="text/html; charset=gb2312" %>
<%@ page import="java.util.*" %>
<%@ page import="org.pan.web.book.goodsclass" %>
<%@ page session="true" %>
<%@ page import="org.pan.web.book.goods"%>
<jsp:useBean id="book" scope="page" class="org.pan.web.book.goods" />
<jsp:useBean id="book_list" scope="page" class="org.pan.web.goodsmn" />
<jsp:useBean id="classlist" scope="page" class="org.pan.web.goodsclasslist" />
<%
int pages=1;
String mesg = "";
if (request.getParameter("page")!=null && !request.getParameter("page").equals("")) {
String requestpage = request.getParameter("page");
```

```
    try {
        pages = Integer.parseInt(requestpage);
    } catch(Exception e) {
        mesg = "你要找的页码错误!";
    }
    book_list.setPage(pages);
    }
    String classid = request.getParameter("classid");
    String classname ="";
    String keyword = request.getParameter("keyword");
    if (classid==null) classid="";
    if (keyword==null) keyword="";
    keyword = book_list.getGbk(keyword);
    %>
    <html>
    <head>
    <title>电子商务　选购商品</title>
    <meta http-equiv="Content-Type" content="text/html; charset=gb2312">
    <script language="javascript">
    function openScript(url,name, width, height){
    var Win = window.open(url,name,'width=' + width + ',height=' + height +
',resizable=1,scrollbars=yes,menubar=no,status=yes' );
    }
    </script>
    <link rel="stylesheet" href="books.css" type="text/css">
    </head>

    <body text="#000000">
    <div align="center">
      <table width="750" border="0" cellspacing="1" cellpadding="1">
        <tr>
          <td align="center"><img src="images/baners2.jpg" width="592" ><br></td>
        </tr>
      </table>
      <table width="592" border="0" cellspacing="1" cellpadding="1">
        <tr>
          <td width="100"> </td>
          <td width="55"><a href="index.jsp">首页</a></td>
          <td width="100"><a href="goodslist.jsp">在线购物</a></td>
          <td width="100"><a href="shoperlist.jsp">我的购物车</a></td>
          <td width="100"><a href="userinfo.jsp">用户信息</a></td>
          <%   String username = (String)session.getAttribute("username");
    if ( username == null || username.equals("") ){%>
          <td><a href="login.jsp">用户登录</a></td>
          <%}else { %>
          <td><a href="logout.jsp">用户退出</a></td>
```

```
            <%} %>
          </tr>
        </table>
        <table width="592" border="0" cellspacing="1" cellpadding="1">
          <tr valign="top">
            <td width="186">
              <table width="100%" border="0" cellspacing="1" cellpadding="1">
                <tr>

                  <td>本店商品分类：</td>
                </tr>
                <% if (classlist.excute()){
                     for (int i=0;i<classlist.getClasslist().size();i++){
                          goodsclass bc = (goodsclass) classlist.getClasslist().elementAt(i);
                          if ( classid.equals(Integer.toString(bc.getId())) ) classname=bc.getClassName();
                          %>
                <tr>
              <td><a href="goodslist.jsp?classid=<%= bc.getId()%>"><%= bc.getClassName() %></a></td>
                </tr>
                <%       }
          } %>
                <tr>
                  <td> </td>
                </tr>
              </table>
            <p>友情链接：</p>
              <p><img src="images/icon1.jpg"    ></p>
                <p><img src="images/icon2.jpg" ></p>
            </td>
            <td align="center">
            <form name=form1 METHOD=POST ACTION="goodslist.jsp">
            <table width="100%" border="0" cellspacing="1" cellpadding="1">
                <tr>
                  <td align=center><b>商品查询：</b></td>
                </tr>
            <tr>
<td>关键字：<INPUT TYPE="text" NAME="keyword" size=8 maxlength=40 value="<%= keyword %>">
            类别:
              <SELECT NAME="classid">
                     <option value="">所有类别</option>
            <%
                     for (int i=0;i<classlist.getClasslist().size();i++){
                          goodsclass bc = (goodsclass) classlist.getClasslist().elementAt(i); %>
                 <option value="<%= bc.getId()%>"><%= bc.getClassName() %></option>
                <%         }
     %></SELECT>
```

```
<INPUT TYPE="submit" name="submit" value="查询" ></td>
        </tr>
    </table>
    </form>
    <p><br>
        <b><font color="#0000FF">电子商务商品<%= classname %>列表</font></b></p>
  <%if (!keyword.equals("")) out.println("<p ><font color=#ff0000>你要查找关于 " +
keyword + " 的商品如下</font></p>"); %>
    <table width="100%" border="1" cellspacing="1" cellpadding="1" bordercolor="#CC9966">
        <tr align="center">
            <td>商品名称</td>
            <td>销售员</td>
            <td>商品类别</td>
            <td>生产商</td>
            <td>单价</td>
            <td width=110>选择</td>
        </tr>
<% if (book_list.execute(request)) {
if (book_list.getGoodslist().size()>0 ){
    for (int i=0;i<book_list.getGoodslist().size();i++){
        goods bk = (goods) book_list.getGoodslist().elementAt(i);%>
        <tr>
            <td><%= bk.getGoodsName() %></td>
            <td align="center"><%= bk.getAuthor() %></td>
            <td align="center"><%= bk.getClassname() %></td>
            <td align="center"><%= bk.getPublish() %></td>
            <td align="center"><%= bk.getPrince() %>元</td>
            <td align="center"><a href="#" onclick="openScript('purchase.jsp?bookid=<%= bk.getId()
%>','pur',300,250)" >购买</a> 
        <a href="#" onclick="openScript('showgoods.jsp?bookid=<%= bk.getId() %>','show',400,450)"
>详细资料</a></td>
        </tr>
<%      }
}else {
    if (keyword.equals("")){
        out.println("<tr><td align='center' colspan=6> 暂时没有此类商品资料</td></tr>");
    } else {
        out.println("<tr><td align='center' colspan=6> 没有你要查找的 " + keyword +
" 相关商品</td></tr>")      ;
    }
}
} else {%>
        <tr>
            <td align="center" colspan=6> 数据库出错，请稍后</td>
        </tr>
<% } %>
```

```
                    </table>
                    <table width="90%" border="0" cellspacing="1" cellpadding="1">
                        <tr>
                            <td align="right">总计结果为<%= book_list.getRecordCount() %>条，当前页第<%=
book_list.getPage() %>页    <a href="goodslist.jsp?classid=<%= classid%>&keyword=<%= keyword %>">首页
</a> 
                            <% if (book_list.getPage()>1) {%>
                            <a href="goodslist.jsp?page=<%= book_list.getPage()-1 %>&classid=<%=
classid%>&keyword=<%= keyword %>">上一页</a> 
                            <% } %>
                            <% if (book_list.getPage()<book_list.getPageCount()-1) {%>
                            <a href="goodslist.jsp?page=<%= book_list.getPage()+1 %>&classid=<%=
classid%>&keyword=<%= keyword %>">下一页</a> 
                            <% } %>
                            <a href="goodslist.jsp?page=<%= book_list.getPageCount() %>&classid=<%=
classid%>&keyword=<%= keyword %>">末页</a> </td>
                        </tr>
                    </table>
                </td>
            </tr>
        </table>
    <jsp:include flush="true" page="bottom.jsp"></jsp:include>
    </div>
    </body>
    </html>
```

(4) 用户购物车管理功能的设计与实现

当用户完成购物后，需要提交购物结算。首先，就是要查看购物车里自己已经选购了哪些商品，以及商品的数量。

购物车操作界面中要实现如下 5 个方面的功能：

① 显示选购商品的列表：包括选购商品的名称、销售员、生产商、商品编号、定价、总数量、商品简介、商品类别、总价格。

② 修改选购的某一种商品的数量：需要提供修改数量的文本框。

③ 删除选购的某一种商品。

④ 清空购物车：取消此次购物。

⑤ 提交购物车：提交购物车下订单给管理员。

另外，为了方便使用，还需要提供“继续购物”的操作链接。在提交购物时，还允许用户作简短留言。

购物对应的数据表为用户-订单表(My_Indent)和订单-商品表(My_IndentList)，界面设计结果如图 11-9 所示。

用户购物完成后，应该进入管理购物车流程。在该界面中，可以进行的工作包括查看购物车商品、修改购物车商品的数量、从购物车删除商品、清空购物车、提交购物车。

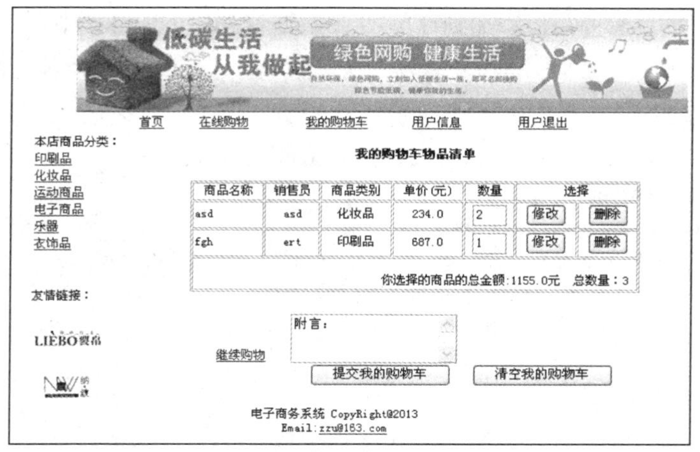

图 11-9　购物车操作界面设计

查看购物车商品页面是 shoperlist.jsp，即从 session 缓存中取出用户刚才购买的商品列表。由于这些信息存储在 session 中，因此这里只需从 session 中直接提取，保存在 Vector 类型的变量 shoplist 中，主要部分代码如下：

```
//查看购物车货物
Vector shoplist = (Vector) session.getAttribute("shopcar");
for (int i=0; i<shoplist.size();i++){
        indentlist iList = (indentlist) shoplist.elementAt(i);
        if (Goods_list.getOneGoods((int)iList.getGoodsNo())) {
                Goodss bk = (Goodss) Goods_list.getGoodslist().elementAt(0);
                totalprice = totalprice + bk.getPrince() * iList.getAmount();
                totalamount = totalamount + iList.getAmount();
...     }
}
```

修改购物车商品数量的页面也是 shoperlist.jsp，单击“修改”按钮，调用类 purchase.java 中的修改函数 modiShoper()即可。此步中，只需从 session 中取出商品的记录 shoplist，用用户填入的数量来替换原有的数量，然后再将 shoplist 保存在 session 中即可。

从购物车删除商品的页面也是 shoperlist.jsp，单击“删除”按钮，调用类 purchase.java 中的删除函数 delShoper()即可。此步中，与修改操作相似，即是从 session 中取出商品记录 shoplist，将变量中刚才用户选择的商品的 Id 对应的商品删除，再将 shoplist 保存在 session 中。

清空购物车的页面也是 shoperlist.jsp，单击“清空购物车”按钮，直接从 session 中清空该用户的记录即可。

提交购物车的页面也是 shoperlist.jsp，单击“提交购物车”按钮调用类 purchase.java 中的提交函数 payout()即可。此步中，要进行如下的流程：

① 从 session 中取出购物车中的商品列表，保存在 purchaselist 中。

② 如果 purchaselist 为空，则表示购物车为空，不予执行，否则继续。

③ 取得用户的 IP、意见、购物总价等参数，提交到订单数据表 My_indent 中，生成一个新的订单。

④ 将购物车中的所有商品，添加到订单-商品数据表 My_indentlist 中。

purchase.java 中购物车操作界面的代码如下：

```
//提交我的购物车
public boolean payout(HttpServletRequest newrequest) throws Exception {
        request = newrequest;
        session = request.getSession(false);
        String userid = (String) session.getAttribute("userid");      //取得用户 id 号
        purchaselist = (Vector)session.getAttribute("shopcar");
        if (purchaselist==null || purchaselist.size()<0)
        {
                return false;
        }
        String Content = request.getParameter("content");
        if (Content==null)
        {
                Content="";
        }
        Content = getGbk(Content);
        String IP = request.getRemoteAddr();
        String TotalPrice = request.getParameter("totalprice");

        sqlStr = "select max(id) from My_indent";
        rs = stmt.executeQuery(sqlStr);
        if (rs.next())
        {
                IndentNo = "HYD" + userid + "" + rs.getString(1);
        } else {
                IndentNo =    "HYD" + userid + "0";
        }
        rs.close();
        sqlStr = "insert into My_indent (IndentNo,UserId,SubmitTime,ConsignmentTime,
                TotalPrice,content,IPAddress,IsPayoff,IsSales) values ('";
        sqlStr = sqlStr + IndentNo + "','";
        sqlStr = sqlStr + userid + "',now(),now()+7,'";
        sqlStr = sqlStr + TotalPrice + "','";
        sqlStr = sqlStr + strFormat.toSql(Content) + "','";
        sqlStr = sqlStr + IP + "',1,1)";

        stmt.execute(sqlStr);
        sqlStr= "select max(id) from My_indent where UserId = " + userid;
        rs = stmt.executeQuery(sqlStr);
        long indentid = 0;
        while (rs.next())
        {
```

```
            indentid = rs.getLong(1);
        }
        rs.close();
        for (int i=0; i<purchaselist.size() ;i++ )
        {
            indentlist iList = (indentlist) purchaselist.elementAt(i);
            sqlStr = "insert into My_indentlist (IndentNo,GoodsNo,Amount) values (";
            sqlStr = sqlStr + indentid + ",";
            sqlStr = sqlStr + iList.getGoodsNo() + ",";
            sqlStr = sqlStr + iList.getAmount() + ")";
            stmt.execute(sqlStr);
            sqlStr = "update My_Goods set leav_number=leav_number - "
                    + iList.getAmount() + " where id = " + iList.getGoodsNo();
            stmt.execute(sqlStr);
        }
        return true;
    }
```

shoperlist.jsp 代码如下：

```
<%@ page contentType="text/html; charset=gb2312" %>
<%@ page import="java.util.*" %>
<%@ page import="org.pan.web.book.goodsclass" %>
<%@ page session="true" %>
<%@ page import="org.pan.web.book.goods"%>
<%@ page import="org.pan.web.goodsmn" %>
<%@ page import="org.pan.web.book.indentlist" %>
<jsp:useBean id="book_list" scope="page" class="org.pan.web.goodsmn" />
<jsp:useBean id="classlist" scope="page" class="org.pan.web.goodsclasslist" />
<jsp:useBean id="shop" scope="page" class="org.pan.web.purchase" />
<%
String userid = (String) session.getAttribute("userid");
if ( userid == null )
userid = "";
String modi = request.getParameter("modi");
String del = request.getParameter("del");
String payoutCar = request.getParameter("payout");
String clearCar = request.getParameter("clear");
String mesg = "";
if (modi!=null && !modi.equals("")) {
if ( !shop.modiShoper(request) ){
    if (shop.getIsEmpty())
        mesg = "你要修改购买的商品数量不足你的购买数量!";
    else
        mesg = "修改购买数量出错！";
} else {
    mesg = "修改成功";
```

```
    }
    }else if ( del != null && !del.equals("") ) {
    if ( !shop.delShoper(request) ) {
        mesg = "删除清单中的商品时出错！" ;
    }
    }else if (payoutCar != null && !payoutCar.equals("") ) {
    if (shop.payout(request) ) {
        mesg = "你购物车中的物品已提交给本店,你的订单号为  "+ shop.getIndentNo() + "<br>请及时付
款，以便我们发货!";
        session.removeAttribute("shopcar");
    } else {
        if(!shop.getIsLogin())
            mesg = "你还没有登录，请先<a href=login.jsp>登录</a>后再提交";
        else
            mesg = "对不起，提交出错，请稍后重试";
    }
    } else if (clearCar != null && ! clearCar.equals("") ) {
    session.removeAttribute("shopcar");
    mesg = "购物车中的物品清单已清空";
    }%>
    <html>
    <head>
    <title>电子商务--我的购物车</title>
    <meta http-equiv="Content-Type" content="text/html; charset=gb2312">
    <script language="javascript">
    function openScript(url,name, width, height){
    var Win = window.open(url,name,'width=' + width + ',height=' + height +
',resizable=1,scrollbars=yes,menubar=no,status=yes' );
    }
    function checklogin() {
    if (document.payout.userid.value=="")
    {
        alert("你还没有登录，请登录后再提交购物清单。");
        return false;
    }
    return true;
    }
    function check()
    {
    if (document.change.amount.value<1){
        alert("你的购买数量有问题");
        document.change.amount.focus();
        return false;
    }
    return true;
    }
```

```
</script>
<link rel="stylesheet" href="books.css" type="text/css">
</head><body   text="#000000">
<div align="center">
  <table width="750" border="0" cellspacing="1" cellpadding="1">
    <tr>
      <td align="center"><img src="images/baners2.jpg" width="592" ></td>
    </tr>
  </table>
  <table width="592" border="0" cellspacing="1" cellpadding="1">
    <tr>
      <td width="100"> </td>
      <td width="55"><a href="index.jsp">首页</a></td>
      <td width="100"><a href="goodslist.jsp">在线购物</a></td>
      <td width="100"><a href="shoperlist.jsp">我的购物车</a></td>
      <td width="100"><a href="userinfo.jsp">用户信息</a></td>
      <%   String username = (String)session.getAttribute("username");
if ( username == null || username.equals("") ){%>
      <td><a href="login.jsp">用户登录</a></td>
      <%}else { %>
      <td><a href="logout.jsp">用户退出</a></td>
      <%} %>
    </tr>
  </table>
  <table width="592" border="0" cellspacing="1" cellpadding="1">
    <tr valign="top">
      <td width="150">
        <table width="100%" border="0" cellspacing="1" cellpadding="1">
          <tr>
            <td>本店商品分类：</td>
          </tr>
  <% if (classlist.excute()){
     for (int i=0;i<classlist.getClasslist().size();i++){
          goodsclass bc = (goodsclass) classlist.getClasslist().elementAt(i); %>
          <tr>
      <td><a href="goodslist.jsp?classid=<%= bc.getId()%>"><%= bc.getClassName() %></a></td>
          </tr>
  <%      }  }%>
 <tr>
            <td> </td>
          </tr>
        </table>
        <p>友情链接：</p>
       <p><img src="images/icon1.jpg"   ></p>
         <p><img src="images/icon2.jpg" ></p>
      </td>
```

```
            <td align="center">
              <p><br>
              <b><font color="#0000FF">我的购物车物品清单</font></b></p>
<%
if (!mesg.equals("") )
out.println("<p ><font color=#ff0000>" + mesg + "</font></p>");
Vector shoplist = (Vector) session.getAttribute("shopcar");
if (shoplist==null || shoplist.size()<0 ){
if (mesg.equals(""))
      out.println("<p><font color=#ff0000>你还没有选择购买商品！请先购买</font></p>");
} else {%>
          <table width="100%" border="1" cellspacing="1" cellpadding="1" bordercolor="#CC9966">
              <tr align="center">
                  <td>商品名称</td>
                  <td>销售员</td>
                  <td>商品类别</td>
                  <td>单价(元)</td>
                  <td>数量</td>
                  <td colspan =2>选择</td>
              </tr>
<%
float totalprice =0;
int totalamount = 0;
for (int i=0; i<shoplist.size();i++){
      indentlist iList = (indentlist) shoplist.elementAt(i);
      if (book_list.getOnebook((int)iList.getGoodsNo())) {
            goods bk = (goods) book_list.getGoodslist().elementAt(0);
            totalprice = totalprice + bk.getPrince() * iList.getAmount();
            totalamount = totalamount + iList.getAmount();
%>
              <tr>
                  <td><%= bk.getGoodsName() %></td>
                  <td align="center"><%= bk.getAuthor() %></td>
                  <td align="center"><%= bk.getClassname() %></td>
                  <td align="center"><%= bk.getPrince() %></td>
            <form name="change" method="post" action="shoperlist.jsp">
                  <td align="center">
      <input type="text" name="amount" maxlength="4" size="3" value="<%= iList.getAmount() %>" >
                  </td>
                  <td align="center" width=55 >
            <input type="hidden" name="bookid" value="<%= iList.getGoodsNo() %>" >
                  <input type="submit" name="modi" value="修改" onclick="return(check());"></td>
                  </form>
            <form name="del" method="post" action="shoperlist.jsp">
             <input type="hidden" name="bookid" value="<%= iList.getGoodsNo() %>" >
             <td align=center width=55> <input type="submit" name="del" value="删除">
```

```
                    </td></form>
                  </tr>
              <% } } %>
          <tr><td colspan=7 align="right"><br>你选择的商品的总金额:<%= totalprice%>元  总数
量：<%= totalamount%> </td></tr>
                 </table>
                <p></p>
                <form name="payout" method="post" action="shoperlist.jsp">
                    <table width="90%" border="0" cellspacing="1" cellpadding="1">
                      <tr>
                         <td align="right" valign="bottom"> <a href="goodslist.jsp">继续购物</a> 
                         <input type="hidden" name="userid" value="<%= userid %>">
                         <input type="hidden" name="totalprice" value="<%= totalprice %>">
                         <TEXTAREA NAME="content" ROWS="3" COLS="20">附言：</TEXTAREA><br>
                         <input type="submit" name="payout" value="提交我的购物车"
onclick="javascript:return(checklogin());"> </td></form>
                         <form name="form1" method="post" action="shoperlist.jsp">
                      <td valign="bottom"> 
                            <input type="submit" name="clear" value="清空我的购物车">
                         </td></form>
                      </tr>
                    </table>
                </form>
       <% } %>
              </td>
            </tr>
         </table>
        <jsp:include flush="true" page="bottom.jsp"></jsp:include>
       </div>
       </body>
       </html>
```

(5) 用户查看功能的设计与实现

用户提交完购物车后，系统就自动生成了订单。订单提交给系统管理员进行管理，订单的付款状态和发货状态由管理员根据需要来改变，因此，用户也需要随时查看自己下达的订单信息。为此，需要设计订单查看界面，此界面要体现的信息包括订单的编号(用户每提交一次购物车就会生成一个订单)、提交时间、总金额(一次购物的购物总金额)、付款状态、发货状态。订单对应的数据表为 My_Indent，界面的设计如图 11-10 所示。

图 11-10 用户查看订单界面设计

单击“查看”链接，跳转到表 My_IndentList 中记录的订单商品列表，如图 11-11 所示。

如图 11-10 中，单击“修改个人信息”链接，进入 modify.jsp 页面，进行修改用户个人资料界面，如图 11-12 所示。

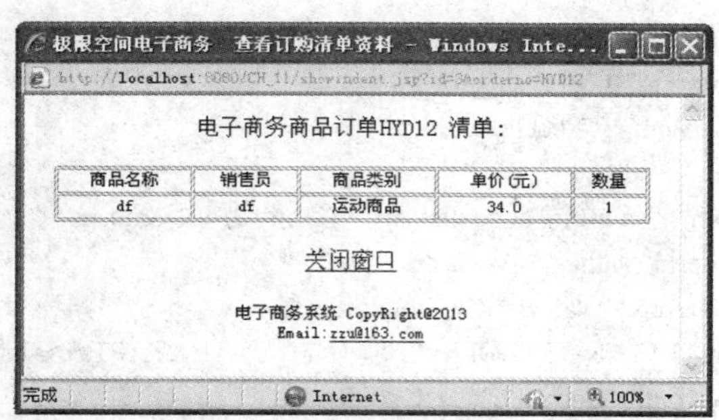

图 11-11　订单信息界面

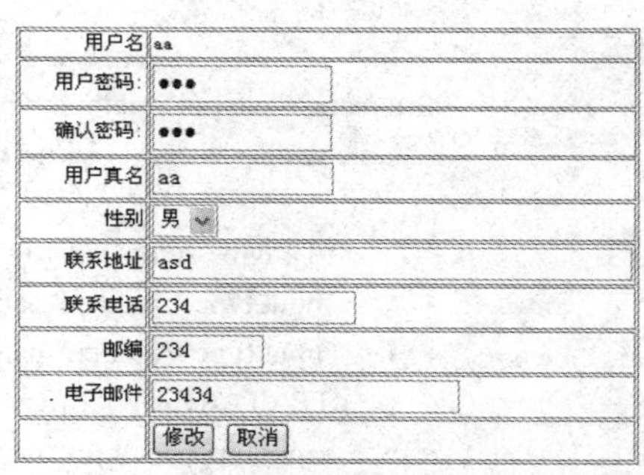

图 11-12　修改用户信息界面

用户查看订单的页面是userinfo.jsp。该功能要求提取当前用户的所有订单列表，调用类purchase.java的函数getIndent。该类根据用户的id查找订单表My_indent组合SELECT语句进行查找，结果保存在Vector类型变量my_indent中，代码如下：

```
//取得我的订单
public boolean getIndent(long userid) {
    sqlStr = "select * from My_indent where userid = '" +userid+ "' order by id desc";
    rs = stmt.executeQuery(sqlStr);
    my_indent = new Vector();
    while (rs.next())
    {
        indent ind = new indent();
        ind.setId(rs.getLong("Id"));
        ind.setIndentNo(rs.getString("IndentNo"));
        ind.setUserId(rs.getLong("UserId"));
        ind.setSubmitTime(rs.getString("SubmitTime"));
        ind.setConsignmentTime(rs.getString("ConsignmentTime"));
        ind.setTotalPrice(rs.getFloat("TotalPrice"));
        ind.setContent(rs.getString("content"));
        ind.setIPAddress(rs.getString("IPAddress"));
        if (rs.getInt("IsPayoff")==1)
            ind.setIsPayoff(false);
        else
            ind.setIsPayoff(true);
        if (rs.getInt("IsSales")==1)
            ind.setIsSales(false);
        else
            ind.setIsSales(true);
        my_indent.addElement(ind);
```

```
        }
        rs.close();
        return true;
    }
```

当用户要查看某一个订单的商品列表时，单击“查看”按钮，打开页面 showindent.jsp，该页面调用 purchase.java 的函数 getIndentList()，根据订单编号，查找订单-商品表 My_indentlist 组合 SELECT 语句进行查询。

11.3.2 管理员模块设计与实现

管理模块，用于管理员进行商品管理、订单管理和用户管理，它包括如下几个部分：

- 管理员登录界面。
- 商品管理：包括查看、增加、修改、删除。
- 订单管理：包括查看、修改、删除。
- 用户管理：包括查看、修改、删除。

(1) 管理员登录功能的设计与实现

管理员要进行系统管理，就要拥有自己的登录入口，这是任何一个系统管理功能保密性的需要。根据数据库部分的设计可以知道，管理员用户存放在数据表 My_GoodsAdminuser 中，初始化填入了一个管理员的用户记录，用户为 admin，密码为 admin。在管理员用户登录界面中，也包括用户名和密码的输入文本框，还要包括提交登录的按钮。由于登录界面是由如图 11-2 所示的主界面跳转过来的，因此，此登录界面还应该有返回到首页的链接。管理员登录界面如图 11-13 所示。

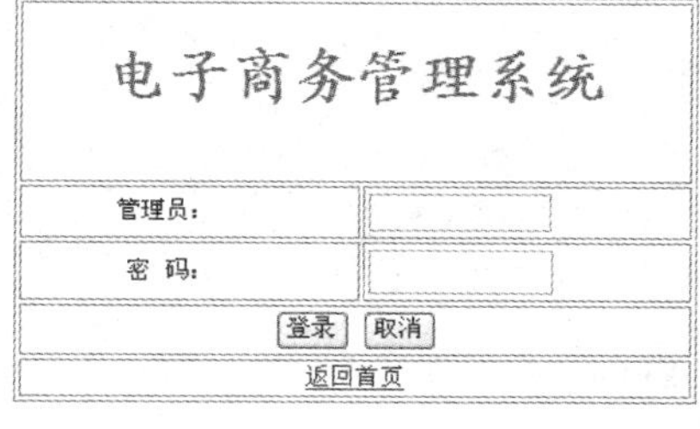

图 11-13 管理员登录界面设计

管理员的登录，使用的是类 login.java。根据该部分的界面设计可知，输入的参数有用户名和密码两个。在登录页面 manage\login.jsp 中分别用两个文本框表示，在类 login.java 中也记录了这两个参数。由于该类也作为一般用户的登录类，因此也用参数 isadmin 来记录是管理员用户还是一般的用户。该类中定义的变量如下：

```
//登录参数
private String username;      //登录用户名
private String passwd;        //登录密码
private boolean isadmin;      //是否管理员登录
private long userid=0;        //用户 ID 号
```

在执行登录前，需要根据用户输入的参数变量组合查询用户的 SQL 语句，代码如下：

```
//取得登录查询 SQL
public String getSql() {
```

```
        if (isadmin) {
            sqlStr = "select * from my_GoodsAdminuser where adminuser = '" +
            strFormat.toSql(username) + "' and adminpass = '" + strFormat.toSql(passwd) + "'";
        }else {
            sqlStr = "select * from my_users where username = '" + strFormat.toSql(username) +
                "' and password = '" + strFormat.toSql(passwd) + "'";
        }
        return sqlStr;
    }
```

当 SQL 语句组合完成后，就要提交数据库执行，如果查询到记录，则将查询的结果置为 true，否则返回 false，代码如下：

```
    //执行登录身份验证
    public boolean excute() throws Exception {
        boolean flag = false;
        rs = stmt.executeQuery(getSql());
        if (rs.next()){
            if (!isadmin)
            {
                userid = rs.getLong("Id");
            }
            flag = true;
        }
        rs.close();
        close();
        return flag;
    }
```

login.jsp 程序片段如下：

```
    <jsp:useBean id="alogin" scope="page" class="org.pan.web.login" />
    <%
    String mesg = "";
    if( request.getParameter("username")!=null && !request.getParameter("username").equals("")){
    String username =request.getParameter("username");
    String passwd = request.getParameter("passwd");
    username = new String(username.getBytes("ISO-8859-1"));
    passwd = new String(passwd.getBytes("ISO-8859-1"));
    alogin.setUsername(username);
    alogin.setPasswd(passwd);
    alogin.setIsadmin(true);
    if (alogin.excute()){
        session.setAttribute("admin","admin"); %>
        <jsp:forward page="main.jsp" />
    <%
    }else {
```

```
mesg = "登录出错！";
}}
%>
```

登录成功后进入管理员主界面 main.jsp，如图 11-14 所示。

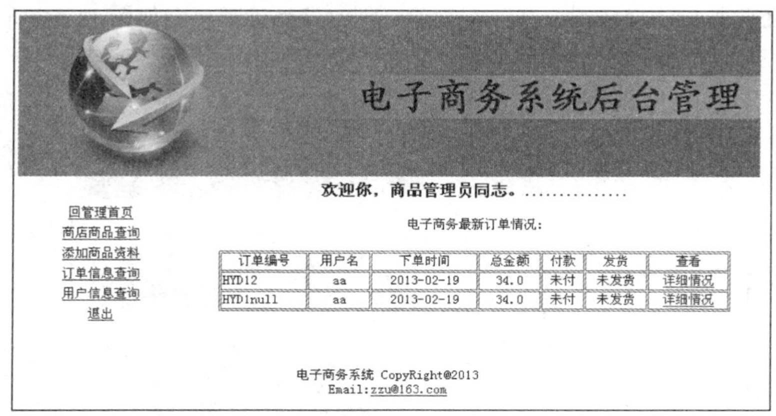

图 11-14　管理员首页界面

(2) 管理员商品管理功能的设计与实现

管理商品，首要的是添加商品，因此，就要先来设计添加商品的界面。根据数据库设计部分可知，商品的信息包括两个数据表，一个是商品类型表 My_GoodsClass，一个是商品信息表 My_Goods。在商品类型表中初始化了 4 条数据。根据商品表的设计，界面中需要与该表的每一个字段相对应，应该包括商品名、销售员、生产商、商品编号、定价、总数量、商品简介、商品类别的输入框，所属类别应该是商品类型表中的数据列表，因此需要使用下拉列表框控件。管理员商品管理界面设计如图 11-15 所示。

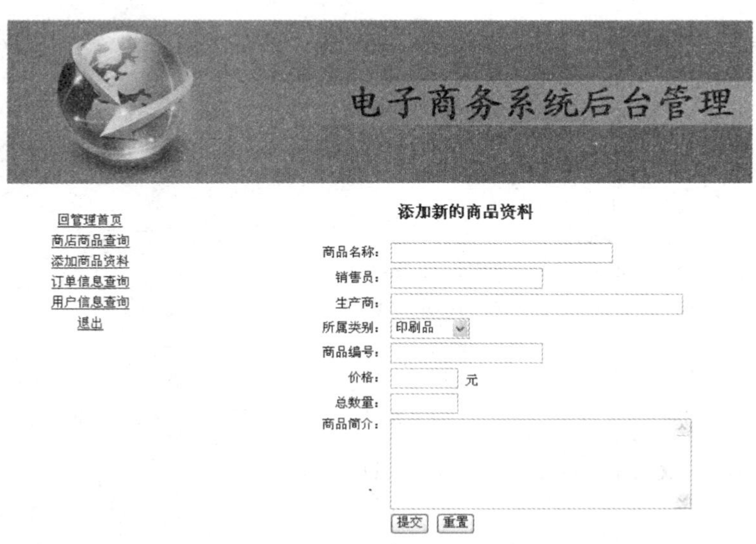

图 11-15　添加新商品界面

商品能够添加了，还需要浏览添加所有商品的界面，应该有一个货架，供管理员查看和管理。此界面应该为所有商品的列表，因此需要表现商品的基本信息，如编号(为数据表中的编号)、商品名、销售员、生产商、商品编号、定价、总数量、商品简介、商品类别。由于在货架上的商品不时会有人购买，因此还应计算商品的剩余数量。在货架上的商品，可能需要随时更换或者取走，因此还应包括动作按钮：修改和删除。因此商品管理界面如图 11-16 所示。

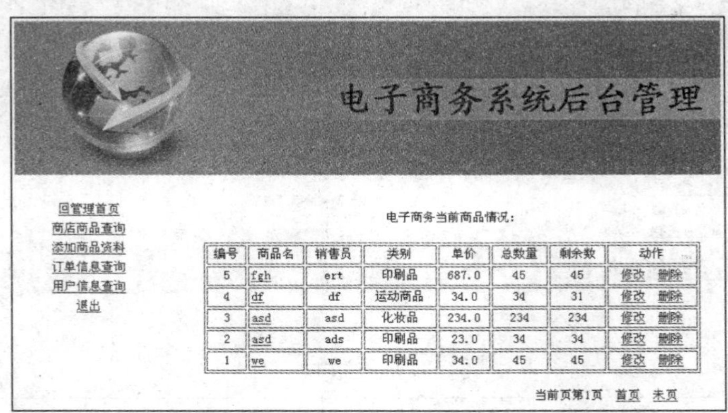

图 11-16 商品管理界面

从图 11-16 可以看出，有“修改”和“删除”按钮。修改界面和增加界面相同，无需重复说明，删除操作只需要在此管理界面内完成即可，因此这里也不作介绍。

至此，商品管理的功能界面设计就完成了。这些设计的界面是根据实际的操作需要来设计的。

管理员进行商品管理使用的是类 goodsmn.java。根据界面部分的设计可知，商品管理包括的功能有增加商品、取得所有商品的列表、查看商品的信息、修改商品信息、删除商品，因此，根据这些功能的需要，在该类中逐一设计了这些功能。

添加的页面是 manage\addGoods.jsp。在本页面的处理时，将 JSP 页面的提交对象 request 作为参数，传进 goodsmn.java 类中，取得参数的代码如下：

```
//取得页面中商品参数
public boolean getRequest(javax.servlet.http.HttpServletRequest newrequest) {
        boolean flag = false;
        request = newrequest;
        String Goodsname = request.getParameter("Goodsname");
        if (Goodsname==null || Goodsname.equals(""))
        {
                Goodsname = "";
                sqlflag = false;
        }
        aGoodss.setGoodsName(getGbk(Goodsname));
        ……
}
```

参数取得后，添加商品到数据库，将商品的各个输入参数取得并正常转换后，组合成 INSERT 语句，调用执行函数提交到数据库，代码如下：

```
//执行添加商品
public boolean insert() throws Exception {
    sqlStr = "insert into my_Goods (Goodsname,Goodsclass,Seller,Provider,Goodsno,Content,
            Price,Amount,Leav_number,Regtime) values ('";
    sqlStr = sqlStr + strFormat.toSql(aGoodss.getGoodsName()) + "','";
    sqlStr = sqlStr + aGoodss.getGoodsClass() + "','";
    sqlStr = sqlStr + strFormat.toSql(aGoodss.getSeller()) + "','";
    sqlStr = sqlStr + strFormat.toSql(aGoodss.getProvider()) + "','";
    sqlStr = sqlStr + strFormat.toSql(aGoodss.getGoodsNo()) + "','";
    sqlStr = sqlStr + strFormat.toSql(aGoodss.getContent()) + "','";
    sqlStr = sqlStr + aGoodss.getPrince() + "','";
    sqlStr = sqlStr + aGoodss.getAmount() + "','";
    sqlStr = sqlStr + aGoodss.getAmount() + "',";
    sqlStr = sqlStr + "now())";
    stmt.execute(sqlStr);
}
```

管理员查看商品列表的页面是 manage\Goodslist.jsp。执行表 my_Goods 的 SELECT 查询语句，查得的结果是多行记录，通过 ResultSet 的 next()函数循环取出所有的记录，保存在 Vector 类型变量 Goodslist 中，代码如下：

```
//查看商品列表
public boolean execute(HttpServletRequest res) throws Exception {
    sqlStr = "select * from my_Goods";
    rs = stmt.executeQuery(sqlStr);
    Goodslist = new Vector(rscount);
    while (rs.next())
    {
        Goodss Goods = new Goodss();
        Goods.setId(rs.getLong("id"));
        Goods.setGoodsName(rs.getString("Goodsname"));
        Goods.setGoodsClass(rs.getInt("Goodsclass"));
        Goods.setClassname(rs.getString("classname"));
        Goods.setSeller(rs.getString("Seller"));
        Goods.setProvider(rs.getString("Provider"));
        Goods.setGoodsNo(rs.getString("Goodsno"));
        Goods.setContent(rs.getString("content"));
        Goods.setPrince(rs.getFloat("price"));
        Goods.setAmount(rs.getInt("amount"));
        Goods.setLeav_number(rs.getInt("Leav_number"));
        Goods.setRegTime(rs.getString("regtime"));
        Goodslist.addElement(Goods);
    }
    rs.close();
    return true;
}
```

查看商品详细信息的页面是 manage\showGoods.jsp。在该页面中，可以单击“详细资料”链接来查看某一件商品的详细资料。在单击该按钮时，传递给 request 一个商品 Id 的参数，联合商品表 My_Goods 和类别表 My_Goodsclass 组合 SELECT 查询语句，执行结果如果查找到该条商品记录，则将记录的各个字段信息保存在 Vector 类型变量 Goodslist 中，返回给页面 manage\showGoods.jsp 来显示出来，查询代码如下：

```
//查看商品详细资料
public boolean getOneGoods(int newid ) throws Exception {
    sqlStr="select   a.* from My_Goods a,My_Goodsclass b
        where a.Goodsclass=b.Id and a.Id = " + newid ;
    rs = stmt.executeQuery(sqlStr);
    if (rs.next())
    {     Goodslist = new Vector(1);
          Goodss Goods = new Goodss();
          Goods.setId(rs.getLong("id"));
          Goods.setGoodsName(rs.getString("Goodsname"));
          Goods.setGoodsClass(rs.getInt("Goodsclass"));
          Goods.setClassname(rs.getString("classname"));
          Goods.setSeller(rs.getString("Seller"));
          Goods.setProvider(rs.getString("Provider"));
          Goods.setGoodsNo(rs.getString("Goodsno"));
          Goods.setContent(rs.getString("content"));
          Goods.setPrince(rs.getFloat("price"));
          Goods.setAmount(rs.getInt("amount"));
          Goods.setLeav_number(rs.getInt("Leav_number"));
          Goods.setRegTime(rs.getString("regtime"));
          Goodslist.addElement(Goods);
    } else {
          rs.close();
          return false;
    }
    rs.close();
    return true;
}
```

修改商品资料的页面是 manage\modiGoods.jsp。在该页面中，可以单击“修改”按钮来修改某一件商品的详细资料。在单击该按钮时，传递给 request 一个商品 Id 的参数，联合商品表 My_Goods 和类别表 My_Goodsclass 组合 SELECT 查询语句，执行结果如果查找到该条商品记录，则将记录的各个字段信息保存在 Vector 类型变量 Goodslist 中，返回给页面 manage\modiGoods.jsp 来显示出来。此页面中，用户可以再修改商品的各个资料，单击提交按钮时将 request 传递给 goodsmn.java，参数的取得方法与增加时相似。在保存时，根据这些参数组合成 UPDATE 语句，修改的代码如下：

```
//修改商品资料
public boolean update() throws Exception {
```

```
        sqlStr = "update my_Goods set ";
        sqlStr = sqlStr + "Goodsname = '" + strFormat.toSql(aGoodss.getGoodsName()) + "',";
        sqlStr = sqlStr + "Goodsclass = '" + aGoodss.getGoodsClass() + "',";
        sqlStr = sqlStr + "Seller = '" + strFormat.toSql(aGoodss.getSeller()) + "',";
        sqlStr = sqlStr + "Provider = '" + strFormat.toSql(aGoodss.getProvider()) + "',";
        sqlStr = sqlStr + "Goodsno = '" + strFormat.toSql(aGoodss.getGoodsNo()) + "',";
        sqlStr = sqlStr + "content = '" + strFormat.toSql(aGoodss.getContent()) + "',";
        sqlStr = sqlStr + "prince = '" + aGoodss.getPrice() + "',";
        sqlStr = sqlStr + "Amount = '" + aGoodss.getAmount() + "',";
        sqlStr = sqlStr + "leav_number = '" + aGoodss.getAmount() + "' ";
        sqlStr = sqlStr + "where id = '" + aGoodss.getId() + "'";
        stmt.execute(sqlStr);
    }
```

单击页面 manage\Goodslist.jsp 中的删除按钮执行删除商品操作。在单击该按钮时，传递给 request 一个商品 Id 的参数，根据商品表 My_Goods 组合 DELETE 删除语句，代码如下：

```
    //删除商品
    public boolean delete( int aid ) throws Exception {
        sqlStr = "delete from My_Goods where id = "   + aid ;
        stmt.execute(sqlStr);
        return true;
    }
```

(3) 管理员订单管理功能的设计与实现

用户每一次购买，都自动生成一个购买订单，供管理员查看。因此就需要设计一个管理员管理订单的功能，与用户-订单数据表(My_Indent)和订单-商品数据表(My_Indentlist)对应。

订单界面应该显示所有用户的所有订单列表，与数据表的字段对应，应该显示的信息有订单编号、用户名、下单时间、交货时间、总金额、订货人 IP、付款状态、发货状态。管理员在此界面中可以删除任何一个订单，因此还应有删除按钮，同时可以查看每一个订单的商品列表情况。界面设计结果如图 11-17 所示。

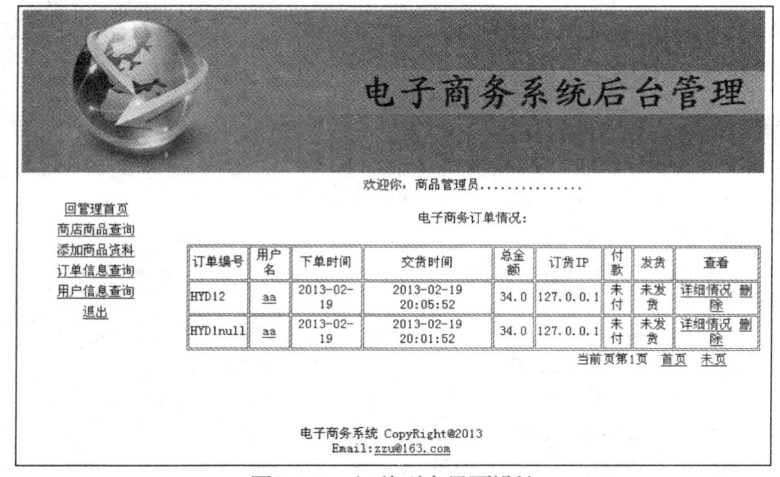

图 11-17　订单列表界面设计

当管理员需要管理某一个订单时，只需单击图 11-17 中所示的“详细情况”链接。此链接的结果要打开这个订单的商品列表信息。此界面与第二张数据表对应，应该显示该订单的所有商品列表，包括商品名、销售员、生产商、商品编号、定价、总数量、商品简介、商品类别等字段，同时为了方便管理，还需要统计该订单的总金额和总数量。此界面中为了方便管理员查看，还要显示图 11-17 中所示的订单基本信息。此界面中，管理员需要重置订单的付款状态和发货状态，这两个属性采用 Radio 控件显示。最后需要给出“更新”按钮，供管理员来提交自己的修改。界面设计结果如图 11-18 所示。

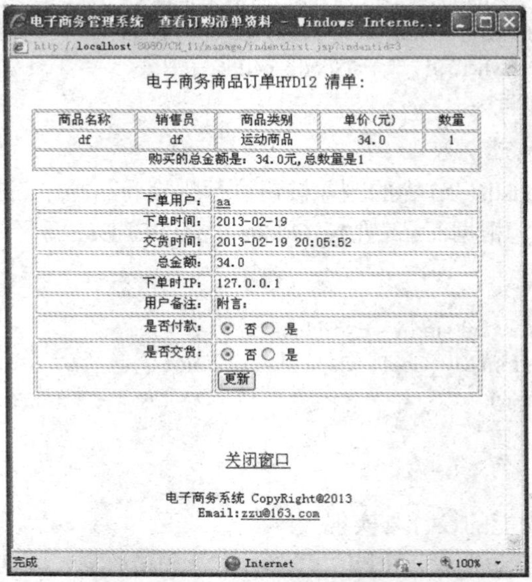

图 11-18　订单管理界面设计

管理员进行订单管理，使用的是类 purchase.java。根据界面部分的设计可知，订单管理包括的功能有取得所有订单的列表、查看订单信息、查看订单的商品列表、修改订单状态、删除订单，根据这些功能的需要，在该类中逐一设计这些功能。

管理员查看订单列表的页面是 manage\orderlist.jsp。执行表 My_Indent 的 SELECT 查询语句，查得的结果是多行记录，通过 ResultSet 的 next()函数循环取出所有的记录，保存在 Vector 类型变量 my_indent 中，代码如下：

```
//查看订单列表
public boolean getIndent() {
      sqlStr = "select * from My_indent";        //取出记录数
      rs = stmt.executeQuery(sqlStr);
      my_indent = new Vector();
      while (rs.next())
      {
            indent ind = new indent();
            ind.setId(rs.getLong("Id"));
            ind.setIndentNo(rs.getString("IndentNo"));
            ind.setUserId(rs.getLong("UserId"));
```

```
            ind.setSubmitTime(rs.getString("SubmitTime"));
            ind.setConsignmentTime(rs.getString("ConsignmentTime"));
            ind.setTotalPrice(rs.getFloat("TotalPrice"));
            ind.setContent(rs.getString("content"));
            ind.setIPAddress(rs.getString("IPAddress"));
            if (rs.getInt("IsPayoff")==1)
                ind.setIsPayoff(false);
            else
                ind.setIsPayoff(true);
            if (rs.getInt("IsSales")==1)
                ind.setIsSales(false);
            else
                ind.setIsSales(true);
            my_indent.addElement(ind);
        }
        rs.close();
        return true;
    }
```

查看订单的商品列表页面是 manage\indentlist.jsp。在该页面中，可以单击“详细资料”按钮来查看某一个订单的商品列表和详细资料。在单击该按钮时，传递给 request 一个订单 Id 的参数，联合订单-商品表(My_IndentList)和商品表(My_Goods)组合 SELECT 查询语句，执行结果查找到多条商品记录，则将记录的各个字段信息保存在 Vector 类型变量 indent_list 中，返回给页面 manage\indentlist.jsp 来显示出来，查询代码如下：

```
    //查看订单商品列表
    public boolean getIndentList(long nid) {
        sqlStr = "select * from my_indentlist where IndentNo = '" + nid + "'";
        rs = stmt.executeQuery(sqlStr);
        indent_list = new Vector();
        while (rs.next())
        {
            indentlist identlist = new indentlist();
            identlist.setId(rs.getLong("Id"));
            identlist.setIndentNo(rs.getLong("IndentNo"));
            identlist.setGoodsNo(rs.getLong("GoodsNo"));
            identlist.setAmount(rs.getInt("Amount"));
            indent_list.addElement(identlist);
        }
        rs.close();
        return true;
    }
```

同时在页面 manage\indentlist.jsp 中还显示了当前订单的基本信息。该信息是通过单击时传递过来的订单编号 Id，查找数据表 My_indent 组合 SELECT 语句查询，如果找到该条订单的记录，则将该记录保存在 Vector 类型变量 my_indent 中，结果返回给 manage\indentlist.jsp，执行的代码如下：

```
//查看订单详细资料
public boolean getOneIndent(long iid) {
    sqlStr = "select * from My_indent where id = '" +iid+ "' order by id desc";
    rs = stmt.executeQuery(sqlStr);
    my_indent = new Vector();
    while (rs.next())
    {
        indent ind = new indent();
        ind.setId(rs.getLong("Id"));
        ind.setIndentNo(rs.getString("IndentNo"));
        ind.setUserId(rs.getLong("UserId"));
        ind.setSubmitTime(rs.getString("SubmitTime"));
        ind.setConsignmentTime(rs.getString("ConsignmentTime"));
        ind.setTotalPrice(rs.getFloat("TotalPrice"));
        ind.setContent(rs.getString("content"));
        ind.setIPAddress(rs.getString("IPAddress"));
        if (rs.getInt("IsPayoff")==1)
            ind.setIsPayoff(false);
        else
            ind.setIsPayoff(true);
        if (rs.getInt("IsSales")==1)
            ind.setIsSales(false);
        else
            ind.setIsSales(true);
        my_indent.addElement(ind);
    }
    rs.close();
    return true;
}
```

当单击页面 manage\indentlist.jsp 中的“更改”按钮时提交保存状态的改变。该页面中有付款状态和发货状态两个状态选择 Radio。系统管理员可以根据实际情况随时来这里修改。提交修改时，首先将这两个参数通过 request 传递到 purchase.java 中，取得参数的方式与 Goodssmn 相类似。更新记录时，根据传递过来的订单编号 Id 来修改数据表 My_indent，组合 UPDATE 语句执行，代码如下：

```
//更新订单状态
public boolean update(HttpServletRequest res) {
    request = res;
    int payoff = 1;
    int sales = 1;
    long indentid =0;
    payoff = Integer.parseInt(request.getParameter("payoff"));
```

```
        sales = Integer.parseInt(request.getParameter("sales"));
        indentid = Long.parseLong(request.getParameter("indentid"));
        sqlStr = "update My_indent set IsPayoff = '" + payoff
                + "',IsSales='"+ sales +"' where id =" + indentid;
        stmt.execute(sqlStr);
        return true;
    }
```

单击页面 manage\orderlist.jsp 中的删除按钮执行删除的操作。在单击该按钮时，传递给 request 一个订单编号 Id 的参数，根据用户-订单表(My_indent)和订单-商品表(My_indentlist)组合 DELETE 删除语句，代码如下：

```
    //删除商品
    public boolean delete(long id) {
        sqlStr = "delete from My_indentlist where indentNo =" + id;
        stmt.execute(sqlStr);
        sqlStr = "delete from My_indent where id= " + id ;
        stmt.execute(sqlStr);
        return true;
    }
```

(4) 管理员用户管理功能的设计与实现

对于一个电子商务系统来说，用户要购买商品，就要下订单，这就需要记录是什么用户下达了订单，这些用户的信息也就需要由系统管理员来进行管理和维护。为此，需要设计用户列表的界面。该界面中，需要包括如下信息：用户的 ID 号(数据库表中的编号)、用户名、真实姓名、联系地址、联系电话、Email。这些只是展示了用户的基本信息，此外还应该提供用户管理的入口(包括修改、删除)，或者可以查看详细资料的查看入口。界面设计如图 11-19 所示。

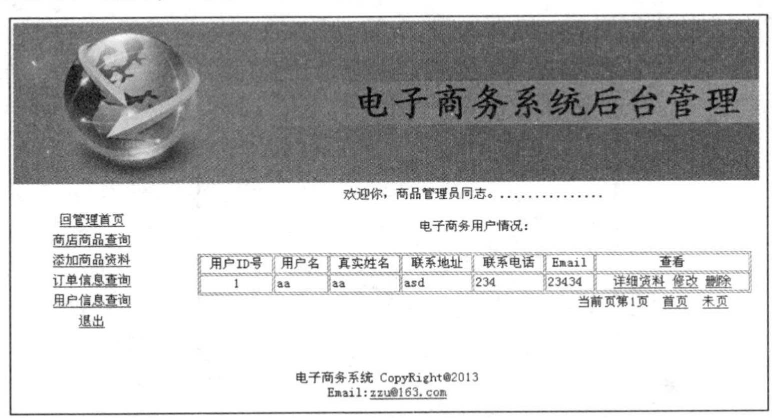

图 11-19　用户列表界面设计

管理员进行用户管理，使用的是类 usermn.java。根据界面部分的设计可知，用户的管理功能包括取得所有用户的列表、查看用户基本信息、修改用户信息、删除用户。因此根据需要，在该类中逐一设计这些功能。

管理员查看用户列表的页面是 manage\userlist.jsp。执行表 My_Users 的 SELECT 查询语句，查得的结果是多行记录，通过 ResultSet 的 next()函数循环取出所有的记录，保存在 Vector 类型变量 my_indent 中，代码如下：

```
//查看订单列表
public boolean execute () {
        sqlStr = "select * from my_users";        //取出记录数
        rs = stmt.executeQuery(sqlStr);
        userlist = new Vector();
        while (rs.next()){
                shopuser user = new shopuser();
                user.setId(rs.getLong("Id"));
                user.setUserName(rs.getString("UserName"));
                user.setPassWord(rs.getString("PassWord"));
                user.setNames(rs.getString("Names"));
                user.setSex(rs.getString("Sex"));
                user.setAddress(rs.getString("Address"));
                user.setPhone(rs.getString("Phone"));
                user.setPost(rs.getString("Post"));
                user.setEmail(rs.getString("Email"));
                user.setRegTime(rs.getString("RegTime"));
                user.setRegIpAddress(rs.getString("RegIpAddress"));
                userlist.addElement(user);
        }
        rs.close();
        return true;
}
```

查看用户详细资料的页面是 manage\showuser.jsp。在该页面中，可以单击“详细资料”按钮来查看某一个用户的详细资料，界面如图 11-20 所示。

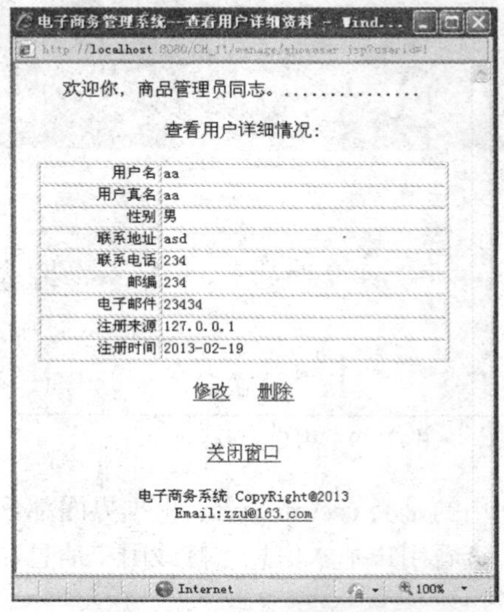

图 11-20　用户详细资料界面

在单击该按钮时，传递给 request 一个商品 Id 的参数，联合用户表 My_Users 组合 SELECT 查询语句，执行结果如果查找到该用户的记录，则将记录的各个字段信息保存在 Vector 类型变量 userlist 中，返回给页面 manage\showuser.jsp 来显示出来，查询的代码如下：

```
//查看用户详细资料
public boolean getUserinfo(long newid ) throws Exception {
    sqlStr="select   * from My_users where Id = " + newid ;
    rs = stmt.executeQuery(sqlStr);
    userlist = new Vector();
    while (rs.next()){
        user.setId(rs.getLong("Id"));
        user.setUserName(rs.getString("UserName"));
        user.setPassWord(rs.getString("PassWord"));
        user.setNames(rs.getString("Names"));
        user.setSex(rs.getString("Sex"));
        user.setAddress(rs.getString("Address"));
        user.setPhone(rs.getString("Phone"));
        user.setPost(rs.getString("Post"));
        user.setEmail(rs.getString("Email"));
        user.setRegTime(rs.getString("RegTime"));
        user.setRegIpAddress(rs.getString("RegIpAddress"));
        userlist.addElement(user);
    }
    rs.close();
    return true;
}
```

修改用户资料的页面是 manage\modiuser.jsp。在该页面中，可以单击“修改”按钮来修改某一个人的详细资料。在单击该按钮时，传递给 request 一个用户 Id 的参数，联合用户表 My_Users 组合 SELECT 查询语句，执行结果如果查找到该用户的记录，则将记录的各个字段信息保存在 Vector 类型变量 userlist 中，返回给页面 manage\modiuser.jsp 来显示出来。此页面中，用户可以再修改该用户的各项资料，单击“提交”按钮时将 request 传递给 usermn.java。在保存时，根据这些参数组合成 UPDATE 语句，修改的代码如下：

```
//修改用户基本资料
public boolean update(HttpServletRequest req) throws Exception {
    if (getRequest(req)){
        sqlStr = "update my_users set ";
        sqlStr = sqlStr + "username = '" + strFormat.toSql(user.getUserName()) + "',";
        sqlStr = sqlStr + "password = '" + strFormat.toSql(user.getPassWord()) + "',";
        sqlStr = sqlStr + "Names = '" + strFormat.toSql(user.getNames()) + "',";
        sqlStr = sqlStr + "sex = '" + strFormat.toSql(user.getSex()) + "',";
        sqlStr = sqlStr + "address = '" + strFormat.toSql(user.getAddress()) + "',";
        sqlStr = sqlStr + "phone = '" + strFormat.toSql(user.getPhone()) + "',";
        sqlStr = sqlStr + "post = '" + strFormat.toSql(user.getPost()) + "',";
        sqlStr = sqlStr + "Email = '" + strFormat.toSql(user.getEmail()) + "' ";
```

```
            sqlStr = sqlStr + " where id = '" + user.getId() + "'";
            stmt.execute(sqlStr);
            return true;
        } else {
            return false;
        }
    }
```

11.4 小 结

本章介绍了一个电子商务系统，该系统在功能上相当完整，设计了电子购物的所有功能块，系统的关键部分主要集中在管理员发布新商品、用户添加购物车、管理员管理订单上，读者可以加深了解。

本系统在开发过程中的最大特色如下：

(1) 根据各个模块的功能需要，设计编写了功能完善的 JavaBean 组件，使得整个系统界面和功能的设计思路非常清晰，而且易于维护和扩展。

(2) 使用了连接池 DBConnectionManager.java 方便管理，封装了数据库操作的类 DataBase.java，使编写 JavaBean 组件时可以方便地调用数据库操作的函数。

(3) 操作流程的清晰化，从管理员发布商品到用户购物车，再从管理员订单确认到用户的订单查看，通过业务的流程来贯穿整个系统的设计过程。

(4) 管理员与用户模块的分开处理，同时又兼顾整个流程的连续性。

第 12 章

Servlet 基础

SUN 公司以 Java Servlet 为基础，推出了 Java Server Page。JSP 提供了 Java Servlet 的几乎所有优点，当客户请求一个 JSP 页面时，JSP 引擎根据 JSP 页面生成一个 Java 文件，即一个 Servlet。本章主要介绍 Servlet 的基础知识，然后在 Servlet 的生命周期中介绍了实现 Servlet 生命周期的接口和方法，通过开发和部署一个 Servlet，介绍如何创建和配置一个 Servlet，并对 Servlet 常用接口进行了简单讲解，然后重点讲解了 HttpServletRequest 和 HttpServletResponse 接口、RequestDispatcher 接口以及 HttpSession 接口的使用。

本章学习目标

◎ 了解如何实现 Servlet 接口来编写 Servlet

◎ 掌握 GenericServlet 和 HttpServlet 抽象类

◎ 掌握 ServletRequest 和 ServletResponse 接口

◎ 掌握 HttpServletRequest 和 HttpServletResponse 接口

◎ 掌握 ServletConfig 接口

◎ 掌握 HttpSession 接口

◎ 掌握 ServletContext 接口

◎ 掌握 RequestDispatcher 对象

◎ 理解 Servlet 的异常处理

12.1 Servlet 介绍

Servlet 是 1997 年 Sun 和其他厂商为了将 Java 浏览器端的 Applet 技术扩展到 Web 服务器端提出的技术，得到了广泛的应用。Servlet 技术是基于 Java 编程语言的 Web 服务器端编程技术，主要用于在 Web 服务器端获得客户端的访问请求信息和动态生成对客户端的响应消息。同时，Servlet 技术也是 JSP 技术的基础。

12.1.1 什么是 Servlet

Servlet 是一个基于 Java 技术的 Web 组件，用来扩展以请求/响应为模型的服务器的能力，提供动态内容。Servlet 与平台无关，可被编译成字节码，动态地载入并用效地扩展主机的处理能力。Servlet 被容器管理，能被编译成字节码被 Web 服务调用。容器也被称之为引擎，是支持 Servlet 功能的 Web 服务的扩展。Servlet 之间的通信是通过客户端请求被容器执行成 request/response 对象进行的。

Servlet 容器是 Web 服务器或应用服务器的一部分，服务器能够支持网络的请求/响应，基于请求解析 MIME，基于响应格式化 MIME。Servlet 容器是 Servlet 的运行环境，管理和维护 Servlet 的整个生命周期。Servlet 容器必须支持 HTTP 协议，负责处理客户请求、把请求传送给适当的 Servlet 并把结果返回给客户。

使用 Servlet 的基本流程如图 12-1 所示。

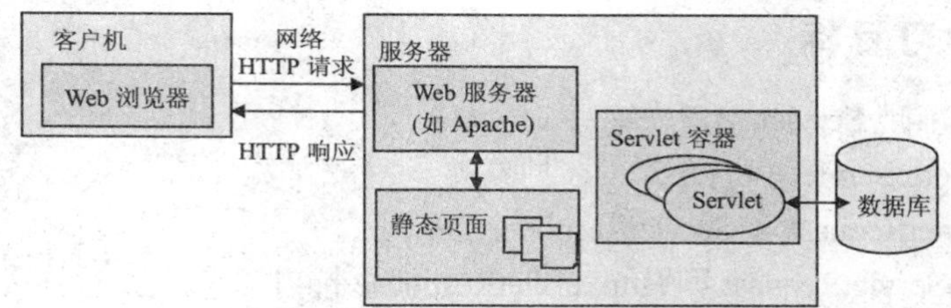

图 12-1　用户访问 Servlet 流程示意图

(1) 客户端向 Web 服务器发起一个 HTTP 请求。

(2) Web 服务器接收该请求，并交给 Servlet 容器。Servlet 容器可以在主机的同一个进程、不同的进程或其他的 Web 服务主机的进程中启动来处理这个请求。

(3) Servlet 容器根据 Servlet 的配置文档确定需要调用的 Servlet，并把 request 对象、response 对象传给它。

(4) Servlet 通过 request 对象获取客户请求信息和其他相关信息，并用特定的方法处理请求，生成送回给客户端的数据。Servlet 处理完请求后把要返回的信息放入 response 对象。

(5) Servlet 完成了请求的处理后，Servlet 引擎就会刷新 response，把控制权返回给 Web 服务器。

12.1.2 Servlet 技术特点

Servlet 是用 Java 编写的，所以它与平台无关。这样，Java 编写一次就可以在任何平台上运行，同样可以在服务器上实现。Servlet 还有一些 CGI 脚本所不具备的独特优点：

- Servlet 是持久的。Servlet 只需 Web 服务器加载一次，而且可以在不同请求之间保持服务(例如一次数据库连接)。与之相反，CGI 脚本是短暂的、瞬态的。每一次对 CGI 脚本的请求，都会使 Web 服务器加载并执行该脚本。一旦这个 CGI 脚本运行结束，它就会被从内存中清除，然后将结果返回到客户端。CGI 脚本的每一次使用，都会造成程序初始化过程(例如连接数据库)的重复执行。
- Servlet 是可扩展的。由于 Servlet 是用 Java 编写的，它就具备了 Java 所能带来的所有优点。Java 是健壮的、面向对象的编程语言，它很容易扩展以适应用户的需求。Servlet 自然也具备了这些特征。
- Servlet 是安全的。从外界调用一个 Servlet 的唯一方法就是通过 Web 服务器。这提供了高水平的安全性保障，尤其是在用户的 Web 服务器有防火墙保护的时候。

12.1.3 JSP 与 Servlet 的关系

Servlet 是服务器端运行的一种 Java 应用程序。当浏览器端有请求则将其结果传递给浏览器。在 JSP 中使用到的所有对象都将被转换为 Servlet 或者非 Servlet 的 Java 对象，然后被执行，所以执行 JSP 实际上与执行 Servlet 是一样的。简单地说，JSP 实际上是为了让 Servlet 的开发显得相对容易而采取的脚本语言形式，JSP 中的内置对象与 Servlet API 对应关系如图 12-2 所示。

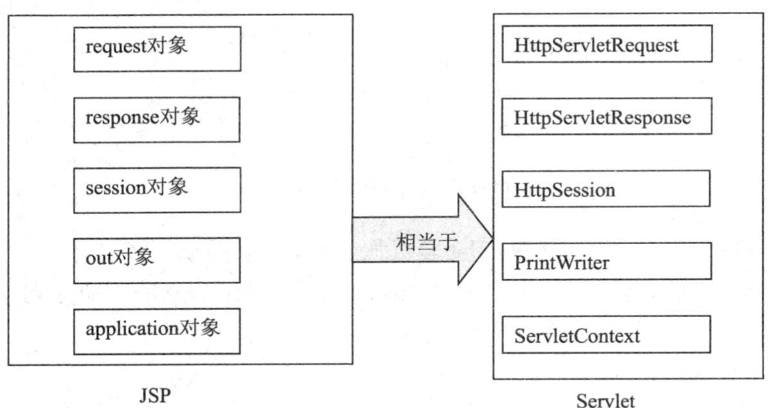

图 12-2　JSP 中的内置对象与 Servlet API 的对应关系

Servlet 与 JSP 相比，有以下几点区别。

- 编程方式不同：JSP 是为了解决 Servlet 中相对困难的编程技术而开发的技术，因此，JSP 在程序的编写方面比 Servlet 要容易地多，Servlet 严格遵循 Java 语言的编程标准，而 JSP 则遵循脚本语言的编制标准。
- Servlet 必须在编译以后才能执行：JSP 并不需要另外进行编译，JSP 容器会自动完成这一工作，而 Servlet 在每次修改代码之后都需要编译完才能执行。

➢ 运行速度不同：由于 JSP 容器将 JSP 程序编译成 Servlet 的时候需要一些时间，所以 JSP 的运行速度比 Servlet 要慢一些，不过，如果 JSP 文件能毫无变化地重复使用，它在第一次以后的调用中运行速度就会和 Servlet 一样了，这是因为 JSP 容器接到请求以后会确认传递过来的 JSP 是否有改动，如果没有改动的话，将直接调用 JSP 编译过的 Servlet 类，并提供给客户端解释执行，如果 JSP 文件有所改变，JSP 容器将重新将它编译成 Servlet，然后再提交给客户端。

➢ Servlet 用来写业务逻辑层是很强大的，但是对于写表示层就很不方便。JSP 则主要是为了方便写表示层而设计的。

12.1.4 Servlet 的工作原理

Servlet 是 javax.Servlet 包中 HttpServlet 类的子类，运行在 Web 服务器的 Servlet 容器里，这个 Servlet 容器从属于 Java 虚拟机，可以根据 Servlet 生命周期的规范，负责执行 Servlet 对象的初始化、运行和卸载等动作。Servlet 在容器中从创建到删除的过程被称为 Servlet 的生命周期。

Servlet 的生命周期如图 12-3 所示，可分为下面几个阶段。

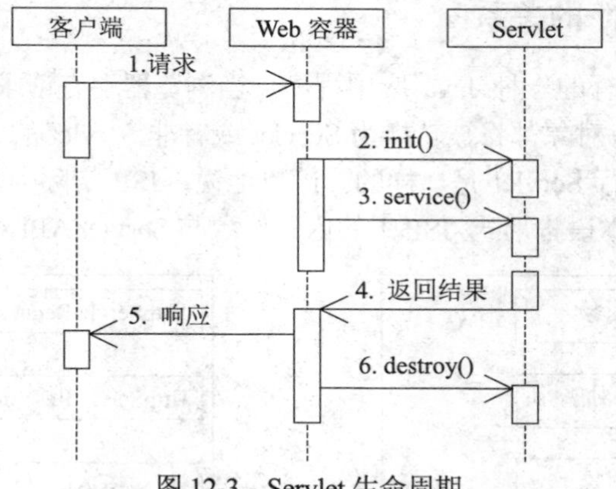

图 12-3 Servlet 生命周期

(1) 装载 Servlet。在下列情形下 Servlet 容器加载 Servlet：Servlet 容器启动时自动加载某些 Servlet；在 Servlet 容器启动后，客户首次向 Servlet 发出请求；Servlet 的类文件被更新后，重新加载 Servlet。

(2) 实例化一个 Servlet 实例对象。

(3) 调用 Servlet 的 init( )方法进行初始化。

(4) 服务。容器收到对该 Servlet 的请求，则调用该 Servlet 对象的 service()方法处理请求。

(5) 卸载。当服务器端不再需要该 Servlet 时，服务器调用 destroy()方法卸载该 Servlet，释放 Servlet 运行时占用的资源。

当多个客户请求一个 Servlet 时，引擎为每个客户启动一个线程，那么 Servlet 类的成员变量被所有的线程共享。init()方法只在 Servlet 第一次被请求加载的时候被调用一次，当有客户再请求 Servlet 服务时，Web 服务器将启动一个新的线程，在该线程中，调用 service()方法响应客户的请求。在各个阶段中，服务阶段是最重要的阶段，service()方法才是真正处理业务的阶段。

12.1.5 Servlet 常用接口和类

本节主要介绍 Servlet 需要用到的主要接口和类，接口和类的 UML 类图如图 12-4 所示。

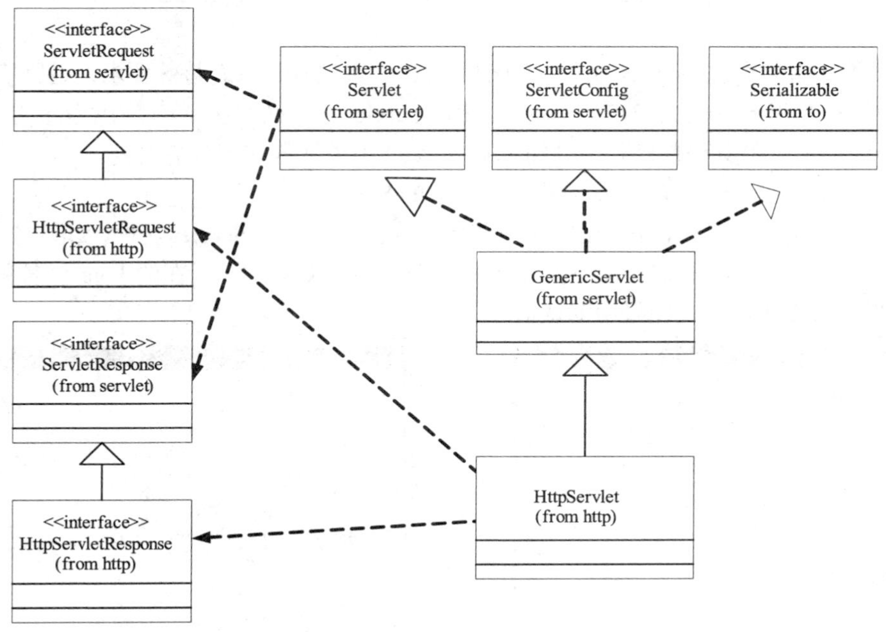

图 12-4 Servlet API 中主要接口和类的 UML 类图

Servlet 是创建 Web 应用程序的基本模块，Servlet API 包含两个包：javax.Servlet 和 javax.Servlet.http。javax.Servlet 包含用于 JSP 页面的 javax.Servlet.jsp 包和用于 JSP 定制标记的 javax.Servlet.jsp.tagext 包。

Servlet 的类和接口可以根据作用进行分类，如表 12-1 所示。

表 12-1 Servlet 的类和接口分类

目　的	类 和 接 口
Servlet 实现	javax.Servlet.Servlet，javax.Servlet.SingleThreadModel javax.Servlet.GenericServlet，javax.Servlet.http.HttpServlet
Servlet 配置	javax.Servlet.ServletConfig
Servlet 异常	javax.Servlet.ServletException，javax.Servlet.UnavailableException
请求和应答	javax.Servlet.ServletRequest，javax.Servlet.ServletResponse javax.Servlet.ServletInputStream，javax.Servlet.ServletOutputStream javax.Servlet.http.HttpServletRequest javax.Servlet.http.HttpServletResponse
会话追踪	javax.Servlet.http.HttpSession javax.Servlet.http.HttpSessionBindingListener javax.Servlet.http.HttpSessionBindingEvent
Servlet 上下文	javax.Servlet.ServletContext
Servlet 协作	javax.Servlet.RequestDispatcher
其他	javax.Servlet.http.Cookie，javax.Servlet.http.HttpUtils

12.2 开发部署一个简单的 Servlet

Servlet 程序必须通过 Servlet 引擎来启动运行，并且储存目录有特殊要求，通常需要存储在<WEB 应用程序目录>\WEB-INF\classes\目录中。Servlet 程序必须在 Web 应用程序的 web.xml 文件中进行注册和映射其访问路径，才可以被 Servlet 引擎加载和被外界访问。

下面以 Eclipse 为开发环境开发部署一个简单的 Servlet。

(1) 右击工程的 src 目录，在弹出的快捷菜单中选择创建一个 Servlet 文件，如图 12-5 所示。

(2) 单击“下一步”按钮，打开 Create Servlet 对话框，输入 Servlet 所在的 Java 包名和 Servlet 文件名，如图 12-6 所示，其他采用默认值。

图 12-5 新建一个 Servlet 文件

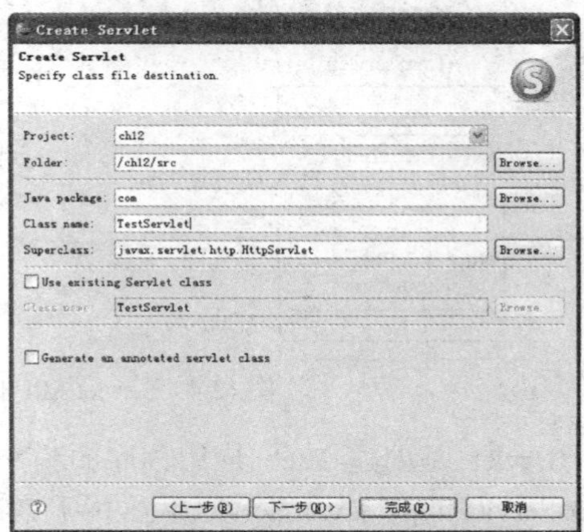

图 12-6 输入 Servet 的包名和程序名

(3) 单击“下一步”按钮，进入如图 12-7 所示界面，可以进一步指定创建 Servlet 的逻辑名、描述信息、初始化参数和 URL 映射。

(4) 单击“下一步”按钮，进入如图 12-8 所示界面，可以进一步指定创建 Servlet 所需实现的方法。

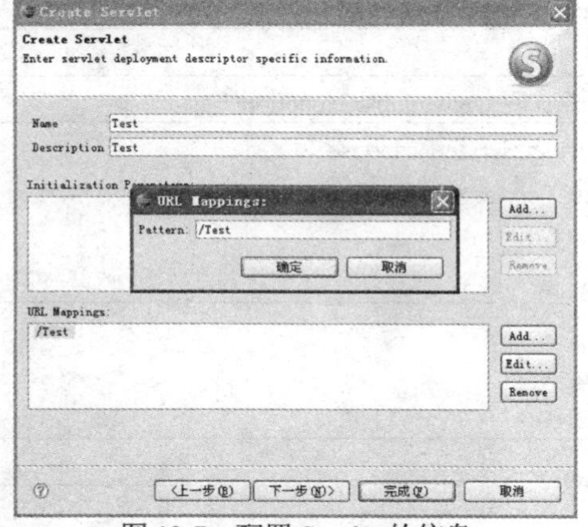

图 12-7 配置 Servlet 的信息

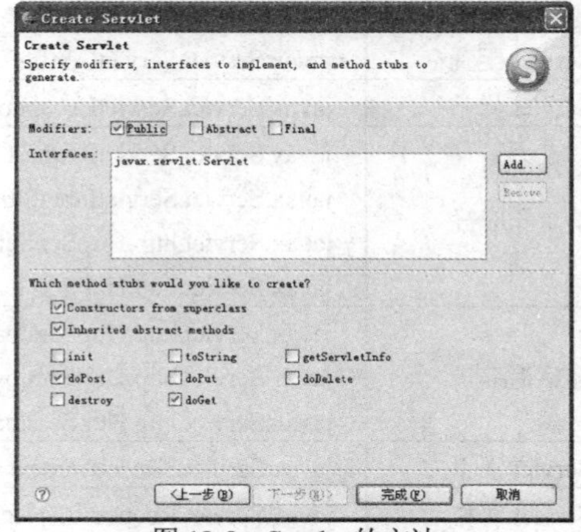

图 12-8 Servlet 的方法

(5) 单击“完成”按钮，完成配置后，在 src 目录下的 com 包中创建了一个 TestServlet.java 文件。查看文件内容，填入输出的代码。如图 12-9 所示，可以看到包含 Servlet 框架的 Java 文件。

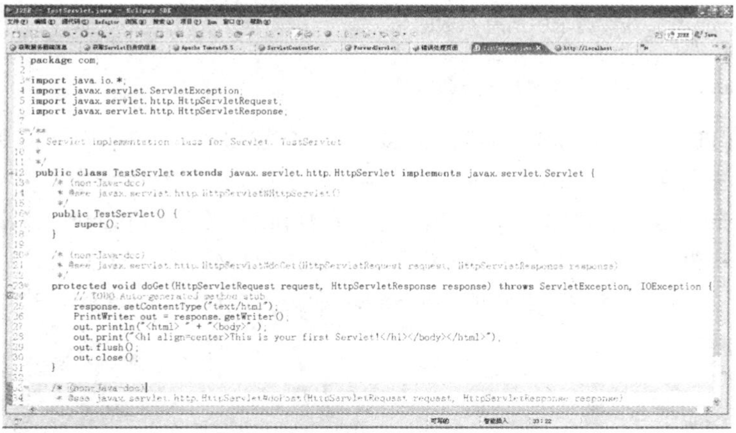

图 12-9　TestServlet.java 代码

(6) 查看 Servlet 的配置信息 web.xml 文件，根据需要可以修改内容，如图 12-10 所示。

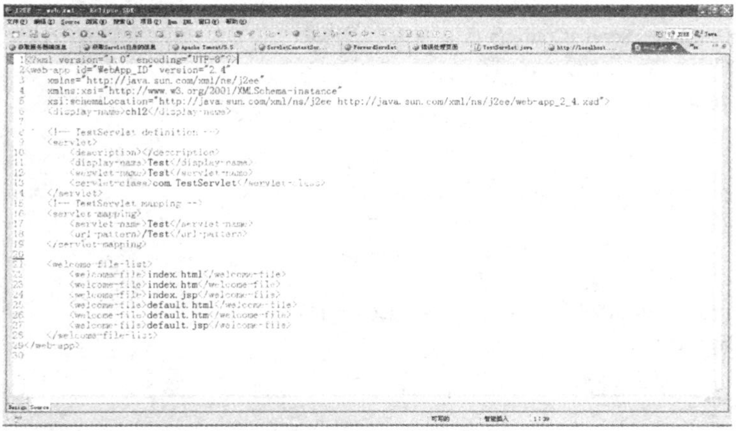

图 12-10　web.xml 配置信息

(7) 在 Eclipse 下选中此 Java 文件，右击选择运行方式 Run on Server。

或者在 Tomcat 下发布该工程，启动 Tomcat，通过在浏览器中输入：http://服务器名：端口号/工程名/servlet 映射路径，来访问产生的 Servlet。输入

```
http://localhost:8080/ch12/Test
```

会在页面上显示 This is your first Servlet!

12.2.1　创建 Servlet 文件

创建一个 Servlet，通常涉及下列 4 个步骤。

(1) 继承 HttpServlet 抽象类。

(2) 重载适当的方法，如覆盖(或称为重写)doGet()方法或 doPost()方法。

(3) 如果有 HTTP 请求信息的话，获取该信息。可通过调用 HttpServletRequest 类对象的以下 3 个方法获取。

```
getParameterNames()  //获取请求中所有参数的名字
getParameter()       //获取请求中指定参数的值
getParameterValues() //获取请求中所有参数的值
```

(4) 生成 HTTP 响应。HttpServletResponse 类对象生成响应，并将它返回到发出请求的客户机上。它的方法允许设置“请求”标题和“响应”主体。“响应”对象还含有 getWriter()方法以返回一个 PrintWriter 类对象。使用 PrintWriter 的 print()方法和 println()方法以编写 Servlet 响应来返回给客户机，或者直接使用 out 对象输出有关 HTML 文档内容。

我们来看一下按照上述步骤创建的 Servlet 类，如程序 TestServlet.java 的代码如下。

```
package com;
import java.io.*;
import javax.servlet.*;

 public class TestServlet implements Servlet{
 private ServletConfig config;

 public ServletConfig getServletConfig() {
          // TODO  自动生成方法存根
          return config;
     }

 public String getServletInfo(){
      return null;
  }

 public void init(ServletConfig config) throws ServletException{
      this.config=config;
  }

public void service(ServletRequest req,ServletResponse res ) throws ServletException,IOException{
     res.setContentType("text/html");
     PrintWriter out = res.getWriter();
     out.println("<html> " + "<body>" );
     out.print("<h1 align=center>This is your first Servlet!</h1></body></html>");
     out.flush();
     out.close();
}

public void destroy() {}
}
```

在 Servlet 中主要方法是 service()，当客户端请求到来时，Servlet 容器将调用 Servlet 实例的 service()方法对请求进行处理。在 service()方法中，首先通过 ServletResponse 类中的 getWriter()方法调用得到一个 PrintWriter 类型的输出流对象 out，然后调用 out 对象的 println()方法向客户端发送字符串。最后关闭 out 对象。HttpServlet 还提供了 doPost()和 doGet()方法，参数和返回值与 service()方法一样。只是 service()方法可以针对客户端的任何请求类型(GET 和 POST)，而 doPost()和 doGet()方法分别只能对应客户端的 POST 方式请求和 GET 方式的请求。

Servlet 容器调用 Servlet 实例对请求的处理过程，如图 12-11 所示。

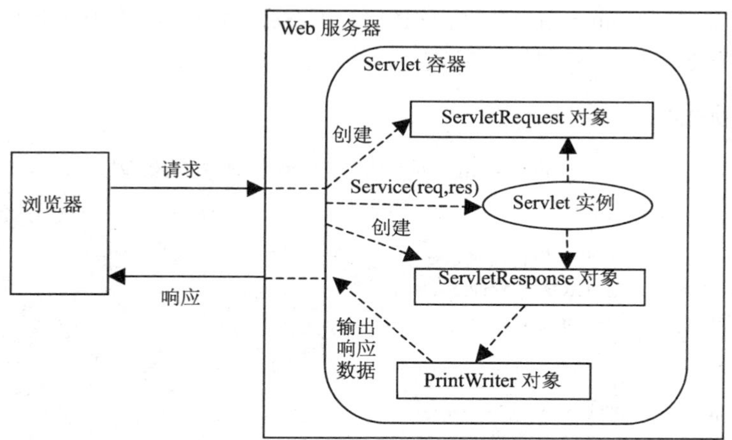

图 12-11　Servlet 容器调用 Servlet 实例处理请求的过程

12.2.2　Servlet 的配置文件

在创建一个 Web 工程时，就会在页面目录下的 WEB-INF 中创建整个工程的 Web 配置文件 web.xml 文件。

前面创建的 Servlet 类 TestServlet.java 会自动在 web.xml 中生成配置信息。

下面我们将详细介绍如在 web.xml 文件中对 Servlet 进行配置。

1. Servlet 的名称、类和其他选项的配置

在 web.xml 文件中配置 Servlet 时，必须指定 Servlet 的名称、Servlet 类的路径，可选择性地给 Servlet 添加描述信息和指定在发布时显示的名称，代码如下。

```
<servlet>
    <description></description>
    <display-name>Test</display-name>
    <servlet-name>Test</servlet-name>
    <servlet-class>com.TestServlet</servlet-class>
</servlet>
```

Description 元素描述的是 Servlet 的描述信息，display-name 元素描述的是发布时 Servlet 的名称，Servlet-name 元素描述的是 Servlet 的名称，Servlet-class 是 Servlet 类的路径。

2. 初始化参数

Servlet 可以配置一些初始化参数，例如下面的代码：

```
<Servlet>
```

```
    <init-param>
        <param-name>number</param-name>
        <param-value>100</param-value>
    </init-param>
</Servlet>
```

这段代码指定参数 number 的值为 100。在 Servlet 中可以在 init()方法体中通过 getInitParameter()方法访问这些初始化参数。

3. 启动装入优先权

启动装入优先权通过<load-on-startup>元素指定，例如下面的代码。

```
<Servlet>
    <Servlet-name>ServletOne</Servlet-name>
    <Servlet-class>com.ServletOne</Servlet-class>
    <load-on-startup>5</load-on-startup>
</Servlet>
<Servlet>
    <Servlet-name>ServletTwo</Servlet-name>
    <Servlet-class>com.ServletTwo</Servlet-class>
    <load-on-startup>10</load-on-startup>
</Servlet>
<Servlet>
    <Servlet-name>ServletThree</Servlet-name>
    <Servlet-class>com.ServletThree</Servlet-class>
    <load-on-startup>AnyTime</load-on-startup>
</Servlet>
```

在这段代码中，ServletOne 类先被载入，ServletTwo 类则后被载入，而 ServletThree 类可在任何时间内被载入。

4. Servlet 的映射

在 web.xml 配置文件中可以给一个 Servlet 做多个映射，因此，可以通过不同的方法访问这个 Servlet，例如下面的代码。

```
<servlet-mapping>
    <servlet-name>Test</servlet-name>
    <url-pattern>/Test</url-pattern>
</servlet-mapping>
```

通过上述代码的配置，若请求的路径中包含/Test，则会访问逻辑名为 Test 的 Servlet。下面代码中：

```
<Servlet-mapping>
  <Servlet-name>OneServlet</Servlet-name>
  <url-pattern>/Two/*</url-pattern>
</Servlet-mapping>
```

通过上述配置，若请求的路径中包含/Two/a 或/Two/b 等符合/Two/*的模式，则同样会访问逻辑名为 OneServlet 的 Servlet。

注意，在 web.xml 文件中所有元素出现的次序是有严格限制的，<Servlet>元素必须出现在<Servlet-mapping>元素之前。

12.3 Servlet 实现相关的接口和类

Servlet 声明的语法格式如下。

```
public interface Servlet
```

这个接口是所有 Servlet 必须直接或间接实现的接口，Servlet 接口定义了生命期方法，分别是 init()、service()和 destroy()。

➢ init()方法：初始化 Servlet。

init(ServletConfig config) throws ServletException 方法由 Servlet 容器调用，指示将该 Servlet 放入服务。Servlet 容器仅在实例化 Servlet 之后调用 init()方法一次。在 Servlet 可以接收任何请求之前，init()方法必须成功完成。

如果 init()方法抛出 ServletException 或者未在 Web 服务器定义的时间段内返回，那么 Servlet 容器无法将 Servlet 放入服务。该方法包含 Servlet 的配置和初始化参数的 ServletConfig 对象。如果发生妨碍 Servlet 正常操作的异常则 throws ServletException。

Init()方法有两种重载的方式，如表 12-2 所示。

表 12-2 init()方法重载形式一览表

方法原型	参数说明	功能说明
init ()	不带参数	在其中可以封装 Servlet 被初始化时需要执行的方法
init(ServletConfig config)	config：这是个存放 Servlet 初始化参数的对象	同样可以在其中封装初始化动作

➢ service()方法：处理客户端请求。

当一个 Servlet 对象被初始化后，该对象就活动在容器内，在容器的协助下，接收请求和发送响应。在 javax.Servlet.Servlet 包里，定义了原型为 void service(ServletRequest request, ServletRespone response)的方法，该方法有 ServletRequest 和 ServletResponse 两个类型的参数，它们分别是“接收请求”和“响应回复”的句柄。

➢ destroy()方法：销毁 Servlet。

服务器可以从内存中移除已经加载的 Servlet，也可以在所有的线程都完成以后或超过了设定的期限时卸载 Servlet。在将 Servlet 卸载之前，调用 destroy()方法。该方法是 HttpServlet 的方法，可以在 Servlet 中直接继承该方法，一般不需要重写。方法描述为 public destroy()。

destroy()方法可以通过 Servlet 容器的垃圾处理器回收资源，并释放其所占的资源和内存，特别是不能被 Java 垃圾回收机制回收的资源。

➢ getServletConfig()方法：获取 ServletConfig 对象。

getServletConfig()方法返回 ServletConfig 对象，该对象包含此 Servlet 的初始化和启动参数。

返回的 ServletConfig 对象是传递给 init()方法的对象。

ServletConfig 接口的实现负责存储 ServletConfig 对象，以便此方法可以返回该对象。

➢ getServletInfo()方法：获取 Servlet 相关信息。

getServletInfo()方法返回包含 Servlet 信息的 String，比如作者、版本和版权。此方法返回的字符串应该是纯文本，不应该是任何种类的标记(比如 HTML、XML 等)。

12.3.1 GenericServlet

GenericServlet 声明的语法格式如下。

```
public abstract class GenericServlet implements Servlet,ServletConfig,java.io.Serializable
```

GenericServlet 提供了对 Servlet 接口的基本实现，当创建普通的和 HTTP 无关的操作时可以通过继承该类创建新的 Serlvet。要编写用于 Web 上的 HTTP Servlet，需要扩展 javax.Servlet.http.HttpServlet。GenericServlet 是个抽象类，它的 service()方法是一个抽象方法，GenericServlet 的派生类必须直接或者间接实现这个方法。

➢ init()方法：初始化 Servlet。

在 GenericServlet 类中定义了两个重载的 init()方法，如表 12-3 所示。

表 12-3 init()方法重载形式一览表

方法原型	参数说明	功能说明
init(ServletConfig config)	config 是个存放 Servlet 初始化参数的对象	同样可以在其中封装初始化动作
init ()	不带参数	在其中可以封装 Servlet 被初始化时需要执行的方法

init(ServletConfig config)方法是 Servlet 接口中 init()方法的实现。在这个方法中首先将 ServletConfig 对象保存在一个临时变量中，然后调用不带参数的 init()方法。在编写继承 GenericServlet 的 Servlet 类时，仅需重写不带参数的 init()方法，如果覆盖了 init(ServletConfig config)方法，那么在子类的该方法中需要添加 super.init(config)。

12.3.2 HttpServlet

HttpServlet 声明的语法格式如下。

```
public abstract class HttpServlet extends GenericServlet implements java.io.Serializable
```

HttpServlet类是抽象类，继承自GenericServlet类，用于快速开发应用于HTTP协议的Servlet类。提供了 Servlet 接口中具体 HTTP 的实现。一般用户自定义的 Servlet 都要扩展该类。

HttpServlet 类中提供了两个 service()重载方法。

➢ public void service(ServletRequest req, ServletResponse res)throws ServletException, java.io.IOException：将接收的 req 和 res 转换为 HttpServletRequest 和 HttpServletResponse 类型，并分发给受保护的 service 方法。

➢ protected void service(HttpServletRequest req, HttpServletResponse resp)throws ServletException，java.io.IOException：接收来自 public service 方法的标准 HTTP 请求，并将它们分发给此类中定义的 do××× 方法。

HttpServlet 的子类至少必须重写一个方法，该方法通常是以下方法之一。

➢ doGet()：处理 HTTP 的 get 请求，从 HTTP 服务器上取得资源。
➢ doPost()：处理 HTTP 的 post 请求，主要用于发送 HTML 文本中 FORM 的内容。
➢ doHead()：用于处理 HEADER 请求。
➢ doOptions()：该操作自动决定支持什么 HTTP 方法。
➢ doPut()：处理 HTTP 的 put 请求，模仿 FTP 发送资源。
➢ doTrace()：处理 HTTP 的 trace 请求。
➢ doDelete()：处理 HTTP 的 delete 请求，从服务器上移出一个 url。

这 7 个方法都是受保护类型的方法。

当容器收到一个 HttpServlet 类请求时，该对象中的方法被调用顺序为：

(1) 调用 public 的 service()方法。

(2) 在把参数分别转换为 HttpServletRequest 和 HttpServletResponse 后，这个 public 的 service()方法调用 protected 的 service()方法。

(3) 根据 HTTP 请求方法的类型，protected 的 service()方法调用 do×××方法之一。

通常在编写 HttpServlet 的派生类时，不需要覆盖 service()、doTrace()和 doDelete()方法。一般只要把具体逻辑放在 doPost()和 doGet()方法的任一个中，然后在另一个方法里调用这个方法就可以了。

12.3.3 Servlet 实现相关实例

【例 12-1】通过继承 GenericServlet 实现 Servlet。编写一个 Servlet，继承 GenericServlet，利用 GenericServlet 类中通过的 init()方法和 destroy()方法的默认实现，仅实现 service()方法。具体过程如下。

(1) 编写 HelloServlet.java，代码如下。

```
package com;

import java.io.IOException;
import java.io.PrintWriter;

import javax.servlet.GenericServlet;
import javax.servlet.ServletException;
import javax.servlet.ServletRequest;
import javax.servlet.ServletResponse;
import javax.servlet.http.HttpServletRequest;
import javax.servlet.http.HttpServletResponse;

/**
 * Servlet implementation class for Servlet: HelloWorld
 */
```

```
public class HelloServlet extends GenericServlet {

    public void service(ServletRequest request, ServletResponse response)
            throws ServletException, IOException {
            response.setContentType("text/html");
            PrintWriter out = response.getWriter();

            out.println("<html>");
            out.println("<body>");
            out.println("<head>");
            out.println("<title>继承 GenericServlet</title>");
            out.println("</head>");
            out.println("<body>");
            out.println("<h1>Hello World!</h1>");
            out.println("</body>");
            out.println("</html>");
    }
}
```

(2) 在 web.xml 中配置 Servlet，代码如下。

```
<web-app>

<!--Hello definition   -->
<servlet>
      <description></description>
      <display-name>Hello</display-name>
      <servlet-name>Hello</servlet-name>
      <servlet-class>com.HelloServlet</servlet-class>
</servlet>
<!-- Hello mapping -->
<servlet-mapping>
      <servlet-name>Hello</servlet-name>
      <url-pattern>/Hello</url-pattern>
</servlet-mapping>
</web-app>
```

(3) 在 Tomcat 服务器下测试 Servlet，在浏览器地址栏输入：

```
http://localhost:8080/ch12/Hello
```

可以看到 HelloServlet 的信息，如图 12-12 所示。

图 12-12　HelloServlet 运行结果

【例 12-2】通过继承 HttpServlet 实现 Servlet。HttpServlet 类提供了对 HTTP 协议的支持，因此仅需从 HttpServlet 中派生一个子类，在子类中完成相应的功能就可以了。

编写 WelcomeServlet 类，继承 HttpServlet，重写 doGet()方法。

(1) 编写 WelcomeServlet.java，代码如下。

```
package com;

import java.io.IOException;
import java.io.PrintWriter;

import javax.servlet.*;

public class WelcomeServlet extends HttpServlet{
public void init(){}

    public void doGet(HttpServletRequest req, HttpServletResponse res)
                throws ServletException,IOException {
        req.setCharacterEncoding("gb2312");
        String username=req.getParameter("username");
        String welcomeInfo="welcome"+ ", " + username;

        res.setContentType("text/html;charset=gb2312");

        PrintWriter out=res.getWriter();

        out.println("<html><head><title>");
        out.println("WelcomeServlet");
        out.println("</title></head>");
        out.println("<body>");
        out.println(welcomeInfo);
        out.println("</body></html>");
        out.close();
    }

    public void doPost(HttpServletRequest req, HttpServletResponse res)
                    throws ServletException,IOException{
        doGet(req,res);
    }
}
```

(2) 在 web.xml 中配置 Servlet，代码如下。

```
<web-app>
... ...
<!-- WelcomeServlet definition -->
<servlet>
    <description></description>
    <display-name>WelcomeServlet</display-name>
    <servlet-name>Welcome</servlet-name>
    <servlet-class>com.WelcomeServlet</servlet-class>
</servlet>

<!-- WelcomeServlet mapping -->
```

```
<servlet-mapping>
        <servlet-name>Welcome</servlet-name>
        <url-pattern>/Welcome</url-pattern>
</servlet-mapping>
……
</web-app>
```

(3) 编写辅助测试的页面 welcome.html，代码如下。

```
<html>
<head>
<meta http-equiv="Content-Type" content="text/html; charset=UTF-8">
<title>welcome</title>
</head>
<body>
<form action="Welcome" method="get">
     用户名：<input type="text"  name="username"><br>
             <input type="submit" value="提交">
</form>
</body>
</html>
```

(4) 在 Tomcat 服务器下测试 Servlet，在浏览器地址栏输入：

```
http://localhost:8080/ch12/welcome.html
```

可以看到 welcome.html 的信息。在文本框中输入 JSP 如图 12-13 所示。单击“提交”按钮，显示图 12-14 所示界面。

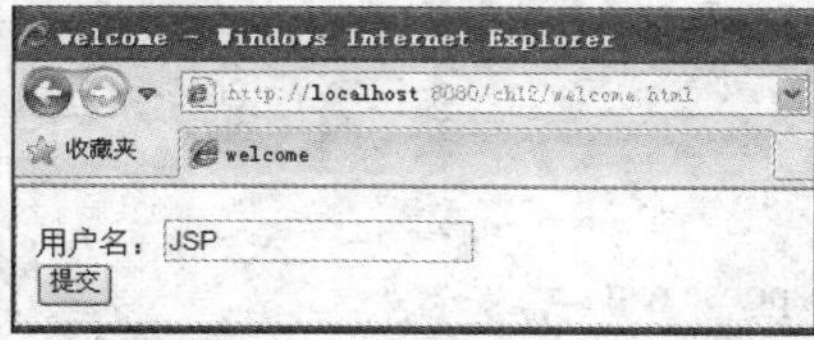

图 12-13　welcome.html 页面

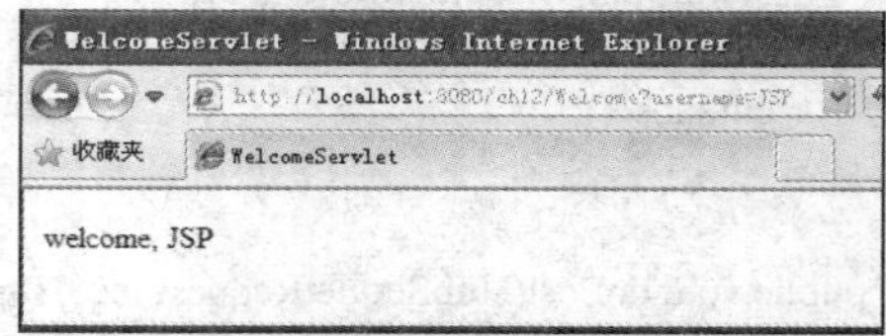

图 12-14　通过 Get 方法提交后的响应信息

如果在 WelcomeServlet.java 中没有重写 doPost()方法，并且在 welcome.html 页面中提交表单数据的方法是 post，即改写

```
<form action="Welcome" method="post">
```

那么依然在浏览器中输入相同的地址打开 welcome.html 页面，输入用户名 JSP，单击“提交”按钮后，看到如图 12-15 所示界面。

如果在 WelcomeServlet.java 中重写 doPost()方法，在 welcome.html 页面中提交表单数据的方法是 post，那么 Servlet 会在 doPost()方法中直接调用 doGet()方法对 post 请求进行处理，所以在浏览器中输入相同的地址打开 welcome.html 页面，输入用户名 JSP，单击“提交”按钮后，就可以看到如图 12-14 所示界面。

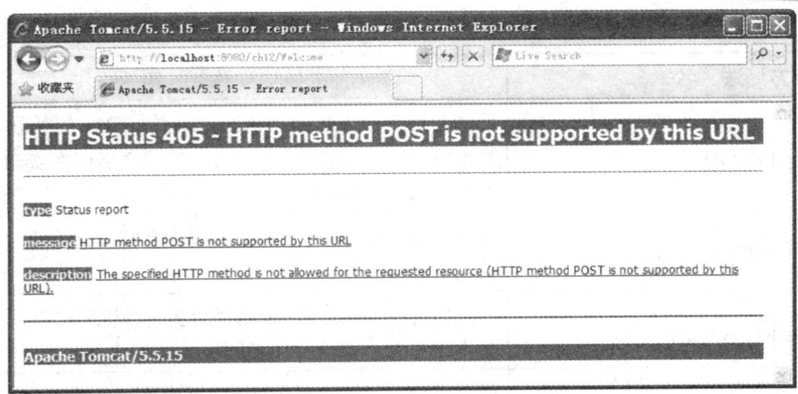

图 12-15 WelcomeServlet 没有重写 doPost()方法，处理 post 请求时运行结果

12.4 Servlet 请求和响应相关

12.4.1 HttpServletRequest 接口

HttpServletRequest 声明的语法格式如下。

```
public interface javax.Servlet.http.httpServletRequest implements ServletRequest
```

Servlet 是请求驱动，Web 容器收到一个对 Servlet 的请求时，就把这个请求封装成一个 HttpServletRequest 对象，然后把对象传给 Servlet 的相应服务方法。获取客户端信息主要是通过调用 ServletRequest 接口或者子接口 HttpRequest 提供的方法。接口中的主要方法如表 12-4 所示。

表 12-4 HttpServletRequest 接口的方法

方 法 名	作 用
public String getContextPath()	返回请求 URI 中指定 Web 程序的部分
public Cookie[] getCookies()	返回包含客户端随此请求一起发送的所有 Cookie 对象的数组。如果没有发送任何 cookie，则此方法返回 null
public String getHeader(String name)	以 String 的形式返回指定请求头的值。如果该请求不包含指定名称的头，则此方法返回 null。如果有多个具有相同名称的头，则此方法返回请求中的第一个头
public java.util.Enumeration getHeaderNames()	返回此请求包含的所有头名称的枚举。如果该请求没有头，则此方法返回一个空枚举。一些 Servlet 容器不允许 Servlet 使用此方法访问头，在这种情况下，此方法返回 null
public java.util.Enumeration getHeaders(String name)	以 String 对象的 Enumeration 的形式返回指定请求头的所有值
public String getMethod()	返回用于发出此请求的 HTTP 方法的名称，例如 GET、POST 或 PUT

(续表)

方 法 名	作 用
public String getPathInfo()	返回与客户端发出此请求时发送的 URL 相关联的额外路径信息。额外路径信息位于 Servlet 路径之后但在查询字符串之前，并且将以"/"字符开头
public String getPathTranslated()	返回在 Servlet 名称之后但在查询字符串之前的额外路径信息，并将它转换为实际路径
public String getQueryString()	返回包含在请求 URL 中路径后面的查询字符串。如果 URL 没有查询字符串，则此方法返回 null
public String getRemoteUser()	如果用户已经过验证，则返回发出此请求的用户的登录信息，如果用户未经过验证，则返回 null
public String getContextPath()	返回请求 URI 中指定 Web 程序的部分
public Cookie[]getCookies()	返回包含客户端随此请求一起发送的所有 Cookie 对象的数组。如果没有发送任何 Cookie，则此方法返回 null
public String getHeader(String name)	以 String 的形式返回指定请求头的值。如果该请求不包含指定名称的头，则此方法返回 null。如果有多个具有相同名称的头，则此方法返回请求中的第一个头
public java.util.Enumeration getHeaderNames()	返回此请求包含的所有头名称的枚举。如果该请求没有头，则此方法返回一个空枚举。一些 Servlet 容器不允许 Servlet 使用此方法访问头，在这种情况下，此方法返回 null
public String getMethod()	返回用于发出此请求的 HTTP 方法的名称，例如 GET、POST 或 PUT
public String getRequestURI()	返回此请求的 URL 的一部分，从协议名称一直到 HTTP 请求的第一行中的查询字符串。Web 容器不会解码此 String。例如： HTTP 请求的第一行 → 返回值 POST /some/path.html HTTP/1.1 → /some/path.html GET http://foo.bar/a.html HTTP/1.0 → /a.html HEAD /xyz?a=b HTTP/1.1 → /xyz
public StringBuffer getRequestURL()	重新构造客户端用于发出请求的 URL。返回的 URL 包含一个协议、服务器名称、端口号、服务器路径，但是不包含查询字符串参数。如果已经使用 javax.Servlet. RequestDispatcher# forward 转发了此请求，则重新构造的 URL 中的服务器路径必须反映用于获取 RequestDispatcher 的路径，而不是客户端指定的服务器路径
public String getServletPath()	返回此请求调用 Servlet 的 URL 部分。此路径以"/"字符开头，包括 Servlet 名称或到 Servlet 的路径，但不包括任何额外路径信息或查询字符串
public HttpSession getSession(boolean create)	返回与此请求关联的当前 HttpSession，如果没有当前会话并且 create 为 true，则返回一个新会话
public HttpSession getSession()	返回与此请求关联的当前会话，如果该请求没有会话，则创建一个会话

(续表)

方 法 名	作 用
public java.security.Principal getUserPrincipal()	返回包含当前已经过验证的用户的名称的 java.security. Principal 对象
public object getAttribute(String name)	返回以 name 为名的属性的值
public Enumeration getAttributeNames()	返回请求中所有可用属性的名字
public void removeAttribute()	移除请求中名字为 name 的属性
public void setAttribute()	在请求中保存名字为 name 的属性
public int getContentLength()	返回请求正文长度，单位为字节
public String getContentType()	返回请求正文的 MIME 类型
public ServletInputStream getInputStream()	返回一个输入流，以二进制方式读正文内容
public String getParameter(String name)	返回请求中 name 参数的值
public Enumeration getParameterNames()	返回请求中的所有参数名
public String[] getParameterValues(String name)	返回请求中 name 参数的所有值
public BufferedReader getReader()	返回 BufferedReader 对象，以字符数据方式读正文内容
publicRequestDispatcher getRequestDispatcher()	返回封装 path 定位资源的 RequestDispatcher 对象
public string getServerName()	返回请求的服务器主机名
public int getServerPort()	返回请求的服务器端口号

12.4.2 HttpServletResponse 接口

HttpServletResponse 声明的语法格式如下。

```
public interface javax.Servlet.http.HttpServletResponse implements ServletResponse
```

HttpServletResponse 接口存放在 javax.Servlet.http 包内，它代表了对客户端的 HTTP 响应。HttpServletResponse 接口给出了响应客户端的 Servlet 方法。它允许 Serlvet 设置内容长度和回应的 MIME 类型，并且提供输出流 ServletOutputStream。HttpServletResponse 接口的主用方法如表 12-5 所示。

表 12-5 HttpServletResponse 接口的方法

方 法 名	作 用
public void addCookie(Cookie cookie)	将指定 Cookie 添加到响应。可多次调用此方法设置一个以上的 Cookie
public void addHeader(String name, String value)	用给定名称和值添加响应头。此方法允许响应头有多个值
public boolean containsHeader(String name)	返回一个 boolean 值，指示是否已经设置指定的响应头

(续表)

方 法 名	作 用
public String encodeRedirectURL(String url)	对指定 URL 进行编码，以便在 sendRedirect 方法中使用它，如果不需要编码，则返回未更改的 URL。此方法与 encodeURL 方法是分开的。发送到 HttpServletResponse.sendRedirect 方法的所有 URL 都应该通过此方法运行。否则，URL 重写不能用于不支持 Cookie 的浏览器
public String encodeURL(String url)	通过将会话 ID 包含在指定 URL 中对该 URL 进行编码，如果不需要编码，则返回未更改的 URL。此方法的实现包含可以确定会话 ID 是否需要在 URL 中编码的逻辑。例如，如果浏览器支持 Cookie，或者关闭了会话追踪，则 URL 编码就不是必需的
public void sendError(int sc, String msg) throws java.io.IOException	使用指定状态将错误响应发送到客户端。默认情况下，服务器将创建类似 HTML 格式的服务器错误页面的响应，该页面包含指定消息，内容类型设置为 text/html，并且保持 Cookie 和其他头不变。如果已经对 Web 应用程序进行了对应于传入状态代码的错误页面声明，则将优先处理建议的 msg 参数
public void sendError(int sc) throws java.io.IOException	使用指定状态代码并清除缓冲区将错误响应发送到客户端
public void sendRedirect(String location) throws java.io.IOException	使用指定重定向位置 URL 将临时重定向响应发送到客户端。此方法可以接受相对 URL，Servlet 容器必须在将响应发送到客户端之前将相对 URL 转换为绝对 URL
public void setStatus(int sc)	设置此响应的状态代码

12.4.3 Servlet 请求和响应相关实例

Web 容器收到一个对 Servlet 的请求时，就把这个请求封装成一个 HttpServletRequest 对象，然后把对象传给 Servlet 的相应服务方法。HttpServletResponse 代表了容器对客户端的 HTTP 响应。

【例 12-3】应用 HttpServletRequest 和 HttpServletResponse。

(1) 编写 Servlet 名字 HttpReqResServlet.java，代码如下。

```
package com;

import java.io.*;
import java.util.*;
import javax.servlet.*;

public class HttpReqResServlet extends javax.servlet.http.HttpServlet implements javax.servlet.Servlet {

protected void doGet(HttpServletRequest request, HttpServletResponse response) throws ServletException,
   IOException {

      request.setCharacterEncoding("gb2312");
```

```
        response.setContentType("text/html;charset=gb2312");
        PrintWriter out = response.getWriter();
        out.println("<br>客户使用的协议是:");
                out.println("request.getProtocol()");
            out.println("<br>获取接受客户提交信息的页面：");
                out.println(request.getServletPath());
            out.println("<br>接受客户提交信息的长度：");
                out.println(request.getContentLength());

            out.println("<br>客户提交信息的方式：");
                out.println(request.getMethod());

            out.println("<br>获取 HTTP 头文件中 User-Agent 的值：");
                out.println(request.getHeader("User-Agent"));

            out.println("<br>获取 HTTP 头文件中 Host 的值：");
                out.println(request.getHeader("Host"));

            out.println("<br>获取 HTTP 头文件中 accept 的值：");
                out.println(request.getHeader("accept"));

            out.println("<br>获取 HTTP 头文件中 accept-encoding 的值：");
                out.println(request.getHeader("accept-encoding"));

            out.println("<br>获取客户机的名称：");
                out.println(request.getRemoteHost());

            out.println("<br>获取客户的 IP 地址：");
                out.println(request.getRemoteAddr());

            out.println("<br>获取服务器的名称：");
                out.println(request.getServerName());

            out.println("<br>获取服务器的端口号：");
                out.println(request.getServerPort());

            out.println("<br>当前时间：");

            out.println(new Date());
              //  5 秒种后自动刷新本页面
            response.setHeader("Refresh","5");
    }
    protected void doPost(HttpServletRequest request, HttpServletResponse response) throws ServletException,
      IOException {
        doGet(request,response);
    }
}
```

可以使用HttpServletRequest和HttpServletResponse的对象对请求和响应的内容进行获取和更改。

(2) 在 web.xml 文件中配置该 Servlet，代码如下。

```
<web-app>
... ...
<!-- HttpReqResServlet definition -->
<servlet>
        <description></description>
        <display-name>ReqRes</display-name>
        <servlet-name>RequestResponse</servlet-name>
        <servlet-class>com.HttpReqResServlet</servlet-class>
</servlet>
<!-- HttpReqResServlet mapping -->
<servlet-mapping>
        <servlet-name>RequestResponse</servlet-name>
        <url-pattern>/RequestResponse</url-pattern>
</servlet-mapping>
......
</web-app>
```

(3) 在 Tomcat 服务器上测试，在浏览器地址栏输入：

```
http://localhost:8080/ch12/ RequestResponse
```

可以看到 HttpReqResServlet 的信息，如图 12-16 所示。

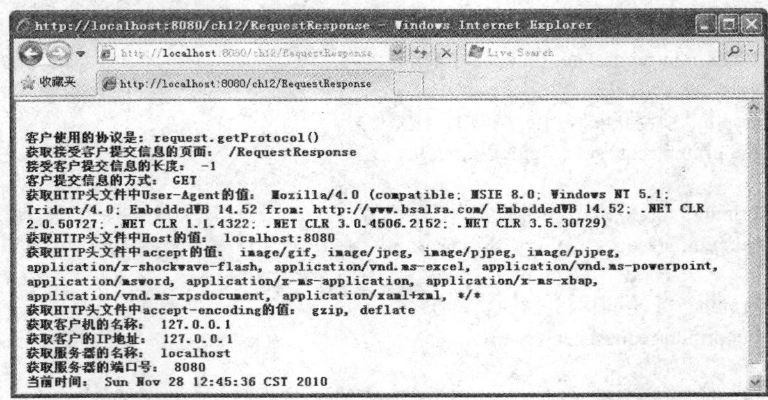

图 12-16　HttpReqResServlet 运行结果

12.5 Servlet 配置相关

环境 API 接口 ServletConfig 和 ServletContext 可以获得 Servlet 执行环境的相关数据。ServletConfig 对象接收 Servlet 特定的初始化参数，而 ServletContext 接收 webapp 初始化参数。ServletConfig 用作配置 Servlet，这两个类都在 javax.Servlet 包中。

12.5.1 ServletConfig 接口

ServletConfig 声明的语法格式如下。

```
public interface javax.Servlet.ServletConfig
```

ServletConfig 接口用作配置 Servlet，Servlet 配置包括 Servlet 名字、Servlet 的初始化参数和 Servlet 上下文。Servlet 引擎通过 init(ServletConfig config)方法和 GenericServlet.getServletConfig()方法获得 ServletConfig 对象。

ServletConfig 接口的主要方法如表 12-6 所示。

表 12-6 ServletConfig 对象的方法

方 法 名	作 用
public String getServletName()	返回此 Servlet 实例的名称。该名称可能是通过服务器管理提供的，在 Web 应用程序部署描述符中分配，或者对于未注册(和未命名)的 Servlet 实例，该名称将是该 Servlet 的类名称
public String getInitParameter(String name)	返回包含指定初始化参数的值的 String，如果参数不存在，则返回 null。该方法从 Servlet 的 ServletConfig 对象获取指定参数的值
public java.util.Enumeration getInitParameterNames()	以 String 对象的 Enumeration 的形式返回 Servlet 的初始化参数的名称，如果 Servlet 没有初始化参数，则返回一个空的 Enumeration
public ServletContext getServletContext()	返回对调用者在其中执行操作的 ServletContext 的引用。调用者用一个 ServletContext 对象与 servlet 容器交互

12.5.2 获取 Servlet 配置信息的例子

下面通过例子来说明如何在 Servlet 中获取自身信息、服务器端信息、客户端信息。

【例 12-4】获取 Servlet 自身的信息。

(1) 编写 Servlet 实例 ServletInfo.java，代码如下。

```
package com;

import java.io.*;
import java.util.*;
import javax.servlet.*;

// 获取自身信息的 Servlet
public class ServletInfo extends GenericServlet {

private Map initParams = new LinkedHashMap();
private String servletName = null;

public void init(ServletConfig config) throws ServletException {

    super.init(config);
```

```
        // 获得初始化参数名称集合
        Enumeration paramNames = getInitParameterNames();
        // 获得所有参数的初始值
        while (paramNames.hasMoreElements()) {
            String name = (String) paramNames.nextElement();
            // 按参数名获得参数的初始值
            String value = getInitParameter(name);
            initParams.put(name, value);
        }
        // 获得 Servlet 的名称
        servletName = getServletName();
    }

    public void service(ServletRequest request, ServletResponse response)
    throws ServletException, IOException {

        response.setContentType("text/html;charset=GB2312");
        PrintWriter out = response.getWriter();

        out.println("<html>");
        out.println("<body>");
        out.println("<head>");
        out.println("<title>获取 Servlet 自身的信息</title>");
        out.println("</head>");
        out.println("<body>");
        out.println("<h2>Servlet 自身的信息：</h2>");
        out.println("<h4>配置名称： " + servletName + "</h4><br>");
        out.println("<h4>初始参数:</h4>");
        out.println("<table width=\"350\" border=\"1\">");
        out.println("<tr>");
        out.println("<td width=\"175\">参数名</td>");
        out.println("<td width=\"175\">参数值</td>");
        out.println("</tr>");

        Set paramNames = initParams.keySet();
        Iterator iter = paramNames.iterator();
        while (iter.hasNext()) {

            String name = (String) iter.next();
            String value = (String) initParams.get(name);

            out.println("<tr>");
            out.println("<td>" + name + "</td>");
            out.println("<td>" + value + "</td>");
            out.println("</tr>");

        }
```

```
        out.println("</table>");
        out.println("</body>");
        out.println("</html>");
    }

}
```

(2) 在 web.xml 文件中配置该 Servlet，代码如下。

```
<web-app >
……
<!-- GetServerInfo definition -->
<servlet>
    <display-name>ServletInfo</display-name>
    <servlet-name>ServletInfo</servlet-name>
    <servlet-class>com.ServletInfo</servlet-class>
    <init-param>
        <param-name>Purpose</param-name>
        <param-value>getServletInfo</param-value>
    </init-param>
    <init-param>
        <param-name>Date</param-name>
        <param-value>2010-11-20</param-value>
    </init-param>
    <init-param>
        <param-name>Developping tool</param-name>
        <param-value>Eclipse</param-value>
    </init-param>
</servlet>

<!-- GetServerInfo mapping -->
<servlet-mapping>
    <servlet-name>ServletInfo</servlet-name>
    <url-pattern>/showServletInfo</url-pattern>
</servlet-mapping>
……
</web-app >
```

<servlet>元素内部使用<init-param>子元素来为 ServletInfo 配置初始化参数。在 ServletInfo.java 的 init()方法中通过 Enumeration paramNames = getInitParameterNames();获得所有参数名字，进而根据名字获取每个参数的值。

(3) 在 Tomcat 服务器下测试，在浏览器地址栏输入：

```
http://localhost:8080/ch12/showServletInfo
```

可以看到 ServletInfo 的信息，如图 12-17 所示。

图 12-17 ServletInfo 运行结果

【例 12-5】获取服务器端信息。在 Servlet 实例中可以获取服务器端信息，并在客户端显示。

(1) 编写 Servlet 实例 ServerInfoServlet.java，代码如下。

```
package com;

import java.io.*;
import java.util.*;
import javax.servlet.*;

public class ServerInfoServlet extends javax.servlet.http.HttpServlet implements javax.servlet.Servlet {

    private Map initParams = new LinkedHashMap();
    private String servletName = null;

        public void service(ServletRequest request, ServletResponse response) throws
            ServletException,IOException {
        response.setContentType("text/html;charset=GB2312");
        PrintWriter out = response.getWriter();
        ServletContext sc = getServletContext();

        out.println("<html><body><head>");
        out.println("<title>获取服务器端信息</title>");
        out.println("</head><body>");
        out.println("<h2>服务器端信息：</h2>");
        out.println("<table width=\"500\" border=\"1\">");
        out.println("<tr>");
        out.println("<td width=\"175\">站点名</td>");
        out.println("<td width=\"325\">" + request.getServerName() + "</td>");
        out.println("</tr>");

        out.println("<tr>");
        out.println("<td>端口号</td>");
        out.println("<td>" + request.getServerPort() + "</td>");
        out.println("</tr>");

        out.println("<tr>");
        out.println("<td>服务器类型</td>");
        out.println("<td>" + sc.getServerInfo() + "</td>");
```

```
            out.println("</tr>");

            out.println("<tr>");
            out.println("<td>支持 Servlet 版本</td>");
            out.println("<td>"+sc.getMajorVersion()+"."+sc.getMinorVersion()+"</td>");
            out.println("</tr>");

            out.println("<tr>");
            out.println("<td>服务器属性</td>");
            out.println("<td>");
            // 获得服务器属性集合
            Enumeration attributes = sc.getAttributeNames();
            while (attributes.hasMoreElements()) {
                String name = (String)attributes.nextElement();
                out.println(name);
            }
            out.println("</td>");
            out.println("</tr>");
            out.println("</table>");
            out.println("</body>");
            out.println("</html>");
        }
    }
```

(2) 在 web.xml 文件中配置该 Servlet，代码如下。

```
<web-app>
… …
<!-- ServerInfoServlet definition -->
<servlet>
    <description></description>
    <display-name>ServerInfoServlet</display-name>
    <servlet-name>ServerInfo</servlet-name>
    <servlet-class>com.ServerInfoServlet</servlet-class>
</servlet>
<!--ServerInfoServlet mapping    -->
<servlet-mapping>
    <servlet-name>ServerInfo</servlet-name>
    <url-pattern>/ServerInfo</url-pattern>
</servlet-mapping>
... ...
</web-app>
```

(3) 在 Tomcat 服务器下测试，在浏览器地址栏输入：

```
http://localhost:8080/ch12/show ServerInfo
```

可以看到 ServerInfoServlet 的信息，如图 12-18 所示。

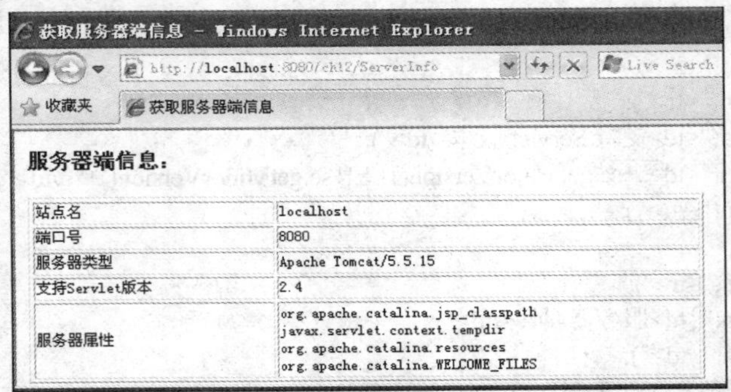

图 12-18　ServerInfoServlet 运行结果

12.6 Servlet 中的会话追踪

会话是客户端发送请求，服务器返回响应的连接时间段。会话管理是 Servlet 最有用的属性之一，它简单地将无状态的 HTTP 协议转换成高度集成的无缝活动线程，这使得 Web 应用程序感觉上就像一个应用程序。Servlet 引擎为每个连接分配了唯一的 ID，并且在建立会话时将它分配给客户端，然后客户端将该 ID 发送给所有后续请求的服务器，通知会话结束。因此这种引擎可以将每个请求映射到特定的会话。

javax.Servlet.http.HttpSession 接口是 Servlet 提供会话追踪的解决方案。HttpSession 对象存放在服务器端，只是对 Cookie 和 URL 重写技术的封装应用，所以要求服务器支持 Cookie，可以全局切换到 URL 重写。会话追踪(session-tracking)是基于存储在浏览器内存中(而非写到磁盘中)的 Cookie。

12.6.1　HttpSession 接口

HttpSession 是 java.Servlet.http 包中的接口，它封装了会话的概念。其声明的语法格式如下。

```
public interface javax.Servlet.http .HttpSession
```

HttpSession 接口常用的方法如表 12-7 所示。

表 12-7　HttpSession 接口的方法

类　别	方　法	说　明
属性	getAttribute()	获得一个属性的值
	getAttributeNames()	获得所有属性的名称
	removeAttribute()	删除一个属性
	setAttribute()	添加一个属性

(续表)

类　别	方　法	说　明
会话值	getCreationTime()	获得会话首次的构建时间
	getId()	获得每个会话所对应的唯一标志符
	getLastAccessedTime()	获得最后一次访问时间，是毫秒数
	getMaxInactiveInterval()	获得最大活动间隔
	isNew()	判断 session 是否新
	setMaxInactiveInterval()	设置最大的不活动间隔，单位是秒
生命周期	invalidate()	将会话作废，释放与之关联的对象

使用 HttpSession 进行会话控制的过程和步骤中使用的方法如下所示：

(1) 获得一个 HttpSession 实例对象。使用 HttpServletRequest 的 getSession()方法访问 HttpSession 对象。如果系统没有找到与请求关联的会话 ID，true 表示返回新会话。false 表示方法返回 null。语法格式如下。

```
HttpSession session = request.getSession();
```

在后台，系统从 Cookie 或 URL 重写附加的数据中提取出用户 ID。以 ID 为 key，遍历之前创建的 HttpSession 对象内建的散列表。如果找不到匹配的会话 ID，系统重新创建一个新的会话。默认情况下(不禁用 Cookie)还会创建一个名为 JSESSIONID，值为唯一标识用户表示会话 ID 的输出 Cookie。因为调用 getSession()方法会影响到后面的响应，所以只能在发送任何文档内容到客户端之前调用 getSession()方法。

(2) 访问和设置与会话相关联信息，维护会话的状态。使用 HttpSession 的 getAttribute()方法和 setAttribute(String key，Object value)方法读取和设置当前请求会话数据(即对散列表的操作)，维护会话的状态。语法格式如下。

```
public Object getAtrribute (string name);
public void setAttribute(String name,Object value);
```

setAttribute()方法会替换任何之前的属性。如果不想被替换，则需要在设置之前使用 removeArrtibute(String key)方法移除该属性。

(3) 废弃会话数据。

- 只移除自己编写的 Servlet 创建的数据：removeAttribute(String key)方法。
- (Web 应用程序中删除)删除整个会话：可以用 invalidate()方法注销用户。
- (Web 服务器中删除)将用户从系统中注销并且删除所有与该会话关联的会话：logout()方法。
- 会话超时时间间隔。getMaxInactiveInterval()方法和 setMaxInactiveInterval()方法读取和设置在没有访问的情况下，会话保存的最长时间，秒为单位。负数表示会话从不超时，超时由服务器来维护。

12.6.2 HttpSession 应用实例

【例 12-6】Session 主要用来传递页面的数据。开发一个使用 HttpSession 管理会话的 Servlet 例子。

(1) 编写 Servlet 实例 SessionServlet.java，代码如下。

```
package com;

import java.io.*;
import java.util.*;
import javax.servlet.*;
import javax.servlet.http.*;

/**
 *
 * 使用 HttpSession 管理会话的登录 Servlet
 */
public class SessionServlet extends HttpServlet {

protected void doGet(HttpServletRequest request,
        HttpServletResponse response) throws ServletException, IOException {
    doPost(request, response);
}

protected void doPost(HttpServletRequest request,
        HttpServletResponse response) throws ServletException, IOException {
    response.setContentType("text/html;charset=GB2312");
    PrintWriter out = response.getWriter();

    out.println("<html>");
    out.println("<body>");
    out.println("<head>");
    out.println("<title>使用 HttpSession 管理会话的登录页面</title>");
    out.println("</head>");
    out.println("<body>");

    // 获取会话对象
    HttpSession session = request.getSession();
    // 从会话对象中读取数据
    Boolean isLogin = (Boolean) session.getAttribute("isLogin");

    if (isLogin == null) {
        isLogin = Boolean.FALSE;
    }

    String user = request.getParameter("user");
    String password = request.getParameter("pass");

    if (isLogin.booleanValue()) {
        // 从会话对象中读取数据
```

```
                user = (String) session.getAttribute("user");
                Date loginTime = new Date(session.getCreationTime());

                out.println("<h2>欢迎您，" + user + "！</h2>");
                out.println("<h2>您的登录时间是：" + loginTime + "！</h2>");
            } else if ((user != null) && (password != null)) {
                // 在会话对象中保存数据
                session.setAttribute("user", user);
                session.setAttribute("isLogin", Boolean.TRUE);
                Date loginTime = new Date(session.getCreationTime());

                out.println("<h2>欢迎您，" + user + "！</h2>");
                out.println("<h2>您的登录时间是：" + loginTime + "！</h2>");
            } else {
                out.println("<h2>请在下面输入登录信息</h2>");
                out.println("<form method=\"post\" action=\"login\">");
                out.println("<table>");

                out.println("<tr>");
                out.println("<td>用户名：</td>");
                out.println("<td><input name=\"user\" type=\"text\"></td>");
                out.println("</tr>");

                out.println("<tr>");
                out.println("<td>密码：</td>");
                out.println("<td><input name=\"pass\" type=\"password\"></td>");
                out.println("</tr>");

                out.println("<tr>");
                out.println("<td></td>");
                out.println("<td><input name=\"ok\" type=\"submit\" value=\"确定\">");
                out.println("<input name=\"cancel\" type=\"reset\" value=\"重置\"></td>");
                out.println("</tr>");

                out.println("</table>");
                out.println("</form>");
            }

            out.println("</body>");
            out.println("</html>");
        }

    }
```

(2) 在 web.xml 文件中配置该 Servlet，代码如下。

```
<web-app>
……
<!-- ServerInfoServlet definition -->
<servlet>
    <description></description>
```

```
        <display-name>getSession</display-name>
        <servlet-name> getSession </servlet-name>
        <servlet-class>com.SessionServlet</servlet-class>
    </servlet>
    <!-- SessionServlet definition -->
    <servlet-mapping>
        <servlet-name>getSession</servlet-name>
        <url-pattern>/getSession</url-pattern>
    </servlet-mapping>
    … …
    </web-app>
```

(3) 在 Tomcat 服务器下测试，在浏览器地址栏输入：

```
http://localhost:8080/ch12/getSession
```

执行结果如图 12-19 所示，进入登录页面。输入登录信息后，单击“确定”按钮提交数据，返回结果如图 12-20 所示。

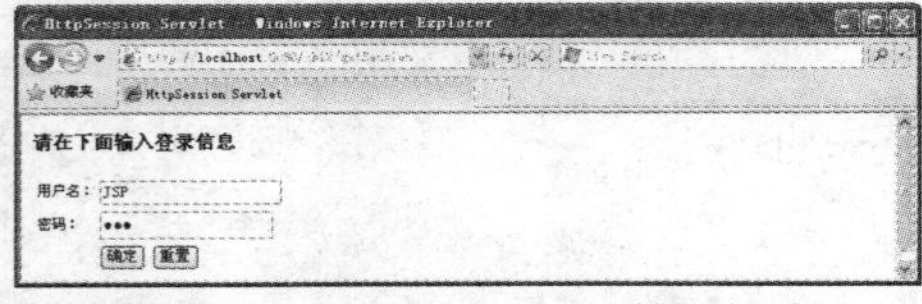

图 12-19　TestHttpSession 的运行结果

图 12-20　登录成功后的界面

12.7 Servlet 上下文

12.7.1 ServletContext 接口

ServletContext 声明的语法格式如下。

```
public interface javax.Servlet .ServletContext
```

ServletContext 接口定义了一个 Servlet 的环境对象，通过这个对象，Servlet 引擎向 Servlet 提供环境信息。一个 Servlet 的环境对象必须至少与它所驻留的主机是一一对应的，在一个处理多个虚拟主机的 Servlet 引擎中，每一个虚拟主机都必须被视为一个单独的环境。Servlet 可以通过 ServletConfig.getServletContext() 方法和 GenericServlet.getServletContext() 方法获得 ServletContext 对象。ServletContext 对象是服务器上一个 Web 应用的代表，它的多数方法都是用来获取服务器端信息。该接口的主要方法如表 12-8 所示。

表 12-8　ServletContext 接口的方法

类　别	方　法	说　明
属性	getAttribute() getAttributeNames() removeAttribute() setAttribute()	用于保存和获得应用程序范围内的对象
初始化参数	getInitParameter() getInitParameterNames()	应用程序范围内的初始化参数
服务器信息	getServletInfo() getMajorVersion() getMinorVersion() log()	获得有关 Servlet 引擎和 API 的日志机制和细节
URL 和 MIME 资源	getContext() getResource() getResourceAsStream() getRealPath() getMimeType()	获得 URL 和 MIME 类型的信息
请求调度程序	getNamedDispatcher() getRequestDispatcher()	允许向其他 Servlet 或 JSP 转发请求

12.7.2　ServletContext 接口的应用实例

在 Web 开发中常常需要统计某个页面的访问次数，可以使用 ServletContext 对象来保存访问的次数。在一个 Web 应用程序中只有一个 ServletContext 对象，并且它可以被 Web 应用程序中所有 Servlet 访问，因此可以在 ServletContext 对象中保存共享信息。

可以使用 ServletContext 对象的 setAttribute()方法把共享信息保存到对象中，使用 getAttribute()方法获得共享信息。

【例 12-7】统计某一个具体页面的计数器。

(1) 编写 Servlet 实例 ServletContextServlet.java，代码如下。

```
package com;

import java.io.*;
import javax.servlet.*;

public class ServletContextServlet extends javax.servlet.http.HttpServlet implements javax.servlet.Servlet {

protected void doGet(HttpServletRequest request, HttpServletResponse response) throws ServletException,
  IOException {
      ServletContext context = getServletContext();
      Integer count = null;
      synchronized(context) {
```

```
            count = (Integer) context.getAttribute("counter");
            if (null == count) {
                count = new Integer(1);
            }else {
                count = new Integer(count.intValue() + 1);
            }
            context.setAttribute("counter", count);
        }

        response.setContentType("text/html;charset=gb2312");
        PrintWriter out = response.getWriter();

        out.println("<html><head>");
        out.println("<title>ServletContextServlet 例子</title>");
        out.println("</head><body>");
        out.println("页面" + "<b>" + count + "</b>" + "次被访问！");
        out.println("</body></html>");
        out.close();
    }
}
```

(2) 在 web.xml 文件中配置该 Servlet，代码如下。

```
<web-app>
……
<!-- ServletContextServlet definition -->
<servlet>
    <description></description>
    <display-name>ServletContextServlet</display-name>
    <servlet-name>ServletContext</servlet-name>
    <servlet-class>com.ServletContextServlet</servlet-class>
</servlet>
<!-- ServletContextServlet mapping -->
<servlet-mapping>
    <servlet-name>ServletContext</servlet-name>
    <url-pattern>/counter</url-pattern>
</servlet-mapping>
……
</web-app>
```

(3) 在 Tomcat 服务器下测试，在浏览器地址栏输入：

```
http://localhost:8080/ch12/counter
```

执行结果如图 12-21 所示，进入登录页面。如果刷新该页面，访问次数会增加到 2。如果再打开一个浏览器访问这个页面，访问次数是 3。交替刷新两个页面，访问次数会交替增加，说明 ServletContext 中保存的属性是多个客户端共享的。不同 Web 应用程序具有不同的 ServletContext，因此不能在不同的 Web 应用程序间利用 ServletContext 共享属性。每次服务器重启后 ServletContext 会被初始化。

图 12-21　ServletContextServlet 运行结果

12.8　Servlet 协作

Servlet 协作主要是 RequestDispatch 接口，它可以把一个请求转发到另一个 Servlet。

12.8.1　RequestDispatcher

RequestDispatcher 声明的语法格式如下。

```
public interface javax.Servlet. RequestDispatcher
```

定义接收来自客户端的请求并将它们发送到服务器上的任何资源(比如 Servlet、HTML 文件或 JSP 文件)对象。Servlet 容器可创建 RequestDispatcher 对象，该对象被用作包装位于特定路径上的服务器资源或通过特定名称给定的服务器资源的包装器。

在 Servlet 中，使用下面 3 种方式可以得到 RequestDispatcher 对象。

➢ 利用 ServletContext 接口中的 getRequestDispatcher(String path)方法：

```
ServletConfig config = getServletConfig();
ServletContext context = config.getServletContext();
RequestDispatcher dispatcher = context.getRequestDispatcher(String path);
```

➢ 利用 ServletContext 接口中的 getNamedDispatcher(String path)方法：

```
RequestDispatcher dispacher=
getServletConfig().getServletContext().getNamedDispatcher (String path);
```

➢ 利用 ServletRequest 接口中的 getRequestDispatcher(String path)方法：

```
RequestDispatcher dispatcher = request.getRequestDispatcher(String path);
```

RequestDispatcher 接口有两个最重要的方法：forward()和 include()，它们用来实现对页面的动态转发或者包含。

12.8.2　forward()控制页面跳转

public void forward(ServletRequest request, ServletResponse response)throws ServletException, java.io.IOException 方法将请求从一个 Servlet 转发到服务器上的另一个资源(Servlet、JSP 文件或 HTML 文件)。此方法允许一个 Servlet 对请求进行初步处理，并使另一个资源生成响应。

在将响应提交到客户端之前(在刷新响应正文输出之前)，应该调用 forward()。如果已经提交了响应，则此方法抛出 IllegalStateException。在转发之前，自动清除响应缓冲区中未提交的输出。

其中，参数 request 和 response 必须是传入调用的 Servlet service()方法的对象，或者是包装它们的 ServletRequestWrapper 或 ServletResponseWrapper 类的子类。

【例 12-8】应用 forward()控制页面跳转。

(1) 编写 Servlet 实例 ForwardServlet.java，代码如下。

```
package com;

import java.io.IOException;
import javax.servlet.ServletException;
import javax.servlet.http.HttpServletRequest;
import javax.servlet.http.HttpServletResponse;

public class ForwardServlet extends javax.servlet.http.HttpServlet implements javax.servlet.Servlet {
protected void doGet(HttpServletRequest request, HttpServletResponse response) throws ServletException,
  IOException {
response.getWriter().print("<h2>forward:</h2><br>");
getServletConfig().getServletContext().getRequestDispatcher("/forward.html").forward(request, response);
}

protected void doPost(HttpServletRequest request, HttpServletResponse response) throws ServletException,
  IOException {
      doGet(request,response);
}
}
```

ServletContext 接口中 getRequestDispatcher 的参数路径必须以“/”开始，是相对于当前 Servlet 上下文根。

(2) 在 web.xml 文件中配置该 Servlet，代码如下。

```
<web-app>
      ... ...
<!-- ForwardServlet definition-->
<servlet>
      <description></description>
      <display-name>ForwardServlet</display-name>
      <servlet-name>Forward</servlet-name>
      <servlet-class>com.ForwardServlet</servlet-class>
</servlet>
<!-- ForwardServlet mapping-->
<servlet-mapping>
      <servlet-name>Forward</servlet-name>
      <url-pattern>/forward</url-pattern>
</servlet-mapping>
... ...
</web-app>
```

(3) 编写跳转页面 forward.html，代码如下。

```
<html>
<head>
<meta http-equiv="Content-Type" content="text/html; charset=UTF-8">
<title> ForwardServlet </title>
</head>
<body>
<h2>test RequestDispatcher </h2>
</body>
</html>
```

(4) 在 Tomcat 服务器下测试，在浏览器地址栏输入：

```
http://localhost:8080/ch12/forward
```

就跳转到根目录下的 forward.html 文件，如图 12-22 所示，地址栏中的地址变为 http://localhost:8080/ch12/forward.html，结果是 forward.html 的内容。

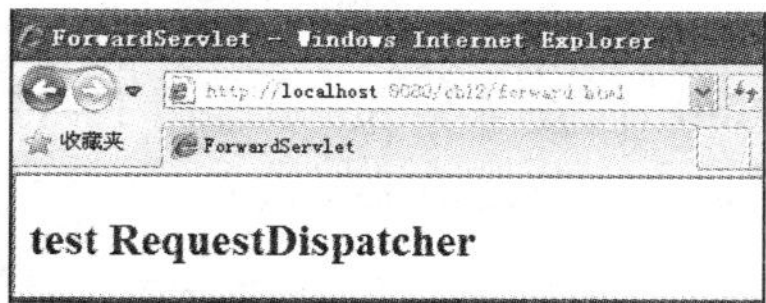

图 12-22　ForwardServlet 的运行结果

12.8.3　include()控制页面包含

include()方法用于在响应中包含其他资源(Servlet、JSP 页面或 HTML 文件)的内容。即请求转发后，原先的 Servlet 还可以继续输出响应信息，转发到的 Servlet 对请求做出的响应并将加入原先 Servlet 的响应对象中。

【例 12-9】应用 include ()控制页面包含。

(1) 编写 Servlet 实例 IncludeServlet.java，代码如下。

```
package com;
import java.io.IOException;
import javax.Servlet.ServletException;
import javax.Servlet.http.HttpServletRequest;
import javax.Servlet.http.HttpServletResponse;

 public class IncludeServlet extends javax.Servlet.http.HttpServlet implements javax.Servlet.Servlet {

protected void doGet(HttpServletRequest request, HttpServletResponse response) throws ServletException,
  IOException {

response.getWriter().print("<h2>Include:</h2><br>");
  getServletConfig().getServletContext().getRequestDispatcher("/forward.html").include(request, response);
}
}
```

(2) 在 web.xml 文件中配置该 Servlet，代码如下。

```
<web-app>
    ... ...
<!-- ForwardServlet definition-->
<servlet>
        <description></description>
        <display-name> Include </display-name>
        <servlet-name> Include </servlet-name>
        <servlet-class>com. IncludeServlet </servlet-class>
</servlet>
<!-- ForwardServlet mapping-->
<servlet-mapping>
        <servlet-name> Include </servlet-name>
        <url-pattern>/ include </url-pattern>
</servlet-mapping>
… …
</web-app>
```

(3) 编写跳转页面 forward.html，代码与 12.8.2 节【例 12-8】的代码相同。

(4) 在 Tomcat 服务器下测试，在浏览器地址栏输入：

```
http://localhost:8080/ch12/include
```

就会转到根目录下的 forward.html 文件，如图 12-23 所示。

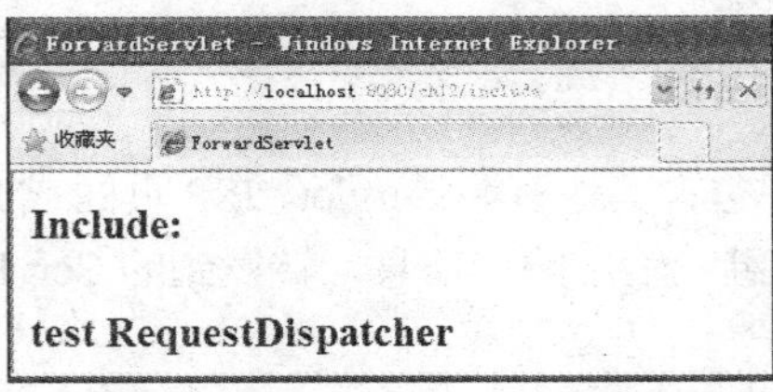

图 12-23　IncludeServlet 的运行结果

地址栏中的地址依然是 Servlet 的地址，没有变化。响应结果是 TestInclude.java 中输出的"<h2>Include:</h2>
"和 forward.html 的混合内容。

forward()方法：和 include()方法的区别如下。

- forward()方法：调用后在响应中的没有提交的内容被自动消除。
- include()方法：使原先的 Servlet 和转发到的 Servlet 都可以输出响应信息。

12.9 Servlet 异常处理

在 Servlet 中有两种异常处理机制：声明式异常处理和程序式异常处理。

12.9.1　声明式异常处理

声明式异常处理是在 web.xml 文件中声明对各种异常的处理方法，这是通过<error-page>

元素来声明的。<error-page>有两个子元素：子元素<error-code>指定 HTTP 协议的错误代码；子元素<location>指定用于响应 HTTP 错误代码的资源路径，该路径相对于 Web 应用程序根路径的位置，必须以“/”开头。

声明异常处理的方法如下：

(1) 编写产生异常的 Servlet。

(2) 编写错误处理页面。

(3) 配置<error-page>元素。

(4) 运行。如果直接在 Tomcat 服务器下运行，需要进行如图 12-24 所示的设置。

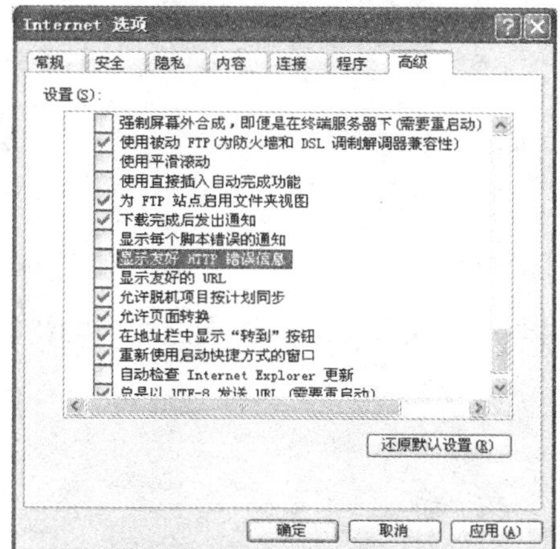

图 12-24　在 tomcat 服务器下运行声明式异常的设置

利用< error-page >元素可以声明两种类型的错误处理：指定对 HTTP 错误代码的处理，对程序中产生的 Java 异常的处理。

【例 12-10】HTTP 错误代码的处理。

HTTP 协议中定义了对客户端响应的状态编码：4XX 状态码表示客户端错误，5XX 状态码表示服务器错误。

(1) 编写专门处理 HTTP 错误的 Servlet 进行响应。以 HttpErrHandlerServlet.java 为例，代码如下。

```
package com;

import java.io.PrintWriter;
import javax.servlet.ServletException;
import javax.servlet.http.*;

public class HttpErrHandlerServlet extends HttpServlet{
    protected void service(HttpServletRequest req, HttpServletResponse resp)
                    throws ServletException, java.io.IOException {
        resp.setContentType("text/html;charset=GB2312");
        PrintWriter out = resp.getWriter();

        Integer status_code=(Integer)req.getAttribute("javax.servlet.error.status_code");
```

```
            out.println("<html><head><title>错误处理页面</title></head>");
            out.println("<body>");

            switch(status_code) {
            case 401:
                break;
            case 404:
                out.println("<h2>HTTP 状态代码: "+status_code+"</h2>");
                out.println("您正在搜索的页面可能已经删除、更名或暂时不可用。");
                out.println("转到<a href='mailto:admin@jsp.org'>网站管理员</a>服务支持。");
                break;
            default:
                break;
            }
            out.println("</body></html>");
            out.close();
        }
}
```

(2) 在 web.xml 中对 HTTP401 错误和 404 错误指定相应的错误处理页面，代码如下。

```
<web-app>
    … …
<error-page>
    <error-code>401</error-code>
    <location>/ HttpErrHandler</location>
</error-page>
<error-page>
    <error-code>404</error-code>
    <location>/ HttpErrHandler</location>
</error-page>
… …
</web-app>
```

(3) 在 Tomcat 服务器下测试，在浏览器地址栏输入：

```
http://localhost:8080/ch12/1.jsp
```

运行结果如图 12-25 所示。

图 12-25　错误发生时的处理页面

【例 12-11】声明式处理 java.io.IOException 异常

(1) 编写抛出 java.io.IOException 异常的 Servlet，以 IOExceptionServlet.java 为例，代码如下：

```
package com;

import java.io.IOException;
import javax.servlet.*;

public class IOExceptionServlet extends GenericServlet {

public void service(ServletRequest request, ServletResponse response)
        throws ServletException, IOException {
        throw new IOException("Just for Testing!");
}
}
```

(2) 在 web.xml 文件中部署这个 Servlet，代码如下。

```
<web-app>
… …
<servlet>
    <servlet-name>ErrorServlet</servlet-name>
    <servlet-class>com.IOExceptionServlet</servlet-class>
  </servlet>
  <servlet-mapping>
    <servlet-name>ErrorServlet</servlet-name>
    <url-pattern>/IOError</url-pattern>
  </servlet-mapping>
  <error-page>
   <exception-type>java.io.IOException</exception-type>
   <location>/ioException.jsp</location>
  </error-page>
</web-app>
```

(3) 编写处理错误的 JSP 文件，IOException.jsp 代码如下所示：

```
<%@ page language="java" contentType="text/html;charset=GB2312"%>
<html>
  <head>
    <title>IOException 处理页面</title>
    <meta http-equiv="Content-Type" content="text/html;charset=GB2312">
  </head>
  <body>
    <h2>请求页面出现 IO 异常！</h2>
  </body>
</html>
```

(4) 在 Tomcat 服务器下测试，在浏览器地址栏中输入：

```
http://localhost:8080/ch12/IOError
```

运行结果，如图 12-26 所示。

图 12-26　声明式处理 java.io.IOException 异常

12.9.2　程序式异常处理

在 javax.Servlet 包中定义了两个异常类：ServletException 和 UnavailableException。

1. javax.Servlet.ServletException 类

ServletException 类定义了一个通用的异常，常用在 init()、service()和 doXX()方法中抛出异常，它提供了 4 个构造方法和 1 个获得异常原因的方法。

- public ServletException()方法是构造一个新 Servlet 异常。
- public ServletException(java.lang.String message)方法用指定的消息构造一个新的 Servlet 异常，这个消息被写入服务器日志或显示给用户。
- public ServletException(java.lang.String message,java.lang.Throwable rootCause)方法可以使得在一个 Servlet 异常中包含根原因的异常，同时包含一个消息描述。根原因异常就是在 Servlet 执行时有一个异常阻碍了 Servlet 的正常操作。
- public ServletException(java.lang.Throwable rootCause)方法可以使得在一个 Servlet 异常中包含根原因的异常。
- public java.lang.Throwable getRootCause()方法返回造成这个 ServletException 的原因，即返回根原因的异常。

2. javax.Servlet.UnavailableException 类

UnavailableException 类是 ServletException 类的子类，当 Servlet 或者 Filter 暂时或永久不能用时就会抛出这个异常。它提供了 2 个构造方法和 2 个实例方法。

- public UnavailableException(java.lang.String msg)方法用一个给定的消息构造一个新的异常，说明 Servlet 永久不可用。
- public UnavailableException(java.lang.String msg, int seconds)方法用一个给定的消息构造一个新的异常，说明 Servlet 永久不可用。Seconds 指明 Servlet 不可用的时间，单位是秒。当 seconds 参数值为负数或零时，表示 Servlet 不知过多久可用。
- public int getUnavailableSeconds()方法返回 Servlet 预期的暂时不可用的时间，单位是秒。如果返回的是负数，说明 Servlet 永久不可用或不知多久才能用。
- public boolean isPermanent()方法返回一个布尔值，说明 Servlet 是否永久不可用。True 表示 Servlet 永久不可用；false 表示 Servlet 可用或暂时不可用。

可以将请求封装到一个请求中，然后利用 RequestDispatcher 转发给一个异常处理 Servlet 进行统一处理。这样，在同一个 Web 应用中，多个 Servlet 抛出的异常相同时，就可以统一进行处理。

【例 12-12】使用 RequestDispatcher 来处理异常。

(1) 编写处理异常的 Servlet，以 ExceptHandleServlet.java 为例，代码如下。

```
package com;

import java.io.PrintWriter;

import javax.servlet.ServletException;
import javax.servlet.http.HttpServlet;
import javax.servlet.http.HttpServletRequest;
import javax.servlet.http.HttpServletResponse;

public class ExceptHandleServlet extends HttpServlet{

    protected void service(HttpServletRequest req, HttpServletResponse res)
        throws ServletException, java.io.IOException    {

        res.setContentType("text/html;charset=GB2312");
        PrintWriter out = res.getWriter();

        out.println("<html><head><title>错误处理页面</title></head>");
        out.println("<body>");

        String uri=(String)req.getAttribute("javax.servlet.error.request_uri");
        Object excep=req.getAttribute("javax.servlet.error.exception");
        out.println(uri+" 运行错误。");
        out.println("<p>错误原因："+excep);
        out.println("</body></html>");
        out.close();
    }
}
```

其中，在 service()方法中，利用 request 对象的 getAttribute()方法获取属性 javax.servlet.error.request_uri 和 javax.servlet.error.exception，从而获得抛出异常的 Servlet 位置和异常对象。

(2) 编写抛出异常的 Servlet，以 Exception.java 为例，代码如下。

```
package com;

import javax.servlet.*;
import java.io.*;
import javax.servlet.http.*;

public class ExceptionServlet extends HttpServlet{
    public void doGet(HttpServletRequest req, HttpServletResponse resp)
                throws ServletException,IOException        {
        try {
            int a=5;
            int b=0;
            int c=a/b;
        } catch(ArithmeticException e)
```

```
            {
                req.setAttribute("javax.servlet.error.exception",e);
                req.setAttribute("javax.servlet.error.request_uri",req.getRequestURI());
                RequestDispatcher rd=req.getRequestDispatcher("ExceptionHandler");
                rd.forward(req,resp);
            }
        }
}
```

其中，在Servlet的doGet()方法中，进行除法运算，用 0 作为除数，产生ArithmeticException异常。利用respons对象的setAttribute()方法存储属性javax.servlet.error.request_uri和javax.servlet.error.exception。利用Request对象的getRequestDispatcher()方法获得RequestDispatcher对象，然后调用RequestDispatcher对象的forward()方法将请求转发给ExceptionHandler。

(3) 在 web.xml 文件中部署这两个 Servlet，代码如下。

```
<web-app>
… …
        <!-- ExceptionHandler definition-->
<servlet>
      <servlet-name>ExceptionHandler</servlet-name>
      <servlet-class>com.ExceptHandleServlet</servlet-class>
</servlet>
        <!-- ExceptionHandler mapping-->
<servlet-mapping>
      <servlet-name>ExceptionHandler</servlet-name>
      <url-pattern>/ExceptionHandler</url-pattern>
</servlet-mapping>

        <!-- ExceptionServlet definition-->
         <servlet>
         <servlet-name>ExceptionServlet</servlet-name>
         <servlet-class>com.ExceptionServlet</servlet-class>
</servlet>
         <!-- ExceptionServlet mapping-->
<servlet-mapping>
      <servlet-name>ExceptionServlet</servlet-name>
      <url-pattern>/excep</url-pattern>
</servlet-mapping>
… …
</web-app>
```

(4) 在 Tomcat 服务器下测试，在浏览器地址栏中输入：

```
http://localhost:8080/ch12/excep
```

运行结果，如图 12-27 所示。

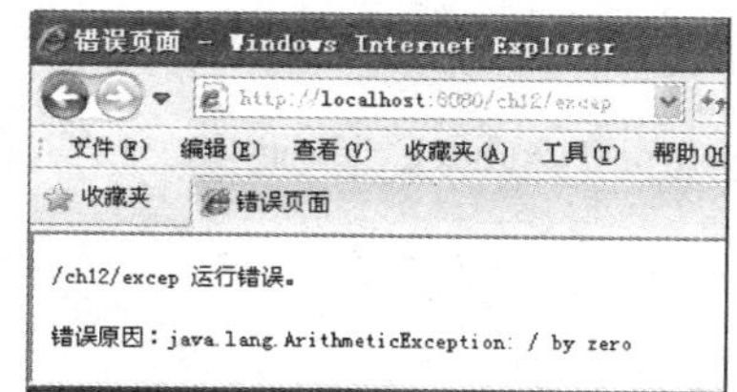

图 12-27　Exception 抛出异常，ExceptHandleServlet 对错误进行处理

12.10 Servlet 应用实例

本节通过一个留言板模块来了解 Servlet 的使用。留言板几乎是每个网站都提供的功能。

【例 12-13】采用 JSP+JavaBean+Servlet 实现留言板。

在留言时，用户需要输入留言的标题、留言者的姓名、留言者的 E-mail 和留言内容。留言板界面如图 12-28 所示。

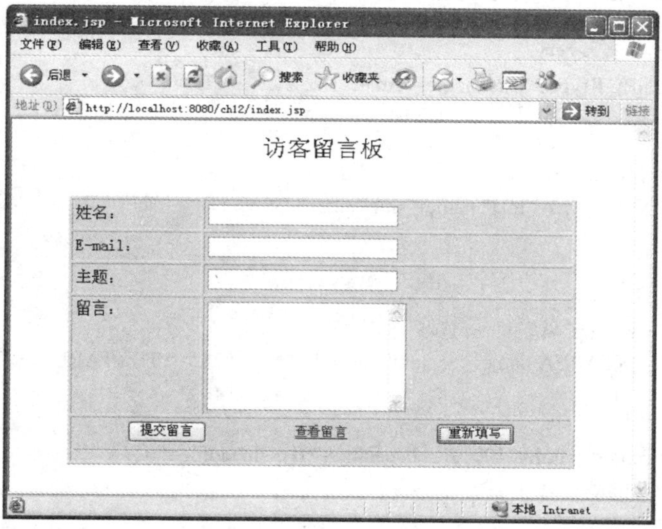

图 12-28　留言板界面

除了在数据库里保存留言者的输入信息之外，往往还需要保存留言的具体时间，这样需要创建一个保存留言的表。SQL 语言如下：

```
create database liuyan;
use liuyan;
create table message(title varchar(100),name varchar(20),time datetime,content
varchar(2000),mail varchar(50));
```

这个表的名字为 message，除了 Date 的值自动生成外，其他的值需要留言者输入。

在这个例子中使用 Servlet 接收 HTTP 请求，然后执行连接数据库的操作。操作完成后，如果需要，则操作结果保存在 HTTP 请求中，然后把视图派发到用于显示的 JSP。

(1) 留言版主页面 index.jsp 的代码如下。

```
<%@ page language="java" contentType="text/html; charset=GB2312"
pageEncoding="GB2312"%>
<html>
<head>
<title>index.jsp</title>
</head>
<BODY>
<center>
<TR>
<TD align="center" bgcolor="#CCCC99"><font size=5>访客留言板</font></TD>
</TR>
<TR>
<FORM method="post" action="AddMessageServlet">
<table border=1 width=500 align="center" cellpadding="3"
    cellspacing="2" bgcolor=#E6CAFF>
    <tr>
        <TD>姓名：</TD>
        <TD><INPUT type="text" name="name" size="25"></TD>
    <tr>
        <TD>E-mail：</TD>
        <TD><INPUT type="text" name="email" size="25"></TD>
    </tr>
    <tr>
        <TD>主题：</TD>
        <TD><INPUT type="text" name="title" size="25"></TD>
    </tr>
    <br>
    <tr>
        <TD valign="top">留言：</TD>
        <TD><TEXTAREA name="content" rows="7" cols="25"></TEXTAREA></TD>
    </tr>
    <TD colspan="3">
    <table align="center" width="100%" cellspacing="0" cellpadding="0"
        bordercolordark="#ffccff">
        <tr>
            <TD align="center"><INPUT type="submit" value="提交留言"></TD>
            <TD align="center"><A href="ViewMessageServlet"><FONT
                size="2">查看留言</FONT></A></TD>
            <TD align="center"><INPUT type="reset" value="重新填写"></TD>
        </tr>
    </table>
    <hr>
</table>
</form>
</TR>
</center>
</BODY>
</html>
```

(2) 表示留言板的 JavaBean 文件 MessageVO.java 的代码如下。

```
package message;

/**
 * 此 Javabean 代表留言板的数据
 */
public class MessageVO implements java.io.Serializable {
private String name, email, title, content;

private java.sql.Date date;

// setter or getter
public void setName(String name) {
	this.name = name;
}

public void setEmail(String email) {
	this.email = email;
}

public void setTitle(String title) {
	this.title = title;
}

public void setContent(String content) {
	this.content = content;
}

public String getName() {
	return this.name;
}

public String getContent() {
	return this.content;
}

public String getTitle() {
	return this.title;
}

public String getEmail() {
	return this.email;
}

public java.sql.Date getDate() {
	return this.date;
}

public void setDate(java.sql.Date date) {
```

```
        this.date = date;
    }

}
```

(3) 用来保存留言的 AddMessageServlet.java 的代码如下。

```
package message;

import java.io.IOException;
import javax.servlet.ServletException;
import javax.servlet.http.HttpServletRequest;
import javax.servlet.http.HttpServletResponse;

/**
 * Servlet implementation class for Servlet: AddMessageServlet
 *
 */


import javax.servlet.*;
import javax.servlet.http.*;
import java.io.*;
import java.sql.Connection;
import java.sql.DriverManager;
import java.sql.PreparedStatement;
import java.sql.SQLException;
import java.sql.Statement;

public class AddMessageServlet extends HttpServlet {
    private Connection con;
    public void doGet(HttpServletRequest request ,HttpServletResponse response)
           throws IOException,ServletException{
     response.setContentType("text/html;charset=gb2312");
     request.setCharacterEncoding("gb2312");
         String name       = request.getParameter("name");
         String title      = request.getParameter("title");
         String email=request.getParameter("email");
         String content = request.getParameter("content");
         if(name==null)
              name = "";
         if(title==null)
              title = "";
         if(content==null)
              content = "";
         if(email==null)
           email="";
         try
         {
              PreparedStatement stm=con.prepareStatement("insert into message values(?,?,?,?,?)");
              stm.setString(1,title);
              stm.setString(2,name);
```

```
            stm.setDate(3,new java.sql.Date(new java.util.Date().getTime()));
            if((email).length()==0)
                stm.setString(5,null);
            else stm.setString(5,email);
                    stm.setString(4,content);
            try
            {
                stm.executeUpdate();
            }catch(Exception e){}
            //关闭数据库库连接
                //con.close();
            RequestDispatcher dispatcher =
              request.getRequestDispatcher("/ViewMessageServlet");
            dispatcher.forward(request, response);
        }
        catch(Exception e)
        {
            e.printStackTrace();
        }

    }
public void doPost(HttpServletRequest request,HttpServletResponse response)
throws IOException ,ServletException{
        doGet(request,response);
        }
        public AddMessageServlet()
        {
         String url = "jdbc:mysql://localhost/liuyan";
        String userName = "root";
        String password = "root";
        String sql = null;
        con = null;
        Statement stmt = null;
        try {
              Class.forName("com.mysql.jdbc.Driver");
        } catch(ClassNotFoundException e) {
              System.out.println("加载驱动器类时出现异常");
        }
        try {
              con = DriverManager.getConnection(url, userName, password);
        } catch(SQLException e) {
              System.out.println("出现 SQLException 异常");
        }
        }
}
```

(4) 用于获得留言板信息的 ViewMessageServlet.java 的代码如下。

```
package message;

import java.io.IOException;
```

```
import java.sql.Connection;
import java.sql.DriverManager;
import java.sql.ResultSet;
import java.sql.SQLException;
import java.sql.Statement;
import java.util.ArrayList;
import java.util.Collection;

import javax.servlet.RequestDispatcher;
import javax.servlet.ServletException;
import javax.servlet.http.HttpServletRequest;
import javax.servlet.http.HttpServletResponse;

/**
 * Servlet implementation class for Servlet: ViewMessageServlet
 *
 */
public class ViewMessageServlet extends javax.servlet.http.HttpServlet
        implements javax.servlet.Servlet {

    private Connection con;

public ViewMessageServlet() {
        String url = "jdbc:mysql://localhost/liuyan";
        String userName = "root";
        String password = "root";
        String sql = null;
        con = null;
        Statement stmt = null;
        try {
                Class.forName("com.mysql.jdbc.Driver");
        } catch (ClassNotFoundException e) {
                System.out.println("加载驱动器类时出现异常");
        }
        try {
                con = DriverManager.getConnection(url, userName, password);
        } catch (SQLException e) {
                System.out.println("出现 SQLException 异常");
        }
}

protected void doGet(HttpServletRequest request,
                HttpServletResponse response) throws ServletException, IOException {
        // TODO Auto-generated method stub
        Collection ret = new ArrayList();
        try {
                Statement stm = con.createStatement();
                ResultSet result = stm.executeQuery("select count(*) from message");
                int message_count = 0;
                if (result.next()) {
```

```
                message_count = result.getInt(1);
                result.close();
            }
            if (message_count > 0) {
                result = stm.executeQuery("select * from message order by time desc");

                while (result.next()) {
                    String title = result.getString("title");
                    String name = result.getString("name");
                    String mail = result.getString("mail");
                    String content = result.getString("content");
                    java.sql.Date date = result.getDate("time");
                    MessageVO message = new MessageVO();
                    message.setName(name);
                    message.setTitle(title);
                    message.setContent(content);
                    message.setDate(date);
                    message.setEmail(mail);
                    ret.add(message);

                }
                result.close();
                stm.close();
                request.setAttribute("messages", ret);// 和第一种方式的不同之处
                RequestDispatcher dispatcher = request
                        .getRequestDispatcher("viewMessages.jsp");
                dispatcher.forward(request, response);
            }
            // con.close();
        } catch (Exception e) {
            e.printStackTrace();

        }
    }

protected void doPost(HttpServletRequest request,
            HttpServletResponse response) throws ServletException, IOException {
            doGet(request, response);
    }
}
```

(5) 显示留言的 JSP 页面 viewMessages.jsp 的代码如下。

```
<%@ page import="java.sql.*,message.*,java.util.*,java.sql.*"
language="java" pageEncoding="UTF-8"%>
<HTML>
<HEAD>
<TITLE>show the message in the table</TITLE>
</HEAD>
<BODY>
```

```
<p align="center"><font size=5>所有访客留言</font></p>
<hr>
<%
int message_count = 0;
Collection messages = (Collection) request.getAttribute("messages");
Iterator it = messages.iterator();
while (it.hasNext()) {
	MessageVO message = (MessageVO) it.next();
%>
<table border=1 width=500 align="center" cellpadding="3" cellspacing="2"
bgcolor=#ffccff>
<tr>
	<td td colspan="2" align="center">
	<%
			message_count++;
			out.println("第" + message_count + "个留言者");
	%>
	</td>
</tr>
<tr>
	<td width="150" bgcolor="#CCCC99"><font size=3>主题：</font></td>
	<td><%=message.getTitle()%></td>
</tr>
<tr>
	<td bgcolor="#CCCC99"><font size=3>留言人：</font></td>
	<td><%=message.getName()%></td>
</tr>
<tr>
	<td bgcolor="#CCCC99"><font size=3>E-mail：</font></td>
	<td>
	<%
			out.println("<a href=mailto:" + message.getEmail() + ">"
			+ message.getEmail() + "</a>");
	%>
	</td>
</tr>
<tr>
	<td bgcolor="#CCCC99"><font size=3>留言时间：</font></td>
	<td>
	<%
			out.println("<font size=3>"+ message.getDate().toLocaleString() + "</font>");
	%>
	</td>
```

```
</tr>
<tr>
    <td bgcolor="#CCCC99"><font size=3>留言内容：</font></td>
    <td><%=message.getContent()%></td>
</tr>
</table>
<%
out.println("<hr>");
}
%>
<p align="center"><a href="index.jsp">我要留言</a></p>
</body>
</html>
```

(6) Servlet 的配置信息如下。

```
<web-app>
……

<!-- message definition-->
<servlet>
    <description></description>
    <display-name>AddMessageServlet</display-name>
    <servlet-name>AddMessageServlet</servlet-name>
    <servlet-class>message.AddMessageServlet</servlet-class>
</servlet>
<servlet>
    <description></description>
    <display-name>ViewMessageServlet</display-name>
    <servlet-name>ViewMessageServlet</servlet-name>
    <servlet-class>message.ViewMessageServlet</servlet-class>
</servlet>
<!-- message mapping-->
<servlet-mapping>
    <servlet-name>AddMessageServlet</servlet-name>
    <url-pattern>/AddMessageServlet</url-pattern>
</servlet-mapping>
<servlet-mapping>
    <servlet-name>ViewMessageServlet</servlet-name>
    <url-pattern>/ViewMessageServlet</url-pattern>
</servlet-mapping>

……
</web-app>
```

在留言板页面输入信息，如图 12-29 所示。

单击“提交留言”按钮后，发布留言，如图 12-30 所示。

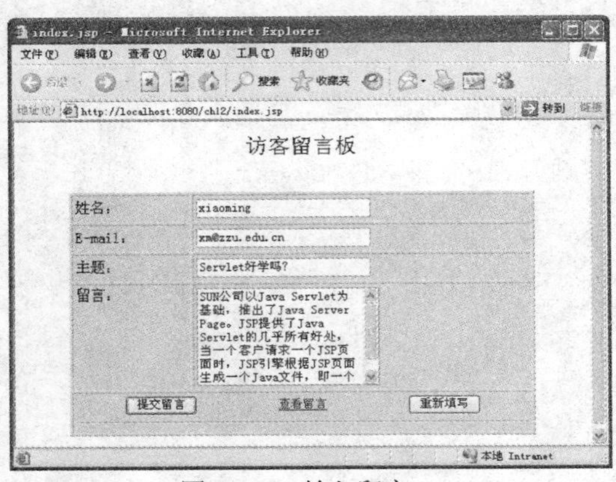

图 12-29　输入留言

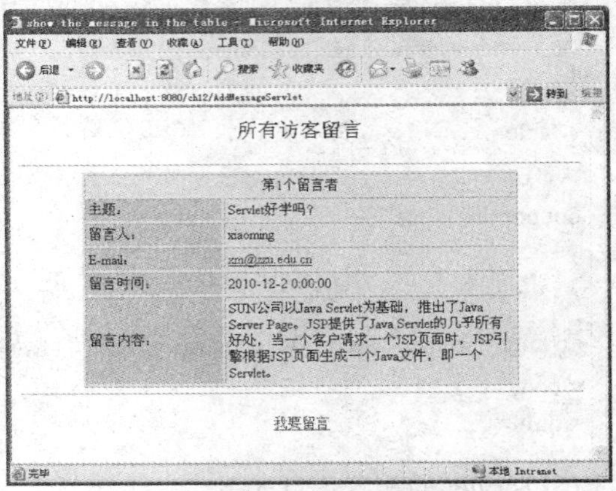

图 12-30　提交留言

提交留言后转向保存留言的 Servlet-AddMessageServlet，由于 AddMessageServlet.java 中的代码：

```
RequestDispatcher dispatcher =request.getRequestDispatcher("/ViewMessageServlet");
dispatcher.forward(request, response);
```

所以添加完留言就转向了 Servlet- ViewMessageServlet，而 ViewMessageServlet.java 中的代码：

```
request.setAttribute("messages", ret);
RequestDispatcher dispatcher = equest.getRequestDispatcher("viewMessages.jsp");
dispatcher.forward(request, response);
```

又把页面转向了显示留言的页面 viewMessages.jsp，所以添加完留言和查看留言都是 viewMessages.jsp 页面显示的内容。再添加一条留言，然后通过超级链接查看所有留言，如图 12-31 所示。

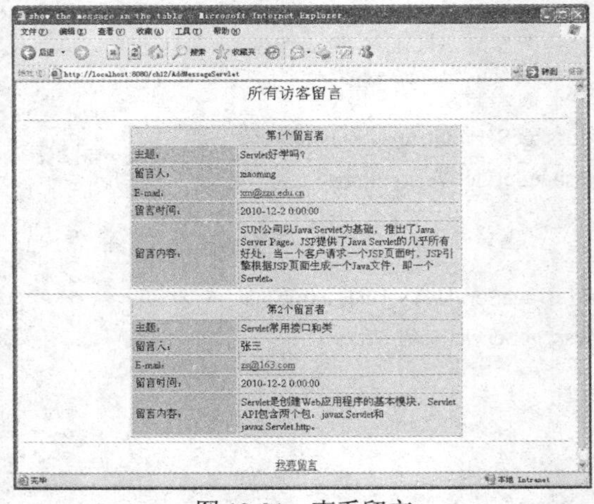

图 12-31　查看留言

注意，直接执行 viewMessages.jsp 是不能显示留言的，因为只有在 ViewMessageServlet.java 文件中采用代码：

```
request.setAttribute("messages", ret);
```

在 viewMessages.jsp 中才能使用：

```
Collection messages = (Collection) request.getAttribute("messages");
```

在此留言板中，客户端请求首先发送到 Servlet，Servlet 通过 JDBC 连接数据库，执行数据库操作。操作完成后用 JavaBean 封装执行的结果，然后把结果保存到请求对象中，最后把视图派发到用于显示的 JSP 页面。JSP 页面读取 Servlet 的执行结果进行显示。

在这种 MVC 的开发模式中，JSP 用于显示，它充当了视图的角色；Servlet 用于执行业务逻辑，它相当于控制器的角色；JavaBean 用于表示数据，相当于模型的角色。这种模式层次关系清楚，开发页面也易于维护，在项目中应该优先考虑。

12.11 小　结

本章内容较多。首先对 Servlet 的概念、特点和工作原理进行了介绍，然后部署了一个简单的 Servlet。根据 Servlet API 的分类，分别对各类 Servlet API 的功能、方法进行介绍，并且都举例进行了具体应用，每个例子给出了详细的开发执行步骤。最后给出了一个采用 MVC 模式开发的留言板的例子，涉及到多方面的知识，请读者仔细体会。

12.12 习　题

12.12.1 选择题

1. 下面 Servlet 的(　)方法用来为请求服务，在 Servlet 生命周期中，Servlet 每被请求一次，它就会被调用一次。

A. service()　　B. init()　　C. doPost()　　D. destroy()

2. Servlet 可以在以下(　)三个不同的作用域存储数据。

A. HttpServletRequest、HttpServletResponse、HttpSession

B. HttpServletRequest、HttpSession、ServletContext

C. HttpServletResponse、HttpSession、ServletContext

D. HttpServletRequest、HttpServletResponse、ServletContext

3. 在 J2EE 中，Servlet 从实例化到消亡是一个生命周期。下列描述正确的是(　)。

A. 在典型的 Servlet 生命周期模型中，每次 Web 请求就会创建一个 Servlet 实例，请求结束，Servlet 就消亡了

B. init()方法是容器调用的 Servlet 实例，此方法仅一次

C. 在容器把请求传送给 Servlet 之后，和在调用 Servlet 实例的 doGet 或者 doPost 方法之前，容器不会调用 Servlet 实例的其他方法

D. 在 Servlet 实例在 service()方法处理客户请求时，容器调用 Servlet 实例的 init()方法一定成功运行了

4. 在 J2EE 中，给定某 Servlet 的代码如下，编译运行该文件，以下陈述正确的是( )。

```
Public class Servlet1 extends HttpServlet{
    Public void init() throws ServletException{
    }
    Public void service(HttpServletRequest request,HttpServletResponse response)
            Throws ServletException,IOException{
        PrintWriter out = response.getWriter();
        Out.println("hello!");
    }
}
```

A. 编译该文件时会提示缺少 doGet()或者 dopost()方法，编译不能成功通过

B. 编译后，把 Servlet1.class 放在正确位置，运行该 Servlet，在浏览器中会看到输出文字：hello!

C. 编译后，把 Servlet1.class 放在正确位置，运行该 Servlet，在浏览器中看不到任何输出的文字

D. 编译后，把 Servlet1.class 放在正确位置，运行该 Servlet，在浏览器中会看到运行期错误信息

5. 下面是 IP 地址为 222.22.49.189 的 Web 服务器上，ch 应用下的一个 Servlet 部署文件的片段：

```
<servlet>
    <servlet-name>Hello</servlet-name>
    <servlet-class>myservlet.example.FirstServlet</servlet-class>
</servlet>
<servlet-mapping>
    <servlet-name>Hello</servlet-name>
    <url-pattern>/helpHello</url-pattern>
</servlet-mapping>
```

访问此 Servlet 的 URL 地址是(　)。

A. http://222.22.49.189:8080/ch/helpHello

B. http://222.22.49.189:8080/ch/helpHello.java

C. http://222.22.49.189:8080/helpHello

D. /helpHello

6. 在 Web 应用的部署描述文件中下面(　)选项能够将 com.example.LoginServlet servlet 映射为 /utils/LoginServlet。

A.
```
<servlet>
<servlet-class>com.example.LoginServlet</servlet-class>
<url-pattern>/utils/LoginServlet</url-pattern>
</servlet>
```

B.
```
<servlet-mapping>
<servlet-class>com.example.LoginServlet</servlet-class>
<url-pattern>/utils/LoginServlet</url-pattern>
</servlet-mapping>
```

C.
```
<servlet>
<servlet-mapping>
<servlet-class>com.example.LoginServlet</servlet-class>
<servlet-name>Login Servlet</servlet-name>
<url-pattern>/utils/LoginServlet</url-pattern>
</servlet-mapping>
</servlet>
```

D.
```
<servlet>
<servlet-name>Login.Servlet</servlet-name>
<servlet-class>com.example.LoginServlet</servlet-class>
</servlet>
<servlet-mapping>
<servlet-name>Login.Servlet</servlet-name>
<url-pattern>/utils/LoginServlet</url-pattern>
</servlet-mapping>
```

7. 在 Web 容器中，以下(　)和(　)的实例分别代表 HTTP 请求与响应对象。

A. HttpRequest　　B. HttpServletRequest

C. HttpServletResponse　　D. HttpPrintWriter

12.12.2　判断题

1. 不能给一个 Servlet 映射多个访问路径。　(　)

2. JSP 技术是在 Servlet 之后产生的，它以 Servlet 为核心技术，是 Servlet 技术的一个成功应用。　(　)

3. 实现转发需要两个步骤，首先在 Servlet 中要得到 RequestDispatcher 对象，然后在调用该对象的 forward 方法实现转发。　(　)

12.12.3　填空题

1. 在 Servlet 中有两种异常处理机制：__________和__________。

2. 如果某个类要成为 Servlet，则它应该继承__________、__________或__________接口或类。

3. Servlet 的生命周期由一系列事件组成，把这些事件按照先后顺序排序分别为__________、__________、__________、__________、__________。

12.12.4 简答题

1. 简述 Servlet 和 JSP 的关系。
2. 简述 Servlet 的生命周期。
3. 简述 HttpSession 接口的功能和使用方法。
4. 简述开发一个 Servlet 所需要的步骤。

12.12.5 编程题

1. 编写一个 HTML 页面和一个 Servlet，实现利用 Servlet()的 doPost()方法读取 HTML 文件中 Form 表单内容。

2. 编写一个利用 HttpSession 接口的用户登录的 Servlet，当用户已经登录时，返回欢迎信息，否则转向登录页面。

第 13 章

使用Servlet过滤器和监听器

在 Web 应用中，基于 Servlet 技术的过滤器可以在客户端发起基于 JSP 的 Web 请求被提交给业务逻辑前，对这些请求执行一些特定的操作。监听器的主要目的是给 Web 应用增加事件处理机制，以便更好地监视和控制 Web 应用状态的变化。

本章学习目标

◎ 理解过滤器和监听器的执行过程和作用

◎ 掌握过滤器和监听器的开发和部署方法

13.1 过滤器在 Web 开发中的应用

过滤器(Filter)是在Servlet 2.3规范中引入的新功能，并在Servlet 2.4规范中得到增强。Servlet过滤器是一种 Web 组件，它们拦截请求和响应，以便查看、提取或以某种方式操作客户机和服务器之间交换的数据。

13.1.1 过滤器概述

对 Web 应用来说，过滤器就是驻留在服务器端、在源数据和目的数据间、对 Web 请求和 Web 响应的头属性(Header)和内容体(Body)进行操作的一种特殊 Web 组件，如图 13-1 所示。

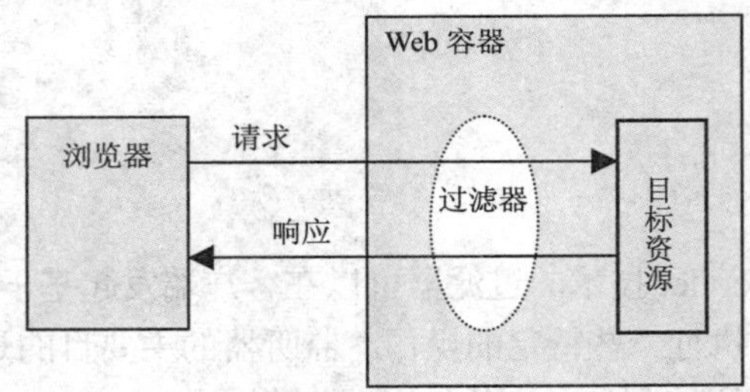

图 13-1 过滤器

当 Web 容器收到一个对资源的请求时，容器将判断是否有过滤器与这个资源相关。如果有，容器把这个请求发给过滤器进行处理，过滤器处理请求后再把请求发送给目标资源。当目标资源对请求做出响应时，响应也会被容器先转发给过滤器，在过滤器中对响应内容进行处理，然后响应被发送到客户端。

在一个 Web 应用程序中，可以部署多个过滤器，这些过滤器组成一个过滤器链。过滤器链中的每个过滤器都有特定的操作，请求和响应在浏览器和目标资源之间按照部署描述符中声明的过滤器顺序，在过滤器之间进行传递，如图 13-2 所示。

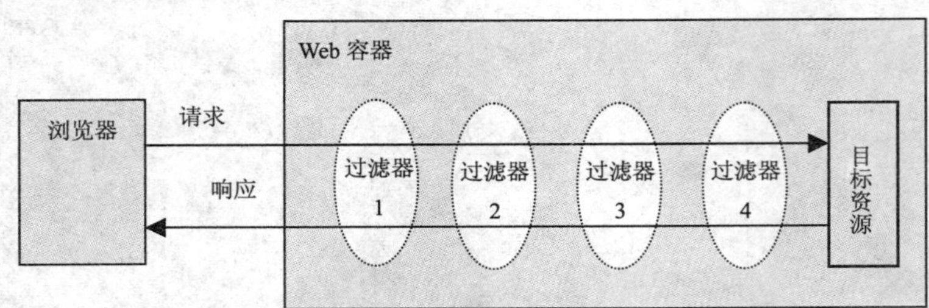

图 13-2 多个过滤器组成的过滤器链

在请求资源时按照过滤器链中过滤器的顺序依次对请求进行处理，并将请求沿过滤器链传递给下一个过滤器，直到传递到目标资源；发送响应则是按照过滤器链相反的方向对响应进行处理和传递，直到把响应传到客户端为止。过滤器并不是必须把请求传送到下一个过滤器，它也可以根据处理结果直接给客户端发送响应，也可以将请求转发给另外一个目标资源。

13.1.2 Filter API

与过滤器开发相关的接口和类包含在 javax.servlet 和 javax.servlet.http 包中，主要的接口和类如表 13-1 所示。

表 13-1 Filter API

接口/类	说 明
javax.servlet.Filter 接口	过滤器是执行过滤任务的对象，这些任务是针对某一资源(Servlet 或静态内容)的请求或来自某一资源的响应执行的，抑或同时针对这两者执行
javax.servlet.FilterConfig 接口	Servlet 容器使用的过滤器配置对象，该对象在初始化期间将信息传递给过滤器
javax.servlet.FilterChain 接口	FilterChain 是 Servlet 容器为开发人员提供的对象，它提供了对某一资源与过滤请求调用链的视图。过滤器使用 FilterChain 调用链中的下一个过滤器，如果调用的过滤器是链中的最后一个过滤器，则调用链末尾的资源
javax.servlet.ServletRequestWrapper 类 extends java.lang.Object implements ServletRequest	提供 ServletRequest 接口的便捷实现，希望将请求适配到 Servlet 的开发人员可以子类化该接口。默认情况下，方法通过包的请求对象调用
javax.servlet.ServletResponseWrapper 类 extends java.lang.Object implements ServletResponse	提供 ServletResponse 接口的便捷实现，希望根据 Servlet 适配响应的开发人员可以子类化该接口。默认情况下，方法通过包的响应对象调用
javax.servlet.HttpServletRequestWrapper 类 extends ServletRequestWrapper implements HttpServletRequest	提供 HttpServletRequest 接口的便捷实现，希望将请求适配到 Servlet 的开发人员可以子类化该接口。此类实现 Wrapper 或 Decorator 模式。默认情况下，方法通过包的请求对象调用
javax.servlet.HttpServletResponseWrapper 类 extends ServletResponseWrapper implements HttpServletResponse	提供 HttpServletResponse 接口的便捷实现，希望根据 Servlet 适配响应的开发人员可以子类化该接口。此类实现 Wrapper 或 Decorator 模式。默认情况下，方法通过包的响应对象调用

13.1.3 Filter 接口

所有的过滤器在开发中必须实现 javax.servlet.Filter 接口，并且提供一个公开的不带参数的构造方法。接口定义了 init()、doFilter()和 destroy() 3 个方法，和 Servlet 接口类似，这 3 个方法分别对应 Servlet 过滤器生命周期中的初始化、响应和销毁 3 个阶段。

(1) public void init (FilterConfig config) throws ServletException

Web 容器调用 init()方法，说明过滤器正被嵌入到 Web 容器中去。容器只在实例化过滤器时才会调用该方法一次。初始化方法必须在被调用做过滤工作前正确完成。容器为这个方法传递一个 FilterConfig 对象，其中包含着在部署描述符中配置的与过滤器相关的初始化参数。

(2) public void doFilter (ServletRequest req,ServletResponse res,FilterChain chain)throws java.io.IOException,ServletException

doFilter()方法实现了过滤器对请求和响应的操作功能。每当请求和响应经过过滤器链时，容器都要调用一次该方法。FilterChain 参数对于正确的过滤器操作至关重要，FilterChain 对象代表了多个过滤器形成的过滤器链。为了将请求/响应沿过滤器链继续传送，在每个过滤器的 doFilter()方法中必须调用 FilterChain 对象的 doFilter()方法。

Web 容器将请求对象(ServletRequest)、响应对象(ServletResponse)和过滤器的链接对象(FilterChain)3 个参数传递到该方法。在过滤器中处理的 ServletRequest 和 ServletResponse 对象，最终要传递到被过滤的 Servlet 或 JSP，所以在 doFilter()方法中可以通过对 ServletRequest 的操作在 Servlet 运行之前改变 Web 请求的头信息或内容，通过对 ServletResponse 的操作在 Servlet 运行之后改变响应结果。

过滤器的 doFilter()方法实现中，任何出现在 FilterChain 的 doFilter()方法之前的代码都被看作为预处理过滤器逻辑，在这一阶段，进入的请求是可用的，可以在这里对请求进行修改，但不能修改响应信息，因为 Web 资源的响应处理还没有发生。任何出现在 FilterChain 的 doFilter()方法之后的代码构成了过滤器逻辑的后期处理，在这一阶段中，外发的 Web 资源的响应信息已经处理完毕，可以在这里修改响应信息，此时修改请求没有任何意义，因为请求已经处理完毕。

需要注意的是，过滤器的一个实例可以同时服务于多个请求，因此，特别需要注意多线程的同步问题。

(3) public void destroy()

Web 容器调用 destroy()方法表示过滤器生命周期结束。在这个方法中，释放过滤器使用的资源。

与开发 Servlet 不一样，Filter 接口没有提供可以继承的相应实现类，要开发过滤器只能直接实现 Filter 接口。

13.1.4 FilterConfig 接口

当容器对 Filter 对象进行初始化时，容器调用 Filter 的 init()方法，并传入一个实现 FilterConfig 接口的对象。Filter 可使用该对象获得一些有用的信息。FilterConfig 接口包含以下方法。

- public String getFilterName()：获得过滤器的名称信息，该名称是在部署描述符中说明的。
- public String getInitParameter(String name)：获得过滤器的初始化字符串，初始化字符串也是在部署描述符中说明的。如果这个参数不存在，该方法将返回 null。
- public Enumeration getInitParameterNames()：获得一个枚举器，以遍历过滤器的所有初始化字符串。如果过滤器没有初始化参数，此方法返回一个空的枚举集合。
- public ServletContext getServletContext()：获得过滤器所在 Web 应用的 Servlet 上下文对象引用。

13.1.5 FilterChain 接口

javax.servlet.FilterChain 接口由容器实现，容器将其实例作为参数传入过滤器对象的 doFilter()方法中。过滤器对象使用 FilterChain 对象调用过滤器链中的下一个过滤器或者是调用目标资源。FilterChain 接口仅定义一个方法：public void doFilter(ServletRequest req, ServletResponse res)，该方法用于将请求/响应继续沿过滤器链向后传送给下一个过滤器。如果调用该方法的过滤器是链中最后一个，那么目标资源被调用。

13.1.6 编写过滤器类

【例 13-1】编写一个简单的过滤器。

过滤器开发的第一步是编写过滤器类。利用 Eclipse 来开发一个名字叫 TestFilter.java 的过滤器，它实现了 Filter 接口。具体过程如下：

(1) Eclipse 中不可以直接创建过滤器。在 Eclipse 中新建一个 Java 类，如图 13-3 所示。

(2) 单击“添加”按钮，在弹出对话框的“选择接口”文本框中输入 Filter，并选择匹配的类型 javax.servlet，如图 13-4 所示。

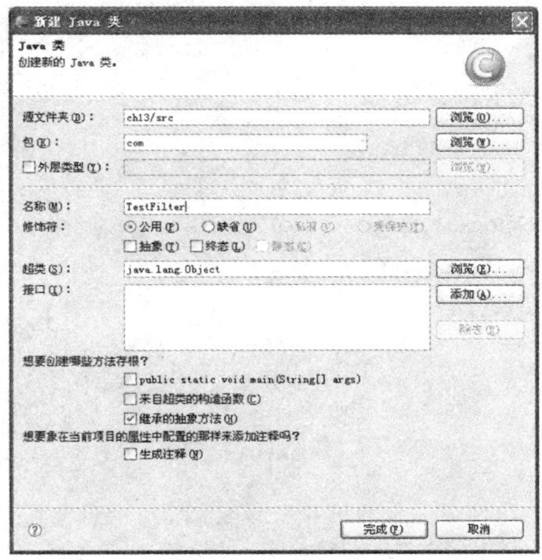

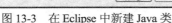

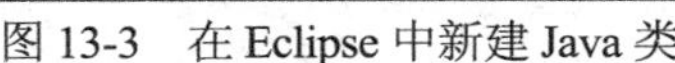
图 13-3　在 Eclipse 中新建 Java 类

图 13-4　选择已实现的接口

(3) 单击“确定”按钮返回“新建 Java 类”对话框，然后单击“完成”按钮，就可以看到创建的过滤器框架，如图 13-5 所示。

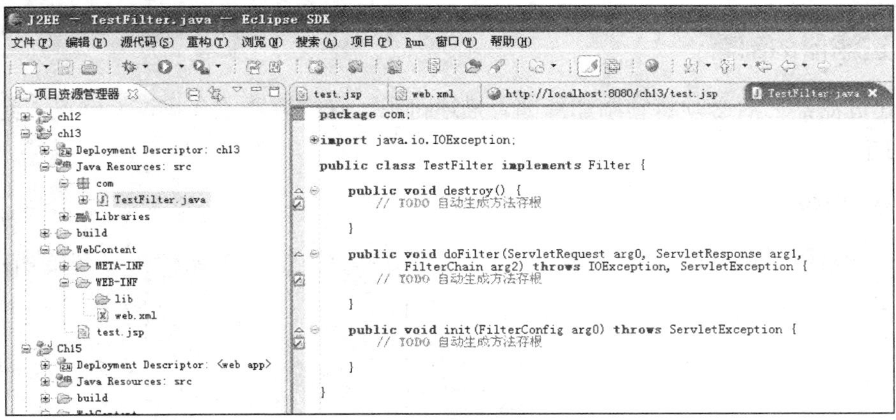

图 13-5　过滤器框架

(4) 过滤器框架中包含了 Filter 生命周期的 3 个方法。修改 doFilter()方法，完成 TestFilter 的编写。过滤器 TestFilter.java 的代码如下。为了让读者了解过滤器运行时的工作情况，这里在语句 chain.doFilter(req, res)，前面添加 out.println("before doFilter()")，在后面添加 out.println("after doFilter()")。

```
package com;
import java.io.IOException;
import java.io.PrintWriter;
import javax.servlet.Filter;
import javax.servlet.FilterChain;
import javax.servlet.FilterConfig;
import javax.servlet.ServletException;
import javax.servlet.ServletRequest;
import javax.servlet.ServletResponse;

public class TestFilter implements Filter {

public void destroy() {}

    public void doFilter(ServletRequest req, ServletResponse res,
        FilterChain chain) throws IOException, ServletException {
        res.setContentType("text/html;charset=GB2312");
        PrintWriter out=res.getWriter();
        out.println("before doFilter()");
        chain.doFilter(req, res);
        out.println("after doFilter()");
        out.close();
}

public void init(FilterConfig arg0) throws ServletException {    }
}
```

13.1.7　过滤器的部署

在创建过滤器之后必须将它添加到部署描述符中，这样容器才会将过滤器投入到服务中去。配置工作由以下两部分组成。

1. 声明过滤器

<filter>元素用于在 Web 应用中声明一个过滤器。<filter>元素的结构如图 13-6 所示。

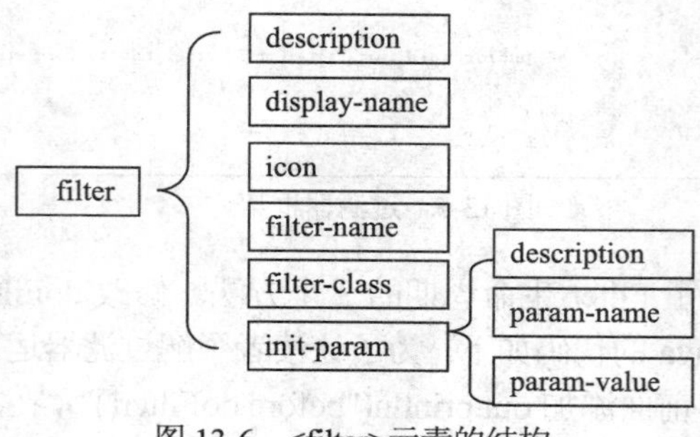

图 13-6　<filter>元素的结构

其中，<description>元素为 filter 指定一个文本描述；<display-name>元素为 filter 指定一个简短的名字，这个名字可以被一些工具所显示；<icon>元素为 filter 指定一个图标，在图形界面中可用它表示该 filter；<filter-name>元素为过滤器指定一个名字，该元素不能为空；< filter-class>元素用于指定过滤器完整限定类名；<init-param>元素用于为过滤器指定初始化参数，它的子元素<param-name>指定参数的名字，子元素< param-value>指定参数的值。

以下是一个<filter>元素的示例。

```
<filter>
        <filter-name>LogonFilter</filter-name>
        <filter-class>com.LogonFilter</filter-class>

        <init-param>
            <param-name>logon_uri</param-name>
            <param-value>/logon.jsp</param-value>
        </init-param>
        <init-param>
            <param-name>home_uri</param-name>
            <param-value>/home.jsp</param-value>
        </init-param>
</filter>
```

对部署描述符中声明的每一个过滤器，Servlet 容器只创建一个实例。并且，同一个过滤器实例上可以运行多个线程同时为多个请求服务。与 Servlet 类似，也要注意线程安全的问题。

2. 设置过滤器映射<filter-mapping>

<filter-mapping>元素用于指定过滤器关联的 URL 样式或者 Servlet。<filter-mapping>结构如图 13-7 所示。

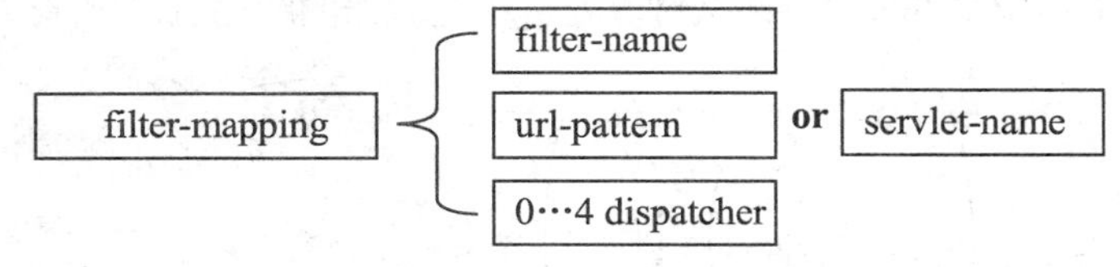

图 13-7 <filter-mapping>元素的结构

其中，<filter-name>子元素的值必须是<filter>元素中声明过的过滤器的名字；子元素<url-pattern>和<servlet-name>可以选择一个设置，<url-pattern>元素为过滤器关联的 URL，<servlet-name>元素为过滤器对应的 Servlet，当用户访问<url-pattern>元素上指定的资源或<servlet-name>元素指定的 Servlet 时，这个过滤器才会被容器调用；最多可以有 4 个<dispatcher>元素，<dispatcher>元素指定过滤器对应的请求方式，有 4 种请求方式：REQUEST，INCLUDE，FORWARD 和 ERROR，默认是 REQUEST。

- REQUEST：当用户直接访问页面时，Web 容器将会调用过滤器。除此之外，不会调用该过滤器。
- INCLUDE：用户访问的目标资源是通过 RequestDispatch 的 include()方法访问时，容器会调用过滤器。除此之外，不会调用该过滤器。

➢ FORWARD：用户访问的目标资源是通过 RequestDispatch 的 forward()方法访问时，容器会调用过滤器。除此之外，不会调用该过滤器。

➢ ERROR：如果目标资源是通过声明式异常处理机制调用时，容器会调用过滤器。

使用<filter-mapping>元素的示例如下：

使用<servlet-name>元素将过滤器连接到一个 Servlet 中。

```
<filter-mapping>
<filter-name>LogFilter</filter-name>
<servlet-name>myServlet</servlet-name>
</filter-mapping>
```

当用户访问 myServlet.java 时，容器就会调用 LogFilter 过滤器。

使用<url-pattern>将过滤器映射到某个 URL 模式。

```
<filter-mapping>
<filter-name>LogFilter</filter-name>
<url-pattern>/*.jsp</url-pattern>
< dispatcher > REQUEST </ dispatcher >
< dispatcher > INCLUDE < /dispatcher >
</filter-mapping>
```

当用户访问 JSP 文件时，容器就会调用 LogFilter 过滤器，并且要求满足用户直接访问 JSP 页面或者通过 RequestDispatch 的 include()方法访问时，容器就会调用过滤器 LogFilter。

使用<url-pattern>将过滤器映射到某个 URL 模式的方法会获得更大的灵活性，它能够使开发人员将过滤器应用于一组 Servlet、JSP 或任何静态资源。

在映射过滤器时，应高度重视元素<servlet-mapping>的顺序。一旦顺序颠倒，完全可能形成与设计时完全不同的结果。根据如下部署描述符，用<servlet-mapping>元素先定义 Filter1，然后定义 Filter2，最后定义 Filter3，那么过滤器链中过滤器的顺序就确定了，如图 13-8 所示。

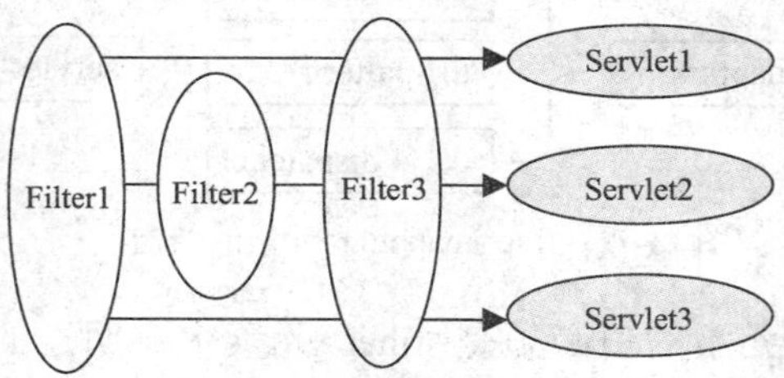

图 13-8　有顺序的过滤器链

```
<filter-mapping>
    <filter-name>Filter1</filter-name>
    <servlet-name>servlet1</servlet-name>
</filter-mapping>
<filter-mapping>
    <filter-name>Filter1</filter-name>
    <servlet-name>servlet2</servlet-name>
</filter-mapping>
```

```
<filter-mapping>
    <filter-name>Filter1</filter-name>
    <servlet-name>servlet3</servlet-name>
</filter-mapping>

<filter-mapping>
    <filter-name>Filter2</filter-name>
    <servlet-name>servlet2</servlet-name>
</filter-mapping>

<filter-mapping>
    <filter-name>Filter3</filter-name>
    <servlet-name>servlet1</servlet-name>
</filter-mapping>
<filter-mapping>
    <filter-name>Filter3</filter-name>
    <servlet-name>servlet2</servlet-name>
</filter-mapping>
<filter-mapping>
    <filter-name>Filter3</filter-name>
    <servlet-name>servlet3</servlet-name>
</filter-mapping>
```

在第 13.1.6 节中，我们完成了过滤器开发的第一步：编写过滤器类。运行过滤器必须在部署描述符中编译和部署过滤器。为了能成功测试我们的过滤器，第二步要编写一个测试页 test.jsp，内容如下：

```
<%@ page contentType="text/html;charset=GB2312" %>
JSP 测试网页
```

第三步编译和部署过滤器。编写 WEB-INF\web.xml 文件，对过滤器进行配置。web.xml 文件的详细内容如下：

```
<?xml version="1.0" encoding="UTF-8"?>
<web-app id="WebApp_ID" version="2.4" xmlns="http://java.sun.com/xml/ns/j2ee"
  xmlns:xsi="http://www.w3.org/2001/XMLSchema-instance"
  xsi:schemaLocation="http://java.sun.com/xml/ns/j2ee http://java.sun.com/xml/ns/j2ee/web-app_2_4.xsd">
    <display-name>ch13</display-name>

<filter>
        <filter-name>SimpleFilter</filter-name>
        <filter-class>com.TestFilter</filter-class>
    </filter>

    <filter-mapping>
        <filter-name>SimpleFilter</filter-name>
        <url-pattern>/test.jsp</url-pattern>
```

```
    </filter-mapping>

</web-app>
```

当用户访问 test.jsp 页面时，容器就会调用 SimpleFilter，运行结果如图 13-9 所示。

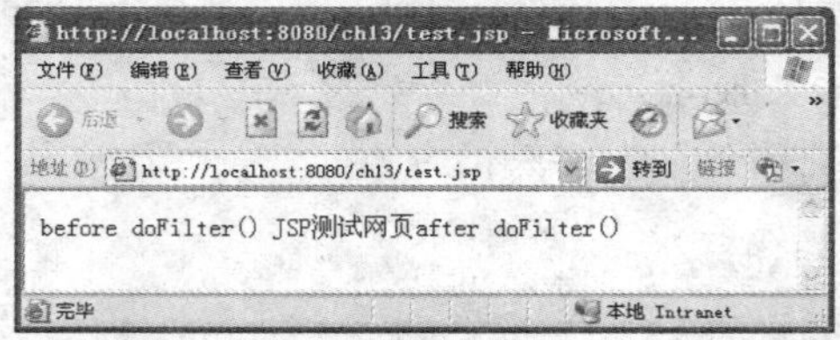

图 13-9　调用过滤器 TestFilter 的运行结果

从结果中看出，在输出 before doFilter()后，执行 chain.doFilter(req, res);语句，目标资源被调用，在响应中输出“JSP 测试网页”，然后返回过滤器的 doFilter()方法中，继续执行 chain.doFilter(req, res);后面的语句，输出 after doFilter()。

13.1.8　对请求数据进行处理的过滤器

【例 13-2】使用过滤器校验表单数据。

在 Web 应用中，常要求用户注册成功后才能使用。有时用户在注册时输入不合法。在过滤器中拦截客户端请求，获得输入的参数数据，对输入参数数据的合法性进行校验，将不合法的请求重新定位到一个错误页面。

(1) 开发 3 个 jsp 页面：CheckForm.jsp、CheckFormSuccess.jsp 和 CheckFormFail.jsp。

CheckForm.jsp 的代码如下：

```
<%@ page language="java" contentType="text/html;charset=GB2312"%>
<html>
<head>
<title>使用过滤器校验表单数据</title>
<meta http-equiv="Content-Type" content="text/html;charset=GB2312">
</head>
<body>
<center>
<h2>使用过滤器校验表单数据：</h2>
<form method="post" action="CheckFormSuccess.jsp">
<table>
<tr>
    <td>姓名：</td>
    <td><input name="name" type="text"></td>
</tr>
<tr>
    <td>年龄：</td>
    <td><input name="age" type="text"></td>
</tr>
```

```
<tr>
        <td></td>
        <td><input name="submit" type="submit" value="提交"> <input
                name="reset" type="reset" value="重置"></td>
</tr>
</table>
</form>
</center>
</body>
</html>
```

CheckFormSuccess.jsp 的代码如下：

```
<%@ page language="java" contentType="text/html;charset=GB2312"%>
<html>
<head>
<title>成功通过过滤器校验</title>
<meta http-equiv="Content-Type" content="text/html;charset=GB2312">
</head>
<body>
<center>
<h2>您提交的数据：</h2>
<form>
<table>
<tr>
        <td>姓名：</td>
        <td><input name="name" type="text"
                value=<%=request.getParameter("name")%> readonly="true"></td>
</tr>
<tr>
        <td>年龄：</td>
        <td><input name="age" type="text"
                value=<%=request.getParameter("age")%> readonly="true"></td>
</tr>
</table>
</form>
<h2><font color="#FF0000">数据成功通过了过滤器校验！</font></h2>
</center>
</body>
</html>
```

CheckFormFail.jsp 的代码如下：

```
<%@ page language="java" contentType="text/html;charset=GB2312"%>
<html>
<head>
<title>没能通过过滤器校验</title>
<meta http-equiv="Content-Type" content="text/html;charset=GB2312">
```

```
</head>
<body>
<center>
<h2>您提交的数据如下：</h2>
<form>
<table>
<tr>
      <td>姓名：</td>
      <td><input name="name" type="text"
            value=<%=request.getParameter("name")%> readonly="true"></td>
</tr>
<tr>
      <td>年龄：</td>
      <td><input name="age" type="text"
            value=<%=request.getParameter("age")%> readonly="true"></td>
</tr>
</table>
</form>
<h2><font color="#0000EE">输入数据没能通过过滤器的校验！</font></h2>
</center>
</body>
</html>
```

(2) 编写过滤器类。过滤器类的名字为 CheckFormFilter.java，代码如下：

```
package com;

import java.io.IOException;
import javax.servlet.*;

public class CheckFormFilter implements Filter {

protected FilterConfig config;

public void destroy() {}

public void doFilter(ServletRequest request,ServletResponse response,FilterChain chain)
            throws IOException, ServletException {
            String name = request.getParameter("name");
            String strAge = request.getParameter("age");
            int age;

            RequestDispatcher dispatcher =
                  request.getRequestDispatcher("CheckFormFail.jsp");
```

```
            if (name == null || strAge == null) {
                //重定向到 formCheckFail.jsp 页面
                dispatcher.forward(request, response);
                return;
            }
            try{
                age = Integer.parseInt(strAge);
                if(age>100 || age<0){
                    dispatcher.forward(request, response);
                    return;
                    }
            }catch (NumberFormatException e) {
                //重定向到 formCheckFail.jsp 页面
                dispatcher.forward(request, response);
                return;
            }
            chain.doFilter(request, response);
        }

    public void init(FilterConfig filterConfig) throws ServletException {
        this.config = filterConfig;
    }

    }
```

(3) 在 web.xml 文件中添加配置过滤器 CheckFormFilter 的代码如下：

```
<!-- CheckFormFilter definition -->
  <filter>
    <filter-name>CheckFormFilter</filter-name>
    <filter-class>com.CheckFormFilter</filter-class>
  </filter>

  <!-- CheckFormFilter mapping -->
  <filter-mapping>
    <filter-name>CheckFormFilter</filter-name>
    <url-pattern>/CheckFormSuccess.jsp</url-pattern>
  </filter-mapping>
```

(4) 验证过滤器 CheckFormFilter 的运行效果。启动 Tomcat 服务器，在地址栏中输入请求：

```
http://localhost:8080/ch13/CheckForm.jsp
```

返回页面如图 13-10 所示，在页面中输入信息，提交数据后，因为年龄不在 1～100 范围内不合法，返回界面如图 13-11 所示。

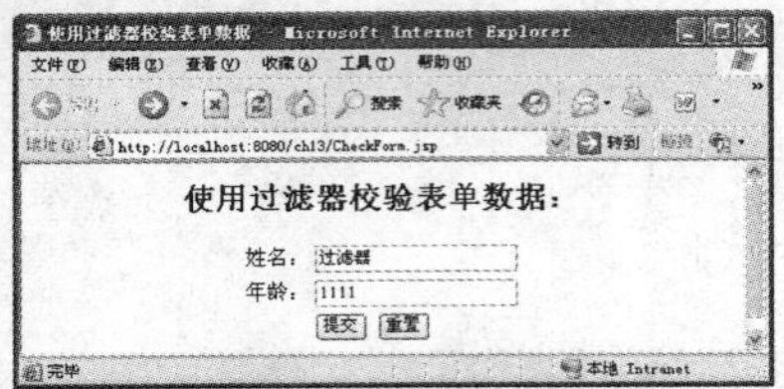

图 13-10 在表单中输入中文数据

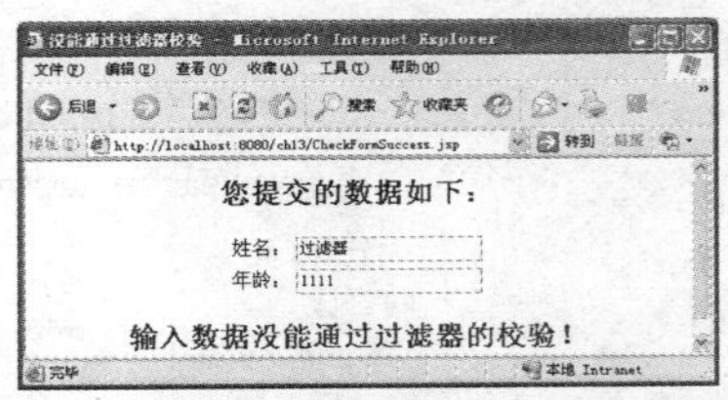

图 13-11 输入表单数据非法返回页面

如果输入数据合法返回界面如图 13-12 所示。

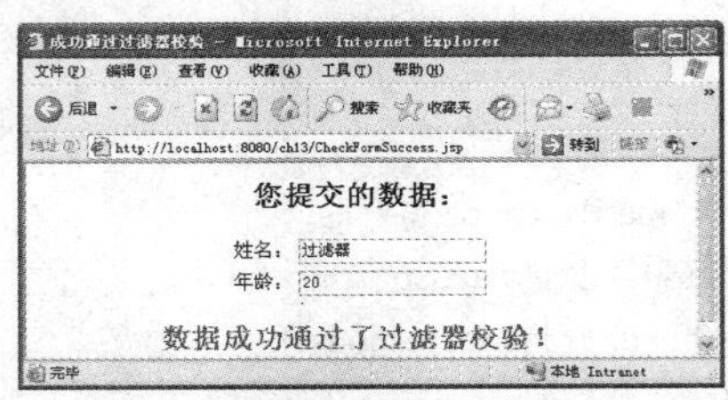

图 13-12 输入表单数据合法返回页面

【例 13-3】使用过滤器改变请求的编码。

在应用开发中，经常使用过滤功能对客户端的请求进行统一编码。

当没有指定 request 的编码方式时，从客户端得到的数据是 ISO-8859-1 编码的。如果客户端提交的数据中包含中文，那么使用 request.getParameter()得到提交的参数值会显示为乱码。如实例 CheckForm.jsp 就存在输入中文显示乱码的问题。部署在 Tomcat 服务器上后，启动服务器，在地址栏中输入请求：

```
http://localhost:8080/ch13/CheckForm.jsp
```

运行结果如图 13-13 所示，输入中文数据并提交后，返回的页面如图 13-14 所示，在姓名的文本框中出现了乱码。

图 13-13 在表单中输入中文数据

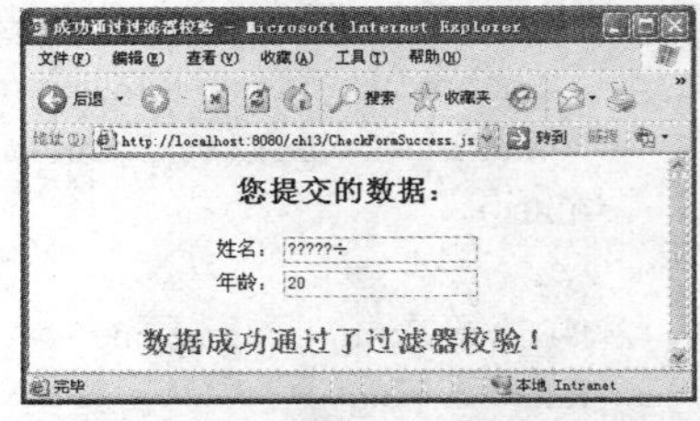

图 13-14 提交中文数据出现乱码

解决办法之一就是开发一个过滤器对请求进行统一编码，一次性解决所有页面请求的编码转换问题，步骤如下：

(1) 编写 CheckForm.jsp 和 CheckFormSuccess.jsp 页面。

(2) 编写过滤器类。过滤器类的名字为 Encoding.java，代码如下：

```
package com;

import java.io.IOException;
```

```
import javax.servlet.*;

public class EncodingFilter implements Filter {

protected String encoding = null;
protected FilterConfig config;

public void init(FilterConfig filterConfig) throws ServletException {
        this.config = filterConfig;
        //得到在 web.xml 中配置的编码
        this.encoding = filterConfig.getInitParameter("Encoding");
}

public void doFilter(ServletRequest request,   ServletResponse response,
        FilterChain chain)
        throws IOException, ServletException {
        if (request.getCharacterEncoding() == null) {
                //得到指定的编码
                String encode = getEncoding();
                if (encode != null) {
                        //设置 request 的编码
                        request.setCharacterEncoding(encode);
                        response.setCharacterEncoding(encode);
                }
        }
        chain.doFilter(request, response);
}

protected String getEncoding() {
        return encoding;
}

public void destroy() { }

}
```

(3) 在 web.xml 文件中配置过滤器 EncodingFilter。为了保证过滤器 EncodingFilter 在 CheckFormFilter 之前处理请求，必须在过滤器 CheckFormFilter 之前配置过滤器 EncodingFilter。

```
<!-- EncodingFilter definition -->
    <filter>
        <filter-name>EncodingFilter</filter-name>
        <filter-class>com.EncodingFilter</filter-class>
<init-param>
            <param-name>Encoding</param-name>
            <param-value>GB2312</param-value>
        </init-param>
```

```
</filter>

<!-- EncodingFilter mapping -->
<filter-mapping>
   <filter-name>EncodingFilter</filter-name>
   <url-pattern>/*</url-pattern>
</filter-mapping>
```

(4) 重启 Tomcat 服务器，在地址栏中输入下面请求：

```
http://localhost:8080/ch13/CheckForm.jsp
```

运行结果如图 13-15 所示，页面中中文数据可以正常显示，图 13-14 中的中文乱码问题在过滤器 EncodingFilter 的处理下得以解决。

图 13-15　配置过滤器 EncodingFilter 后的返回页面

13.1.9　对响应内容进行压缩的过滤器

提高网站的访问速度，从软件角度来说首先就是要尽可能地提高 Web 应用程序的执行速度，可以优化代码的执行效率和使用缓存来实现。如果在此基础上还需进一步提高网页的浏览速度，那就可以对响应内容进行压缩，以节省网络的带宽，提高访问速度。

现在主流的浏览器和 Web 服务器都支持网页的压缩，浏览器和 Web 服务器对压缩网页的处理过程是：

- 如果浏览器接受压缩后的网页内容，那么它会在请求中发送 Accept-Encoding 请求报头，值为 gzip 和 deflate，表示浏览器支持 gzip 和 deflate 这两种压缩方式。
- Web 服务器通过读取 Accept-Encoding 请求报头的值来判断浏览器是否接受压缩内容，如果接受，Web 服务器设置 Content-encoding 报头的值为 gzip，同时将目标页面的响应内容采用 gzip 压缩方式压缩后发送到客户端。
- 浏览器收到响应内容后，根据 Content-encoding 报头的值对响应内容解压缩，然后显示响应页面的内容。

这里通过过滤器来对目标页面的响应内容进行压缩。不过在 API 文档中，HttpServletRequest 类并没有提供对请求信息进行修改的 set×××()方法，HttpServletResponse 类也没有提供得到响应数据的方法。即，虽然过滤器可以截取到请求和响应对象，但是没有办法直接使用这两个对象对其中的数据进行替换。但是可以利用请求和响应的包装类(wrapper)来间接改变请求和响应的信息。在 Servlet 规范中定义了 4 个包装类：

- public class javax.servlet.ServletRequestWrapper extends java.lang.Object implements ServletRequest
- public class javax.servlet.ServletResponseWrapper extends java.lang.Object implements ServletResponse
- public class javax.servlet.HttpServletRequestWrapper extends ServletRequestWrapper implements HttpServletRequest
- public class javax.servlet.HttpServletResponseWrapper extends ServletResponseWrapper implements HttpServletResponse

这 4 个包装类分别实现了请求或响应的接口，它们在构造方法中接受真正的请求和响应对象，然后利用该对象的方法来完成自己需要实现的方法。包装类是装饰设计模式的运用，它提供了一种不使用继承而修改或增加现有对象功能的方法。

【例 13-4】利用包装类改变请求和响应信息。

只需编写一个包装类的子类，然后覆盖需要修改的方法即可。使用 java.util.zip.GZIPOutputStream 作为响应内容的输出流对象。GZIPOutputStream 是过滤流类，使用 GZIP 压缩格式写入压缩数据。

(1) 编写 GZIPServletOutputStream.java。

GZIPServletOutputStream extends ServletOutputStream 类的对象用于替换 HttpServletResponse.getOutputStream()方法返回的 ServletOutputStream 对象，使用 gzipoutputstream.write(int a)方法实现 ServletOutputStream.write(int a)方法，从而达到压缩数据的目的。

```
package com;

import java.io.IOException;
import java.util.zip.GZIPOutputStream;
import javax.servlet.ServletOutputStream;

public class GZIPServletOutputStream extends ServletOutputStream {

private GZIPOutputStream gzipoutputstream;
public GZIPServletOutputStream(ServletOutputStream sos) throws IOException
{
    //使用响应输出流对象构造 GZIPOutputStream 过滤流对象
    this.gzipoutputstream = new GZIPOutputStream(sos);
}
@Override write()
public void write(int data) throws IOException
{
    //将写入操作委托给 GZIPOutputStream 对象的 write()方法，从而实现响应输出流的压缩
    gzipoutputstream.write(data);
}

//返回 GZIPOutputStream 对象，过滤器需要访问这个对象，以便完成将压缩数据写入输出流的操作
public GZIPOutputStream getGZIPOutputStream()
```

```
    {
        return gzipoutputstream;
    }
}
```

(2) 编写 CompressionResponseWrapper.java。

CompressionResponseWrapper extends HttpServletResponseWrapper 重写了 getWriter()和getOutputStream()方法，用 GZIPServletOutputStream 替换 ServletOutputStream 对象。

```
package com;

import java.io.*;
import javax.servlet.*;
import java.util.zip.GZIPOutputStream;

public class CompressionResponseWrapper extends HttpServletResponseWrapper{

private GZIPServletOutputStream gzipsos;
private PrintWriter printwriter;

public CompressionResponseWrapper(HttpServletResponse response) throws IOException {
    super(response);
    //用响应输出流创建 GZIPServletOutputStream 对象
    gzipsos = new GZIPServletOutputStream(response.getOutputStream());
    //用 GZIPServletOutputStream 对象作为参数，构造 PrintWriter 对象
    printwriter = new PrintWriter(gzipsos);
}

//重写 setContentLength()方法，以避免 Content-Length 实体报头所指出的长度和压缩后的实体正文长
度不匹配

@Override
public void setContentLength(int len){}

@Override
public ServletOutputStream getOutputStream() throws IOException  {
    return gzipsos;
}

@Override
public PrintWriter getWriter() throws IOException  {
    return printwriter;
}

// 过滤器调用这个方法来得到 GZIPOutputStream 对象，以便完成将压缩数据写入输出流的操作
public GZIPOutputStream getGZIPOutputStream()  {
    return gzipsos.getGZIPOutputStream();
}
}
```

(3) 编写 CompressionFilter.java。

CompressionFilter 过滤器使用 CompressionResponseWrapper 对象实现对响应内容的压缩。

```
package com;

import java.io.IOException;
import java.util.zip.GZIPOutputStream;
import javax.servlet.* ;
import javax.servlet.http.*;

public class CompressionFilter implements Filter {

public void destroy() {}

public void doFilter(ServletRequest request, ServletResponse response,
        FilterChain filterchain) throws IOException, ServletException {
        HttpServletRequest httpReq = (HttpServletRequest) request;
        HttpServletResponse httpResp = (HttpServletResponse) response;
        String acceptEncodings = httpReq.getHeader("Accept-Encoding");
        if (acceptEncodings != null && acceptEncodings.indexOf("gzip") > -1) {
                //得到响应对象的封装类对象
                CompressionResponseWrapper respWrapper = new CompressionResponseWrapper(httpResp);

                //设置 Content-Encoding 实体报头，告诉浏览器实体正文采用了 gzip 压缩编码
                respWrapper.setHeader("Content-Encoding", "gzip");
                filterchain.doFilter(httpReq, respWrapper);

                //得到 GZIPOutputStream 输出流对象
                GZIPOutputStream gzipos = respWrapper.getGZIPOutputStream();
                //调用 GZIPOutputStream 输出流对象的 finish()方法，完成将压缩数据写入响应输出流的操
                 作，无须关闭输出流
                gzipos.finish();
        }
        else  {
                filterchain.doFilter(httpReq, httpResp);
        }
}

public void init(FilterConfig filterConfig)   throws ServletException {}

}
```

(4) 部署过滤器。编辑 web.xml 文件，配置过滤器，添加如下代码：

```
<!-- CompressionFilter definition -->
  <filter>
```

```
        <filter-name>CompressionFilter</filter-name>
        <filter-class>org.sunxin.ch16.filter.CompressionFilter</filter-class>
    </filter>

    <!--CompressionFilter mapping -->
    <filter-mapping>
        <filter-name>CompressionFilter</filter-name>
        <url-pattern>*.jsp</url-pattern>
        <url-pattern>*.html</url-pattern>
    </filter-mapping>
```

(5) 运行 Web 应用程序，测试 CompressionFilter。启动 Tomcat，在浏览器的地址栏中输入：

```
http://localhost:8080/ch13/compress.html
```

显示正常的页面，如图 13-16 所示。

仅从页面看不出过滤器 CompressionFilter 是否起作用，可以用 telnet 方式来测试，在命令提示符窗口中输入命令：

```
telnet localhost 8080
```

然后再输入：

```
GET /ch13/compress.html HTTP/1.1
Host:localhost
Accept-Encoding:gzip
```

结果会看到除了头信息之外都是乱码，这说明过滤器 CompressionFilter 起作用了，如图 13-17 所示。

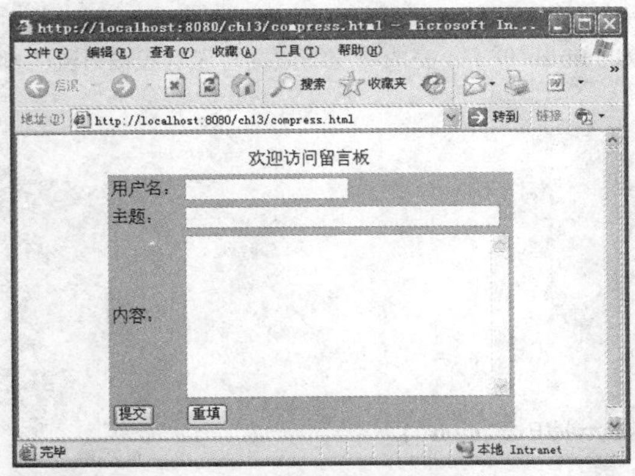

图 13-16　应用 CompressionFilter 过滤器的页面

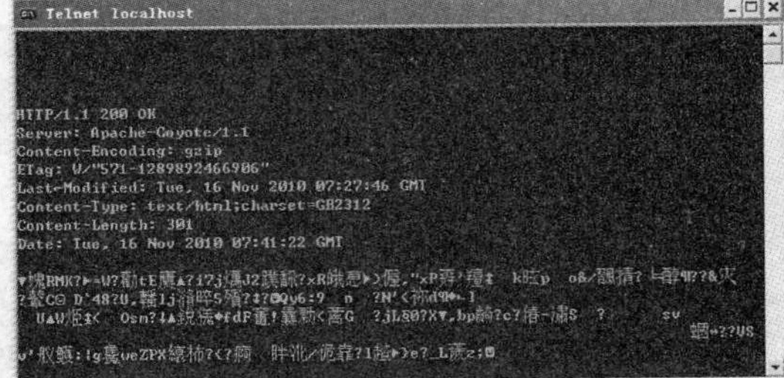

图 13-17　通过 telnet 测试 CompressionFilter 过滤器

13.2 Servlet 监听器

Servlet 2.3 提供了对 ServletContext 和 HttpSession 对象状态变化(事件)的监听器，Servlet 2.4 则增加了对 ServletRequest 对象状态变化(事件)的监听器。Servlet 监听器是 Web 应用程序事件模型的一部分，Servlet 监听器用于监听一些 Web 应用中重要事件的发生，监听器对象可以在事情发生前、发生后，Servlet 容器就会产生相应的事件，Servlet 监听器用来处理这些事件。

13.2.1 监听器接口

Servlet API 中定义了 8 个监听器，根据监听对象的类型和范围可以分为 3 类：ServletRequest 事件监听器、ServletContext 事件监听器和 HttpSession 事件监听器。8 个监听器接口如表 13-2 所示。

表 13-2 Servlet API 中的 8 个监听器接口

监 听 对 象	监听器接口	说 明
ServletRequest (监听请求消息对象)	javax.servlet. ServletRequestListener implements java.util.EventListener	ServletRequestListener 主要监听 request 内置对象的创建和销毁事件。当请求位于注册了该侦听器的 Web 应用程序范围中时，将生成通知。当请求即将进入每个 Web 应用程序中的第一个 Servlet 或过滤器时，该请求将被定义为进入范围，当它退出链中最后一个 Servlet 或第一个过滤器时，它将被定义为超出范围
	javax.servlet. ServletRequestAttributeListener implements java.util.EventListener	ServletRequestAttributeListener 可由想要在请求属性更改时获得通知的开发人员实现。当请求位于注册了该侦听器的 Web 应用程序范围中时，将生成通知。当请求即将进入每个 Web 应用程序中的第一个 Servlet 或过滤器时，该请求将被定义为进入范围，当它退出链中最后一个 Servlet 或第一个过滤器时，它将被定义为超出范围
ServletContext (监听应用程序 环境对象)	javax.servlet.ServletContextListener implements java.util.EventListener	此接口的实现接收有关其所属 Web 应用程序的 Servlet 上下文更改的通知。要接收通知事件，必须在 Web 应用程序的部署描述符中配置实现类
	javax.servlet. ServletContextAttributeListener implements java.util.EventListener	此接口的实现接收 Web 应用程序的 Servlet 上下文中的属性列表更改通知。要接收通知事件，必须在 Web 应用程序的部署描述符中配置实现类

(续表)

监 听 对 象	监听器接口	说　明
HttpSession (监听用户会话对象)	javax.servlet.http. HttpSessionListener implements java.util. EventListener	对 Web 应用程序中活动会话列表的更改将通知此接口的实现。要接收通知事件，必须在 Web 应用程序的部署描述符中配置实现类
	javax.servlet.http. HttpSessionActivationListener implements java.util.EventListener	定位到会话的对象可以侦听通知它们的会话将被钝化和会话将被激活的容器事件。在 VM 之间迁移会话或者保留会话的容器，需要通知绑定到实现 HttpSessionActivationListener 的会话的所有属性
	Javax.servlet.http. HttpSessionAttributeListener implements java.util.EventListener	为了获取此 Web 应用程序内会话属性列表更改的通知，可实现此侦听器接口
	javax.servlet.http. HttpSessionBindingListener implements java.util.EventListener	使对象在被绑定到会话或从会话中取消对它的绑定时得到通知。该对象通过 HttpSessionBindingEvent 对象得到通知。这可能是 Servlet 编程人员显式地从会话中取消绑定某个属性的结果(由于会话无效或者会话超时)

13.2.2 ServletRequestListener 接口

javax.servlet.ServletRequestListener 接口主要监听 request 内置对象的创建和销毁事件。当 request 请求准备到达 Web 应用的第一个 Servlet 程序或过滤器时，request 内置对象创建，触发了 request 内置对象创建事件。当 request 内置对象超出作用范围而失效时，触发 request 对象销毁事件。接口中定义了两个事件处理方法，分别是 requestInitialized()和 requestDestroyed()。

- public void requestInitialized(ServletRequestEvent sre)：当产生的 request 准备进入 Web 应用作用范围事件时，侦听此事件的侦听器被激活，此方法被执行。
- Public void requestDestroyed(ServletRequestEvent sre)：当产生的 request 准备超出 Web 应用作用范围事件时，侦听此事件的侦听器被激活，此方法被执行。

ServletRequestEvent 是一个事件类，其中有两个关键方法。

- public ServletContext getServletContext()：返回当前 Web 应用的上下文对象。
- public ServletRequest getServletRequest()：返回当前请求对应的 ServletRequest 对象。

【13-5】用 ServletRequestListener 接口实现一个监听器，把用户请求资源的 URI 登记在日志文件中。

(1) 编写 TestListener.java，代码如下。

```
package com;
```

```
import javax.servlet.*;
import javax.servlet.http.*;
import java.io.*;
import java.util.*;

public class RequestListener implements ServletRequestListener {

synchronized    public void requestInitialized(ServletRequestEvent sre)
{
        try
        {
                FileWriter file=new FileWriter("c:\\requestLog.txt",true);
                        PrintWriter out=new PrintWriter(file);
                        HttpServletRequest request=(HttpServletRequest)sre.getServletRequest();
                        out.println( new Date()+"     "+request.getRemoteAddr()
                                        +"       "+request.getRequestURI());
                        out.close();
                }catch(Exception e)
                {
                        System.out.println(e);
                }

        }
public void requestDestroyed(ServletRequestEvent sre){  }
}
```

(2) 在 web.xml 添加如下代码部署监听器：

```
<web-app>
...
<listener>
        <listener-class>com.RequestListener </listener-class>
</listener>
...
</web-app>
```

(3) 测试。在地址栏中输入

```
http://localhost:8080/ch13/test.jsp
```

侦听结果在 C:\requestLog.txt 中。

(4) 查看运行结果 C:\requestLog.txt 文件，如图 13-18 所示。

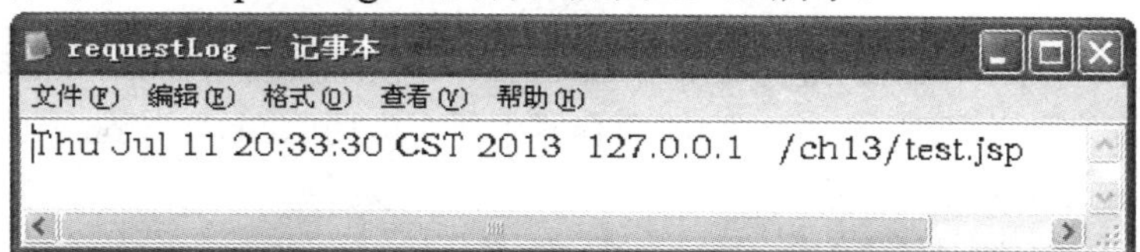

图 13-18　requestLog.txt 文件记录的监听器 TestListener 侦听的日志

13.2.3 ServletRequestAttributeListener 接口

实现 javax.servlet.ServletRequestAttributeListener 接口的监听器，主要侦听 request 属性的变化，包括添加新的属性、删除一个已有的属性、修改一个已有的属性值事件。接口定义了 3 个事件处理方法，分别是 attributeAdded()、attributeRemoved()、attributeReplaced()。

- public void attributeAdded(ServletRequestAttributeEvent srae)：当上下文中添加了新的 request 属性事件时，监听器被激活，这个方法被执行。例如 JSP 页面使用 request.setAttribute("userName","Tom")会激活此方法。
- public void void attributeRemoved(ServletRequestAttributeEvent srae)：当删除了一个已有的 request 属性时，监听器被激活，这个方法被执行。例如 JSP 页面使用 request.removeAttribute("userName")会激活此方法。
- public void void attributeReplaced(ServletRequestAttributeEvent srae)：当删除了一个已有的 request 属性时，监听器被激活，这个方法被执行。例如 JSP 页面使用 request.removeAttribute("userName")会激活此方法。

13.2.4 ServletContextListener 接口

在 Web 应用程序启动时需要执行一些初始化任务，可以编写实现 ServletContextListener 接口的监听器类。

在 ServletContextListener 接口中定义了两个事件处理方法，分别是 contextInitialize()和 contextDestroyed()。

- public void contextInitialized(ServletcontextEvent sce)：在 Web 应用程序初始化阶段，servlet 容器调用 ServletContextListener 对象的该方法，通知侦听器 ServletContext 对象进入初始化阶段。该方法在 Web 应用程序中的所有过滤器或 Servlet 初始化之前，应该通知所有 ServletContextListener 关于上下文初始化的信息。
- public void contextDestroyed(ServletContextEvent sce)：在 Web 应用的结束阶段，servlet 容器会调用 ServletContextListener 对象的本方法，通知侦听器 ServletContext 对象进入销毁阶段。在通知所有 ServletContextListener 上下文销毁之前，所有 Servlet 和过滤器都已销毁。

ServletContextListener 整个工作过程如图 13-19 所示。

- 启动 Servlet 容器时，Servlet 容器为每个包含 Servlet 的 Web 应用实例化一个 ServletContext 对象。
- 启动 Servlet 容器时，Servlet 容器还根据部署描述符，为每个 Web 应用实例化各种侦听器。
- 容器向其下所有 Web 应用的 ServletContextlistener 侦听器发送 contextInitialized 事件消息。
- 当 Servlet 容器关闭时，Servlet 容器向容器中所有应用的 ServletContextlistener 侦听器发送 contextDestroyed 事件消息。

在上述两个事件中，Web 容器通过 ServletcontextEvent 对象来通知实现了 ServletContextListener 接口的监听器发生的事件的具体信息，监听器可以利用 ServletContextEvent 对象来得到 ServletContext 对象。

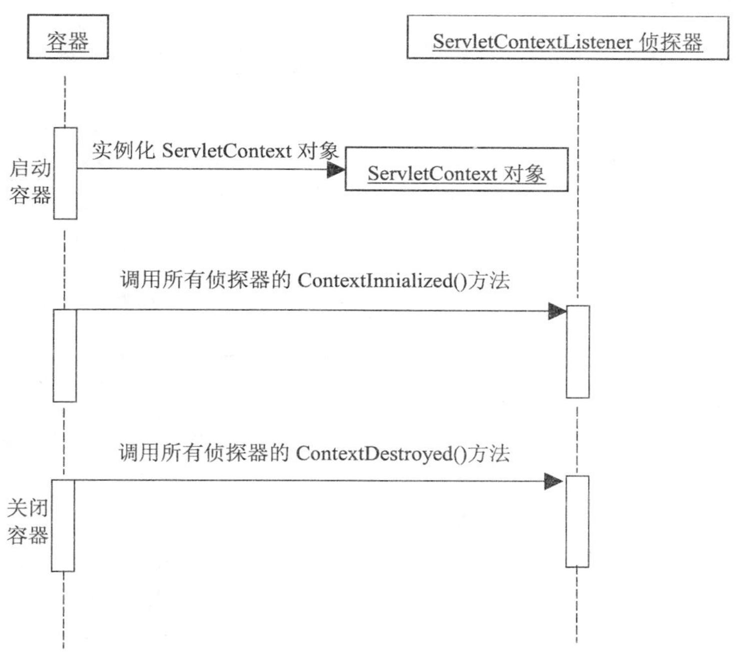

图 13-19　ServletContextListener 操作顺序图

ServletContextEvent 是一个事件类。当 Web 应用程序启动或关闭时，Servlet 容器将事件包装成 ServletContextEvent 对象，并将该对象作为参数传递给 ServletContext 对象的侦听器类的两个方法。

ServletContextEvent 对象提供了一个 getServletContext()方法，侦听器可以用它来获得对触发该事件的 ServletContext 对象的引用：

```
public ServletContext getServletContext();
```

13.2.5　ServletContextAttributeListener 接口

ServletContext 的属性是由 Web 应用程序中所有的 Servlet 所共享的。为保证属性在整个 Web 应用范围内的一致性，有必要监视 ServletContext 对象任何属性的改变。ServletContextAttributeListener 侦听器就是为了这一目的而设立的。该侦听器是一个实现了接口 ServletContextAttributeListener 的 Java 类。

ServletContextAttributeListener 接口共提供了 3 种方法：

- public void attributeAdded(ServletContextAttributeEvent scab)：通知向 Servlet 上下文中添加了一个新属性。在添加属性之后调用该方法。
- public void attributeRemoved(ServletContextAttributeEvent scab)：通知现有属性已从 Servlet 上下文中移除。在移除属性之后调用该方法。
- public void attributeReplaced(ServletContextAttributeEvent scab)：通知已替换 Servlet 上下文中的一个属性。在替换属性之后调用该方法。

各方法的调用过程如图 13-20 所示。

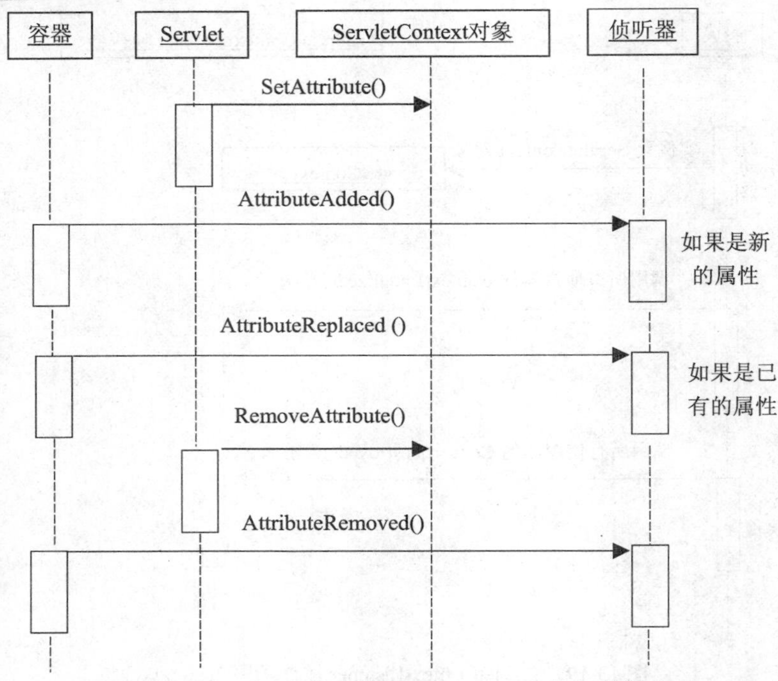

图 13-20　ServletContextAttributeListener 操作顺序图

- 当调用 ServletContext 对象的 setAttribute()方法将某个属性绑定到 ServletContext 对象时，容器会调用侦听器的 attributeAdded()方法。
- 当调用 ServletContext 对象的 setAttribute()方法改变已经绑定到 ServletContext 对象的某个属性值时，容器会调用侦听器的这个方法。
- 当调用 ServletContext 对象的 removeAttribute()方法将某个属性从 ServletContext 对象中删除时，容器会调用侦听器的这个方法。

在上述 3 个事件中，容器通过传递 ServletContextAttributeEvent 对象来通知侦听器发生事件的具体信息。

ServletContextAttributeEvent 类是一个事件类。当 Servlet 容器捕获对 ServletContext 属性的操作事件时，它将事件包装成一个 ServletContextAttributeEvent 对象，并将该对象作为参数传递给属性侦听器类的 3 个方法。ServletContextAttributeEvent 类继承自 ServletContextEvent 类。

【13-6】开发一个对 ServletContext 及其属性进行监听的程序。

(1) 编写 ContextListener.java，代码如下：

```
package com;
import java.io.*;
import javax.servlet.*;
public class ContextListener implements ServletContextListener,ServletContextAttributeListener {
private ServletContext context = null;
    //以下代码实现 ServletContextListener 接口
  public void contextDestroyed(ServletContextEvent sce) {
        logout("contextDestroyed()-->ServletContext 被销毁");
        this.context = null;
     }
```

```
        public void contextInitialized(ServletContextEvent sce) {
         this.context = sce.getServletContext();
         logout("contextInitialized()-->ServletContext 初始化了");
        }//ServletContextListener
        //以下代码实现 ServletContextAttributeListener 接口
        public void attributeAdded(ServletContextAttributeEvent scae) {
         logout("增加了一个 ServletContext 属性：attributeAdded('" + scae.getName() + "', '" +
                    scae.getValue() + "')");
        }
        public void attributeRemoved(ServletContextAttributeEvent scae) {
         logout("删除了一个 ServletContext 属性：attributeRemoved('" + scae.getName() + "', '" +
                    scae.getValue() + "')");
        }
        public void attributeReplaced(ServletContextAttributeEvent scae) {
         logout("某个 ServletContext 的属性被改变：attributeReplaced('" + scae.getName() + "', '" +
                    scae.getValue() + "')");
        }
        private void logout(String message) {
         PrintWriter out=null;
         try {
              out=new PrintWriter(new FileOutputStream("c:\\test.txt",true));
              out.println(new java.util.Date().toLocaleString()+"::Form ContextListener: " + message);
              out.close();
         }
         catch(Exception e) {
              out.close();
              e.printStackTrace();
         }
        }
         out.println(new java.util.Date().toLocaleString()+"::Form ContextListener: " + message);
         out.close();
        }
        catch(Exception e) {
         out.close();
         e.printStackTrace();
        }
        }
}
```

(2) 在 web.xml 添加如下代码部署监听器：

```
<web-app>
…
<listener>
        <listener-class>com.ContextListener</listener-class>
</listener>
…
</web-app>
```

(3) 编写测试 JSP 页面 testContext.jsp，代码如下：

```
<%
out.println("add attribute");
getServletContext().setAttribute("userName","hellking");
out.println("replace attribute");
getServletContext().setAttribute("userName","asiapower");
out.println("remove attribute");
getServletContext().removeAttribute("userName");
%>
```

在 testContext.jsp 中对 ServletContext 执行 3 次属性的操作。执行结果在 C:\test.txt 中。

(4) 查看运行结果 C:\test.txt 文件，如图 13-21 所示。

```
test - 记事本
文件(F) 编辑(E) 格式(O) 查看(V) 帮助(H)
2013-7-11 21:02:01::Form ContextListener: 增加了一个ServletContext属性: attributeAdded('userName', 'hellking')
2013-7-11 21:02:01::Form ContextListener: 某个ServletContext的属性被改变: attributeReplaced('userName', 'hellking')
2013-7-11 21:02:01::Form ContextListener: 删除了一个ServletContext属性: attributeRemoved('userName', 'asiapower')
```

图 13-21　test.txt 文件内容

13.2.6　HttpSessionAttributeListener 接口

实现 javax.servlet.http.HttpSessionAttributeListener 接口的监听器，侦听 session 属性的变化，包括 session 属性的创建、销毁和修改事件。接口中声明 3 个方法 attributeAdded()、attributeRemoved()和 attributeReplaced()。

- public void attributeAdded(HttpSessionBindingEvent hsbe)：当添加一个新的 session 属性时，监听器被激活。此方法被调用。
- public void attributeRemoved(HttpSessionBindingEvent hsbe)：当一个已有的 session 属性被删除后，监听器被激活。此方法被调用。
- public void attributeReplaced(HttpSessionBindingEvent hsbe)：当一个 session 属性值被修改时，监听器被激活。此方法被调用。

监听事件类 HttpSessionBindingEvent 接口中主要方法有如下几种：

- public HttpSession getSession()：获得当前发生变化的 session 对象。
- public String getName()：获得当前发生变化的 session 属性名。
- public Object getValue()：获得当前发生变化的 session 属性值。如果发生的是修改属性事件，则返回的是旧属性值。

【例 13-7】开发一个对 HttpSessionAttribute 进行监听的程序。

(1) 编写 ContextListener.java，代码如下：

```
package com;

import javax.servlet.*;
import javax.servlet.http.*;

import java.io.*;
```

```
import java.util.*;

public class SessionAttributeListener implements HttpSessionAttributeListener {
public void attributeAdded(HttpSessionBindingEvent se) {

        try {
                FileWriter file = new FileWriter("c:\\SessionAttribute.txt", true);
                PrintWriter out = new PrintWriter(file);
                HttpSession session = se.getSession();
                out.println(new Date() + "      " + "新加一个 session 属性,ID="
                                + session.getId() + "      " + se.getName() + "="
                                + se.getValue());
                out.close();
        } catch (Exception e) {
                System.out.println(e);
        }

}

public void attributeRemoved(HttpSessionBindingEvent se) {

        try
        {
               FileWriter file=new FileWriter("c:\\SessionAttribute.txt",true);
                       PrintWriter out=new PrintWriter(file);
                HttpSession session = se.getSession();
                out.println( new Date()+"      "+"删除一个 session 属性,ID=" + session.getId()
                                      +"      "+se.getName() + "=" + se.getValue());
                       out.close();
                }catch(Exception e)
                {
                        System.out.println(e);
                        }

}

public void attributeReplaced(HttpSessionBindingEvent se) {

        try {
                FileWriter file = new FileWriter("c:\\SessionAttribute.txt", true);
                PrintWriter out = new PrintWriter(file);
                HttpSession session = se.getSession();
                out.println(new Date() + "      " + "修改了一个 session 属性,ID="
                                + session.getId() + "      " + se.getName() + "="
                                + se.getValue());
                out.close();
```

```
        } catch (Exception e) {
            System.out.println(e);
        }

    }
}
```

(2) 在 web.xml 中添加如下代码部署监听器：

```
<web-app>
…
<listener>
        <listener-class>com.SessionAttributeListener </listener-class>
</listener>
…
</web-app>
```

(3) 编写测试 JSP 页面 SessionAttributeListener.jsp，代码如下：

```
<%
    out.print("SessionAttribute");
    session.setAttribute("userName","Tom");
    session.setAttribute("userName","Jerry");
    session.setAttribute("password","123");
    session.removeAttribute("password");
    session.invalidate();
%>
```

在 SessionAttributeListener.jsp 中对 SessionAttribute 执行属性的操作。执行结果在 C:\SessionAttribute.txt 中。

(4) 查看运行结果 C:\SessionAttribute.txt 文件，如图 13-22 所示。

图 13-22 SessionAttributeListener 侦听日志

13.2.7 HttpSessionBindingListener 接口

如果一个对象实现了 HttpSessionBindingListener 接口，当该对象被绑定到 Session 中或从 Session 中删除时，Servlet 容器会通知该对象，该对象在接收到通知后做初始化操作或清除状态操作。

HttpSessionBindingListener 接口提供了如下方法：

➢ public void valueBound(HttpSessionBindingEvent event)：当对象正在被绑定到 Session 中时，Servlet 容器通知对象它将被绑定到某个会话并标识该会话。

➢ public void valueUnbound(HttpSessionBindingEvent event)：当从 Session 中删除对象时，Servlet 容器通知对象要从某个会话中取消对它的绑定并标识该会话。

在上述事件中，容器通过 HttpSessionBindingEvent 对象来通知侦听器发生事件的具体信息。该侦听器利用 HttpSessionBindingEvent 对象访问与它相联系的 HttpSession 对象。javax.servlet.http.HttpSessionBindingEvent 类提供了两种方法。

➢ public HttpSessionBindingEvent(HttpSession session, String name)：构造一个事件，通知对象它已经被绑定到会话，或者已经从会话中取消了对它的绑定。要接收该事件，对象必须实现 HttpSessionBindingListener。

➢ public HttpSessionBindingEvent(HttpSession session, String name, Object value)：构造一个事件，通知对象它已经被绑定到会话，或者已经从会话中取消了对它的绑定。要接收该事件，对象必须实现 HttpSessionBindingListener。

【例 13-8】利用 HttpSessionBindingListener 接口编写一个在线人数统计的程序。

用户登录成功后，显示欢迎信息，并同时显示当前在线的总人数和用户名单。当一个用户退出登录或 Session 超时时，从在线用户名单中删除该用户，同时将在线的总人数减 1。在程序的开发中，利用一个实现了 HttpSessionBindingListener 接口的监听器，当对象被绑定到 Session 或从 Session 中被删除时，更新当前在线的用户名单。具体步骤如下：

(1) 编写用户的登录界面 Login.html，代码如下：

```
<html>
    <head>
        <title>用户登录页面</title>
    </head>
    <body>
        <form action="success" method="post">
            <table>
                <tr>
                    <td>用户名：</td>
                    <td><input type="text" name="user"></td>
                </tr>
                <tr>
                    <td>密码：</td>
                    <td><input type="password" name="password"></td>
                </tr>
                <tr>
                    <td><input type="submit" value="登录"></td>
                    <td><input type="reset" value="重填"></td>
                </tr>
            </table>
        </form>
    </body>
</html>
```

(2) 编写 UserList.java、User.java、OnlineUserServlet.java 和 LogoutServlet.java。其中，UserList.java 用来存储和获取在线用户的列表，并且这个用户列表对于所有的页面来说都是同

一个。User.java 表示登录的用户，实现了 HttpSessionBindingListener 接口。OnlineUserServlet.java 用于向用户显示欢迎信息、当前在线用户列表和在线用户数。Logout.java 用于退出登录。

UserList.java 的代码如下：

```
package com;
import java.util.Vector;
import java.util.Enumeration;

public class UserList{
    private static final UserList userList=new UserList();
    private Vector<String> vector;

private UserList(){
    vector=new Vector<String>();
}

public static UserList getInstance(){
     return userList;
}

    public void addUser(String name) {
        if(name!=null)
            vector.addElement(name);
    }

    public void removeUser(String name) {
        if(name!=null)
            vector.remove(name);
    }

    public Enumeration<String> getUserList() {
        return vector.elements();
    }

    public int getUserCount() {
        return vector.size();
    }
}
```

UserList 类中的构造方法是私有的，避免了外部利用该类的构造方法直接创建多个实例，确保自行实例化并向整个系统提供仅此一个实例。静态方法 getInstance()可以返回在类加载时创建的对象 UserList 类的对象。对于静态方法 getInstance()，可以直接通过类名来调用。UserList 类中定义了一个私有 Vector 类型的变量 vector，在构造方法中对 vector 进行初始化，然后存放 String 类型的对象。因为 Vector 是同步的，所以采用 Vector 来保存用户列表，而不用 ArrayList，因为 ArrayList 在被多线程进行访问时不是同步的。

User.java 的代码如下：

```
package com;
```

```
import javax.servlet.http.HttpSessionBindingEvent;
import javax.servlet.http.HttpSessionBindingListener;

public class User implements HttpSessionBindingListener {

private String name;
 private UserList ul=UserList.getInstance();

public User() {   }

public User(String name){
        this.name=name;
    }

public void setName(String name){
        this.name=name;
    }

    public String getName(){
        return name;
    }

public void valueBound(HttpSessionBindingEvent event) {
     ul.addUser(name);
}

public void valueUnbound(HttpSessionBindingEvent event) {
     ul.removeUser(name);
}

}
```

User 类实现了 HttpSessionBindingListener 接口，表示登录的用户。利用 UserList 类的静态方法 getInstance()获得 UserList 类的对象，当 User 对象加入到 Session 中时，valueBound()方法就会被 Servlet 容器调用来将用户的名字保存到 UserList 对象中；当 User 对象被从 Session 中删除时，valueUnbound ()方法被 Servlet 容器调用，从 UserList 对象中删除该用户。

OnlineUserServlet.java 的代码如下：

```
package com;
import java.io.*;
import javax.servlet.*;
import java.util.Enumeration;

public class OnlineUserServlet extends HttpServlet{
    public void doGet(HttpServletRequest request, HttpServletResponseonse responseonse)
                throws ServletException,IOException
    {
        request.setCharacterEncoding("gb2312");
        String name=request.getParameter("user");
        String pwd=request.getParameter("password");
```

```
        if(null==name || null==pwd || name.equals("") || pwd.equals("")) {
            response.sendRedirect("login.html");
        }
        else {
            HttpSession session=request.getSession();
            User user=(User)session.getAttribute("user");
            if(null==user || !name.equals(user.getName())) {
                user=new User(name);
                session.setAttribute("user",user);
            }

            response.setContentType("text/html;charset=gb2312");
            PrintWriter out=response.getWriter();
            out.println("欢迎用户<b>"+name+"</b>登录");
            UserList ul=UserList.getInstance();
            out.println("<br>当前在线的用户列表：<br>");
            Enumeration<String> enums=ul.getUserList();
            int i=0;
            while(enums.hasMoreElements()) {
                out.println(enums.nextElement());
                out.println("    ");
                if(++i==10) {
                    out.println("<br>");
                }
            }
            out.println("<br>当前在线的用户数："+i);
            out.println("<p><a href=logout>退出登录</a>");
            out.close();
        }
    }
public void doPost(HttpServletRequest request, HttpServletResponse response)
            throws ServletException,IOException
    {
        doGet(request,response);
    }
}
```

根据从 Session 中得到的名为 user 的属性对象是否为空，判断此次用户是否登录。如果 user 对象不为 null，那么接着判断在同一个会话中用户是否换了一个用户名登录。如果登录 user 对象为 null 或者同一个会话中用户登录名换了，就用当前用户登录的用户名创建一个 User 对象，利用 session.setAttribute("user",user)将 user 对象绑定到 Session 中，此时，Servlet 容器也会调用 User 对象的 valueBound()方法，将这个用户的名字保存到 userList 中。

LogoutServlet.java 的代码如下：

```
package com;

import java.io.IOException;
import java.io.PrintWriter;
```

```
import javax.servlet.ServletException;
import javax.servlet.http.HttpServletRequest;
import javax.servlet.http.HttpServletResponse;
import javax.servlet.http.HttpSession;

public class LogoutServlet extends javax.servlet.http.HttpServlet implements javax.servlet.Servlet {

public LogoutServlet() {
        super();
}

public void doGet(HttpServletRequest request, HttpServletResponse response)
      throws ServletException,IOException
      {
        response.setContentType("text/html;charset=gb2312");

        HttpSession session=request.getSession();
        User user=(User)session.getAttribute("user");
        session.invalidate();

        PrintWriter out=response.getWriter();
        out.println("<html><head><title>退出登录</title></head><body>");
        out.println(user.getName()+"，你已退出登录<br>");
        out.println("<a href=login.html>重新登录</a>");
        out.println("</body></html>");
        out.close();
      }
}
```

用户退出登录时，调用 HttpSession 对象的 invalidate()方法，使 Session 失效，并删除了绑定到这个 Session 中的 User 对象，Servlet 容器就会调用这个 User 对象的 valueUnbound()方法从 UserList 中删除此用户。

(3) 修改部署文件 web.xml，代码如下：

```
<servlet>
      <servlet-name>OnlineUserServlet</servlet-name>
      <servlet-class>com.OnlineUserServlet   </servlet-class>
</servlet>

<servlet-mapping>
      <servlet-name>OnlineUserServlet</servlet-name>
      <url-pattern>success</url-pattern>
</servlet-mapping>

<servlet>
      <servlet-name>logout</servlet-name>
      <servlet-class>com.LogoutServlet </servlet-class>
</servlet>

<servlet-mapping>
```

```
        <servlet-name>logout</servlet-name>
        <url-pattern>logout</url-pattern>
    </servlet-mapping>
```

(4) 测试运行在线人数统计程序。运行 Tomcat 服务器，在浏览器地址栏中输入：

```
http://localhost:8080/ch13/login.html
```

在显示的登录界面中输入用户名和密码后，显示如图 13-23 所示界面。如果再打开一个浏览器并进入登录界面，再次输入用户名和密码登录后，显示如图 13-24 所示界面。

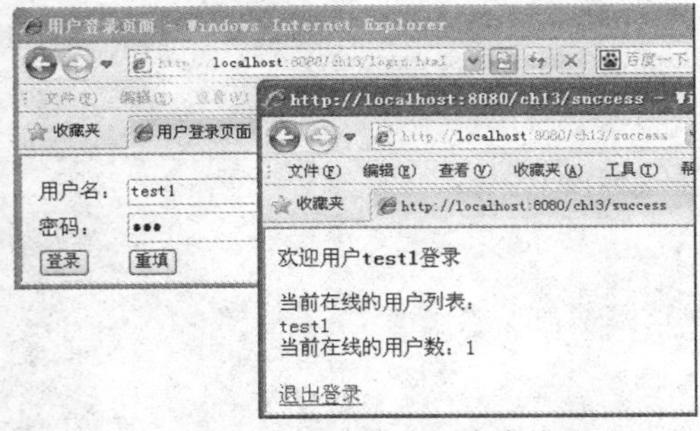

图 13-23　只有一个用户在线

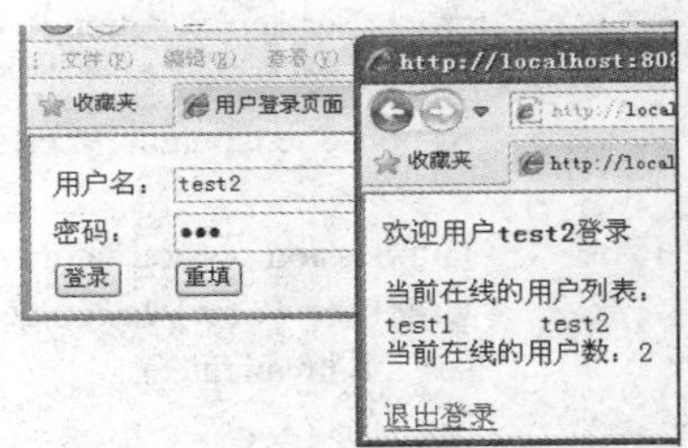

图 13-24　两个用户在线

注意

这里的在线人数统计程序只能统计用户使用“退出登录”方式退出的在线人数，如果用户采用关闭浏览器的方式退出，那么在服务器端的 Session 中这个用户依然存在，直到此 Session 超时，所以统计人数不够精确。

13.3 小　结

本章介绍了 Web 过滤器和监听器的应用和开发方法。在 Web 服务器上，除了可以部署 JSP、Servlet 外，还可以部署过滤器和事件监听程序(广义上也可被称为 Servlet)。

过滤器主要对客户端的请求和响应进行统一处理。常见过滤器有对用户请求进行统一认证、对用户发送的数据进行过滤或替换、对用户的访问请求进行记录和审核、对响应内容进行压缩、对请求和响应进行加密解密处理、触发资源访问事件等。

Web 监听程序主要监听各种事件，当事件触发后在后台自动执行某些操作。它们监听的对象包括 Web 应用的上下文信息(ServletContext)、Servlet 会话信息(Session)和 Servlet 请求信息(Request)等。

13.4 习 题

13.4.1 选择题

1. 在 web.xml 文件中，有下列代码：

```
<filter-mapping>
    <filter-name>LogFilter</filter-name>
    <url-pattern>/*.jsp</url-pattern>
    < dispatcher > REQUEST </ dispatcher >
    < dispatcher > INCLUDE < /dispatcher >
</filter-mapping>
```

Hello.jsp 文件的代码如下：

```
<%@ page contentType="text/html;charset=GB2312" %>
<%@ page import="java.sql.*" %>
<html>
<body bgcolor=cyan>
  <jsp:include file="date.jsp"/>
  <jsp:forward page="helpHello.jsp"/>
  <a href="login.jsp">登录</a>
</body>
</html>
```

访问 Hello.jsp 文件，过滤器 LogFilter 过滤的文件有(　)。

A. Hello.jsp　　B. helpHello.jsp　　C. login.jsp　　D. date.jsp

2. 下列不属于监听器接口 ServletContextAttributeListener 提供的方法的是(　)。

A. public void attributeAdded(ServletContextAttributeEvent event)

B. public void attributeRemoved(ServletContextAttributeEvent event)

C. public void attributeReplaced(ServletContextAttributeEvent event)

D. public void valueBound(HttpSessionBindingEvent event)

3. 下列不属于 Servlet 2.3 提供的监听器的是(　)。

A. ServletContext 对象状态变化(事件)的监听器

B. HttpSession 对象状态变化(事件)的监听器

C. HttpServletRequest 对象状态变化(事件)的监听器

D. HttpServletResponse 对象状态变化(事件)的监听器

4. 为了实现对下列 test.jsp 代码动作的监听，需要定义的监听器必须实现(　)接口。

```
<%
getServletContext().setAttribute("userName","hellking");
getServletContext().removeAttribute("userName");
```

```
request.getSession.setAttribute("user","hellking");
%>
```

A. ServletContextListener　　B. ServletContextAttributeListener
C. HttpSessionAttributeListener　　D. HttpSessionBindingListener
E. ServletRequestAttributeListener

5. 给定某Servlet程序的片段如下，用户在浏览器地址栏中输入正确的请求URL并回车后，在控制台上显示的结果是(　)。

```
public void doGet(HttpServletRequest request,HttpServletResponse response) throws
ServletException,IOException
{
System.out.println("get");
    doPost(request,response);
}
public void doPost(HttpServletRequest request,HttpServletResponse response)    throws
ServletException ,IOException
{
System.out.println("post");
}
```

A. get　　B. post　　C. getpost　　D. postget

13.4.2　判断题

1. 部署过滤器的工作内容，实际就是在 Web 应用的 Web.xml 文件中配置过滤器。　(　)

2. 在 Web.xml 文件中部署监听器，用<listener>注册监听器，用<listener-mapping>映射监听器。　(　)

3. 如果使用指定的 IP 访问 JSP 时报错，并告知用户不能访问，可以使用监听器。　(　)

13.4.3　填空题

1. 对 Web 应用来说，__________就是驻留在服务器端、在源数据和目的数据间、对 Web 请求和 Web 响应的头属性(Header)和内容体(Body)进行操作的一种特殊 Web 组件。

2. 过滤器对象使用__________对象调用过滤器链中的下一个过滤器或者是目标资源。

3. 在 J2EE 中，使用 Servlet 过滤器时，需要在 web.xml 通过__________元素将过滤器映射到 Web 资源。

4. 在一个 Filter 中，处理 filter 业务的是__________方法。

13.4.4　简答题

1. 什么是过滤器？什么是监听器？分别应用在哪些方面？

2. Filter 接口、FilterConfig 接口和 FilterChain 接口的功能分别是什么？提供的方法有哪些？

3. ServletContextListener 接口、ServletContextAttributeListener 接口和 HttpSessionBindingListener 接口的功能分别是什么？提供的方法有哪些？

4. JSP 乱码如何解决？列举几种解决方案。

5. 如何编写并配置过滤器？举例说明。

6. 如何编写并配置监听器？举例说明。

13.4.5 编程题

1. 编写一个过滤器 LogFilter.java，对 Request 请求进行过滤，记录请求的访问时间戳、从请求获取远程地址、从请求获取远程主机名、客户请求的资源 URI、客户用的浏览器，并记录到日志文件中。

2. 编写一个监听器 ContextListener.java，监听 Web 应用的启动和停止，并记录到日志文件中。

第 14 章

JSTL标准标签库

在 JSP 2.0 之后，EL 正式成为 JSP 规范的一部分，并增加了新的特性。EL 语法简单、使用方便，在 JSP 页面中使用 EL 表达式语言，可以简化对变量和对象的访问。

JSP 标准标签库(JSP Standard Tag Library，简称 JSTL)是一套预先定义好、协助程序设计人员简化 JSP 网页制作的标签函数库，包含了各种网页运作所需的运用，例如循环、条件控制、输出/输入、文本格式化及数据库访问操作等均为其涵盖范围。用户如果使用 JSTL，可以先到 Jakarta Project 网站上下载 JSTL 并安装。JSP 2.0 规范支持 JSTL 技术。

本章学习目标

◎ 了解 EL 表达式的前提条件，掌握 EL 表达式与 EL 隐含对象的基本用法

◎ 了解 JSTL 基本概念

◎ 掌握 JSTL 运行环境的配置

◎ 了解和掌握核心标记库中所有标签的使用

◎ 了解和掌握数据库标签中标签的使用

◎ 了解 i18n 中标签的使用

◎ 了解函数标签的使用

14.1 EL 表达式语言

EL 是表达式语言(Expression Language)的简称，是 JSP 2.0 增加的技术规范。用户可以选择直接在 JSP 网页当中使用 EL 替代 Java 进行数据的存取操作。

EL 有其专门的一套语法，包含了两项基本要素：变量与运算符。EL 另外还有一组内建的预先定义隐含对象(implicit variables)，它们以 Java 集合对象的形态出现，其中存储了网页的各种信息，包含 session、cookie 和网页传输过程中所使用的参数值。

14.1.1 EL 与 EL 隐含对象

所有 EL 都以$定界，内容包括在{ }中，如下所示：

```
${EL expression }
```

EL 表达式可以写在 HTML 标记的标记体内，也可以写在标记属性值内。EL 表达式由容器解释和执行。也可以使用转义字符"\"，把"${ }"当做普通字符串，容器不对其解释和执行。

1. EL 表达式中的常量和变量

EL 表达式中的常量直接书写。

对于 EL 而言，变量是一个存储了特定数据内容的符号，EL 可以直接对其进行访问，或是结合运算符在进行必要的运算之后输出。

【例 14-1】创建一个 JSP 文件 ConstantVarible.jsp，EL 中使用常量和变量，程序代码如下。

```
<%@page contentType="text/html"%>
<%@page pageEncoding="GB2312"%>
<html>
<head>
<title>使用 EL 变量</title>
</head>
<body>

<%
application.setAttribute("firstNum", "20");
application.setAttribute("secondNum", "40");
%>

输出数值 10：${10} <br>
输出变量 firstNum：${firstNum} <br>
输出变量 firstNum：${secondNum} <br>
输出变量 firstNum+firstNum：${secondNum+firstNum} <br>
输出字符串 firstNum：${'firstNum'} <br>
输出字符串 firstNum：${'secondNum'} <br>
```

```
</body>
</html>
```

程序中设置了两个数值变量 firstNum 和 secondNum；直接输出一个指定的数值 100，接下来输出这两个变量的内容，然后输出两个变量相加之后的结果。输出两个字符串：firstNum 及 secondNum，以单引号标示其为静态的字符串数据而非变量。EL 指定的变量如果找不到，会返回一个 null 值，变量可以进一步结合各种运算符进行运算。需要注意字符串常量与变量之间的分别，必须通过单引号对其进行区分，一个以上的 EL 可以合并输出，其效果就如同串接两个字符串所得到的内容一样。 ConstantVarible.jsp 运行结果如图 14-1 所示。

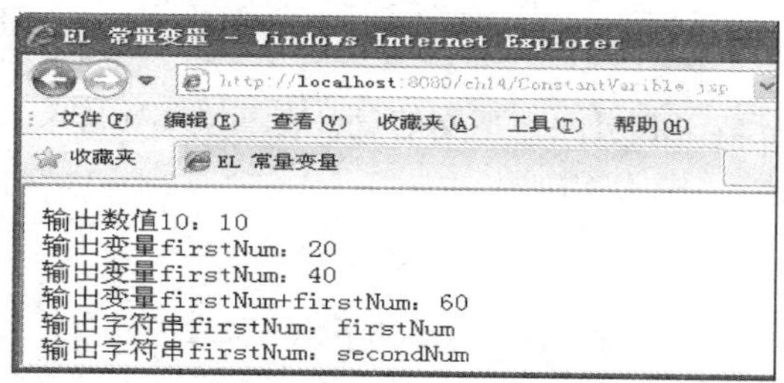

图 14-1　ConstantVarible.jsp 运行结果

2. EL 隐含对象

EL 本身内建了11个隐含对象，用户可以通过这些对象，取得特定的网页信息，表14-1列举了可用的隐含对象。

表 14-1　EL 可用的隐含对象

EL 隐含对象分类	隐 含 对 象	说　明
读取页面上下文	pageContext	取得网页运行环境的相关信息
读取 JSP 作用范围变量	pageScope	取得 page 范围内特定属性的属性值
	requestScope	取得 request 范围内特定属性的属性值
	sessionScope	取得 session 范围内特定属性的属性值
	applicationScope	取得 application 范围内特定属性的属性值
读取客户端表单或查询字符串参数	param	取得 request 对象的单一参数值
	paramValues	取得 request 对象的参数值
读取 request 请求报头	header	取得 request 对象单一标头值
	headerValues	取得 request 对象标头值
读取 cookie	cookie	取得 request 对象的 cookie
读取上下文初始化参数	initParam	取得网页运行环境的初始参数值

表 14-2 列举其对等的对象存取方式，表中每一列中的左右两种方式对于 JSP 而言完全相同。

表 14-2　EL 对象与 request 对象存取

EL 隐含对象	request 对象存取
param	request.getParameter(String name)
paramValues	request.getParameterValues(String name)
header	request.getHeader(String name)
headerValues	request.getHeaders(String name)
cookie	request.getCookies()

initParam 与下面的语句相等。

```
ServletContext.getInitParameter(String name)
```

【例 14-2】通过 EL 读取 JSP 页面上下文信息、表单文字属性内容、请求报头、Cookie 信息，EL 中使用常量和变量。程序代码如下。

el.jsp 源代码

```
<%@ page language="java" contentType="text/html; charset=GB2312"%>
<html>
  <head>
    <title>EL  隐含对象</title>
  </head>
  <body>

   <form method="GET" action="InternalObject.jsp">
    <input type="text" name="name" size="20"><br>
    <input type="submit" value="确认" >
    <input type="reset" value="取消" >
   </form>
 <%
            Cookie nameCookie = new Cookie("cname", "JSP");
            response.addCookie(nameCookie);
  %>
  </body>
</html>
```

InternalObject.jsp 源代码。

```
<%@ page language="java" contentType="text/html; charset=GB2312"%>
<html>
<head>
<title>EL 隐含对象运行</title>
</head>
<body>
    请求 URL: ${pageContext.request.requestURL}<br>
    通信协议：${pageContext.request.protocol}<br>
    表单参数：${pageContext.request.queryString}<br>
```

```
        ${'Hello '}
        ${param.name}
        ${'欢迎使用 JSP  动态网页 !'}  <br>

        accept-language：${header["accept-language"]}<br>
        host：${header["host"]}<br>
        cookie：${header["cookie"]}<br>

        cookie cname：${cookie.cname} <br>
        cookie cname(value)：${cookie.cname.value} <br>

    </body>
    </html>
```

InternalObject.jsp 中第 7、8、9 行分别引用 pageContext 各种成员，取得与网页本身有关的信息；第 11 行引用了 param 取得参数内容。第 13、14、15 行列举了指定的标头相关信息。第 16、17 行通过 cookie 对象，分别取得 cname 这个由前一个网页所设置的 cookie 内容。运行结果如图 14-2 所示。

图 14-2　运行结果

3. EL 运算符

EL 提供了进行逻辑运算所需的相关运算符，其中包含了算术运算符、关系运算符及逻辑运算符等等。表 14-3 对 EL 所包含的运算符进行了说明。

表 14-3　EL 所包含的运算符

运算符类型	运　算　符	说　　明
EL 存取器	.	存取 bean property 或是 map entry
	[]	存取 array 或 List 元素
	()	改变运算顺序
条件式三元运算符	? :	条件式三元运算 condition ? ifTrue : ifFalse

(续表)

运算符类型	运　算　符	说　　明
算术运算符	+	加法运算
	-	减法运算
	*	乘法运算
	/ 或 div	除法运算
	% 或 mod	模数运算
关系运算符	== 或 eq	对等运算
	!= 或 ne	不相等运算
	< 或 lt	小于比较运算
	> 或 gt	大于比较运算
	<= 或 le	小于或等于比较运算
	>= 或 ge	大于或等于比较运算
逻辑运算符	&& 或 and	逻辑 AND 运算
	|| 或 or	逻辑 OR 运算
	! 或 not	布尔补码运算
验证运算符	empty	空值运算
	func(args)	函数调用

(1) 点运算符“.”与方括号“[]”

EL 可以通过点运算符或是方括号，来检索对象的属性或者集合的元素。以隐含对象 param 为例。

```
${ param.name }
${ param["name"] }
```

其中第 1 行与第 2 行的意思均相同：用来取得 param 对象参数集合当中，名称为 name 的参数值。

(2) 算术运算符

算术运算符主要被使用在数值数据的数学运算中，EL 提供了 5 个算术运算符，其含义和语法基本同 Java 语言。算术运算符相当于数学四则运算的功能，其中模数运算符%，用以取得两数相除之后所得到的余数。

(3) 关系运算符

EL 提供了 6 个作为比较运算的关系运算符，它们被使用于两个指定的数据中进行比对运算。==运算符，相当于 Java 中的 equals( )方法，用来判断两个字符串对象是否相同。

(4) 逻辑运算符

逻辑运算符用来进行两个表达式的逻辑运算，并且返回 true 或 false 的结果，EL 总共包含了 3 个逻辑运算符。

(5) empty 运算符

empty 被用来判断指定的值是否为 null 或是空值，并且返回一个代表判断结果的 Boolean 值。如下式：

```
${empty A}
```

其中的 A 为所要判断的值。empty 的运算规则：若是判断值 A 为 null，返回 true 的运算结果，若是 A 的值为空的字符串、数组或是集合对象，也返回 true 的结果，除此之外，一律返回 false。

(6) 条件式三元运算符

三元运算符针对特定判断式的运算结果决定返回的值，以下为其语法：

```
${A?B:C}
```

其中 A 为判断式。如果 A 的结果为 true，返回 B，否则返回 C 值的结果。

(7) 运算符优先级

EL 运算符的优先级(由上到下，从左到右)参见表 14-4。

表 14-4 运算符优先级

优先级	运算符
↓	[]、.
	()
	- (unary)、 not 、!、 empty
	* 、/ 、div 、% 、mod
	+、 - 、(binary)
	<、 >、 <=、 >=、 lt、 gt、 le、 ge
	== 、!= 、eq、 ne
	&&、 and
	|| 、or
	? :

14.1.2 在 EL 中访问 JSP 隐含对象的 get×××( )方法

在 EL 表达式中访问 JSP 隐含对象的 get×××( )方法的基本语法如下：

```
${pageContext.JSP 隐含对象名.×××}
```

例如要访问 request 隐含对象中的 getRequestURI( )方法，在 EL 表达式中写为：

```
${pageContext,request.requestURI}
```

例如要调用 session.isNew( )方法，在 EL 表达式中写为：

```
${ pageContext.session.new}
```

14.1.3 用 EL 访问 JavaBean 中的属性

EL 表达式通过“.”运算符访问 JavaBean 中的属性，基本语法为：

```
${JavaBean 名.属性名}
```

“.”运算符实际上是调用 JavaBean 中的 get×××( )方法。

【例 14-3】用 EL 访问 JavaBean 的属性。程序代码如下。

ELJavaBean.java 源代码。

```
package com;

public class ELJavaBean {
private String pID;
public ELJavaBean(String s){
        this.pID=s;
}
public String getPersonID(){
        return pID ;
}
}
```

ELJavaBean.jsp 源代码。

```
<%@ page language="java" contentType="text/html; charset=GBK" import="com.*"%>
<html>
<head>
<title>用 EL 访问 JavaBean 中的属性</title>
</head>
<body>
<%
ELJavaBean id= new ELJavaBean("20130409");
session.setAttribute("PID",id);
%>
用 EL 访问 JavaBean 中 personID 属性的值:
${sessionScope.PID.personID }
</body>
</html>
```

ELJavaBean.jsp 的生成一个 JavaBean 对象，并将属性值 20130409 写入 JavaBean 对象；然后把生成的 JavaBean 对象写入 session 作用范围内；最后用 EL 表达式从 session 作用范围读取 JavaBean 对象，并用“.”运算符在页面显示 personID 属性的值。运行结果如图 14-3 所示。

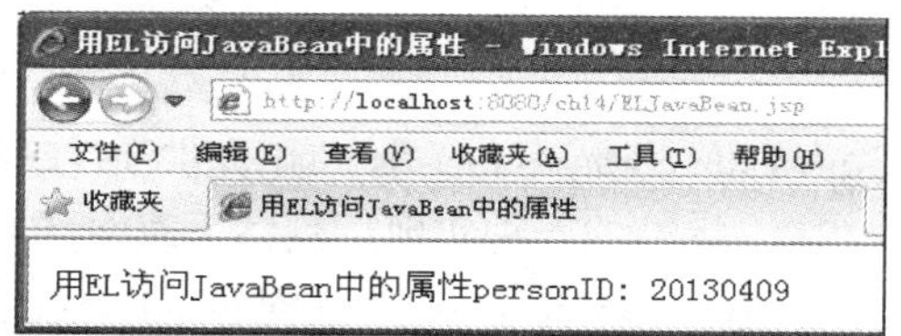

图 14-3 用 EL 访问 JavaBean 的属性

14.2 JSTL 标签库简介

JSTL 虽然是 JSP 网页技术的一环，但与 JSP 不同的是，JSTL 本身并非是由 SUN 公司所开发出来的。相反地，SUN 在制定其标准之后，便直接开放提供给外界进行开发，而目前提供相关标准开发应用最主要的组织为 Apache 的 Jakarta Project。2003 年 11 月发布 JSTL1.1，目前最新版本是 JSTL1.2。

使用 JSTL 实现动态 JSP 页面的最大特点在于简单，避免了使用脚本片段带来的许多问题，Web 应用开发人员利用 JSTL 可以取代直接嵌入页面的代码片段，提高程序可读性和可维护性。

JSTL 包含 5 类标准标签库：核心标签库、格式标签库、XML 标签库、SQL 标签库和函数标签库。在使用这些标签库以前，需要使用 taglib 指令的 prefix 和 uri 属性来指定要使用的标签库，如表 14-5 所示。其中，prefix 指定的前缀就是在 JSP 页面中将要使用的标签前缀，例如<c:out>就表示使用核心标签库中的 out 标记完成指定的页面输出操作。

表 14-5 JSTL 标签函数库

JSTL	说　明	前置名称	URI
核心标签库	包含 JSTL 核心操作所需的标签，例如数据输出、循环条件控制及 URL 操作等	c	http://java.sun.com/jsp/jstl/core
i18n 格式标签库	进行数值与日期数据格式化、国际化资源网页设置所需的标签	fmt	http://java.sun.com/jsp/jstl//fmt
SQL 标签库	运用 SQL 与操作资源库所需的标签	sql	http://java.sun.com/jsp/jstl/sql
XML 标签库	剖析 XML 文件所需的标签	xml	http://java.sun.com/jsp/jstl/xm
函数标签库	包含字符串处理与其他特定功能的 JSTL 标签	fn	http://java.sun.com/jsp/jstl/functions

14.3 设置 JSTL 运行环境

在 Tomcat 5.5 中没有自动包含 JSTL 的支持，需要手动安装 JSTL。

14.3.1 JSTL 的安装

Sun 的 JSTL 页面(http://java.sun.com/products/jsp/jstl)提供 JSTL 规范文档和相关实现的下载。Apache Jakarta 项目是 JSTL 标准的一种实现，具体下载网址为：http://www.apache.org/dist/jakarta/taglibs/standard/。Windows 系统下软件包对应的下载文件名为 jakarta-taglibs-application-current.zip。

Jakarta JSTL 的实现是一些 JAR 文件，如果在 Web 应用中使用 JSTL，就需要在 Web 应用的 WEB-INF\lib 目录下包含 JSTL 的 JAR 文件。将 jstl.jar 和 standard.jar 复制到 Tomcat 网站根目录下的文件夹 WEB-INF\lib 当中，并将 tld 目录复制到 Tomcat 的 WEB-INF 目录下，重新启动 Tomcat 之后，就可以开始使用 JSTL 了。

修改 Web 应用的配置文件 web.xml 中定义对应标记库描述文件的 URI。

```
<?xml version="1.0" encoding="UTF-8"?>
<web-app id="WebApp_ID" version="2.4" xmlns="http://java.sun.com/xml/ns/j2ee"
  xmlns:xsi="http://www.w3.org/2001/XMLSchema-instance"
  xsi:schemaLocation="http://java.sun.com/xml/ns/j2ee http://java.sun.com/xml/ns/j2ee/web-app_2_4.xsd">
<display-name>Ch15</display-name>
<taglib>
    <taglib-uri>http://java.sun.com/jsp/jstl/core</taglib-uri>
    <taglib-location>/WEB-INF/tld/c.tld</taglib-location>
</taglib>
<taglib>
    <taglib-uri>http://java.sun.com/jsp/jstl/fmt</taglib-uri>
    <taglib-location>/WEB-INF/tld/fmt.tld</taglib-location>
</taglib>
<taglib>
    <taglib-uri>http://java.sun.com/jsp/jstl/xml</taglib-uri>
    <taglib-location>/WEB-INF/tld/x.tld</taglib-location>
</taglib>
<taglib>
    <taglib-uri>http://java.sun.com/jsp/jstl/sql</taglib-uri>
    <taglib-location>/WEB-INF/tld/sql.tld</taglib-location>
</taglib>
<taglib>
    <taglib-uri> http://java.sun.com/jsp/jstl/functions </taglib-uri>
    <taglib-location>/WEB-INF/tld/fn.tld</taglib-location>
</taglib>
</web-app>
```

至此，就完成了 JSTL 的安装配置。

在使用 JSTL 之前，必须引用 taglib 指令声明网页所使用的标签种类，语法如下：

```
<%@taglib prefix=tabName uri=uriString   %>
```

其中包含两个属性的设置，prefix 代表标签种类的前缀词，uri 则是标签的 URI，这段程序代码的 prefix 属性值设置为 tabName，表示所要使用的标签，uriString 则是对应此标签的 URI。

14.3.2　JSTL 应用示例

【例 14-4】创建一个 JSP 文件 jstl.jsp，在 JSP 文件中使用 JSTL 标记，程序代码如下。

```
<%@ page contentType="text/html;charset=GBK" %>
<%@ taglib uri="http://java.sun.com/jsp/jstl/core" prefix="c" %>
<html>
<head>
<title>示例 JSTL 的运行</title>
</head>
<body>
<c:out value="恭喜你，第一次成功使用 JSTL!"/>
</body>
</html>
```

运行结果如图 14-4 所示。

图 14-4　jstl.jsp 的运行结果

14.4 使用核心标签

核心标签提供了一般性的语言功能，例如变量、循环、条件控制及基本输入与输出、URL 相关操作等，这种标签以字母 c 为前缀词。例如下面的程序片段：

```
<c:out   value = outputString />
```

程序中的<c:out>用以输出特定的数据内容并且将其显示在网页上，标签开头的字符 c 表示为核心(core)标签。

表 14-6 列出了常用的一些核心标签。

表 14-6　核心标签

分　类	标　签	说　明
表达式操作	out	将指定的数据内容输出至网页上
	set	将特定的数据内容存储至指定变量
	remove	清除指定变量的数据内容
	catch	捕捉程序异常
URL 处理	import	载入外部文件
	url	设置一个超级链接地址
	redirect	转向网页
	param	设置地址参数

(续表)

分　类	标　签	说　明
条件控制	if	if 流程判断式
	when otherwise choose	多重选择判断式
循环	forEach	对象集合迭代列举操作
	forTaokens	解析以标记符号分隔字符串

表 14-6 列出了 JSTL 中可用的核心标签，根据功能分为 4 大类。

要使用核心标记库，必须先使用 taglib 指令导入它，其语法格式如下：

```
<%@ taglib uri="http://java.sun.com/jsp/jstl/core" prefix="c" %>
```

14.4.1　表达式操作

JSTL 核心标记库中的表达式操作标记常用于 JSP 页面中，可以对属性对象变量进行增加和删除、对变量的值进行显示以及对异常进行处理等。JSTL 核心库中提供 4 个表达式操作标签：<c:out>、<c:set>、<c:remove>和<c:catch>。

1. <c:out>标签

<c:out>标签可以将指定的数据显示到客户端的网页上，它的作用类似于脚本中<%=　%>的作用。<c:out>的语法如下：

➢ 未包含主体(body)。

```
<c:out value= "value" [escapeXml= "{true|false}"] [default= "默认值"] />
```

➢ 包含主体(body)。

```
<c:out value= "value" [escapeXml= "{true|false}"]>
默认值
</c:out>
```

其中，<c:out>有 3 个属性：value、escapeXml 和 default。每个属性详细含义如表 14-7 所示。

表 14-7　<c:out>属性

名　称	说　明	类　型	必　须	默 认 值
value	输出内容描述	Object	是	无
default	如果 value 的值为 null，则显示 default 的值	Object	否	无
escapeXml	是否转换特殊字符，如“<”转换成<	boolean	否	true

【例 14-5】Cout.jsp 中显示了使用<c:out>的例子。

```
<%@ page contentType="text/html;charset=GBk" %>
<%@ taglib prefix="c" uri="http://java.sun.com/jsp/jstl/core" %>
```

```
<html>
<head>
  <title>JSTL -- c:out </title>
</head>
<body bgcolor="#FFFFFF">
&lt;c:out&gt;
<%
pageContext.setAttribute("myVar", "属性：页内有效");
request.setAttribute("myVar", "属性：请求有效");
session.setAttribute("myVar", "属性：会话有效");
java.io.Reader reader1 = new java.io.StringReader("<h2>含有特殊字符的文本</h2>");
pageContext.setAttribute("myReader1", reader1);
java.io.Reader reader2 = new java.io.StringReader("<font color=red>含有特殊字符的文本</font>");
pageContext.setAttribute("myReader2", reader2);
%>
<c:out value="常量字符串输出:"/><c:out value="郑州 2013"/><br/>
<c:out value="表达式输出："/><c:out value="${2013+100}"/><br/>
<c:out value="默认值输出："/>
<c:out value="${param.name}" default="没有输入 name 参数"/><br/>
<c:out value="重名属性输出:"/><c:out value="${myVar}"/><br/>
<c:out value="特殊字符输出："/><br/>
<!-- 将会输出特殊标记 -->
(escapeXml=true) : <c:out value="${myReader1}"/><br/>
<!-- 将会输出红色字符串 -->
(escapeXml=false): <c:out value="${myReader2}" escapeXml="false"/><br/>
</body>
</html>
```

部署到 Tomcat 下，运行结果如图 14-5 所示。

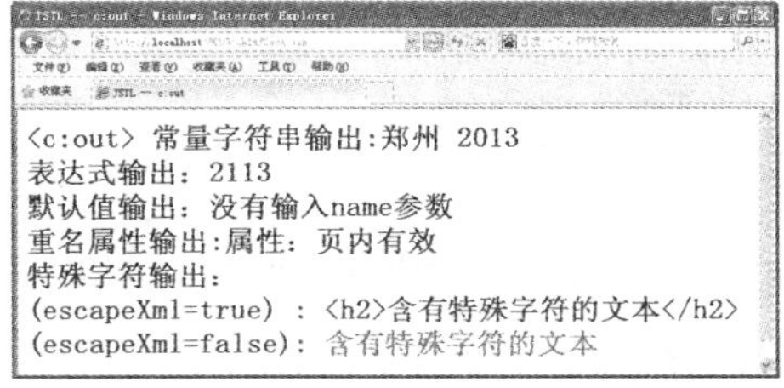

图 14-5　Cout.jsp 的运行结果

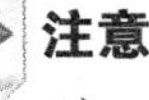

注意

- <c:out>标记可使用“.”访问对象的属性，而<%= %>必须使用对象的方法，如：

```
<%request.setAttribute("customer",new Person());%>
```

- 表达式${customer.address}的输出代码如下：

```
<c:out value="${customer.address}"/>
```

2. <c:set>标签

<c:set>主要用来将某特定值设置给一个属于特定范围的变量或是目标对象的属性，这些值被设置之后存储在变量或是对象当中，并进一步被使用于其他的运算。

<c:set>的语法如下。

➢ 语法 1：将 value 的值储存至范围为 scope 的 varName 变量之中。

```
<c:set value="value" var="varName" [scope="{ page|request|session|application }"]/>
```

➢ 语法 2：将本体内容的数据储存至范围为 scope 的 varName 变量之中。

```
<c:set var="varName" [scope="{ page|request|session|application }"]>
本体内容
</c:set>
```

➢ 语法 3：将 value 的值储存至 target 对象的属性中。

```
< c:set target="target" property="propertyName" value="value" />
```

➢ 语法 4：将本体内容的数据储存至 target 对象的属性中。

```
<c:set target="target" property="propertyName">
本体内容
</c:set>
```

3. <c:remove>标签

标记<c:remove>用于在特定范围中删除指定的变量。如果没有指定范围，则依次从页内有效、请求有效、会话有效和应用有效范围中查找变量，在第一个找到的范围内删除该变量。

<c:remove>的语法如下：

```
<c:remove var="varName"
[scope="{page|request|session|application}"]/>
```

【例 14-6】SetRemove.jsp 中示范了<c:set>和<c:remove>的使用。

```
<%@ page contentType="text/html;charset=GB2312" %>
<%@ taglib prefix="c" uri="http://java.sun.com/jsp/jstl/core" %>

<html><head><title>set_remove.jsp</title></head><body>
<h2>c:set 和 c:remove 用法示例</h2><br>
<c:set scope="page" var="number"> <c:out value="${2}"/> </c:set>
<c:set scope="request" var="number">    <%= 3 %> </c:set>
<c:set scope="session" var="number"> 4</c:set>

c:set 初始设置的值<br><hr>
pageScope.number:<c:out value="${pageScope.number}" default="No Data" /><br>
requestScope.number:<c:out value="${requestScope.number}" default="No Data" /><br>
```

```
sessionScope.number:<c:out value="${sessionScope.number}" default="No Data" /><br><br>

<c:out value='<c:remove var="number" scope="page" />之后'/><br><hr>
<c:remove var="number" scope="page" />
pageScope.number:<c:out value="${pageScope.number}" default="No Data"/> <br>
requestScope.number:<c:out value="${requestScope.number}" default="No Data" /><br>
sessionScope.number:<c:out value="${sessionScope.number}" default="No Data" /><br><br>

<c:out value='<c:remove var="number" />之后'/><br><hr>
<c:remove var="number" />
pageScope.number:<c:out value="${pageScope.number}" default="No Data" /><br>
requestScope.number:<c:out value="${requestScope.number}" default="No Data" /><br>
sessionScope.number:<c:out value="${sessionScope.number}" default="No Data" />
</body>
</html>
```

首先用<c:set>在 page、request、session 3 个范围内设置属性 number 的值分为 2、3、4，然后使用<c:remove var="number" scope="page" />删除 page 范围的属性值，最后使用<c:remove var= "number"/>删除所有设置的属性。运行结果如图 14-6 所示。

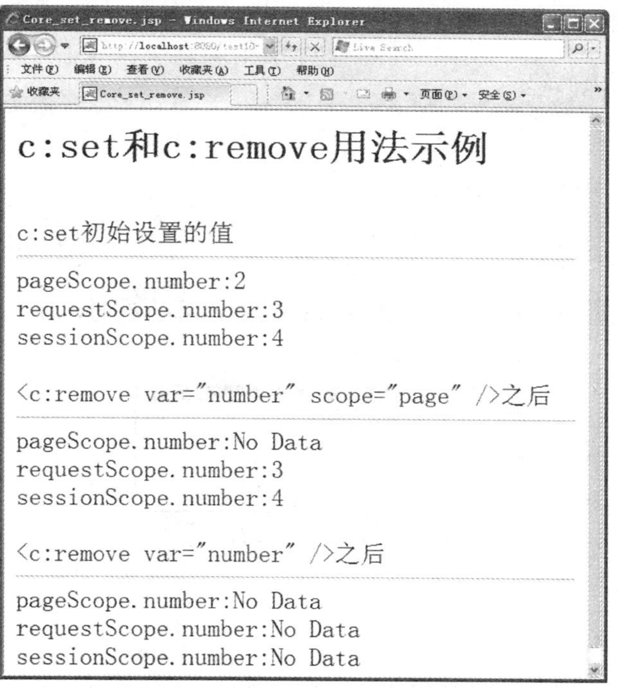

图 14-6　SetRemove.jsp 的运行结果

4. <c:catch>标签

<c:catch>标签可以用来取得网页发生错误时的错误信息，同时进行适当的处理，避免网页出现无法理解的内容。

<c:catch>标签的语法如下：

```
<c:catch var="varName">
嵌入的其他标记，可以多个
</c:catch>
```

使用 var 属性来保存抛出的异常，以便在后续代码中使用捕捉到的异常。var 属性指定的变量是 page 范围内有效，并且当没有异常抛出时，该变量就不存在。

【例 14-7】Catch.jsp 示范了<c:catch>的使用。

```
<%@page contentType="text/html" pageEncoding="GB2312"%>
<%@taglib prefix="c" uri="http://java.sun.com/jsp/jstl/core"%>
<html>
    <head><title>JSP Page</title></head>
    <body>
        <c:catch var="execption">
        <%
            int[]   a = {1,2,3} ;
            int   b= 0   ;
            for(int i=0 ; i<4 ; i++){
                b+=a[i]   ;
         %>
         <%out.print(b); }%>
        </c:catch>
        <br>
        <c:out value ="${execption}" />
    </body>
</html>
```

当 a[i]正确时，进行正常的运算并输出 b 值。如果 a[i]不存在时，就会产生异常。程序运行结果如图 14-7 所示。

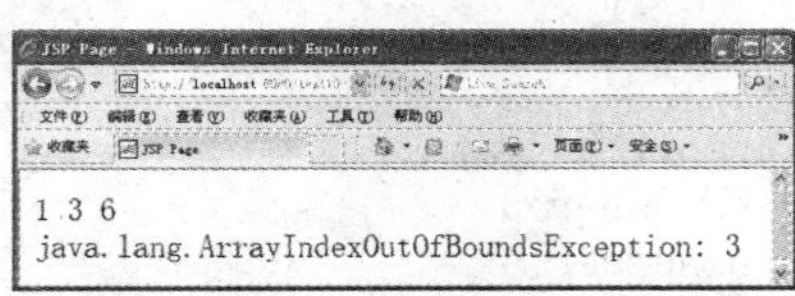

图 14-7　Catch.jsp 的运行结果

14.4.2　建立 URL

JSTL 核心标签中与 URL 有关的标签有 4 个：<c:import>、<c:url>、<c:redirect>和<c:param>，其中<c:param>作为其他 3 个标签的参数设置，主要功能是在 URL 后面附加参数。

1. <c:url>标签

<c:url>标签将一个 URL 格式化为一个字符串，并可保存到一个变量中。用户可以通过<c:url>标签，在 JSP 网页动态指定一个网址字符串。

<c:url>标签的语法如下。

➢ 语法 1：无本体内容。

```
<c:url value="value" [context="context"] [var="varName"]
[scope="{page|request|session|application}"]/>
```

➢ 语法 2：在本体内容指定数字符串。

```
<c:url value="value" [context="context"] [var="varName"]
 [scope="{page|request|session|application}"]>
<c:param> subtags
</c:url>
```

<c:url>标签主要用于生成一个 URL，它同时提供了 4 个属性，可供进一步设置 URL 的相关特性：value 表示待定向资源的 URL，除了 value 必须指定之外，其他 3 个属性均是选择性的；context 表示当使用相对路径访问外部 context 时，用来指定一个外部资源名字；var 表示参数名字，如果有指定，URL 资源的内容将被输出至指定的变量；scope 表示 var 参数范围，var 变量只在这个范围里面有效。<c:param>标签放在<c:url>主体内容当中，可用来设置连接所要传递的参数内容。

2. <c:param>标签

<c:param>标签主要用于将参数传递给所包含的文件。

<c:param>标签的语法如下。

➢ 语法 1：将属性值指定给 value 属性。

```
<c:param name="name" value="value"/>
```

➢ 语法 2：将属性值指定给本体内容。

```
<c:param name="name">
parameter value
</c:param>
```

在<c:param>标签语法中，可以将值指定给 value 属性或是本体内容。设置好的标签值运用在<c:url>标签中，或用在说明网页重新定向操作的标签<c:redirect>中。当用户在使用<c:param>标签时，必须指定 name 的属性，否则标签将不会有任何操作，若是 value 指定为 null，则会输出一个空值。

【例 14-8】URL.jsp 示范了<c:url>、<c:param>的应用，代码如下。

```
<%@ page language="java" contentType="text/html; charset=GB2312"
     pageEncoding="GB2312"%>
<%@ taglib prefix="c" uri="http://java.sun.com/jsp/jstl/core" %>
<!DOCTYPE html PUBLIC "-//W3C//DTD HTML 4.01 Transitional//EN"
"http://www.w3.org/TR/html4/loose.dtd">
<html>
<head>
<meta http-equiv="Content-Type" content="text/html; charset=GB2312">
```

```
<title>Insert title here</title>
</head>
<body>
 <h3>&lt;c:url&gt;</h3>
    <font size=-1>在将鼠标移到对应的超链接上，浏览器状态栏中可以看到结果。</font><p/>
    <b>c:url 嵌入 html 标记中：</b>
    <a href="<c:url value="/Cout.jsp" />">&lt;c:url&gt;的用法</a>
    <br/>结果：http://localhost:8080/ch14/Cout.jsp<p/>
    <b>使用 var 属性保存 URL：</b>
    <c:url var="url1" value="/Cout.jsp"/>
    <a href="${url1}">&lt;c:url&gt;的用法</a>
    <br/>结果：http://localhost:8080/ch14/Cout.jsp<p/>
    <b>使用其他 Web 应用 URL：</b>
    <c:url var="examples" value="/index.html" context="/root"/>
    <a href="${examples}">Tomcat 实例</a>
    <br/>结果：http://localhost:8080/root/index.html<p/>
    <b>使用参数：</b>
    <c:url value="/Cout.jsp" var="url1">
   <c:param name="Id" value="12345678"/>
   <c:param name="Type" value="String"/>
</c:url>
<a href="${url1}">带参数的 URL</a>
    <br/>结果：http://localhost:8080/ch14/Count?Id=123456789&Type=String<p/>
    <b>使用绝对 URL：</b>
    <c:url var="ftp1" value="ftp://ftp.zzu.edu.cn"/>
    <a href="${ftp1}">绝对 URL</a>
    <br/>结果：ftp://ftp.zzu.edu.cn
</body>
</html>
```

本例展示了<c:url>不带参数和带<c:param>参数的使用，运行结果如图 14-8 所示。

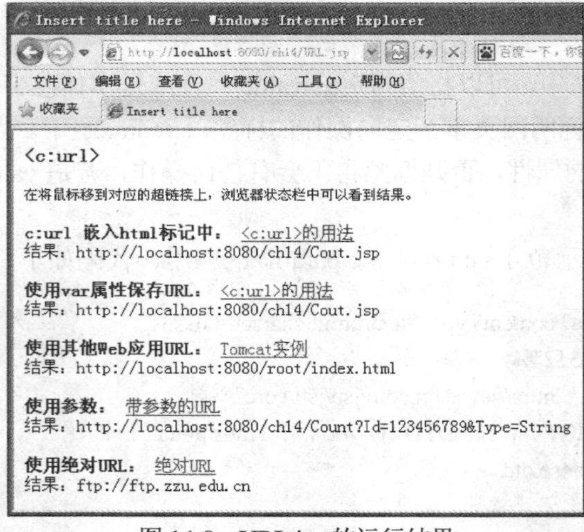

图 14-8　URL.jsp 的运行结果

3. <c:import>标签

<c:import>标签功能类似于<jsp:import>标记，但是功能更强大。<jsp:import>标记通常只能导入同一个 JSP 容器内的资源，而<c:import>标记用于导入一个外部或内部资源的内容，外部资源可以通过 Web 容器作支持的某种协议(如 HTTP、FTP 等)进行访问。另外，<jsp:import>标记的作用是自动将导入的内容插入到 JSP 中，而<c:import>标记除了可以自动插入内容外，还可以将内容保存到 String 或 Reader 对象中。

<c:import>标签的语法如下。

➢ 语法 1：载入数据内容直接嵌入标签或是输出成为 String 对象。

```
<c:import url="url" [context="context"] [var="varName"]
[scope="{page|request|session|application}"] charEncoding="charEncoding"]>
可选的<c:param> 字标签
</c:import>
```

➢ 语法 2：载入数据内容直接输出成 Reader 对象。

```
<c:import url= "url" [context="context"] varReader="varReaderName"
[charEncoding="charEncoding"]>
body content where varReader is consumed by another action
</c:import>
```

<c:import>标签的语法提供两种形式：其中第 1 种语法将载入的文件内容存储在指定的字符串变量当中，第 2 种语法则直接输出成为一个 IO 对象 Reader。除了 url，<c:import>标签的属性均为选择性的，除非使用第 2 种语法，则必须指定用来存储载入内容的 Reader 对象属性 varReader。与 IO 相关的部分在本书第 10 章中有详细的说明。

其中标签的属性都是 String 类型：url 表示载入资源的 URL，contex 表示网站外部内容的设置值，var 表示输出的范围变量名称，scope 表示 var 的范围，charEncoding 表示载入文件的字符编码，varReader 表示输出的 Reader 对象名称。url 和 varReader 是必选属性，其余均为可选属性。

4. <c:redirect>标签

<c:redirect>标签可以按照客户端的要求，重新定向至一个指定的 URL 地址，这个地址可以是绝对地址也可以为相对地址。<c:redirect>标记可以将浏览器重定向到一个新的 URL。与 response 对象的 sendRedirect()方法相比，<c:redirect>可以自动执行 URL 重写，并且支持不同 Web 应用的相对 URL，除此之外，还可通过使用<c:param>标记支持 URL 参数。

<c:redirect>标签的语法如下。

➢ 语法 1：无主体内容。

```
<c:redirect url="value" [context="context"]/>
```

➢ 语法 2：指定搜寻字符串参数的主体内容。

```
<c:redirect url="value" [context="context"]/>
<c:param> 子标签
```

```
</c:redirect>
```

在<c:redirect>的语法当中，url 参数代表要重新定向的 URL 地址，当在网页中设置<c:redirect>标签并且指定了其 url 参数后，在网页运行时，将重定向此 url 所代表的目标地址。

【例 14-9】Redirect.jsp 示范了使用<c: redirect >进行页面重定向，代码如下。

```
<%@ page language="java" contentType="text/html; charset=GB2312"
    pageEncoding="gb2312"%>
    <%@ taglib prefix="c" uri="http://java.sun.com/jsp/jstl/core" %>
<html><head>
<title>Redirect</title>
</head>
<body>
 <c:redirect url="/Cout.jsp" context="/ch14" >          </c:redirect>
</body>
</html>
```

部署到 Tomcat 后，在地址栏中输入 http://localhost:8080/ch14/Redirect.jsp 后，看到运行结果如图 14-9 所示，地址栏是重定向为 http://localhost:8080/ch14/Cout.jsp。

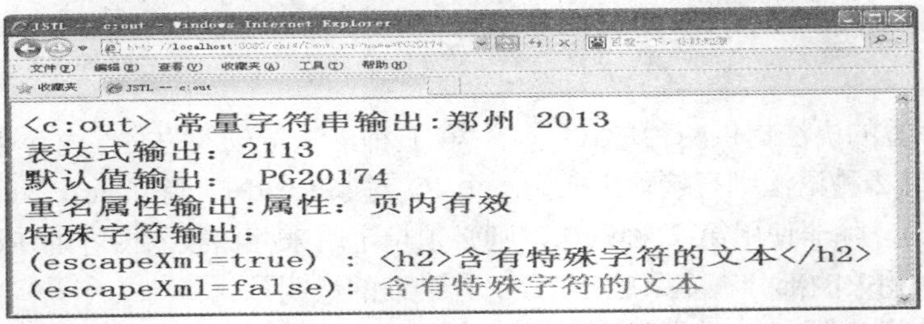

<c:out> 常量字符串输出:郑州 2013
表达式输出: 2113
默认值输出: PG20174
重名属性输出:属性: 页内有效
特殊字符输出:
(escapeXml=true) : <h2>含有特殊字符的文本</h2>
(escapeXml=false): 含有特殊字符的文本

图 14-9　Redirect.jsp 的运行结果

14.4.3　条件控制

Web 应用的 JSP 页面内容通常是动态的，依据不断变化的应用数据动态生成页面内容。JSTL 核心标记库中的条件控制标签用于完成这种功能，通过条件控制程序流程显示相关内容。JSTL 核心标记库有 4 个条件控制标签：<c:if>、<c:choose>、<c:when>和<c:otherwise>。

1. <c:if>标签

<c:if>标签用于进行条件判断，只有当其 test 属性指定的 Boolean 表达式值为 true 时才会处理其本体的内容，否则不执行。

<c:if>标签的语法格式如下。

➢ 语法 1：不包含本体内容。

```
<c:if test="testCondition"
var="varName" [scope="{page|request|session|application}"]/>
```

➢ 语法 2：包含本体内容。

```
<c:if test="testCondition"
[var="varName"] [scope="{page|request|session|application}"]>
body content
</c:if>
```

在<c:if>标签的语法中，test 表示表达式的条件是，是 boolean 类型；var 表示 test 表达式运行后的结果，是 String 类型；scope 表示 var 的范围，是 String 类型。语法 1 中不包含主体内容，如果程序只是想要取得判断结果，使用这种语法；语法 2 的标记体中放要运行的内容。

2. <c:choose>标签、<c:when>标签和<c:otherwise>标签

<c:choose>标签用来处理多个可选条件下的选择。<c:choose>标签需要和<c:when>、<c:otherwise>标签配套使用，并且<c:when>和<c:otherwise >必须依附在<c:choose>标签下。在整个判断区块当中，<c:when>标签必须写在<c:otherwise>之前，当 test 判断式成立的时候，将运行对应的程序区段；若所有<c:when>标签的条件式均不成立，<c:otherwise>标签的内容将被运行。

上述 3 个标签的语法如下：

```
<c:choose>
<c:when test="testCondition1">
body content
</c:when>
…
<c:when test="testCondition2">
body content
</c:when>
<c:otherwise>
conditional block
</c:otherwise>
</c:choose>
```

【例 14-10】IfChooseWhenO.jsp 示范了使用条件控制 4 个标签，并根据时间显示问候语。代码如下。

```
<%@ page language="java" contentType="text/html; charset=GB2312"
    pageEncoding="GB2312" import="java.util.Calendar" %>
<%@ taglib prefix="c" uri="http://java.sun.com/jsp/jstl/core" %>
<html><head><title>c:if c:choose c:when c:otherwise 的使用</title></head>
<body>
<h4>依据当前时间来输出不同的问候语</h4>
<%
Calendar rightNow = Calendar.getInstance();
Integer Hour=new Integer(rightNow.get(Calendar.HOUR_OF_DAY));
request.setAttribute("hour", Hour);
%>
<br>&ltc:if&gt 使用：
<c:if test="${hour >= 0 && hour <=11}">
```

```
            <c:set var="sayHello" value="上午好！"/>
        </c:if>
        <c:if test="${hour >= 12 && hour <=17}">
            <c:set var="sayHello" value="下午好！"/>
        </c:if>
        <c:if test="${hour >= 18 && hour <=23}">
            <c:set var="sayHello" value="晚上好！"/>
        </c:if>
        <br>&ltc:choose&gt 使用：
    <c:choose>
        <c:when test="${hour >= 0 && hour <=11}">
            <c:set var="sayHello" value="上午好！"/>
        </c:when>
        <c:when test="${hour >= 12 && hour <=17}">
            <c:set var="sayHello" value="下午好！"/>
        </c:when>
        <c:otherwise>
            <c:set var="sayHello" value="晚上好！"/>
        </c:otherwise>
    </c:choose>
        <br><c:out value="现在时间：${hour}时，"/>
        <c:out value="${sayHello}"/>      <p />
    </body>
    </html>
```

运行结果如图 14-10 所示。

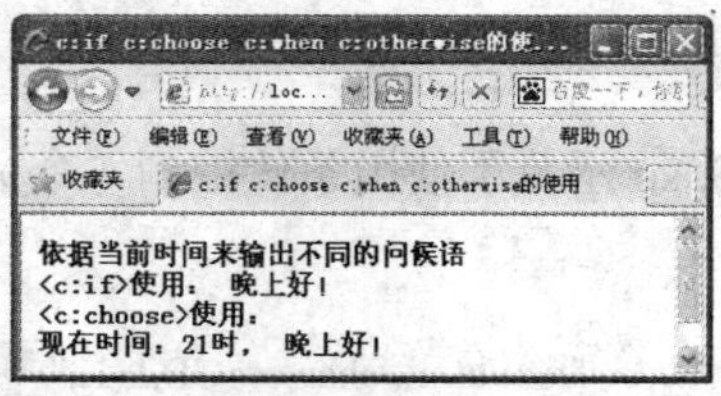

图 14-10　IfChooseWhenO.jsp 运行结果

14.4.4　迭代-运行循环

JSP页面开发经常需要使用循环或迭代来生成大量的表示代码(如HTML表格或列表)。JSTL核心标记库中提供<c:forEach>和<c:forTokens>两个标记满足这个需求，其中<c:forEach>标签用来浏览某种特定的对象集合或是项目内容，<c:forTokens>标签则提供解析用特定标记符号分隔的字符串内容的功能。

1. <c:forEach>标签

<c:forEach>标签是一种迭代器，可针对指定的对象集合内容循序浏览一遍。

<c:forEach>标签语法如下。

➢ 语法 1：迭代对象集合内容。

```
<c:forEach [var="varName"] items="collection" [varStatus="varStatusName"]
[begin="begin"] [end="end"] [step="step"]>
体内容
</c:forEach>
```

➢ 语法 2：迭代特定次数。

```
<c:forEach [var="varName"] [varStatus="varStatusName"] begin="begin" end="end" [step="step"]>
体内容
</c:forEach>
```

语法 1 中可直接列举指定的集合对象，语法 2 中则是针对特定的内容进行重复次数的运行操作。其中，属性 var 是可选的，可以用来保存当前的循环变量，如果是循环固定次数，循环变量的值就是循环的索引；如果是枚举集合中的所有元素，循环变量的值就是集合的当前成员。

在枚举集合元素时，使用items属性来指定集合对象。集合对象可以是如下几种类型：Array、java.util.Collection、java.util.Iterator、java.util.Enumeration、java.util.Map 和由逗号分隔的字符串；varStatus 为目前对象的相关内容信息，存储了迭代成员的状态值，例如索引(index)、计数(count)、是否为首笔(first)及是否为末笔(last)。

【例 14-11】在 ForEach.jsp 中使用循环、枚举集合元素和元素状态信息对象。代码如下。

```
<%@ page contentType="text/html;charset=GB2312" import="java.util.Vector" %>
<%@ taglib uri="http://java.sun.com/jsp/jstl/core" prefix="c" %>
<html><head><title>&lt;c:forEach&gt;</title></head>
  <body>
    <h3>&lt;c:forEach&gt;</h3>
    <h4>循环 10 次</h4>
    <c:forEach var="item" begin="1" end="10">
        ${item}
    </c:forEach>
    <br/>step=3:
    <c:forEach var="item" begin="1" end="10" step="3">
        ${item}
    </c:forEach>
    <h4>枚举 Vector 元素</h4>
    <%    Vector v = new Vector();
     v.add("北京");
     v.add("上海");
     v.add("广州");
     v.add("郑州");
     pageContext.setAttribute("vector", v);
    %>
    <c:forEach items="${vector}" var="item" >
     ${item}
    </c:forEach>
    <h4> 逗号分隔的字符串</h4>
<c:forEach var="color" items="红，橙，黄，绿，青，蓝，紫" begin="2" step="3">
```

```
                <c:out value="${color}"/>
        </c:forEach>
        <h4>状态变量的使用</h4>
        <c:forEach var="i" begin="5" end="50" step="5" varStatus="status">
          <c:if test="${status.first}">
            begin:<c:out value="${status.begin}"/>   
              end:<c:out value="${status.end}"/>   
             step:<c:out value="${status.step}"/><br>
             <c:out value="输出的元素:"/>
          </c:if>
          <c:out value="${i}"/>
          <c:if test="${status.last}">
            <br/>总共输出<c:out value="${status.count}"/> 个元素。
          </c:if>
        </c:forEach>
            </body>
        </html>
```

在循环时，可以分别使用 begin、end 和 step 属性来指定循环的开始、结束和步长，默认步长为 1。

在枚举集合元素时，也可以使用 begin、end 和 step 属性来指定枚举的范围，这时需要注意，集合元素的编号(也称元素的索引)是从 0 开始的。

部署到 Tomcat 后，运行结果如图 14-11 所示。

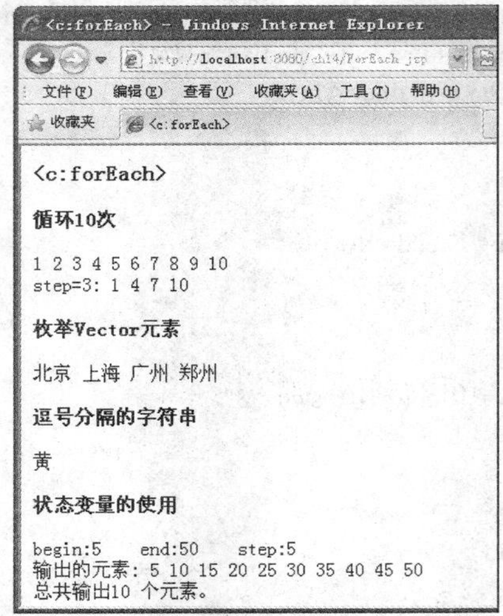

图 14-11　ForEach.jsp 的运行结果

2. <c:forTokens>标签

<c:forTokens>标签用于浏览指定分隔符字符串中所有成员。

<c:forTokens>标签语法如下：

```
<c:forTokens items="stringOfTokens" delims="delimiters" [var="varName"]
[varStatus="varStatusName"] [begin="begin"] [end="end"] [step="step"]>
```

```
本体内容
</c:forTokens>
```

<c:forTokens>语法内容与<c:forEach>很相似：多了一个用来设置字符串的分隔标识符的 delims 属性，delims 属性可以同时指定有多个分隔字符；由于<c:forTokens >专门用来处理字符串数据，因此 items 内容必须是字符串。

【例 14-12】在 ForTokens.jsp 中使用<c:forTokens>处理字符串“红|橙,黄|绿,青|蓝,紫”，使用 delims 属性指定'|'作为分隔字符及同时使用'|'和','作为分隔字符的两种情况，并分别显示两种情况的运行结果。代码如下。

```
<%@ page contentType="text/html;charset=GB2312" import="java.util.Vector" %>
<%@ taglib uri="http://java.sun.com/jsp/jstl/core" prefix="c" %>
<html> <head><title>&lt;c:forTokens&gt;</title> </head>
  <body>
  <c:set var="strs" value="红|橙,黄|绿,青|蓝,紫" scope="request" />
     <h4><c:out value="原始数据为：${strs}"/></h4>
  <c:out value="使用 '|' 作为分隔字符:"/>
   <c:forTokens var="str" items="${strs}"   delims="|" varStatus="status">
          <c:out value="${str}"/>
          <c:if test="${status.last}">
               <br/>总共输出<c:out value="${status.count}"/> 个元素。
           </c:if>
          </c:forTokens>
<p />
<c:out value="同时使用 '|' 和 ',' 作为分隔字符:"/>
     <c:forTokens var="str" items="${strs}"   delims="|," varStatus="status">
          <c:out value="${str}"/>
          <c:if test="${status.last}">
          <br/>共输出<c:out value="${status.count}"/> 个元素。
          </c:if>
     </c:forTokens>
   </body>
</html>
```

部署到 Tomcat 后，运行结果如图 14-12 所示。

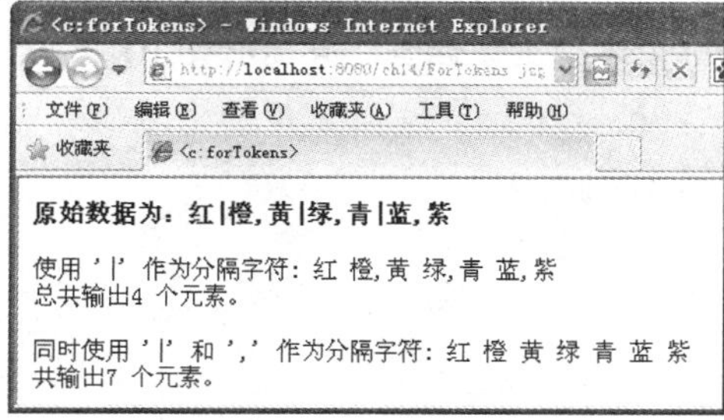

图 14-12　ForTokens.jsp 的运行结果

14.5 使用 JSTL 的数据库标签

在 Web 应用中，常需要访问关系数据库来获取动态数据。尽管对于 Web 应用的设计要求数据库操作的处理应该在业务逻辑层内，但是在某些情况下，需要在 JSP 页面直接访问数据库。利用 JSTL 提供的数据库标签可以轻易查询和更新数据库的数据。JSTL 中与 SQL 有关的标签的功能如表 14-8 所示。

表 14-8 JSTL 中与 SQL 有关的标签

分 类	标 签	说 明
联机	setDataSource	设置数据源
SQL 操作指令	query	设置 SQL 查询
	param	设置 SQL 参数
	update	设置 SQL 更新
	dateParam	日期参数解析
	transaction	批量交易

要使用 SQL 标记库，必须先使用 taglib 指令导入它，其语法格式如下：

```
<%@taglib prefix= "sql" uri="http://java.sun.com/jsp/jstl/sql" %>
```

使用 SQL 标签访问数据库的主要步骤如下：

(1) 指定数据源。

(2) 进行查询或更新操作。

(3) 对返回的结果进行处理。

14.5.1 指定数据源

SQL 标记访问数据库步骤 1：指定数据源。在对数据库进行操作前，需要先确定要操作的数据库。SQL 标记使用数据源(类型为 javax.sql.DataSource)来指定操作的数据库。数据源对象提供物理数据源的连接。在执行任何数据库操作之前，必须先定义数据源。

使用<sql:setDataSource>标记来指定数据源，其语法如下：

```
<sql:setDataSource
{ dataSource="dataSource"   |   url="jdbcUrl"
[driver="driverClassName"]
[user="userName"]
[password="password"] }
[var="varName"]
[scope="{page|request|session|application}"] />
```

其中，url 属性用于指定连接的 url，driver 属性用于指定驱动程序，dataSource 属性为数据源。

下面的代码示范了通过<sql:setDataSource>标签设置数据来源：

```
<sql:setDataSource   dataSource=" jdbc:mysql://localhost/DBName, com.mysql.jdbc.Driver " />
```

不使用 dataSource 的设置方式如下：

```
<sql:setDataSource   driver=" com.mysql.jdbc.Driver "   url=" jdbc:mysql://localhost/DBName "/>
```

当一个网页中包含上述之一的<sql:setDataSource>标签设置，则会与数据源名称为 Wdata 的数据库建立联机。

user 属性和 password 属性则分别用于指定用户名和密码。scope 属性指定该设置的有效范围。如果使用了 var 属性，则只是将该数据源保存到一个变量中。

14.5.2 进行查询或更新操作

SQL 标记访问数据库步骤 2：进行查询或更新操作。

1. <sql:update>标签

<sql:update>标签进行数据库的更新操作，如创建表、插入和删除记录等。

<sql:update>标签的语法格式如下。

➢ 语法 1：将更新语句作为属性值。

```
<sql:update sql="更新语句" [dataSource="dataSource"]
      [var="varName" ]
      [scope="{page|request|session|application}" ]
/>
```

➢ 语法 2：将更新语句放到标记本体中。

```
<sql:update [dataSource="dataSource"]    [var="varName"]
      [scope="{page|request|session|application}" ]>
      更新语句
</sql:update>
```

其中，属性 sql 用于指定需要执行的 SQL 语句，包括 CREATE、DROP、INSERT、UPDATE 和 DELETE 语句；可选属性 var 指定修改操作影响的数据记录行数，该变量可以指定有效范围；如果没有设置默认数据源，还需要使用属性 dataSource 来指定数据源。

利用<sql:update>标签将 SQL 语句传送至数据库引擎进行数据的更新操作，var 变量保存数据更新的条数。

【例 14-13】在 Updata.jsp 中，运用两次<sql:update>标签更新数据，第一次仅包含更新的 SQL 语句，把执行后受到影响的记录数存储在变量中并用<c:out>显示出来；第二次在 SQL 语句中使用两个问号参数，这两个参数的值由接下来的参数标签提供，同时也把执行后受到影响的记录数存储在变量中并显示出来。

```
<%@page contentType="text/html" pageEncoding="GB2312"%>
<%@taglib prefix="sql" uri="http://java.sun.com/jsp/jstl/sql"%>
```

```
<%@taglib prefix="c" uri="http://java.sun.com/jsp/jstl/core"%>
<html><head><title>JSP Page</title></head>
<body>
    <sql:setDataSource url="jdbc:mysql://localhost/liuyan"
     driver="com.mysql.jdbc.Driver" user="root" password="root" var="ds" />
    <sql:update dataSource="${ds}"
     sql="UPDATE message SET name = 'relly'   WHERE name='rich'"   var="updateCount" />

    <c:out value="${'数据变动数目：'}" />
    <c:out value="${updateCount}" />
    <br>
    <sql:update dataSource="${ds}"
     sql="UPDATE message SET name=?   WHERE title=? " var="updateCounts">
          <sql:param value="${'cherry'}" />
          <sql:param value="${'hello'}" />
    </sql:update>
    <c:out value="${'数据变动数目：'}" />
    <c:out value="${updateCounts}" />
</body>
</html>
```

当数据库的情况如图 14-13 所示时，Updata.jsp 运行结果如图 14-14 所示。

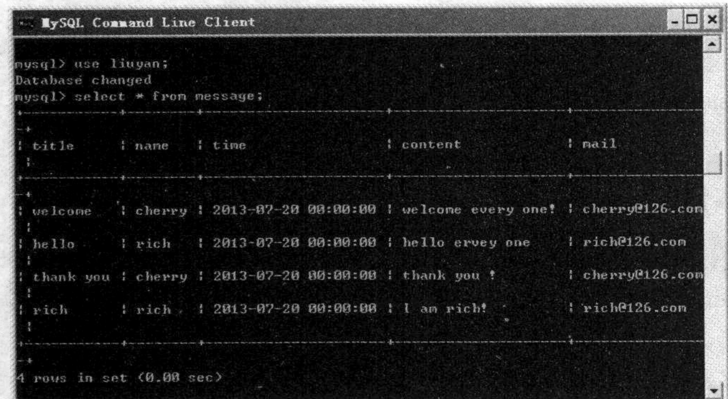

图 14-13　数据库 liuyan 中 message 表的内容

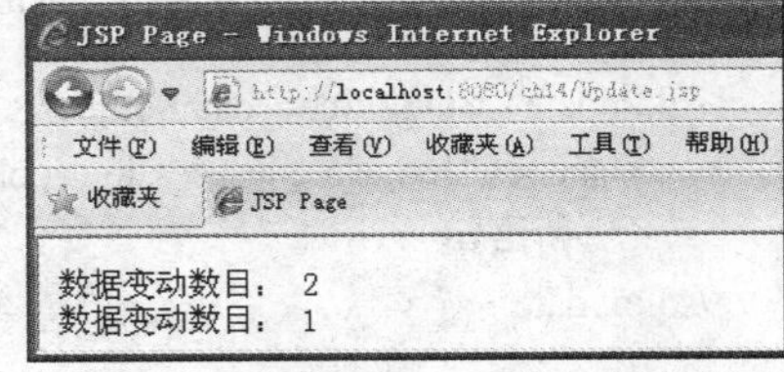

图 14-14　Updata.jsp 的运行结果

2. <sql:query>标签

<sql:query>标签可以执行一个数据库查询，并且将结果存储在由 var 属性指定的变量中，该变量还可以使用 scope 属性来指定有效范围。

<sql:query>标签的语法格式如下。

➢ 语法 1：将查询语句作为属性值。

```
<sql:query sql="查询语句" var="varName"   [dataSource="dataSource"]
      [scope="{page|request|session|application}"]
      [maxRows＝"rowMax"]
      [startRow＝"startRow"]
 />
```

➢ 语法 2：将查询语句放在标记本体中。

```
<sql:query varvar="varName"   [dataSource="dataSource"]
      [scope="{page|request|session|application}" ]
      [maxRows="rowMax"]
      [startRow="startRow"]
        查询语句
</sql:query>
```

➢ 语法 3：包含指定搜寻参数与选择性参数的本体内容。

```
<sql:query var="varName"
[scope="{page|request|session|application}"]
[dataSource="dataSource"]
[maxRows="maxRows"]
[startRow="startRow"]>
查询语句
[<sql:param>]
</sql:query>
```

其中，sql 属性指定需要执行的 SQL 查询语句，属性 var 指定存储查询结果对象的变量名，scope 属性指定有效范围。属性 maxRows 用于指定查询结果的最大行数，如果没有指定或值为-1，表示没有大小限制。属性 startRow 值指定查询结果的一个开始行的索引，查询结果包含的行是以该索引对应行开始的所有行，查询结果的第一行索引为 0，属性 startRow 默认值为 0。

【例 14-14】在 Query.jsp 中使用数据库标签进行数据库操作。在两次查询中，第一次查询仅使用 SQL 查询语句作为属性，第二次查询将 SQL 查询语句放在标记本体中。详细代码如下所示。

```
<%@page contentType="text/html"%>
<%@page pageEncoding="GB2312"%>
<%@taglib prefix="sql" uri="http://java.sun.com/jsp/jstl/sql"%>
<%@taglib prefix="c" uri="http://java.sun.com/jsp/jstl/core"%>
<html><head><title>演示 query 标签</title>    </head>
<body>
<sql:setDataSource url="jdbc:mysql://localhost/liuyan"
driver="com.mysql.jdbc.Driver" user="root" password="root" var="ds" />
使用&lt;sql:query&gt;查找所有记录<br>
<sql:query dataSource="${ds}" sql="SELECT * FROM message"    var="selectResult" />
  <c:forEach var="row" items="${selectResult.rows}">
      <c:out value="${'姓名：'}" />
      <c:out value="${row.Name}" />
      <c:out value="${'|标题：'}" />
      <c:out value="${row.title}" />
      <c:out value="${'|留言内容：'}" />
      <c:out value="${row.content}" /> <br>
  </c:forEach>
<br>下面显示的是按条件查找<br>
```

```
<sql:query dataSource="${ds}"
sql="SELECT * FROM message WHERE name=? AND title=?" var="selectResult">
        <sql:param value="${'cherry'}" />
        <sql:param value="${'welcome'}" />
</sql:query>

<c:forEach var="row" items="${selectResult.rows}">
        <c:out value="${'姓名：'}" />
        <c:out value="${row.name}" />
        <c:out value="${'|标题：'}" />
        <c:out value="${row.title}" />
        <c:out value="${'|留言内容：'}" />
        <c:out value="${row.content}" />  <br>
</c:forEach>
</body>
</html>
```

运行结果如图 14-15 所示。

图 14-15　Query.jsp 的运行结果

14.5.3　对返回的结果进行处理

SQL 标记访问数据库步骤 3：处理返回的结果。如果前面执行的是查询操作，则会将返回的结果保存在一个 Result 类型的变量中(返回的结果一般是一个二维表)。该变量一般有如下几个属性。

- rows：以字段名称当作索引的查询结果。
- rowsByIndex：以数字当作索引的查询结果。
- columnNames：字段名称。
- rowCount：返回结果的行数。
- limitedByMaxRows：查询是否有最大行数限制是 boolean 型。

<sql:query>查询的结果一般是一个二维表，假如保存在变量 x 中，并且该表中有 3 个字段 name、sex、score，则输出该表信息的方法如下：

- 使用 rows 属性。

```
<sql:query   sql="select * from test" var="x" />
<c:forEach items="${x.rows}" var="temp">
```

```
${temp.name}、${temp.sex}、${temp.score}<br>
</c:forEach>
```

➢ 使用 rowsByIndex 属性。

```
<sql:query   sql="select * from test" var="x"/>
<c:forEach items="${x.rowsByIndex}" var="temp">
${temp[0]}、 ${temp[1]} 、 ${temp[2]} <br>
</c:forEach>
```

➢ 使用 columnNames 属性输出各列的名称。

```
<sql:query   sql="select * from test" var="x" />
<c:forEach items="${x.columnNames}" var="temp">
${temp}
</c:forEach>
```

➢ 使用 rowCount 属性输出返回结果的行数。

```
<sql:query   sql="select * from test" var="x" />
${x.rowCount}
```

14.5.4 其他 SQL 标签库的标签

1. 动态地设定变量的标签

<sql:param>和<sql:dateParam>标记用来动态地设定变量。

<sql:param>的语法如下：

```
<sql:param value="value">
```

假如 SQL 指令需要一些动态变量，可以写成如下形式：

```
<sql:query var="result">
select * from user where userid='${userid}'
</sql:query>
```

将上面的语句改成如下形式：

```
<sql:query var="result">
select * from user where userid=?
<sql:param value=${userid}>
</sql:query>
```

<sql:dateParam>只是用来设置日期相关的参数，如 timeStamp、date、time。语法如下：

```
<sql: dateParam value="value" [type="type"]>
```

2. 事物处理标签

单个事务需要多条 SQL 语句才能执行，这些 SQL 语句要么全部执行要么一个也不执行，这时可以使用<sql:transaction>标记。

<sql:transaction>标记语法如下：

```
<sql:transaction [dataSource="dataSource"]
 isolation="read_committed/read_uncommitted/repeatable/serializable" >
        多个<sql:query>和<sql:update>标记
</sql:transaction>
```

其中，dataSource 属性为数据源，isolation 表示事物隔离的级别。

14.6 i18n 与国际化

随着电子商务以及其他 Web 应用的普及，世界各地的客户能够使用本地语言访问各种组织提供的 Web 应用服务，也就是针对特定语言和地区来定义应用。i18n 相关标签用于进行国际化语言的转换作业，同时提供日期与数值等数据类型的格式转换标签。相关标签如表 14-9 所示。

表 14-9　i18n 相关标签

分　类	标　签	说　明
国际化设置	setLocale	设置所使用的语言文化区域
	requestEncoding	指定编码方式
消息	bundle	指定所要使用的资源文件名称
	setBundle	设置预设的资源文件
	message	取得资源文件的内容
数字、日期格式	timeZone	转换时区格式
	setTimeZone	存储时区信息
	formatNumber	格式化数值
	parseNumber	解析特定数值格式
	formatDate	格式化日期
	parseDate	解析特定日期格式

要使用 i18n 标签库，必须先使用 taglib 指令导入它，其语法格式如下：

```
<%@ taglib uri="http://java.sun.com/jsp/jstl/fmt" prefix="fmt" %>
```

14.6.1　国际化设置标签

国际化设置标签中包含两个标签：一个是设定语言区域的<fmt:setLocale>，另一个则是设定请求字符串编码的<fmt:requestEncoding>。

1. <fmt:setLocale>标签

<fmt:setLocale>标签用来设置用户的语言地区。

<fmt:setLocale>标签的语法如下：

```
<fmt:setLocale value =" {II|II-CC} "  [variant="variant"]
[scope="{page|request|session|application}"]/>
```

value 是不可省略的属性，代表所要指定的区域代号。value 值由 II 两个小写字母所组成的语言代码表示，例如 zh，或者由 II-CC 组成的语言－国家代码表示，如 zh-CN(中文－中国)。

默认情况下，i18n 标记依据浏览器的设定来确定本地属性值。使用<fmt:setLocale>标记会覆盖浏览器本地属性设置。

2. <fmt:requestEncoding>标签

<fmt:requestEncoding>标签用来设置字符串的编码。网页只有经过正确的编码，进行请求响应的过程中，传递的参数内容才能正常显示。<fmt:requestEncoding>标签的具体作用和 request 内置对象的 setCharacterEncoding()方法的功能完全相同。

<fmt:requestEncoding>标签的语法如下：

```
<fmt:requestEncoding [value="charsetName"]/>
```

value 属性代表所要指定的编码方式字符串，如果没有设定 value 属性，则它会自动去寻找合适的编码方式。默认的编码格式为 ISO-8859-1，对于非 ISO-8859-1 的字符(如中文)，需要显式指定字符集编码。

14.6.2 消息标签库

消息标签库的主要作用是获取系统设定的语言资源。使用这些标签可以轻易地使 Web 应用支持国际化。消息标签库包含 3 个标签，即<fmt:bundle>、<fmt:setBundle>和<fmt:message>。

首先来看看单一语系的网页内容如何利用消息标签库中的标签进行国际化。一般来说，支持国际间不同文化区域语系的网页功能，是通过提供其关联的资源文件来达到目的的，图 14-16 说明了其中的过程。

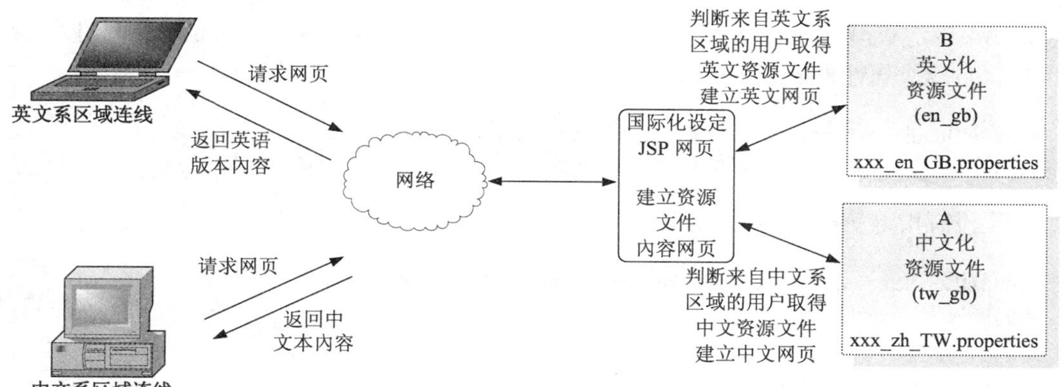

图 14-16 国际化网页示意图

其中的 JSP 网页同时支持英文与中文内容转换，系统提供两个资源文件 A 与 B 以存储网页所要显示的中文及英文语系内容。A 为中文化内容的资源文件；B 则是英文化内容的资源文件。当浏览器提出网页浏览要求时，网页根据浏览器所属的区域语系，取得其相关的资源文件，正确地显示符合此语系的网页内容。

1. <fmt:bundle>标签

<fmt:bundle>主要用来取得资源文件的内容，将其显示在网页上。

<fmt:bundle>标签的语法如下：

```
<fmt:bundle basename="basename" [prefix="prefix"]>
        本体内容
</fmt:bundle>
```

其中，basename属性设置要使用资源的名称，不包含文件本身的扩展名。如果basename为null、空或找不到资源文件时，在网页上会产生???<key>???的错误信息。prefix指定<fmt:bundle>标签当中key值的预设前缀。

2. <fmt:setBundle>标签

<fmt:setBundle>标签是设置默认的资源文件，当指定的资源文件不存在时，直接套用默认的资源文件。

<fmt:setBundle>标签的语法如下：

```
<fmt:setBundle basename="basename" [var="varName"]
[scope="{page|request|session|application}"]/>
```

其中，若 basename 为 null、空或者无法找到资源文件时，在网页上会产生???<key>???错误信息。var 表示指定变量的名称，还可以存储所要读取的资源文件内容。scope 表示 var 变量的 JSP 范围。

basename 设定要使用的资源文件，如果没有设定 var 时，那么设定好的资源文件会成为默认的资源文件。在同一个网页或同一个属性范围内<fmt:message>都可以直接使用此资源文件。相反，如果设定 var 时，那么会将资源文件存储到 varName 中，当使用<fmt:message>时，必须使用 bundle 这个属性来指定。例如：

```
<fmt:setBundle basename="Myrescource" scope="session" var="myResource"/>
<fmt:message key="str" bundle="${myResource}">
```

如果没有指定 var，则只需写成：

```
<fmt:setBundle basename="MyResource" scope="session"/>
<fmt:message key="str"/>
```

3. <fmt:message>标签

<fmt:message>标签主要用于从指定的资源中把指定的关键字获取出来。

<fmt:message>标签的语法如下。

➢ 语法 1：无本体内容。

```
<fmt:message key="messagekey" [bundle="resourseBundle"]
[var="varname"][scope="page|request|session|application"]/>
```

➢ 语法 2：包含指定信息参数的本体内容。

```
<fmt:message key="messagekey" [bundle="resourseBundle"] [var="varname"]
[scope="page|request|session|application"] >
        <fmt:param />
 </fmt:message>
```

➢ 语法 3：包含指定选择性信息参数与 key 值的本体内容。

```
<fmt:message [bundle="resourseBundle"] [var="varname"]
 [scope="page|request|session|application"] >
        索引
        可选择的<fmt:param />
</fmt:message>
```

其中，key 表示索引，bundle 表示使用的数据来源，var 用来存储国际化信息，scope 表示 var 变量的 JSP 范围。

当<fmt:bundle>标签指定了资源文件来源，紧接着<fmt:message>便可以用来将其中的内容取出，资源文件的结构是一种键/值对，key 为所要取得的键，而此键所对应的值则是显示在网页上的内容。若 key 为 null 或空，在网页上产生？？？？的错误信息；若找不到资源文件，在网页上会产生???<key>???的错误信息。如果<fmt:message>没有 key 属性，那么<fmt:message>将会自动从本体内容中寻找关键字，再从关键字中寻找对应的结果，显示在页面中。bundle 属性则是指定使用的资源文件，var 和 scope 用来存储要显示的信息。如果有 var 属性，该标记则不会把结果显示在页面中，而是将结果存储在 varname 中，要显示则必须使用<c:out>或${}EL 表达式。

如果资源文件接受外部参数，则可以在<fmt:message>当中指定<fmt:param>标签，将参数传递至资源文件进行处理，最后取得处理完成的结果，并且将其显示在网页上。

14.6.3 数字、日期格式化

数字、日期格式化共包含 6 个标签，即<fmt:formatNumber>、<fmt:parseNumber>、<fmt:formatDate>、<fmt:parseDate>、<fmt:setTimeZone>和<fmt:timeZone>，分别用来解析或格式化数字、日期以及时区等。一般用于将数字、日期等转换成指定地区或自定义的显示格式。

1. 设置时区

<fmt:timeZone>和<fmt:setTimeZone>都是与时区相关，<fmt:timeZone>标签用以将标签的本体内容转换为特定时区适用的格式，而<fmt:setTimeZone>标签则是将指定的时区存储于指定的范围变量。

<fmt:timeZone>标签的语法如下：

```
<fmt:timeZone value="timeZone">
```

```
body content
</fmt:timeZone>
```

<fmt:timeZone>针对标签当中的本体内容进行格式化，其唯一的属性是 value，代表使用的时区。使用这个标签，时区设置的影响将只对本体内容有效。另外一个标签<fmt:setTimeZone>可以将时区的设置信息存储在指定的变量里面，其语法如下：

```
<fmt:setTimeZone value="timeZone" [var="varName"]
[scope="{page|request|session|application}"]/>
```

var 属性用来存储时区的设置，当然，这个属性是选择性的，而 scope 是变量的有效范围。

2. 格式化数字

<fmt:formatNumber>标签将指定的数值格式化，用来表现货币或是百分比等其他特定的数值形态。语法如下。

➢ 语法 1：不包含本体内容。

```
<fmt:formatNumber value="numericValue"
[type="{number|currency|percent}"]
[pattern="customPattern"]
[currencyCode="currencyCode"]
[currencySymbol="currencySymbol"]
[groupingUsed="{true|false}"]
[maxIntegerDigits="maxIntegerDigits"]
[minIntegerDigits="minIntegerDigits"]
[maxFractionDigits="maxFractionDigits"]
[minFractionDigits="minFractionDigits"]
[var="varName"]
[scope="{page|request|session|application}"]/>
```

➢ 语法 2：本体内容为待格式化的数据。

```
<fmt:formatNumber [type="{number|currency|percent}"]
[pattern="customPattern"]
[currencyCode="currencyCode"]
[currencySymbol="currencySymbol"]
[groupingUsed="{true|false}"]
[maxIntegerDigits="maxIntegerDigits"]
[minIntegerDigits="minIntegerDigits"]
[maxFractionDigits="maxFractionDigits"]
[minFractionDigits="minFractionDigits"]
[var="varName"]
[scope="{page|request|session|application}"]>
欲格式化的数字
</fmt:formatNumber>
```

各属性的含义如表 14-10 所示。

表 14-10 <fmt:formatNumber>的属性

名 称	说 明	类 型	必 须	默 认 值
value	待格式化的数字	String/Number	否	无
type	指定单位(数字、当地货币、百分比)	String	否	number
patten	格式化数字的样式	String	否	无
currencyCode	ISO-4217 码	String	否	无
currencySymbol	货币符号，如￥，$	String	否	无
groupingUsed	是否使用区隔数字，如：123，456，789	boolean	否	true
maxIntegerDigits	整数部分最多显示多少位	int	否	无
minIntegerDigits	整数部分最少显示多少位	int	否	无
maxFractionDigits	小数点后最多显示多少位	int	否	无
minFractionDigits	小数点后最少显示多少位	int	否	无
var	存储已格式之数字	String	否	无
scope	var 变量的 JSP 范围	String	否	page

<fmt:parseNumber>标签用来解析格式化的数值数据，一个特定格式的数值，通过其解析之后，将转换成为单纯的数值数据，例如 1 000 000 被解析成为数字 1000000。<fmt:parseNumber>标签的语法如下。

➢ 语法 1：无本体内容。

```
<fmt:parseNumber value="numericValue"
[type="{number|currency|percent}"]
[pattern="customPattern"]
[parseLocale="parseLocale"]
[integerOnly="{true|false}”]
[var="varName"]
[scope="{page|request|session|application}"]/>
```

➢ 语法 2：包含本体内容。

```
<fmt:parseNumber [type="{number|currency|percent}"]
[pattern="customPattern"]
[parseLocale="parseLocale"]
[integerOnly="{true|false}"]
[var="varName"]
[scope="{page|request|session|application}"]>
numeric value to be parsed
</fmt:parseNumber>
```

<fmt:parseNumber>标签的属性如表 14-11 所示。

表 14-11 <fmt:parseNumber>标签的属性

名　称	说　明	类　型	必　须	默 认 值
value	待格式化的数字	String/Number	N	无
type	指定待格式式属性的类型，分别为(数字、当地字符以及百分比)	String	N	number
pattern	格式化数字的样式	String	N	无
parseLocale	用来替代默认的地区设置	String/java.util.Locale	否	无
integerOnly	是否只显示整数部分	boolean	否	false
var	存储已格式化的数字	String	否	无
scope	var 的 JSP 范围	String	否	page

3. 格式化日期

<fmt:formatDate>标签以指定的时区格式化显示日期对象。

<fmt:formatDate>标签的语法如下：

```
<fmt:formatDate value="date"
    [type="{time|date|both}"]
    [dateStyle="{default|short|medium|long|full}"]
    [timeStyle ="{default|short|medium|long|full}"]
    [pattern="customPattern"]
    [timeZone="timeZone"]
    [var="varName"]
    [scope="{page|request……}"]/>
```

其中，value 指定需要格式化显示的日期和时间。type 指定给定的数据处理方式为日期、时间，还是日期时间都处理。dateStyle 和 timeStyle 指定日期和时间的显示格式。Pattern 属性指定自定义格式，如 dd/MM/yy 等。timeZone 指定时区，如果没有指定，默认使用本地属性中的时区。

<fmt:parseDate>标签可以将字符串表示的日期和时间解析成日期对象(java.util.Date)。

<fmt:parseDate>标签的语法如下：

```
<fmt:parseDate value="dateString"
[type="{time|date|both}"]
[dateStyle="{default|short|medium|long|full}"]
[timeStyle ="{default|short|medium|long|full}"]
[patter="customPattern"]
[timeZone="timeZone"] [parseLocale="parseLocale"]
[var="varName"]
[scope="{page|request……}"]/>
```

其中，value 属性指定需要解析成日期对象的字符串。该属性可以省略，由本体来指定要解析的内容。解析结果可以使用属性 var 指定的变量存储。变量的有效范围由 scope 指定。如果没有 var 属性，解析结果会输出到 JSP 页面，否则不会输出。属性 parseLocale 指定本地属性的值。

14.7 函数标签

函数标签是一组提供字符串维护操作功能的标签库，这些功能涵盖了应用程序处理字符串所需的能力，例如字符串的解析、分割与置换等，如表 14-12 所示。

表 14-12　函 数 标 签

分　类	标　签	说　明
字符串比较	contains	检视字符串当中是否包含了指定的子字符串
	containsIgnoreCase	在忽略大小写的情况下，检查字符串当中是否包含了指定的子字符串
	endsWith	检查字符串是否以指定的字尾结束
	startsWith	检查字符串是否以指定的前缀开始
	indexOf	返回字符串之间第一个符合指定子字符串的索引值
获取子字符串	substring	返回字符串当中指定区域的子字符串
	substringAfter	返回字符串当中指定字符串后面的子字符串
	substringBefore	返回字符串当中指定字符串之前的子字符串
字符串调整	toLowerCase	将字符串中所有的字符转换成为小写
	toUpperCase	将字符串中所有的字符转换成为大写
	trim	移除字符串两端的空白
	replace	以指定的子字符串取代部分字符串
	split	分割字符串成为一个字符串数组
	join	将一个字符串数组以指定的符号合并成为字符串
其他	escapeXml	转换跳脱字符
	length	返回字符串的字符数目

为了方便说明，将所有的函数标签分为几个大类，其中字符串提供解析字符串内容的功能，获取子字符串则用来取得字符串当中的特定子字符串，字符串调整可以改变字符串本身的组成。

14.8 小　结

EL 表达式内可完成基本的算术运算、逻辑运算、访问作用范围变量等。使用 EL 表达式可以简化 JSP 页面中的代码。

JSP Standard Tag Library(简称 JSTL)是一种标签函数库，为 JSP 网页技术的一环，被用来协助程序设计人员简化 JSP 网页制作，由 SUN 制定其规格，并由外界进行开发。JSTL 规格包含了各种网页运作所需的运用，例如循环、流程控制、输出/输入、文本格式化，甚至涵盖 XML

文件处理及数据库存取操作。JSTL 提供了 5 种形式的标签函数库，核心标签、i18n 国际化格式标签、SQL 标签、XML 标签及函数标签。

JSTL 所需的两个文件为 jstl.jar 和 standard.jar，可从网址 http://www.apache.org/dist/jakarta/taglibs/standard 下载。引用 taglib 指令声明网页所要使用的标签种类，语法为：<%@taglib prefix=tabName uri=uriString %>。

核心标签中包含在表达式操作、建立 URL、条件控制、迭代运行循环的标签。数据库标签可以指定数据源，对数据库中的数据进行查询和更新，以及对返回结果进行处理等。i18n 与国际化标签用于进行国际化语言的转换作业，同时提供日期与数值等数据类型的格式转换标签。函数标签是一组提供字符串维护操作功能的标签库，这些功能涵盖了应用程序处理字符串所需的能力，例如字符串的解析、分割与置换等。

14.9 习 题

14.9.1 选择题

1. 给定程序片段:

<% String value = "beanvalue"; %>
<% request.setAttribute ("com.example.bean", value); %>
<%--插入代码处--%>

在第 3 行插入 EL 表达式(　)，能够计算并输出"beanValue"。

A. ${bean}　　B. ${value}
C. ${beanValue}　　D. ${com.example.bean}
E. ${requestScope["com.example.bean"]}　　F. ${request.get("com.example.bean").toString()}

2. 假定在 web 应用中，请求参数 productID 包含产品的标识符，下面两个 EL 表达式(　)能够计算 productID 的值。

A. ${product ID}　　B. ${param.productID}
C. ${params.productID}　　D. ${params.productID[1]}

3. 用户的会话对象中存在属性 cart，以下两条语句(　)能够将该属性从 session 中删除。

A. ${cart = null}
B. <c:remove var="cart" />
C. <c:remove var="${cart}" />
D. <c:remove var="cart" scope="session" />
E. <c:remove scope="session">cart</c:remove>
F. <c:remove var="${cart}" scope="session" />
G. <c:remove scope="session">${cart}</c:remove>

4. 在 JSP 页面中，开发人员需要构建如下的动态代码:

```
if ( test1 ) {
```

```
    // action1
  } else if ( test2 ) {
    // action2
} else {
    // action3
}
```

下面 JSTL 的结构能够实现相同的功能的是(　)。

A. <c:choose>
<c:when test="test1" >action1</c:when>
<c:when test="test2">action2</c:when>
<c:when>action3</c:when>
</c:choose>

B. <c:choose>
<c:when test="test1">action1</c:when>
<c:when test="test2">action2</c:when>
<c:otherwise>action3</:otherwise>
</c:choose>

C. <c:if test="test1">
<c:then>action1</c:then>
<c:else-if test=""test2">
<c:then>action2</c:then>
<c:else>action3</c:else>
</c:else-if>
</c:if>

D. <c:if test="test1">
<c:then>action1</c:then>
<c:else>
<c:if test="test2">
<c:then>action2</c:then>
<c:else>action3</c:else>
</c:if>
<c:else>
<c:if>

14.9.2 判断题

1. JSTL 代码片段<c:import url="foo.jsp"/>能够实现导入其他 web 资源的功能。　(　)
2. <fmt:setLocale>是用于设置本地属性的 JSTL 标记。　(　)
3. SQL 标记库中的标记<sql:query>是用来修改数据库中的记录。　(　)

14.9.3 填空题

1. 假定在 web 应用中，请求参数 productID 包含产品的标识符，能够计算 productID 值的 EL 表达式是__________。

2. JSTL 的全称是__________。

3. JSTL 提供的标签分为 5 大类，分别是_________、_________、_________、_________和__________。

4. 在 JSTL 核心标签当中，网页数据的存取操作行为是由标签_________、_________与_________3 个标签所设置的。

5. 在与 url 有关的标签中，______用来设置一个超级链接。

6. 流程控制标签用来控制程序运行的流程，_________搭配_________与_________，来进行多重判断。

7. <c:forEach>标签通过属性值_____、_____与_____控制循环的间隔数及起始与结束值。

8. <c:out>标签中使用____属性表示要输出的内容。

9. <c:set>标签的作用是____。

10. 标识 EL 语法元素的符号为______。

11. EL 中的三元运算符为_______。

12. 与存活期范围有关的 4 个隐含对象分别是______、_______、_______以及_______。

13. 隐含对象_______与_______，可直接用来存取表单传递的参数。

14 系统初始化数据存放于 WEB-INF 文件夹的_____，隐含对象____可用来对其进行访问。

14.9.4 简答题

1. 请简述 JSTL 与一般的 JSP 技术有何差异。

2. JSTL 标签的分类主要有哪几种？请简单说明。

3. 使用 JSTL 有何优点?

4. 在 Tomcat 中安装使用 JSTL 的步骤有哪些？

5. <c:if>和<c:choose>这两种标签都可以用来进行流程判断，请说明它们的差异及用法。

6. 说明如何使用 JSTL 所提供的<sql:setDataSource>标签设置联机信息。

7. 在 EL 中访问变量的值可以使用如下的 EL 元素：${变量名}，如果没有指定变量的有效范围，JSP 容器会依次到哪几个范围内查找该变量？

8. 说明如何运用隐含对象取得表单参数。

14.9.5 编程题

1. 使用 JSTL 标准标记库中的标记输出 1～100 的数字之和。

提示：本程序所使用的 JSTL 核心标记库的 uri 为 http://java.sun.com/jsp/jstl/core。

2. 使用标准标签库中的<c:foreach>标签、<c:if>标签和<c:out>标签列出 1～100 中能被 2 整除不能被 3 整除的数字。

第 15 章

自定义标签库

JSP 中的标签库技术可以让用户定制自己的标签。在第 4 章介绍了 JSP 的动作元素，动作元素本质上是一段 Java 代码，在 JSP 页面被转换为 Servlet 期间，JSP 容器遇到动作元素的标签，就用预先定义的对应于该标签的 Java 代码来代替它。同样，自定义标签实际上是一个实现了特定接口的 Java 类，定义了执行该标签操作的具体逻辑。然后再定义标签库描述文件，并把该文件导入到 Web 部署描述符中，该文件定义了一组标签与标签类的对应关系。最后就可以在 JSP 页面中导入并使用自定义的标签。在运行时，标签将被相应的代码所替换。标签的集合构成了标签库。

本章学习目标

◎ 掌握传统标签的开发

◎ 掌握简单标签的开发

◎ 掌握标签库描述符文件的编写

15.1 自定义标签体系介绍

标签库 API 定义在 javax.servlet.jsp.tagext 包中，其中主要接口和类如图 15-1 所示。

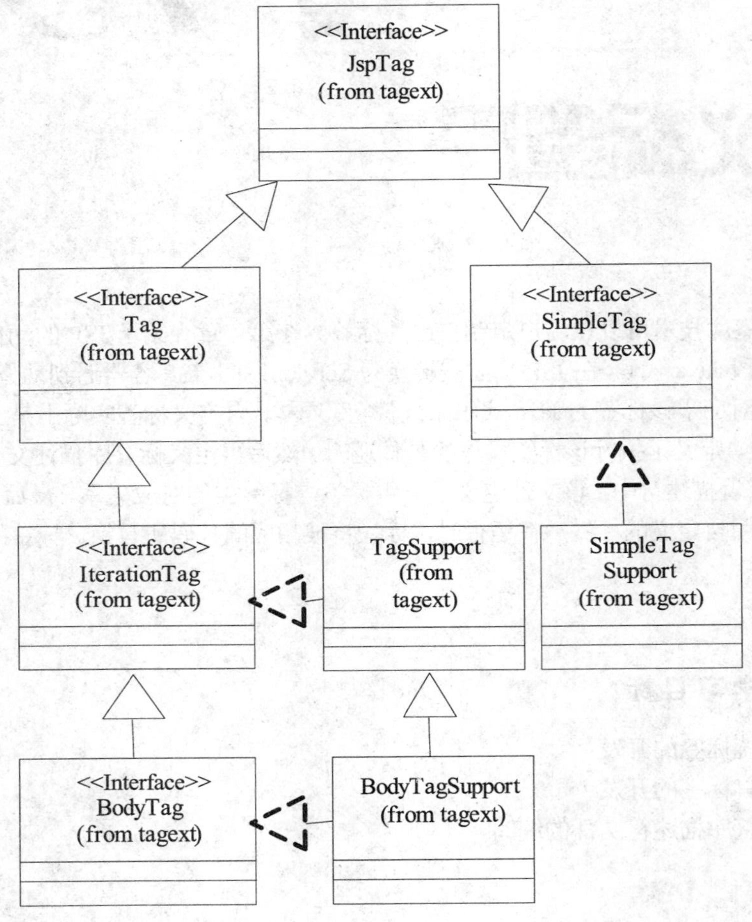

图 15-1　标签库中各个接口与类之间的关系示意图

开发自定义标签的核心就是要编写标签处理器类，一个标签对应一个标签处理器类，很多标签处理器的集合构成一个标签库。所有的标签处理器类都要实现 JspTag 接口。这个接口是在 JSP 2.0 中新增加的一个标识接口，它没有任何方法，主要是作为 Tag 和 SimpleTag 接口的共同基类。在 JSP 2.0 之前，所有的标签处理器类都要实现 Tag 接口，我们称这样的标签为传统标签(Classic Tag)。后来为了简化标签的开发，JSP 2.0 规范又定义了一种新类型的标签，称为简单标签(Simple Tag)，其对应的处理器类要实现 Simple Tag 接口。

15.1.1 标签的形式

在介绍标签库 API 之前，先看一下自定义标签的 4 种形式。

➢ 空标签。

```
<title/>
```

➢ 带有属性的空标签。

```
<title length="20" />
```

➢ 带有内容的标签。

```
<title>
    JSP 程序设计
</title>
```

➢ 带有内容和属性的标签。

```
<title length="20">
    JSP 程序设计
</ title >
```

15.1.2 标签类相关接口和类

1. Tag 接口

javax.servlet.jsp.tagext.Tag 接口定义了所有传统标签处理器需要实现的基本方法。Tag 接口中的方法如表 15-1 所示，Tag 接口中定义的常量如表 15-2 所示。

表 15-1 Tag 接口中的方法

方 法 名	功 能 描 述
public void setPageContext (PageContext pc)	该方法被 JSP 页面的实现对象调用，设置当前页面的上下文
public void setParent(Tag t)	如果标签被嵌套，该方法被用来设置父标签
public Tag getParent()	如果标签被嵌套，该方法被用于获取父标签
public int doStartTag()throws JspException	当处理开始标签时，该方法被调用
public int doEndTag() throws JspException	当处理结束标签时，该方法被调用
public void release()	当需要释放标签处理器对象时，该方法被调用。可以在该方法中释放标签处理器所使用的资源

表 15-2 Tag 接口中的常量

常 量 名	功 能 描 述
public static final int EVAL –BODY- INCLUDE	作为 doStartTag()方法的返回值，表示标签体要被执行，执行结果输出到当前的输出流中

(续表)

常 量 名	功 能 描 述
public static final int SKIP-BODY	作为 doStartTag()方法的返回值，表示忽略标签体
public static final int EVAL-PAGE	作为 doEndTag()方法的返回值，表示 JSP 页面的余下部分将继续执行
public static final int SKIP_PAGE	作为 doEndTag()方法的返回值，表示忽略 JSP 页面的余下部分

下面结合生命周期讨论标签的处理过程。传统标签的生命周期如图 15-2 所示。

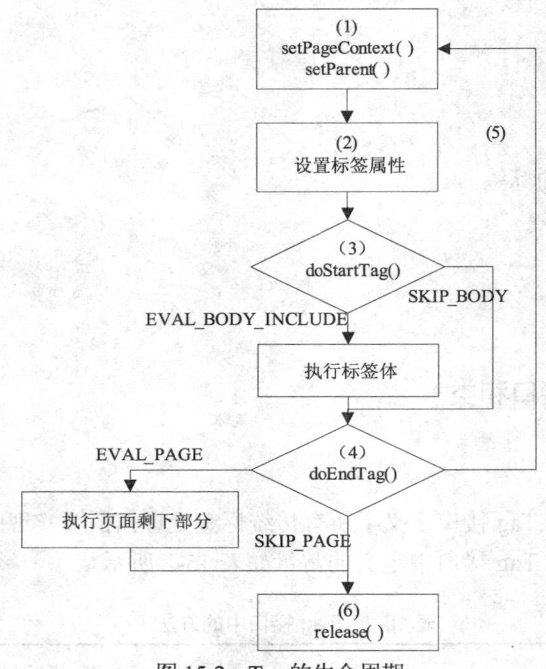

图 15-2　Tag 的生命周期

(1) 容器在创建一个新标签处理器实例后，通过 setPageContext()方法设置标签的页面上下文，然后使用 setParent()方法设置这个标签的上一级标签，如果该标签没有上一级嵌套，设置为 null。

(2) 设置标签的属性，通过标签处理器的 set×××()方法实现。如果没有定义属性，就不用调用此方法。

(3) 调用 doStartTag()方法，该方法可以返回 EVAL_BODY INCLUDE 或者 SKIP_BODY。如果返回 EVAL_BODY_INCLUDE，则将标签体输出到当前的输出流中；如果返回 SKIP_BODY，则忽略标签体。

(4) 调用 doEndTag()方法，该方法可以返回 EVAL_PAGE 或者 SKIP_PAGE。如果返回 EVAL_PAGE，则执行 JSP 页面的余下部分；如果返回 SKIP_PAGE，则忽略 JSP 页面的余下部分。

(5) 容器会缓存标签处理器实例，一旦遇到同样的标签，则重复使用缓存的标签处理器实例。

(6) 调用 release()方法，释放标签处理器实例占用的任何资源。

2. IterationTag 接口

javax.servlet.jsp.tagext.IterationTag 接口继承自 Tag 接口，它新增了一个方法和一个用做返回值的常量，主要用于控制对标签体的重复处理。新增的方法和常量如表 15-3 所示。

表 15-3　IterationTag 接口新增的方法和常量

常量名/方法名	功 能 描 述
public static final int EVAL_BODY_ AGAIN	该常量作为 doAfterBody()方法的返回值，请求重复执行标签体
public int doAfterBody() throws JspException	该方法在每次对标签体处理之后被调用，doAfterBody()方法可以返回 EVAL_BODY_AGAIN 或者 SKIP_BODY。如果返回 EVAL_BODU_GAIN，则重复执行标签体。如果返回 SKIP_BODY，则不再执行标签体。需要注意的是，在调用 doAfterBody()方法之前，标签体已经被执行了一遍，如果想忽略标签体，需要在 doStartTag0 方法中返回 SKIP_BODY

3. BodyTag 接口

javax.servlet.jsp.tagext.BodyTag 接口继承自 IterationTag 接口，它新增了两个方法和一个用做返回值的常量。实现该接口的标签处理器可以在其内部对标签体执行后的内容进行处理 Body Tag 接口。新增的方法和常量如表 15-4 所示。

表 15-4　BodyTag 接口新增的方法和常量

常量名/方法名	功 能 描 述
public void setBodyContent(BodyContent b)	JSP 页面的实现对象调用此方法来设置 bodyContent 属性。如果对非空标签 doStartTag()方法的返回值是 SKIP_BODY、EVAL_BODY_INCLUDE 或空标签，此方法也不会被调用
public void dolnitBody() throws JspException	在 setBodyContent()方法调用之后，标签体第一次被执行之前，该方法被调用，为标签体的执行做准备
public static final int EVAL_BODY_BUFFERED	作为 doStartTag()方法的返回值，只有实现了 BodyTag 接口的标签处理器的 doStartTag()方法才可以返回这个值。如果 doStartTag()方法返回该值，则会创建 BodyContent 对象来执行标签体。需要注意的是，在标签体执行后，BodyContent 对象的内容是执行的结果

Javax.servlet.jsp.tagext.BodyContent 是一个抽象类，关于该类的详细信息，可参看 JSP 的 API 文档。

实现 BodyTag 接口的标签处理器的生命周期，如图 15-3 所示。

(1) 容器在创建标签处理器的实例后，设置标签的页面上下文时调用 setPageContext()方法。然后，设置这个标签的上一级标签时调用 setParent()方法，如果该标签没有上一级标签，则设置为 null。

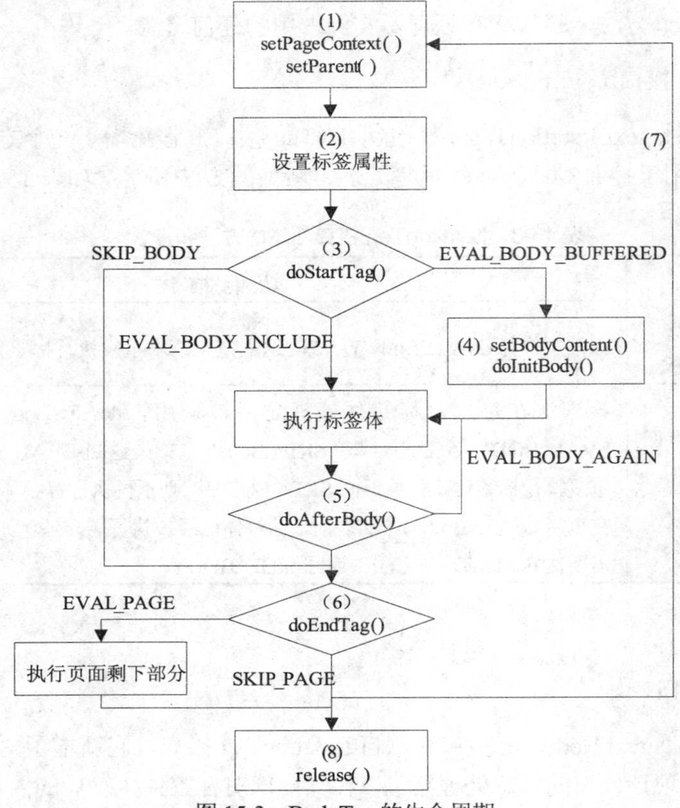

图 15-3　BodyTag 的生命周期

(2) 设置标签的属性，调用标签处理器的 set×××()方法。如果没有定义属性，就会跳过此步骤。

(3) 调用 doStartTag()方法，该方法可以返回 EVAL_BODY_INCLUDE、SKIP_BODY 或 EVAL_BODY_BUFFERED 值。如果返回 EVAL_BODY_INCLUDE，则执行标签体；如果返回 EVAL_BODY_BUFFERED，而标签体不为空，则进入第(4)步，如果返回 SKIP_BODY，则忽略标签体。

(4) 设置标签处理器的 bodyContent 属性，调用 setBodyContent()方法，接着为标签体的执行做准备调用 doInitBody()方法。

(5) 标签体执行完后，doAfterBody()方法被调用，该方法可以返回 EVAL_BODY_AGAIN 或 SKIP_BODY。如果返回 EVAL_BODY _AGAIN，则重复执行标签体。如果返回 SKIP_BODY，则不再执行标签体。

(6) 调用 doEndTag()方法，该方法可以返回 EVAL_PAGE 或者 SKIP_PAGE。如果返回 EVAL_PAGE，则执行 JSP 页面的余下部分；如果返回 SKIP_PAGE，则忽略 JSP 页面的余下部分。

(7) 容器会缓存标签处理器实例，一旦遇到同样的标签，则重复使用缓存的标签处理器实例。

(8) 当需要释放标签处理器实例时，release()方法才被调用。

为了简化标签处理器的开发，在 javax.servlet.jsp.tagext 包中还提供了 TagSupport 和

BodyTagSupport 两个实现类，TagSupport 类实现了 IterationTag 接口，BodyTagSupport 类继承自 TagSupport，实现了 BodyTag 接口。

【例 15-1】下面示例定义了 HelloTag.java 这个类，它继承于 TagSupport 这个父类。

```
package com;
import java.io.IOException;
import javax.servlet.jsp.*;
import javax.servlet.jsp.tagext.*;
public class HelloTag implements Tag{
    private PageContext pageContext;
    private Tag parent;
    public void setPageContext(PageContext pc)    {
        this.pageContext=pc;
    }
    public void setParent(Tag t) {
        this.parent=t;
    }
    public Tag getParent() {
        return parent;
    }
    public int doStartTag() throws JspException {
        return SKIP_BODY;
    }
    public int doEndTag() throws JspException {
        //利用 pageContext 对象的 getOut()方法得到 JspWriter 对象
        JspWriter out=pageContext.getOut();
        try {
            //利用 JspWriter 对象，向客户端输出欢迎信息
            out.print("Hello world！你好，世界！");
        }
        catch(IOException e) {
            System.err.println(e.toString());
        }
        return EVAL_PAGE;
    }
    public void release(){}
}
```

在 HelloTag 类中，它的 doStartTag()方法什么都没做直接返回 SKIP_BODY，表示忽略开始和结束标签之间的 body 内容，在 doEndTag()方法中通过 pageContext.getOut()得到页面输出对象，并且调用该对象的 write()方法往页面中写入相应的输出信息，在调用 pageContext.getOut()时有可能发生 I/O 异常，因此要捕捉该异常。最后该方法返回 EVAL_PAGE，表示继续解析该标签之后的网页内容。

15.1.3 标签库描述文件

对于上一节中标签处理器类 HelloTag.java，如果希望能通过标签运行它，必须在自定义标签库的描述文件 mytag.tld 中进行部署，代码如下。

```
<?xml version="1.0" encoding="ISO-8859-1" ?>
<taglib xmlns="http://java.sun.com/xml/ns/j2ee"
xmlns:xsi="http://www.w3.org/2001/XMLSchema-instance"
xsi:schemaLocation="http://java.sun.com/xml/ns/j2ee web-jsptaglibrary_2_0.xsd"
version="2.0">
<tlib-version>1.0</tlib-version>
<tag>
        <name>hello</name>
        <tag-class>com.HelloTag</tag-class>
        <body-content>empty</body-content>
    </tag>
</taglib>
```

其中，第一行为 XML 文件的版本和编码说明，在 taglib 元素中包含了版本元素声明和所有自定义的标签元素。元素<body-content>的值为 empty，表示该<demo>标签为空标签，即没有标签体。

标签库描述文件定义了标签与标签类的对应关系，它是.XML 格式的文档，简称 TLD。TLD 包含库的所有信息及库中的每个标签，TLD 文件以扩展名.tld 为后缀。当标签库部署在 JAR 文件中时，标签库描述文件必须放在 META-INF 目录或其子目录下；当标签库直接部署到 Web 应用程序中时，标签库描述文件必须放在 WEB-INF 目录或其子目录下，但不能放在/WEB-INF/classes 或/WEB-INF/lib 目录下。

<taglib>元素是标签库描述符的根元素，表 15-5 说明了 taglib 根元素中所包含的子元素及其含义。

表 15-5 根元素 taglib 的子元素

元　素	说　明
tlib-version	标记库的版本号
jsp-version	标记库运行所需的 JSP 规范版本，默认为 2.0
short-name	标记库的简称
uri	唯一地标识此标记库版本的公共 URI
display-name	使用 IDE 工具时显示的名称
small-icon	使用 IDE 工具时显示的小图标
large-icon	使用 IDE 工具时显示的大图标
description	标记库的描述信息
listener	自动实例化和注册的事件监听器对象
tag	标签元素
listener	监听元素

在 tag 元素中定义了具体的标签与标签类的对应关系以及相应的一些特征值。表 15-6 说明了 tag 元素的子元素及其含义。

表 15-6 tag 元素的子元素

元　素	说　明
name	标签名称
tag-class	标签处理器类的完整限定名
tei-class	为这个标签指定 javax.servlet.jsp.tagext.TagExtraInfo 类的子类，该子类用于在转换阶段为 JSP 容器提供有关这个标签的附加信息
body-content	指定标签体的类型。可能的取值有 4 种：即 empty，JSP，scriptless 和 tagdependent
display-name	使用 IDE 工具时显示的名字
small-icon	使用 IDE 工具时显示的小图标
large-icon	使用 IDE 工具时显示的大图标
description	标签的描述信息
variable	脚本变量信息
attribute	标签属性信息

其中，

- name 元素：规定了在网页中引用该标签时用的名称，使用时必须完全匹配。
- tag-class 元素：指定了 JSP 容器用哪个 Java 类来解析该标签。
- body-content 元素：指定了标签体的类型。它可以有以下几种选择，empty 表示该标签无具体内容即为空标签；JSP 表示该标签内容将作为 JSP 格式解析；scriptless 表示标签内容不包含任何脚本或脚本元素；tagdependent 表示把正文内容解析为非 JSP，如 SQL 语句。
- attribute 元素：指定了该标签具有的属性，一个 tag 元素可以包含多个 attribute 元素。具体定义如表 15-7 所示。

表 15-7 attribute 元素的子元素

元　素	说　明
name	属性名称
required	该属性是否必填，默认为 false
rtexprvalue	该属性是否可采用 scriptlet 表达式，默认为 false

15.1.4 在 Web 部署描述符中引入标签库文件

容器在解析页面中的自定义标签时会到 Web 部署描述符中寻找该标签库的 TLD 文件，因此需要在 web.xml 中把标签库文件引入，代码如下。

```
<web-app>
……
```

```
<jsp-config>
        <taglib>
                <taglib-uri>/mytag</taglib-uri>
                <taglib-location>/WEB-INF/tlds/MyTaglib.tld</taglib-location>
        </taglib>
        </jsp-config>
… …
</web-app>
```

在 web.xml 的根元素<web-app>下通过<jsp-config>元素指定要引入的标签库。一个标签库对应一个<taglib>元素，对于一个应用来说，可以存在多个标签库。其中，<taglib-uri>元素指定在 JSP 页面中使用的自定义标签的 URI 名字，JSP 页面通过此名字在 JSP 指令引入自定义标签；<taglib-location>元素指定了该名字所对应的 TLD 文件存放的位置。

15.1.5 在页面中使用标签

在标签库定义完成后，就可以在 JSP 页面中引用自定义标签了。

【例 15-2】定义一个 JSP 页面 hello.jsp，在该页面引用自定义标签。

```
<%@ page contentType="text/html;charset=GB2312" %>
<%@ taglib uri="/mytag" prefix="my"%>
<html>
      <head><title>自定义标签</title></head>
          <body>
              <p>下面是自定义标签显示的内容：</p>
              <h3><my:hello/></h3>
          </body>
</html>
```

在 JSP 文件中通过 taglib 指令引入了标签库<%@ taglib uri="/mytag" prefix="dt"%>，标签库的 URI 为"/mytag"。JSP 容器在解析此页面时会自动到 web.xml 文件中找到该 URI 所对应的 TLD 文件。prefix 的值 my 表示该页面中所有以 my 为前缀的标签<my:标签名>都用 URI 为/mytag 所对应的 TLD 文档中的标签类解析。

hello.jsp 页面在 Tomcat 下运行之后界面如图 15-4 所示。可以看到用自定义空标签<hello/>在浏览器上输出欢迎信息。

图 15-4　hello.jsp 运行结果

JSP 容器解析 hello.jsp 的过程如下：

(1) 客户通过浏览器访问 JSP 容器中的 hello.jsp 页面。

(2) 容器在解析页面时通过 taglib 指定引入了/mytag 所对应的标签库，在处理 JSP 代码过程中遇到<my:hello/>这个标签时通过前缀 dt 定位到应该找/mytag 所对应的标签库。

(3) 在 web.xml 文件中给出了这种对应关系，于是在/WEB-INF 目录下的 mytaglib.tld 文件中找到了 hello 标签所定义的标签类 comHelloTag.java。

(4) 执行该类的 doStartTag()和 doEndTag()方法，就得到了如图 15-4 所示的界面。

15.1.6　标签在 Web 页面中的作用

标签可以很好地解决表示层“动态”和“静态”代码之间的矛盾，即通过在 JSP 页面中嵌入标签，标明应该在 JSP 页面里某位置显示文字，而通过定义支持标签的 Java 代码，动态地在显示 JSP 文件时在标签位置上设置适当的文字。

JavaBean 是一个类，一个 JavaBean 实例通过具体的方法实现相应的逻辑功能，并且为外部操作提供接口，外部 JSP 通过这些接口可以方便地使用它实现逻辑功能，这样就实现了代码的重用以及逻辑功能与页面显示层分离，它的好处就是把业务逻辑和数据库操作从 JSP 页面中分离出来，从而使 JSP 页面更纯净，方便进行调试，易于维护和扩展。设计良好的 JavaBean 可以重用，甚至可以作为产品销售。

自定义标签其实也是一个类，它封装了相应的逻辑功能，和 JavaBean 很类似，但是它们之间存在很大的区别：JavaBean 通过提供接口供外部操作调用实现逻辑功能，而自定义标签是通过标签的形式为外部操作实现逻辑功能。

15.2　传统标签的开发

在这一节中，通过几个例子来了解一下自定义传统标签的开发方法。

15.2.1　带属性标签的开发

【例 15-3】开发一个带属性的自定义标签<myfont>，通过属性设置网页上字体的显示。

(1) 编写标签处理类 AttributeTag.java。将编写好的 AttributeTag.java 源文件放到 src\com 目录下，代码如下。

```
package com;
import javax.servlet.jsp.*;
import javax.servlet.jsp.tagext.*;
public class AttributeTag extends TagSupport {
    private String bgColor = "#FFFFCC";
    private String color = "#000000"; // 字体默认黑色
    private String fontSize = "3"; // 字体大小默认为 3
    private String border = "0"; // 表格边框默认为 0
    private String width = null; // 表格宽度为 null
    private String bordercolor = "yellow"; // 表格边框颜色，默认黑色
    public void setBgColor(String newBgColor) {
        bgColor = newBgColor;
    }
    public void setColor(String newColor) {
```

```
            color = newColor;
        }
        public void setFontSize(String newFontSize) {
            fontSize = newFontSize;
        }
        public void setBorder(String newBorder) {
            border = newBorder;
        }
        public void setWidth(String newWidth) {
            width = newWidth;
        }
        public void setBordercolor(String newBordercolor) {
            bordercolor = newBordercolor;
        }
        public int doStartTag() {
            try {
                JspWriter out = pageContext.getOut();
                out.print("<table border=" + border + " bordercolor=" + bordercolor);
                if (width != null) {
                    out.print(" WIDTH=\"" + width + "\" >");
                }
                out.print("><TD bgcolor=" + bgColor + ">");
                out.print("<div align=" + align + "><font size=" + fontSize + " color=" +
                        color + "> ");
            } catch (Exception e) {
            System.out.println("Error in doStartTag of Myfont Handler Class: " + e);
            }
            return (EVAL_BODY_INCLUDE);
        }

        public int doEndTag() {
            try {
                JspWriter out = pageContext.getOut();
                out.print("</td></tr></table>");
            } catch (Exception e) {
                System.out.println("Error in doEndTag of Myfont Handler Class: " + e);
            }
            return (EVAL_PAGE);
        }
    }
```

开发自定义标签带属性时，为自定义标签添加属性，要在相应的标签类中定义同名的属性字段和该字段的 setter 方法。<myfont>标签中 6 个属性都有默认值，在 JSP 页面中没有定义属性值时，自动用默认值处理。

AttributeTag extends TagSupport 重写了 doStartTag()和 doEndTag()方法。当 JSP 引擎遇到标签开头时，调用 doStartTag()方法，返回 EVAL_BODY_INCLUDE 表示标签的体内容正常执行。JSP 引擎遇到标签结尾时，调用 doEndTag ()方法，返回 EVAL_PAGE 表示 JSP 网页可以继续正常执行，如果返回 SKIP_PAGE 时，则表示 JSP 网页不再继续执行。

(2) 在 TLD 文件 MyTaglib.tld 中配置<myfont>标签，代码如下。

```
<taglib>
……
<tag>
    <name>myfont</name>
    <tag-class>com.AttributeTag</tag-class>
    <body-content>JSP</body-content>
    <attribute>
        <name>bgColor</name>
        <required>false</required>
    </attribute>
    <attribute>
        <name>color</name>
        <required>true</required>
    </attribute>
    <attribute>
        <name>bordercolor</name>
        <required>false</required>
    </attribute>
    <attribute>
        <name>fontSize</name>
        <required>false</required>
    </attribute>
    <attribute>
        <name>align</name>
        <required>false</required>
    </attribute>
    <attribute>
        <name>border</name>
        <required>false</required>
    </attribute>
    <attribute>
        <name>width</name>
        <required>false</required>
    </attribute>
</tag>
……
<taglib>
```

在 MyTaglib.tld 文件中，新增标签<myfont>，标签处理类是 com.AttributeTag。<body-content>体内容为 JSP，表示在 JSP 文件中引用此标签处理类对应的自定义标签时，如果自定义标签的体内容有 JSP 程序代码，这部分 JSP 程序代码就会被编译执行。<required>值为 true，表示 color 属性的值一定要设置。

(3) 在 web.xml 文件中配置标签库信息，代码如下。

```
<web-app>
<display-name>ch16</display-name>
```

```
……
<jsp-config>
    <taglib>
        <taglib-uri>/mytag</taglib-uri>
        <taglib-location>/WEB-INF/MyTaglib.tld</taglib-location>
    </taglib>
    </jsp-config>
……
</web-app>
```

容器根据 web.xml 中设定的环境找到对应的 TLD，而这个对应就是利用<taglib>中的<taglib-uri>和<taglib-location>实现的。

(4) 编写测试页面 attitudeTag.jsp，代码如下。

```
<%@ page contentType="text/html;charset=GB2312" %>
<%@ taglib uri="/mytag" prefix="my" %>
<html>
<head>
    <title> 自定义 attitudeTag</title>
</head>
<body>
    <h2>myfont 标签</h2>
    <my:myfont color="#009933">
  春眠不觉晓
</my:myfont>
    <br>
    <my:myfont color="#3366ff" border="3" bgColor="white">
  处处闻啼鸟
</my:myfont>
    <br>
    <my:myfont color="#99ffff" fontSize="5" bgColor="#C0C0C0">
  夜来风雨声
</my:myfont>
    <br>
    <my:myfont color="#ff00ff" border="7" bgColor="#aaaaaa" fontSize="6">
  花落知多少
</my:myfont>
</body>
</html>
```

web.xml 文件中指定了标签库引用，在 attitudeTag.jsp 中可以直接写<%@ taglib uri="/mytag" prefix="my" %>。Prefix 指定自定义标签库的别名。

(5) 启动 Tomcat，在浏览器的地址栏中输入：

```
http://localhost:8080/ch16/attributeTag.jsp
```

运行结果如图 15-5 所示。

图 15-5 attributeTag.jsp 运行结果

15.2.2 带 Body 标签的开发

BodyTag 有一个实现类 BodyTagSupport，开发带标签体的自定义标签时，直接继承类 BodyTagSupport。

【例 15-4】开发一个自定义标签循环在页面中显示时间。

(1) 编写 BodyTag.java，将编好的 BodyTag.java 源文件放到 src\com 目录下，代码如下。

```
package com;
import javax.servlet.jsp.*;
import javax.servlet.jsp.tagext.*;
import java.util.Hashtable;
import java.io.Writer;
import java.io.IOException;

public class BodyTag extends BodyTagSupport{
int counts;//counts 为迭代的次数
public BodyTag ()      {
      super();
}
//设置 counts 属性，这个方法由容器自动调用
public void setCounts(int c){
      this.counts=c;
}
//覆盖 doStartTag 方法
 public int doStartTag() throws JspTagException    {
      System.out.println("doStartTag");
      if(counts>0) {
           return EVAL_BODY_TAG;
      }
      else {
            return SKIP_BODY;
      }
    }

    //覆盖 doAfterBody 方法
```

```
    public int doAfterBody() throws JspTagException {
        System.out.println("doAfterBody"+counts);
        if(counts>1){
          counts--;
          return EVAL_BODY_TAG;
          }
          else{
              return SKIP_BODY;
          }
    }

    //覆盖 doEndTag 方法
    public int doEndTag() throws JspTagException {
         System.out.println("doEndTag");
        try {
              if(bodyContent != null) {
                bodyContent.writeOut(bodyContent.getEnclosingWriter());
              }
        }
        catch(java.io.IOException e){
          throw new JspTagException("IO Error: " + e.getMessage());
        }
        return EVAL_PAGE;
    }

      public void doInitBody() throws JspTagException{
        System.out.println("doInitBody");
      }
      public void setBodyContent(BodyContent bodyContent) {
            System.out.println("setBodyContent");
            this.bodyContent=bodyContent;

      }
}
```

其中，每次计算完 body 时，都会调用 doAfterBody()方法。Counts 参数指定循环的次数，如果 Counts 大于 1 就继续计算 body，否则返回 SKIP_BODY 不再计算 body，接着就调用 doEndTag()方法。

(2) 在 TLD 文件中配置<loop>标签，编辑 WEB-INF 目录下的 mytag.tld 文件，配置自定义标签<loop>标签，添加的代码如下。

```
<taglib>
……
<tag>
     <name>loop</name>
      <tag-class>com.BodyTag</tag-class>
      <body-content>jsp</body-content>
      <attribute>
                <name>counts</name>
```

```
                    <required>true</required>
                    <rtexprvalue>true</rtexprvalue>
            </attribute>
    </tag>
……
<taglib>
```

其中，元素<body-content>中必须是 jsp；counts 为标签<loop>的属性，它和 BodyTag 中定义的属性 int counts 必须一致；元素<required>中 true 表示此属性是必需的。

(3) 在 web.xml 文件中配置标签库信息，配置代码与 15.2.1 中 web.xml 文件的内容相同，不再赘述。

(4) 编写测试页面 BodyTag.jsp，将编好的 BodyTag.jsp 文件放在/WebContent 下面，代码如下。

```
<%@ page language="java" contentType="text/html; charset=GB2312"
    pageEncoding="GB2312"%>
<%@ taglib uri="/mytag" prefix="bodytag" %>
<html>
<head>
<title>body tag</title>
<meta http-equiv="Content-Type" content="text/html; charset=gb2312">
</head>
<body>
 <HR>
 <bodytag:loop counts="3">
   <h3>当前的时间： <%=new java.util.Date()%></h3><BR>
</bodytag:loop>
 </BODY>
</HTML>
```

其中，taglib 指令的 uri 属性值为"/mytag"，和 mytag.tld 文件中设置的<uri>元素内容一致，通过 web.xml 文件中对 TLD 的配置信息，JSP 容器通过 TLD 能找到自定义标签的处理器。

(5) 启动 Tomcat，在浏览器的地址栏中输入：

```
http://localhost:8080/ch16/ BodyTag.jsp
```

运行结果如图 15-6 所示。

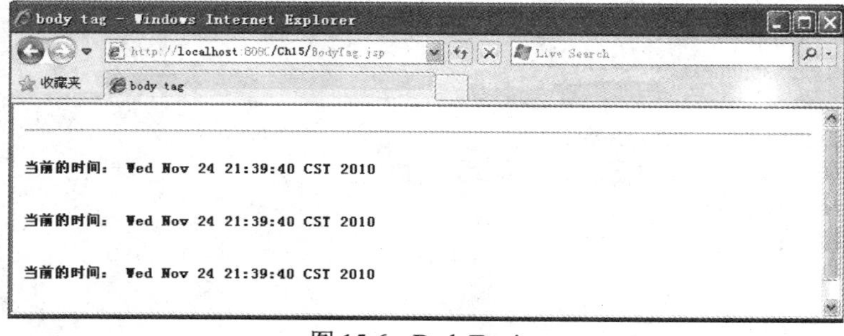

图 15-6 BodyTag.jsp

可以看出这个标签具有迭代输出 BodyContent 的功能。运行时服务器的控制台也会打印出如下内容：

```
doAfterBody1
doEndTag
doStartTag
setBodyContent
doInitBody
doAfterBody3
doAfterBody2
doAfterBody1
doEndTag
```

打印的内容反映了容器调用标签中方法的执行顺序，doAfterBody()方法在每次循环完成后都会调用，其他方法只被调用一次。

15.2.3 嵌套标签的开发

程序开发中，常常需要多个标签嵌套完成一个任务，这样标签就存在父子关系。用户可以开发出和流程控制相关的标签，比如脚本。

```
<%
switch(k+j){
case 1 : System.out.println("in case 1"); break;
case 2 : System.out.println("in case 2");break;
default : System.out.println("in dafault");
}
%>
```

脚本代码中 switch 语句的 switch、case 和 default 就可以开发为嵌套的自定义标签<switch>、<case>和<default>，实现在 JSP 页面中流程的控制。

【例15-5】开发<switch>、<case>和<default>标签，其中<switch>为父标签，<case>和<default>为子标签。

(1) 开发 3 个标签处理器类 SwitchTag.java、CaseTag.java 和 DefaultTag.java。

SwitchTag.java 的代码如下。

```
package com;
import javax.servlet.jsp.*;
import javax.servlet.jsp.tagext.*;

public class SwitchTag extends TagSupport{
//boolean 类型的变量，用于判断子标记是否已经执行
private boolean subTagvalue;
public SwitchTag(){
      subTagvalue=false;
}
public int doStartTag() throws JspException{
      //当遇到<switch>的起始标记时，子标记还没有开始执行
```

```
        //所以将 subTagExecuted 设置为 false
        subTagvalue = false;
        return EVAL_BODY_INCLUDE;
    }
    // 这个方法由子标记处理器对象调用，用于判断是否可以执行自身的标记体
    public synchronized boolean getPermission(){
        return (!subTagvalue);
    }
    // 如果其中一个子标记满足了条件，则调用这个方法，通知父标记
    // 这样，其他的子标记将忽略它们的标记体，从而实现 switch...case 功能
    public synchronized void subTagSucceeded() {
        subTagvalue = true;
    }
    public void release(){
        subTagvalue=false;
    }
}
```

其中，subTagvalue 为属性，是 boolean 类型，用于判断子标签是否已经执行。

CaseTag.java 的代码如下。

```
package com;
import javax.servlet.jsp.*;
import javax.servlet.jsp.tagext.*;
public class CaseTag extends TagSupport{
    private boolean cond;

    public CaseTag(){
        cond=false;
    }

    public void release(){
        cond=false;
    }

    public void setCond(boolean cond){
        this.cond=cond;
    }

    public int doStartTag() throws JspException{
        Tag parent=getParent();
        //判断是否可以执行自身的标记体
        if (!((SwitchTag) parent).getPermission())
            return SKIP_BODY;

        //如果条件为 true，则通知父标记，已经有一个子标记满足条件了
        //否则，忽略标记体
        if (cond) {
            ((SwitchTag)parent).subTagSucceeded();
```

```
                return EVAL_BODY_INCLUDE;
            } else{
                return SKIP_BODY;
            }
        }
    }
```

子标签处理器 CaseTag 在执行前都会调用父标签处理器的 getPermission()方法，判断是否有符合条件的子标签，如果有就调用 SwitchTag 对象的 subTagSucceeded()方法通知父标签，并执行标签体，否则不执行。

DefaultTag.java 的代码如下。

```
package com;
import javax.servlet.jsp.*;
import javax.servlet.jsp.tagext.*;
public class DefaultTag extends TagSupport{
    public int doStartTag() throws JspException {
        Tag parent=getParent();

        //判断标记体是否可以执行
        if (!((SwitchTag) parent).getPermission())
            return SKIP_BODY;
        //如果没有<case>标记满足条件，则执行<default>标记的标记体
        ((SwitchTag)parent).subTagSucceeded();
        return EVAL_BODY_INCLUDE;
    }
}
```

(2) 在 TLD 文件 MyTaglib.tld 中配置<switch>、<case>和<default>标签，代码如下。

```
<taglib>
… …
<tag>
        <name>switch</name>
        <tag-class>com.SwitchTag</tag-class>
        <body-content>JSP</body-content>
    </tag>
    <tag>
        <name>case</name>
        <tag-class>com.CaseTag</tag-class>
        <body-content>JSP</body-content>
        <attribute>
            <name>cond</name>
            <required>true</required>
            <rtexprvalue>true</rtexprvalue>
        </attribute>
    </tag>
    <tag>
        <name>default</name>
        <tag-class>com.DefaultTag</tag-class>
```

```
            <body-content>JSP</body-content>
        </tag>
……
</taglib>
```

(3) 在 web.xml 文件中配置标签库信息，配置代码与 15.2.1 中 web.xml 文件的内容相同，不再赘述。

(4) 编写测试页面 switchTag.jsp，代码如下。

```
<%@ page contentType="text/html;charset=GB2312"%>
<%@ taglib uri="/mytag" prefix="my"%>

<% String language = request.getParameter("language"); %>
<h4>100 请选择不同语言表达</h4>
<br>
<my:switch>
<my:case cond="<%=language.equals("Chinese")%>">
        <% out.println(language + " ：一百"); %>
</my:case>
<my:case cond="<%=language.equals("English")%>">
        <% out.println(language + "：  one hundred "); %>
</my:case>
<my:default>
        <% out.println(language + "：  100"); %>
</my:default>
</my:switch>
```

(5) 启动 Tomcat，在浏览器的地址栏中输入

```
http://localhost:8080/ch16/switchTag.jsp?language=Chinese
```

运行结果如图 15-7 所示。更换参数 language 的值可以看到不同的输出内容。

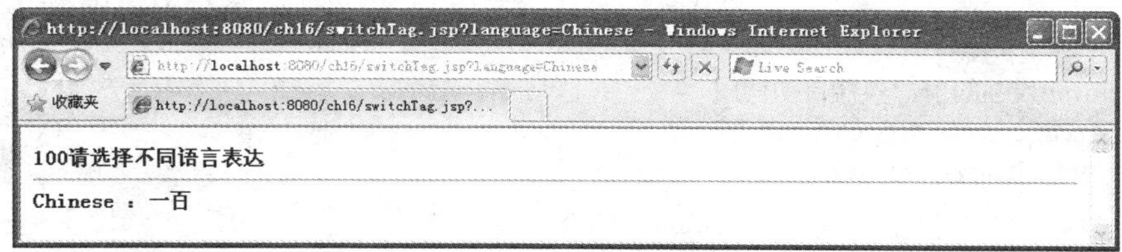

图 15-7　switchTag.jsp

15.2.4　迭代标签的开发

在程序开发中迭代输出集合中的元素是经常的操作。在 JSP 页面中如果没有迭代标签，经常会用下面脚本来实现向网页上循环输出内容：

```
<%
while(iterator.hasNext()){
        sobject obj=(Sobject)iterator.next();
        out.println("<tr><td>"+obj.getSomeValue+"</td></tr>");
```

```
out.println("<tr><td>"+obj.getSomeValue+"</td></tr>");
……
}
%>
```

针对上面的 while 语句，可以开发一个迭代标签<iterator>完成类似功能。

迭代标签类的doAfterBody()方法根据不同的情况返回EVAL_BODY_BUFFERED或SKIP_BODY常量，以通知JSP容器是继续循环解析标签body部分还是往下运行。

【例 15-6】通过<iterate>标签展示迭代标签的开发过程。这个标签的主要目的是遍历 HashMap 中的所有 key-value 对，并输出其 value 值。标签有两个属性，map 表示要遍历的 Map 对象，element 表示每次迭代当前 value 值存放在 page 范围中的名称，这个名称在标签 body 中会使用。

(1) 编写标签处理器 IteratorTag.java，代码如下。

```
package com;

import java.util.Iterator;
import java.util.Map;
import javax.servlet.jsp.JspTagException;
import javax.servlet.jsp.PageContext;
import javax.servlet.jsp.tagext.BodyTagSupport;

public class IterateTag extends BodyTagSupport {

Map map;            //要遍历的 Map 对象
String element; //每次迭代存放当前对象的名称
private Iterator it; //Map 对象 key 值组成的 Iterator 对象
//设置 map 属性的值，容器自动调用
public void setMap(Map map){
        this.map = map;
}

//设置 element 属性的值，容器自动调用
public void setElement(String element) {
        this.element = element;
}

//标签开始时运行 doStartTag()方法
public int doStartTag(){
it = map.keySet().iterator();//获取当前 map 对象 key 值组成的 iterator 对象
        //取出当前 key 所对应的 value 值，并以 element 为名称保存在 page 范围内
        if(it.hasNext()){
            pageContext.setAttribute(element,it.next(),PageContext.PAGE_SCOPE);
        }
        return EVAL_BODY_INCLUDE;
    }
    public int doAfterBody()throws JspTagException{
        if(it.hasNext()){
            //取出当前 key 所对应的 value 值，并以 element 为名称保存在 page 范围内
```

```
                pageContext.setAttribute(element,it.next(),PageContext.PAGE_SCOPE);
                return EVAL_BODY_BUFFERED;
            }else{
                return SKIP_BODY;
            }
        }
        public int doEndTag()throws JspTagException{
            try    {
                if(bodyContent!=null)
                //输出所有的 body 内容
                bodyContent.writeOut(bodyContent.getEnclosingWriter());
            }catch(java.io.IOException e){    }
            return EVAL_PAGE;
        }
    }
```

其中，map 和 element 两个变量分别用来存储标签中的两个属性值，JSP 容器在解析时会自动地为其赋值。

在 doStartTag()方法中获取了 map 的所有 key 值组成的 Iterator 对象，并把这个对象保存到变量 it 中，以备后面遍历时调用，每次取得的 value 值以 element 属性所对应的值保存在 page 范围内，以备在每次迭代的标签体中访问。在此方法中取得第一个元素，并调用 setAttribute()方法，把元素保存到 pageContext 对象中。

doAfterBody()方法被循环调用实现剩下元素的迭代，也就意味着标签体被重复执行。

在 doEndTag()方法中继续遍历 it 对象，然后取出当前 key 值所对应的 value 值，并以 element 名称保存到 page 范围中，直到遍历结束返回 SKIP_BODY，在 doEndTag()方法中输出所有 body 部分的内容。

在 JSP 页面中使用<iterate>标签时，在该标签体内就可以从 pageContext 对象中得到集合中的元素。

(2) 在 TLD 文件 MyTaglib.tld 中配置<iterate>标签，代码如下。

```
<taglib>
… …
<tag>
    <name>iterate</name>
    <tag-class>com.IterateTag</tag-class>
    <body-content>JSP</body-content>
    <attribute>
        <name>map</name>
        <required>true</required>
        <rtexprvalue>true</rtexprvalue>
    </attribute>
    <attribute>
        <name>element</name>
        <required>true</required>
        <rtexprvalue>true</rtexprvalue>
    </attribute>
</tag>
```

```
</taglib>
```

其中，<attribute>中设置了 map 和 element 两个变量。

(3) 在 web.xml 文件中配置标签库信息，配置代码与 15.2.1 中 web.xml 文件的内容相同，不再赘述。

(4) 编写测试页面 iterateTag.jsp，代码如下。

```
<%@ page language="java" contentType="text/html; charset=GB2312"     pageEncoding="GB2312"%>
<%@ page import="java.util.HashMap"%>
<%@ taglib uri="/mytag" prefix="my"%>
<%
HashMap h = new HashMap();
h.put("2011", "1");
h.put("2010", "2");
h.put("2009", "3");
h.put("2008", "4");
h.put("2007", "5");
%>
<html>
<head> <title>iterate tag</title>
</head>
<body>
<my:iterate map="<%= h%>" element="year">
      <h3><%=pageContext.getAttribute("year")%></h3>
</my:iterate>
</body>
</html>
```

iterateTag.jsp 页面中定义了一个 HashMap 对象，然后把这个对象赋值到了<my:iterate>标签的 map 属性中，并且指定了 element 属性的名称为 year，在每次遍历的过程中通过<%=pageContext.getAttribute("year")%>语句获取存放在 page 范围内的名字，即 year 在 h 中所对应的 value 值。

(5) 启动 Tomcat，在浏览器的地址栏中输入：

```
http://localhost:8080/ch16/iterateTag.jsp
```

运行结果如图 15-8 所示。

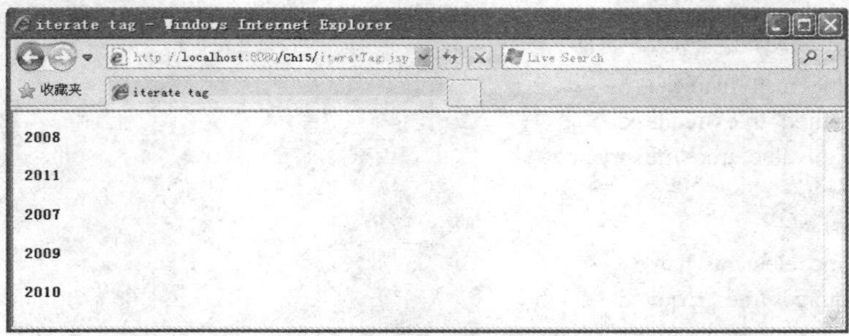

图 15-8 iterateTag.jsp 运行结果

15.3 Simple 标签的开发

为了简化标签的开发，在 JSP 2.0 的规范中新定义了一种简单类型标签，这种标签响应的接口是 SimpleTag，SimpleTag 有个实现类 javax.servlet.jsp.tagext.SimpleTagSupport，简单标签的标签类都继承于这个实现类，该标签类没有繁多的 doStartTag()和 doEndTag()等方法，只有一个 doTag()方法，在这个方法中即可进行相应的业务逻辑处理。

15.3.1 SimpleTag 接口

javax.servlet.jsp.tagext.SimpleTag 接口用来定义简单标记处理程序的接口，该接口定义了 5 个方法，如表 15-8 所示。

表 15-8 SimpleTag 接口中的方法

方 法 名	说 明
public void setJspContext(JspContext pc)	设置 JspContext。由容器通过把调用的 JspContext 提供给此标记处理程序来实现应该保存此值
public void setParent(JspTag parent)	设置此标记的上一级标记。仅当此标记调用嵌套在另一个标记调用中时，容器才调用此方法
public void getParent()	为了进行协作，返回此标记的上一级标记
public void setJspBody(JspFragment jspBody)	用于设置标签体，JspFragment 对象提供此标记的标签体。此方法由 JSP 页面实现对象在调用 doTag()方法之前调用。如果页面的操作元素为空，则根本不调用此方法。jspBody 封装此标记正文的片段
public void doTag() throws JspException, java.io.IOException	容器通过调用此方法来调用此标记。此方法由标记库开发人员实现，该实现处理所有标签和标签体

实现了 SimpleTag 接口的标签处理器的生命周期如图 15-9 所示。

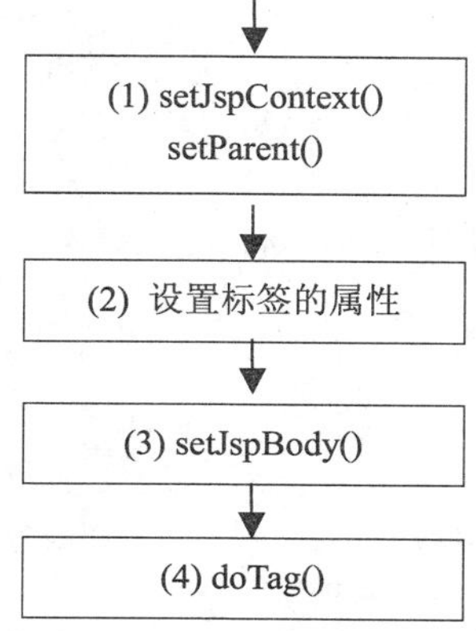

图 15-9 实现 SimpleTag 接口的标签处理器的生命周期

(1) 容器在创建标签处理器实例后调用setJspContext()方法来设置JspContext。当标签被嵌套，调用setParent()方法设置它的上一级标签，如果没有嵌套则不会调用此方法。而在传统标签的处理中，无论标签是否被嵌套setParent()方法都会被调用。

(2) 调用标签处理器的 setter()方法设置标签的属性。当没有属性时，跳过此步骤。

(3) 调用标签处理器的 setJspBody()方法设置标签体。当没有标签体时，跳过此步骤。

(4) 容器调用 doTag()方法，通过此方法完成标签处理器对标签和标签体的处理。

新的标记处理程序实例每次都由容器通过调用提供的无参数构造方法创建。与经典标记处理程序不同，简单标记处理程序从不被 JSP 容器缓存和重用。

15.3.2 Simple 标签的开发示例

【例 15-7】从 HelloWorld 标签开始，标签类需要实现 SimpleTag 接口。

(1) 编写 HelloSimpleTag.java，代码如下。

```
package com;
import java.io.IOException;
import javax.servlet.jsp.*;
import javax.servlet.jsp.tagext.*;
public class HelloSimpleTag extends SimpleTagSupport{
private JspFragment body;
    private String name;

    public void setName(String name) {
        this.name=name;
    }

    public void setJspBody(JspFragment jspBody){
        this.body=jspBody;
    }

    public void doTag() throws JspException, java.io.IOException {

     getJspContext().getOut().print( name );
     getJspContext().getOut().print( ":" );
        body.invoke(null);
    }
}
```

(2) 在 TLD 文件 MyTaglib.tld 中配置< welcome >标签，代码如下。

```
<taglib>
……
<tag>
    <name>welcome</name>
    <tag-class>com.HelloSimpleTag</tag-class>
    <body-content>tagdependent</body-content>
    <attribute>
        <name>name</name>
```

```
            <required>true</required>
            <rtexprvalue>true</rtexprvalue>
        </attribute>
    </tag>
    <taglib>
```

(3) 在 web.xml 文件中配置标签库信息，配置代码与 15.2.1 中 web.xml 文件的内容相同，不再赘述。

(4) 编写测试页面 iterateTag.jsp，代码如下。

```
<%@ page contentType="text/html;charset=GB2312"%>
<%@ taglib uri="/mytag" prefix="my"%>
<%
String hello = request.getParameter("Name");
%>
<h3>hello
<my:welcome name="<%=hello%>"></my:welcome>
欢迎您!
</h3>
```

(5) 启动 Tomcat，在浏览器的地址栏中输入：

```
http://localhost:8080/ch16/helloSimpleTag.jsp?Name=jsp
```

运行结果如图 15-10 所示。

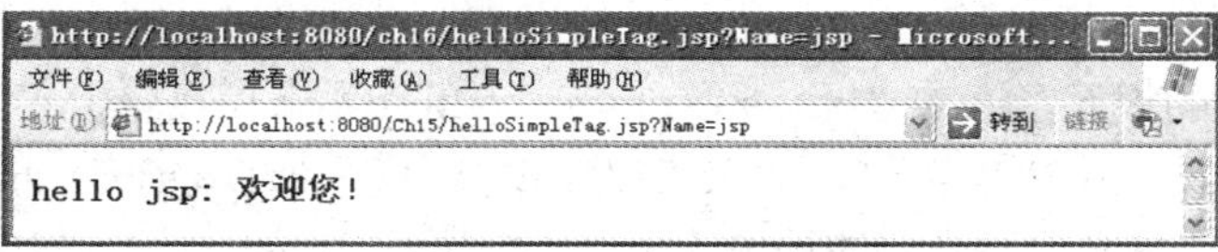

图 15-10　helloSimpleTag.jsp 运行结果

15.4 小　结

本章详细介绍了自定义标签的开发。标签库提供了建立可重用代码块的简单方式，本质上标签就是为了代码的可重用。

自定义标签技术是从 JSP 1.1 开始增加，在 JSP 2.0 规范中增强了自定义标签。自定义标签开发包括开发自定义标签处理类和编写标签描述文件。自定义标签的开发可以采用传统标签开发方式，也可以采用 Simple 标签开发。SimpleTag 的生命周期比传统的标签简单，开发起来方便。

15.5 习 题

15.5.1 选择题

1. 在动态 Web 页面使用自定义标签，需要编写的文件有(　)。

A. .tag 文件　　B. .tld 文件　　C. .dtd 文件

D. .xml 文件　　E. .java 文件　　F. .jsp 文件

2. 所有的标签处理器类都要实现(　)接口。这个接口是在 JSP 2.0 中新增加的一个标识接口，它没有任何方法，主要是作为基类。

A. JspTag　　B. Tag　　C. SimpleTag　　D. BodyTag

3. 作为 IterationTag 接口中 doAfterBody()方法的常量返回值，表示请求重复执行标签体的是(　)。

A. EVAL_BODY_INCLUDE　　B. EVAL_BODY_ AGAIN

C. SKIP-BODY　　D. EVAL-PAGE

E. EVAL_BODY_BUFFERED　　F. SKIP-PAGE

15.5.2 判断题

1. 在 web.xml 的根元素<web-app>下通过<jsp-config>元素指定要引入的标签库。　(　)

2. public static final int EVAL-BODY- INCLUDE 作为 doStartTag()方法的返回值，表示标签体要被执行，执行结果输出到当前的输出流中。　(　)

3. public static final int EVAL-PAGE作为doStartTag()方法的返回值，表示忽略标签体。(　)

15.5.3 填空题

1. 在 J2EE 中，标签库中文件(*.tld)存放在__________目录下。

2. 在 J2EE 中，若要在 JSP 中正确使用标签<x:getKing/>，在 jsp 中声明的 taglib 指令为：<%@taglib uri="/WEB-INF/myTags.tld"prefix="__________"%>。

15.5.4 简答题

1. 创建自定义标签有哪几种方式？如何使用自定义标签？

2. 编写自定义标签的步骤是什么。

15.5.5 编程题

1. 使用 Tag 接口编写一个输出 welcome 的自定义标签。

2. 通过继承 TagSupper 类实现输出 welcome 的自定义标签。

3. 通过继承 BodyTagSupport 类实现 welcome 的迭代输出。

4. 进行算术运算，把结果显示在页面上，如图 15-11 所示。自定义标签类 MyBody.java 采用带 Body 的标签实现，在 JSP 页面 body.jsp 中使用自定义标签实现如图 15-11 所示的效果。

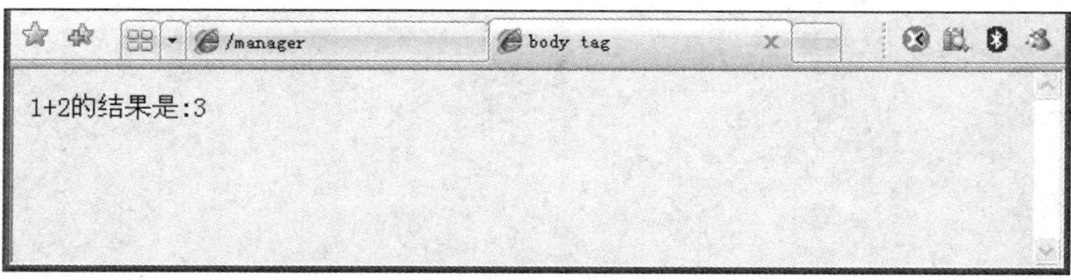

图 15-11　带 body 的标签

第 16 章

Web应用开发实践

JSP+JavaBean 使用起来比较方便，但对一些复杂应用 JSP 页面就会变得很复杂。通过前面几章的学习我们已经了解到了 Servlet 具备一些天生的优势，用它做流程控制，配合 JSP 和 JavaBean，即使系统比较复杂，也可以具有清晰的结构。本章将使用 JSP+JavaBean+Servlet 的 MVC 模式来开发一个信息发布系统。

本章学习目标

◎ 理解和掌握 JavaBean 在 MVC 模式中的作用和应用

◎ 理解和掌握 Servlet 在 MVC 模式中的作用和应用

◎ 掌握编写 MVC 模式的 Web 应用程序的方法

◎ 掌握系统需求分析的过程

◎ 掌握系统设计过程

◎ 了解数据库设计过程

16.1 信息发布平台

本章以 MVC 模式基于 JSP+JavaBean+Servlet 方式实现一个简单的信息发布平台——实验室科研信息系统。整个系统中，JSP 页面调用 JavaBean 执行业务逻辑；JavaBean 执行业务逻辑时可以连接数据库，也可以作为值对象在 Servlet 和 JSP 之间传递数据；Servlet 可以作为控制器或过滤器。

实验室科研信息系统是发布实验室内部新闻和科研信息的系统。本系统只关注内部新闻、科研信息、人员信息等内容，这些内容是一个信息发布系统所必须的。此系统中还有许多可以扩展的空间，读者可以通过所掌握的知识，在此基础上完善此系统，使其成为一个优秀的信息发布系统。

系统结构如图 16-1 所示。由 Servlet 来担任控制器，客户端的请求送给控制器，再由控制器根据具体的请求调用不同的事务逻辑，并将处理结果返回到合适的页面。JavaBean 提供了业务逻辑。JSP 的功能是专门负责视图的显示。实践证明，MVC 模式为大型程序的开发及维护提供了巨大的便利。

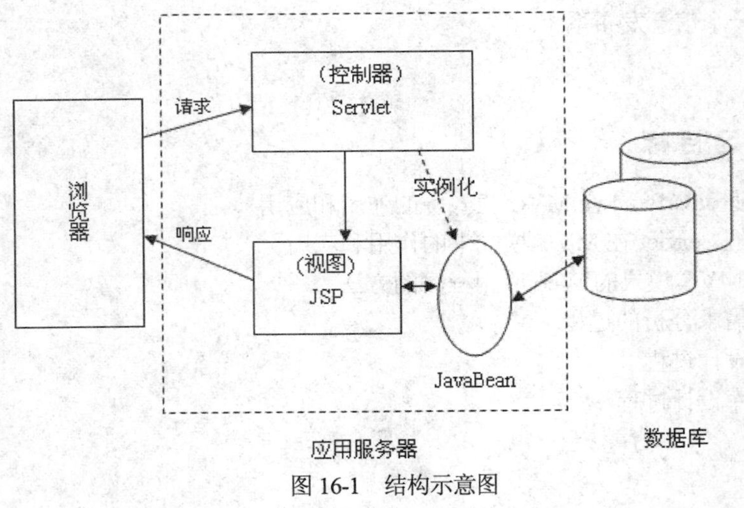

图 16-1　结构示意图

16.2 系统需求分析

实验室科研信息系统的设计目的：将一个实验室的内部新闻、科研成果信息和实验室人员信息等发布到网上。用户可以通过这个系统了解此实验室的相关信息；管理员可以通过此系统对新闻、科研信息、实验室人员信息等内容进行添加、修改、删除等管理操作。

系统的需求分析如下。

- 系统用户类型：普通游客和管理员用户。管理员需要登录；游客无须登录就可以通过友好的用户界面在自己的权限范围内使用此系统；管理员要成功登录系统后，才可以在自己的权限范围内使用此系统。

- 普通游客：直接浏览系统提供的信息。具体包括直接浏览内部新闻、直接浏览实验室科研信息、直接浏览实验室老师和学生的相关信息。
- 管理员用户：管理平台信息。具体包括对内部新闻进行管理、对科研成果信息进行管理、对实验老师信息和学生信息进行管理、对管理员等进行管理。

16.3 系统功能结构

信息发布平台——实验室科研信息系统主要实现将实验室相关信息发布到网上，并且系统管理员可以对发布的信息进行管理。由此可将系统划分为三大功能模块，如图 16-2 所示。

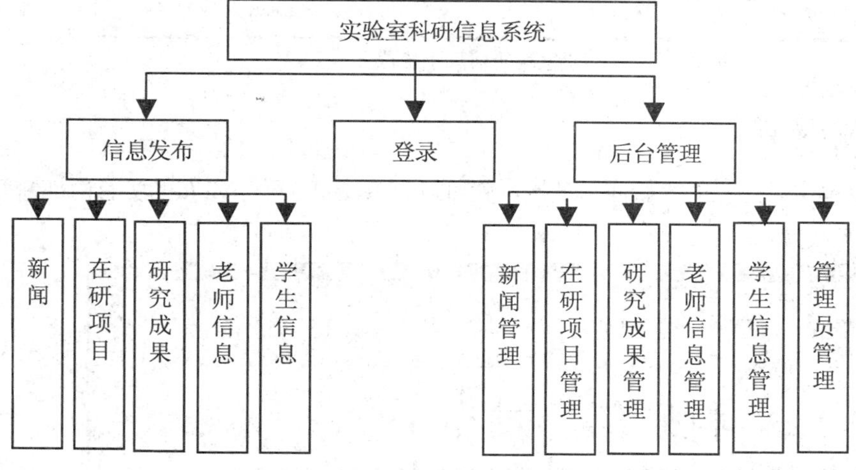

图 16-2　系统结构

16.4 系统功能描述

游客用户和管理员用户通过本系统可以进行不同的操作，根据操作要求，下面详细描述系统需要实现的具体功能。

16.4.1　游客用户浏览模块

实验室科研信息系统首页如图 16-3 所示，系统首页展示了游客用户可以浏览的所有功能，并提供相应链接。

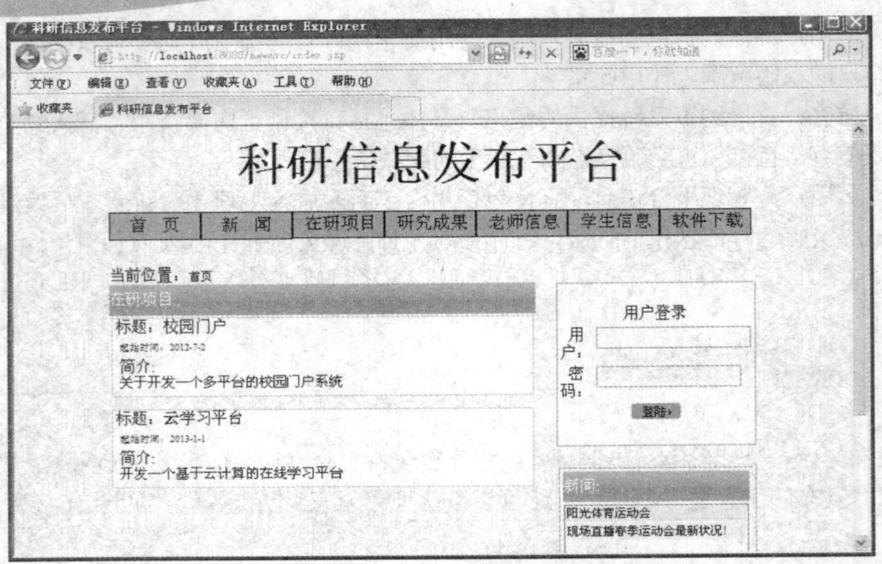

图 16-3　实验室科研信息系统首页

1. 游客用户浏览新闻

游客用户可以单击导航栏的“新闻”链接，就可以直接浏览实验室发布的所有内部新闻。页面如图 16-4 所示。

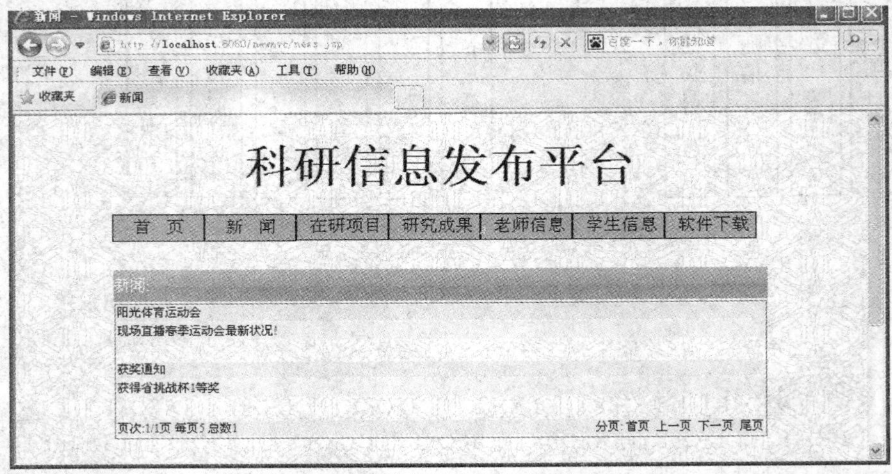

图 16-4　游客用户浏览内部新闻

2. 游客用户浏览在研项目信息

游客用户可以单击导航栏的“在研项目”链接，就可以直接浏览实验室发布的所有在研项目信息。页面如图 16-5 所示。

3. 游客用户浏览研究成果

游客用户可以单击导航栏的“研究成果”链接，就可以直接浏览实验室发布的所有研究成果信息。页面如图 16-6 所示。

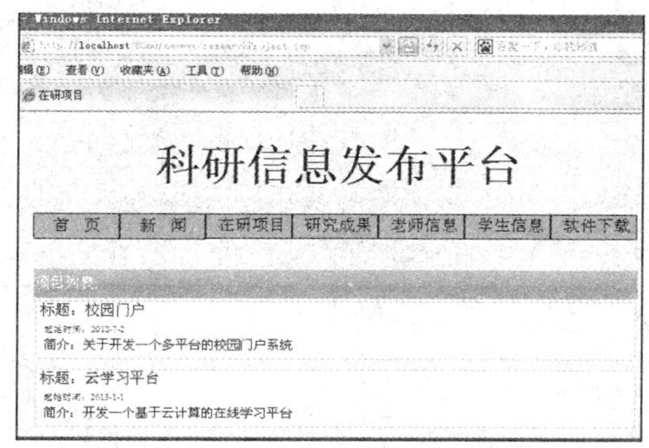

图 16-5　游客用户浏览在研项目信息

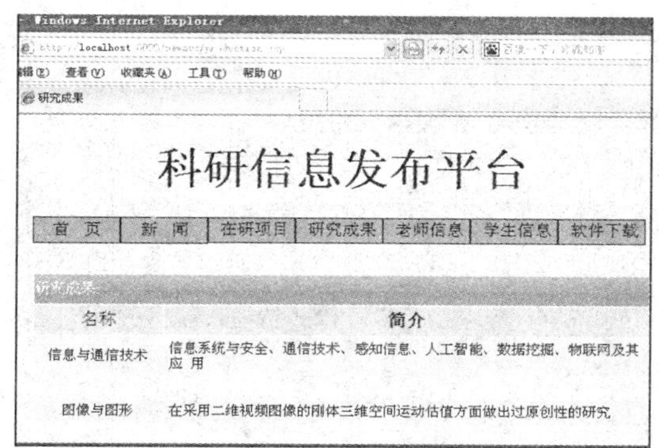

图 16-6　游客用户浏览研究成果

4. 游客用户浏览老师信息

游客用户可以单击导航栏的“老师信息”链接，就可以直接浏览实验室发布的所有实验室老师信息。页面如图 16-7 所示。

5. 游客用户浏览学生信息

游客用户可以单击导航栏的“学生信息”链接，就可以直接浏览实验室发布的实验室所有在籍学生信息。页面如图 16-8 所示。

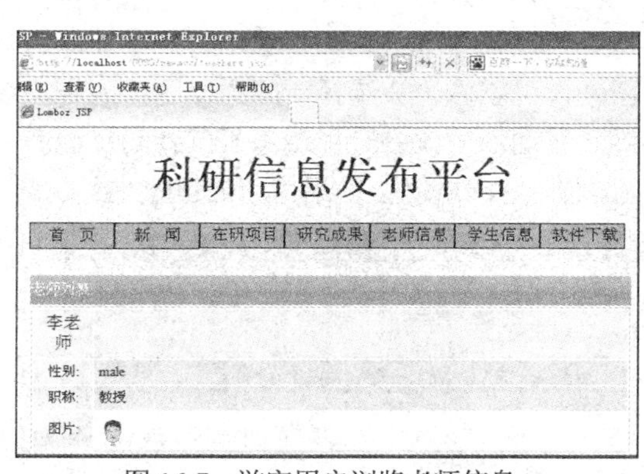

图 16-7　游客用户浏览老师信息

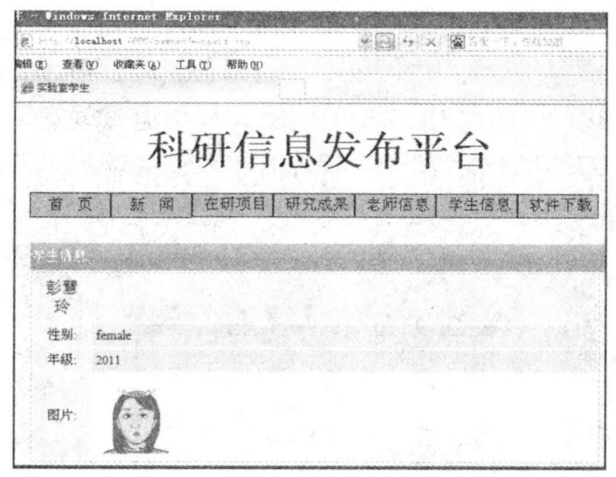

图 16-8　游客用户浏览学生信息

16.4.2　管理员登录模块

游客用户不需要登录就可以浏览系统发布的信息；管理员必须登录成功后，才可以管理相关信息。实验室科研信息系统首页如图 16-3 所示，可以登录，或者通过管理员登录页面进行登录如图 16-9 所示。输入管理员用户名 admin、密码 admin，登录成功后，就可以跳转到后台管理页面，如图 16-10 所示，可以对新闻、科研成果、老师和学生、管理员等信息进行管理。

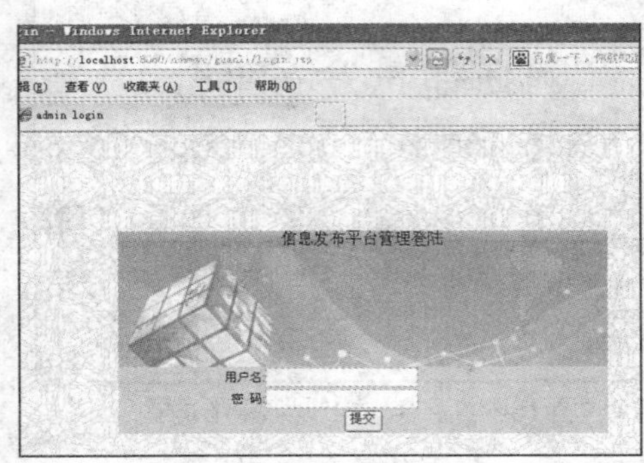

图 16-9　管理员登录页面

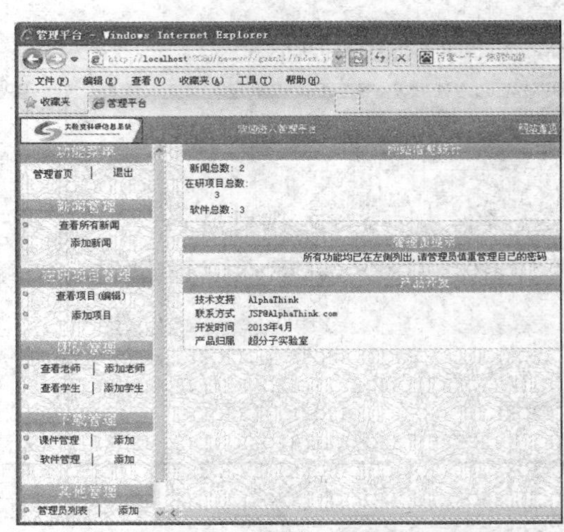

图 16-10　管理员登录成功

16.4.3　管理员管理模块

管理员登录成功后，可以对新闻、在研项目、老师和学生信息及管理员信息等进行查看、修改、增加、删除等管理操作。

1. 管理新闻模块

管理员通过左侧功能菜单“新闻管理”下面的“查看所有新闻”超级链接，可以查看实验室的所有新闻。并且被查看的每条新闻，可以直接选择“编辑”或“删除”选项对某条新闻进行修改操作，如图 16-11 所示。如果选择编辑某条新闻，可以修改被选择新闻的标题和内容，如图 16-12 所示。修改成功后，系统会提示“新闻修改成功”。如果选择删除某条新闻，会有一个警示窗口弹出，要求进一步确认是否删除，确认删除后，系统会提示“新闻已删除”。

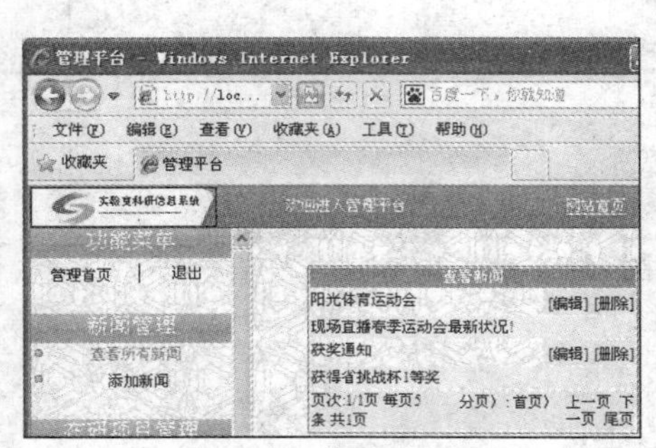

图 16-11　查看所有新闻

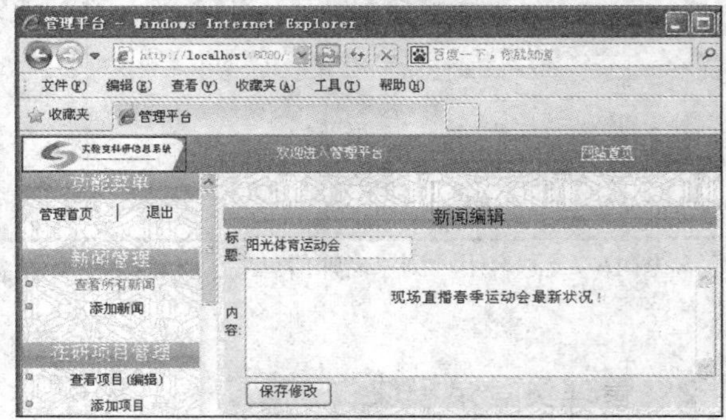

图 16-12　编辑新闻

管理员通过功能菜单“添加新闻”超链接，可以给系统中添加一条实验室的新闻，添加新闻标题和内容，如图 16-13 所示。添加成功，系统会提示“新闻添加成功”。

2. 管理在研项目信息模块

管理员通过功能菜单“在研项目管理”下面的“查看项目”超级链接，可以查看实验室的所有在研项目。并且被查看的每条在研项目，可以直接选择“编辑”或“删除”选项对某个项目信息进行修改操作，如图 16-14 所示。如果选择编辑某个项目，可以修改被选择项目的标题和内容，如图 16-15 所示。修改成功后，系统会提示“项目修改成功”。如果选择删除某个项目信息，会有一个警示窗口弹出，要求进一步确认是否删除，确认删除后，系统会提示“项目已删除”。

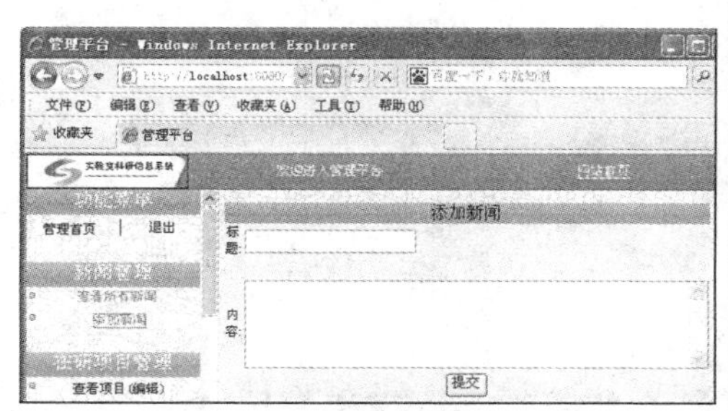

图 16-13　添加新闻

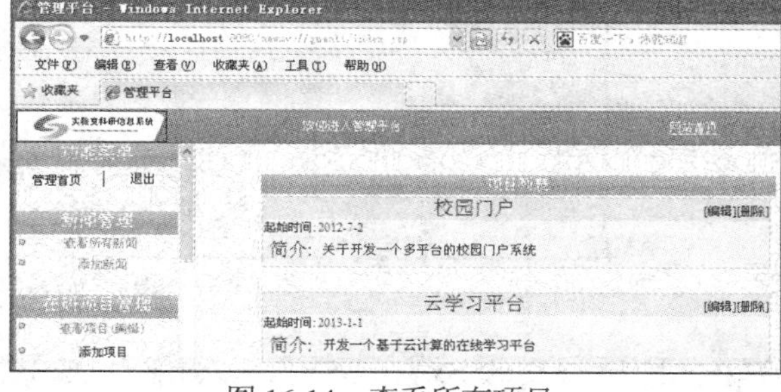

图 16-14　查看所有项目

管理员通过功能菜单“添加项目”超级链接，可以给系统中添加一个实验室的在研项目，添加项目标题和内容，如图 16-16 所示。添加成功，系统会提示“项目添加成功”。

图 16-15　编辑项目

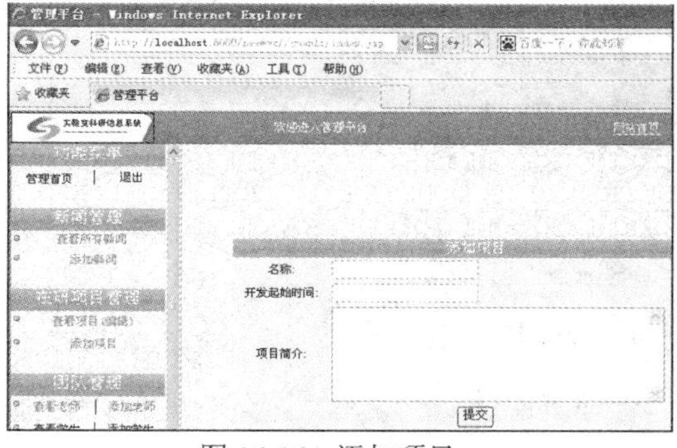

图 16-16　添加项目

3. 管理老师信息模块

管理员通过功能菜单“团队管理”下面的“查看老师”超级链接，可以查看实验室的所有老师信息，并且被查看的每位老师的信息，可以通过直接选择“编辑”或“删除”选项进行修改操作，如图 16-17 所示。如果选择编辑某位老师信息，可以修改被选择老师的姓名、性别、职称、照片、简介等信息，如图 16-18 所示。修改成功后，系统会提示“老师修改成功”。如果选择删除某位老师信息，会有一个警示窗口弹出，要求进一步确认是否删除；确认删除后，系统会提示“老师已删除”。

管理员通过功能菜单“添加老师”超级链接，可以给系统中添加一个实验室老师信息，添加老师的姓名、性别、职称、图片、简介等信息，如图 16-19 所示。添加成功，系统会提示“老师添加成功”。

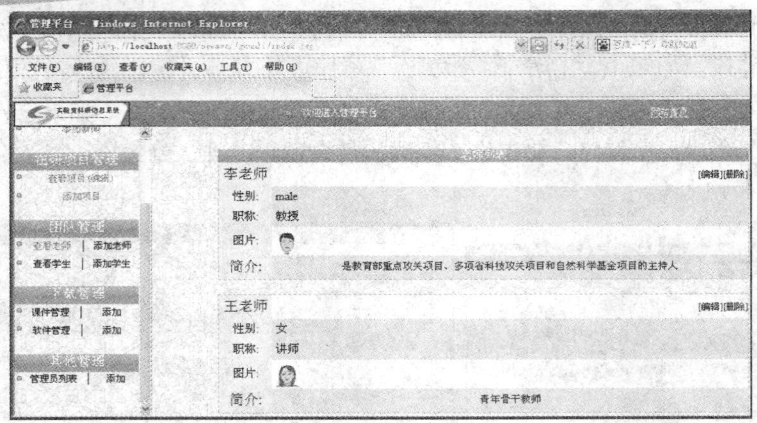

图 16-17　查看所有老师信息

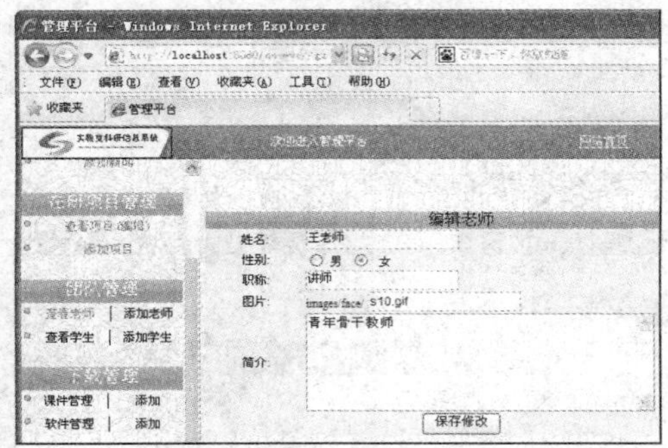

图 16-18　编辑老师信息

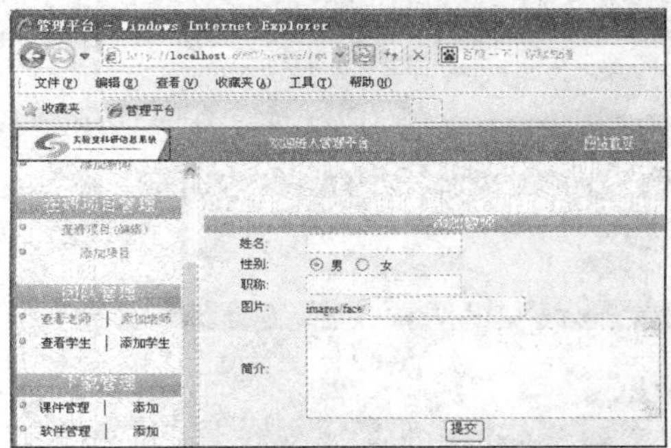

图 16-19　添加老师信息

4. 管理学生信息模块

管理员通过功能菜单“团队管理”下面的“查看学生”超级链接，可以查看实验室的所有在籍学生信息，并且被查看的每个学生信息，可以通过直接选择“编辑”或“删除”选项进行修改操作。修改成功后，系统会提示“学生修改成功”。如果选择删除某个学生信息，会有一个警示窗口弹出，要求进一步确认是否删除，确认删除后，系统会提示“学生已删除”。

管理员通过功能菜单“添加学生”超级链接，可以给系统中添加一个实验室的在籍学生信息，添加学生的姓名、性别、年级、照片等信息。添加成功，系统会提示“老师添加成功”。

5. 管理管理员信息模块

通过功能菜单“其他管理”下面的“管理员列表”超级链接，可以查看本系统的所有管理员信息，并且被查看的每个管理员信息，可以通过直接选择“编辑”或“删除”选项进行修改操作。修改成功后，系统会提示“管理员修改成功”。如果选择删除某个管理员信息，会有一个警示窗口弹出，要求进一步确认是否删除，确认删除后，系统会提示“管理员已删除”。

管理员通过功能菜单“添加管理员”超级链接，可以给系统中添加一个系统管理员信息，添加管理员的用户名、密码等信息。添加成功，系统会提示“管理员添加成功”。

16.5 数据库设计

16.5.1 数据库逻辑结构设计

根据系统的需求分析和功能模块划分，在数据库逻辑结构中设计 6 个实体。

- 管理员数据实体：记录管理员的用户名和密码，包括管理员登录系统验证时必需的信息。
- 新闻数据实体：记录新闻的信息，包括新闻的编号、标题、内容和添加时间。
- 在研项目数据实体：记录在研项目的信息，包括在研项目的编号、项目名称、项目起始时间、项目简介。
- 研究成果数据实体：记录研究成果的信息，包括研究成果的编号、成果名称、成果起至时间、成果简介。
- 老师信息数据实体：记录老师的信息，包括老师编号、姓名、性别、职称、相关图片和个人简介。
- 学生信息数据实体：记录学生的信息，包括学生编号、姓名、性别、年级、相关图片。

16.5.2 数据库表的设计

数据库使用 MySQL 作为数据库服务器。连接数据库服务器的用户名为 root，口令为 root，新建数据库的所有权限都赋给此用户。

数据库系统中需要建立 7 张表。每张表以及其中字段的详细内容如表 16-1～表 16-7 所示。

表 16-1　管理员(admin)表

字 段 名	类　型	作　用
name	VARCHAR(16)	管理员用户名
password	VARCHAR(16)	管理员密码

表 16-2　新闻信息(news)表

字 段 名	类　型	作　用
id	int(8)	新闻 id 编号
title	VARCHAR(64)	新闻名称
content	VARCHAR(96)	新闻内容
datatime	VARVHAR(60)	新闻发布时间

表 16-3　在研项目(project)表

字 段 名	类　型	作　用
id	INT(11)	在研项目 id 编号
name	VARCHAR(64)	项目名称
Info	VARCHAR(255)	项目内容
time	VARVHAR(16)	项目开始时间

表 16-4　研究成果(achievement)表

字 段 名	类　型	作　用
id	INT(11)	研究成果 id 编号
name	VARCHAR(64)	研究成果名称
Info	VARCHAR(255)	研究成果内容
time	VARVHAR(64)	研究起止时间

表 16-5　老师信息(teacher)表

字 段 名	类　型	作　用
id	INT(8)	老师 id 编号
name	VARCHAR(32)	老师姓名
sex	CHAR(6)	老师性别
zhicheng	VARVHAR(32)	老师职称
image	VARCHAR(50)	图片
info	VARCHAR(255)	老师简介

表 16-6　学生信息(student)表

字 段 名	类　型	作　用
id	INT(8)	学生 id 编号
name	VARCHAR(32)	学生姓名
sex	CHAR(6)	学生性别
grade_id	INT(12)	学生入学时间
image	VARCHAR(50)	图片

表 16-7　入学时间(grade)表

字 段 名	类　型	作　用
id	int(8)	id 编号
grade	VARCHAR(50)	入学时间(年级)

16.5.3　数据库相关脚本

根据数据库的设计编写对数据库操作的 SQL 语句。Database.sql 是在数据库中操作的 SQL 语句：

```
CREATE TABLE 'admin' (
  'name' varchar(16) default NULL,
  'password' varchar(16) default NULL
)

CREATE TABLE 'grade' (
  'id' int(8) NOT NULL,
  'grade' varchar(50) default NULL,
```

```
    PRIMARY KEY    ('id')
)

CREATE TABLE 'news' (
    'id' int(8) NOT NULL auto_increment,
    'title' varchar(60) default NULL,
    'content' varchar(255) default NULL,
    'datetime' varchar(60) default NULL,
    PRIMARY KEY    (`id`)
)

CREATE TABLE 'project' (
    'id' int(11) NOT NULL auto_increment,
    'name' varchar(64) default NULL,
    'info' varchar(255) default NULL,
    'time' varchar(16) default NULL,
    PRIMARY KEY    ('id')
)

CREATE TABLE 'achievement' (
    'id' int(11) NOT NULL auto_increment,
    'name' varchar(64) default NULL,
    'info' varchar(255) default NULL,
    'time' varchar(64) default NULL,
    PRIMARY KEY    ('id')
)

CREATE TABLE 'student' (
    'id' int(11) NOT NULL auto_increment,
    'name' varchar(16) default NULL,
    'grade_id' int(11) default NULL,
    'image' varchar(50) default NULL,
    'sex' char(6) default NULL,
    PRIMARY KEY    ('id')
)

CREATE TABLE 'teacher' (
    'id' int(11) NOT NULL auto_increment,
    'name' varchar(32) default NULL,
    'sex' char(6) default NULL,
    'zhicheng' varchar(32) default NULL,
    'image' varchar(50) default NULL,
    'info' varchar(255) default NULL,
    PRIMARY KEY    ('id')
)

#创建用户
GRANT ALL PRIVILEGES ON *.* TOjsp@localhost IDENTIFIED BY 'pwd' WITH GRANT OPTION;
```

16.6 系统实现

16.6.1 模块公用类

数据库操作类和分页显示类为整个系统不同模块提供公共服务。

1. 数据库操作类

数据库连接类(DataProcess.java)的主要功能是连接数据库，它提供的方法能够返回一个数据库连接对象，也可以返回 SQL 语句的执行结果，系统中所有与数据库相关的操作都要调用到这个类，这样不仅使系统代码更加简洁，而且提高了安全性。在移植数据库或改变系统环境时，仅需要修改这个类。DataProcess.java 代码如下。

```
package   DBQuery;
import java.sql.*;
public class DataProcess {
DataProcess(){ }

public static Connection getConnection()
{
        String CLASSFORNAME="com.mysql.jdbc.Driver";
        String SERVANDDB = "jdbc:mysql://localhost:3306/Lab?user=root&password=root&useUnicode=
                                                                true&characterEncoding=utf-8";
        Connection con;
        try{
                Class.forName(CLASSFORNAME);
                con = DriverManager.getConnection(SERVANDDB);
                return con;
        }
        catch(Exception e)
        {
                e.printStackTrace();
                return null;
        }

}

public static int nCount(String SQL)
{
        Connection myConnection = getConnection();
        int count = 0;
        try
        {
                Statement stm = myConnection.createStatement();
                ResultSet result = stm.executeQuery(SQL);
```

```
            if(result.next())
            {
                count = result.getInt(1);
                result.close();
            }
            stm.close();
            myConnection.close();
        }
        catch(Exception e)
        {
            e.printStackTrace();
        }
        return count;
    }

    public static void ExeQuery(String SQL)
    {
        Connection con = getConnection();
        try
        {
            Statement stmt = con.createStatement();
            stmt.executeUpdate(SQL);
            stmt.close();
            con.close();
        }
        catch(Exception e)
        {
            e.printStackTrace();
        }
    }

    public static ResultSet getResult(String SQL,Connection con)
    {
        ResultSet rs = null;
        try{
            Statement stmt = con.createStatement();
            rs = stmt.executeQuery(SQL);
        }catch(SQLException e)
        {
            e.printStackTrace();
        }
        return rs;
    }

    public static void CloseConnection(Connection con)
    {
        try
        {
            con.close();
        }
```

```
        catch(Exception e)
        {
            e.printStackTrace();
        }
    }

    public static void CloseResultSet(ResultSet rs)
    {
        try{
            rs.close();
        }
        catch(Exception e)
        {
            e.printStackTrace();
        }
    }
}
```

2. 分页显示类

信息过多时，在 Jsp 页面查看这些信息将会变得非常不方便。为了分页显示发布的信息，创建用于分页显示的类 Pageable.java。Pageable.java 代码如下。

```
package   Object;
import java.sql.*;

public class Pageable {
private int pageSize;
private int totalRows;
private int totalPages;
private static int currentPage;
private int rowsCount;

public Pageable(ResultSet rs) {
    try {
        rs.last();
    } catch (SQLException e) {
        e.printStackTrace();
    }
    try {
        this.setTotalRows(rs.getRow());
    } catch (SQLException e1) {
        e1.printStackTrace();
    }
    try {
        rs.beforeFirst();
    } catch (SQLException e2) {
        e2.printStackTrace();
    }
}
```

```
public void setPageSize(int pageSize) {
        if (pageSize >= 0) {
                this.pageSize = pageSize;
        } else {
                this.pageSize = 1;
        }
        this.setTotalPages();
}

public void gotoPage(int page) {
        switch (page) {
        case -1:
                this.setCurrentPage(1);
                break;
        case -2:
                int t = this.getCurrentPage();
                this.setCurrentPage(t - 1);
                break;
        case -3:
                int n = this.getCurrentPage();
                this.setCurrentPage(n + 1);
                break;
        case -4:
                this.setCurrentPage(this.getTotalPages());
                break;
        default:
                this.setCurrentPage(page);
        }
}

public void setCurrentPage(int page) {
        if (page <= 0)
                this.currentPage = 1;
        if (page > this.getTotalPages())
                this.currentPage = this.getTotalPages();
        else
                this.currentPage = page;
        this.setRowsCount((this.currentPage - 1) * this.getPageSize() + 1);
        System.out.println(this.getRowsCount());
}

public int getCurrentPageRowsCount() {
        if (this.getPageSize() == 0)
                return this.getTotalRows();
        if (this.getTotalRows() == 0)
                return 0;
        if (this.getCurrentPage() != this.getTotalPages())
                return this.getPageSize();

        return this.getTotalRows() - (this.getTotalPages() - 1)
```

```
                * this.getPageSize();
    }

    public int getPageSize() {
        return this.pageSize;
    }

    public int getTotalRows() {
        return totalRows;
    }

    public void setTotalRows(int totalRows) {
        this.totalRows = totalRows;
    }

    public int getRowsCount() {
        return rowsCount;
    }

    public void setRowsCount(int rowsCount) {
        this.rowsCount = rowsCount;
    }

    public int getCurrentPage() {
        return currentPage;
    }

    public int getTotalPages() {
        return this.totalPages;
    }

    public void setTotalPages() {
        if (this.getTotalRows() == 0) {
            this.totalPages = 0;
        } else if (this.getPageSize() == 0) {
            this.totalPages = 1;
        } else {
            if (this.getTotalRows() % this.getPageSize() != 0)
                this.totalPages = this.getTotalRows() / this.getPageSize() + 1;
            else
                this.totalPages = this.getTotalRows() / this.getPageSize();
        }
    }

    public void pageFirst() throws java.sql.SQLException {
        this.setRowsCount((this.getCurrentPage() - 1) * this.getPageSize() + 1);
    }

    public void pageLast() throws java.sql.SQLException {
        this.setRowsCount((this.getCurrentPage() - 1) * this.getPageSize()
```

```
                + this.getCurrentPageRowsCount();
    }
}
```

16.6.2 JavaBean

与 7 个数据库实体对应，整个系统建立 7 个 JavaBean 代表这个实体，并且建立了 7 个 java 类分别用于管理者对应的 JavaBean 类。7 个 JavaBean 以及他们管理类的名称和作用如表 16-8 所示。在此仅以 News.java 为例，详细讲解 JavaBean 的实现细节。

表 16-8　JavaBean 表

数据库实体名	文件名	作用
管理员 (admin)	Manager.java	记录管理员的信息
	Admin_Manager.java	封装对管理员实体的添加、修改、删除等的操作方法
新闻 (news)	News.java	记录新闻信息并提供分页功能
	News_Manager.java	封装对新闻实体的添加、修改、删除等的操作方法
在研项目 (project)	Project.java	记录在研项目信息
	Project_Manager.java	封装对新闻实体的添加、修改、删除等的操作方法
研究成果 (Achievement)	Achievement.java	记录研究成果信息
	Achievement_Manager.java	封装对研究成果实体的添加、修改、删除等的操作方法
教师 (teacher)	Teacher.java	记录教师信息
	Teacher_Manager.java	封装对教师实体的添加、修改、删除等的操作方法
学生 (student)	Student.java	记录学生信息
	Student_Manager.java	封装对学生实体的添加、修改、删除等的操作方法
年级 (grade)	Grade.java	记录年级信息
	Grade_Manager.java	封装对年级实体的添加、修改、删除等的操作方法

1. News.java

News.java 类用于记录实验室内部新闻信息。News.java 类代码如下。

```
package   Object;
import java.sql.Connection;
import java.sql.PreparedStatement;
import java.sql.ResultSet;
import java.sql.Statement;
import java.util.Vector;
import DataProcess;
import Pageable;
public class News {
private int id;
private String title;
private String content;
```

```
    private String time;

    News() {   }

    News(int id, String title, String content, String time) {
        this.id = id;
        this.title = title;
        this.content = content;
        this.time = time;
    }

    public void setId(int id) {
        this.id = id;
    }

    public int getId() {
        return this.id;
    }

    public void setTitle(String title) {
        this.title = title;
    }

    public String getTitle() {
        return this.title;
    }

    public void setContent(String content) {
        this.content = content;
    }

    public String getContent() {
        return this.content;
    }

    public void setTime(String time) {
        this.time = time;
    }

    public String getTime() {
        return this.time;
    }

    public static Vector search(String strSql, int page) throws Exception {
        Vector Items = new Vector();
        Connection con = DataProcess.getConnection();
        PreparedStatement pStmt = null;
        ResultSet rs = null;
        try {
            pStmt = con.prepareStatement(strSql, ResultSet.TYPE_SCROLL_INSENSITIVE,
```

```
                    ResultSet.CONCUR_READ_ONLY);
            rs = pStmt.executeQuery();
            Pageable pgb = new Pageable(rs);
            pgb.setPageSize(5);
            pgb.gotoPage(page);
            rs.absolute(pgb.getRowsCount());
            int i = 0;
            System.out.println("page=====" + page);
            if (rs != null && !rs.wasNull()) {
                do {
                    if (pgb != null && pgb.getCurrentPageRowsCount() != 0) {
                        String iid = rs.getString("id");
                        String title = rs.getString("title");
                        String content = rs.getString("content");
                        String dateTime = rs.getString("datetime");
                        Items.add(new News(Integer.parseInt(iid), title,content, dateTime));
                        i++;
                    }
                } while (rs.next() && i < pgb.getCurrentPageRowsCount());
            }
            return Items;
        } finally {
            try {
                rs.close();
                pStmt.close();
                con.close();
            } catch (Exception e) {
                e.printStackTrace();
            }
        }
    }

    public static News getNews(int ID) {
        String selectStr = "select * from news where id=" + ID;
        Connection con = DataProcess.getConnection();
        News news = new News();
        try {
            Statement stmt = con.createStatement();
            ResultSet rs = stmt.executeQuery(selectStr);
            if (rs.next()) {
                String title = rs.getString("title");
                String content = rs.getString("content");
                String time = rs.getString("datetime");
                news.setId(ID);
                news.setTitle(title);
                news.setContent(content);
                news.setTime(time);
            }
            rs.close();
            stmt.close();
```

```
                con.close();
                return news;
            } catch (Exception e) {
                e.printStackTrace();
                return null;
            }
        }
}
```

2. News_Manager.java

News_Manager.java 可以提供对 news 数据表进行操作的功能。将对 news 操作的添加、修改、删除等方法都封装到这个类中，各功能页面通过调用它提供的方法实现对 news 数据表的操作。代码如下。

```
package business;
import java.util.GregorianCalendar;
import   DataProcess;
public class News_Manager {
public static void Add_News(String title, String content) {
        GregorianCalendar gc = new GregorianCalendar();
        String query = "insert into news(title,content,datetime)values('"+ title + "','" + content + "','"
                + gc.getTime().toLocaleString() + "')";
        try {
            DataProcess.ExeQuery(query);
        } catch (Exception e) {
            e.printStackTrace();
        }
}

public static void Edit_News(String title, String content, int id) {
        GregorianCalendar gc = new GregorianCalendar();
        String query = "update news set title='" + title + "',content='"+ content + "',datetime='" +
                                                gc.getTime().toLocaleString()+ "' where id=" + id;
        try {
            DataProcess.ExeQuery(query);
        } catch (Exception e) {
            e.printStackTrace();
        }
}

public static void Delete_News(int id) {
        String deleteStr = "delete from news where id=" + id;
        try {
            DataProcess.ExeQuery(deleteStr);
        } catch (Exception e) {
            e.printStackTrace();
        }
}
}
```

16.6.3 Servlet

Servlet 用以实现系统的逻辑功能。系统中采用了两种 Servlet：普通 Servlet 和过滤器 Filter，如表 16-9 所示。本节仅以内部新闻相关的 Servlet 进行详细描述，其他 Servlet 实现代码类似。

表 16-9 Servlet 表

分 类	Servlet 名	作 用
普通 Servlet	EditManagerServlet.java	编辑管理员信息
	AddManagerServlet.java	添加管理员信息
	EditNewsServlet.java	编辑新闻信息
	AddNewsServlet.java	添加新闻
	EditProjectServlet.java	编辑在研项目信息
	AddProjectServlet.java	添加新闻
	EditAchievement.java	编辑研究成果信息
	AddAchievement.java	添加研究成果
	EditTeacherServlet.java	编辑教师信息
	AddTeacherServlet.java	添加教师
	EditStudentServlet.java	编辑学生信息
	AddStudentServlet.java	添加学生
	LoginServlet.java	处理管理员登录，如果通过验证重定向到 success.jsp；否则重定向到 failue.jsp
过滤器 Filter	EncodingFilter.java	

1. 部署描述符 Web.xml

所有的 Servlet、Listener、Filter 都需要在 web.xml 文件的部署描述符中部署，进行定义和映射，然后才能在 Tomcat 服务器下使用。

本系统的 web.xml 文件部分内容如下。

```
    ……
<filter>
    <filter-name>charsetEncodingFilter</filter-name>
    <filter-class>Servlet.EncodingFilter</filter-class>
    <init-param>
        <param-name>encoding</param-name>
        <param-value>UTF-8</param-value>
    </init-param>
</filter>
<filter-mapping>
    <filter-name>charsetEncodingFilter</filter-name>
    <url-pattern>/*</url-pattern>
</filter-mapping>
```

```
<servlet>
    <servlet-name>LoginServlet</servlet-name>
    <servlet-class>Servlet.LoginServlet</servlet-class>
</servlet>
<servlet>
    <servlet-name>AddNewsServlet</servlet-name>
    <servlet-class>Servlet.AddNewsServlet</servlet-class>
</servlet>
<servlet>
    <servlet-name>EditNewsServlet</servlet-name>
    <servlet-class>
        Servlet.EditNewsServlet
    </servlet-class>
</servlet>
 <servlet-mapping>
    <servlet-name>LoginServlet</servlet-name>
    <url-pattern>/login</url-pattern>
</servlet-mapping>
<servlet-mapping>
    <servlet-name>AddNewsServlet</servlet-name>
    <url-pattern>/add_news</url-pattern>
</servlet-mapping>
<servlet-mapping>
    <servlet-name>EditNewsServlet</servlet-name>
    <url-pattern>/edit_news</url-pattern>
</servlet-mapping>
... ...
```

2. EncodingFilter.java

EncodingFilter.java 对请求编码进行改变，从而一次性解决所有页面请求编码的转换问题。为了保证在 JavaBean 或其他 Servlet 在处理请求之前对请求编码，尽量先部署该过滤器。

EncodingFilter.java 代码如下。

```
public class EncodingFilter implements Filter {
protected String encoding = null;
protected FilterConfig filterConfig = null;
protected boolean ignore = true;

public void destroy() {
    this.encoding = null;
    this.filterConfig = null;
}
```

```
public void doFilter(ServletRequest request, ServletResponse response,
        FilterChain chain) throws IOException, ServletException {
    if (ignore || (request.getCharacterEncoding() == null)) {
        request.setCharacterEncoding(selectEncoding(request));
    }
    chain.doFilter(request, response);
}

public void init(FilterConfig filterConfig) throws ServletException {
    this.filterConfig = filterConfig;
    this.encoding = filterConfig.getInitParameter("encoding");
    String value = filterConfig.getInitParameter("ignore");
    if (value == null)
        this.ignore = true;
    else if (value.equalsIgnoreCase("true")
            || value.equalsIgnoreCase("yes"))
        this.ignore = true;
    else
        this.ignore = false;
}
protected String selectEncoding(ServletRequest request) {
    return (this.encoding);
}
public FilterConfig getFilterConfig() {
    return filterConfig;
}
public void setFilterConfig(FilterConfig filterConfig) {
    this.filterConfig = filterConfig;
}
}
```

3. EditNewsServlet.java

EditNewsServlet 的 do 方法中处理请求 request，根据请求生成响应 response，实现修改新闻的目的。

```
public class EditNewsServlet extends HttpServlet{

public void doGet(HttpServletRequest request, HttpServletResponse response)
throws ServletException, IOException
{
    HttpSession ses = request.getSession();
    String title = (String)request.getParameter("title");
    String content = (String)request.getParameter("content");
```

```
        String ID = (String)request.getParameter("news_id");

        int id = Integer.parseInt(ID);

        News_Manager.Edit_News(title,content,id);
        RequestDispatcher requestDispatcher = request.getRequestDispatcher("./guanli/news/edit_success.jsp");
        System.out.println("dispatch URI"+request.getRequestURI());
        requestDispatcher.forward(request,response);
}

public void doPost(
                HttpServletRequest request,
                HttpServletResponse response)
                throws ServletException, IOException
        {
                doGet(request,response);
        }

}
```

4. AddNewsServlet.java

AddNewsServlet 的 do 方法中处理请求 request，生成响应 response，实现添加新闻的目的。

```
public class AddNewsServlet extends HttpServlet{

public void doGet(HttpServletRequest request, HttpServletResponse response)
throws ServletException, IOException
{
        HttpSession ses = request.getSession();

        String title = (String)request.getParameter("title");
        String content = (String)request.getParameter("content");

        News_Manager.Add_News(title,content);

        RequestDispatcher requestDispatcher = request.getRequestDispatcher("./guanli/news/add_success.jsp");

        requestDispatcher.forward(request,response);
}

public void doPost(
                HttpServletRequest request,
                HttpServletResponse response)
```

```
            throws ServletException, IOException
        {
            doGet(request,response);
        }
}
```

16.6.4 自定义标签

JSP 中的标签库技术可以让用户定制自己的标签，以完成系统实现中的特殊要求。本节以显示新闻列表为例进行介绍，本节共定义了 3 个自定义标签，如表 16-10 所示。

表 16-10 自定义标签

自定义标签名	标签处理类	作用
news	NewsTag4guest.java	在平台首页显示新闻信息
news4news	news4news.java	用户浏览新闻
newstag	NewsTag.java	管理员在查看新闻列表，显示新闻信息，可以编辑和删除

1. 自定义标签 news

(1) 标签处理类 NewsTag4guest.java 继承了 TagSupport 类。用于在平台首页显示新闻信息。将编写好的 NewsTag4guest.java 源文件放到/taglib 目录下，代码如下。

```
package taglib;
... ...
public class  NewsTag4guest  extends TagSupport{
public int doEndTag() throws JspException {
        JspWriter out = pageContext.getOut();
        HttpServletRequest request = (HttpServletRequest) pageContext.getRequest();
         String str = (String) request.getQueryString();
         int page;

            if (str == null || str.equals(""))
                page = 1;
            else {
                String[] aa = str.split("=");
                page = Integer.parseInt(aa[1]);
            }

        try
        {
            String strSql = new String("select * from news order by datetime desc");
            int count = DataProcess.nCount(strSql);
```

```
int totalPages = 0;

if(count%5==0)
{
    totalPages=count/5;
}
else
{
    totalPages = count/5+1;
}

int currentPage=1;

if(page<=0)
{
    currentPage=1;
}
else if(page>totalPages)
{
    currentPage=totalPages;
}
else
{
    currentPage = page;
}

  Vector Items = News.search(strSql, page);
  out.println("<table width=\"100%\"   border=\"0\" cellspacing=\"1\" cellpadding=\"1\"
                                                          class=\"tableBorder\">" );

  for (int i = 0; i < Items.size(); i++)
  {
    News bean = (News) Items.elementAt(i);

    out.println("<tr>");
    out.println("<td bgcolor=\"E4EDF9\" class=\"normalText\">"+bean.getTitle()+"</td>");
    out.println("</tr>");
    out.println("<tr>");
    out.println("<td bgcolor=\"F1F3F5\" class=\"normalText\">"+bean.getContent()+"</td>");
    out.println("</tr>");
    out.println("<tr>");
    out.println("<td> </td>");
    out.println("</tr>");
```

```
                }
                out.println("<tr>");
            out.println("<td colspan=\"2\"><table width=\"100%\"    border=\"0\" cellpadding=\"0\"
                                                        cellspacing=\"0\" bgcolor=\"E4EDF9\">");
            out.println("<tr class=\"normalText\">");
            out.println("<td>页次:"+currentPage+"/"+totalPages+"页 每页 5  总数"+count+"</td>");
            out.println("<td align=\"right\">分页:");
            if(page!=-1){
            out.println("<a href=\"index.jsp?arg1=-1\">首页</a> ");
            }

            out.println("<a href=\"index.jsp?arg2=-2\">上一页</a> ");
            out.println("<a href=\"index.jsp?arg3=-3\">下一页</a> ");
            if(page!=-4){ out.println("<a href=\"index.jsp?arg4=-4\">尾页</a></td>");
            }
            out.println("</tr>");
            out.println("</table></td>");
            out.println("</tr>");
             out.println("</table>");
        }
        catch(Exception e)
        {
            e.printStackTrace();
        }
return SKIP_BODY;
}
}
```

(2) 在 TLD 文件 Mytag.tld 中配置<news>标签，代码如下。

```
<taglib>
… …
    <tag>
        <name>news</name>
        <tagclass>taglib.NewsTag4guest</tagclass>
        <bodycontent>empty</bodycontent>
        <attribute>
                <name>method</name>
                <required>false</required>
                <rtexprvalue>false</rtexprvalue>
            </attribute>
    </tag>
</taglib>
```

(3) 在 web.xml 文件中配置标签库信息，代码如下。

```
<web-app>
  … …
      <jsp-config>
            <taglib>
                  <taglib-uri>control</taglib-uri>
                  <taglib-location>/WEB-INF/mytag.tld</taglib-location>
            </taglib>
      </jsp-config>

</web-app>
```

自定义标签 news4news 的实现与自定义标签 newstag 类似，都用于显示新闻，并且对新闻仅能浏览，不可以编辑和删除。其实现可参考自定义标签 newstag 的实现，不再赘述。

2. 自定义标签 newstag

(1) 标签处理类 NewsTag.java 继承了 TagSupport 类。用于在管理员查看新闻列表时，显示新闻信息，并且根据需要可以编辑、删除新闻。将编写好的 NewsTag.java 源文件放到 taglib 目录下，具体实现代码如下。

```
package taglib;

import java.util.Vector;
import javax.servlet.http.HttpServletRequest;
import javax.servlet.jsp.JspException;
import javax.servlet.jsp.JspWriter;
import javax.servlet.jsp.tagext.TagSupport;
import DBQuery.DataProcess;
import Object.News;

public class NewsTag extends TagSupport{

public int doEndTag() throws JspException {

      JspWriter out = pageContext.getOut();
      HttpServletRequest request = (HttpServletRequest) pageContext.getRequest();
      String str = (String) request.getQueryString();
            int   page;
            if (str == null || str.equals(""))
                  page = 1;
            else {
                  String[] aa = str.split("=");
                  page = Integer.parseInt(aa[1]);
```

```
        }

    try
    {
        String strSql = new String("select * from news order by datetime desc");
          int count = DataProcess.nCount(strSql);
        int totalPages = 0;

        if(count%5==0)
        {
            totalPages=count/5;
        }
        else
        {
            totalPages = count/5+1;
        }

        int currentPage=1;

        if(page<=0)
        {
            currentPage=1;
        }
        else if(page>totalPages)
        {
            currentPage=totalPages;
        }
        else
        {
            currentPage = page;
        }
      Vector Items = News.search(strSql, page);

          out.println("<table width=\"75%\"    border=\"0\" cellspacing=\"1\" cellpadding=\"1\"
class=\"tableBorder\">" );
          out.println("<tr>");
          out.println("<td colspan=\"2\" align=\"center\" background=\"../../images/guanli/admin_bg_1.gif\"
class=\"whitenormal\">查看新闻</td>");
          out.println("</tr>");

          for (int i = 0; i < Items.size(); i++)
          {
            News bean = (News) Items.elementAt(i);
```

```
                    out.println("<tr>");
                    out.println("<td width=\"72%\"    class=\"normalText\">"+bean.getTitle()+"</td>");
                    out.println("<td width=\"28%\" align=\"right\" bgcolor=\"E4EDF9\"><a
href=\"./edit_news.jsp?news_id="+bean.getId()+"\">[编辑]</a>" +" <a
href=\"./delete_news.jsp?news_id="+bean.getId()+" \"onclick=\"{if(confirm(\'确定\')){return true;}return false;}\">[删
除]</a></td>");
                    out.println("</tr>");
                    out.println("<tr>");
                    out.println("<td colspan=\"2\" bgcolor=\"F1F3F5\"
class=\"normalText\">"+bean.getContent()+"</td>");
                    out.println("</tr>");
                }

                out.println("<tr>");
                out.println("<td colspan=\"2\"><table width=\"100%\"    border=\"0\" cellpadding=\"0\"
cellspacing=\"0\" bgcolor=\"E4EDF9\">");
                out.println("<tr class=\"normalText\">");
                out.println("<td>页次:"+currentPage+"/"+totalPages+"页 每页 5 条 共"+count+"页
</td>");
                out.println("<td align=\"right\">分页):");
                if(page!=-1){
                    out.println("<a href=\"news_list.jsp?arg1=-1\">首页)</a> ");
                }
                out.println("<a href=\"news_list.jsp?arg2=-2\">上一页</a> ");
                out.println("<a href=\"news_list.jsp?arg3=-3\">下一页</a> ");
                if(page!=-4){
                    out.println("<a href=\"news_list.jsp?arg4=-4\">尾页</a></td>");
                }

                out.println("</tr>");
                out.println("</table></td>");
                out.println("</tr>");
                out.println("</table>");
            }
            catch(Exception e)
            {
                e.printStackTrace();
            }
        return SKIP_BODY;
        }

    }
```

(2) 在 TLD 文件 Mytag.tld 中配置<news>标签，代码如下。

```
<taglib>
… …
    <tag>
      <name>news</name>
      <tagclass>taglib.NewsTag4guest</tagclass>
      <bodycontent>empty</bodycontent>
      <attribute>
            <name>method</name>
            <required>false</required>
            <rtexprvalue>false</rtexprvalue>
         </attribute>
    </tag>
</taglib>
```

(3) 在 web.xml 文件中配置标签库信息，代码如下。

```
<web-app>
 … …
     <jsp-config>
           <taglib>
                  <taglib-uri>control</taglib-uri>
                  <taglib-location>/WEB-INF/mytag.tld</taglib-location>
           </taglib>
      </jsp-config>

</web-app>
```

16.6.5 前台界面的实现

前台界面主要指游客可以浏览的页面。包括系统首页、新闻浏览页面、在研项目浏览页面、研究成果浏览页面、老师信息浏览页面、学生信息浏览页面等，每个页面如表 16-11 所示。

表 16-11 前台界面

页 面 名	文 件 名	功 能
系统首页	index.jsp	系统首页展示了游客用户可以浏览的所有功能，并提供相应链接
新闻浏览页面	news.jsp	浏览实验室发布的所有内部新闻
在研项目浏览页面	researchProject.jsp	浏览实验室发布的所有在研项目信息
研究成果浏览页面	productor.jsp	浏览实验室发布的所有研究成果信息
老师信息浏览页面	teacher.jsp	浏览实验室发布的所有实验室老师信息
学生信息浏览页面	member.jsp	浏览实验室发布的所有实验室学生信息

1. 系统首页(index.jsp)

系统首页实现效果如图 16-3 所示。首页采用了自定义标签显示新闻，核心代码如下所示：

```
<table width="100%" border="1">
    <tr>
        <td>
          <div class="div_fullWhide_white">
            <table width="100%">
              <tr>
                   <td height="32" background="img/title_2.png">
                       <font class="lanmu_font">新闻:</font>
                    </td>
              </tr>
              <tr>
                   <td valign="top"><control:news /></td>
              </tr>
              <tr>
                   <td> </td>
              </tr>
          </table>
```

在首页中显示在研项目的代码，如下所示。

```
<table width="100%" height="100%" cellpadding="0" cellspacing="0">
    <tr>
        <td height="32" background="img/title_2.png">
            <font class="lanmu_font">在研项目:</font></td>
    </tr>
    <tr>
        <td valign="top">
        <%
        Project_Manager Project_Manager=new Project_Manager();
        ArrayList pl = (ArrayList) Project_Manager.getProjectList();
        %>
         <div align="center" style="border: 1; padding-bottom: 10;">
            <table width="100%" border="0" cellspacing="1" cellpadding="1">
            <%
                Iterator iter = pl.iterator();

                 while (iter.hasNext()) {
                     Project pro = (Project) iter.next();
            %>

            <tr>
```

```
                    <td width="100%">
                    <div class="lanmu_item_parent">
                    <div class="lanmu_item_children_title">标题：<%=pro.getName()%>
                    </div>
                    <div class="lanmu_item_children_time">起始时间：<%=pro.getTime()%>
                    </div>
                    <div class="lanmu_item_children_jianjie"><font size="3">简介:</font><br>
                    <%=pro.getInfo()%></div>
                    </div>
                    </td>
                </tr>
                <%
                }
                %>
            </table>
            </div>
            </td>
        </tr>
</table>
```

2. 学生信息浏览页面(member.jsp)

学生信息浏览页面的效果如图 16-8 所示。页面的部分代码实现如下所示：

```
<%@ page language="java" pageEncoding="utf-8"%>
<%@ page import="business.*,java.util.*,Object.*"%>
<%@ taglib uri="control" prefix="control"%>
<html>
<head>... ...</head>
<body topmargin="30" background="img/body_background.gif">
<table width="79%" align="center" cellpadding="0" cellspacing="0">
    <tr>
        <td height="62" align="center">
            <H1 align="center">
                <FONT face="Arial Black" size="7">科研信息发布平台</FONT>
            </H1>
        </td>
    </tr>
    <tr>
        <td>
            <div style="text-align: center;">
            <ul class="nav">
            <li class="active"><a href="index.jsp" target="_self"> 首   页
  </a></li>
```

```
                <li><a href="news.jsp" target="_self"> 新   闻</a></li>
                <li><a href="researchProject.jsp" target="_self">在研项目</font></a></li>
                <li><a href="production.jsp" target="_self">研究成果</a></li>
                <li><a href="teachers.jsp" target="_self">老师信息</a></li>
                <li><a href="members.jsp" target="_self">学生信息</a></li>
                <li><a href="down.jsp" target="_self">软件下载</a></li>
                </ul><br>
            </div>
        </td>
    </tr>
    <tr>
        <td height="329" valign="top">
            <%
                ArrayList sl = (ArrayList) Student_Manager.getStudentList();
            %>
            <div align="center">
                <table width="100%" border="0" cellspacing="1" cellpadding="1">
                    <tr>
                        <td height="32" colspan="2" background="img/title_2.png"><font
                            class="lanmu_font">学生信息:</font></td>
                    </tr>
                    <%
                        Iterator iter = sl.iterator();

                        while (iter.hasNext()) {
                            Student stu = (Student) iter.next();
                            Grade grade = Grade_Manager.getGrade(stu.getGrade_id());
                    %><tr>
                    <td>
                    <div class="lanmu_item_parent">
                    <table width=100%>
                    <tr>
                        <td align="center" class="name"><%=stu.getName()%></td>
                        <td align="right" class="name"> </td>
                    </tr>
                    <tr>
                        <td width="10%" align="center" class="left">性别:</td>
                        <td width="90%" class="sex"><%=stu.getSex()%></td>
                    </tr>
                    <tr>
                        <td align="center" class="left">年级:</td>
                        <td class="lavel"><%=grade.getName()%></td>
                    </tr>
```

```
                    <tr>
                        <td align="center" class="left">图片:</td>
                        <td><img src=<%="./images/face/" + stu.getImage()%>></td>
                    </tr>
                    </table>
                    </div>
                    </td></tr>
                    <%
                        }
                    %>
                </table>
            </div>
        </td>
    </tr>
</table>
</body>
</html>
```

3. 其他页面

新闻浏览页面、在研项目浏览页面、研究成果浏览页面的实现核心代码可以参看系统首页的方法。在此不再赘述。

老师信息浏览页面的实现与学生信息浏览页的实现类似。可以参看学生信息浏览页的实现完成老师信息浏览页面的实现。在此不再赘述。

16.6.6 后台管理页面的实现

后台管理页面是管理员成功登录后，进行系统信息管理的一组页面。包括登录页面和对新闻、在研项目、研究成果、教师、学生信息进行管理的页面组成。在此以新闻管理页面组为例，给出其详细实现方法。如表 16-12 所示。所有页面均在 guanli 目录下建立。

表 16-12 后台新闻管理页面

页 面 名	文 件 名	功 能
后台登录页面	login.jsp	管理员登录
后台首页	index.jsp	首页是框架结构，左侧 LeftFrame.jsp，右侧 RightFrame.jsp
管理员查看新闻页面	news/news_list.jsp	查看所有新闻
管理员编辑新闻页面	news/edit_news.jsp	编辑被选择的新闻
管理员添加新闻页面	news/add_news.jsp	添加新闻信息
管理员删除新闻页面	news/delete_news.jsp	删除选择的新闻

1. 后台登录页面(login.jsp)

管理员登录页面效果如图 16-9 所示。具体代码实现如下所示。

```
<%@ page contentType="text/html; charset=utf-8" language="java"%>

<html>
<head>......</head>
<SCRIPT language=javascript>
function CheckForm() {
    if (document.loginForm.username.value == "") {
        alert("请输入用户名！");
        document.loginForm.username.focus();
        return false;
    }
    if (document.loginForm.password.value == "") {
        alert("请输入密码！");
        document.loginForm.password.focus();
        return false;
    }
    document.loginForm.submit();
}
</SCRIPT>
<body background="../img/body_background.gif" topmargin="100">
<div align="center">
<form name="loginForm" method="post" action="<%=basePath%>/login">
<table width="480" border="0" cellspacing="0" cellpadding="0">
<tr>
    <td colspan="3" align="center" background="../img/title_4.png"><font
        class="title_2">信息发布平台管理登陆</font></td>
</tr>
<tr>
    <td height="120" colspan="2" background=../img/dvbbs.png;> 
    </td>
</tr>
<tr bgcolor="c2d8f6">
    <td width="30%" align="right" class="normalText">用户名:</td>
    <td width="70%"><input type="text" name="username"  class="textBox"></td>
</tr>
<tr bgcolor="c2d8f6">
    <td align="right" class="normalText">密  码:</td>
    <td><input type="password" name="password" class="textBox"></td>
</tr>
<tr align="center">
    <td colspan="2" bgcolor="c2d8f6"><input type="button"
        name="Submit" value="提交" onClick="CheckForm()"></td>
</tr>
```

```
</table>
</form>
</div>
</body>
</html>
```

2. 后台首页(index.jsp)

后台首页页面效果如图 16-10 所示。这个页面由框架分割成左右两部分，页面左侧显示功能菜单，提供管理员所有功能的列表(LeftFrame.jsp)，右侧显示某个功能的具体内容(RightFrame.jsp)。具体代码实现如下所示。

```
<%@ page language="java" pageEncoding="utf-8"%>
<html><head><title>管理平台</title></head>
<%String username = (String)   request.getSession().getAttribute("username");
    System.out.println("username=="+username);
        if (username == null || username.equals("")) {
            response.sendRedirect("../guanli/login.jsp");
        }
    %>
<frameset rows="33,*" border=0 frameborder="YES" name="top_frame">
    <frame src="TopFrame.jsp?" noresize frameborder="NO" name="ads"
        scrolling="NO" marginwidth="0" marginheight="0">
    <frameset rows="675" cols="175,*" border=0 name="down_frame">
        <frame src="LeftFrame.jsp" noresize name="list" marginwidth="0"   marginheight="0">
        <frame src="RightFrame.jsp" name="main" marginwidth="0"   marginheight="0">
    </frameset>
</frameset>
<noframes>
</noframes>
</html>
```

3. 管理员查看新闻页面(news/news_list.jsp)

管理员单击左侧功能菜单中的“查看所有新闻”，在右侧区域显示新闻列表页面。效果如图 16-11 所示。实现代码时，使用了自定义标签。具体代码如下：

```
<%@ page contentType="text/html; charset=utf-8" language="java"%>
<%@ taglib uri="control" prefix="control"%>
<html>
...
<body background="../../img/body_background.gif" topmargin="30">
    <div align="center">
        <control:newstag />
    </div>
```

```
</body>
</html>
```

4. 管理员编辑新闻页面(news/edit_news.jsp)

管理员查看新闻时，单击某条新闻后面的“编辑”，就可以跳转到 news/edit_news.jsp 页面，编辑被选中新闻的标题和内容。效果如图 16-12 所示。实现具体代码如下：

```
<%@ page language="java" pageEncoding="utf-8"%>
<%@ page import="Object.*" errorPage="error.jsp"%>
<html>
... ...
<SCRIPT language=javascript>
function CheckForm()
{
if(document.news_form.title.value=="")
{
    alert("请输入标题！");
    return false;
}
if(document.news_form.content.value == "")
{
    alert("请输入内容！");
    return false;
}
document.news_form.submit();
}
</SCRIPT>

<body background="../../img/body_background.gif" topmargin="30">
    <% String id = (String) request.getParameter("news_id");
        int ID = Integer.parseInt(id);
        News news = News.getNews(ID);
    %>
    <div align="center">
        <form name="news_form" action="<%=basePath %>edit_news" method="post">
            <table width="80%" border="0" cellspacing="1" cellpadding="1">
                <tr>
                    <td colspan="2" align="center" background="../../img/title_4.png" >
    <font class="title_2">新闻编辑</font></td>
                </tr>
                <tr>
                    <td width="15%" align="center" bgcolor="#F0F0F0" class="normalText">
                        标题:
```

```
                    </td>
                    <td width="85%" bgcolor="#F0F0F0">
                        <input type="text" name="title" class="textBox"
value="<%=news.getTitle()%>">
                        <input type="hidden" name="news_id" value="<%=id%>">
                    </td>
                </tr>
                <tr>
                    <td align="center" bgcolor="#F0F0F0" class="normalText">
                        内容:
                    </td>
                    <td bgcolor="#F0F0F0">
                        <textarea name="content" cols="50" rows="6">
                            <%=news.getContent()%>
                        </textarea>
                    </td>
                </tr>
                <tr>
                    <td bgcolor="#F0F0F0">   </td>
                    <td bgcolor="#F0F0F0">
                        <input type="button" name="Submit" value="保存修改"
onClick="CheckForm()">
                    </td>
                </tr>
            </table>
        </form>
    </div>
</body>
</html>
```

管理员添加新闻的页面(news/add_news.jsp)的代码实现和编辑新闻页面类似。差别在于添加新闻页面的 form 表单中，内容为空白。在此不再赘述管理员添加新闻页面的代码实现。

5. 管理员删除新闻页面(news/delete_news.jsp)

管理员查看新闻时，单击某条新闻后面的“删除”，会有一个警示窗口弹出，要求进一步确认是否删除，确认删除后，系统会提示“新闻已删除”。实现具体代码如下：

```
<%@ page language="java" pageEncoding="utf-8" %>
<%@ page import="business.*" errorPage="error.jsp"%>
<html>
... ...
<body bgcolor="#FFFFFF">

<% String id = (String)request.getParameter("news_id");
```

```
            int ID = Integer.parseInt(id);
            News_Manager.Delete_News(ID);
%>
<SCRIPT language=javascript>
alert("该新闻已删除!");
location.href='./news_list.jsp';
</SCRIPT>
</body>
</html>
```

16.7 小结

本章使用 JSP+JavaBean+Servlet 的 MVC 模式开发了一个信息发布系统，构建了结构清晰、低耦合、高质量的 Web 系统。

系统将 JSP、Servlet 和 JavaBean 结合使用：JSP 负责页面显示，实现用户看到并与之交互的界面；Servlet 负责流程控制，接受用户的输入并调用模型和视图去完成用户的需求，并确定用哪个视图来显示返回的数据；JavaBean 表示企业数据和业务规则。在系统的代码实现中，采用了自定义标签，自定义标签用在 JSP 页面中，将 Java 代码从 HTML 中剥离，便于美工维护页面，减少了 JSP 页面中的脚本，减少了维护成本，提供了可重用的功能组件。

本章详细讲解了信息发布系统的开发过程，并给出了部分源代码。在整个开发过程中，根据各个模块的功能需求，设计编写了功能完善的组件，使得整个系统界面和功能的设计思路清晰，系统易于维护和扩展；操作流程清晰。

16.8 习题

采用 MVC 模式编写用户登录验证程序，系统中的文件可参考表 16-13 提示。

表 16-13 用户登录模块划分

分 类	文 件 名	作 用
JSP 页面	welcome.jsp	成功登录显示欢迎界面。
	login2.jsp	进行登录界面
	loginerr.jsp	登录错误重定向页面
JavaBean	UserBean.java	保存多个用户信息，可以在多个 JSP 页面中传递用户数据
	UserCheckBean.java	对用户名和密码进行验证
Servlet	ControllerServlet	作为控制器，接收客户登录的信息，调用 JavaBean 组件对用户登录信息进行验证，并根据验证结果调用 JSP 页面返回给客户端
部署描述符	web.xml	部署 Servlet 文件

附 录

实 验

实验一 JSP 应用开发基础

【实验目的】

(1) 掌握 HTML 基本语法。

- 掌握 HTML 页面基本结构。
- 会使用<div>标签作为元素的容器。
- 会使用表格进行数据显示。
- 会使用表单和各种表单项。

(2) 掌握 CSS 基本语法。

- 会使用 CSS 样式控制页面显示效果。
- 会在页面中添加外部 CSS 文件。

【实验环境与设备】

已经接入局域网的网络实验室，机器上装有 Opera12 以上版本浏览器等。

【实验内容】

(1) 设计静态表单 HTML 页面并进行 CSS 页面样式控制。本题包括一个 HTML 文件 research.html 和一个 CSS 文件 style.css，在 research.html 页面头部使用<link href="style.css" rel="stylesheet" type="text/css" />引用 CSS 文件。

首先设计基本的 HTML 页面，效果如图 F-1 所示。具体设计要求如下，读者可在此基础上变通设计：

- 整个页面分为上下两个部分，分别使用两个 id 名为 banner 和 main 的 div 作为容器，设计布局如图 F-2 所示。

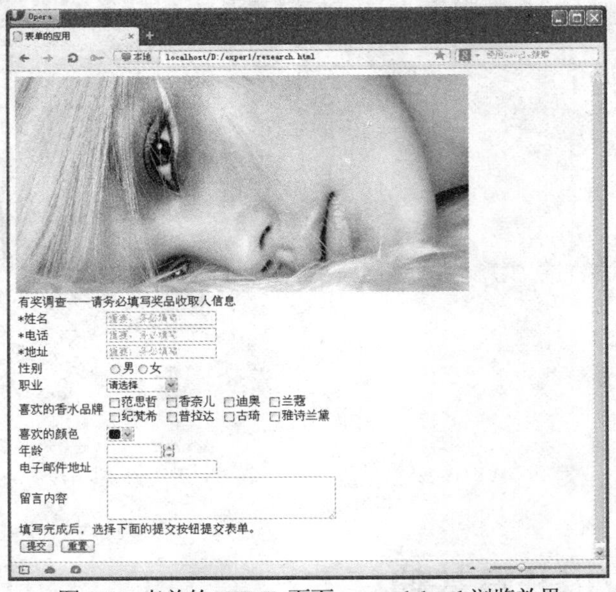

图 F-1　表单的 HTML 页面 research.html 浏览效果

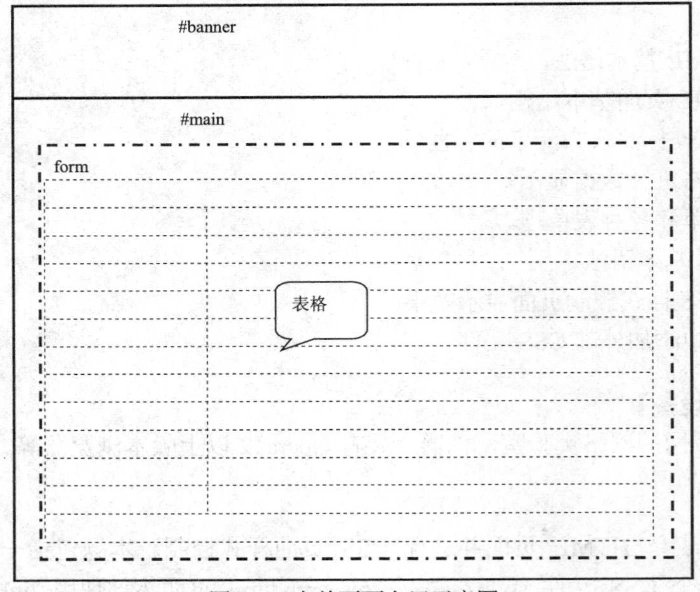

图 F-2　表单页面布局示意图

- banner 部分的设计非常简单，直接插入图像 beauty.jpg 即可。
- main 部分是调查表单部分，表单项和文字的排列布局使用表格控制，加入一个 13 行 2 列的表格，第 1 行和最后 1 行合并单元格。
- “姓名”、“电话”和“地址”为必须输入项，可通过<input>标签的属性 required 进行设置；另外，此三项有提示信息“重要，务必填写”，通过<input>标签的属性 placeholder 进行设置。
- “性别”选项为单选框，通过<input type="radio">进行设置。

- “职业”选项为下拉菜单，通过<select>和<option>标签实现。
- “喜欢的香水品牌”选项为复选框，通过<input type="checkbox">进行设置。
- “喜欢的颜色”选项为颜色选择器，通过<input type="color">进行设置。
- “年龄”项为数字输入框，通过<input type="number">进行设置，另外可设置最大值和最小值。
- “电子邮件地址”项为邮件输入框，通过<input type="email">进行设置。
- “留言内容”为多行文本框，使用<textarea>标签实现。

接下来设计控制页面样式的外部 CSS 文件，使用样式后页面效果如图 F-3 所示。具体设计提示如下，读者可在此基础上变通设计：

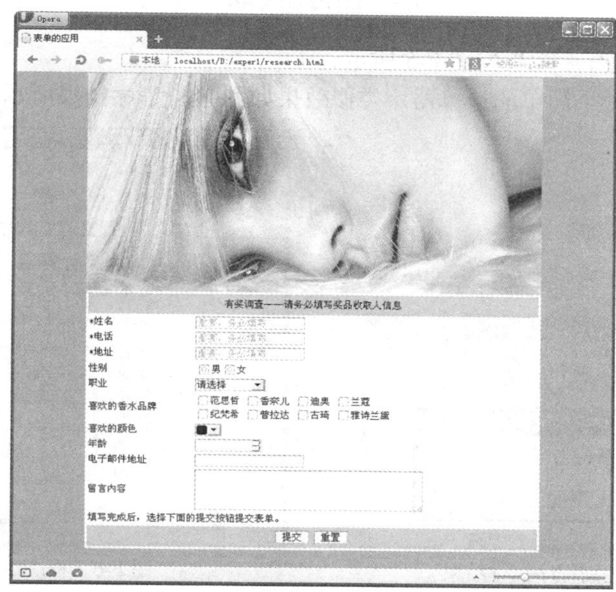

图 F-3 使用 CSS 后表单浏览效果

- 使用 CSS 改写 body 标签样式，可设置背景颜色、页面边距和宽度等。
- 使用 CSS 改写 div 标签样式，可设置背景色和盒子显示模式等。
- 设置两个 div 盒子样式#banner 和#main，可设置盒子的宽高等。
- 使用 CSS 改写 table 样式，可设置表格的宽高、背景色和边框样式等。
- 使用 CSS 改写 td 样式，主要设置单元格字体显示。
- 使用 CSS 设置表格第 1 行和最后 1 行的居中对齐和背景色。
- 改写 input、select 和 textarea 标签的样式，设置表单项的背景色和边框样式等。

(2) 把下面一段代码补充成一个完整的程序，并调试通过。在第一个页面利用 JavaScript 函数 CreateWindow()创建一个新页面。

```
function CreateWindow()
{
    msgWindow=window.open("第二个页面，自己命名","displayWindow",
    "width=400,height=350,toolbar=yes,status=yes,scrollbars=yes,resize=yes,menubar=no");
}
```

(3) 输入一个数字，然后输出星期几。Html 页面执行后效果如图 F-4 所示。

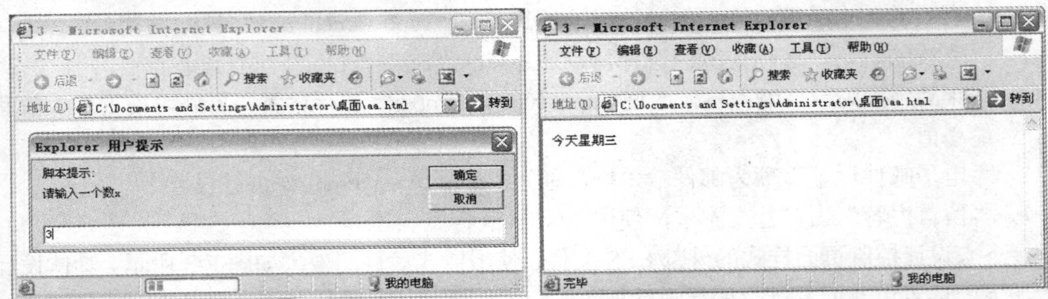

图 F-4　程序执行结果

(4) 判断男女。运行后效果如图 F-5 所示。

(5) 用 javascript 做个简单的计算器，类似效果如图 F-6 程序结果所示。

图 F-5　选项性别程序执行结果

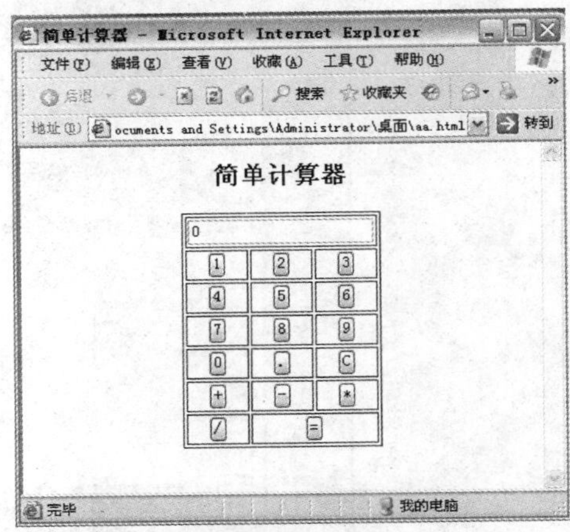

图 F-6　程序结果

(6) 学习安装配置一种 JSP 开发工具。参照 helloWorld.jsp，稍加改动，在页面上输入姓名和学号信息，在安装配置好的 JSP 服务器上成功调试。

实验二　JSP 应用开发基础

【实验目的】

(1) 掌握 JSP 基本语法。

① 脚本元素(SCRIPTING)。

➢ 隐藏注释(Hidden Comment)

```
<%-- 这是客户端不可见的注释 --%>
```

➢ 声明(Declaration)

```
<%!这是声明%>
```

➢ 脚本段(ScriptLets)

```
<%这是脚本段 %>
```

➢ 表达式(Expression)

```
<%=这是表达式 %>
```

② 指令元素(DIRECTIVE)。

➢ <%@ page %>

➢ <%@ include %>

③ 动作元素(ACTION)

➢ <jsp:forward>

➢ <jsp:include>

➢ <jsp:param>

➢ <jsp:getProperty>

➢ <jsp:setProperty>

➢ <jsp:useBean>

(2) 掌握 JSP 常用的 9 种内置对象中的 request、response、out、session、application 对象的基本使用方法。9 种对象如图 F-7 所示。

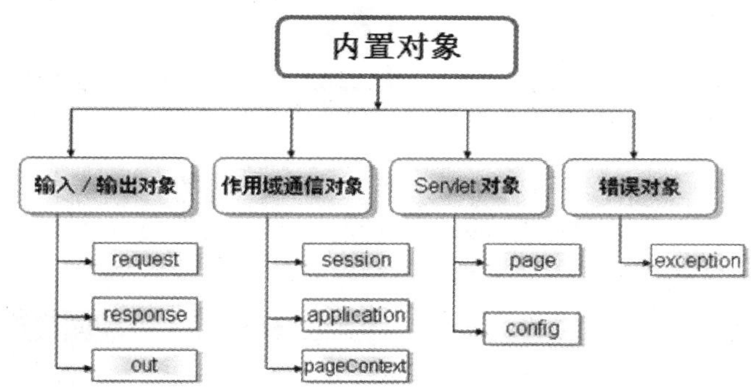

图 F-7 JSP 常用 9 种内置对象

【实验环境与设备】

已经接入局域网的网络实验室，机器上装有 IE 浏览器等；JSP 运行环境已经搭建成功。

【实验内容】

(1) 编写一个 JSP 程序，计算 1！+2！+3！+4！+5！并显示出结果。要求先声明计算阶乘的方法，再调用该方法，最后在页面上输出结果。

进阶要求：通过表单提交一个正整数，然后计算它的阶乘和。例如：输入 3，就计算 1！+2！+3！。

(2) 在 JSP 页面中静态包含文件。要求程序包含两个文件，主文件静态包含一个能够计算 1 到 1000 内的完数的页面(如果一个正整数刚好等于它的真因子之和，这样的正整数为完数，例如，6=1+2+3，因此 6 就是一个完数)。

(3) 动态包含页面并传递数据。要求程序包含两个文件，主文件加载次文件，并将随机产生的 50~100 之间的数据传递给它，并且在页面上显示两个信息：该数据和这个数据的平方根。

进阶要求：把动态包含改为动态重定向，比较两者之间的区别。

(4) 本题包括 4 个 JSP 程序，one.jsp、two.jsp、three.jsp 和 error.jsp。

one.jsp 具体要求如下：要求 one.jsp 页面有一个表单，用户使用该表单可以输入一个 1～100 之间的整数，并提交给下一个页面；如果输入的整数在 50～100 之间(不包括 50)就转向 three.jsp，如果在 1～50 之间就转向 two.jsp；如果输入不符合要求就转向 error.jsp。要求 forward 标记在实现页面转向时，使用 param 子标记将整数传递到转向的 two.jsp 或 three.jsp 页面，将有关输入错误传递到转向的 error.jsp 页面。

two.jsp、three.jsp 和 error.jsp 的具体要求如下：要求 two.jsp 和 three.jsp 能输出 one.jsp 传递过来的值，并显示一幅图像，该图像的宽和高刚好是 one.jsp 页面传递过来的值。error 页面能显示有关抛出的错误信息(程序中使用的图片，可自行准备)。

JSP 页面效果示例如图 F-8、图 F-9 和图 F-10 所示。

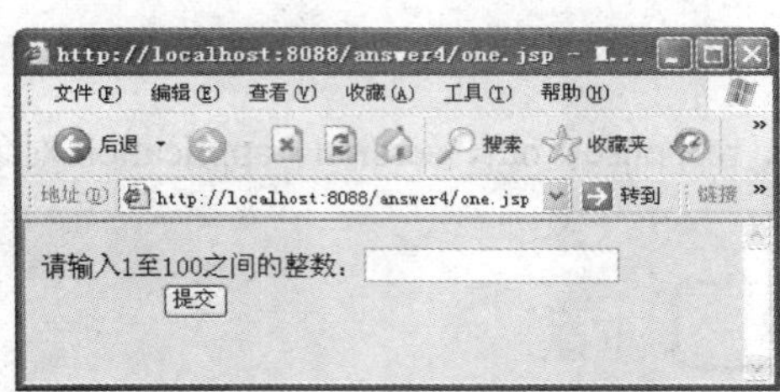

图 F-8　one.jsp 运行效果

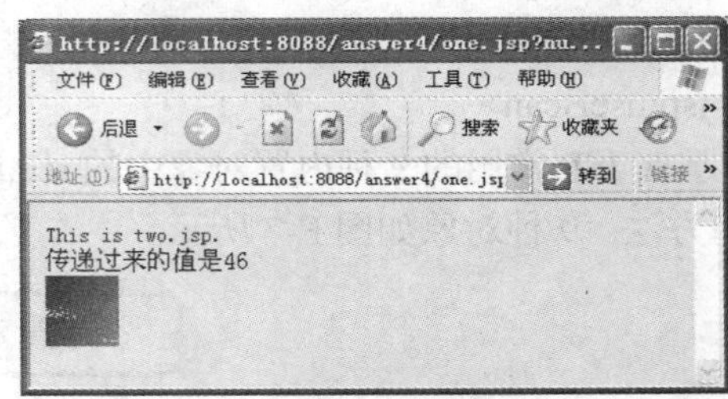

图 F-9　two.jsp 运行效果

在 one.jsp 中输入'a'提交后，会跳入 error 页面，如图 F-11 所示。

(5) 编写两个 JSP 页面 input.jsp 和 result.jsp。input.jsp 页面提交一个数字给 result.jsp 页面，result.jsp 页面使用 response 对象做出动态响应。

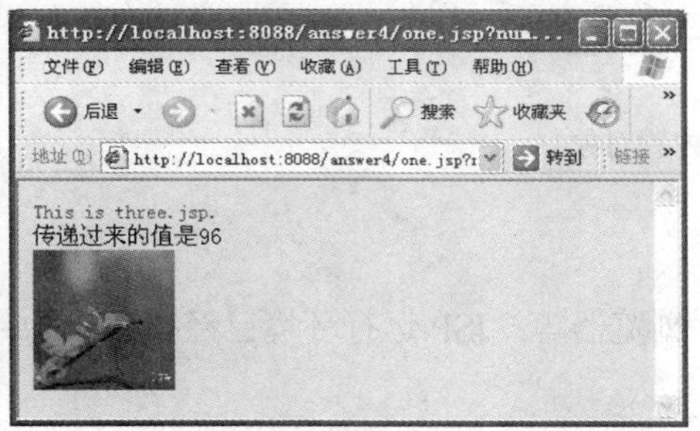

图 F-10　three.jsp 运行效果

图 F-11　error.jsp 运行效果

input.jsp 的具体要求：input.jsp 提供表单，用户在表单中输入一个数字，提交给 result.jsp 页面。

result.jsp 的具体要求：result.jsp 页面首先使用 request 对象获得 input.jsp 页面提交的数字，然后根据数字的大小作出不同的响应。如果数字小于 0，response 对象的调用 setContentType(String s)方法将 contentType 属性的值设置为 text/plain，同时输出数字的平方；如果数字大于等于 0 且小于 100，response 对象的调用 setContentType(String s)方法将 contentType 属性的值设置为 application/msword，同时输出数字的立方；如果数字大于等于 100，response

对象调用 setStatus(int n)方法将状态行的内容设置为 404；如果用户在 input.jsp 页面输入了非数字，response 对象调用 sendRedirect(URL url)方法将用户的重定向到 input.jsp 页面。

JSP 页面效果示例如图 F-12～图 F-15 所示。

图 F-12 input.jsp 运行效果

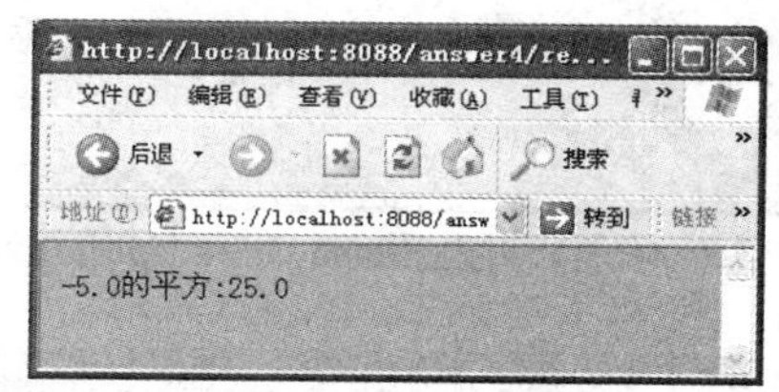

图 F-13 输入小于 0 的数据时 result.jsp 运行效果

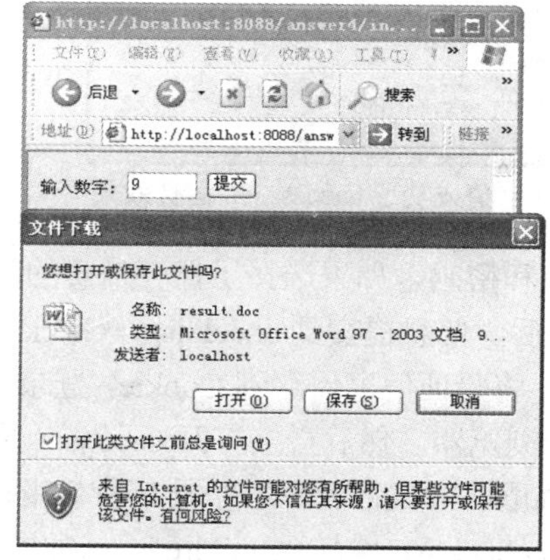

图 F-14 输入大于等于 0 且小于 100 的数据时 result.jsp 运行效果

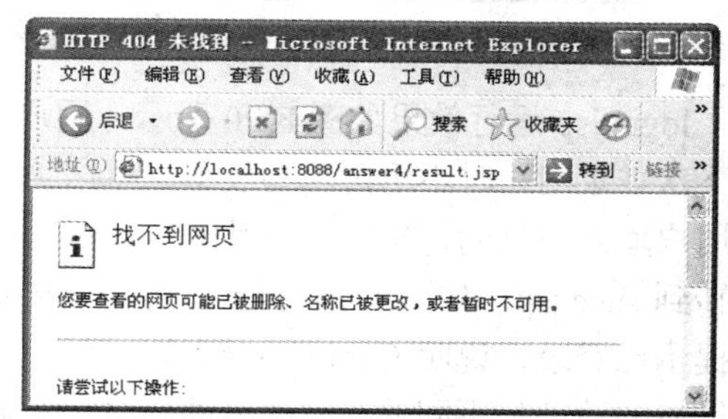

图 F-15 输入大于等于 100 的数据时 result.jsp 运行效果

(6) 猜数字游戏。本题包括 5 个 JSP 程序，inputGuess.jsp、resultGuess.jsp、small.jsp、large.jsp 和 success.jsp。

inputGuess.jsp 的具体要求如下：用户请求 inputGuess.jsp 时，随机分配给该用户一个 1～100 之间的数。该页面同时负责将这个数字存在用户的 session 对象中。该页面提供表单，用户可以使用该表单输入自己的猜测，并提交给 resultGuess.jsp 页面。

resultGuess.jsp 的具体要求如下：resultGuess.jsp 页面负责判断 inputGuess.jsp 提交的猜测数字是否和用户的 session 对象中存放的那个数字相同，如果相同就将用户重定向到 success.jsp；如果不相同就将用户重定向到 large.jsp 或 small.jsp。

small.jsp 和 large.jsp 的具体要求如下：small.jsp 和 large.jsp 页面提供表单，用户可以使用该表单继续输入自己的猜测，并提交给 result.jsp 页面。

success.jsp 的具体要求如下：success.jsp 页面负责负责显示用户成功的消息，并负责输出用户 session 对象中的数据。

JSP 页面效果示例如图 F-16～图 F-19 所示。

(7) 使用 Cookie 记录用户名和密码。本题包括 4 个 JSP 程序，login.jsp、check.jsp、succ.jsp 和 failure.jsp。

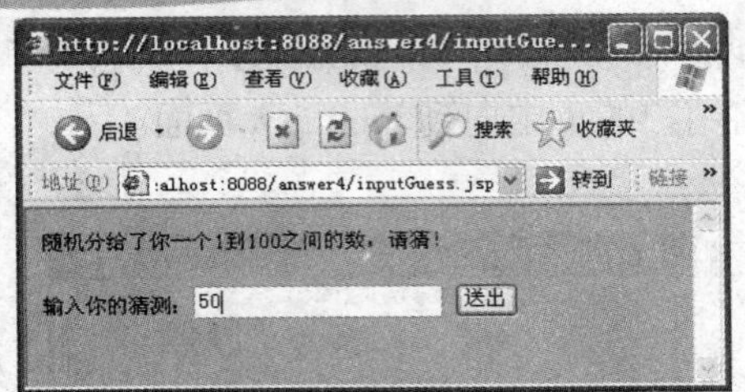

图 F-16　输入猜测数据 inputGuess.jsp 运行效果

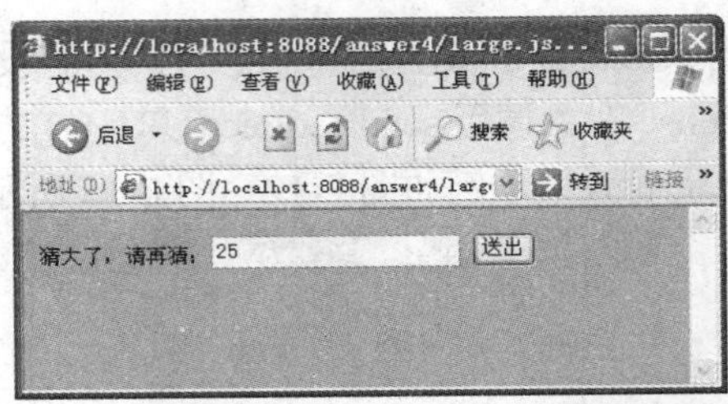

图 F-17　猜大了 large.jsp 运行效果，此次猜 25

图 F-18　猜小了 small.jsp 运行效果

图 F-19　猜成功了 success.jsp 运行效果

login.jsp 运行效果如图 F-20 所示。用户输入用户名和密码，如果选择了保存信息的时间，则下次登录网站时不用再填写表单。单击“确认”按钮后，信息提交到 check.jsp，check.jsp 判断用户输入信息的正确性，如用户名为 tom，密码 123， 将验证信息保存到 Cookie，登录成功，跳转到 succ.jsp，如图 F-21 所示。此时如果新打开一个浏览器，然后直接打开 succ.jsp 页面，会提示已登录，说明 Cookie 起到了自动登录的作用，如图 F-22 所示，注意图 F-21 和图 F-22 地址栏的地址是不同的；若输入的信息没有通过验证则 check.jsp 跳转到 failure.jsp，如图 F-23 所示。若用户在 login.jsp 页面输入用户名和密码，选择了不保存信息，提交信息后，如果信息输入正确，本次可以成功登录。但是如果新打开一个浏览器，然后直接打开 succ.jsp 页面，则提示未登录，如图 F-24 所示，说明 Cookie 未保存登录信息。

图 F-20　login.jsp 运行效果

图 F-21　check.jsp 验证登录信息成功后跳转到 succ.jsp 页面

图 F-22　Cookie 保存了登录信息后直接打开 succ.jsp 页面

图 F-23　check.jsp 验证登录信息失败跳转到 failure.jsp 页面

http://localhost:8088/answer4/succ.jsp
文件(F) 编辑(E) 查看(V) 收藏(A) 工具(T) 帮助(H)
后退 搜索 收藏夹
地址(D) http://localhost:8088/answer4/succ.jsp 转到 链接
您还未登录!

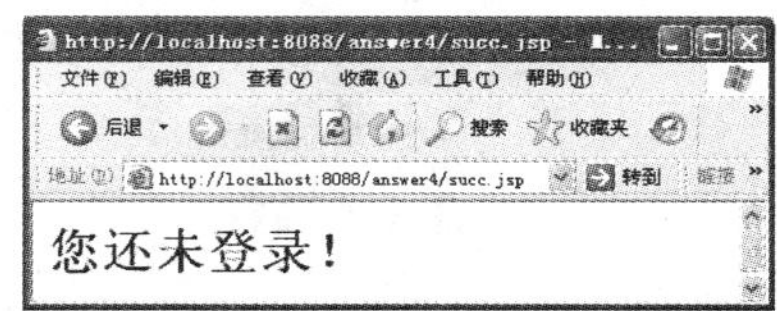

图 F-24 Cookie 未保存登录信息直接打开 succ.jsp 页面

实验三 JSP 应用开发进阶

【实验目的】

(1) 掌握表单数据获得和传递处理。

(2) 掌握 JavaBean 的创建，使用 JavaBean 技术处理表单。

(3) 掌握 jsp 中文件的基本读写操作。

【实验环境与设备】

已经接入局域网的网络实验室，机器上装有 IE 浏览器等；提供相应的安装软件 jdk、Eclipse3.2 和 tomcat5.5。

【实验内容】

(1) 利用表单传递数据，此题目包含 01.html、01.jsp、02.jsp、03.jsp、04.jsp 共 5 个程序。图 F-25～图 F-29 分别是这 5 个程序运行后的截图。编写程序代码实现截图效果。

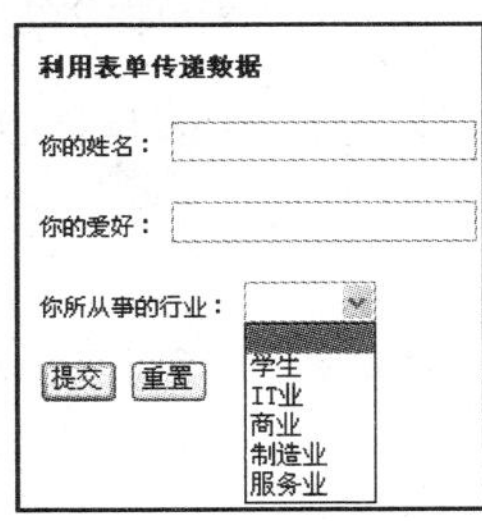

利用表单传递数据
你的姓名：
你的爱好：
你所从事的行业：
学生
IT业
商业
制造业
服务业
提交 重置

图 F-25 01.html

http://localhost:8080/answer7/02.jsp
从表单中获取数据
你的姓名是：柳永坡
你的爱好是：下棋
你所从事的工作是：IT业
提交
*将"名字(name)"保存到session对象中，让后续页面(下个页面、下下个页面、……)引用
*将"爱好(hobby)"和"工作(work)"以链接的形式传递给下个页面

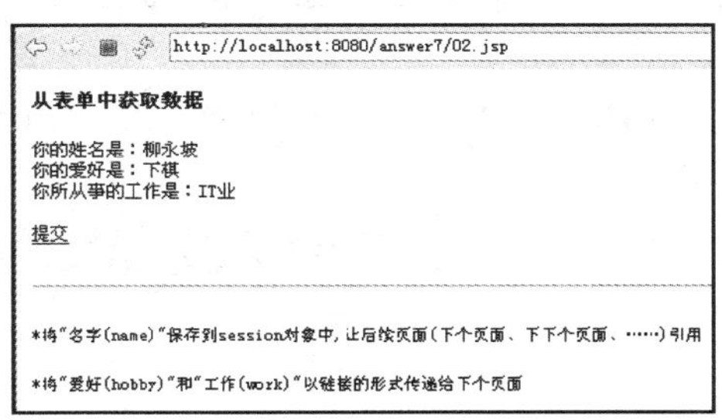

图 F-26 02.jsp

http://localhost:8080/answer7/03.jsp?hobby=下棋&work=IT业
从session对象中获取"名字(name)"的值；从链接中获取"爱好(hobby)"和"工作(work)"
你的姓名是：柳永坡
你的爱好是：下棋
你所从事的工作是：IT业
确认提交这些信息吗?
确认 修改
*将"爱好(hobby)"和"工作(work)"保存在session对象中，让后续页面(下个页面、下下个页面、……)引用
*由于"名字(name)"在上个页面中已经保存在session对象中了，这里没必要再次保存
注意此处爱好和工作的传递方式

图 F-27 03.jsp

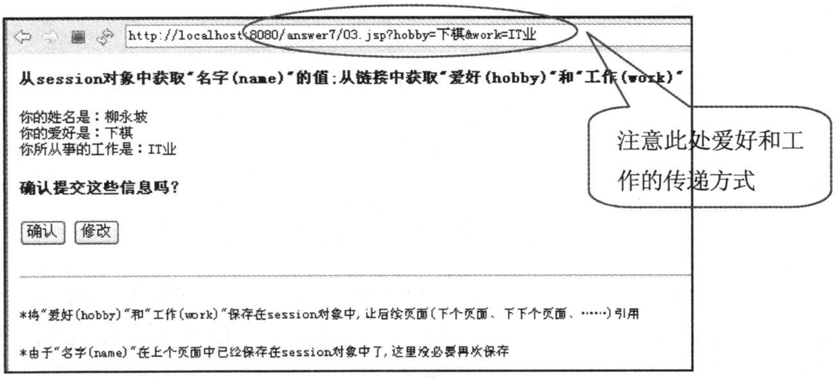

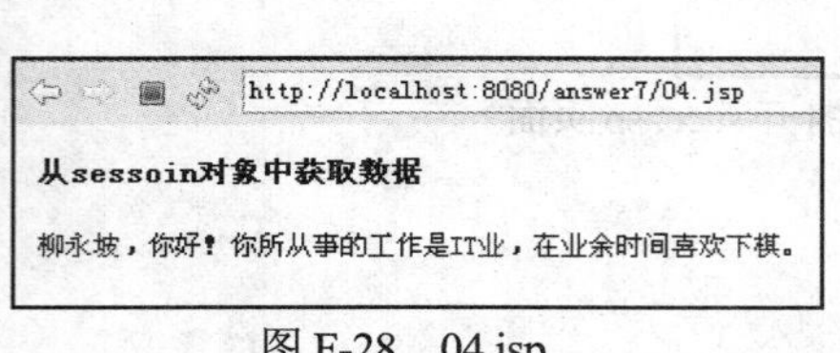

图 F-28　04.jsp

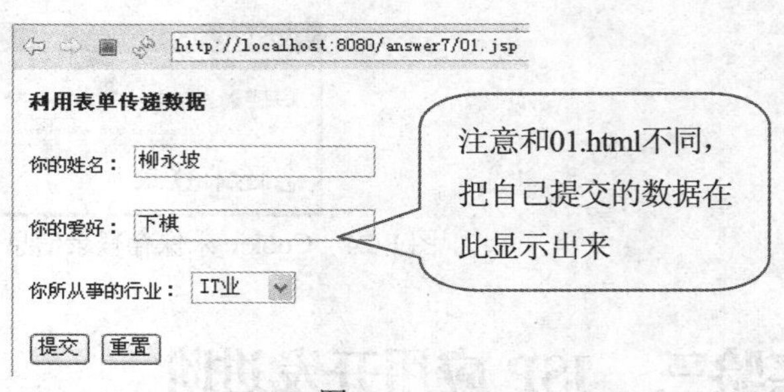

图 F-29　01.jsp

(2) 编写程序 formSample.jsp，显示如图 F-30 所示表单，填入信息后提交给本页面，以表格的形式显示提交信息，结果如图 F-31 所示。

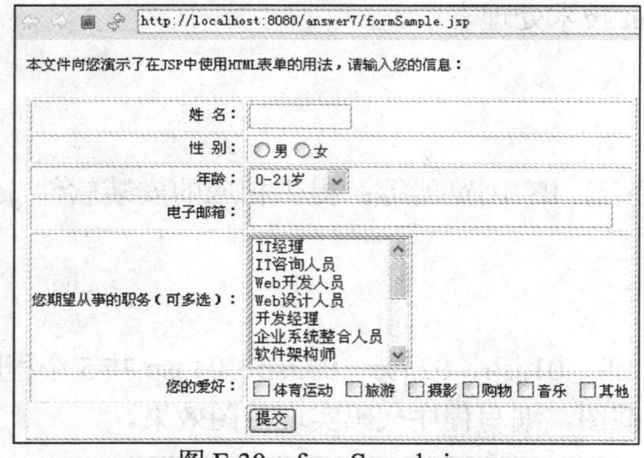

图 F-30　formSample.jsp

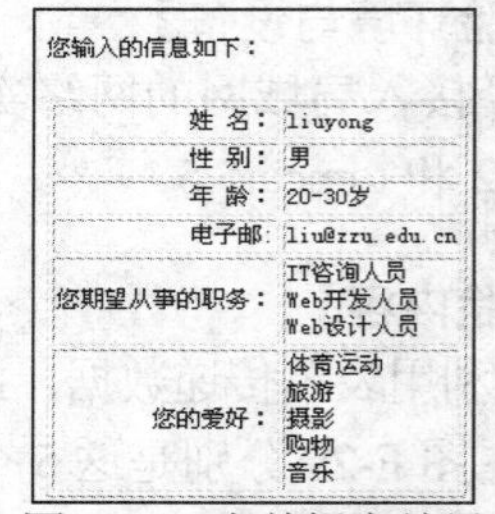

图 F-31　表单提交结果

(3) 利用 JavaBean 实现简单的计算器，创建 calculate.jsp 页面，页面中表单数据和计算用 JavaBean 处理，如图 F-32 所示。

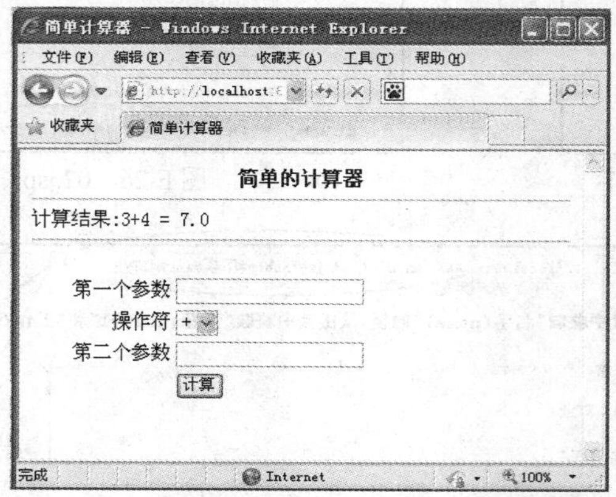

图 F-32　calculate.jsp

(4) 利用 JavaBean 创建购物车程序，创建页面 cart.jsp，页面第一次运行如图 F-33 所示，选择商品，单击 add 按钮后，如图 F-34 所示。选择商品，单击 remove 按钮后，所选商品将从上面列表中移除，如图 F-35 所示。

图 F-33 没选商品界面

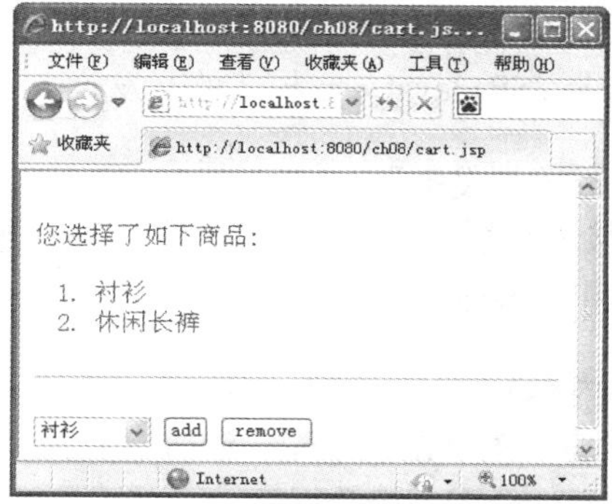

图 F-34 选择商品后界面

图 F-35 删除选中商品后

(5) 编写两个 JSP 页面，writeData.jsp 和 readData.jsp。

writeData.jsp 页面使用 Java 程序片将一个 int 型数据、一个 long 型数据、一个 char 型数据、一个 String 型数据和一个 double 型数写入到名字为 javaData.data 的文件中。readData.jsp 将写的数据读出来，结果如图 F-36 所示和图 F-37 所示。

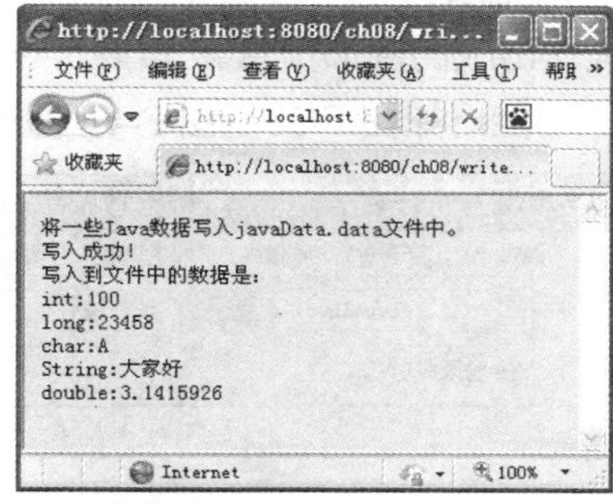

图 F-36 writeData.jsp

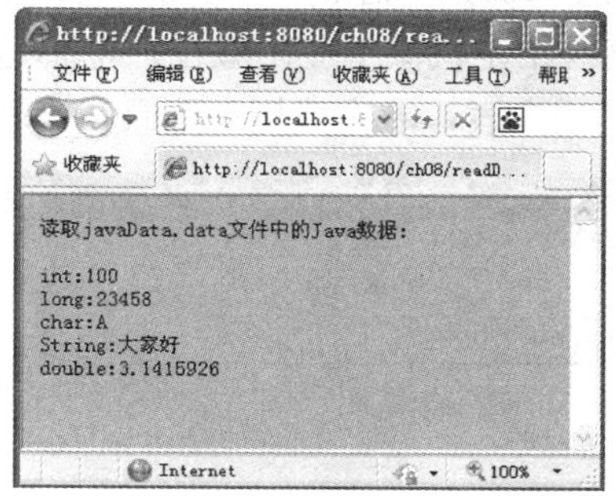

图 F-37 readData.jsp

实验四 JSP 数据库编程基础

【实验目的】

(1) 复习数据库操作的基础。

(2) 用 JDBC 进行数据库开发。

(3) 掌握 JSP+JavaBean 模式的开发。

【实验环境与设备】

已经接入局域网的网络实验室，机器上装有 IE 浏览器等；提供相应的安装软件 jdk、Eclipse3.2 和 tomcat5.5。

【实验内容】

(1) 设有一图书馆数据库，包括三个表：图书表、读者表、借阅表。完成以下习题。

① 创建一个图书馆数据库。

② 在图书馆数据库中创建三个表：

图书(书号，书名，作者，出版社，单价)。

读者(读者号，姓名，性别，电话)。

借阅表(读者号，书号，借出日期，应还日期)。

③ 给图书表增加一列 ISBN，数据类型为 CHAR(10)。

④ 删除图书表中新增的列 ISBN。

⑤ 向读者表加入一个新读者，该读者的信息为：

```
('200197', 'wangxiao', 'm', '8832072', 'computer')
```

⑥ 向图书表中加入一个图书信息，内容为：

```
('TP316', 'book', 'Au', 'beijing', '30');
```

⑦ 向借阅表插入一个借阅记录，表示读者'wangxiao'借阅了一本书，图书号为'TP316'，借出日期为当天的日期，归还日期为空值。

⑧ 读者'wangxiao'在借出上述图书后 10 天归还该书。

⑨ 当读者'wangxiao'按期归还图书时，删除上述借阅记录。

⑩ 查询既不是机械工业出版社、也不是科学出版社出版的图书信息。

(2) 创建用户表，能完成用户登录验证和用户注册功能，如图 F-38～图 F-41 所示。

图 F-38　login.jsp

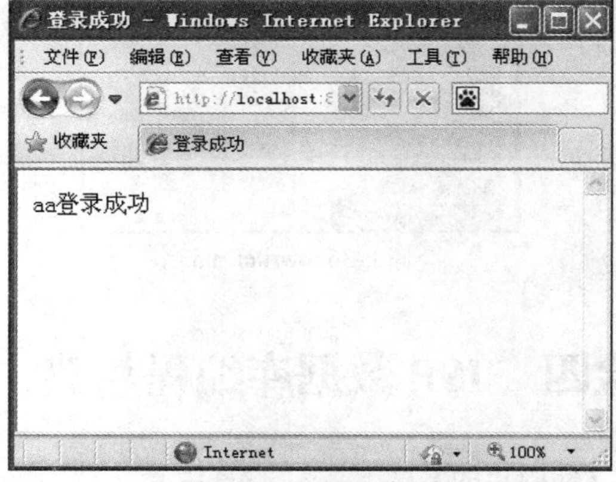

图 F-39　登录成功界面

图 F-40　注册界面

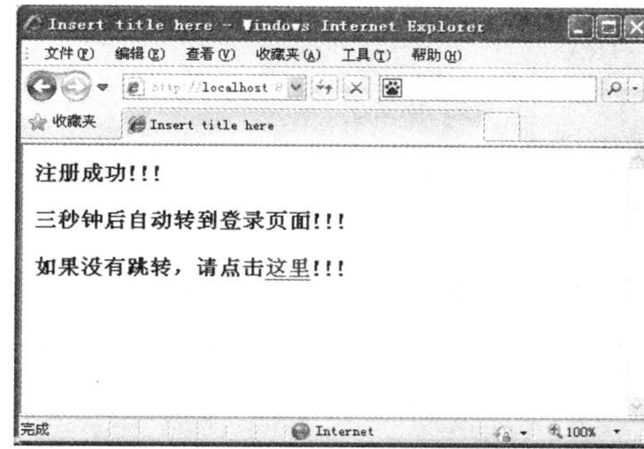

图 F-41　注册成功界面

(3) 创建用户留言模块，页面有登录、注册、查看留言列表、查看详细留言、发布留言、安全退出等功能。先创建数据库，数据库中至少要有 users 和 words 两个表，其他可以自行设计。

```
CREATE TABLE users (
  UserID bigint(20) NOT NULL auto_increment,
  UserName varchar(20) default NULL,
  UserPassword varchar(20) default NULL,
  PRIMARY KEY (UserID)
);
CREATE TABLE words (
  WordsID bigint(20) NOT NULL auto_increment,
  WordsTitle varchar(100) default NULL,
  WordsContent text,
  WordsTime datetime default '0000-00-00 00:00:00',
  UserID bigint(20) NOT NULL default '0',
  PRIMARY KEY   (WordsID)
 );
```

(4) 使用 JavaBean 技术设计一个网上聊天室。数据库设计以下 3 个表。

① Users 数据表：保存聊天室的用户资料。

② chat 数据表：保存聊天记录。

③ userlist 数据表：保存在线用户信息。

创建用户模块和管理员模块。用户模块可以包含用户登录、发送聊天信息、聊天信息显示、在线用户列表显示、用户退出和聊天室页面等。管理员模块可以包含管理员登录、聊天管理页面、禁止用户进入等。

实验五　Servlet 技术实验

【实验目的】

(1) 掌握 Servlet 的编写与配置。

(2) 理解 Servlet 的生命周期。

(3) 掌握过滤器的使用。

(4) 掌握常见监听器的使用。

(5) 掌握 MVC 模式。

【实验环境与设备】

已经接入局域网的网络实验室，机器上装有 IE 浏览器等；提供相应的安装软件 jdk、Eclipse3.2、tomcat5.5。

【实验内容】

(1) 实现一个简单的 HelloServlet，要求在 IE 中显示 Hello×××字符串。

① 编写 Servlet。

② 怎样配置 servlet。

③ 练习怎样访问 servlet。

编写 Servlet：通过继承 HttpServlet 类创建自己的 servlet 类；在 servlet 类的 doGet()方法中输出自己的信息；将生成的 HelloServlet.java 类编译成 HelloServlet.class 类。

(2) 使用过滤器过滤 IP 地址。

① 编写过滤器 IPFilter.java。

② 编辑 Web.xml 文件，部署 IPFilter 过滤器。

③ 实现效果图如图 F-42 所示。

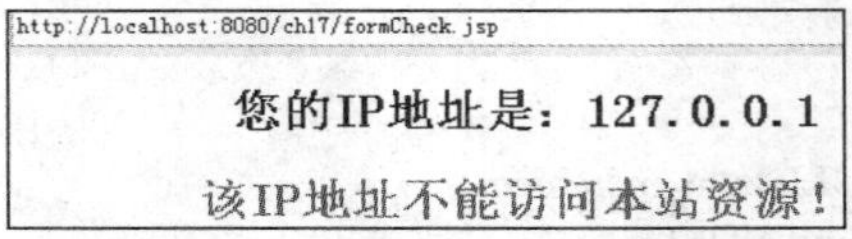

http://localhost:8080/ch17/formCheck.jsp

您的IP地址是：127.0.0.1

该IP地址不能访问本站资源！

图 F-42　使用过滤器过滤 IP 地址

(3) 写一个 Servlet 上下文侦听器，在 Web 应用启动时，激活一个定时器，此定时器每隔 20 秒钟在后台显示“20 秒间隔…”信息。当关闭 Web 应用时，将关闭定时器。

① 编写一个类 MyTask.java。

② 编写一个监听器 ContextListener.java。

③ 编辑 web.xml 文件，部署侦听器。

(4) 计算等差、等比数列的和。

① 视图。视图由两个 JSP 页面组成：inputData.jsp 和 showResult.jsp。inputData.jsp 页面提供一个表单，用户可以输入等差数列的首项、公差、求和项数，也可以输入等比数列的首项、公比和求和项数。inputData.jsp 页面将用户输入的有关数据提交给一个名字为 computerSum 的 servlet 对象，computerSum 负责计算等差数列的和以及等比数列的和。showResult.jsp 页面可以显示等差数列和等比数列的求和结果。

② 数据模型。模型 Series.java 可以存储等差数列的和，也可以存储等比数列的和。将 Series.java 保存到 D:\user\yourservlet\user\yourbean 目录中。

③ 控制器。提供一个名字为 computerSum 的 servlet 对象(HandleSum.java 类的实例)，computerSum 负责计算等差数列和等比数列的和，将有关数据存储到数据模型 Javabean 中，然后请求 showResult.jsp 显示。

④ 配置文件。编写如下的 web.xml 文件，并保存到..\WEB-INF 目录中。

web.xml：

```
<?xml version="1.0" encoding="ISO-8859-1"?>
<web-app>
<servlet>
      <servlet-name>computerSum</servlet-name>
<servlet-class>user.yourservlet.HandleSum</servlet-class>
</servlet>
<servlet-mapping>
   <servlet-name>computerSum</servlet-name>
   <url-pattern>/lookSum</url-pattern>
</servlet-mapping>
</web-app>
```

⑤ 视图效果。inputData.jsp 效果如图 F-43 所示。

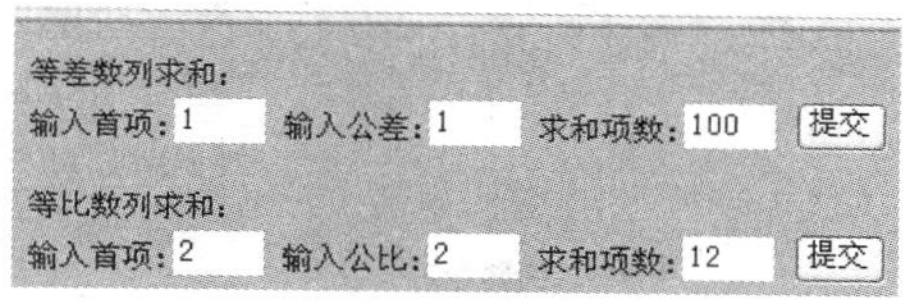

图 F-43 输入数据

showResult.jsp 效果如图 F-44 所示。

数列的首项	等差数列的公差	所求项数	求和结果
1.0	1.0	100.0	5050.0

数列的首项	等比数列的公比	所求项数	求和结果
2.0	2.0	12.0	8190.0

图 F-44 显示数据

实验六 Web 应用开发

【实验目的】

(1) 掌握系统需求分析的过程。

(2) 掌握系统设计过程。

(3) 了解数据库设计过程。

(4) 掌握简单的 Web 程序开发。

【实验环境与设备】

已经接入局域网的网络实验室，机器上装有 IE 浏览器等；提供相应的安装软件 jdk、Eclipse3.2、tomcat5.5、Mysql 数据库。

【实验内容】

根据下列要求，编写 Web 程序。

(1) 系统功能。

登录成功后，诊所职员可以通过宠物医院系统使用下列功能：浏览诊所的兽医以及他们的专业特长；添加、浏览、更新宠物主人的信息；添加、浏览、更新宠物信息；浏览、添加宠物的访问历史记录。

(2) 系统模块。

系统模块如图 F-45 所示。

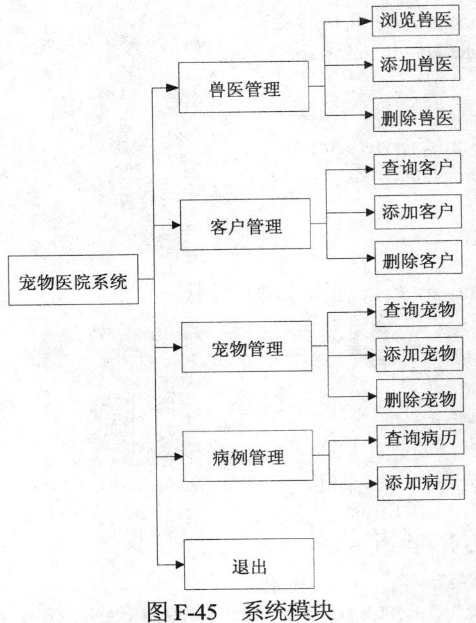

图 F-45　系统模块

(3) 数据库设计。

数据库的设计如表 F-1 所示。

表 F-1　系统用表

表　名	功　能
系统用户表 employee	存储用户登录信息
宠物表 pet	记录来医院的宠物信息
客户表 customer	记录来医院宠物的主人信息
兽医信息 hippiater	存储医院每个医师的信息
宠物病历表 record	存储宠物治疗时的诊断信息